工程软件职场应用实例精析丛书

数控铣床/加工中心专业技能竞赛训练用参考教材

PowerMILL 数控加工编程应用实例

朱克忆　彭劲枝　编　著

机 械 工 业 出 版 社

本书以各种典型零件数控加工编程为主线，展开讲解应用 PowerMILL 2012 软件进行数控加工自动编程的操作方法，在使用 PowerMILL 软件计算零件加工各工步刀具路径的过程中，讲解软件各参数、各选项的功能和应用。全书介绍了八类典型零件[11 个例子零件，14 个练习零件（含参考答案）]的数控加工自动编程过程。第 1 章介绍了 PowerMILL 2012 的基本概念和基本操作，并介绍了一个简单的引例，第 2 章讲解了一个典型二维线框图形零件数控加工编程过程，第 3 章介绍了一个典型三维实体图形零件数控加工编程，第 4 章详细讲解了塑料模具型腔零件数控加工编程，第 5 章介绍了塑料模具型芯零件数控加工编程，第 6 章介绍了三类电极零件的数控加工编程，第 7 章讲解了拉延模具凹模零件数控加工编程，第 8 章介绍了拉延模具凸模和压边圈及其装配体数控加工编程，第 9 章介绍了刀具路径后置处理方法及机床后处理文件的订制。为方便读者学习，本书附带了一张光盘，包含了书中所有的实例源文件、实例的操作视频文件和练习题源文件及其参考答案。

本书可供数控加工技术人员以及数控技术应用专业学生使用。

图书在版编目（CIP）数据

PowerMILL 数控加工编程应用实例/朱克忆，彭劲枝编著.
—北京：机械工业出版社，2017.12（2023.2 重印）
（工程软件职场应用实例精析丛书）
ISBN 978-7-111-58410-0

Ⅰ. ①P… Ⅱ. ①朱… ②彭… Ⅲ. ①数控机床—加工—计算机辅助设计—应用软件 Ⅳ. ①TG659-39

中国版本图书馆 CIP 数据核字（2017）第 270136 号

机械工业出版社（北京市百万庄大街 22 号 邮政编码 100037）
策划编辑：周国萍　　责任编辑：周国萍
责任校对：张　征　　封面设计：马精明
责任印制：张　博

北京雁林吉兆印刷有限公司印刷

2023 年 2 月第 1 版第 5 次印刷
184mm×260mm • 21.25 印张 • 511 千字
标准书号：ISBN 978-7-111-58410-0
　　　　　ISBN 978-7-89386-150-5（光盘）
定价：79.00 元（含 1DVD）

电话服务
客服电话：010-88361066
　　　　　010-88379833
　　　　　010-68326294
封底无防伪标均为盗版

网络服务
机　工　官　网：www.cmpbook.com
机　工　官　博：weibo.com/cmp1952
金　　书　　网：www.golden-book.com
机工教育服务网：www.cmpedu.com

前　言

本书通过实例的形式，由简单到复杂地给读者展现出使用 PowerMILL 软件进行数控加工自动编程的过程，并对实例中用到的功能进行即时注释。

编著者在编排内容时，着重考虑了以下几个方面。

1. 注重本书使用对象的普适性。学习数控加工自动编程软件的人员，学历和文化层次分布广泛，既有大学里的硕士、博士、教授，也有企业里初中毕业就参加工作的人员。文化程度不同，对内容的理解可能会有一些差距。针对这种情况，编著者特别注意了教程的普适性，从最浅显的道理、最基本的应用出发，详细解释各步骤、各选项的功能及应用，目的就是让各层次的读者都能理解书中讲述的内容。

2. 突出所选用实例的代表性。实例尽量选通用的零件，不选取特殊零件，以免让读者产生生疏感。PowerMILL 在机械加工领域的主要应用有三个：一是塑料模具零件加工，二是冲压模具零件加工，三是一般的机械结构零件加工。本书围绕这三个方面的内容展开。这三个方面又有一些联系，比如，一般的机械结构零件是其他两类零件加工的基础，它主要是两轴、两轴半加工的方式；而模具零件中，除型芯型腔中的三维曲面外，模具零件上的特征又都是结构特征。

3. 各章中，介绍典型零件的数控加工编程时，既把握了零件数控加工工艺过程的全局，又注重了数控编程操作步骤的细节。工艺是机械加工的灵魂，讲加工，不能抛开工艺，否则加工质量无从谈起。另一方面，作为一本数控编程实用图书，软件的操作步骤是主体，工艺与操作都需要兼顾。本书在介绍实例时，总是先进行数控加工编程工艺分析，制订出编程工艺表，再来讲 PowerMILL 实现上述工艺的具体操作步骤，这是兼顾全局和细节的表现。

4. 将软件中最常用的命令、选项的解释融入例题中，编程时，使用到了哪个命令，就即时对它进行注释，讲解清楚设置该值的目的和作用，不使读者产生迷惑。为使读者多一些机会练习这些命令、选项，在每章结尾给出了与实例相似的练习题，由读者自主完成从编制工艺规划到编程操作的全过程，编著者也制作了练习题的参考答案供读者参考。

本书使用 PowerMILL 2012 版本来写作，但也可通过本书来学习 PowerMILL 2010 到 PowerMILL 2017 等不同版本。

为方便读者学习，随书赠送的光盘中收录了书中全部实例源文件以及实例的操作视频文件、练习题源文件以及练习题参考答案，读者在学习过程中可以调用它们。

本书对数控技术应用专业的学生具有参考价值，特别适合工厂中的技术人员使用。

由于编著者水平有限，书中难免存在一些错误和不妥之处，恳请各位读者在发现问题后告诉编著者，以便改正。

编著者

电子邮箱：keyizhu@163.com

目　录

第1章

PowerMILL 2012 数控加工编程基础

PowerMILL 是一款专业的 2～5 轴高速数控加工自动编程软件。PowerMILL 软件的研发于 1968 年起源于世界著名学府剑桥大学，1991 年该软件首次进入中国市场，国内众多模具加工企业都是 PowerMILL 的用户。PowerMILL 软件以其鲜明的特色驰名于塑料模具、冲压模具、结构零件和模型加工行业：

（1）独立运行，便于管理　PowerMILL 软件独立于 CAD 系统，并可支持目前市面上几乎所有 CAD 系统的模型数据。单独运行于加工现场，使编程人员得以清晰地掌握现场工艺条件，高效率地编制出符合加工工艺要求的加工程序，减少反复，提高效率。

（2）面向工艺特征，先进智能　PowerMILL 系统面向整体模型加工，加工对象的工艺特征可以从加工模型的几何形状中获取，如浅滩、陡峭加工区域、残余加工区域和加工干涉区域等，各加工部位整体相关，全程自动过切防护。

（3）基于工艺知识的编程　PowerMILL 系统提供工艺信息库，信息库中包含刀具库、刀柄库、材料库、设备库等工艺信息子库，PowerMILL 可记录标准工艺路线，制作工艺流程模板，使用相同工艺路线加工同类型工件。

（4）支持高速加工，技术领先　PowerMILL 软件开发公司是唯一一家拥有模具加工车间的 CAM 软件开发商，PowerMILL 软件有多项高速数控加工编程专利技术，比如赛车线刀具路径、MachineDNA、Vortex 旋风铣技术等。

（5）参数设置及刀具路径计算并行处理　区别于大多数的自动编程系统，PowerMILL 软件中设置各种参数非串行处理方式是可以并行计算的。例如，在设置计算毛坯参数时，可以同时新建刀具；在计算刀具路径时，如果未计算安全高度，可以同时打开“快进高度”对话框，计算安全高度。PowerMILL2012 还支持多核并行后台计算功能，系统在后台计算刀具路径的同时，前台可以设置其他参数，如新建刀具、计算边界等。

（6）易学易用，能快速入门，界面风格简单，选项设置集中　PowerMILL 软件的操作过程是完全模拟铣削加工工艺过程的。它的界面非常简单、清晰，令人耳目一新。

1.1　PowerMILL 2012 软件界面及工具栏

双击桌面上的 PowerMILL 软件图标，或者单击“开始”→“程序”→“Delcam”→“PowerMILL 2012”，打开 PowerMILL 软件。图 1-1 所示为 PowerMILL2012 软件主界面。

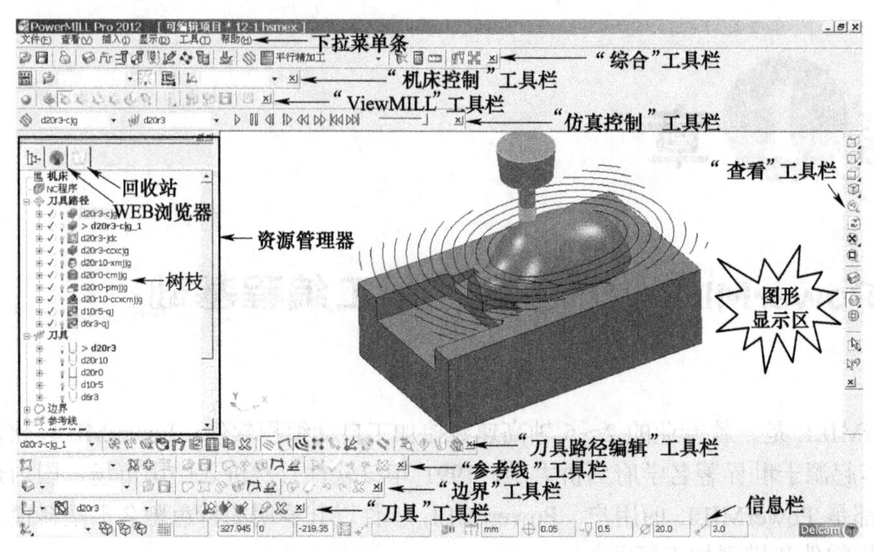

图 1-1 PowerMILL 2012 工作界面

在 PowerMILL 系统中，还有若干个工具条没有显示在主界面上。如果读者要显示这些工具条，方法如下：

在 PowerMILL 下拉菜单条中，执行命令“查看”→“工具栏”，系统弹出图 1-2 所示的下拉菜单条。

在图 1-2 所示“工具栏”下拉菜单条中，勾选所需要的选项，即可调出相应的工具条。

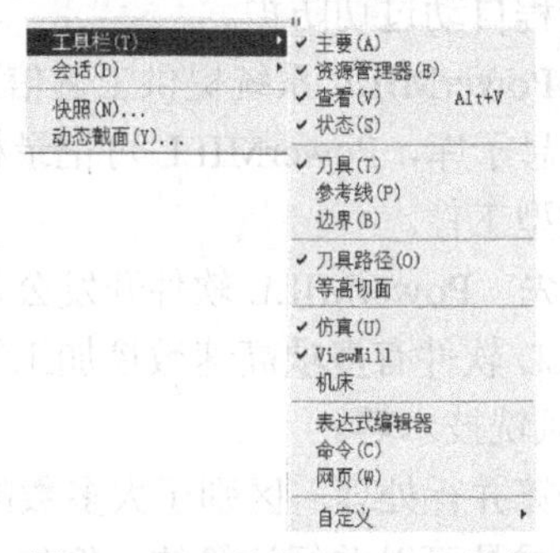

图 1-2 “工具栏”下拉菜单条

图 1-3 对常用的工具栏做了一个集中的注释。

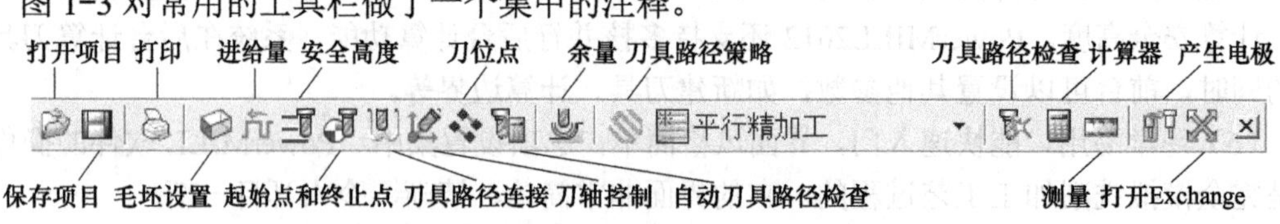

a）

b）

图 1-3 PowerMILL 系统常用工具栏一览

a）PowerMILL“综合”工具栏 b）“机床”工具栏

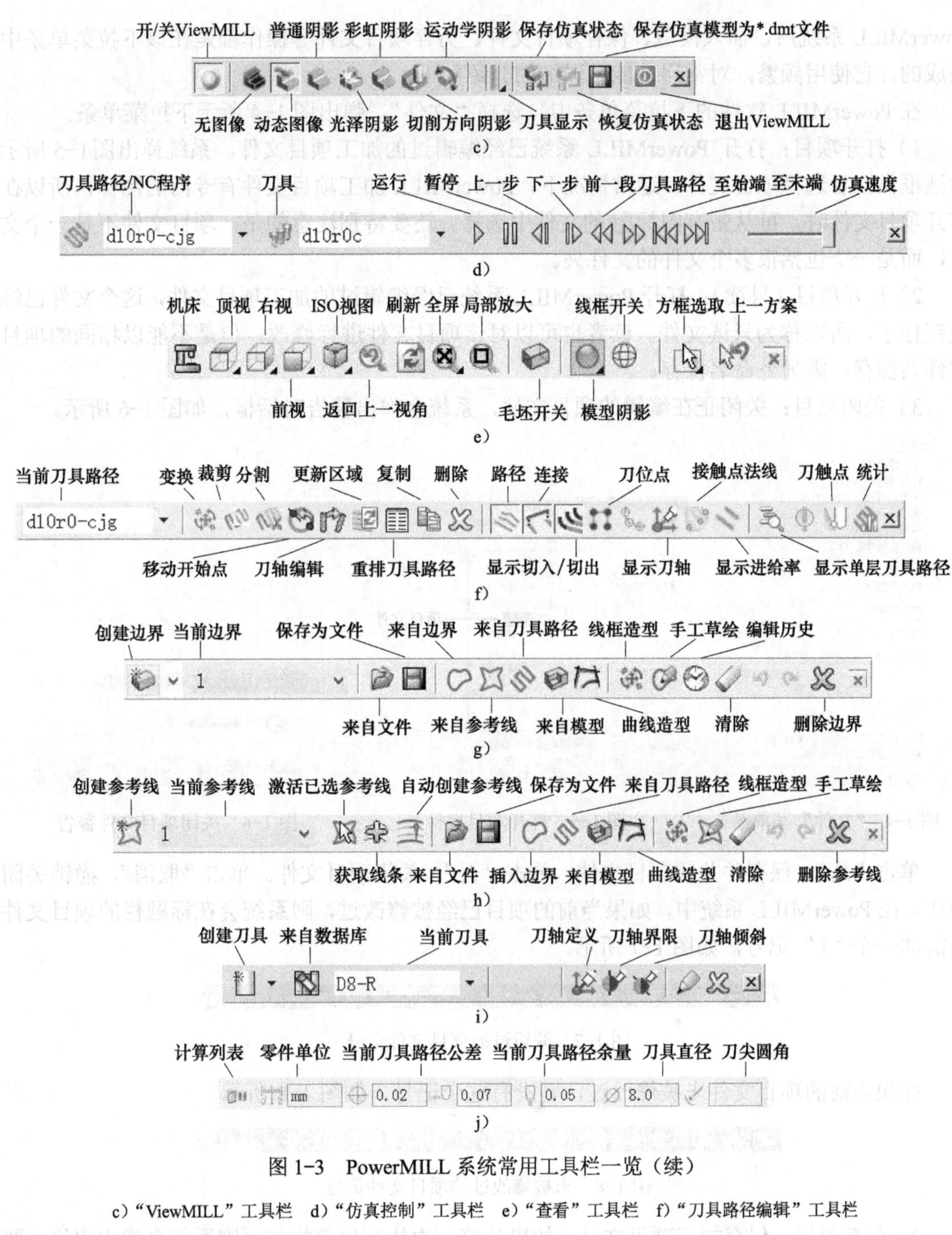

图 1-3　PowerMILL 系统常用工具栏一览（续）

c）“ViewMILL”工具栏　d）“仿真控制”工具栏　e）“查看”工具栏　f）“刀具路径编辑”工具栏
g）“边界”工具栏　h）“参考线”工具栏　i）“刀具”工具栏　j）信息栏

1.2　“文件”下拉菜单条详解

“文件”下拉菜单条是读者与 PowerMILL 软件进行人机交互的最初菜单条，在打开

PowerMILL 系统后，插入模型、保存项目文件、另存项目文件等操作都是在该下拉菜单条中完成的。它使用频繁，对常用功能做详细的介绍如下：

在 PowerMILL 软件的下拉菜单条中，选择“文件”，弹出图 1-4 所示下拉菜单条。

1）打开项目：打开 PowerMILL 系统已经编辑过的加工项目文件。系统弹出图1-5 所示对话框供读者选择项目文件。通常情况下，PowerMILL 加工项目文件有专门的图标，所以在打开项目文件时，可从带有图标的文件中选择。还要特别注意的是，项目文件不是一个文件，而是一个包括很多个文件的文件夹。

2）打开项目（只读）：打开 PowerMILL 系统已经编辑过的加工项目文件，这个文件已经被锁住了，所以称为只读文件。读者也可以对该项目文件进行修改，但是不能以相同的项目文件名保存，需另外命名保存。

3）关闭项目：关闭正在编辑的项目文件，系统会弹出警告对话框，如图 1-6 所示。

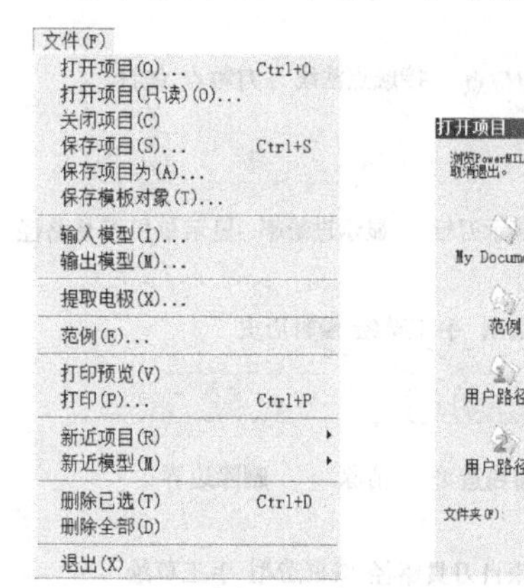

图 1-4 “文件”菜单条

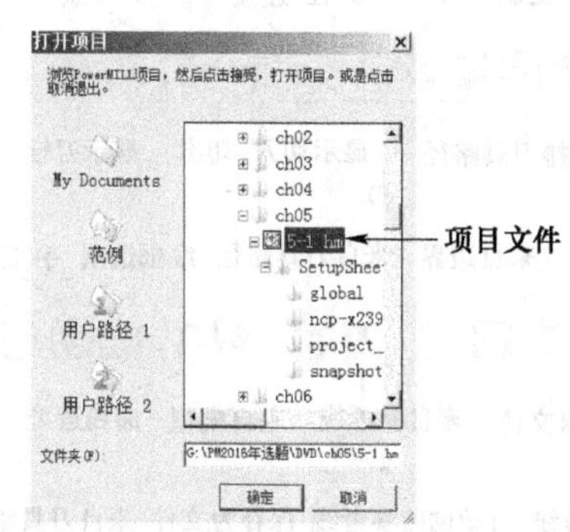

图 1-5 打开项目文件

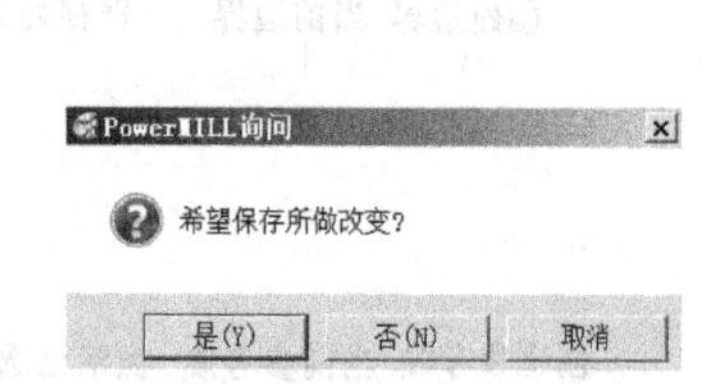

图 1-6 关闭项目文件警告

单击“是”，保存并关闭项目文件；单击“否”，关闭项目文件。单击“取消”，撤销关闭操作。在 PowerMILL 系统中，如果当前的项目已经被修改过，则系统会在标题栏的项目文件名前加一个“*”记号，如图 1-7 所示。

PowerMILL Pro 2012 (64-bit) [可编辑项目 * 6-3 xtdj]

图 1-7 编辑过的项目文件记号

如果当前的项目文件未被修改过，则没有这个记号，如图 1-8 所示。

PowerMILL Pro 2012 (64-bit) [可编辑项目 - 6-3 xtdj]

图 1-8 未被修改过的项目文件记号

4）保存项目：保存加工项目文件。如果是第一次执行保存操作，则系统会弹出表格，要求输入加工项目文件名。

5）保存项目为：另存加工项目文件。

6）保存模板对象：将正在编辑的项目文件中的刀具路径、刀具、边界等保存为模板文件，该文件的后缀名为 ptf。

7）输入模型：输入各种类型的 CAD 模型。PowerMILL 系统是独立的 CAM 系统，输入模型功能可以将其他各种类型 CAD 软件创建的数学模型输入 PowerMILL 系统。单击“输入模型”，系统弹出图 1-9 所示表格。

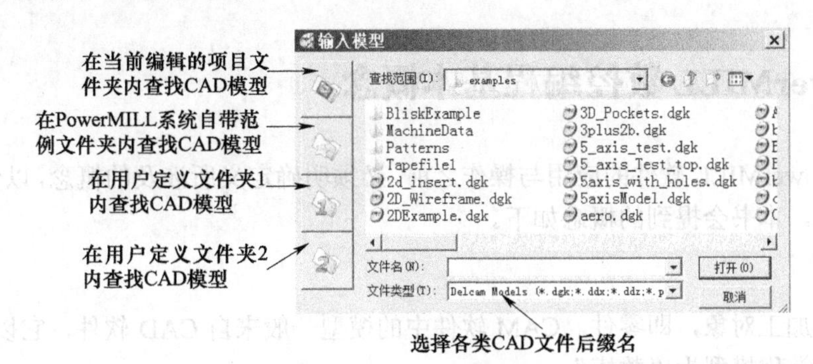

图 1-9　输入 CAD 模型

PowerMILL 支持的各种数学模型文件后缀名见表 1-1。

表 1-1　PowerMILL 支持的各种数学模型文件后缀名

后缀名	含义	后缀名	含义
dgk、ddx、ddz、psmodel	Autodesk 软件产品文件	pfm	Cimatron 文件
vda	VDA 文件	sldprt	SolidWorks 文件
tri	三角模型	par	Solidedge 文件
pic	DUCT 图形文件	stp	STEP 格式文件
model、catpart	CATIA 文件	prt	NX 文件
dxf	AutoCAD 文件	x_t、xmt_txt、x_b	Parasolid 格式文件
ig*	IGES 格式文件	dmt	三角模型文件
mfl、prt	Ideas 文件	stl	STL 格式文件
ipt	Inventor 文件	ttr	三角模型文件
3dm	Rhino 文件	sat	ACIS 格式文件
prt	Pro/Engineer 文件		

这里，要特别提醒读者注意的是，PowerMILL 系统能直接支持的模型文件的后缀名是 dgk，其他格式的模型文件需要通过数据转换专用模块 Exchange 先转换为*.dgk 文件，然后才能输入 PowerMILL 系统。

8）输出模型：将 PowerMILL 软件中当前正在编辑的项目文件中的模型输出为*.dgk 或*.dmt 格式的 CAD 模型。

9）提取电极：打开后缀名为 trode 的电极模型文件。

10）范例：输入 PowerMILL 系统自带的供练习用的范例模型。

11）打印预览：预览 PowerMILL 软件绘图区的打印内容。

12）打印：打印 PowerMILL 软件绘图区的内容。例如：打印某一工序的刀具路径。

13）新近项目：打开最近编辑过的项目文件（系统列出了最近编辑过的项目文件）。

14）新近模型：输入最近编辑过的 CAD 模型（系统列出了最近输入过的 CAD 文件）。

15）删除全部：永久删除全部内容。

16）退出：关闭 PowerMILL 系统。

1.3 PowerMILL 数控编程基本概念

在介绍 PowerMILL 软件的应用与操作之前，必须明确定义所涉及的概念，以免产生歧义，引起读者误解。本书会提到的概念如下。

1. 模型

模型是指加工对象，即零件。CAM 软件中的模型一般来自 CAD 软件，它以数字化形式存在，所以也常称模型为“数模”。

2. 工件

工件即通常所说的毛坯或素材。

3. NC 程序

NC 程序是数控机床所能支持的代码文件，由各种“字”组成。

4. 刀具路径

刀具路径简称“刀路”，是数控机床加工零件时，刀具或工件移动的路径。

5. 边界

边界是一条或多条首尾相接的、封闭的二维或三维线，用来限制刀具路径在 *X Y* 平面内的计算范围。

6. 参考线

参考线是一条或多条封闭或开放的二维或三维线，其作用包括直接作为刀具路径使用、引导产生刀路等。

7. 特征组

特征即零件上的某一个结构，如孔、槽、矩形腔等。多个特征组成一个特征组。

8. 用户坐标系

PowerMILL 系统中，主要会用到两种坐标系。一种称为世界坐标系，即设计坐标系，是在设计零件时的坐标原点，零件输入 PowerMILL 系统，世界坐标系是唯一的；另一种则为用户坐标系，是在 PowerMILL 系统中由编程员创建的坐标系，该坐标系可以用来对刀、计算安全高度和刀路、输出 NC 代码等。

9. 层与组合

层即图层，可以把同类要素放在一个图层中，便于显示、隐藏操作。一个几何图形只能位于一个层中。

组合与图层的功能和操作都相似，区别在于一个几何图形可分别位于不同的组合中。

1.4 PowerMILL 软件中鼠标的使用及快捷键

在 PowerMILL 软件中，鼠标的左键、中键（滚轮）、右键的功能分别见表 1-2。

表 1-2 鼠标各键的功能

名称	操作	功能
左键	单击	选取图素（包括点、线、面）、毛坯、刀具、刀具路径等
中键（滚轮）	按下中键不放，并且移动鼠标	旋转模型
	滚动中键	缩放模型
	<Shift>键+中键	移动模型
	<Ctrl>键+<Shift>键+中键	局部放大模型
右键	在绘图区单击	在不同的图素上单击右键时，可弹出快捷菜单
	在资源栏单击	调出用户自定义的快捷菜单

PowerMILL 软件内部定义了一些快捷键，常用快捷键见表 1-3。

表 1-3 PowerMILL 常用快捷键

快捷键名	功能	快捷键名	功能
<F1>	打开帮助表	Ctrl+6	$-X$ 视角
<F2>	显示模型线框	Ctrl+7	ISO4 视角
<F3>	显示阴影模型	Ctrl+8	$-Y$ 视角
<F4>	显示可见部分	Ctrl+9	ISO3 视角
<F6>	图素全屏显示	Ctrl+0	$+Z$ 视角
<Ctrl+1>	ISO1 视角	Ctrl+S	保存项目
<Ctrl+2>	$+Y$ 视角	Ctrl+H	光标显示为十字形式开关
<Ctrl+3>	ISO2 视角	Ctrl+Alt+B	毛坯显示开关
<Ctrl+4>	$+X$ 视角	Ctrl+F1	查询帮助信息
<Ctrl+5>	$-Z$ 视角	Ctrl+T	光标显示为刀具开关

1.5 PowerMILL 软件常用基础操作

1. 调整模型输入精度

向 PowerMILL 软件输入 CAD 模型时，输入精度的高低会影响 CAD 模型数据的输入量。调整模型输入精度的方法是：

在 PowerMILL 下拉菜单条中，单击“工具”→“选项”，打开“选项”表格，双击“输入”树枝，将其展开，单击该树枝下的“模型”树枝，更改模型输入公差，如图 1-10 所示。

模型输入公差：PowerMILL 在输入 CAD 模型时，能识别图素的精度。精度越高，越能捕捉到图素（包括点、线、面等）之间微小的间距。所以，在后续的操作中出现关于图线不封闭的报警时，可以适当调整模型输入公差。

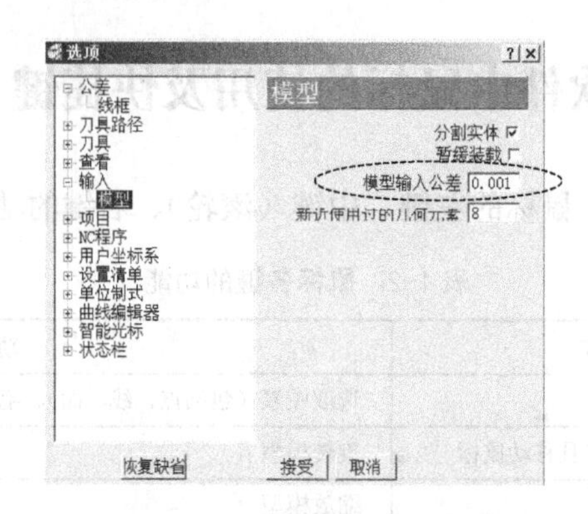

图 1-10　模型输入公差选项

2．输入模型

输入模型有两种途径：

1）在 PowerMILL 下拉菜单条中，执行“文件”→“输入模型...”，打开“输入模型”表格，选择目标文件，单击“打开”按钮，即可输入模型。

如果在“输入模型”表格中找不到目标文件，很可能是因为文件的后缀名不是*.dgk，解决办法是在“输入模型”表格中，将文件类型设置为 All Files（*），这样可以查看全部文件。

2）在 PowerMILL 资源管理器中，右击“模型”树枝，在弹出的快捷菜单条中执行“输入模型”，打开“输入模型”表格，选择目标文件，单击“打开”按钮，即可输入模型。

3．调整模型显示精度

模型显示精度包括圆弧边线显示精度和实体阴影精度。模型显示精度不够时，圆弧边线会显示为多边形线框，面与面的接缝间距也显得过大，看起来就像破孔。因此，在输入模型之后，可以调整模型显示精度。

1）调整圆弧边线显示精度：在 PowerMILL 下拉菜单条中，单击“工具”→“选项”，打开“选项”表格，双击“查看”树枝，将它展开，单击该树枝下的“三维图形”树枝，更改显示公差，如图 1-11 所示。

显示公差：圆弧显示多边形公差。公差值设置得越小，圆弧显示越逼近真实圆弧。

2）调整模型实体阴影精度：在 PowerMILL 下拉菜单条中，执行“显示”→“模型”，打开“模型显示选项”表格，更改阴影公差，如图 1-12 所示。

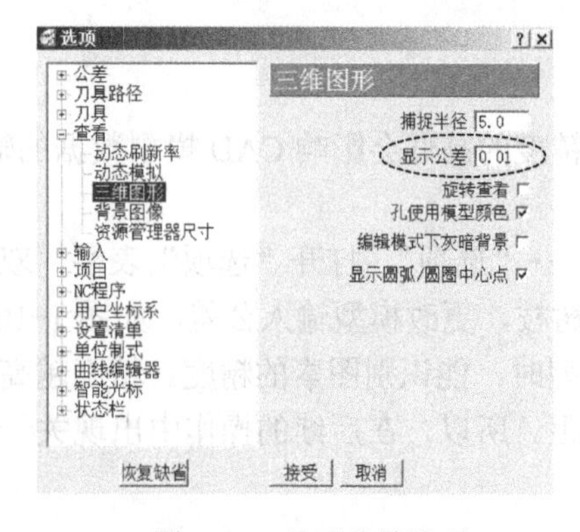

图 1-11　显示公差选项

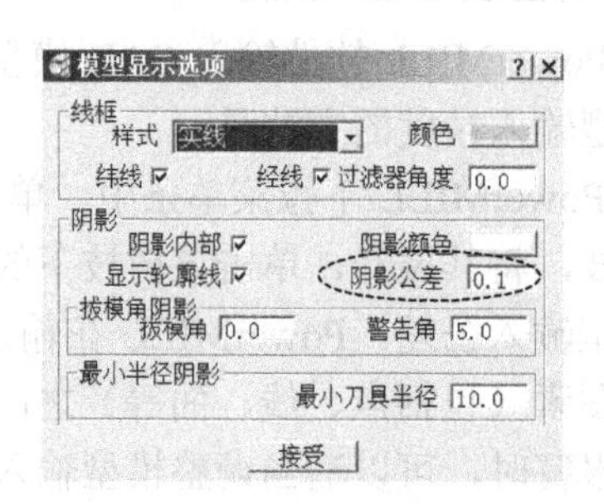

图 1-12　阴影公差选项

阴影公差：模型实体渲染显示时的精度。公差值设置得越小，模型渲染显示时精度越高，曲面接合得越严密。

4. 恢复 PowerMILL 软件各选项默认参数

在编程时，会对系统各选项参数做出大量修改。当完成某一项目，新建另一个加工项目时，PowerMILL 系统并没有将这些选项参数复位为默认值。为安全起见，往往需要将各表格参数重设为原始值，这就要用到 PowerMILL 重设表格功能。执行该功能后，系统自动将所有表格中的参数设置为默认值。

重设表格的操作步骤是：在下拉菜单条中单击“工具”→“重设表格”。

5. 设置用户自定义路径

用户自定义路径是一个很实用的功能，对管理各种文件提供了极其方便的操作。例如：当执行“文件”→“打开”时，系统首先到哪个目录（或称路径）去找文件来打开呢？这时就可以用用户自定义路径功能来进行设置。

在下拉菜单条中，单击“工具”→“自定义路径”，打开“PowerMILL 路径”表格，如图 1-13 所示。

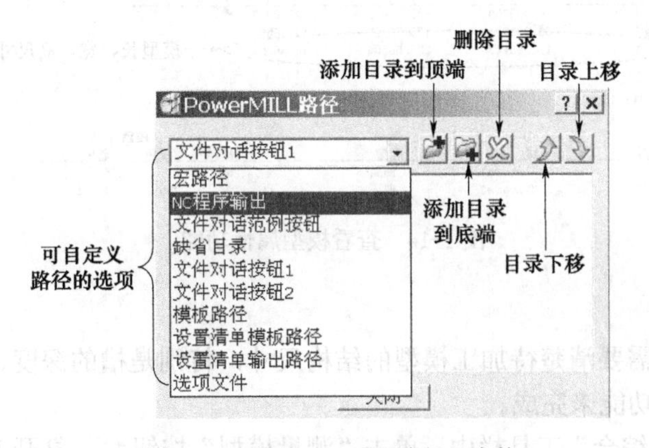

图 1-13 “PowerMILL 路径”表格

可自定义路径的选项包括：

1）宏路径：定义用户宏文件（后缀名为 mac）保存、调用的位置。

2）NC 程序输出：定义刀具路径进行后处理生成 NC 文件后，保存在哪个目录。例如：设置 E:\PM EX 目录为 NC 程序输出目录的操作步骤如下：

① 在 E:\目录下新建 PM EX 文件夹。

② 在下拉菜单条中执行“工具”→“自定义路径”，打开“PowerMILL 路径”表格。

③ 在该表格中选择“NC 程序输出”选项。

④ 单击表格中的“添加目录到顶端”按钮，打开“选取路径”表格，在该表格中选择 E:\PM EX，单击“确定”按钮完成设置。

3）文件对话范例按钮：当执行“文件”→“输入模型”时，打开的表格中会有一个“范例”按钮，此功能就是定义输入模型时，“范例”按钮所指定的路径。

4）缺省目录：设置打开和保存项目文件时的默认目录。

5）文件对话按钮 1：定义“输入模型”表格中，“1”按钮所指定的路径。

6）文件对话按钮 2：定义“输入模型”表格中，“2”按钮所指定的路径。

7）模板路径：保存和调用 PowerMILL 模板形体文件（后缀名是 ptf）的目录。

8）设置清单模板路径：保存和调用数控加工工艺文件的目录。

9）设置清单输出路径：设置工艺文件保存的目录。

10）选项文件：定义 PowerMILL 后处理器文件（PowerMILL 称为选项文件，其后缀名是 opt）所在的目录。

6．查看模型属性

模型属性包括模型的长宽高尺寸、在当前激活坐标系下的位置以及模型各部件所属图层信息等内容。其中，查看模型长宽高尺寸，有助于读者编程时选择机床和刀具，以及确定模型在机床工作台上的安装方位。

在 PowerMILL 资源管理器中，双击“模型”树枝，将它展开，右击该树枝下的模型名，在弹出的快捷菜单条中执行“属性”，打开“信息”对话框，如图 1-14 所示。

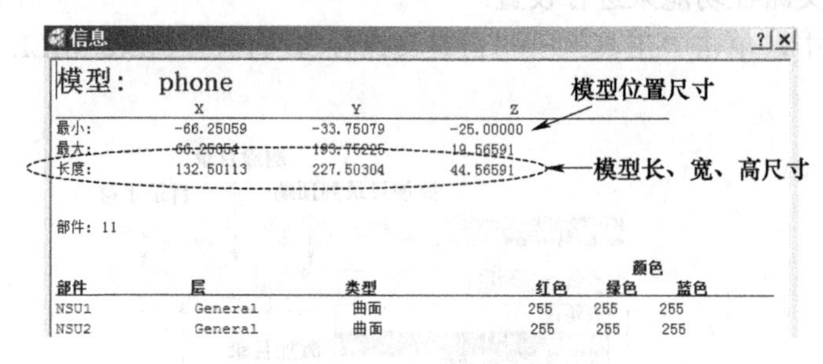

图 1-14　查看模型属性功能

7．测量模型

在数控编程前，需要清楚待加工模型的结构尺寸，特别是槽的深度、宽度及圆弧的半径等尺寸，使用测量器功能来完成。

在 PowerMILL“综合”工具栏中，单击“测量模型”按钮，打开 PowerMILL 测量器，如图 1-15 所示。

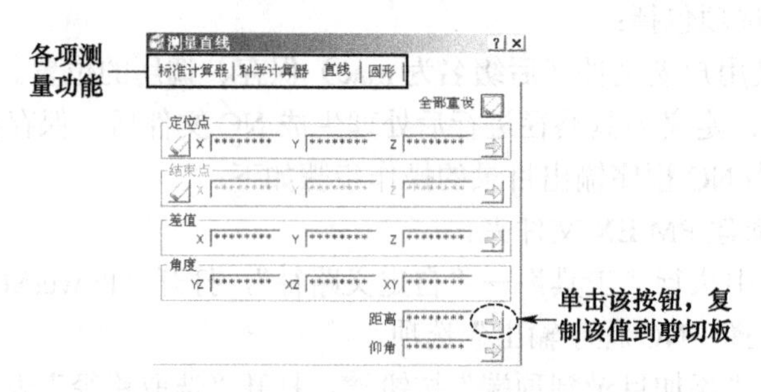

图 1-15　PowerMILL 测量功能

1）直线测量功能：选择直线的两个端点作为测量依据。系统显示两点的 X、Y 和 Z 坐标值及各轴的差值。测量结果可用来决定加工模型间隙能使用的最大刀具尺寸。

2）圆弧测量功能：选择圆弧边线上的三个点（这三个点相隔的距离尽量远一些）作为测量依据，系统显示出该圆弧的半径大小。

8. 分析模型

使用 PowerMILL 模型分析功能可以显示出模型中的最小圆角、拔模面、各面不同的加工余量以及加工方式等。

在“查看”工具栏中，右击“普通阴影”按钮，弹出“模型分析”工具栏，如图 1-16 所示。

图 1-16 “模型分析”工具栏

介绍几个常用功能。

1)“普通阴影”按钮：显示普通的着色模型。单击该按钮后，系统用蓝色表示曲面的外部，用暗红色表示曲面的内部。

2)“多色阴影”按钮：用不同的颜色着色不同的模型。多色阴影主要用于区别两个零件修改前后的形状差别，输入修改前后的两个模型到绘图区，使用这种阴影可以清楚地查看修改后零件与修改前零件的区别。

3)“最小半径阴影”按钮：显示模型中小于系统设置的最小刀具半径的倒圆角曲面。该功能可帮助读者决定要用到多小的刀具才能把模型的圆角准确地加工到位。

4)“拔模角阴影”按钮：显示小于系统设定最小拔模角的曲面。该功能帮助读者分析出三轴机床刀具切削不到的倒钩面，系统用红色表示这些倒钩面（沿刀具中心线方向看不到的面），用黄色表明介于拔模角和警告角之间的曲面。

5)“刀具路径余量阴影模型”按钮：根据刀具路径所设置的不同加工余量用不同颜色着色模型各部位。

9. 打开 PowerMILL 软件内部命令表格

PowerMILL 软件内部命令表格类似于 DOS 操作系统的命令执行风格，可以在该命令表格中直接输入命令来完成某一操作。

在操作 PowerMILL 软件的过程中，单击软件的某一按钮，实际上是向系统发出了某一个命令。例如：单击“创建毛坯”按钮，它执行的命令是“From Block\r”，也可以直接在 PowerMILL 软件内部命令表格中输入这个命令，回车后即执行；还可以将该命令写入宏文件以及 PowerMILL 配置文件中以备调用。

打开 PowerMILL 软件内部命令表格的操作步骤是：在下拉菜单条中单击“工具”→“显示命令”，系统在提示栏上方打开显示命令的对话框，如图 1-17 所示。

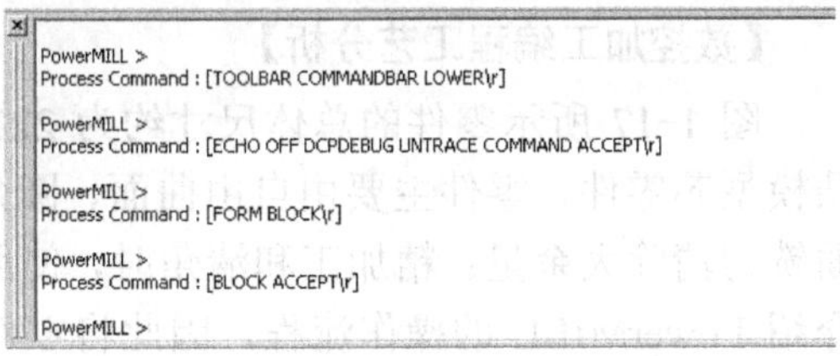

图 1-17 PowerMILL 命令显示

请注意，在图 1-17 中，通过 PowerMILL 命令显示功能在显示区显示出了操作者所执行的全部命令。例如：“Process Command:[FORM BLOCK\r]”是执行创建毛坯功能，“Process Command:[BLOCK ACCEPT\r]”是单击“确定”按钮，接受创建的毛坯。

1.6 PowerMILL 数控编程的一般过程及引例

PowerMILL 系统紧密联系生产现场数控铣削工艺流程，使软件的各项操作过程与实际加工过程非常相似。概括起来，应用 PowerMILL 系统自动编程的一般流程如下：

1）输入模型。输入将要加工的对象。

2）计算毛坯。毛坯也称为工件，经过铣削多余的余量后获得零（部）件产品。

3）创建刀具。创建用于粗加工、精加工、清角加工的刀具。

4）设置快进高度。快进高度就是通常所说的安全高度。在加工开始时，刀具从机床最高点快速移动到这一高度，该高度要求避免刀具与工件或夹具发生碰撞。

5）设定刀具路径开始点和终止点。定义刀具从哪一点开始铣削，以及加工完成后，刀具停留在哪个位置。

6）计算及编辑刀具路径。选用恰当的刀具路径计算策略，设置各工步切削参数和编程计算参数，计算出各工步的加工刀具路径。一些情况下，还需要对软件计算出来的刀路进行编辑，改善刀路的性能。

7）安全性检查。对刀具路径进行碰撞及过切检查。

8）刀具路径后处理。将图形化的刀具路径转换为字符形式的 NC 代码，并制作与 NC 代码对应的加工工艺文件。

下面，举一个简单的例子，让读者快速了解 PowerMILL 自动编程的操作过程。

例 1-1 对话器面壳凸模型芯数控加工自动编程实例

图 1-18 所示为对话器面壳凸模型芯零件，仿真加工效果如图 1-19 所示。

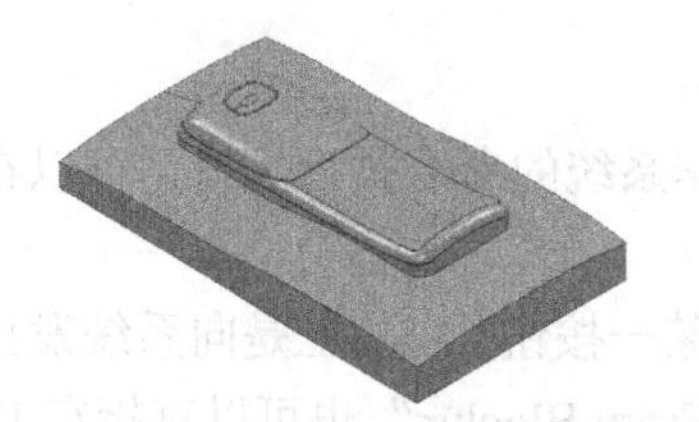

图 1-18 对话器面壳凸模型芯零件

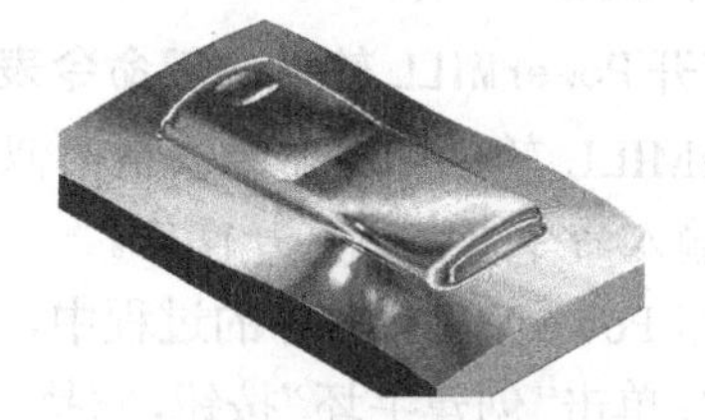

图 1-19 仿真加工效果

【数控加工编程工艺分析】

图 1-17 所示零件的总体尺寸约为 227mm×132mm×44mm，这是一个结构较为简单的凸模型芯零件，零件主要由自由曲面、圆角构成，毛坯为方坯。粗加工时，使用刀尖圆角面铣刀清除大余量；精加工和清角时，使用球头铣刀加工自由曲面和圆角。本例的目的是介绍 PowerMILL 的操作流程，因此将零件加工的工艺简化处理，简要的数控加工编程工艺见表 1-4。

表 1-4 简要的数控加工编程工艺

工步号	工步名称	加工区域	加工策略	刀具	部分编程参数					
					公差/mm	余量/mm	转速/(r/min)	进给速度/(mm/min)	下切步距/mm	行距/mm
1	粗加工	零件整体	模型区域清除	d20r0.8 刀尖圆角面铣刀	0.1	0.4	1200	800	2	14
2	精加工	零件整体	平行精加工	d10r5 球头铣刀	0.01	0	6000	2000	—	0.6
3	清角	零件角落	多笔清角精加工	d5r2.5 球头铣刀	0.01	0	6000	1000	—	—

注：

由于 PowerMILL 的各项参数设置较为集中，弹出的表格往往包括大量选项，故本书范例引用系统表格时，会用椭圆曲线（虚线）将修改过的项目值圈起来，读者可清晰地看出要修改哪些选项。另外，有些表格在注释时还编入了序号，这些序号表示操作的顺序或修改选项的顺序。

【详细操作步骤】

1）打开 PowerMILL 系统：双击桌面上 PowerMILL 软件图标，打开 PowerMILL 系统。

2）输入零件：在 PowerMILL 下拉菜单条中执行“文件”→“输入模型”，打开“输入模型”表格，如图 1-20 所示。按图中顺序号进行操作，单击范例文件夹按钮，选择 phone.dgk 文件，单击“打开”按钮，完成模型输入。

3）更改零件显示状态：模型输入 PowerMILL 绘图区后，其默认显示状态为顶视图、线框表示。为了更清楚地观察模型，做如下操作：在 PowerMILL“查看”工具栏中，依次单击“普通阴影”按钮、“ISO1 视角”按钮、“线框”按钮，这样可以将模型调整为实体着色的轴测图状态，便于观察模型。

请读者特别注意，在本书后面的实例讲解中，输入模型后都要完成这一步操作，才能清楚地查看零件。

4）保存项目文件：后续某些操作需要在项目保存后才能进行。在 PowerMILL 下拉菜单条中，执行“文件”→“保存项目”，打开“保存项目为”表格，在“保存在”栏选择 E: \，在“文件名”栏输入项目名为 1-01 phone，然后单击“保存”按钮完成操作。

5）计算毛坯：在 PowerMILL“综合”工具栏中，单击“创建毛坯”按钮，打开“毛坯”表格，按图 1-21 所示依次设置参数，单击“接受”按钮关闭“毛坯”表格，系统将根据零件尺寸自动计算出毛坯。

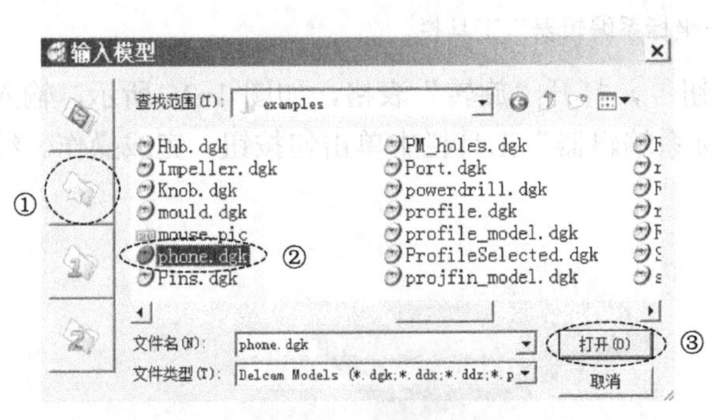

图 1-20　输入模型

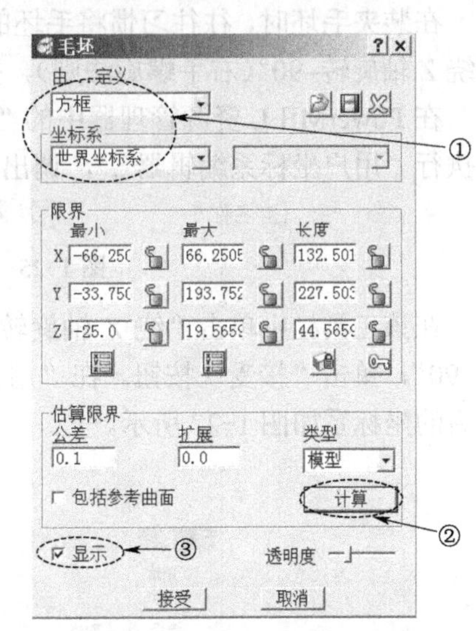

图 1-21　计算毛坯

6）创建对刀坐标系：零件的设计坐标系（在 PowerMILL 中称为世界坐标系，白色显示）在材料内部，不太方便直接对刀，可在方坯的特殊点创建对刀坐标系。

在 PowerMILL 资源管理器（图 1-22）中，在“用户坐标系”树枝上单击鼠标右键（为简化表达，后面类似操作简化为右击），在弹出的快捷菜单条中执行“产生并定向用户坐标系”→“使用毛坯定位用户坐标系”。

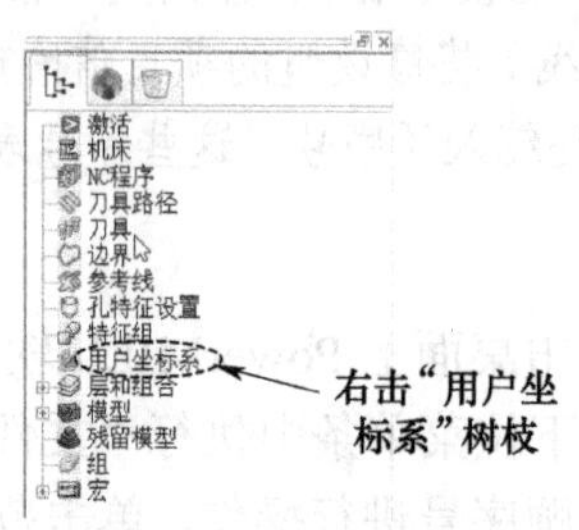

图 1-22　资源管理器

在绘图区中，系统在毛坯上各特征点显示了小圆球。在图 1-23 箭头所示毛坯顶部平面中心点位置上的小圆球上单击，系统创建出一个用户坐标系，它的名称是 1。

在 PowerMILL 资源管理器中，双击“用户坐标系”树枝，将它展开，右击该树枝下的“1”，在弹出的快捷菜单条中执行“激活”，设置用户坐标系 1 为当前编程坐标系。激活后的用户坐标系以红色显示，如图 1-24 所示。

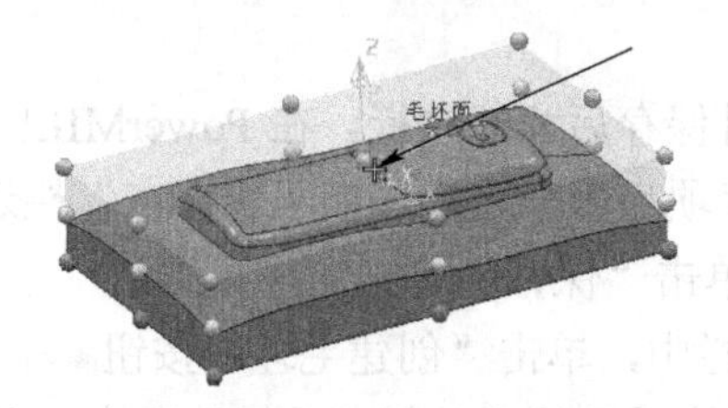

图 1-23　单击特征点

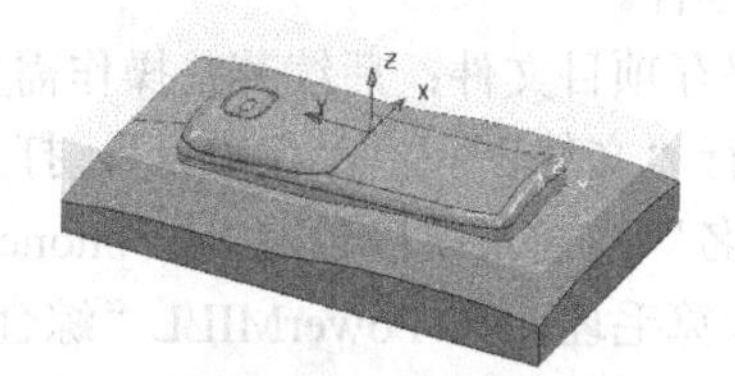

图 1-24　激活后的用户坐标系

在装夹毛坯时，往往习惯将毛坯的长边与机床 *X* 坐标对齐，如图 1-24 所示坐标系，则需要绕 *Z* 轴旋转−90°（右手螺旋法则），操作过程如下：

在 PowerMILL 资源管理器中的“用户坐标系”树枝下，右击“1”，在弹出的快捷菜单条中执行“用户坐标系编辑器...”，调出“用户坐标系编辑器”工具栏，如图 1-25 所示。

名称 1

图 1-25　“用户坐标系编辑器”工具栏

在该工具栏中单击“绕 Z 轴旋转”按钮，打开“旋转”表格，如图 1-26 所示，输入“−90”，单击“接受”按钮。在“用户坐标系编辑器”工具栏中单击勾按钮，完成操作。编辑后的坐标系如图 1-27 所示。

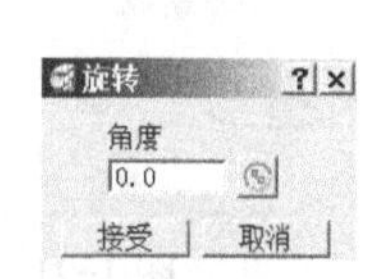

图 1-26　旋转坐标系

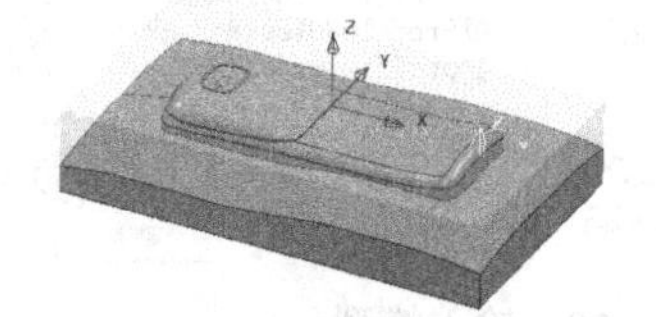

图 1-27　对刀坐标系 1 坐标朝向

7）创建粗加工刀具：在 PowerMILL 资源管理器中，右击“刀具”树枝，在弹出的快捷菜单条中执行“产生刀具”→“刀尖圆角端铣刀”选项，打开“刀尖圆角端铣刀”表格。

在“刀尖”选项卡中，按图 1-28 所示设置刀具参数。

设置完刀尖参数后，单击“刀柄”选项卡，按图 1-29 所示设置刀柄参数。

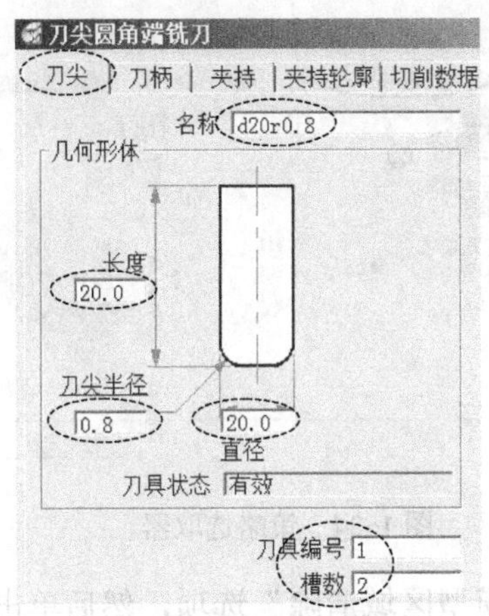

图 1-28　设置刀尖参数

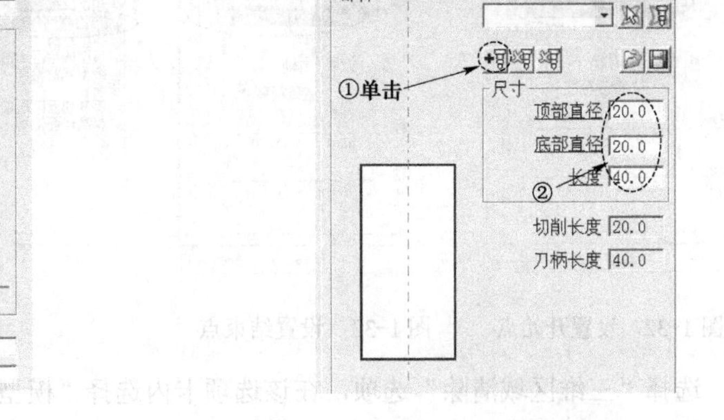

图 1-29　设置刀柄参数

刀柄参数设置完成后，单击“夹持”选项卡，按图 1-30 所示设置夹持参数。

刀具全部参数设置完成后，单击“关闭”按钮完成粗加工刀具创建。

8）计算安全高度：PowerMILL 系统将安全高度称为快进高度。

在 PowerMILL“综合”工具栏中，单击“快进高度”按钮，打开“快进高度”表格，按图 1-31 所示设置参数计算出安全高度，单击“接受”按钮关闭表格。

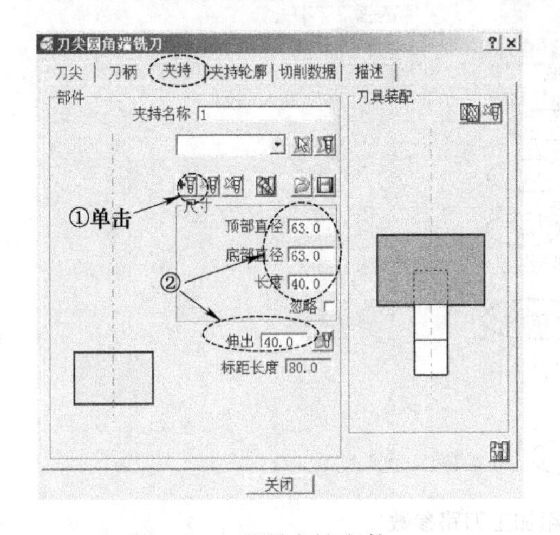

图 1-30　设置夹持参数

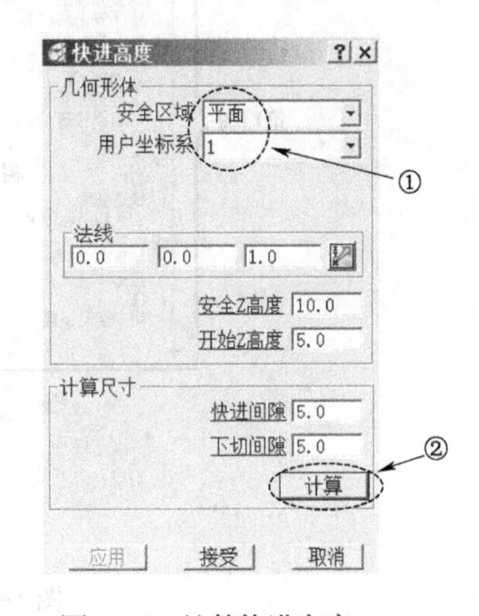

图 1-31　计算快进高度

9）设置刀具路径开始点和结束点位置：在 PowerMILL“综合”工具栏中，单击“开始点和结束点”按钮，打开“开始点和结束点”表格，在“开始点”选项卡中按图 1-32 所示设置刀路开始点，切换到“结束点”选项卡，按图 1-33 所示设置结束点。单击“接受”按钮关闭表格。

10）计算粗加工刀具路径：在 PowerMILL“综合”工具栏中，单击“刀具路径策略”按钮，打开“策略选取器”表格，如图 1-34 所示。

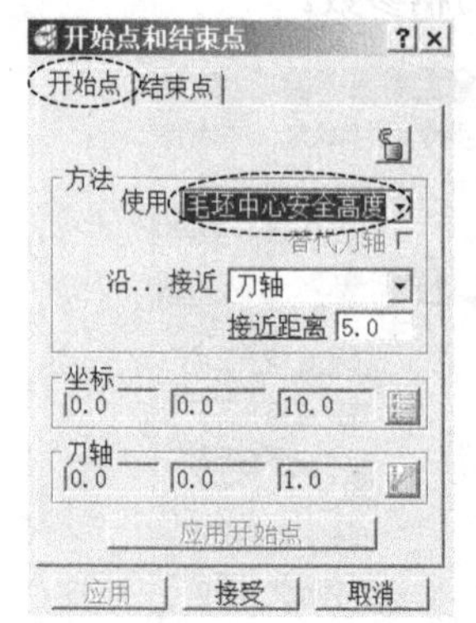

图 1-32　设置开始点

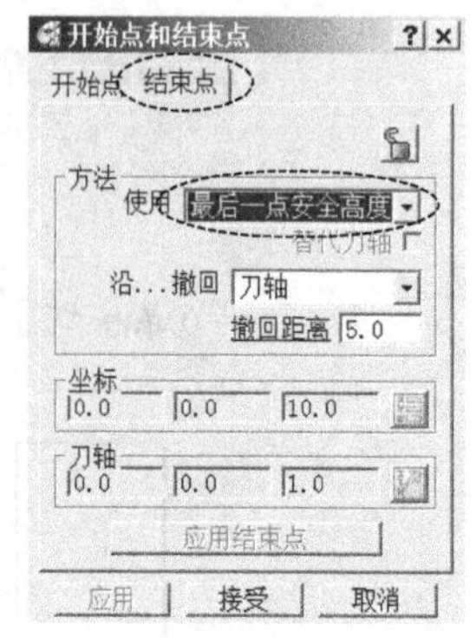

图 1-33　设置结束点

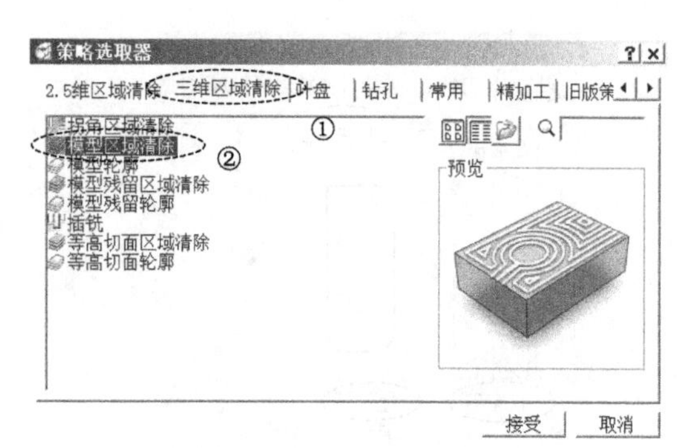

图 1-34　策略选取器

选择“三维区域清除”选项，在该选项卡内选择“模型区域清除”选项，然后单击“接受”按钮，打开“模型区域清除”表格，按图 1-35 所示设置参数。

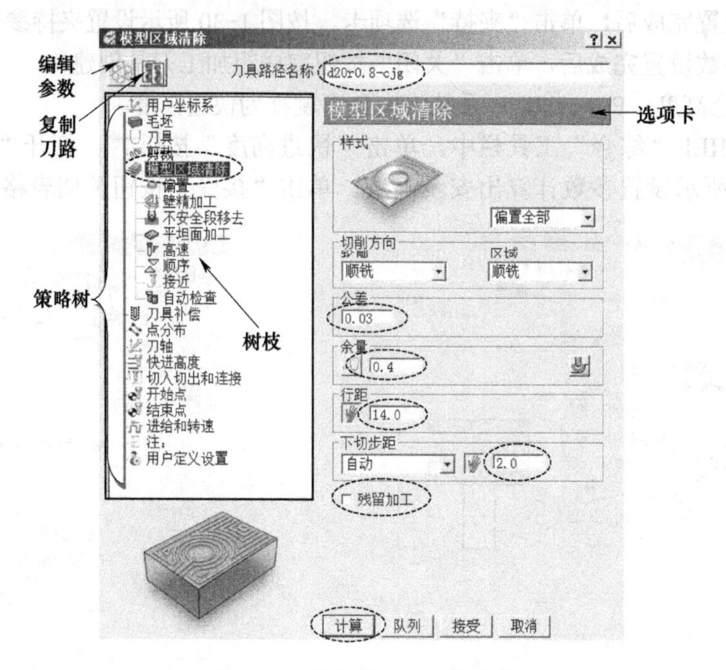

图 1-35　设置粗加工刀路参数

在“模型区域清除”表格的“策略”树中，双击“切入切出和连接”树枝，展开该树枝。再单击“切入切出和连接”树枝下的“切入”树枝，调出“切入”选项卡，按图 1-36 所示设置切入方式。

在“模型区域清除”表格的“策略”树中，单击“进给和转速”树枝，调出“进给和转速”选项卡，按图 1-37 所示设置粗加工进给和转速参数。

系统会自动选择使用已经创建出来并处于激活状态的 d20r0.8 刀具，以及已经设置好的毛坯和快进高度参数，因此，这些参数都不需要再在“模型区域清除”表格中设置。

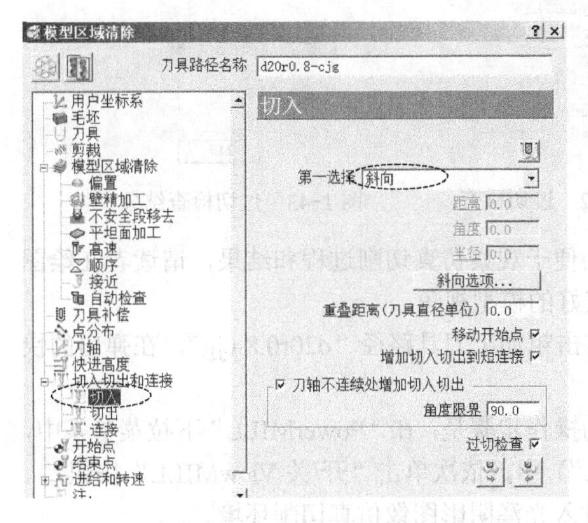

图 1-36　设置切入方式

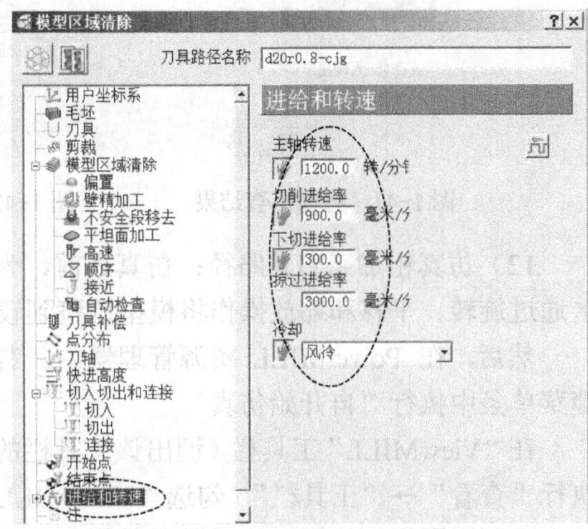

图 1-37　设置粗加工进给和转速参数

单击“模型区域清除”表格下方的“计算”按钮，系统计算出图 1-38 所示的粗加工刀具路径，图 1-39 为该粗加工刀具路径的局部放大图。

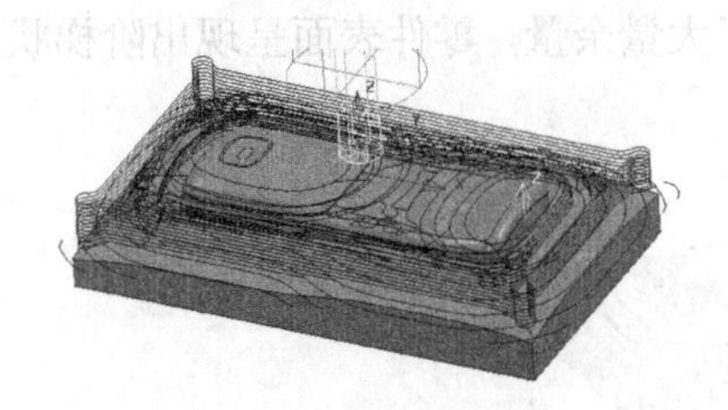

图 1-38　粗加工刀具路径

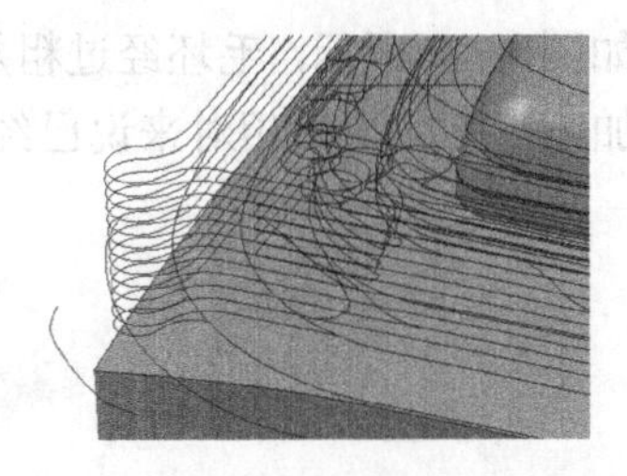

图 1-39　粗加工刀具路径的局部放大图

在“模型区域清除”表格下方，单击“取消”按钮，完成计算粗加工刀路。

11）检查粗加工刀路：在 PowerMILL 资源管理器中，双击“刀具路径”树枝，展开“刀具路径”列表，右击粗加工刀具路径“d20r0.8-cjg”，在弹出的快捷菜单条中执行“检查”→“刀具路径”，打开“刀具路径检查”表格，如图 1-40 所示。

首先进行碰撞检查。在“检查”栏内选择“碰撞”选项，去除“分割刀具路径”以及“调整刀具”两选项前的勾，单击“应用”按钮，系统进行碰撞计算。完成计算后，系统会给出碰撞检查报告，如图 1-41 所示，单击“确定”按钮，完成碰撞检查。

接着进行过切检查。在“检查”栏内选择“过切”选项，如图 1-42 所示，单击“应用”按钮，系统经过计算后会给出过切检查报告，如图 1-43 所示，单击“确定”按钮并关闭“刀具路径检查”表格，完成刀具路径检查。

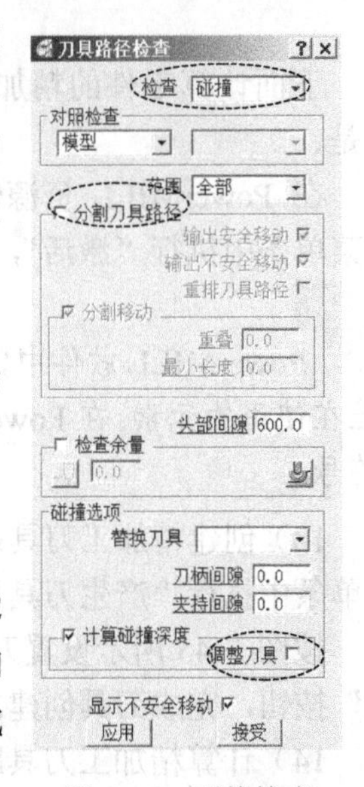

图 1-40　碰撞检查

图 1-41　碰撞检查结果

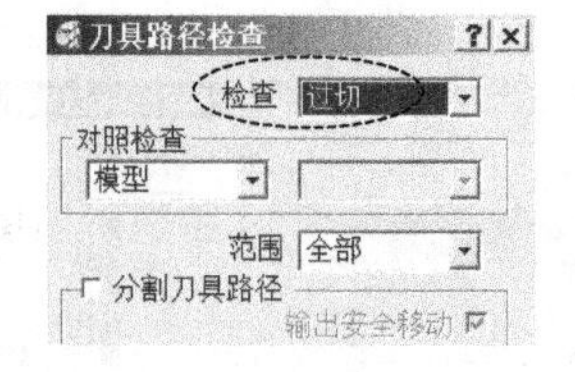

图 1-42　过切检查

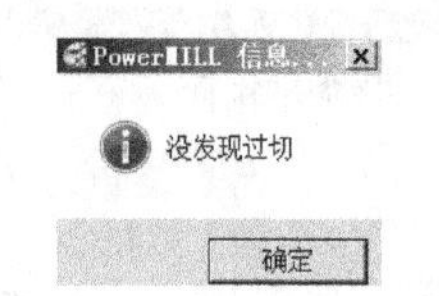

图 1-43　过切检查结果

12）仿真粗加工刀具路径：仿真之前，为便于观察仿真切削过程和结果，请读者在绘图区通过旋转、平移和缩放操作将模型调整到较好的模型视角。

然后，在 PowerMILL 资源管理器中，右击粗加工刀具路径“d20r0.8-cjg”，在弹出的快捷菜单条中执行“自开始仿真”。

在“ViewMILL”工具栏（调出该工具栏的操作步骤是：在“PowerMILL”下拉菜单条中，执行“查看”→“工具栏”，勾选“ViewMILL”）中，依次单击“开/关 ViewMILL”按钮、“光泽阴影图像”按钮，系统的绘图区即进入光泽阴影图像仿真切削环境。

在“仿真控制”工具栏中，单击“运行”按钮，系统即开始模拟切削过程。仿真切削结果如图 1-44 所示。

在“ViewMILL”工具栏中，单击“无图像”按钮，退出仿真切削环境。

如图 1-44 所示，毛坯经过粗加工后，已经去除了大量余量，零件表面呈现出阶梯状，留给精加工工序的余量相对来说已经比较均匀了。

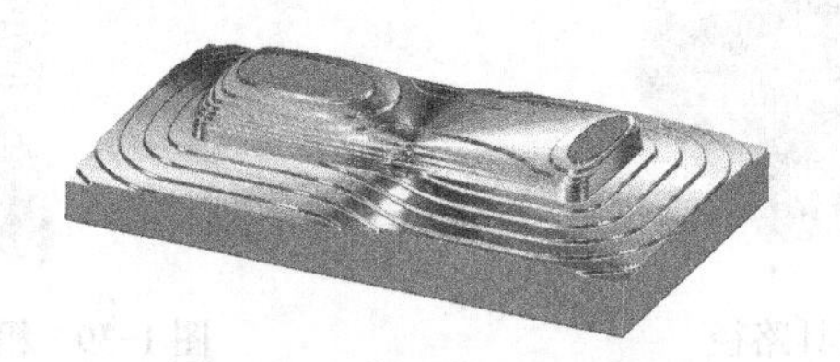

图 1-44　粗加工仿真切削结果

下面计算零件的精加工刀具路径。在此之前，先将粗加工刀具路径取消激活，操作方法是：

在 PowerMILL 资源管理器中的“刀具路径”树枝下，右击“d20r0.8-cjg”，在弹出的快捷菜单条中执行“激活”，将粗加工刀具路径取消激活。

注意

PowerMILL 软件中，某一元素（比如某一把刀具）处于激活状态，表示该元素是当前正在使用的元素。在 PowerMILL 资源管理器中的树枝里，处于激活状态的元素前有一个“〉”符号。

13）创建精加工刀具：在 PowerMILL 资源管理器中，右击“刀具”树枝，在弹出的快捷菜单条中执行“产生刀具”→“球头刀”，打开“球头刀”表格。

按图 1-45 所示设置刀尖参数，定义一把名称为 d10r5、直径为 10.0 的球头铣刀，单击“关闭”按钮，完成刀具创建。

14）计算精加工刀具路径：在 PowerMILL“综合”工具栏中，单击“平行精加工策略”按钮平行精加工，打开“平行精加工”表格，按图 1-46 所示设置平行精加工参数。

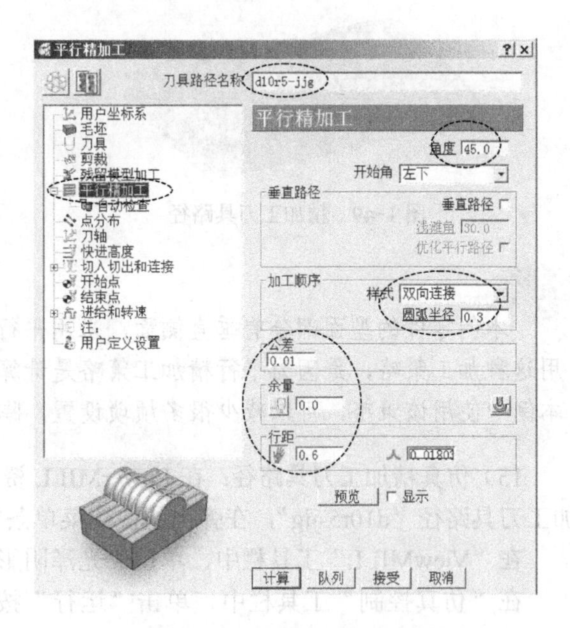

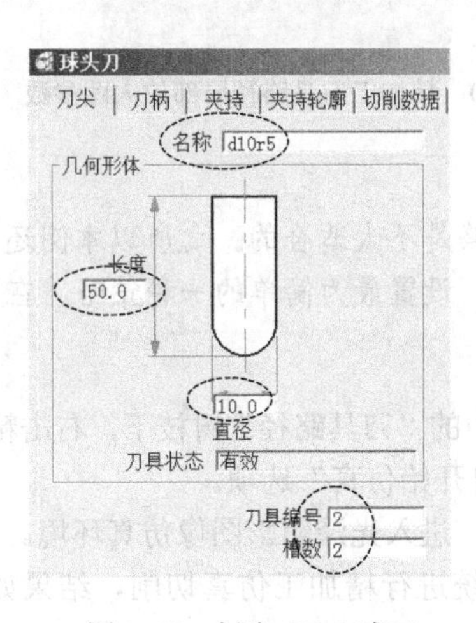
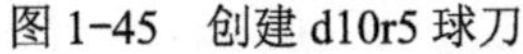

图 1-45　创建 d10r5 球刀

图 1-46　设置平行精加工参数

在“平行精加工”表格的策略树中，双击“切入切出和连接”树枝，展开它。再单击该树枝下的“切入”树枝，调出“切入”选项卡，按图 1-47 所示设置切入方式。

精加工刀具 d10r5 创建出来后，其处于激活状态，在平行精加工中会被自动选用，不需要再去选择刀具。

在“平行精加工”表格的策略树中，单击“进给和转速”树枝，调出“进给和转速”选项卡，按图 1-48 所示设置精加工进给和转速参数。

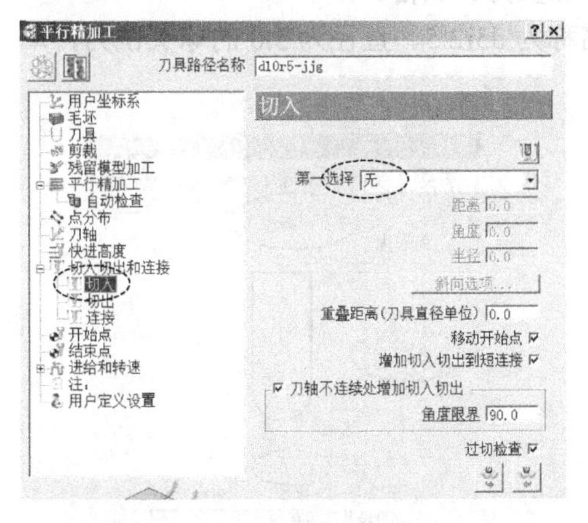

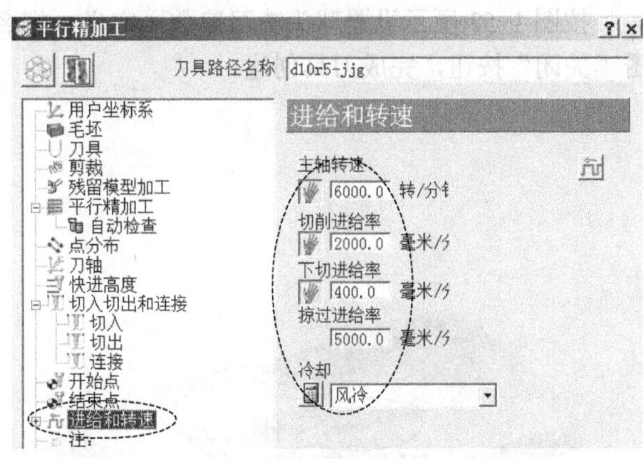

图 1-47　设置切入方式

图 1-48　设置精加工进给和转速参数

设置完成后，单击“平行精加工”表格下方的“计算”按钮，系统计算出图 1-49 所示精加工刀具路径，图 1-50 为精加工刀具路径局部放大图。

单击“取消”按钮，关闭“平行精加工”表格。

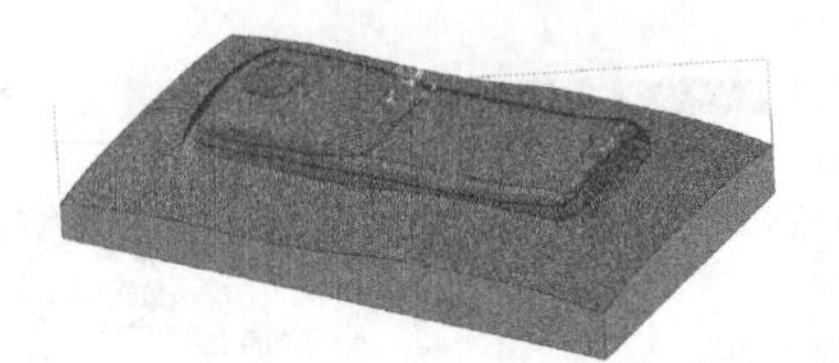

图 1-49　精加工刀具路径

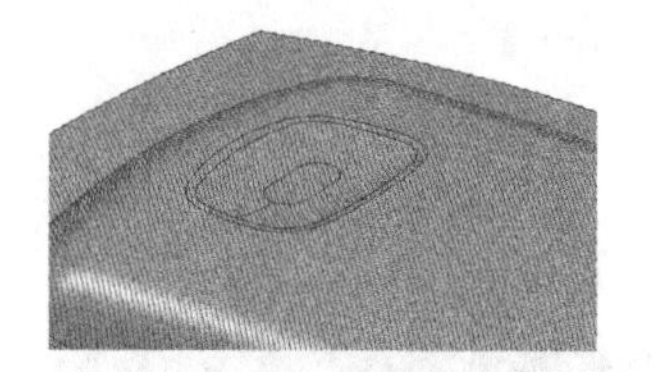

图 1-50　精加工刀具路径局部放大图参数

注：

本例零件的型面部分有垂直侧面，采用平行精加工策略是不太适合的。之所以本例还用这种加工策略，是因为平行精加工策略是计算速度最快、设置最为简单的一种策略。在本例中使用该策略，可以减少很多烦琐设置，降低难度。

15）仿真精加工刀具路径：在 PowerMILL 资源管理器中的“刀具路径”树枝下，右击精加工刀具路径“d10r5-jjg”，在弹出的快捷菜单条中选择“自开始仿真”选项。

在“ViewMILL”工具栏中，单击“光泽阴影”按钮，进入光泽阴影图像仿真环境。

在“仿真控制”工具栏中，单击“运行”按钮，系统进行精加工仿真切削，结果如图 1-51 所示。

在“ViewMILL”工具栏中，单击“无图像”按钮，退出仿真环境。

如图 1-51 所示，该零件中央部位的四个垂直侧面与分模面交叉处经精加工后还存在部分余量，需要进行清角加工。

在 PowerMILL 资源管理器中的“刀具路径”树枝下，右击“d10r5-jjg”，在弹出的快捷菜单条中执行“激活”，将精加工刀具路径取消激活。

16）创建清角刀具：在 PowerMILL 资源管理器中，右击“刀具”树枝，在弹出的快捷菜单条中执行“产生刀具”→“球头刀”，系统弹出“球头刀”表格。

按图 1-52 所示设置球头铣刀参数，定义一把名称为 d5r2.5、直径为 5.0 的球头铣刀，单击“关闭”按钮，完成刀具创建。

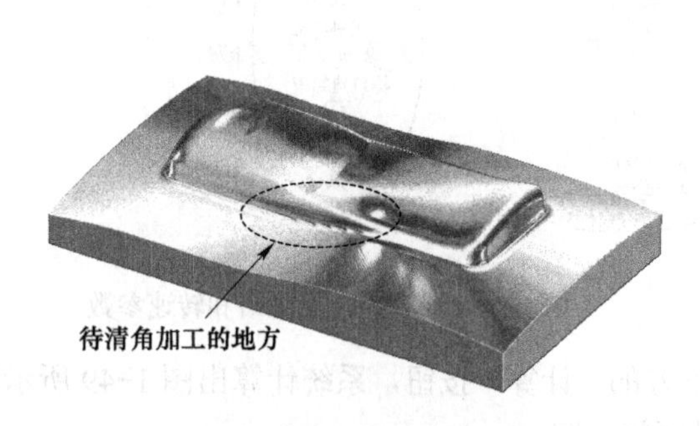

图 1-51　精加工仿真切削结果

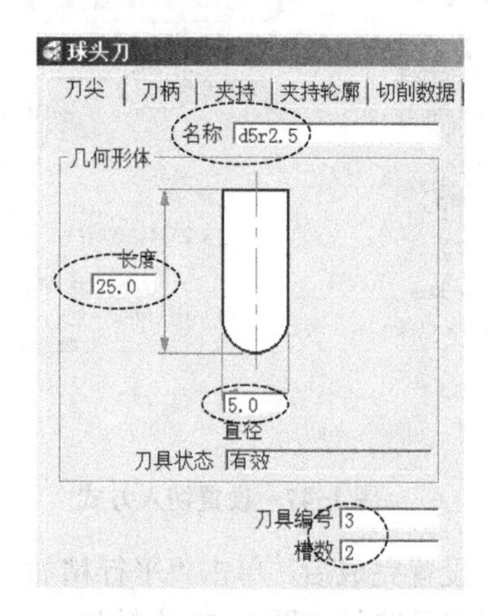

图 1-52　创建 d5r2.5 球头刀

17）计算清角刀路：在 PowerMILL“综合”工具栏中，单击“刀具路径策略”按钮，打开“策略选取器”表格。单击“精加工”选项卡，在该选项卡中选择“多笔清角精加工”选项，单击“接受”按钮，打开“多笔清角精加工”表格，按图 1-53 所示设置多笔清角参数。

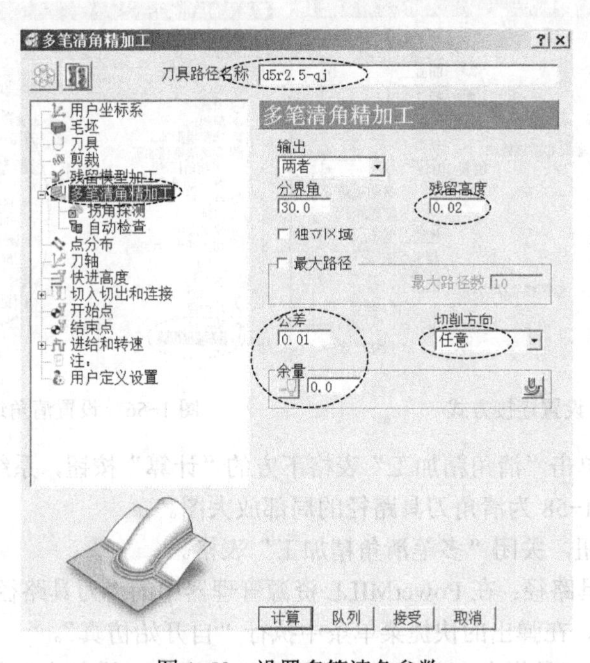

图 1-53　设置多笔清角参数

在“多笔清角精加工”表格的策略树中，单击“拐角探测”树枝，调出“拐角探测”选项卡，按图 1-54 所示设置拐角探测参数。

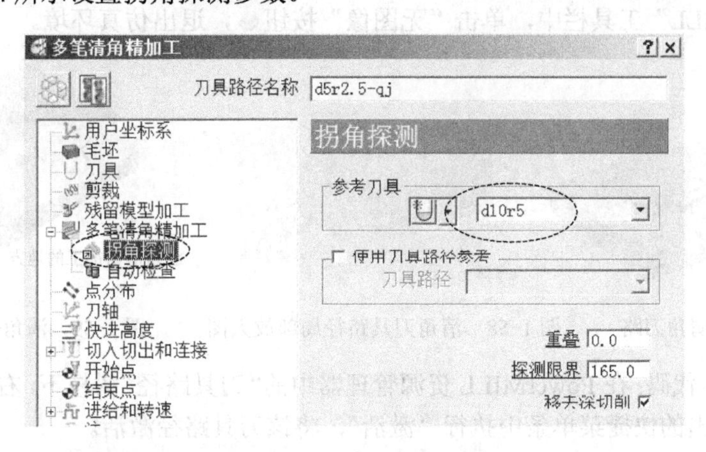

图 1-54　设置拐角探测参数

在“多笔清角精加工”表格的策略树中，双击“切入切出和连接”树枝，将它展开，单击该树枝下的“连接”树枝，调出“连接”选项卡，按图 1-55 所示设置连接参数。

在“多笔清角精加工”表格的策略树中，单击“进给和转速”树枝，调出“进给和转速”选项卡。按图 1-56 所示设置清角进给和转速参数。

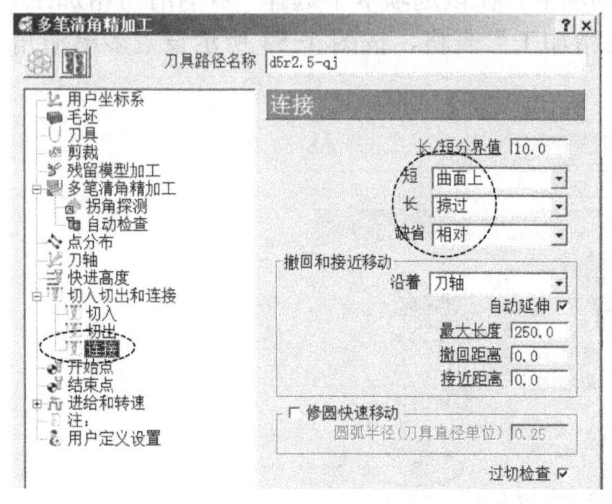

图 1-55　设置连接方式

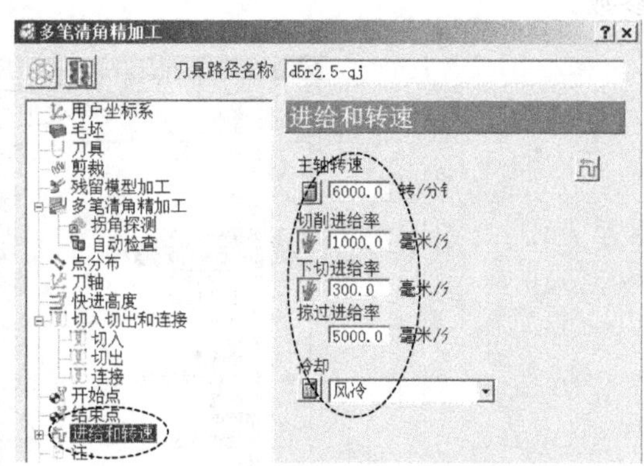

图 1-56　设置清角进给和转速参数

设置完参数后，单击“清角精加工”表格下方的“计算”按钮，系统计算出图 1-57 所示的清角刀具路径，图 1-58 为清角刀具路径的局部放大图。

单击“取消”按钮，关闭“多笔清角精加工”表格。

18）仿真清角刀具路径：在 PowerMILL 资源管理器中的“刀具路径”树枝下，右击清角加工刀路“d5r2.5-qj”，在弹出的快捷菜单条中执行“自开始仿真”。

在“ViewMILL”工具栏中，单击“光泽阴影”按钮，进入光泽阴影图像仿真环境。

在“仿真控制”工具栏中，单击“运行”按钮，对清角刀具路径进行仿真加工，结果如图 1-59 所示。

在“ViewMILL”工具栏中，单击“无图像”按钮，退出仿真环境。

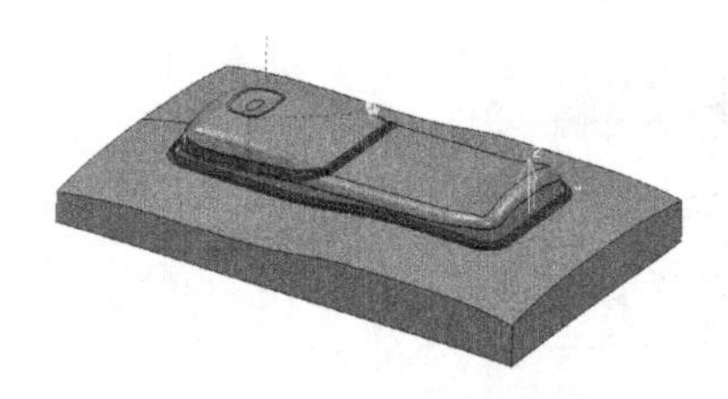

图 1-57　清角刀路

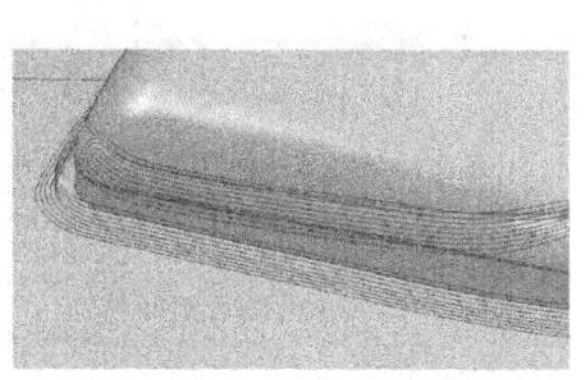

图 1-58　清角刀具路径局部放大图

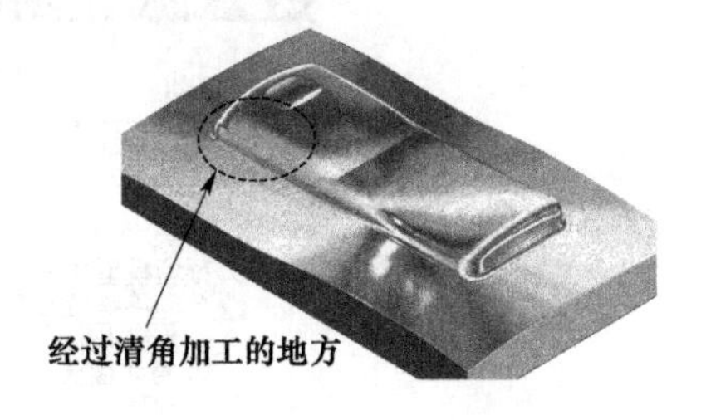

图 1-59　清角仿真切削结果

19）输出 NC 代码：在 PowerMILL 资源管理器中的“刀具路径”树枝下，右击“d20r0.8-cjg”刀具路径，在弹出的快捷菜单条中执行“激活”，将该刀具路径激活。

再次右击“d20r0.8-cjg”刀具路径，在弹出的快捷菜单条中执行“产生独立的 NC 程序”，系统将产生“d20r0.8-cjg”刀具路径的一条独立 NC 程序。

在 PowerMILL 资源管理器中，双击“NC 程序”树枝，将它展开，右击该树枝下的“d20r0.8-cjg”，在弹出的快捷菜单条中选择“设置”选项，打开“NC 程序：d20r0.8-cjg”表格，按图 1-60 所示位置设置参数，其余参数不做修改。

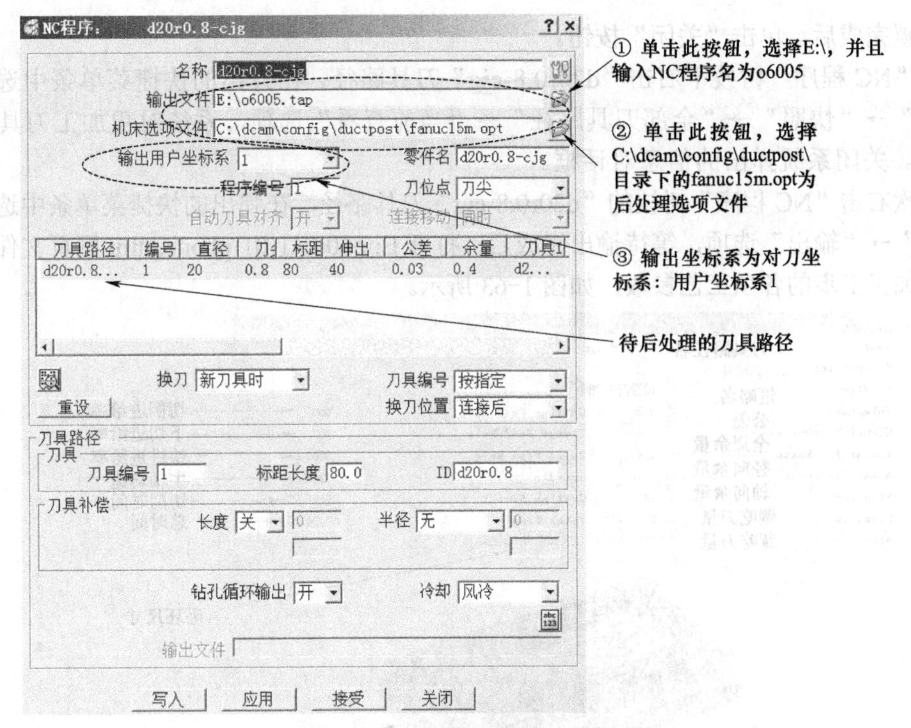

图 1-60　设置输出 NC 程序参数

设置完成后，单击“写入”按钮，系统即开始进行后处理计算。等待信息对话框提示后处理完成后，用记事本打开 E:\o6005.tap 文件，就能看到粗加工 NC 程序，如图 1-61 所示。

参照上述步骤，把精加工刀具路径“d10r5-jjg”和清角刀具路径“d5r2.5-qj”输出为独立的 NC 程序。

20）制作加工工艺文件：在 PowerMILL 资源管理器中的“刀具路径”树枝下，右击“d20r0.8-cjg”刀具路径，在弹出的快捷菜单条中执行“激活”，确保粗加工刀具路径“d20r0.8-cjg”处于激活状态。

在 PowerMILL 资源管理器中的“NC 程序”树枝下，右击“d20r0.8-cjg”刀具路径，在弹出的快捷菜单条中执行“设置清单”→“路径…”，打开“设置清单”对话框，选择“路径”选项卡，按图 1-62 所示设置参数。

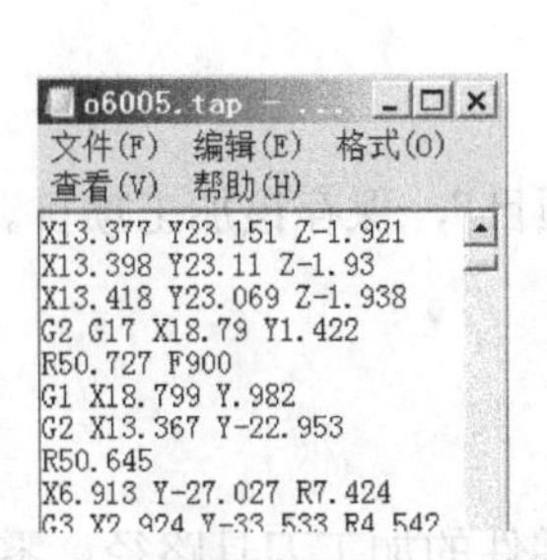

图 1-61　部分粗加工 NC 程序

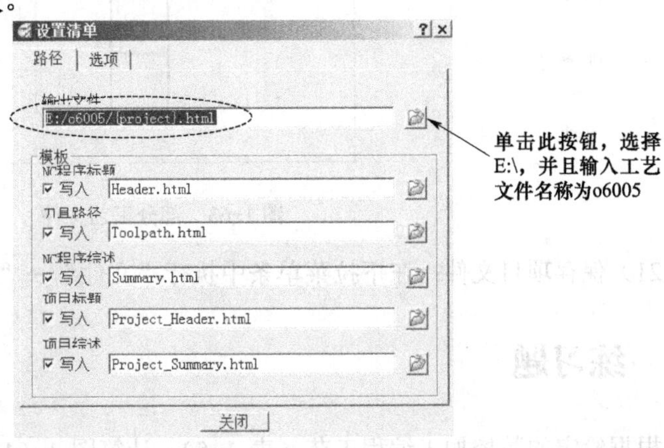

图 1-62　设置工艺文件路径

设置完成后，单击“关闭”按钮。

在“NC 程序”树枝下右击“d20r0.8-cjg”刀具路径，在弹出的快捷菜单条中选择“设置清单”→“快照”→“全部刀具路径”→“当前查看”选项，系统对粗加工刀具路径抓拍照片。关闭系统弹出的信息对话框。

再次右击“NC 程序”树枝的“d20r0.8-cjg”刀具路径，在弹出的快捷菜单条中选择“设置清单”→“输出”选项，等待输出完成后，打开 E:\o6005\1-01 phone.html 网页文件，即可调阅粗加工工步的各项工艺参数，如图 1-63 所示。

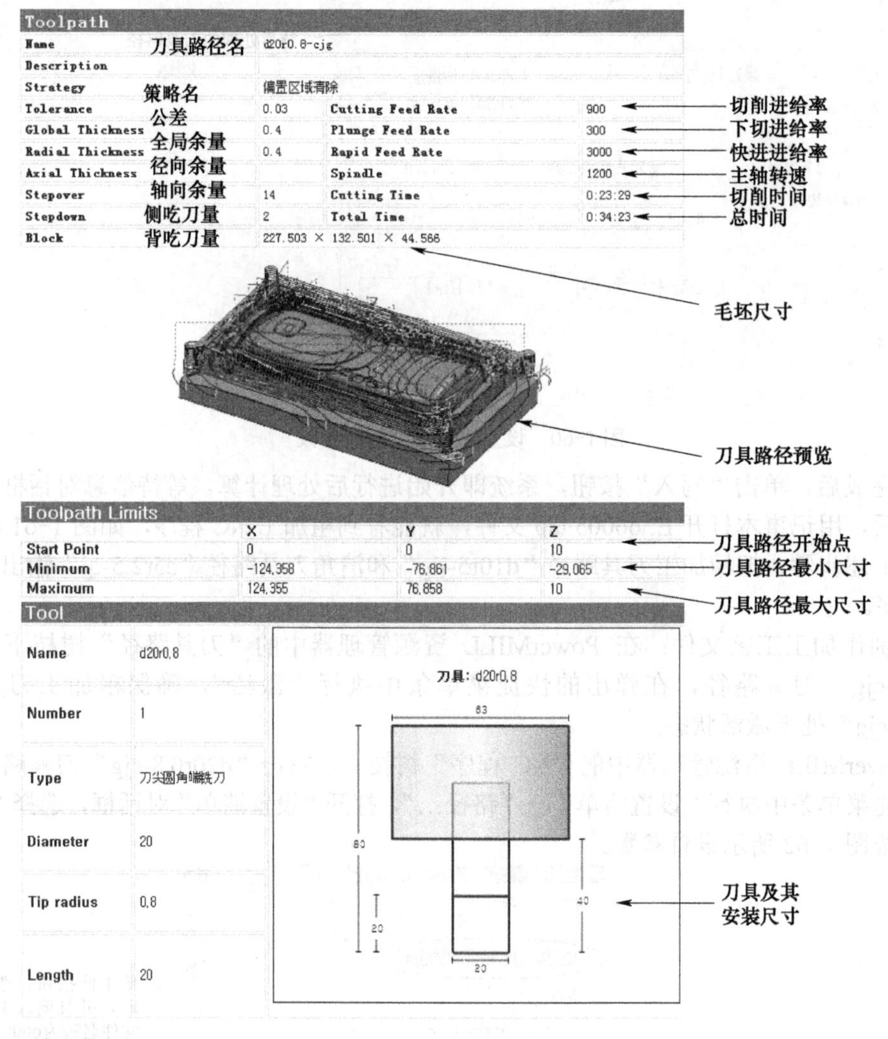

图 1-63　部分工艺文件

21）保存项目文件：在下拉菜单条中执行“文件”→“保存项目”，保存该加工项目。

1.7　练习题

根据给定的数控加工编程工艺（表 1-5），计算图 1-64 所示零件的加工刀具路径。零件数模在光盘中的存放位置：光盘符:\习题\ch01\xt 1-01.dgk。光盘内附有参考答案。

表 1-5　数控加工编程工艺

工步号	工步名称	加工区域	加工策略	刀具	部分编程参数					
					公差/mm	余量/mm	转速/（r/min）	进给速度/（mm/min）	下切步距/mm	行距/mm
1	粗加工	零件整体	模型区域清除	d20r0.8 刀尖圆角面铣刀	0.1	0.4	1200	800	2	14
2	精加工	零件整体	平行精加工	d10r5 球头铣刀	0.01	0	6000	2000	—	0.6
3	清角	零件角落	清角精加工	d5r2.5 球头铣刀	0.01	0	6000	1000	—	—

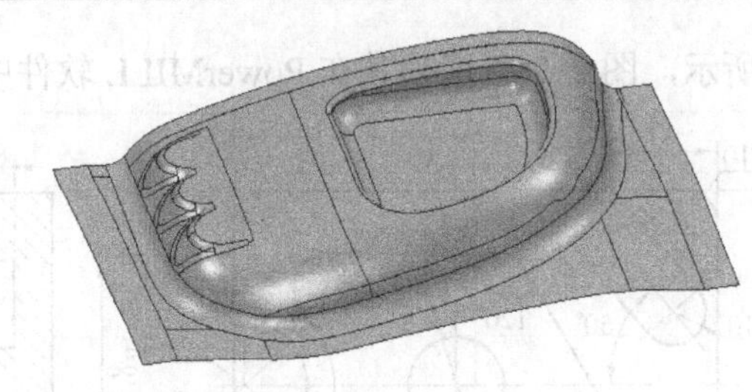

图 1-64　模具型芯零件

第 2 章 二维线框图形零件数控加工编程

安装板零件如图 2-1 所示，图 2-2 所示为其在 PowerMILL 软件中的切削仿真结果。

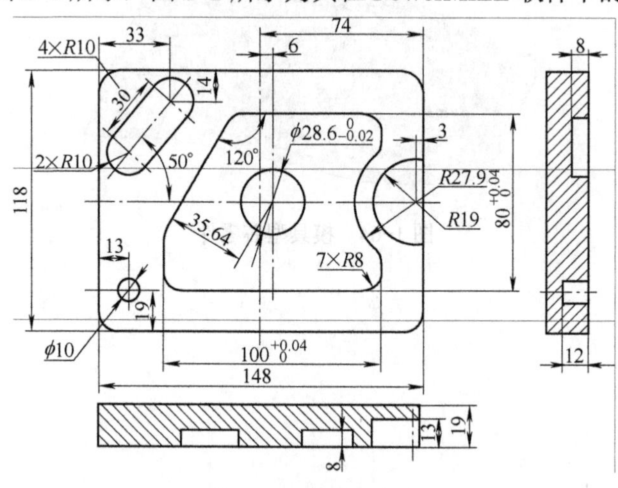

图 2-1 安装板零件

图 2-2 安装板零件在 PowerMILL 软件中的切削仿真结果

机械加工中，二维工程图应用广泛。此种情况下，编程人员所接收的数字模型是二维线框，比如由 AutoCAD 软件绘制的二维平面图。此时，可以首先在 AutoCAD 软件中将除加工所需图线之外的要素（如尺寸、技术要求、图框等）隐藏或删除，保留用来加工的线框模型（主视图线框），然后将该文件另存为*.dxf 格式文件。在 PowerMILL 系统中，输入模型时，选择文件后缀名为*.dxf，即可将 AutoCAD 绘制的工程图导入编程环境。

在零件比较复杂的情况下，主视图上图线很多。这时，可以采用“各个击破”的方法，将要加工的结构的图线保存为单独的*.dxf 文件，然后输入该结构的 dxf 文件，完成该结构的编程后，再接着输入另一个结构的*.dxf 文件，编程……

2.1 数控加工编程工艺分析

图 2-1 所示安装板零件是一个典型结构件。该零件具有以下特点：

1）零件总体尺寸为 148mm×118mm×19mm，毛坯为方坯，尺寸为 150mm×120mm×20mm，六面已经加工平整，尺寸到位。

2）该零件含有的结构特征比较单一，全部是二维结构特征，主要为平面、轮廓、型腔、腰形槽、孔、月形槽和文字等。

一般情况下，单一二维结构特征零件的加工可以采用粗加工、半精加工、精加工和清角这样的工步顺序。一旦熟练掌握这类零件的编程工艺方法，编程人员可重点考虑刀具和切削用量的合理选择。

拟按表 2-1 所列工艺过程计算此零件的加工刀具路径。

表 2-1 安装板零件数控加工编程工艺过程

工步号	工步名	加工策略	加工部位	刀具	切削参数					
					转速/（r/min）	进给速度/（mm/min）	切削宽度/mm	背吃刀量/mm	公差/mm	余量/mm
1	平面粗铣	面铣策略	顶平面	d20r0 面铣刀	900	300	14	1	0.01	0.4
2	平面精铣				4000	1000			0.01	0
3	外轮廓粗加工	二维曲线轮廓	外轮廓	d20r0 面铣刀	900	300		2	0.01	0.4
4	外轮廓精加工				4000	1000			0.01	0
5	月形槽粗加工	二维曲线轮廓	月形槽	d20r0 面铣刀	900	300	14	2	0.01	0.4
6	月形槽精加工				4000	1000			0.01	0
7	中部型腔粗加工	二维曲线区域清除	中部区域	d20r0 面铣刀	900	300	14	2	0.01	0.4
8	中部型腔精加工				4000	1000			0.01	0
9	中部型腔二次粗加工	二维曲线区域清除（残留加工）	r8mm 圆角	d5r0 面铣刀	900	200	3.5	1	0.01	0.4
10	中部型腔二次精加工				4000	800			0.01	0
11	腰形槽粗加工	二维曲线区域清除	腰形槽	d5r0 面铣刀	900	200	3.5	1	0.01	0.4
12	腰形槽精加工				4000	600			0.01	0
13	钻孔	钻孔	孔	dr9.8 钻头	900	100			0.01	0.1
14	铣孔	铣孔	孔	d5r0 面铣刀	4000	1000		1	0.01	0
15	刻字	参考线精加工	文字	d1r0 面铣刀	4000	500	1	0.1	0.01	0

2.2 详细编程过程

2.2.1 设置公共参数

步骤一 新建加工项目

1）复制光盘内的文件到本地磁盘：首先请读者在 E:\下新建一个练习文件夹，文件夹名称为 PM EX。然后复制光盘上的文件*:\Source\ch02\ azb.dgk 到 E:\PM EX 目录下。

2）输入模型：在下拉菜单条中单击“文件”→“输入模型”，打开“输入模型”表格，选择 E:\PM EX\azb.dgk 文件，然后单击“打开”按钮，完成模型输入操作。

3）查看模型：在 PowerMILL“查看”工具条中，单击“全屏重画”按钮，在绘图区中部显示出输入的模型。

4）保存加工项目文件：在 PowerMILL 下拉菜单条中，执行“文件”→“保存项目”，打开“保存项目为”窗口，在“保存在”栏选择 E：\PM EX，在“文件名”栏输入项目名为“2-1 azb”，然后单击“保存”按钮完成操作。

步骤二　准备加工

1）计算毛坯：在 PowerMILL“综合”工具栏中，单击“毛坯”按钮，打开“毛坯”表格，按图 2-3 所示顺序号设置参数。单击“接受”按钮，关闭该表格。计算出来的毛坯如图 2-4 所示。

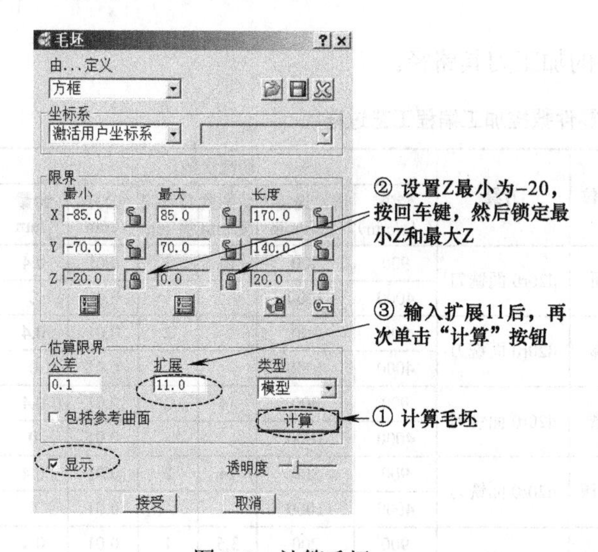

图 2-3　计算毛坯

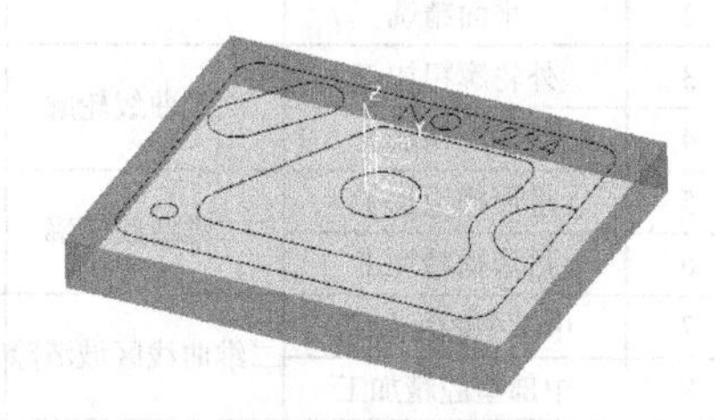

图 2-4　毛坯

注：

图 2-3 中，计算毛坯时，并未按 150mm×120mm×20mm 来填写，而是扩展了 11mm 后，由系统按模型大小计算出毛坯尺寸。扩展 11mm 的原因是，在后续计算零件外轮廓加工刀具路径时，使用直径为 20mm 的面铣刀，这样毛坯能包容刀具中心，从而计算出完整的刀具路径。在 PowerMILL 系统中，如果毛坯未能包容刀具中心，系统就不会计算该轮廓的刀具路径。

本例中，对刀坐标系使用世界坐标系（即设计坐标系，设计该零件时的基准点），它位于零件顶面中心点。

2）创建刀具：在 PowerMILL 资源管理器中，右击“刀具”树枝，在弹出的快捷菜单条中，执行“产生刀具”→“端铣刀”，打开“端铣刀”表格。在“刀尖”选项卡中，按图 2-5 所示设置刀尖参数。

接着单击“刀柄”选项卡，按图 2-6 所示顺序号依次设置刀柄参数。

最后单击“夹持”选项卡，按图 2-7 所示顺序号依次设置夹持参数。

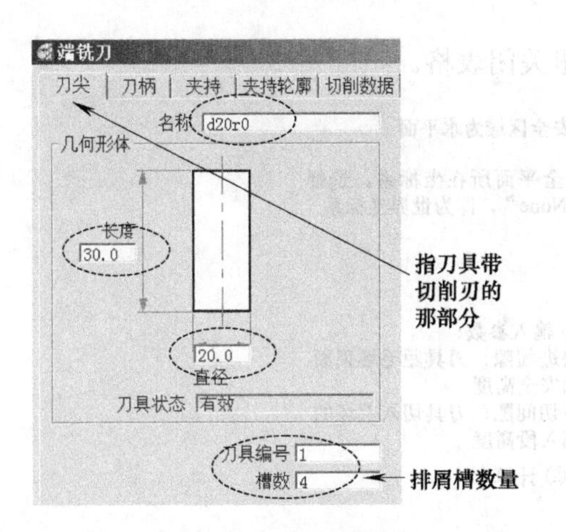

图 2-5 刀尖参数

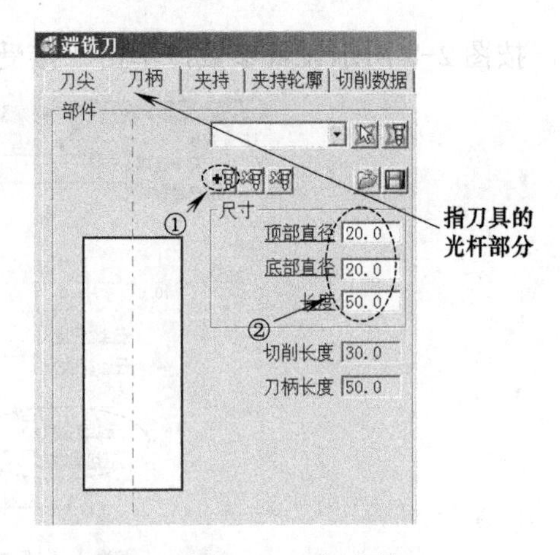

图 2-6 刀柄参数

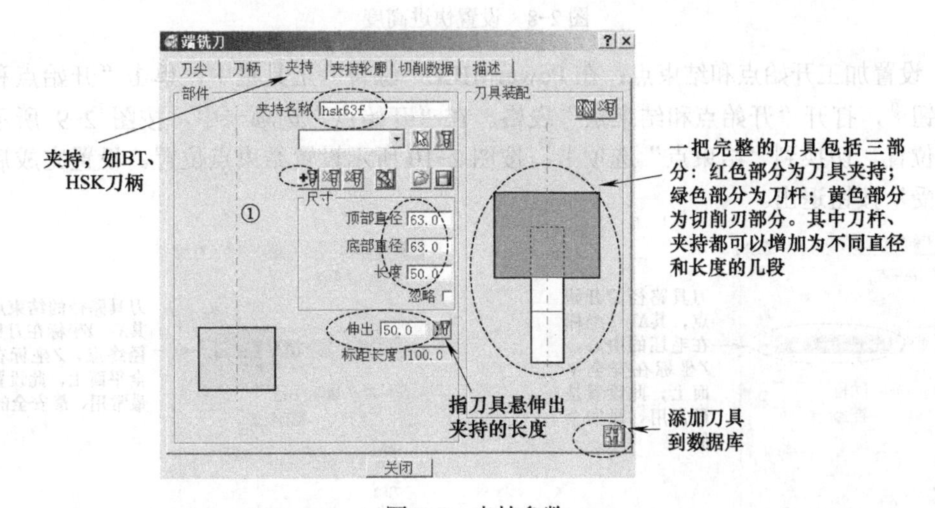

图 2-7 夹持参数

设置完参数后，单击图 2-7 中右下角的“添加刀具到数据库”按钮，将该刀具添加到数据库。以后如果用到相同的刀具，可以不再逐一输入参数来创建，而是在 PowerMILL 资源管理器中，右击“刀具”树枝，在弹出的快捷菜单条中，执行“产生刀具”→“自数据库...”，从数据库中提取这把刀具。

在“端铣刀”表格中，单击“关闭”按钮，创建出一把名称为 d20r0、直径为 20mm 的平头铣刀。参照上述操作过程，按表 2-2 创建出加工此零件的其余刀具。

表 2-2 其余刀具参数

刀具编号	刀具名称	刀具类型	刀具直径/mm	切削刃长度/mm	槽数/个	锥角/（°）	刀柄直径（顶/底）/mm	刀柄长度/mm	夹持直径（顶/底）/mm	夹持长度/mm	刀具伸出夹持长度/mm
2	d5r0	面铣刀	5	20	2	—	5	50	63	50	50
3	dr9.8	钻头	9.8	30	2	60	9.8	30	63	50	50
4	d1r0	面铣刀	1	5	2	—	6	40	63	50	30

3）计算安全高度：PowerMILL 软件将安全高度称为“快进高度”。

在 PowerMILL“综合”工具栏中，单击“快进高度”按钮，打开“快进高度”表格，按图 2-8 所示设置参数，单击“接受”按钮关闭表格。

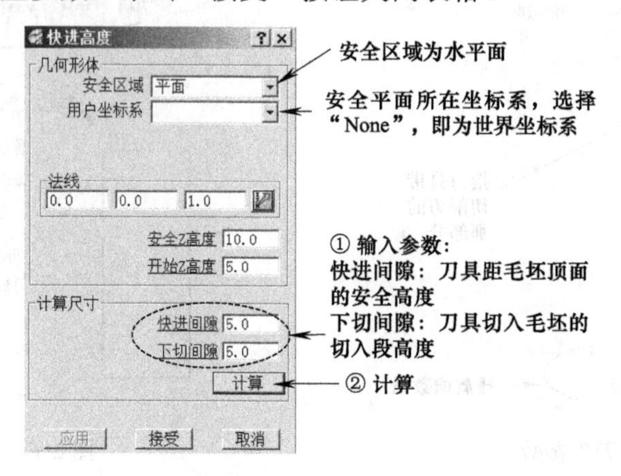

图 2-8　设置快进高度

4）设置加工开始点和结束点：在 PowerMILL“综合”工具栏中，单击“开始点和结束点”按钮，打开“开始点和结束点”表格。在“开始点”选项卡中，按图 2-9 所示设置开始点位置。切换到“结束点”选项卡，按图 2-10 所示设置结束点位置。设置完成后，单击“接受”按钮退出。

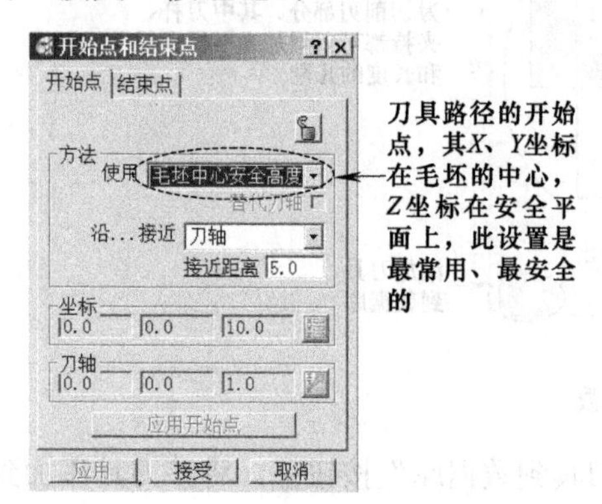

图 2-9　设置开始点

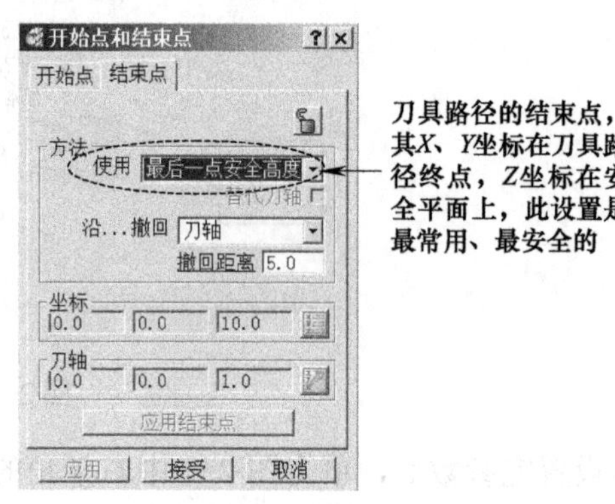

图 2-10　设置结束点

2.2.2　顶平面加工——面铣策略应用于平面加工

1）计算顶平面粗、精加工刀具路径：在 PowerMILL“综合”工具栏中，单击“刀具路径策略”按钮，打开“策略选取器”表格，如图 2-11 所示，选择“2.5 维区域清除”选项，在该选项卡中选择“面铣削”，单击“接受”按钮，打开“面铣加工”表格，按图 2-12 所示设置参数。

在“面铣加工”表格的策略树中，单击“刀具”树枝，调出“刀具”选项卡，按图 2-13 所示选择加工用的刀具。

在“面铣加工”表格的策略树中，双击“面铣削”树枝，将它展开。单击该树枝下的“切削距离”树枝，调出“切削距离”选项卡，按图 2-14 所示设置切削参数。

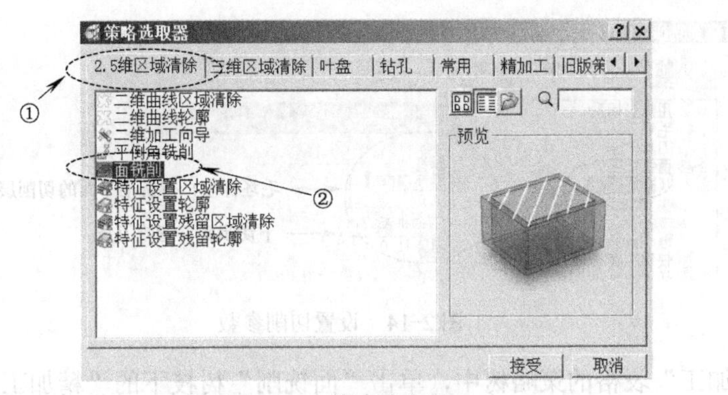

图 2-11　策略选取器

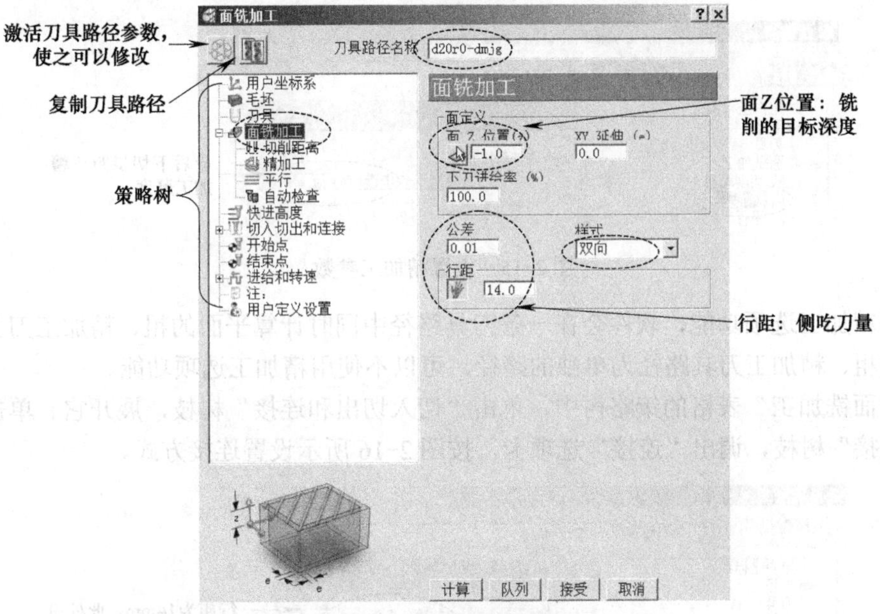

图 2-12　设置面铣削参数

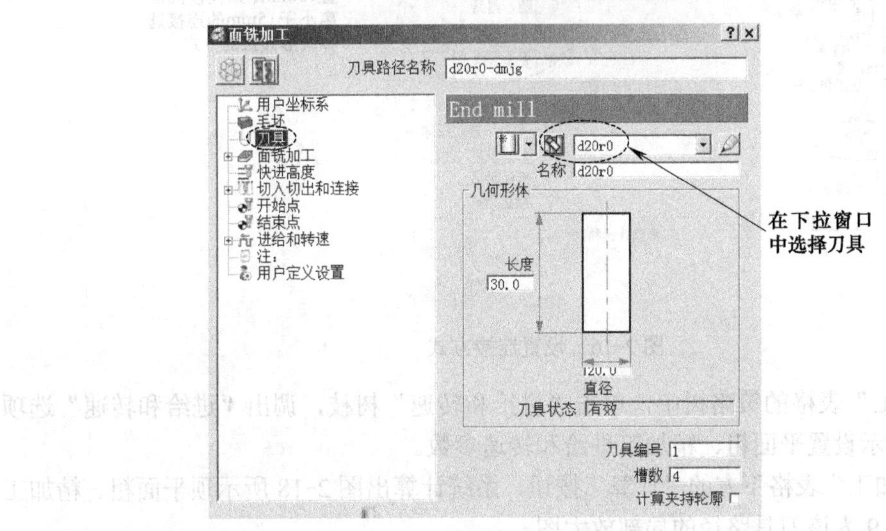

图 2-13　选择刀具

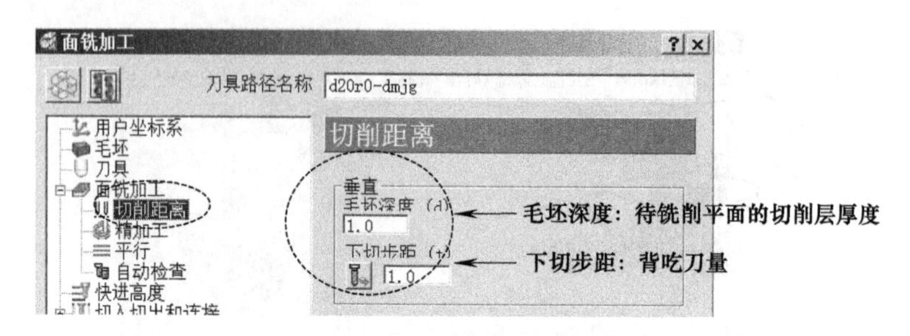

图 2-14　设置切削参数

在“面铣加工”表格的策略树中，单击“面铣削”树枝下的“精加工”树枝，调出“精加工”选项卡，按图 2-15 所示设置精加工参数。

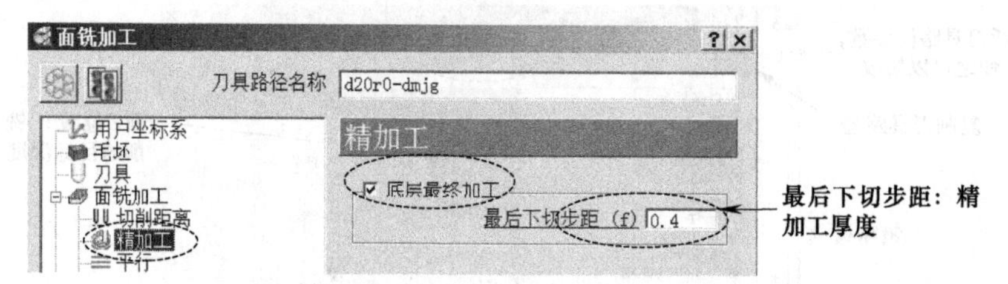

图 2-15　设置精加工参数

使用精加工选项功能，软件会在一条刀具路径中同时计算平面的粗、精加工刀具路径。如果希望粗、精加工刀具路径为单独的路径，可以不使用精加工选项功能。

在“面铣加工”表格的策略树中，单击“切入切出和连接”树枝，展开它。单击该树枝下的“连接”树枝，调出“连接”选项卡，按图 2-16 所示设置连接方式。

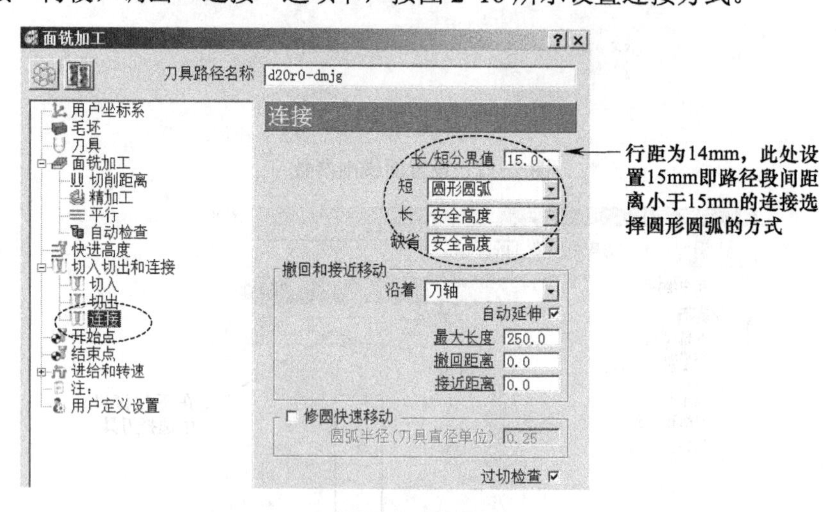

图 2-16　设置连接方式

在“面铣加工”表格的策略树中，单击“进给和转速”树枝，调出“进给和转速”选项卡，按图 2-17 所示设置平面粗、精加工进给和转速参数。

单击“面铣加工”表格下方的“计算”按钮，系统计算出图 2-18 所示顶平面粗、精加工刀具路径，图 2-19 为该刀具路径的局部放大图。

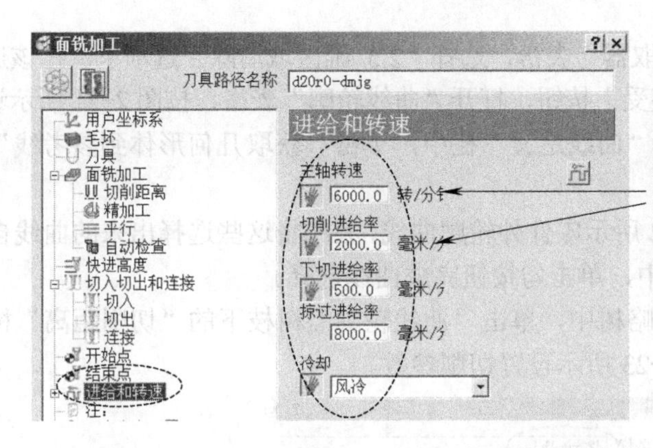

图 2-17　设置进给和转速参数

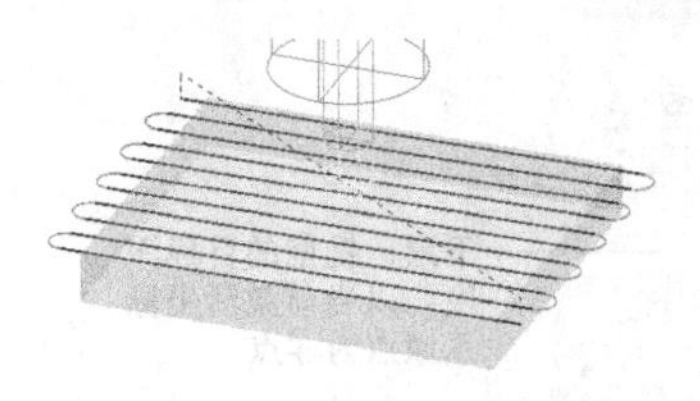

图 2-18　顶平面加工刀具路径

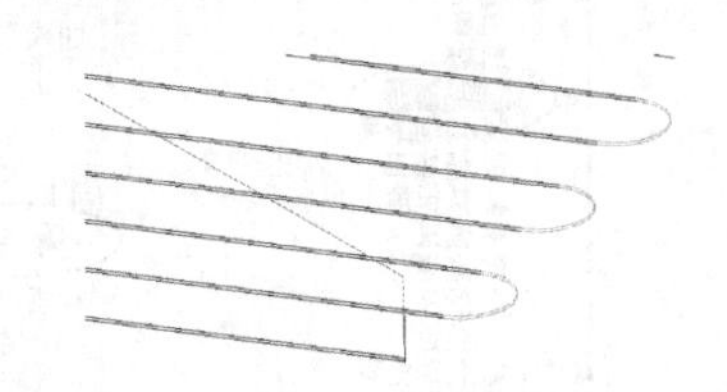

图 2-19　顶平面加工刀具路径局部放大图

单击“取消”按钮，关闭“面铣加工”表格。

2）仿真顶平面粗、精加工：在 PowerMILL 资源管理器中，双击“刀具路径”树枝，将它展开。右击“刀具路径”树枝下的“d20r0-dmjg”，在弹出的快捷菜单条中，选择“自开始仿真”。

在“ViewMILL”工具栏中，单击“开/关 ViewMILL”按钮以及“光泽阴影图像”按钮，进入真实实体仿真切削状态。

“ViewMILL”工具栏的调出方法是：在 PowerMILL 下拉菜单条中，执行“查看”→“工具栏”，勾选“ViewMILL”选项。

在 PowerMILL“仿真控制”工具栏中，单击“运行”按钮，系统即进行零件外轮廓粗、精加工仿真切削，其结果如图 2-20 所示。

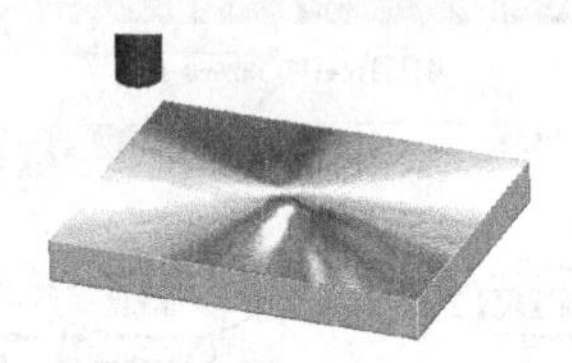

图 2-20　顶平面仿真切削结果

“仿真控制”工具栏的调出方法：在“PowerMILL”下拉菜单条中，执行“查看”→“工具栏”，勾选“仿真”选项。

在“ViewMILL”工具栏中，单击“无图像”按钮，返回编程状态。

2.2.3　外轮廓粗、精加工——二维曲线轮廓应用于封闭轮廓加工

1）计算外轮廓粗、精加工刀具路径：在 PowerMILL“综合”工具栏中，单击“刀具路径

策略”按钮，打开“策略选取器”表格，选择“2.5 维区域清除”选项卡，在该选项卡中选择“二维曲线轮廓”，单击“接受”按钮，打开“曲线轮廓”表格，按图 2-21 所示设置参数。

在“曲线轮廓”选项卡的“曲线定义”栏中，单击“获取几何形体到参考线”按钮，系统进入捕获加工曲线环境。

在绘图区依次选择图 2-22 所示零件外轮廓曲线，系统将这些选择出来的曲线自动创建为参考线 1。在“获取”工具栏中，单击勾按钮完成曲线选择。

在“曲线轮廓”表格的策略树中，单击“曲线轮廓”树枝下的“切削距离”树枝，调出“切削距离”选项卡，按图 2-23 所示设置切削参数。

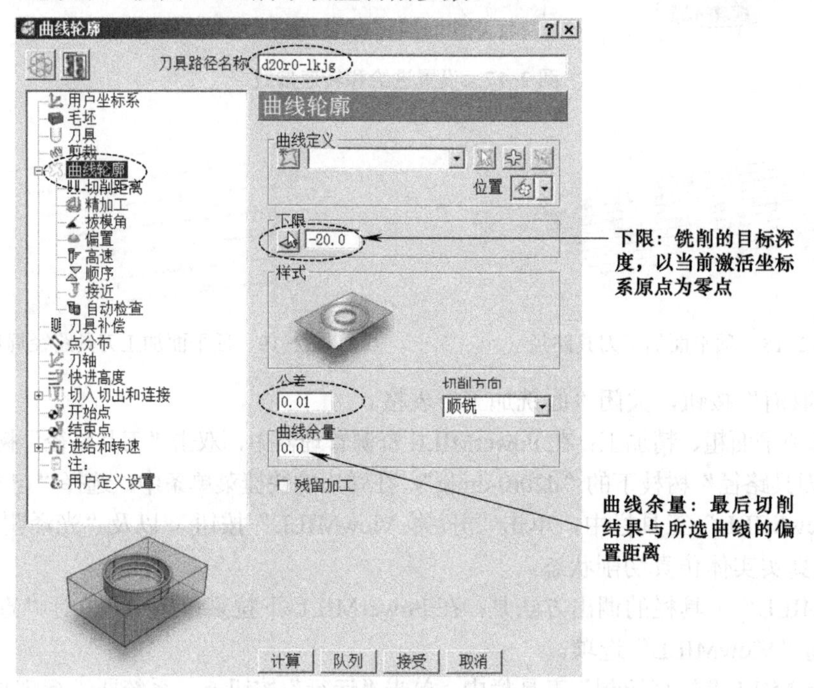

图 2-21　设置外轮廓刀具路径参数

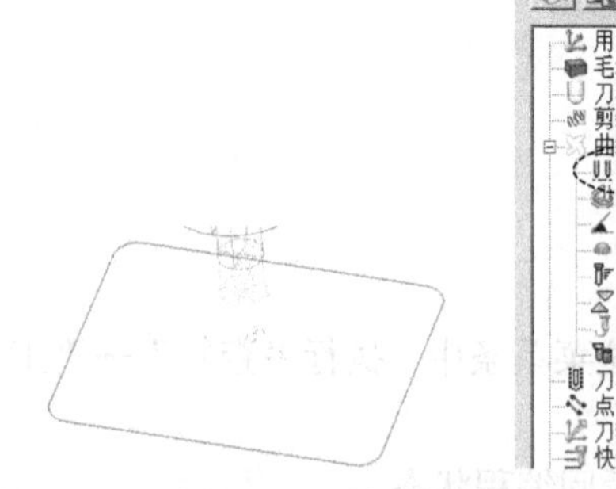

图 2-22　选择零件外轮廓曲线

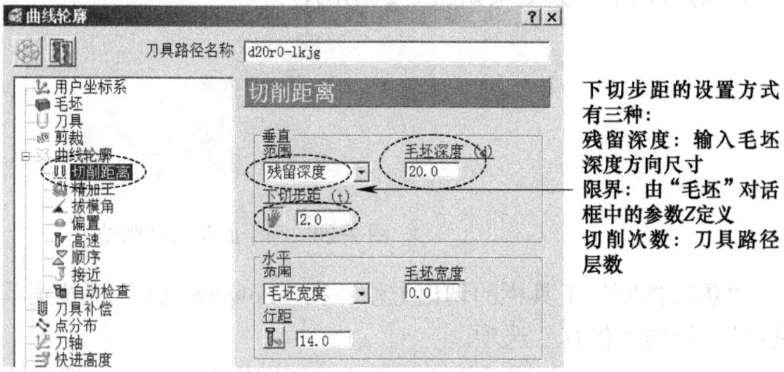

曲线轮廓
刀具路径名称 d20r0-lkjg
用户坐标系
毛坯
刀具
剪裁
曲线轮廓
切削距离
精加工
拔模角
偏置
高速
顺序
接近
自动检查
刀具补偿
点分布
刀轴
快进高度
切削距离
垂直
范围
残留深度
毛坯深度 (d)
20.0
下切步距 (t)
2.0
水平
范围
毛坯宽度
毛坯宽度
0.0
行距
14.0
下切步距的设置方式有三种：
残留深度：输入毛坯深度方向尺寸
限界：由“毛坯”对话框中的参数Z定义
切削次数：刀具路径层数

图 2-23　设置切削参数

在“曲线轮廓”表格的策略树中，单击“曲线轮廓”树枝下的“精加工”树枝，调出“精加工”选项卡，按图 2-24 所示设置精加工参数。

在“曲线轮廓”表格的策略树中，双击“切入切出和连接”树枝，将它展开，单击该树枝下的“切入”树枝，调出“切入”选项卡，按图 2-25 所示设置切入参数。

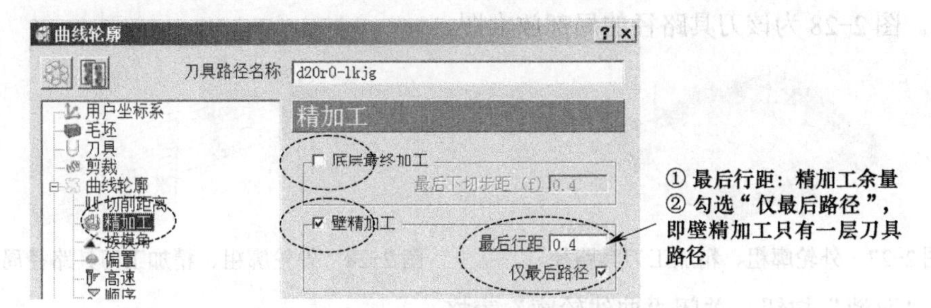

图 2-24　设置精加工参数

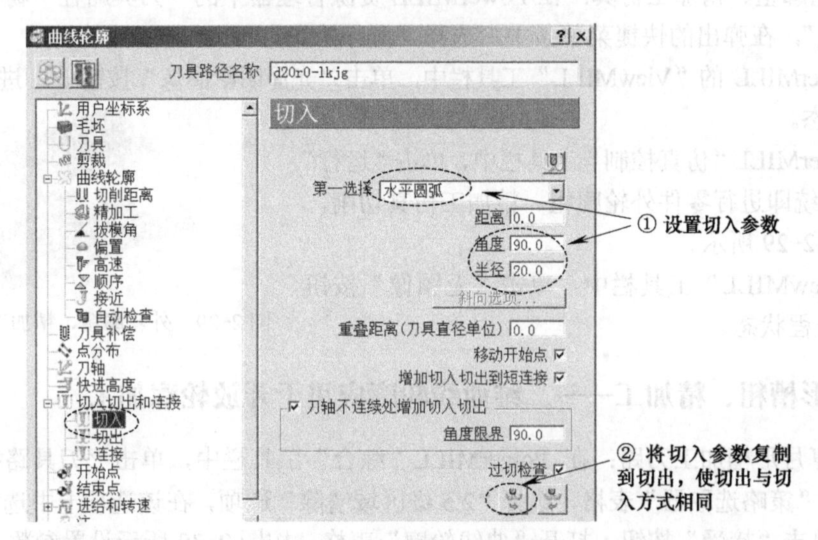

图 2-25　设置切入参数

在“曲线轮廓”表格的策略树中，单击“进给和转速”树枝，调出“进给和转速”选项卡，按图 2-26 所示设置进给和转速参数。

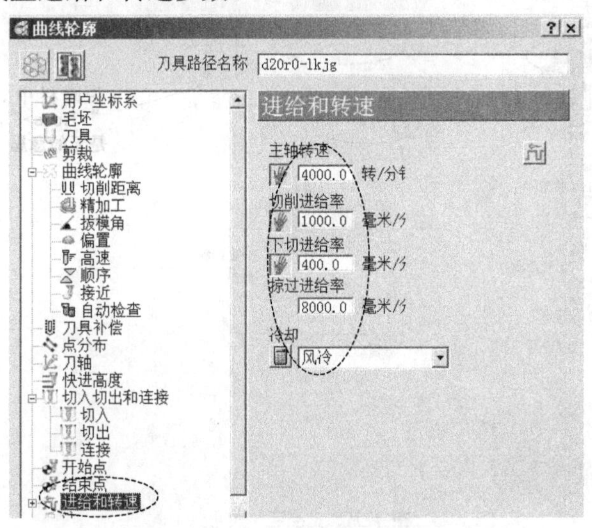

图 2-26　设置进给和转速参数

单击“曲线轮廓”表格下方的“计算”按钮，系统计算出图 2-27 所示外轮廓粗、精加工刀具路径。图 2-28 为该刀具路径的局部放大图。

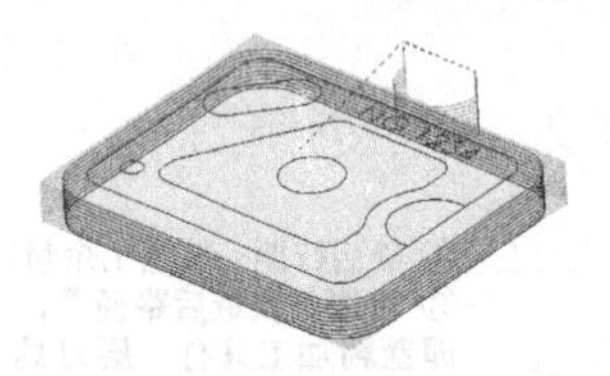

图 2-27　外轮廓粗、精加工刀具路径

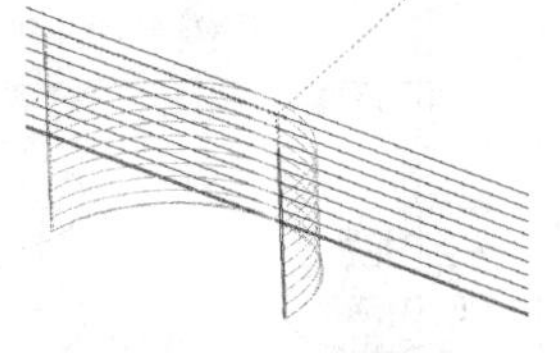

图 2-28　外轮廓粗、精加工刀具路径局部放大图

单击“取消”按钮，关闭“曲线轮廓”表格。

2）外轮廓粗、精加工仿真：在 PowerMILL 资源管理器中的“刀具路径”树枝下，右击“d20r0-lkjg”，在弹出的快捷菜单条中，选择“自开始仿真”。

在 PowerMILL 的“ViewMILL”工具栏中，单击“光泽阴影图像”按钮，进入真实实体仿真切削状态。

在 PowerMILL“仿真控制”工具栏中，单击“运行”按钮，系统即进行零件外轮廓粗、精加工仿真切削，其结果如图 2-29 所示。

在“ViewMILL”工具栏中，单击“无图像”按钮，返回编程状态。

图 2-29　外轮廓粗、精加工仿真切削结果

2.2.4　月形槽粗、精加工——二维曲线轮廓应用于开放轮廓加工

1）计算月形槽加工刀路：在 PowerMILL“综合”工具栏中，单击“刀具路径策略”按钮，打开“策略选取器”表格，选择“2.5 维区域清除”选项，在该选项卡中选择“二维曲线轮廓”，单击“接受”按钮，打开“曲线轮廓”表格，按图 2-30 所示设置参数。

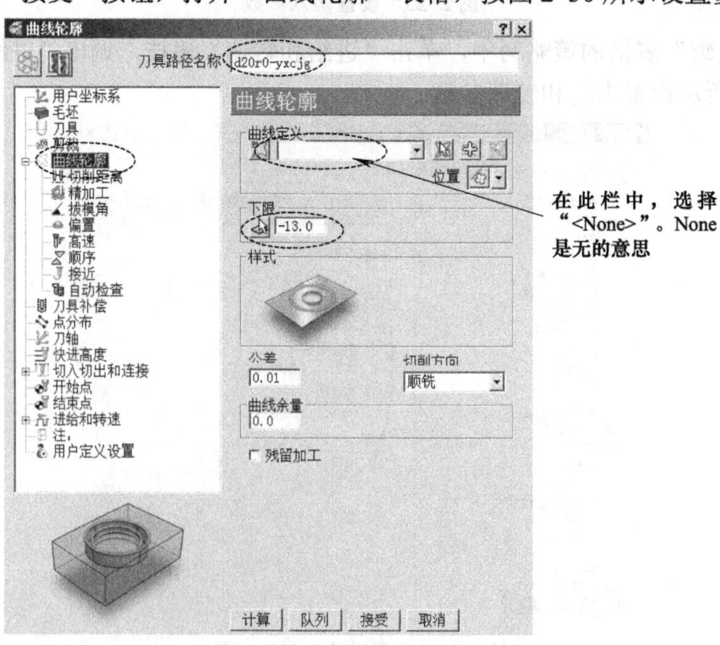

图 2-30　设置月形槽加工刀具路径参数

在“曲线轮廓”选项卡的“曲线定义”栏中，单击“获取几何形体到参考线”按钮，然后在绘图区选择图 2-31 所示零件月形槽轮廓曲线，在“获取”工具栏中，单击勾按钮完成曲线选择。系统将选择出来的曲线自动创建为参考线 2。

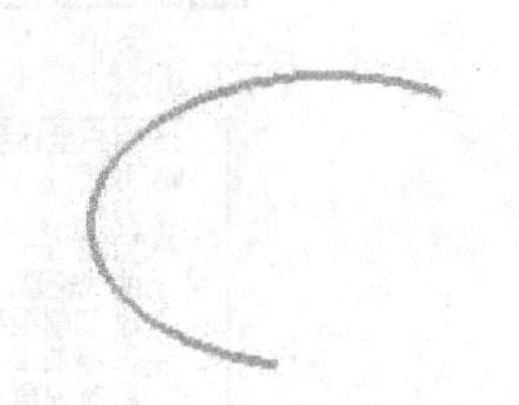

图 2-31　选择月形槽轮廓曲线

在“曲线轮廓”表格的策略树中，单击“曲线轮廓”树枝下的“切削距离”树枝，调出“切削距离”选项卡，按图 2-32 所示设置切削参数。

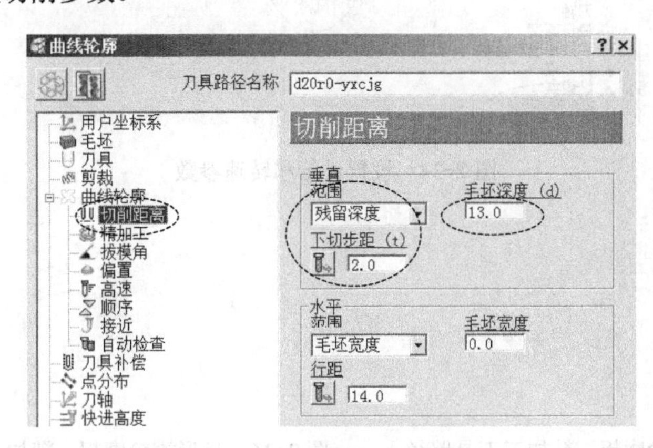

图 2-32　设置切削参数

在“曲线轮廓”表格的策略树中，单击“曲线轮廓”树枝下的“精加工”树枝，调出“精加工”选项卡，按图 2-33 所示设置精加工参数。

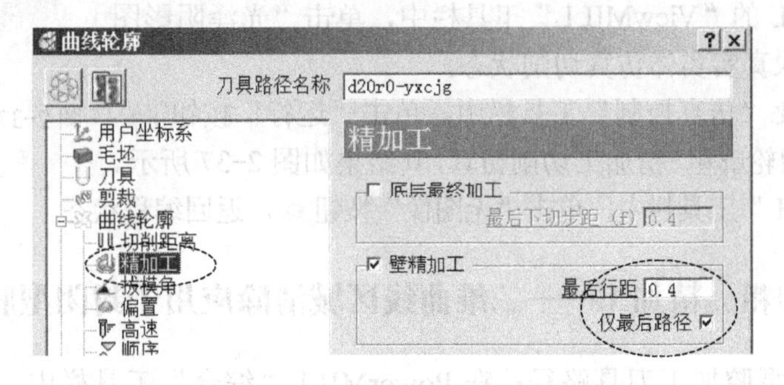

图 2-33　设置精加工参数

在“曲线轮廓”表格的策略树中，单击“进给和转速”树枝，调出“进给和转速”选项卡，按图 2-34 所示设置进给和转速参数。

单击“曲线轮廓”表格下方的“计算”按钮，系统计算出图 2-35 所示月形槽轮廓粗、精加工刀具路径，图 2-36 为该刀具路径的局部放大图。

单击“取消”按钮，关闭“曲线轮廓”表格。

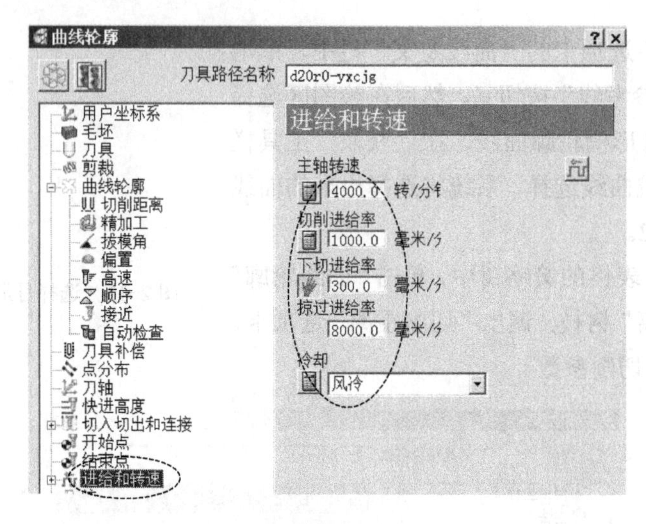

图 2-34　设置进给和转速参数

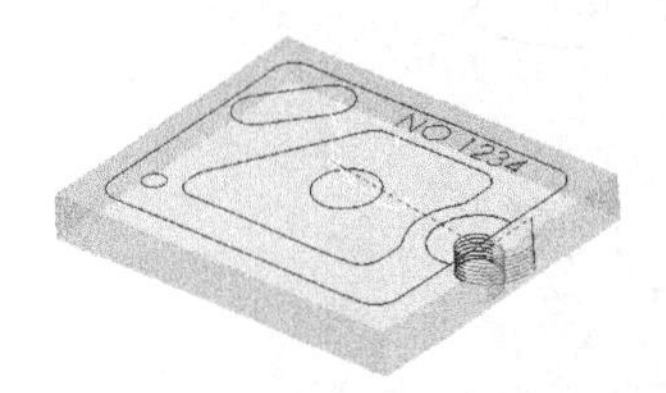

图 2-35　月形槽轮廓粗、精加工刀具路径

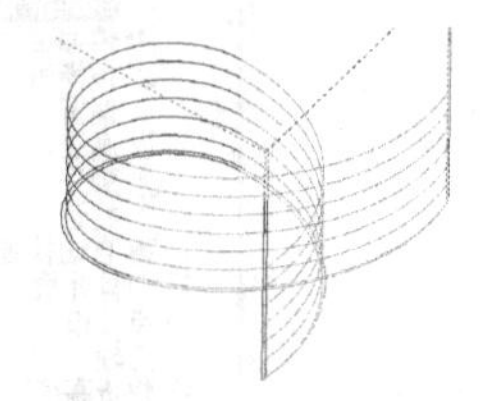

图 2-36　月形槽轮廓粗、精加工刀具路径局部放大图

2）月形槽轮廓粗、精加工切削仿真：在 PowerMILL 资源管理器中的“刀具路径”树枝下，右击“d20r0-yxcjg”，在弹出的快捷菜单条中，选择“自开始仿真”。

在 PowerMILL 的“ViewMILL”工具栏中，单击“光泽阴影图像”按钮，进入真实实体仿真切削状态。

在 PowerMILL“仿真控制”工具栏中，单击“运行”按钮，系统即进行月形槽轮廓粗、精加工切削仿真，其结果如图 2-37 所示。

图 2-37　月形槽轮廓粗、精加工切削仿真结果

在“ViewMILL”工具栏中，单击“无图像”按钮，返回编程状态。

2.2.5　中部型腔粗、精加工——二维曲线区域清除应用于封闭型腔加工

1）计算中部型腔加工刀具路径：在 PowerMILL“综合”工具栏中，单击“刀具路径策略”按钮，打开“策略选取器”表格，选择“2.5 维区域清除”选项，在该选项卡中选择“二维曲线区域清除”，单击“接受”按钮，打开“曲线区域清除”表格，按图 2-38 所示设置参数。

在“曲线区域清除”选项卡的“曲线定义”栏中，单击“获取几何形体到参考线”按钮，然后在绘图区依次选择图 2-39 所示零件中部型腔轮廓曲线（注意选择小圆角曲线，共计 15 段），系统将选择出来的曲线自动创建为参考线 3。在“参考线获取”工具栏中，单击勾按钮完成曲线选择。

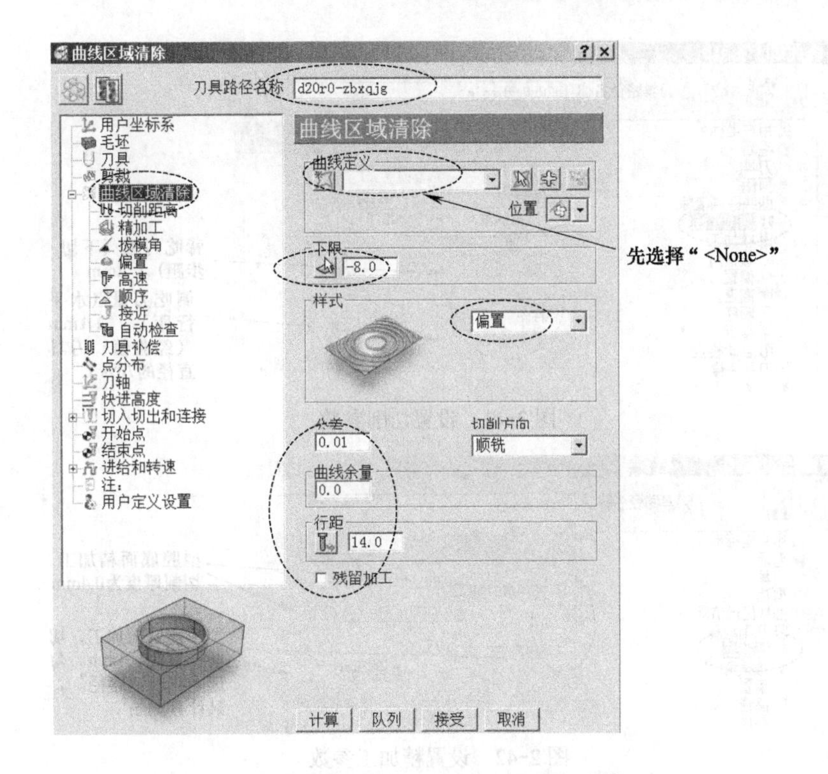

图 2-38　设置中部型腔刀具路径参数

曲线一旦选定，系统即用淡绿色阴影覆盖待加工区域。本例中，阴影区域在型腔轮廓曲线之外，这是不正确的，需要进一步编辑。

在“曲线区域清除”选项卡的“曲线定义”栏中，单击“交互修改加工段”按钮，调出“参考线装饰”工具栏，单击“反转加工侧”按钮，待加工区域即反转过来，如图 2-40 所示。单击勾按钮完成编辑。

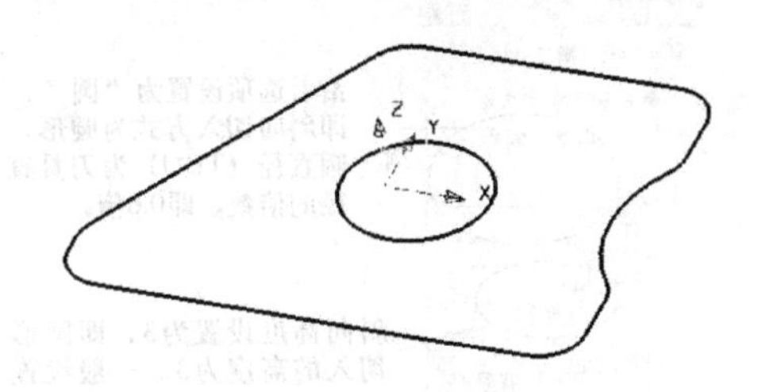

图 2-39　选择零件中部型腔轮廓曲线

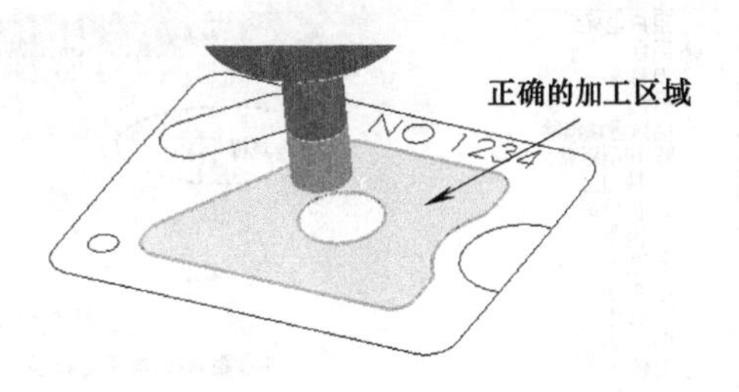

图 2-40　反转加工区域

在“曲线区域清除”表格的策略树中，单击“曲线区域清除”树枝下的“切削距离”树枝，调出“切削距离”选项卡，按图 2-41 所示设置切削参数。

在“曲线区域清除”表格的策略树中，单击“曲线区域清除”树枝下的“精加工”树枝，调出“精加工”选项卡，按图 2-42 所示设置精加工参数。

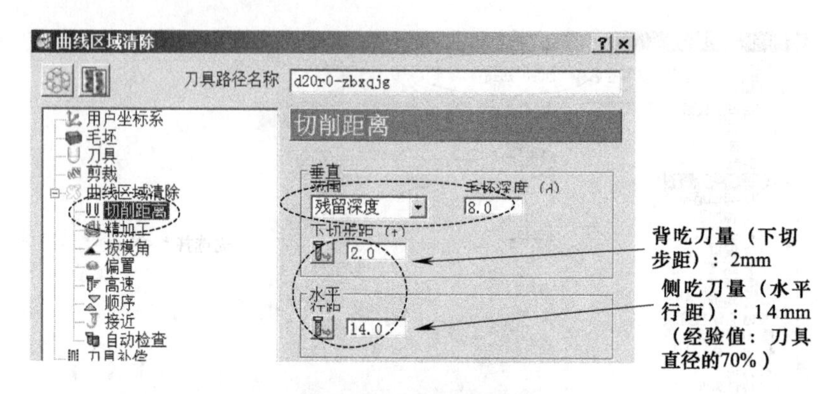

图 2-41　设置切削参数

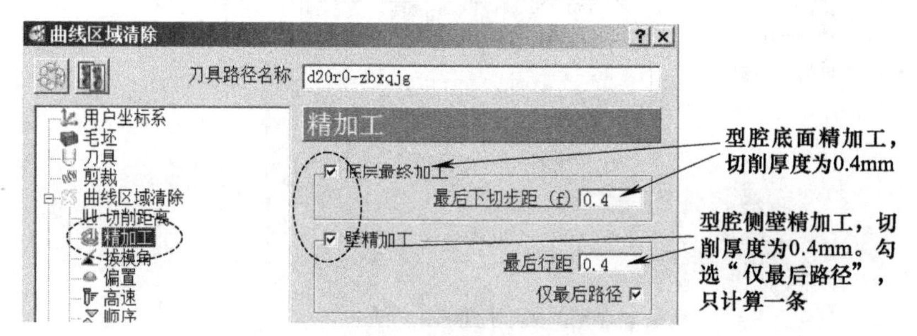

图 2-42　设置精加工参数

在"曲线区域清除"表格的策略树中，双击"切入切出和连接"树枝，展开它。单击"切入"树枝，调出"切入"选项卡，按图 2-43 所示设置切入参数。

在"切入"选项卡中，单击"打开斜向选项表格"按钮 斜向选项... ，打开"斜向切入选项"表格，按图 2-44 所示设置斜向切入参数。设置完成后，单击"接受"按钮返回。

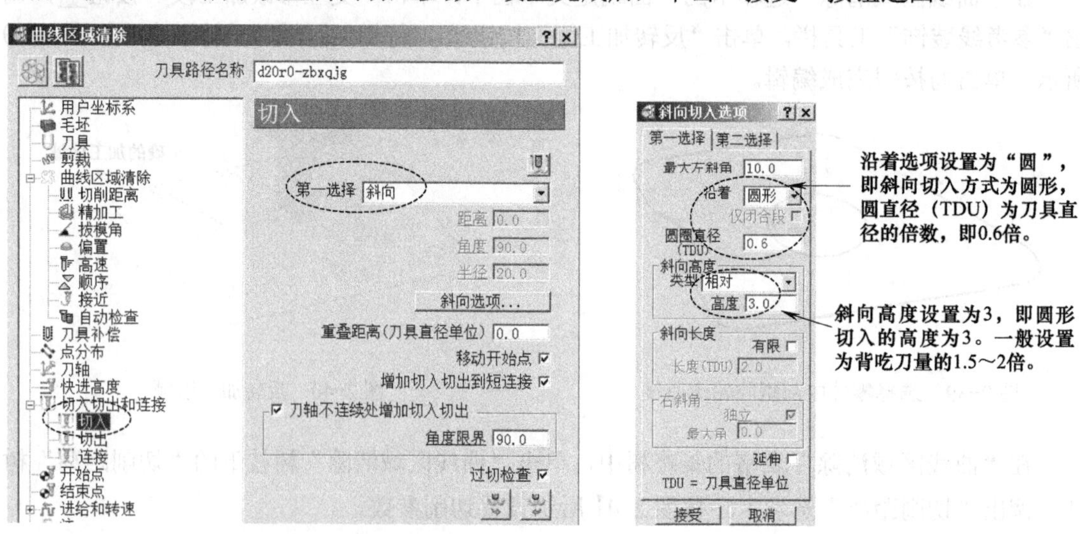

图 2-43　设置切入参数　　　　图 2-44　设置斜向切入参数

在"曲线区域清除"表格的策略树中，单击"切入切出和连接"树枝下的"切出"树枝，调出"切出"选项卡，按图 2-45 所示设置切出参数。

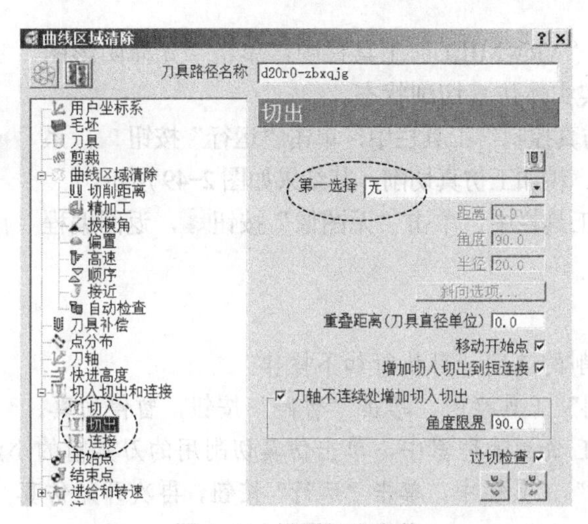

图 2-45　设置切出参数

在“曲线区域清除”表格的策略树中，单击“进给和转速”树枝，调出“进给和转速”选项卡，按图 2-46 所示设置进给和转速参数。

单击“曲线区域清除”表格下方的“计算”按钮，系统计算出图 2-47 所示中部型腔粗、精加工刀具路径，图 2-48 为该刀具路径的局部放大图。

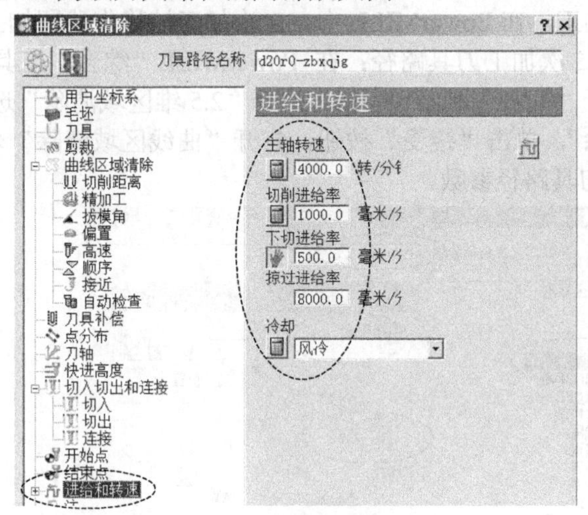

图 2-46　设置进给和转速参数

图 2-47　中部型腔粗、精加工刀具路径

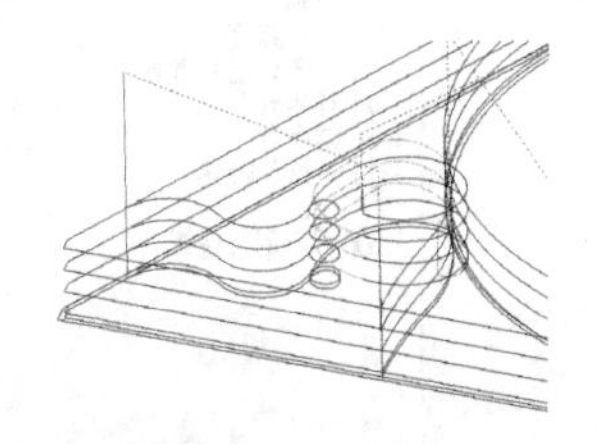

图 2-48　中部型腔粗、精加工刀具路径局部放大图

单击“取消”按钮，关闭“曲线区域清除”表格。

2）中部型腔粗、精加工仿真：在 PowerMILL 资源管理器中，右击“刀具路径”树枝下的“d20r0-zbxqjg”，在弹出的快捷菜单条中，选择“自开始仿真”。

在 PowerMILL 的“ViewMILL”工具栏中，单击“光泽阴影图像”按钮，进入真实实体仿真切削状态。

在 PowerMILL“仿真控制”工具栏中，单击“运行”按钮，系统即进行中部型腔的粗、精加工仿真切削，其结果如图 2-49 所示。

在“ViewMILL”工具栏中，单击“无图像”按钮，返回编程状态。

图 2-49　中部型腔粗、精加工仿真切削结果

注：

为了提高仿真切削的速度，可执行如下操作：

1）在“仿真控制”工具栏中，单击“暂停”按钮，暂停仿真。

2）在 PowerMILL 资源管理器中，单击仿真切削用的刀具前的小灯泡，使之熄灭。

3）在“仿真控制”工具栏中，单击“运行”按钮，再次开始仿真，即可加快仿真速度。

2.2.6　中部型腔二次加工——二维曲线区域清除（残留加工）应用于二次加工

中部型腔粗、精加工时，使用的刀具是 d20r0，其半径为 10mm，而中部型腔中最小圆角为 *R*8mm，因此，使用 d20r0 刀具是无法完整地加工出零件中部型腔 *R*8mm 圆角的，必须使用一把半径等于或小于 8mm 的刀具，再进行一次粗、精加工。本例中，使用 d5r0 刀具对 R8 圆角进行二次粗、精加工。在 PowerMILL 中，二次加工被称作残留加工。

1）计算中部型腔二次加工刀具路径：在 PowerMILL“综合”工具栏中，单击“刀具路径策略”按钮，打开“策略选取器”表格，选择“2.5 维区域清除”选项，在该选项卡中选择“二维曲线区域清除”，单击“接受”按钮，打开“曲线区域清除”表格，按图 2-50 所示设置 *R*8mm 圆角加工刀具路径参数。

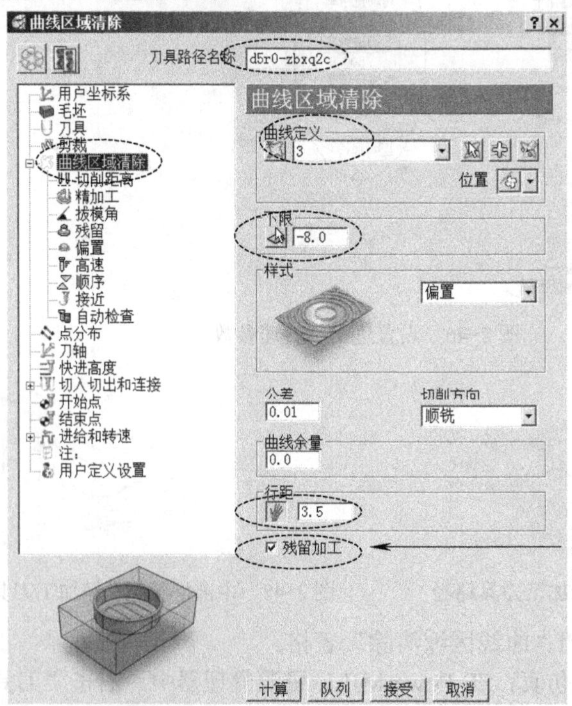

图 2-50　设置 *R*8mm 圆角加工刀具路径参数

在“曲线区域清除”表格的策略树中，单击“刀具”树枝，调出“刀具”选项卡，按图 2-51 所示选择刀具。

图 2-51　选择刀具

在“曲线区域清除”表格的策略树中，单击“曲线区域清除”树枝下的“残留”树枝，调出“残留”选项卡，按图 2-52 所示设置残留参数。

在“曲线区域清除”表格的策略树中，单击“曲线区域清除”树枝下的“切削距离”树枝，调出“切削距离”选项卡，按图 2-53 所示设置切削参数。

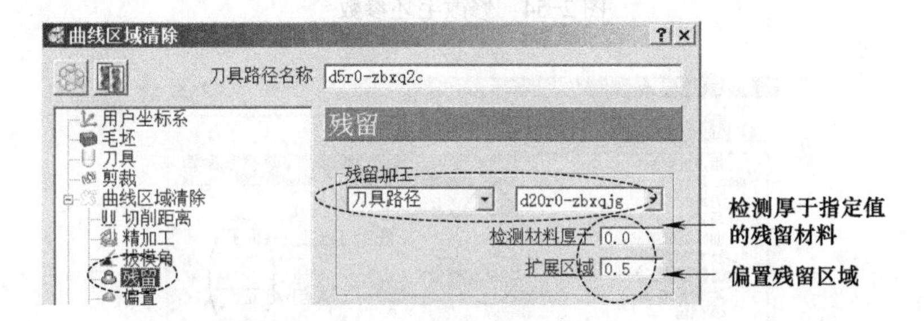

图 2-52　设置残留参数

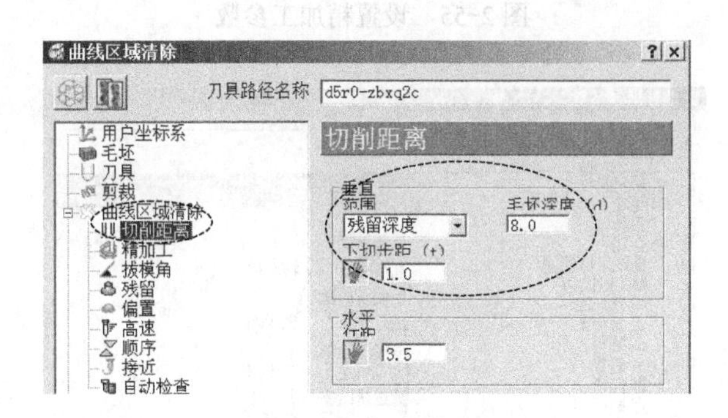

图 2-53　设置切削参数

当每次背吃刀量为 1mm 时，由于顶平面已经铣削掉了 1mm，为避免出现空刀，需要重新设置毛坯顶部位置。在策略树中，单击“毛坯”树枝，调出“毛坯”选项卡，按图 2-54 所示修改毛坯最大 Z 值为–1。

在“曲线区域清除”表格的策略树中，单击“曲线区域清除”树枝下的“精加工”树枝，调出“精加工”选项卡，按图 2-55 所示设置精加工参数。

在“曲线区域清除”表格的策略树中，单击“进给和转速”树枝，调出“进给和转速”选项卡，按图 2-56 所示设置进给和转速参数。

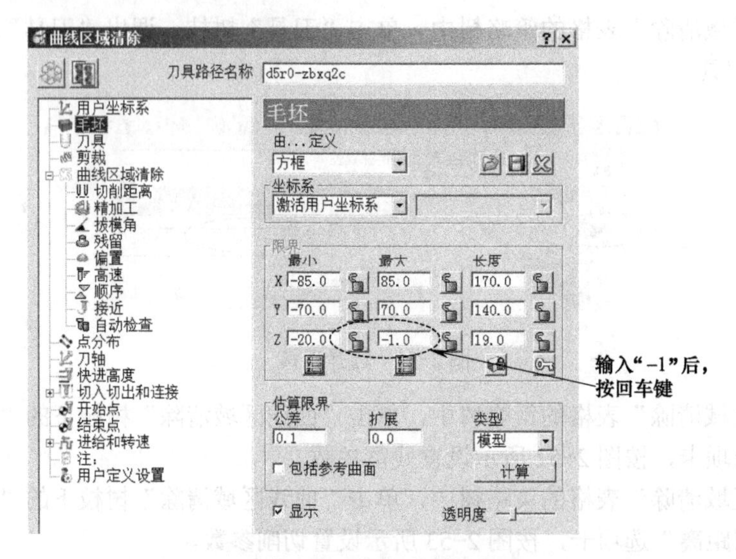

图 2-54 修改毛坯参数

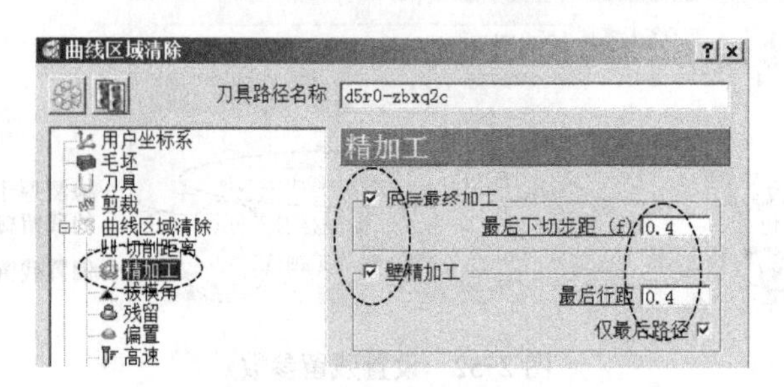

图 2-55 设置精加工参数

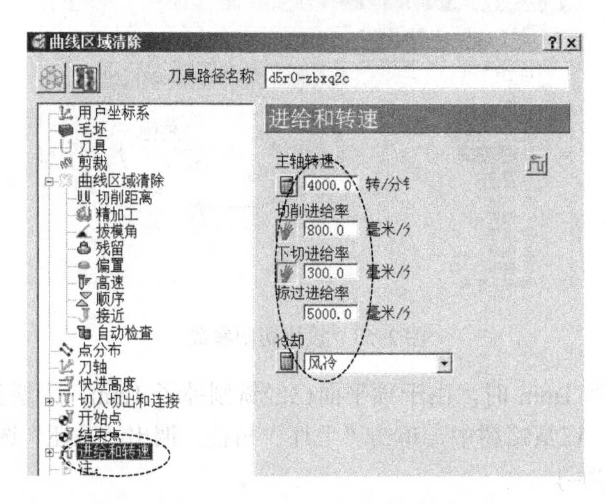

图 2-56 设置进给和转速参数

单击“曲线区域清除”表格下方的“计算”按钮，系统计算出图 2-57 所示中部型腔 $R8$ 圆角的二次粗、精加工刀具路径，图 2-58 为该刀具路径的局部放大图。

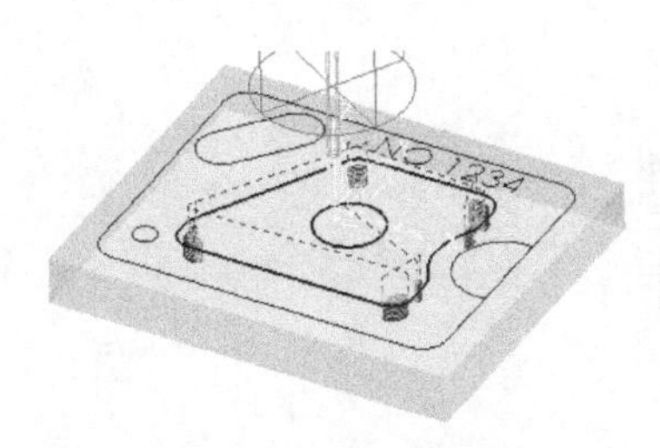

图 2-57　中部型腔 *R*8 圆角的二次粗、精加工刀具路径

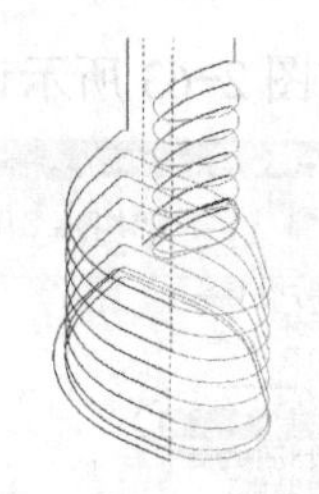

图 2-58　中部型腔 *R*8 圆角的二次粗、精加工刀具路径的局部放大图

单击“取消”按钮，关闭“曲线区域清除”表格。

2）*R*8 圆角二次粗、精加工仿真：在 PowerMILL 资源管理器中，右击“刀具路径”树枝下的“d5r0-zbxq2c”，在弹出的快捷菜单条中，选择“自开始仿真”。

在 PowerMILL 的“ViewMILL”工具栏中，单击“光泽阴影图像”按钮，进入真实实体仿真切削状态。

在 PowerMILL“仿真控制”工具栏中，单击“运行”按钮，系统即进行 *R*8 圆角粗、精加工仿真切削，其结果如图 2-59 所示。

在“ViewMILL”工具栏中，单击“无图像”按钮，返回编程状态。

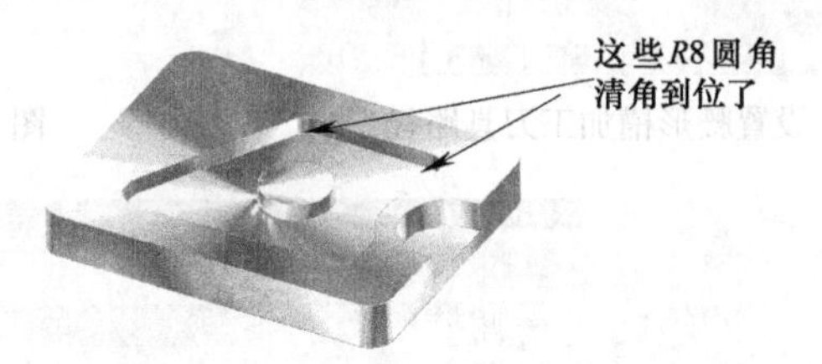

图 2-59　*R*8 圆角粗、精加工仿真切削结果

2.2.7　腰形槽粗、精加工——二维曲线区域清除及其应用

1）计算腰形槽加工刀具路径：在 PowerMILL“综合”工具栏中，单击“刀具路径策略”按钮，打开“策略选取器”表格，选择“2.5 维区域清除”选项，在该选项卡中选择“二维曲线区域清除”，单击“接受”按钮，打开“曲线区域清除”表格，按图 2-60 所示设置腰形槽加工刀具路径参数。

在“曲线区域清除”选项卡中的“曲线定义”栏中，单击“获取几何形体到参考线”按钮，然后在绘图区依次选择图 2-61 所示零件腰形槽轮廓曲线（4 段），系统将选择出来的曲线自动创建为参考线 4。在“参考线获取”工具栏中，单击勾按钮完成曲线选择。

毛坯、刀具、切削距离和精加工参数与上一工步相同，无须再设置。

在“曲线区域清除”表格的策略树中，双击“切入切出和连接”树枝，展开它。单击该树枝下的“切入”树枝，调出“切入”选项卡，在“切入”选项卡中，单击“打开斜向选项表格”按钮，打开“斜向切入选项”表格，按图 2-62 所示设置斜向切入参数。设置完成后，单击“接受”按钮返回。

在“曲线区域清除”表格的策略树中，单击“进给和转速”树枝，调出“进给和转速”

选项卡，按图 2-63 所示设置进给和转速参数。

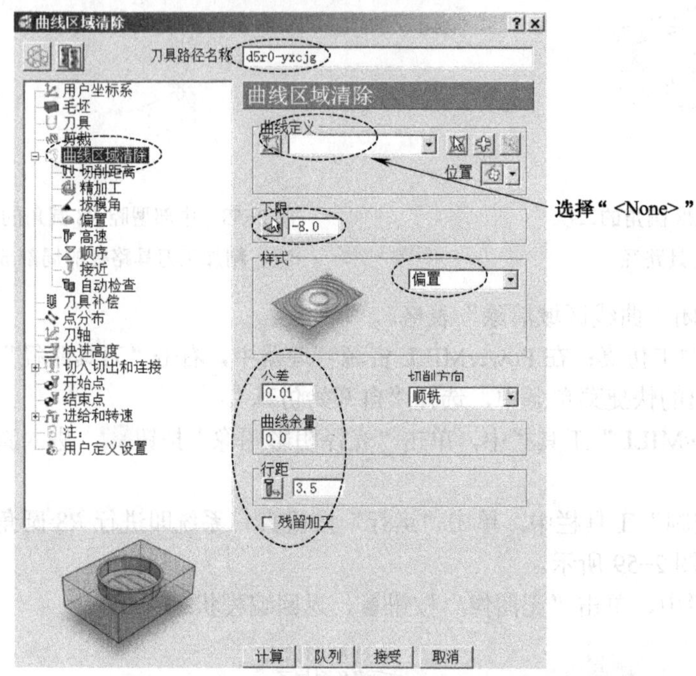

图 2-60　设置腰形槽加工刀具路径参数

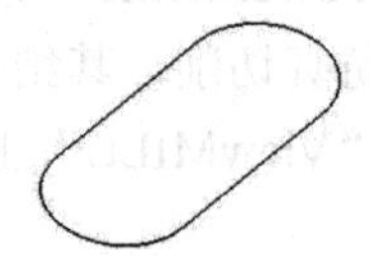

图 2-61　选择腰形槽轮廓曲线

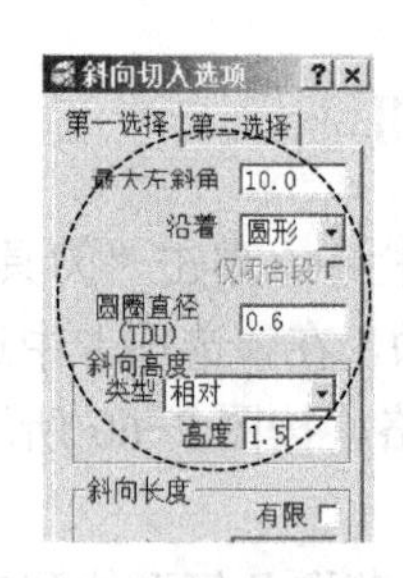

图 2-62　设置斜向切入参数

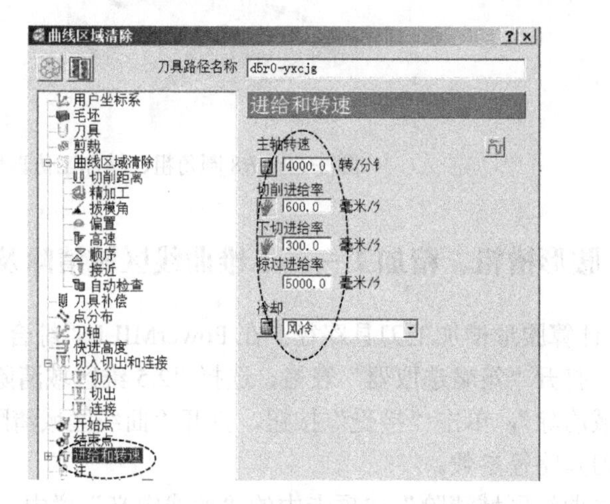

图 2-63　设置进给和转速参数

对于封闭型腔的加工，为保护刀尖，可以设置一个较低的切入进给率。在“曲线区域清除”表格的策略树中，双击“进给和转速”树枝，将它展开。单击该树枝下的“切入切出进给率”树枝，调出“切入切出进给率”选项卡，按图 2-64 所示设置切入切出进给率参数。

单击“曲线区域清除”表格下方的“计算”按钮，系统计算出图 2-65 所示腰形槽粗、精加工刀具路径，图 2-66 为该刀具路径的局部放大图。

单击“取消”按钮，关闭“曲线区域清除”表格。

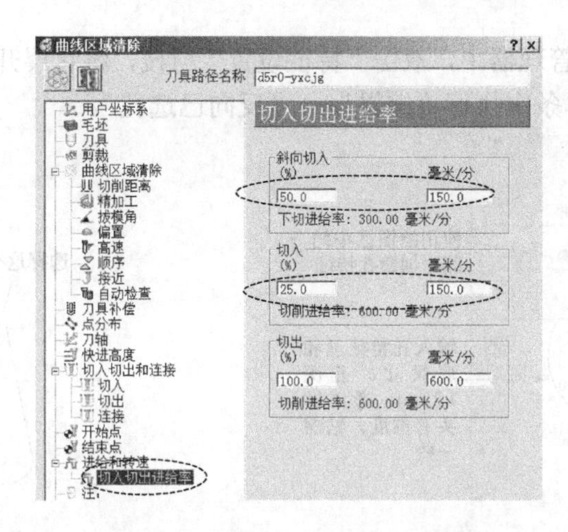

图 2-64　设置切入切出进给率参数

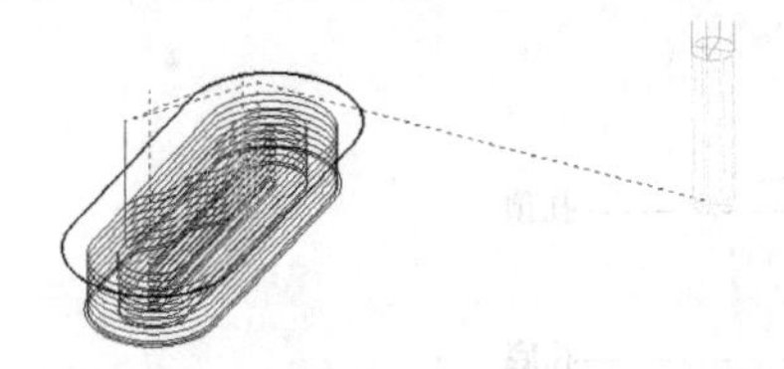

图 2-65　腰形槽粗、精加工刀具路径

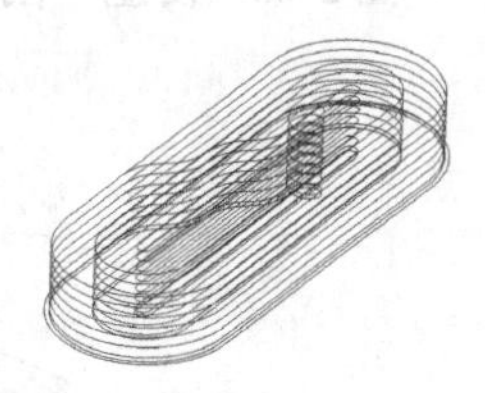

图 2-66　腰形槽粗、精加工刀具路径的局部放大图

2）腰形槽粗、精加工仿真：在 PowerMILL 资源管理器中，右击“刀具路径”树枝下的“d5r0-yxcjg”，在弹出的快捷菜单条中，选择“自开始仿真”。

在 PowerMILL 的“ViewMILL”工具栏中，单击“光泽阴影图像”按钮，进入真实实体仿真切削状态。

在 PowerMILL“仿真控制”工具栏中，单击“运行”按钮，系统即进行腰形槽粗、精加工仿真切削，其结果如图 2-67 所示。

在“ViewMILL”工具栏中，单击“无图像”按钮，返回编程状态。

图 2-67　腰形槽粗、精加工仿真切削结果

2.2.8　孔加工——钻孔与铣孔策略应用于孔加工

使用 PowerMILL 软件计算孔加工刀具路径时，首先需要建立孔特征。可以使用绘图区中的点、圆弧、实体孔等图素建立孔特征。

1）识别模型中的孔：在 PowerMILL 资源管理器中，右击“特征设置”树枝，在弹出的快捷菜单条中执行“识别模型中的孔”，打开“特征”表格，按图 2-68 所示设置产生孔参数，然后在绘图区中选中 ϕ10mm 的圆，如图 2-69 所示。

依次单击“应用”“关闭”按钮，系统识别出图 2-70 所示孔。

如图 2-70 所示，PowerMILL 系统产生的孔特征，其孔顶用点表示，孔底用“十”字表示。如果产生的孔顶、孔底与预期相反，按如下操作反转孔的方向。

在 PowerMILL 资源管理器中，双击“特征设置”树枝，将它展开。右击待反转方向的孔树枝，在弹出的快捷菜单条中执行“编辑”→“反向已选孔”。

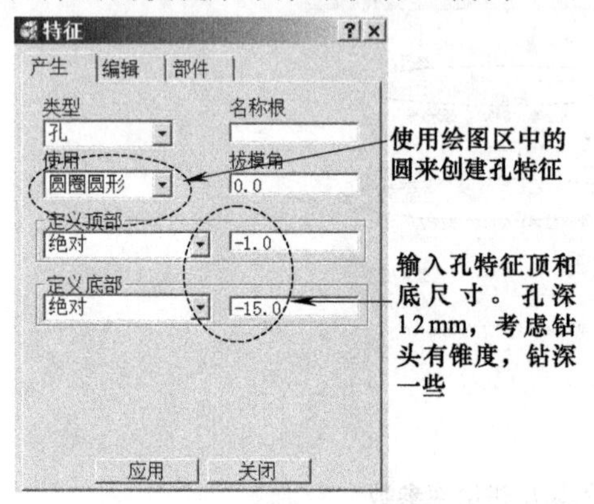

图 2-68 设置产生孔参数

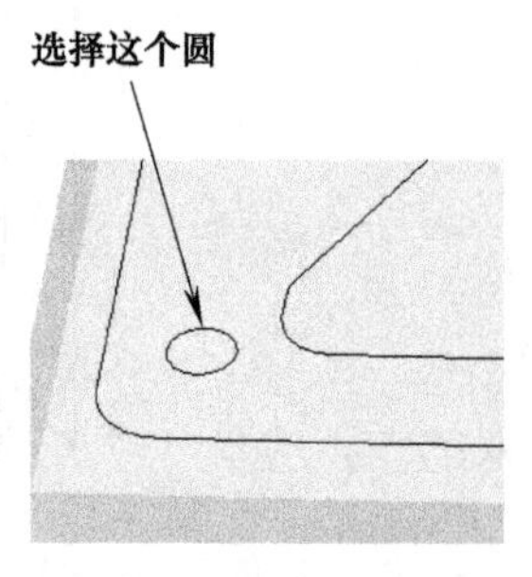

图 2-69 选择ϕ10mm 圆

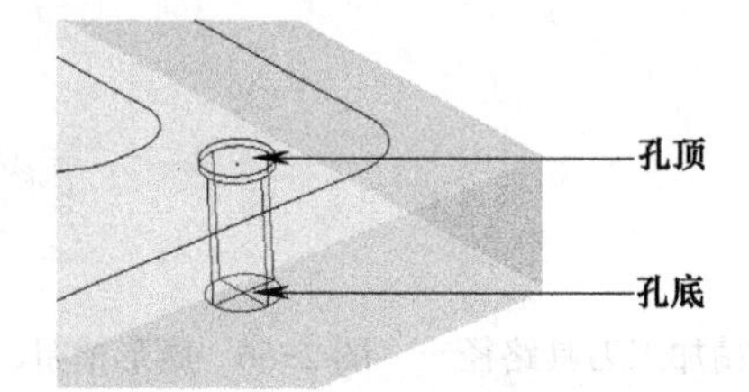

图 2-70 产生的孔

2）计算钻孔刀具路径：在 PowerMILL“综合”工具栏中，单击“刀具路径策略”按钮，打开“策略选取器”表格，选择“钻孔”选项，在该选项卡中选择“钻孔”，单击“接受”按钮，打开“钻孔”表格，按图 2-71 所示设置钻孔参数。

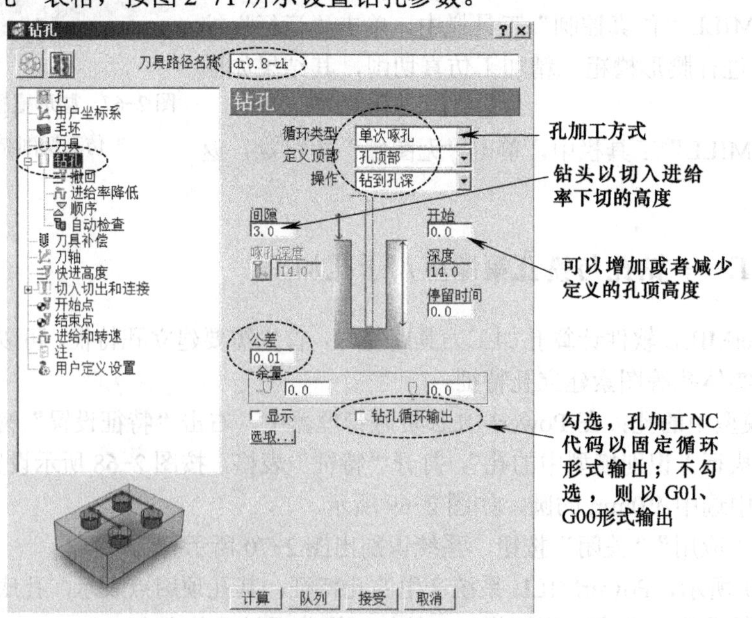

图 2-71 设置钻孔参数

在“钻孔”表格的钻孔选项卡中，单击“选取...”按钮，打开“特征选项”表格，按图 2-72 所示顺序操作，添加要加工的孔，依次单击“选取”“关闭”按钮完成待加工孔的选定。

在“钻孔”表格的策略树中，单击“刀具”树枝，调出“刀具”选项卡，按图 2-73 所示选择刀具。

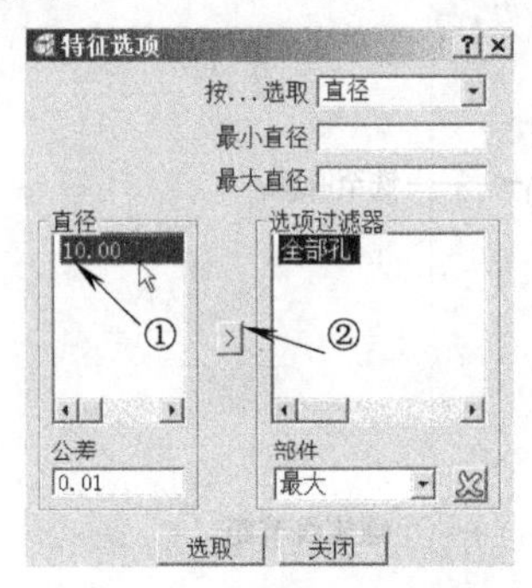

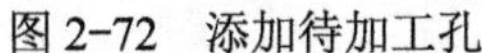

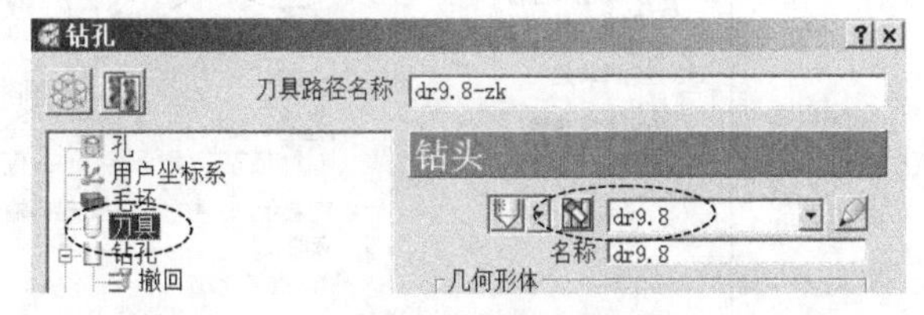

图 2-72　添加待加工孔

图 2-73　选择刀具

在“钻孔”表格的策略树中，单击“进给和转速”树枝，调出“进给和转速”选项卡，按图 2-74 所示设置进给和转速参数。

单击“计算”按钮，系统计算出图 2-75 所示钻孔刀具路径。

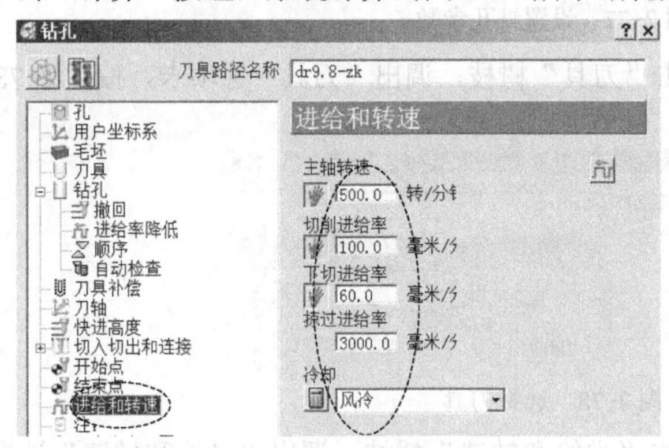

图 2-74　设置进给和转速参数

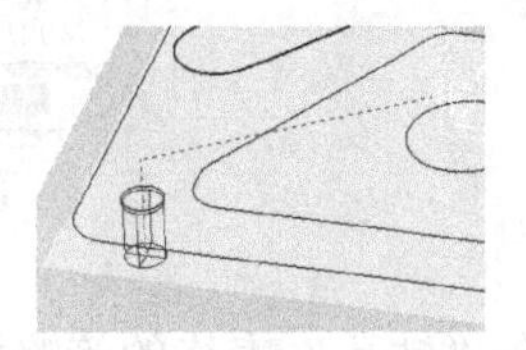

图 2-75　钻孔刀具路径

单击“取消”按钮，关闭“钻孔”表格。

3）钻孔加工仿真：在 PowerMILL 资源管理器中，右击“刀具路径”树枝下的“dr9.8-zk”，在弹出的快捷菜单条中，选择“自开始仿真”。

在 PowerMILL 的“ViewMILL”工具栏中，单击“光泽阴影图像”按钮，进入真实实体仿真切削状态。

在 PowerMILL“仿真控制”工具栏中，单击“运行”按钮，系统即进行钻孔仿真切削，其结果如图 2-76 所示。

图 2-76　钻孔仿真切削结果

在“ViewMILL”工具栏中，单击无图像按钮，返回编程状态。

4）计算铣孔刀具路径：在 PowerMILL“综合”工具栏中，单击“刀具路径策略”按钮，打开“策略选取器”表格，选择“钻孔”选项，在该选项卡中选择“钻孔”，单击“接受”按钮，打开“钻孔”表格，按图 2-77 所示设置参数。

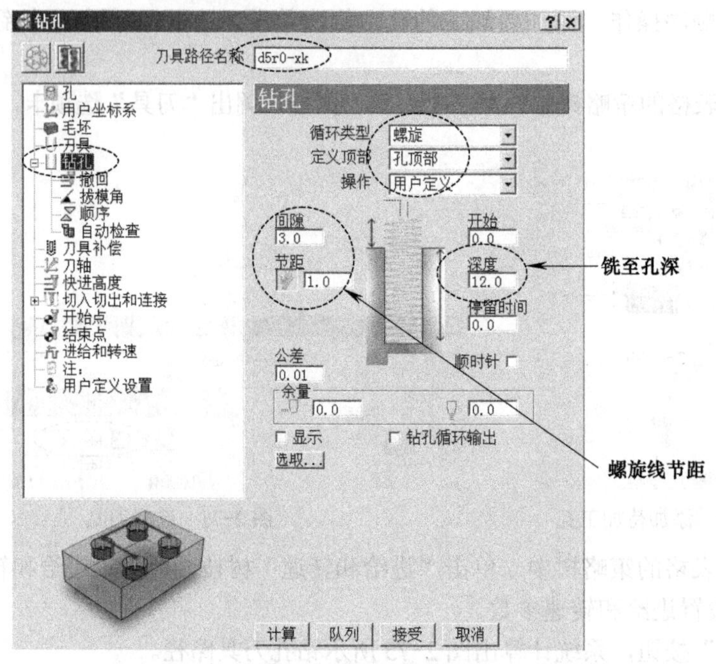

图 2-77　设置铣孔参数

在“钻孔”表格的策略树中，单击“刀具”树枝，调出“刀具”选项卡，按图 2-78 所示选择刀具。

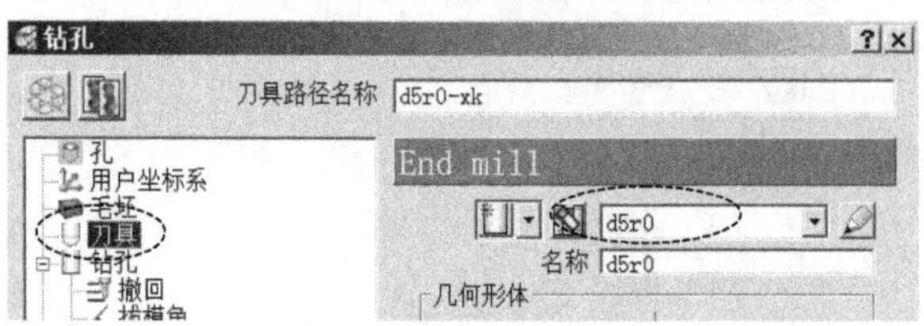

图 2-78　选择刀具

在“钻孔”表格的策略树中，单击“进给和转速”树枝，调出“进给和转速”选项卡，按图 2-79 所示设置进给和转速参数。

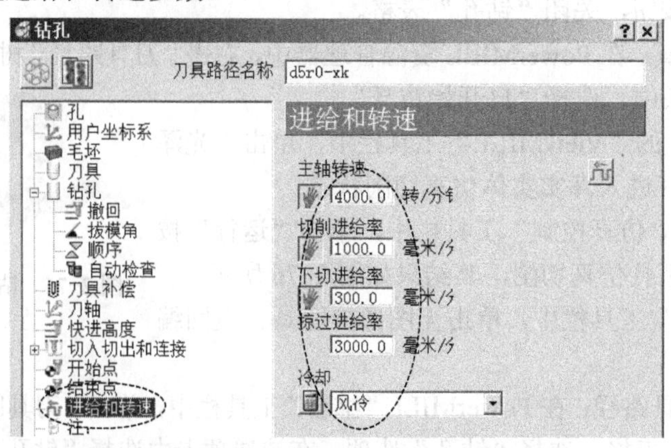

图 2-79　设置进给和转速参数

铣孔对象即上一钻孔工步对象，可以不用再次选择。

单击“钻孔”表格下方的“计算”按钮，系统计算出图 2-80 所示的铣孔刀具路径，图 2-81 为该刀具路径的局部放大图。

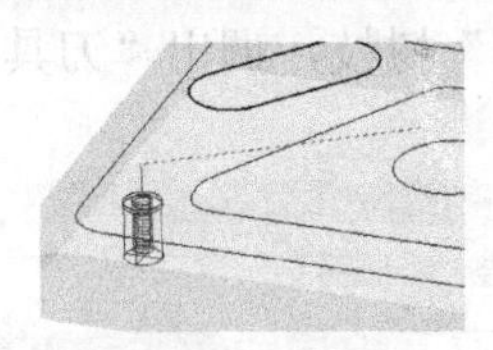

图 2-80 铣孔刀具路径

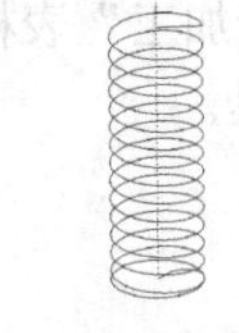

图 2-81 铣孔刀具路径的局部放大图

单击“取消”按钮，关闭“钻孔”表格。

5）铣孔加工仿真：在 PowerMILL 资源管理器中，右击“刀具路径”树枝下的“d5r0-xk”，在弹出的快捷菜单条中，选择“自开始仿真”。

在 PowerMILL 的“ViewMILL”工具栏中，单击“光泽阴影图像”按钮，进入真实实体仿真切削状态。

在 PowerMILL“仿真控制”工具栏中，单击“运行”按钮，系统即进行铣孔仿真切削，其结果如图 2-82 所示。

图 2-82 铣孔仿真切削结果

在“ViewMILL”工具栏中，单击“无图像”按钮，返回编程状态。

2.2.9 雕刻文字——参考线加工策略应用于线槽加工

在 PowerMILL 软件中，刻线、刻槽、雕刻文字等加工常使用参考线加工策略计算加工刀具路径。

1）计算文字加工刀具路径：在 PowerMILL“综合”工具栏中，单击“刀具路径策略”按钮，打开“策略选取器”表格，选择“精加工”选项，在该选项卡中选择“参考线精加工”，单击“接受”按钮，打开“参考线精加工”表格，按图 2-83 所示设置雕刻文字参数。

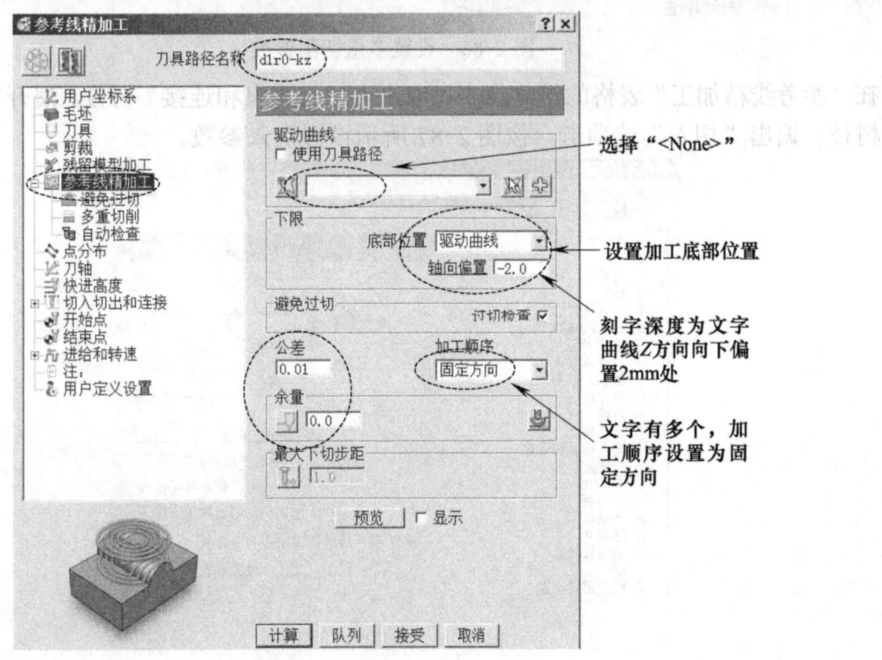

图 2-83 设置雕刻文字参数

在“参考线精加工”选项卡的“驱动曲线”栏中，单击“获取几何形体到参考线”按钮，然后在绘图区中选择图 2-84 所示的文字曲线，系统自动将这些曲线创建为参考线 5。在“参考线获取”工具栏中，单击勾按钮完成曲线选择。

在“参考线精加工”表格的策略树中，单击“刀具”树枝，调出“刀具”选项卡，按图 2-85 所示选择刀具。

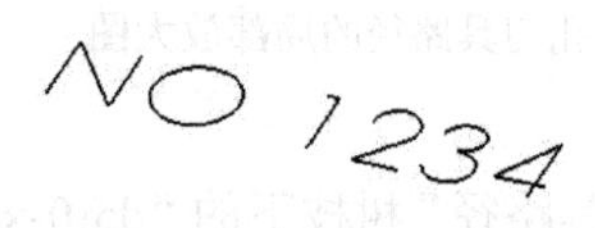

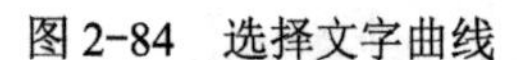
图 2-84　选择文字曲线

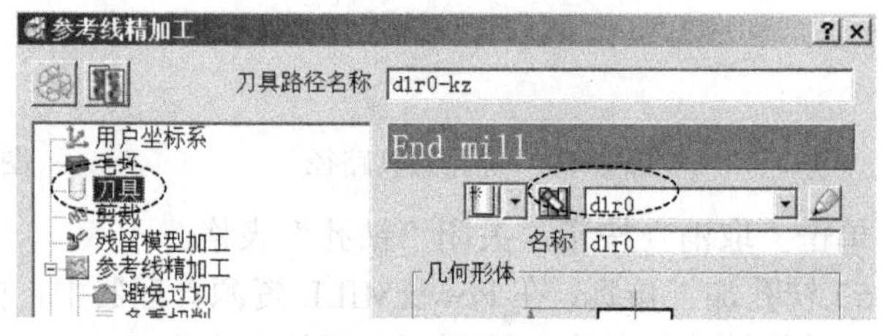

图 2-85　选择刀具

在“参考线精加工”表格的策略树中，单击“参考线精加工”树枝下的“多重切削”树枝，调出“多重切削”选项卡，按图 2-86 所设置多重切削参数。

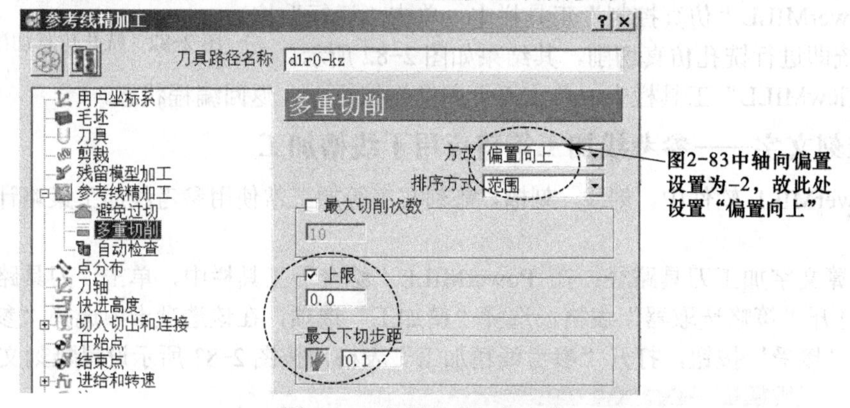

图 2-86　设置多重切削参数

在“参考线精加工”表格的策略树中，双击“切入切出和连接”树枝，展开它。单击“切入”树枝，调出“切入”选项卡，按图 2-87 所示设置切入参数。

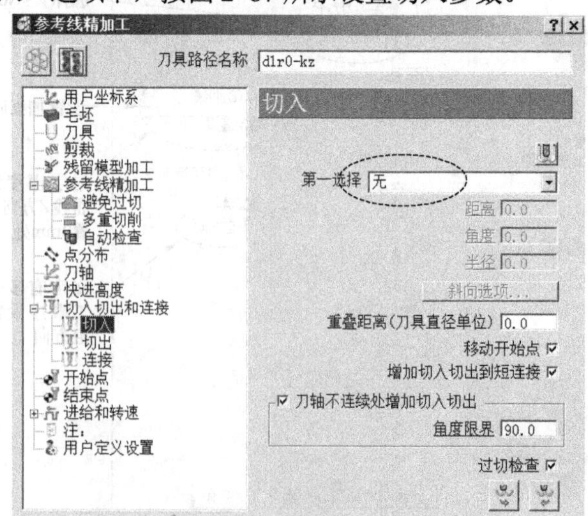

图 2-87　设置切入参数

在“参考线精加工”表格策略树中的“切入切出和连接”树枝下，单击“连接”树枝，调出“连接”选项卡，按图 2-88 所示设置连接参数。

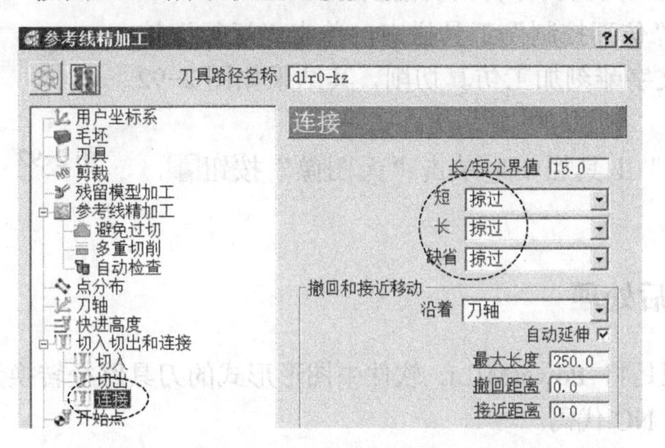

图 2-88 设置连接参数

在“参考线精加工”表格的策略树中，单击“进给和转速”树枝，调出“进给和转速”选项卡，按图 2-89 所示设置进给和转速参数。

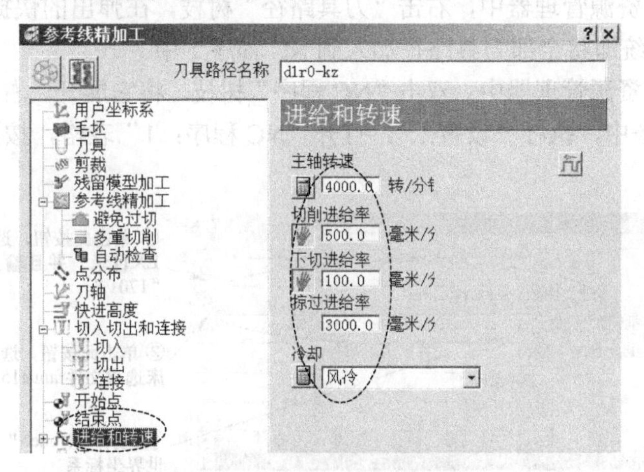

图 2-89 设置进给和转速参数

单击“参考线精加工”表格下方的“计算”按钮，系统计算出图 2-90 所示文字雕刻刀具路径，图 2-91 为该刀具路径的局部放大图。

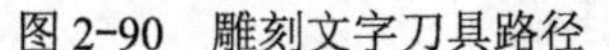

图 2-90 雕刻文字刀具路径

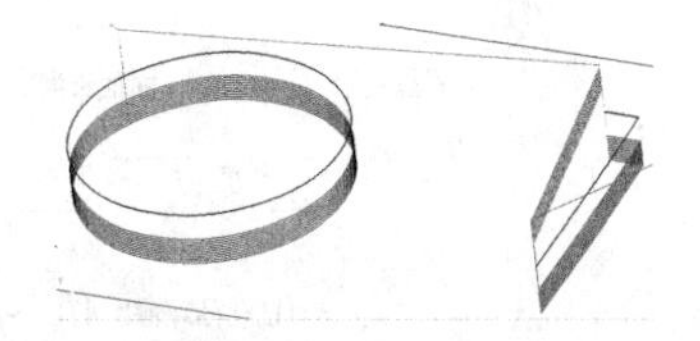

图 2-91 雕刻文字刀具路径的局部放大图

单击“取消”按钮，关闭“参考线精加工”表格。

2）雕刻文字加工仿真：在 PowerMILL 资源管理器中，右击“刀具路径”树枝下的“d1r0-kz”，在弹出的快捷菜单条中，选择“自开始仿真”。

在 PowerMILL 的“ViewMILL”工具栏中，单击“光泽阴影图像”按钮，进入真实实体仿真切削状态。

在 PowerMILL“仿真控制”工具栏中，单击“运行”按钮，系统即进行文字雕刻加工仿真切削，其结果如图 2-92 所示。

图 2-92　雕刻文字仿真切削结果

在“ViewMILL”工具栏中，单击“无图像”按钮，返回编程状态。

2.2.10　刀具路径后处理

刀具路径后处理是将 PowerMILL 软件中图形形式的刀具路径转换为数控机床控制系统能支持的文字形式的 NC 代码。

在 PowerMILL 资源管理器中，右击“NC 程序”树枝，在弹出的快捷菜单中，执行“产生 NC 程序”，打开“NC 程序：1”表格。无须设置任何参数，单击“接受”按钮关闭该表格，在“NC 程序”树枝下产生一个内容为空、名称为“1”的 NC 程序。

在 PowerMILL 资源管理器中，右击“刀具路径”树枝，在弹出的快捷菜单中，执行“增加到 NC 程序”，系统即将全部刀具路径加入到 NC 程序 1 中。

在 PowerMILL 资源管理器中，双击“NC 程序”树枝，将它展开，右击该树枝下的“1”，在弹出的快捷菜单条中，执行“设置...”，打开“NC 程序：1”表格，按图 2-93 所示设置输出 NC 程序参数。

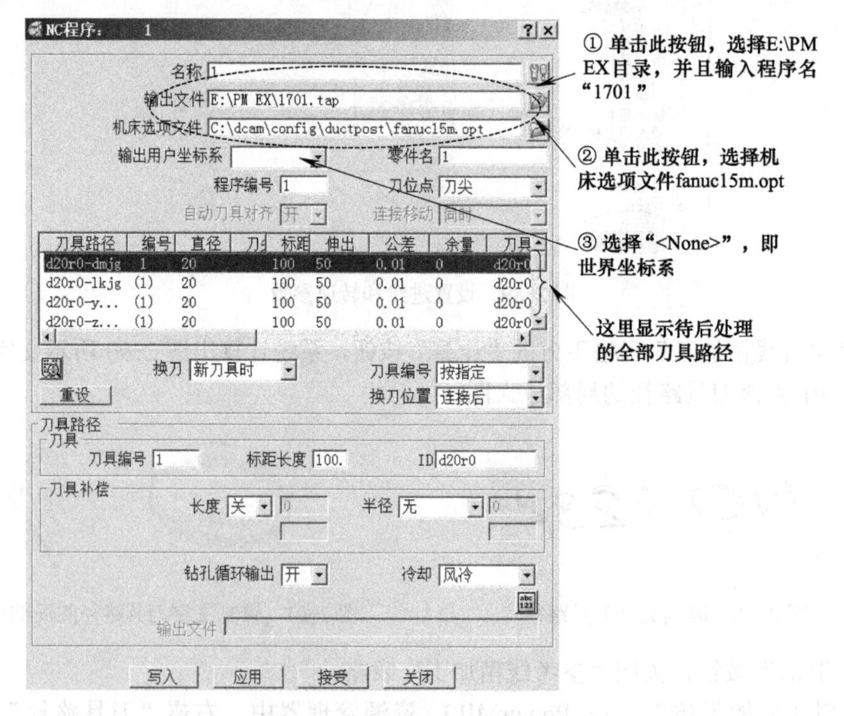

图 2-93　设置输出 NC 程序参数

设置完成后，单击“写入”按钮，系统即开始进行后处理计算。等待信息窗口提示后处理完成后，关闭“NC 程序：1”表格。

用记事本打开 E:\PM EX\1701.tap 文件，就能看到 NC 程序，部分 NC 程序如图 2-94 所示。

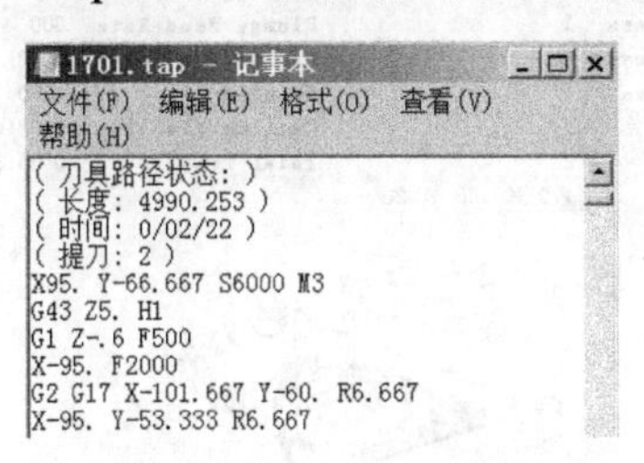

图 2-94　部分 NC 程序

2.2.11　产生数控加工工艺清单

数控加工工艺清单是联系数控编程人员与数控机床操作人员的纽带。毛坯尺寸、对刀点、刀具、加工工时等关键信息均在工艺清单上反应。数控加工工艺清单的格式可以自定义，也可以直接调用 PowerMILL 软件提供的默认工艺清单模板（后缀为*.html 的网页文件）。具体操作步骤如下：

1）在绘图区中，将图形调整到适合查看的位置和大小，目的是准备拍照视角。

2）在 PowerMILL 资源管理器中的“NC 程序”树枝下，右击“1”，在弹出的快捷菜单条中，执行“设置清单”→“快照”→“全部刀具路径”→“当前查看”，系统即将全部刀具路径拍照。关闭弹出的信息窗口。拍照获得的图片用于制作工艺清单。

3）再次右击“NC 程序”树枝下的“1”，在弹出的快捷菜单条中，执行“设置清单”→“路径”，打开“设置清单”表格，按图 2-95 所示设置工艺清单参数。

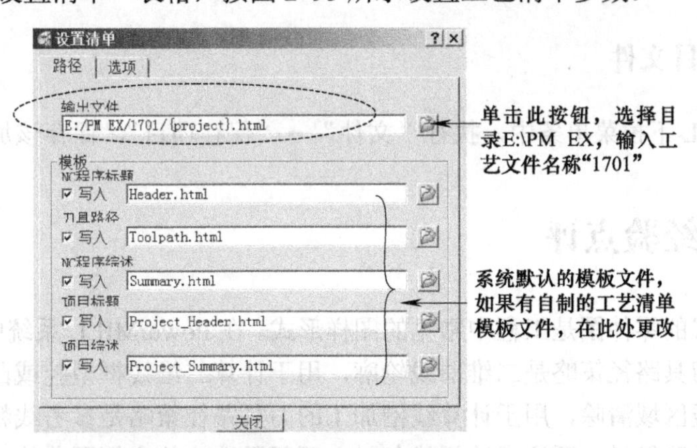

图 2-95　设置工艺清单参数

设置完成后，单击“关闭”按钮。

再次右击“NC 程序”树枝下的“1”，在弹出的快捷菜单中，执行“设置清单”→“输出”，等待输出完成后，打开 E:\PM EX\1701\2-1 azb.html 网页文件，即可调阅 NC 程序文件 1701.tap 所对应的各项工艺参数，部分工艺清单内容如图 2-96 所示。

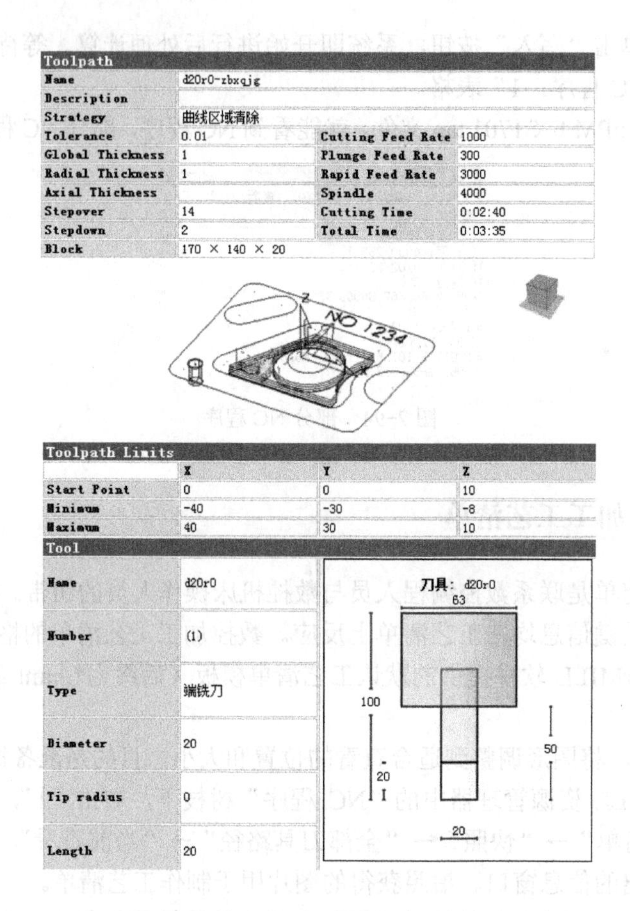

Toolpath			
Name	d20r0-zbxqjg		
Description			
Strategy	曲线区域清除		
Tolerance	0.01	Cutting Feed Rate	1000
Global Thickness	1	Plunge Feed Rate	300
Radial Thickness	1	Rapid Feed Rate	3000
Axial Thickness		Spindle	4000
Stepover	14	Cutting Time	0:02:40
Stepdown	2	Total Time	0:03:35
Block	170 × 140 × 20		

Toolpath Limits	X	Y	Z
Start Point	0	0	10
Minimum	-40	-30	-8
Maximum	40	30	10

Tool	
Name	d20r0
Number	(1)
Type	端铣刀
Diameter	20
Tip radius	0
Length	20

图 2-96　部分工艺清单内容

2.2.12　保存项目文件

在 PowerMILL 下拉菜单条中，执行“文件”→“保存项目”，保存该加工项目。

2.3　工程师经验点评

二维线框形式的零件图是工程中常见的图样形式。在 PowerMILL 系统中，用于计算二维线框轮廓加工的刀具路径策略是二维曲线轮廓，用于计算二维线框型腔或凸台加工的刀具路径策略是二维曲线区域清除，用于计算线槽加工的刀具路径策略是参考线精加工。在计算二维线框的加工刀具路径时，要注意选择线条时，不要漏选一些小倒圆曲线，也不要重复选择叠加在一起的曲线，以免出现轮廓不正确或者区间不封闭的情况。

对于一些精度要求比较高的尺寸，或者有配合要求的特征和尺寸，在计算刀具路径时，可以在刀具路径策略中，通过设置正负余量的大小来控制被加工特征或尺寸的精度，以达到尺寸所要求的精度以及特征能正确地配合。

2.4 练习题

1）计算图 2-97 所示零件的加工刀具路径。毛坯为方坯，刀具和切削参数自定义。零件数模在光盘中的存放位置：光盘符:\习题\ch02\xt 2-01.dgk。光盘内附有参考答案。

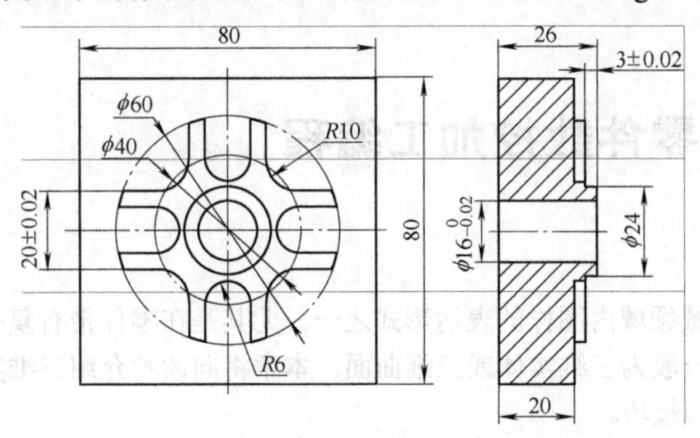

图 2-97 练习题 1）图

2）计算图 2-98 所示零件的加工刀具路径。毛坯为方坯，刀具和切削参数自定义。零件数模在光盘中的存放位置：光盘符：\习题\ch02\xt 2-02.dgk。光盘内附有参考答案。

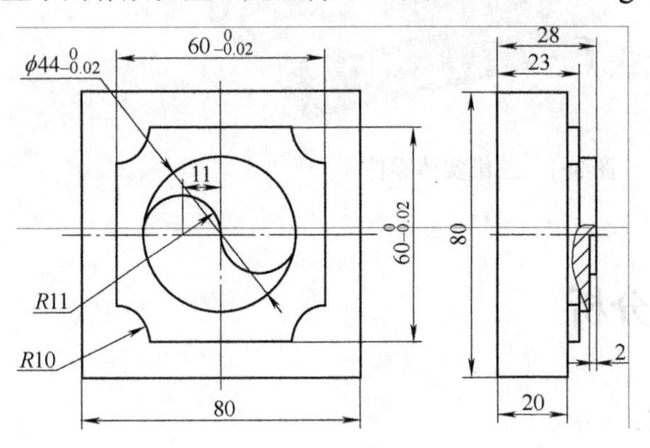

图 2-98 练习题 2）图

第3章

三维实体图形零件数控加工编程

当前，三维实体已经成为机械领域内图样的表达形式之一。尤其是在零件带有复杂曲面的情况下，编程人员接收的模型一般为三维实体或三维曲面。本章将向读者介绍三维实体形式的结构零件数控加工编程方法与技巧。

本章涉及的典型三维实体零件如图 3-1 所示。

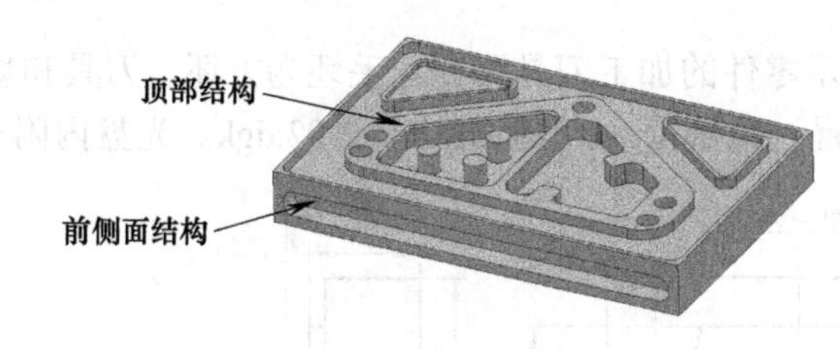

图 3-1　三维实体零件

3.1　数控加工编程工艺分析

图 3-1 所示零件具有以下特点：

1）零件总体尺寸为 200mm×130mm×25mm，毛坯为方坯，六个面均已经加工平整，尺寸到位。

2）该零件主要由平面、型腔、凸台、孔、倒角等结构特征构成。

3）该零件的顶部和前侧面上都有结构需要加工，在三轴加工机床上，在加工某个面上的结构之后，需要取下工件重新装夹以加工另一个面上的结构。

零件需翻边加工的情况在实际生产以及各级各类数控加工技能竞赛中比较常见。加工这类零件时，在编程前规划好加工面的顺序非常重要，否则会影响毛坯的刚度，进而影响到加工精度，更有甚者，会因为没有装夹面而导致一些面上的结构不能加工。本例将介绍 PowerMILL 软件翻边加工零件计算刀具路径的方法和步骤。

拟按表 3-1 所列工艺过程计算此零件的加工刀具路径。

表 3-1　三维实体图形零件数控编程工艺过程

工步号	工步名	加工策略	加工部位	刀具	切削参数					
					转速/(r/min)	进给速度/(mm/min)	切削宽度/mm	背吃刀量/mm	公差/mm	余量/mm
前侧面结构加工										
1	矩形槽粗加工	二维曲线区域清除	矩形槽	d10r0	900	400	7	1	0.01	0.4
	矩形槽精加工				4000	1000			0.01	0
翻边装夹，顶面结构加工										
2	三角形型腔粗加工	二维曲线区域清除	两个三角形型腔	d10r0	900	400	7	1	0.01	0.4
	三角形型腔精加工				4000	1000			0.01	0
3	三角形型腔粗清角	二维曲线区域清除（残留）	两个三角形型腔	d6r0	900	400	3	1	0.01	0.4
	三角形型腔精清角				4000	800			0.01	0
4	梯形型腔粗加工	二维曲线区域清除	中部两个梯形型腔	d10r0	900	400	7	1	0.01	0.4
	梯形型腔精加工				4000	1000			0.01	0
5	主型腔粗加工	二维曲线区域清除	主型腔	d10r0	900	400	7	1	0.01	0.4
	主型腔精加工				4000	1000			0.01	0
6	钻孔	钻孔	5个孔	dr9.8	800	200		23	0.01	0.4
7	铣孔	铣孔	5个孔	d6r0	4000	600	0.4	1	0.01	0
8	倒角	平倒角铣削	直倒角	d25a45	900	100	1	1	0.01	0

3.2　详细编程过程

3.2.1　设置公共参数

步骤一　新建加工项目

1)复制光盘内文件到本地磁盘：复制光盘上的文件*:\Source\ch03\2dsolid.dgk 到 E:\PM EX 目录下。

2）输入模型：在下拉菜单中单击“文件”→“输入模型”，打开“输入模型”表格，选择 E:\PM EX\2dsolid.dgk 文件，然后单击“打开”按钮，完成模型输入操作。

3）查看模型：为提高显示效率，节约显示内存，PowerMILL 输入实体零件时，默认显示状态为线框形式。为查看零件的三维实体状态，操作如下：在 PowerMILL“查看”工具条中，单击“普通阴影”按钮，显示模型的着色状态。单击“线框”按钮，关闭线框显示。单击“ISO1”按钮，以轴测视角查看零件。

4）保存加工项目文件：在 PowerMILL 下拉菜单条中，执行“文件”→“保存项目”，打开“保存项目为”窗口，在“保存在”栏选择 E:\PM EX，在“文件名”栏输入项目名为 3-1 2dsolid，然后单击“保存”按钮完成操作。

首先计算前侧面矩形槽的加工刀具路径。

步骤二　准备加工

1）计算毛坯：零件的设计坐标系（世界坐标系）在底面中心，以该坐标系为原点创建毛坯。

在 PowerMILL“综合”工具栏中，单击“毛坯”按钮，打开“毛坯”表格，如图 3-2 所示，设置坐标系使用“世界坐标系”，依次单击“计算”和“接受”按钮，关闭该表格。计算出来的毛坯如图 3-3 所示。

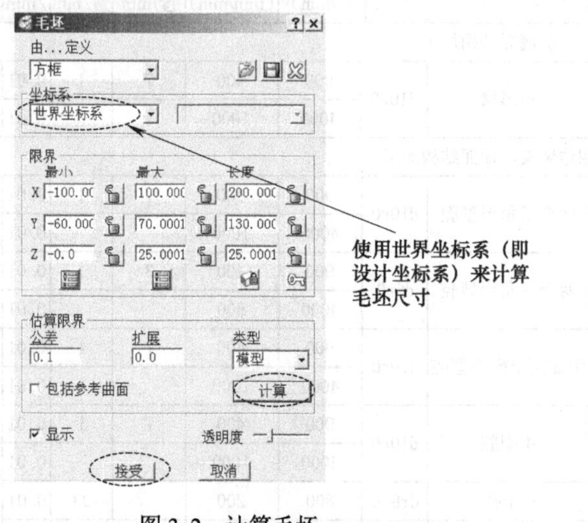

图 3-2 计算毛坯

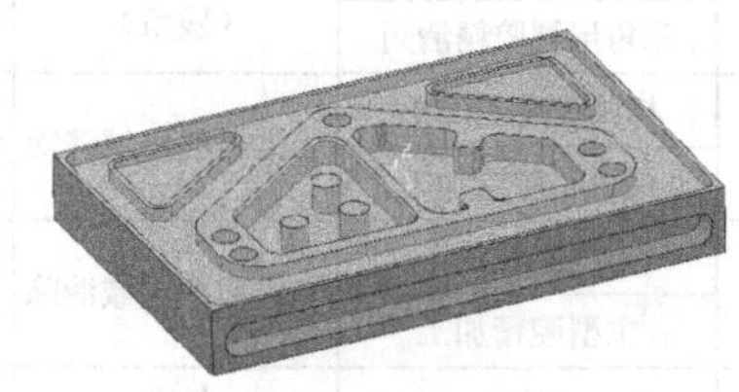

图 3-3 毛坯

2）创建前侧面矩形槽加工的对刀及编程坐标系：在 PowerMILL 资源管理器中，右击“用户坐标系”树枝，在弹出的快捷菜单条中执行“产生并定向用户坐标系”→“使用毛坯定位用户坐标系”。

在绘图区中，系统在毛坯上各特征点处显示了小圆球。在图 3-4 所示毛坯前侧面中心点位置上的小圆球上单击，系统会创建出一个用户坐标系，它的名称是 1。

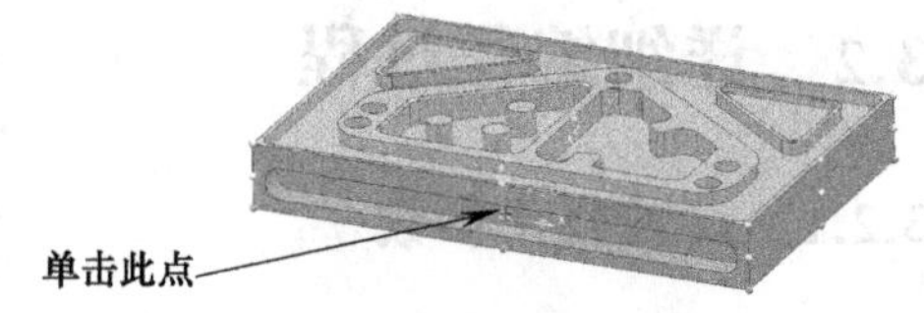

图 3-4 选择特征点

此坐标系用作加工前侧面矩形槽的对刀和编程坐标系，但该坐标系的 *Z* 轴指向材料内部，而加工时，坐标系的 *Z* 轴为刀具轴，应该指向材料外部。因此，需要反转用户坐标系 1 的 *Z* 轴朝向。

在 PowerMILL 资源管理器中，双击“用户坐标系”树枝，将它展开，右击该树枝下的“1”，在弹出的快捷菜单条中执行“用户坐标系编辑器...”，调出“用户坐标系编辑器”工具栏，如图 3-5 所示。

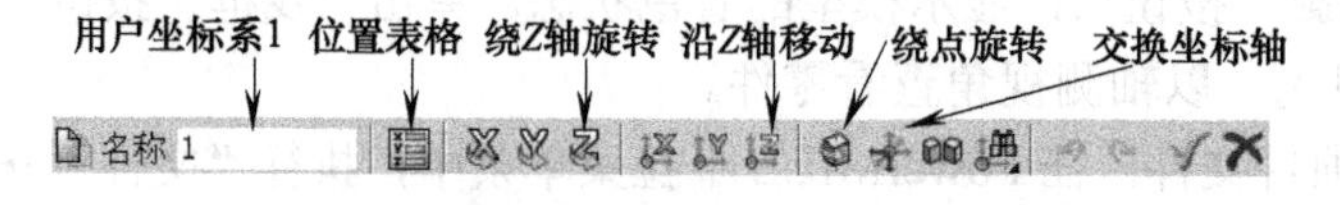

图 3-5 “用户坐标系编辑器”工具栏

在“用户坐标系编辑器”工具栏中，单击绕 *X* 轴旋转按钮，打开“旋转”表格，如图 3-6 所示，输入“90”，按<Enter>键，单击“接受”按钮，关闭“旋转”表格，单击“勾”按钮，关闭“用户坐标系编辑器”工具栏。旋转后的用户坐标系 1 各轴指向如图 3-7 所示，其 *Z* 轴是朝向材料外部的。

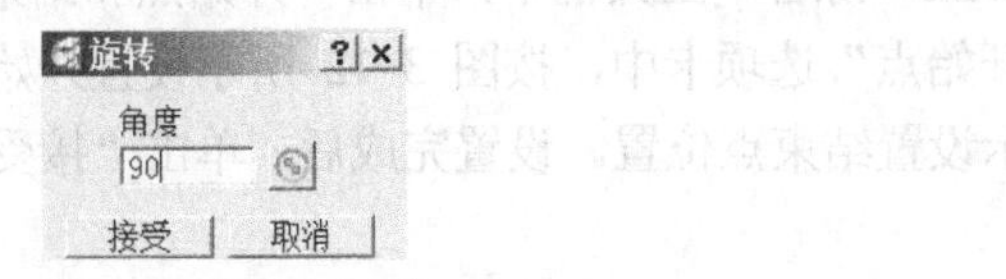

图 3-6 旋转坐标系

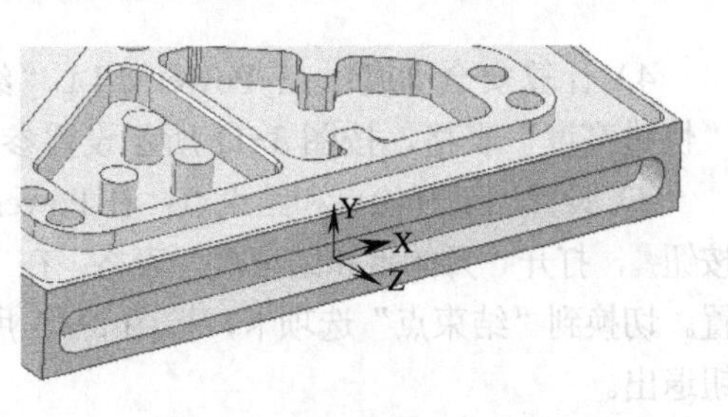

图 3-7 旋转后的用户坐标系 1

在 PowerMILL 资源管理器中的“用户坐标系”树枝下，右击该树枝下的“1”，在弹出的快捷菜单条中执行“激活”，使用户坐标系 1 成为当前编程坐标系。

3）创建刀具：在 PowerMILL 资源管理器中，右击“刀具”树枝，在弹出的快捷菜单条中，执行“产生刀具”→“端铣刀”，打开“端铣刀”表格。在“刀尖”选项卡中，按图 3-8 所示设置刀尖参数。

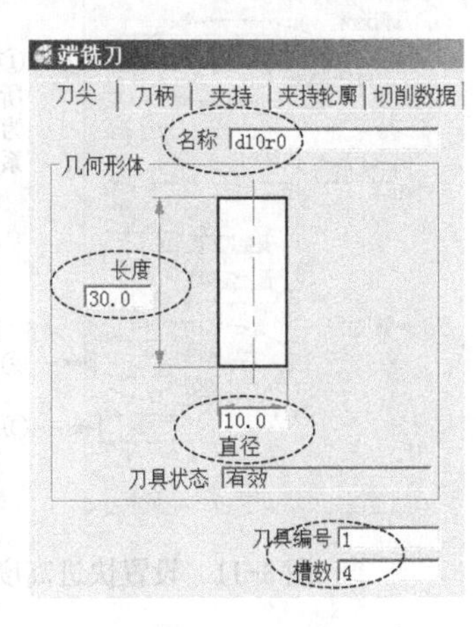

图 3-8 刀尖参数

接着单击“刀柄”选项卡，如图 3-9 所示按顺序号依次设置刀柄参数。

最后单击“夹持”选项卡，如图 3-10 所示按顺序号依次设置夹持参数。设置完参数后，单击“关闭”按钮，创建出一把名称为 d10r0、直径为 10mm 的平头铣刀。

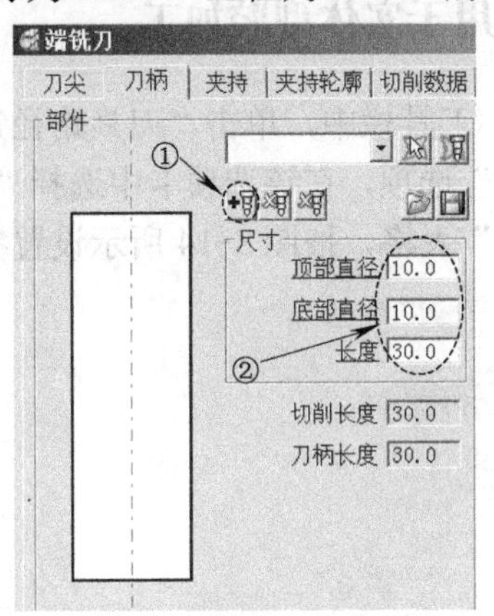

图 3-9 刀柄参数

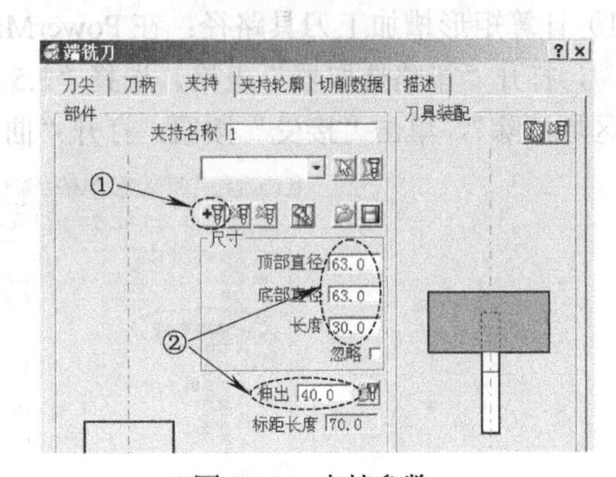

图 3-10 夹持参数

参照上述操作过程，按表 3-2 创建出加工此零件顶部结构特征所需要的其余刀具。

表 3-2 其余刀具参数

刀具编号	刀具名称	刀具类型	刀具直径/mm	槽数/个	切削刃长度/mm	锥角/（°）	刀柄直径（顶/底）/mm	刀柄长度/mm	夹持直径（顶/底）/mm	夹持长度/mm	刀具伸出夹持长度/mm
2	d6r0	面铣刀	6	4	25	—	6	30	63	30	35
3	dr9.8	钻头	9.8	2	50	60	9.8	30	63	30	60
4	d25a45	圆角锥度面铣刀	25	6	20	45	25	50	63	30	50
	d25a45 刀具补充参数：锥形直径为 3mm，刀尖圆弧半径为 0，锥高 11mm										

4）计算安全高度：在 PowerMILL“综合”工具栏中，单击“快进高度”按钮，打开“快进高度”表格，按图 3-11 所示设置参数，单击“接受”按钮关闭表格。

5）设置加工开始点和结束点：在 PowerMILL“综合”工具栏中，单击“开始点和结束点”按钮，打开“开始点和结束点”表格。在“开始点”选项卡中，按图 3-12 所示设置开始点位置。切换到“结束点”选项卡，按图 3-13 所示设置结束点位置。设置完成后，单击“接受”按钮退出。

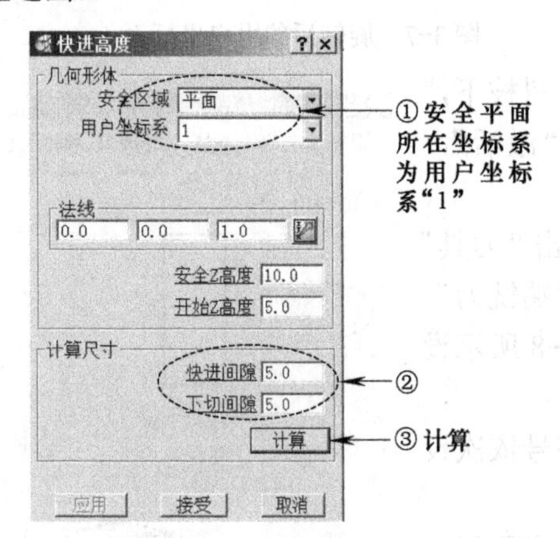

图 3-11　设置快进高度

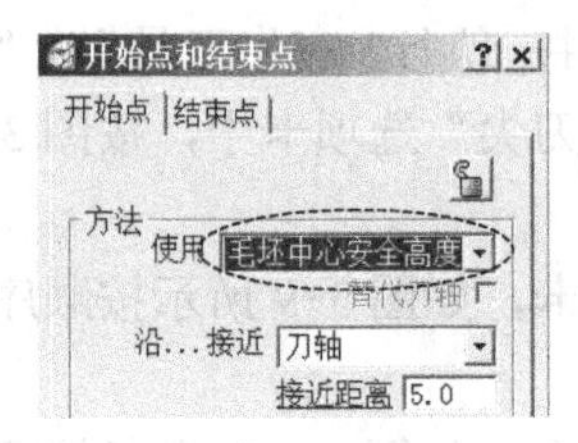

图 3-12　设置开始点

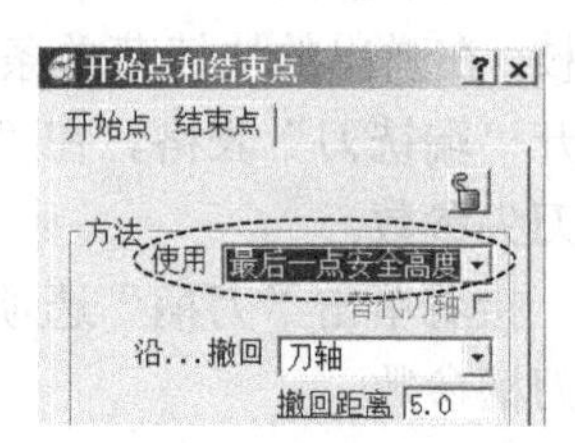

图 3-13　设置结束点

3.2.2　前侧面矩形槽加工——二维曲线区域清除应用于实体型腔加工

1）计算矩形槽加工刀具路径：在 PowerMILL“综合”工具栏中，单击“刀具路径策略”按钮，打开“策略选取器”表格，选择“2.5 维区域清除”选项，在该选项卡中选择“二维曲线区域清除”，单击“接受”按钮，打开“曲线区域清除”表格，按图 3-14 所示设置参数。

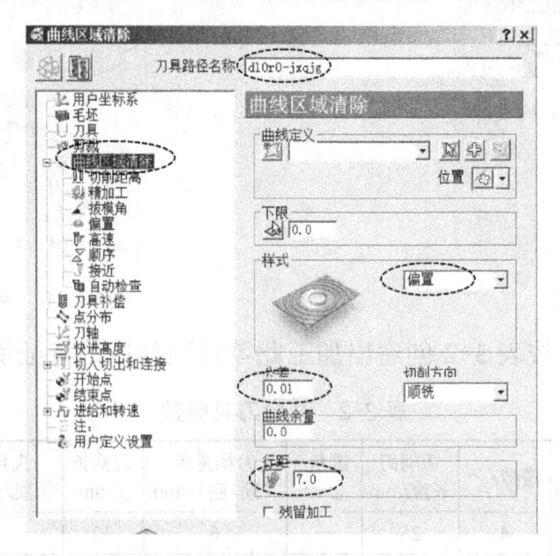

图 3-14　设置矩形槽加工刀具路径参数

在“曲线区域清除”选项卡的“曲线定义”栏中，单击“获取几何形体到参考线”按钮，系统进入捕获加工曲线环境。

在绘图区单击图 3-15 箭头所示矩形槽底面，系统将矩形槽底面的轮廓线自动创建为参考线 1。

在“获取”工具栏中，单击“勾”按钮完成曲线选择。

在“曲线区域清除”选项卡的“下限”栏中，单击“拾取最低 Z 高度”按钮，系统进入捕获 *Z* 高度环境。在绘图区中，单击图 3-15 所示矩形槽底面，系统自动获得其最低 *Z* 高度为-10mm（如果读者清楚矩形槽的深度值，也可以直接输入数字）。

经过上述参数设置后，“曲线区域清除”选项卡如图 3-16 所示。

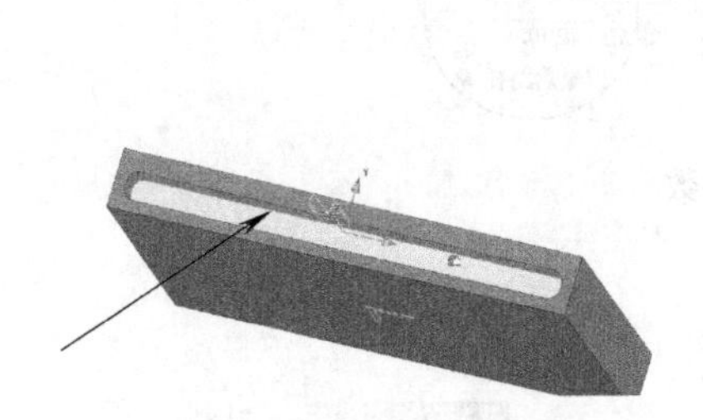

图 3-15　选择矩形槽底面

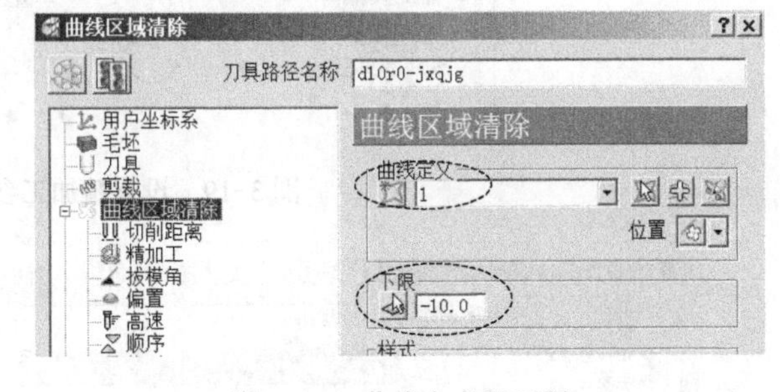

图 3-16　曲线定义及下限

矩形槽的圆角半径为 *R*5mm，使用直径为 10mm 的刀具加工。

在“曲线区域清除”表格的策略树中，单击“刀具”树枝，调出“End mill”选项卡，按图 3-17 所示选择刀具。

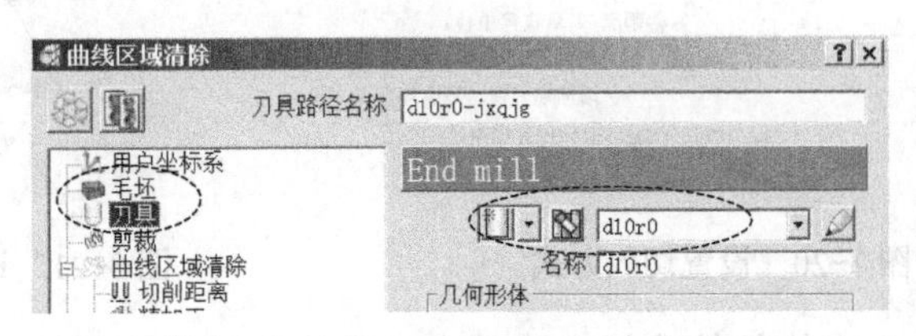

图 3-17　选择刀具

在“曲线区域清除”表格的策略树中，单击“曲线区域清除”树枝下的“切削距离”树枝，调出“切削距离”选项卡，按图 3-18 所示设置切削参数。

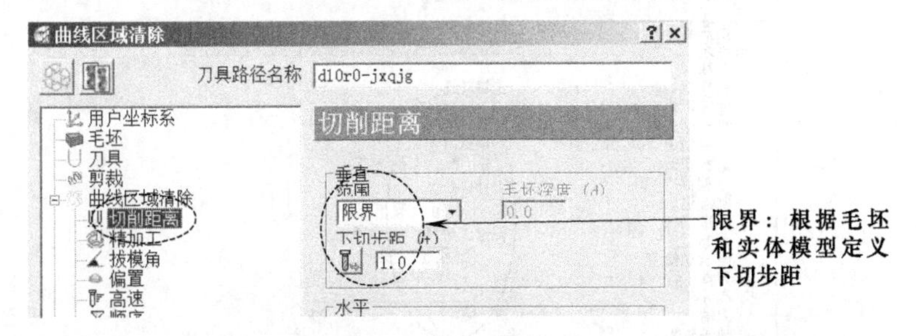

图 3-18　设置切削参数

在“曲线区域清除”表格的策略树中，单击“曲线区域清除”树枝下的“精加工”树枝，调出“精加工”选项卡，按图 3-19 所示设置精加工参数。

在“曲线区域清除”表格的策略树中，双击“切入切出和连接”树枝，展开它，单击该树枝下的“切入”树枝，调出“切入”选项卡，按图 3-20 所示设置参数。

在“切入”选项卡中，单击“斜向选项”按钮斜向选项...，调出“斜向切入选项”表格，按图 3-21 所示设置参数。设置完成后，单击“接受”按钮返回。

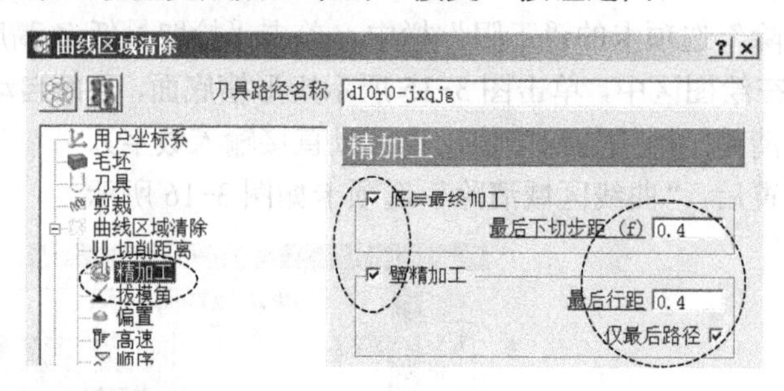

图 3-19　设置精加工参数

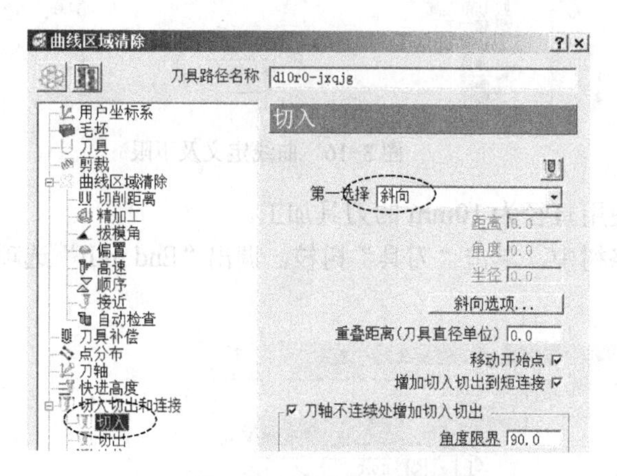

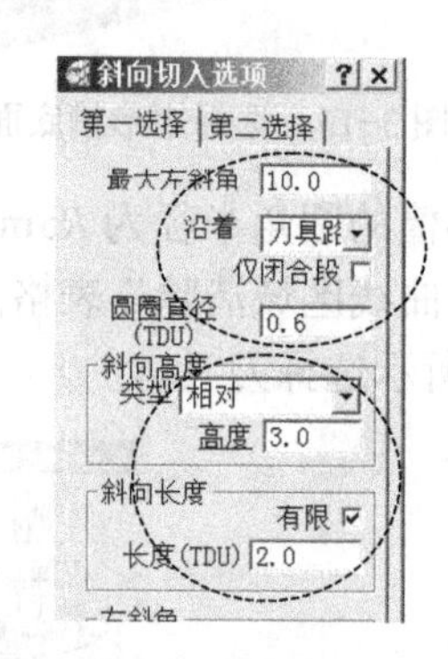

图 3-20　设置切入方式　　图 3-21　设置斜向切入参数

在“曲线区域清除”表格的策略树中，单击“进给和转速”树枝，调出“进给和转速”选项卡，按图 3-22 所示设置参数。

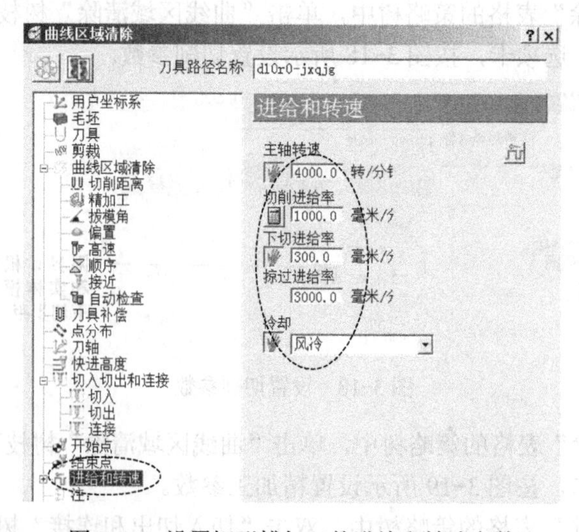

图 3-22　设置矩形槽加工的进给和转速参数

单击“计算”按钮，系统计算出图 3-23 所示矩形槽粗、精加工刀具路径。图 3-24 为该刀具路径的局部放大图。

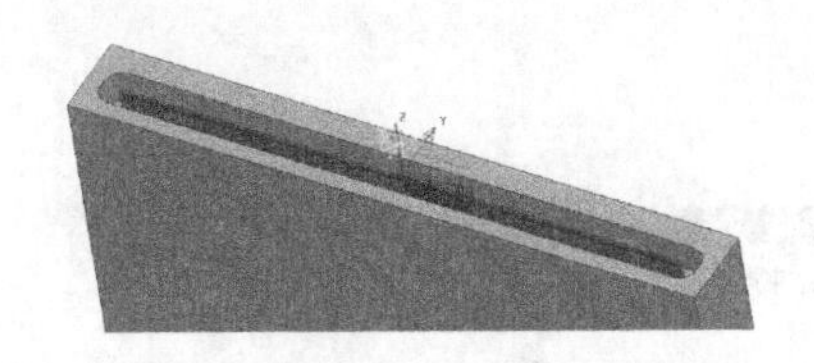

图 3-23　矩形槽粗、精加工刀具路径

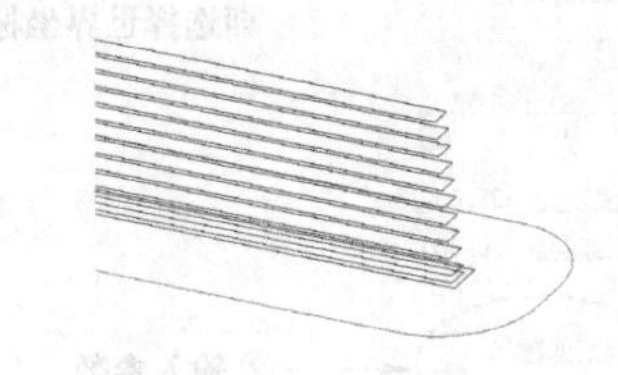

图 3-24　矩形槽粗、精加工刀具路径的局部放大图

单击“取消”按钮，关闭“曲线区域清除”表格。

2）矩形槽粗、精加工仿真：在绘图区中，通过旋转、缩放和移动等操作将模型调整到一个利于观察矩形槽加工的视角。

在 PowerMILL 资源管理器中，双击“刀具路径”树枝，将它展开。右击该树枝下的“d10r0-jxqjg”，在弹出的快捷菜单条中，选择“自开始仿真”。

在 PowerMILL 的“ViewMILL”工具栏中，单击“开/关 ViewMILL”按钮以及“光泽阴影图像”按钮，进入真实实体仿真切削状态。

在 PowerMILL“仿真控制”工具栏中，单击“运行”按钮，系统即进行零件矩形槽粗、精加工仿真切削，其结果如图 3-25 所示。

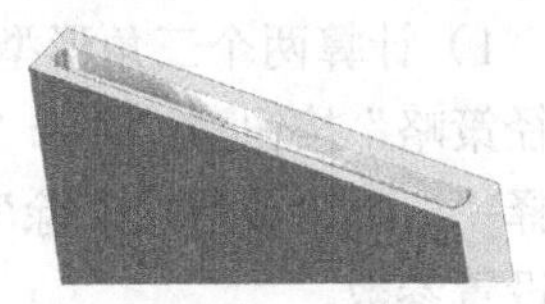

图 3-25　矩形槽加工仿真切削结果

在“ViewMILL”工具栏中，单击“退出 ViewMILL”按钮，在弹出的 PowerMILL“询问”对话框中，单击“是”按钮，退出仿真环境，返回编程状态。

在 PowerMILL 资源管理器中的“刀具路径”树枝下，右击“d10r0-jxqjg”，在弹出的快捷菜单条中执行“激活”，取消激活该刀具路径。

接下来要重新安装零件，加工零件的顶部结构。

在计算顶部各结构的加工刀具路径之前，必须激活加工顶部结构特征的对刀和编程坐标系，并重新计算该坐标系下的安全高度、刀具路径开始点和结束点。本例中，加工顶部结构特征的对刀和编程坐标系是世界坐标系，当取消激活用户坐标系时，世界坐标系就处于激活状态。

1）激活世界坐标系：在 PowerMILL 资源管理器中的“用户坐标系”树枝下，右击该树枝下的“1”，在弹出的快捷菜单条中执行“激活”，取消激活该用户坐标系。单击用户坐标系树枝下的“1”树枝前的小灯泡，使之熄灭，隐藏该用户坐标系。

当取消用户坐标系的激活状态后，世界坐标系自动激活并作为对刀和编程坐标系。

2）计算安全高度：在 PowerMILL“综合”工具栏中，单击“快进高度”按钮，打开“快进高度”表格，按图 3-26 所示设置参数，单击“接受”按钮关闭表格。

3）设置加工开始点和结束点：在 PowerMILL“综合”工具栏中，单击“开始点和结束点”按钮，打开“开始点和结束点”表格。在“开始点”选项卡中，按图 3-27 所示设置开始点位置。切换到“结束点”选项卡，按图 3-28 所示设置结束点位置。设置完成后，单击“接受”按钮退出。

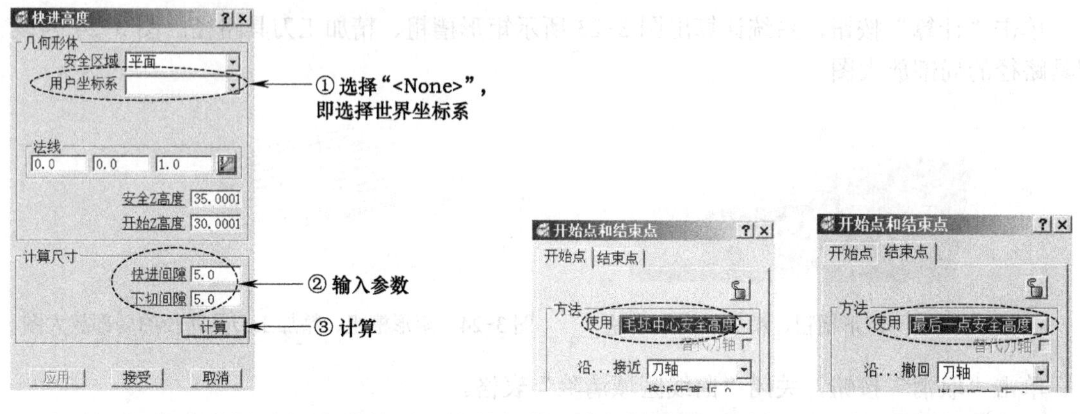

图 3-26 设置快进高度　　图 3-27 设置开始点位置　图 3-28 设置结束点位置

3.2.3 两个三角形型腔加工——二维曲线区域清除应用于实体型腔加工

1）计算两个三角形型腔加工刀具路径：在 PowerMILL“综合”工具栏中，单击“刀具路径策略”按钮，打开“策略选取器”表格，选择“2.5 维区域清除”选项，在该选项卡中选择“二维曲线区域清除”，单击“接受”按钮，打开“曲线区域清除”表格，按图 3-29 所示设置参数。

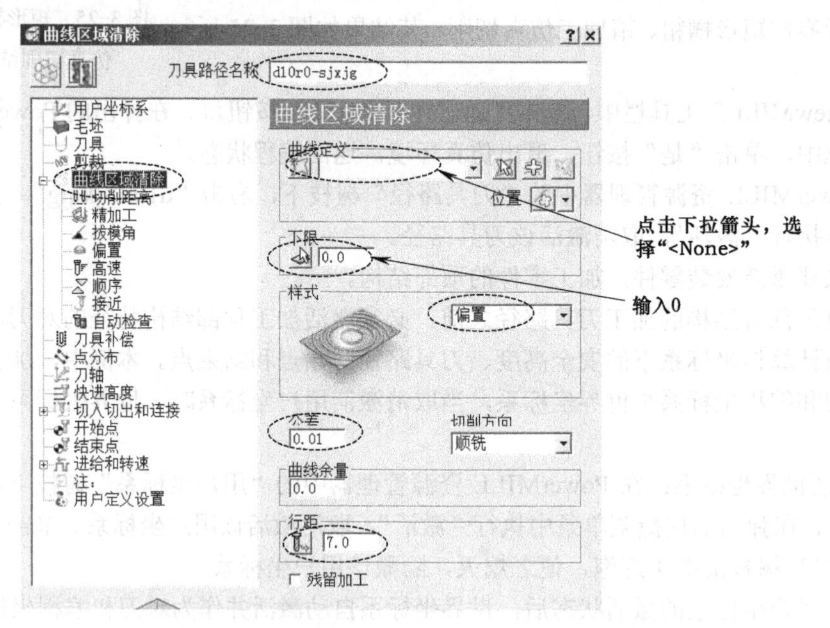

图 3-29 设置三角形型腔加工刀具路径参数

在“曲线区域清除”选项卡的“曲线定义”栏中，单击“获取几何形体到参考线”按钮，系统进入捕获加工曲线环境。

在绘图区依次单击图 3-30 箭头所示两个三角形型腔底面，系统将两个三角形底面的轮廓线自动创建为参考线 2。

在“获取”工具栏中，单击“勾”按钮完成曲线的选择。

在“曲线区域清除”选项卡的“下限”栏中，单击“拾取最低 Z 高度”按钮，系统进入捕获 Z 高度环境。

在绘图区中，只需单击图 3-30 所示两个三角形底面中的任意一个底面，系统自动获得其最低 Z 高度为 22.5mm（如果读者清楚三角形型腔的深度值，也可以直接输入数字）。

在“曲线区域清除”表格的策略树中，单击“刀具”树枝，调出“End mill”选项卡，按图 3-31 所示选择刀具。

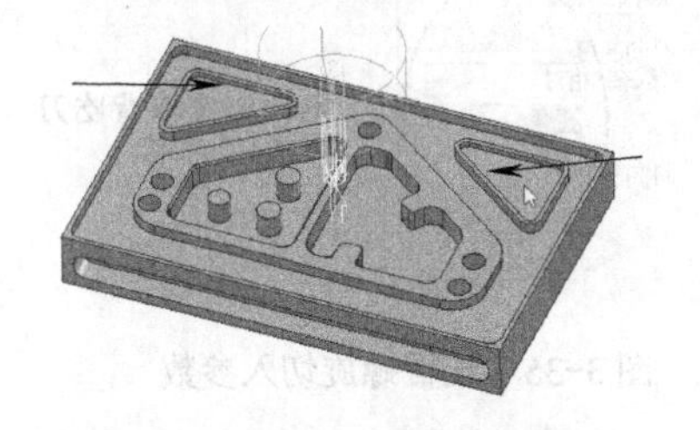

图 3-30　选择三角形型腔底面

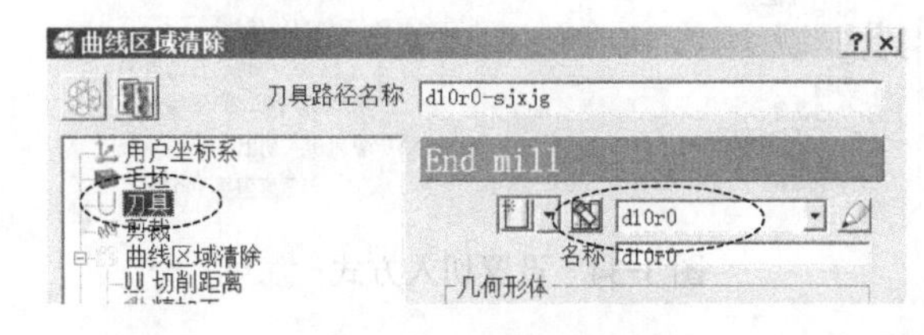

图 3-31　选择刀具

在“曲线区域清除”表格的策略树中，单击“曲线区域清除”树枝下的“切削距离”树枝，调出“切削距离”选项卡，按图 3-32 所示设置切削参数。

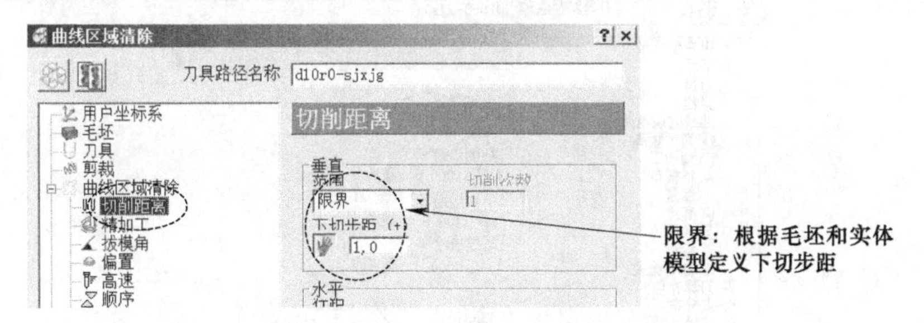

图 3-32　设置切削参数

在“曲线区域清除”表格的策略树中，单击“曲线区域清除”树枝下的“精加工”树枝，调出“精加工”选项卡，按图 3-33 所示设置精加工参数。

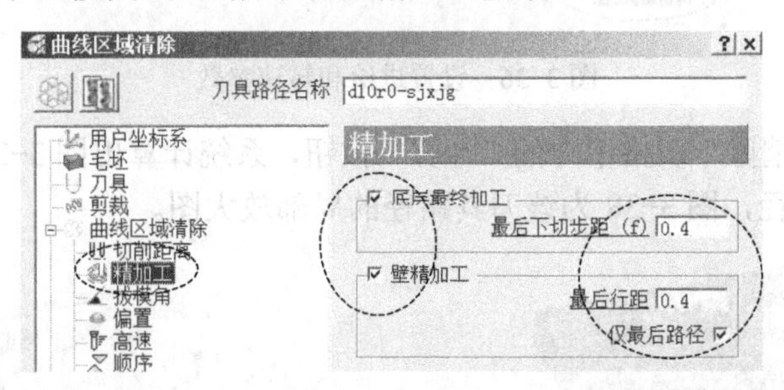

图 3-33　设置精加工参数

在“曲线区域清除”表格的策略树中，双击“切入切出和连接”树枝，展开它，单击该树枝下的“切入”树枝，调出“切入”选项卡，按图 3-34 所示设置参数。

在“切入”选项卡中，单击“斜向选项”按钮斜向选项...，调出“斜向切入选项”表格，按

图 3-35 所示设置参数。设置完成后，单击“接受”按钮返回。

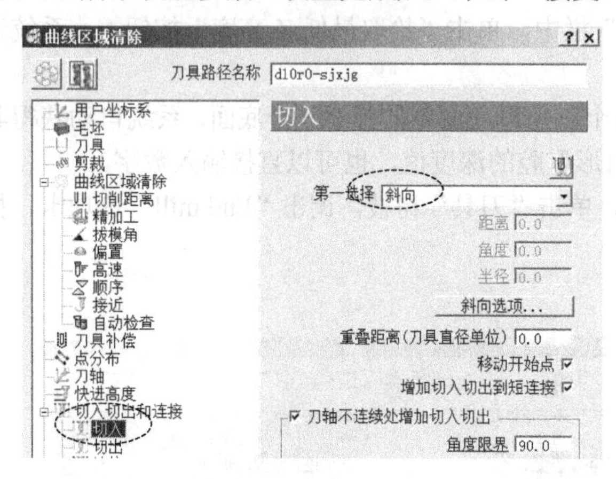

图 3-34　设置切入方式

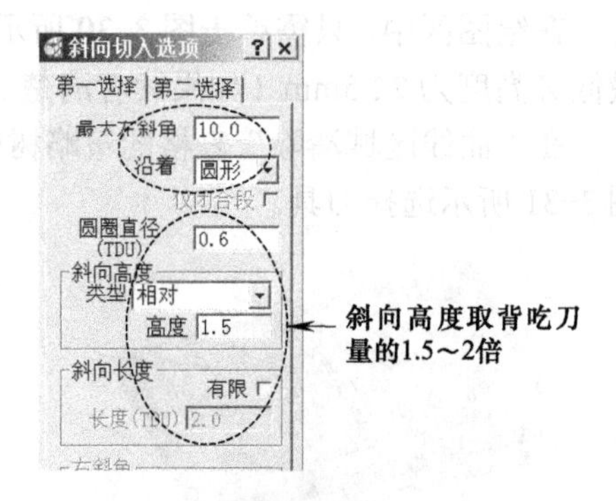

图 3-35　设置螺旋切入参数

在“曲线区域清除”表格的策略树中，单击“进给和转速”树枝，调出“进给和转速”选项卡，按图 3-36 所示设置参数。

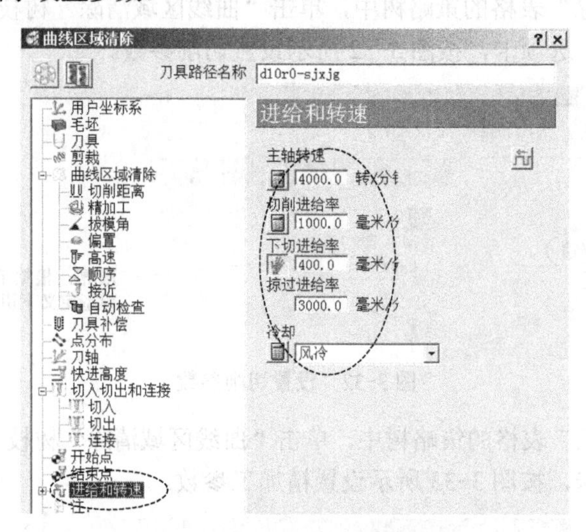

图 3-36　设置进给和转速参数

单击“曲线区域清除”表格下方的“计算”按钮，系统计算出图 3-37 所示两个三角形型腔粗、精加工刀具路径，图 3-38 为该刀具路径的局部放大图。

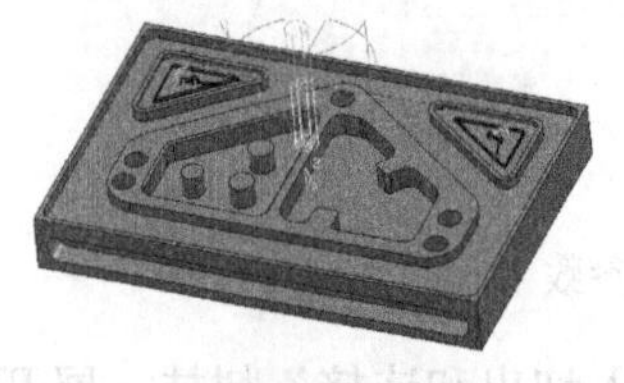

图 3-37　三角形型腔粗、精加工刀具路径

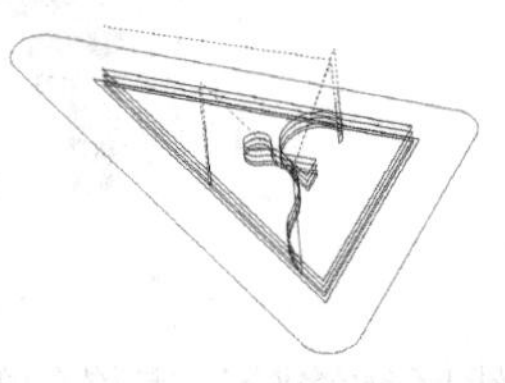

图 3-38　三角形型腔粗、精加工刀具路径的局部放大图

单击“取消”按钮，关闭“曲线区域清除”表格。

2）三角形型腔粗、精加工仿真：在绘图区中，通过旋转、缩放和移动等操作将模型调整到一个利于观察三角形型腔加工的视角。

在 PowerMILL 资源管理器中，双击“刀具路径”树枝，将它展开。右击该树枝下的“d10r0-sjxjg”，在弹出的快捷菜单条中，选择“自开始仿真”。

在 PowerMILL 的“ViewMILL”工具栏中，单击“开/关 ViewMILL”按钮以及“光泽阴影图像”按钮，进入真实实体仿真切削状态。

在 PowerMILL“仿真控制”工具栏中，单击“运行”按钮，系统即进行零件三角形型腔粗、精加工仿真切削，其结果如图 3-39 所示。

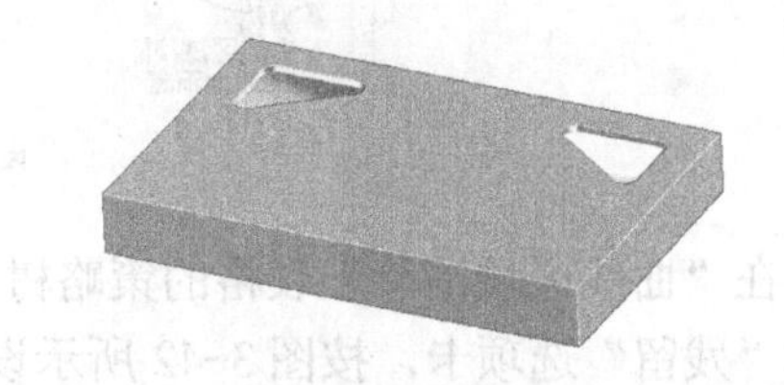

图 3-39　三角形型腔粗、精加工仿真切削结果

在“ViewMILL”工具栏中，单击“无图像”按钮，返回编程状态。

3.2.4　两个三角形型腔二次加工——二维曲线区域清除（残留加工）应用于二次加工

三角形型腔的内圆角半径为 *R*3mm，使用 d10r0 刀具无法完整加工出来，因此，使用 d6r0 刀具对 *R*3mm 圆角进行二次粗、精加工。

1）计算三角形型腔二次加工刀具路径：在 PowerMILL“综合”工具栏中，单击“刀具路径策略”按钮，打开“策略选取器”表格，选择“2.5 维区域清除”选项，在该选项卡中选择“二维曲线区域清除”，单击“接受”按钮，打开“曲线区域清除”表格，按图 3-40 所示设置参数。

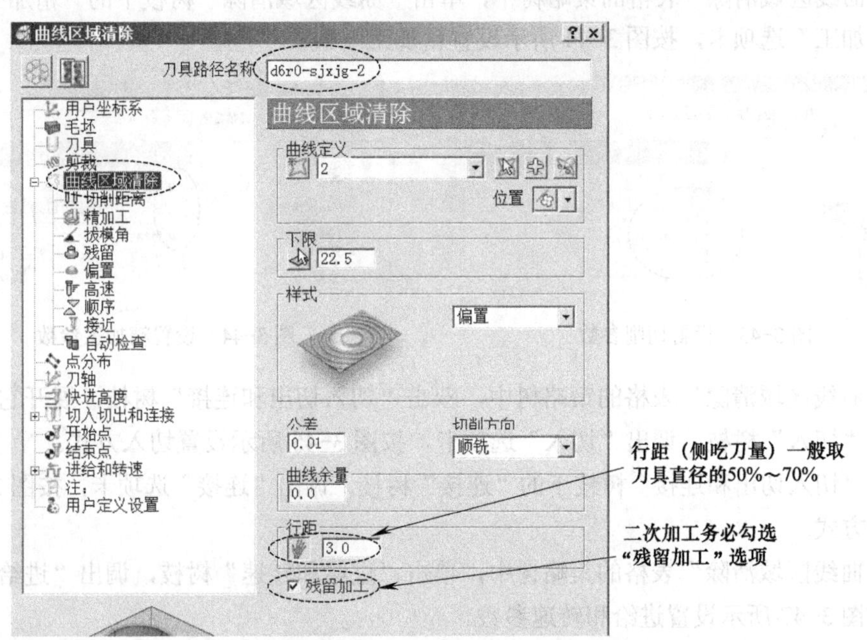

图 3-40　设置 *R*3mm 圆角加工刀具路径参数

在“曲线区域清除”表格的策略树中，单击“刀具”树枝，调出“End mill”选项卡，按

图 3-41 所示选择刀具。

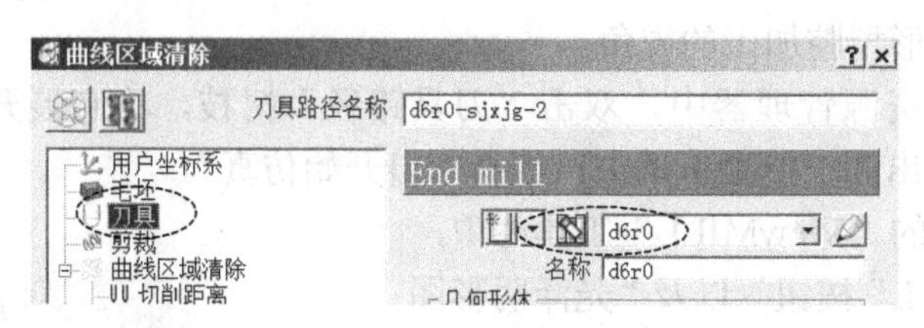

图 3-41　选择刀具

在“曲线区域清除”表格的策略树中，单击“曲线区域清除”树枝下的“残留”树枝，调出“残留”选项卡，按图 3-42 所示设置残留加工参数。

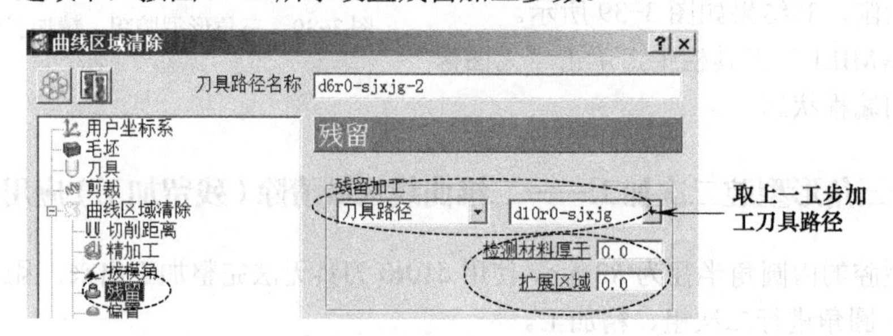

图 3-42　设置残留加工参数

在“曲线区域清除”表格的策略树中，单击“曲线区域清除”树枝下的“切削距离”树枝，调出“切削距离”选项卡，按图 3-43 所示设置切削参数。

在“曲线区域清除”表格的策略树中，单击“曲线区域清除”树枝下的“精加工”树枝，调出“精加工”选项卡，按图 3-44 所示设置精加工参数。

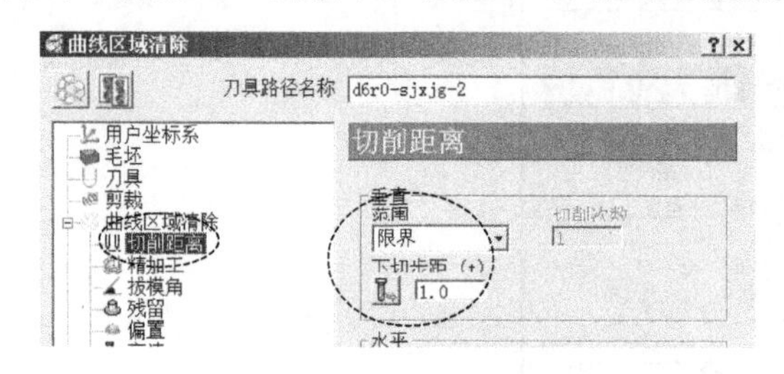

图 3-43　设置切削参数

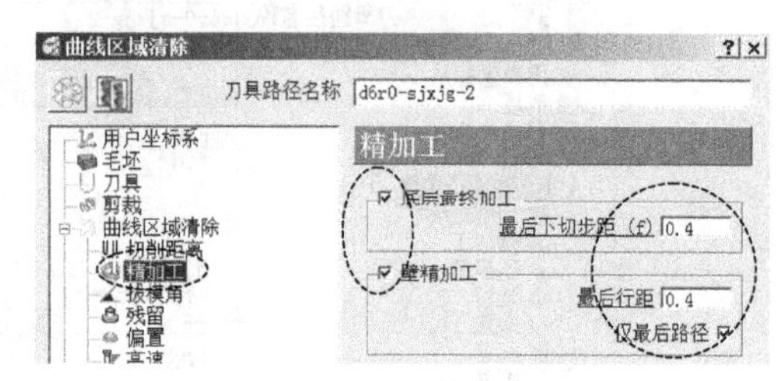

图 3-44　设置精加工参数

在“曲线区域清除”表格的策略树中，双击“切入切出和连接”树枝，展开它，单击该树枝下的“切入”树枝，调出“切入”选项卡，按图 3-45 所示设置切入方式。

单击“切入切出和连接”树枝下的“连接”树枝，调出“连接”选项卡，按图 3-46 所示设置连接方式。

在“曲线区域清除”表格的策略树中，单击“进给和转速”树枝，调出“进给和转速选项卡，按图 3-47 所示设置进给和转速参数。

单击“曲线区域清除”表格下方的“计算”按钮，系统计算出图 3-48 所示三角形型腔 *R*3mm 圆角的二次粗、精加工刀具路径，图 3-49 为该刀具路径的局部放大图。

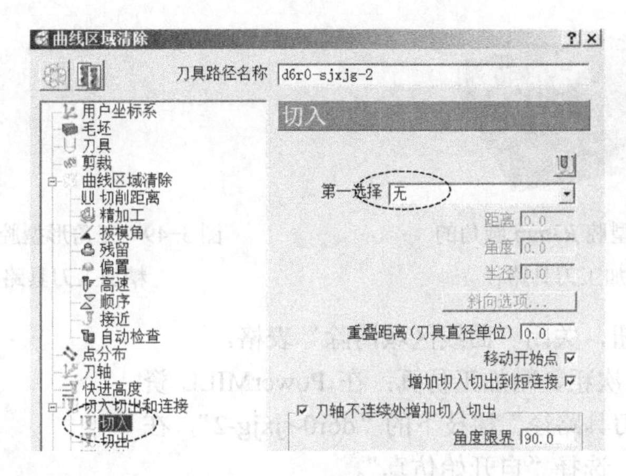

图 3-45 设置切入方式

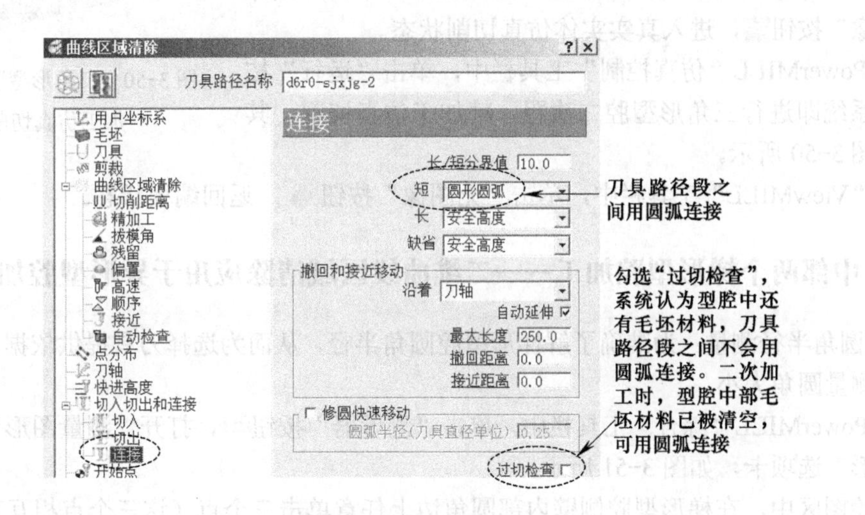

图 3-46 设置连接方式

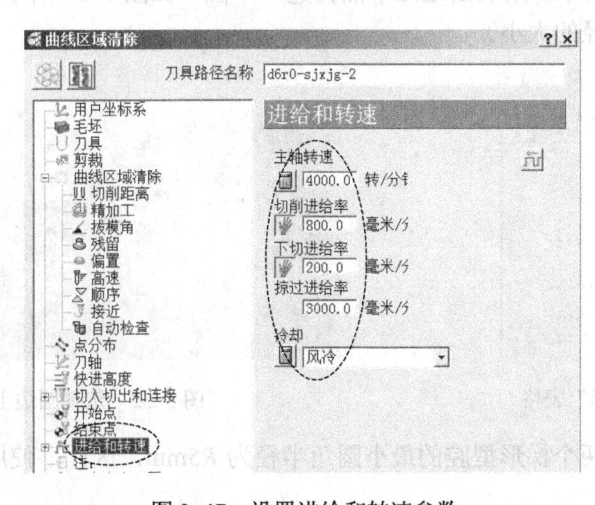

图 3-47 设置进给和转速参数

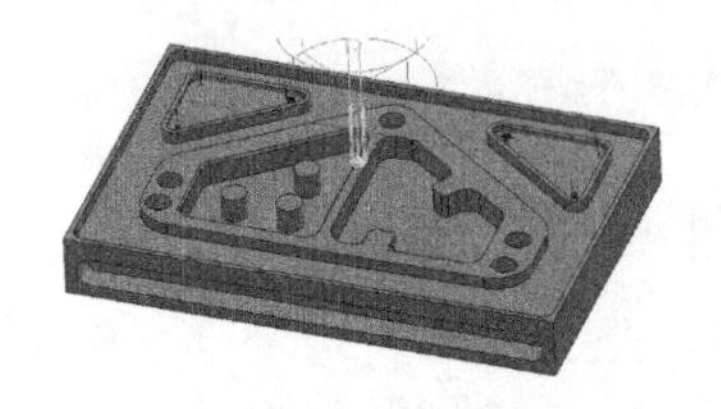

图 3-48　三角形型腔 *R*3mm 圆角的二次粗、精加工刀具路径

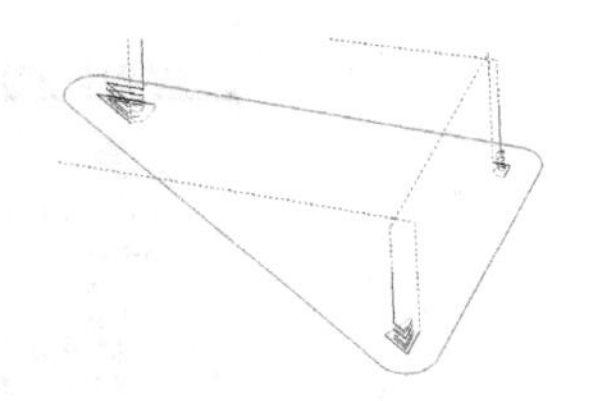

图 3-49　三角形型腔 *R*3mm 圆角的二次粗、精加工刀具路径的局部放大图

单击“取消”按钮，关闭“曲线区域清除”表格。

2）三角形型腔二次粗、精加工仿真：在 PowerMILL 资源管理器中，右击“刀具路径”树枝下的“d6r0-sjxjg-2”，在弹出的快捷菜单条中，选择“自开始仿真”。

在 PowerMILL 的“ViewMILL”工具栏中，单击“光泽阴影图像”按钮，进入真实实体仿真切削状态。

在 PowerMILL“仿真控制”工具栏中，单击“运行”按钮，系统即进行三角形型腔二次粗、精加工仿真切削，其结果如图 3-50 所示。

图 3-50　三角形型腔二次粗、精加工仿真切削结果

在“ViewMILL”工具栏中，单击“无图像”按钮，返回编程状态。

3.2.5　中部两个梯形型腔加工——二维曲线区域清除应用于异形型腔加工

1）圆角半径测量：为准确了解梯形型腔圆角半径，从而为选择刀具提供依据，使用测量功能来测量圆角大小。

在 PowerMILL“综合”工具栏中，单击“测量器”按钮，打开“测量图形”表格，选择“圆形”选项卡，如图 3-51 所示。

在绘图区中，在梯形型腔侧壁内部圆角边上任意单击三个点（这三个点相互离远一些测量更准），如图 3-52 所示，系统由这三个点构建一个圆，在图 3-51 所示“测量圆形”表格中可以查看到该圆角半径的大小。

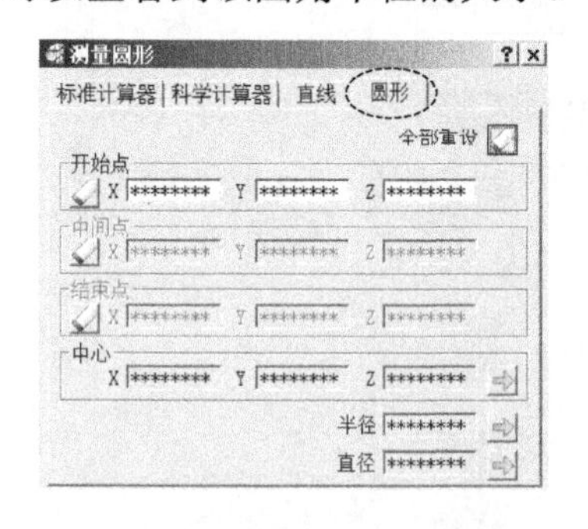

图 3-51　“测量圆形”表格

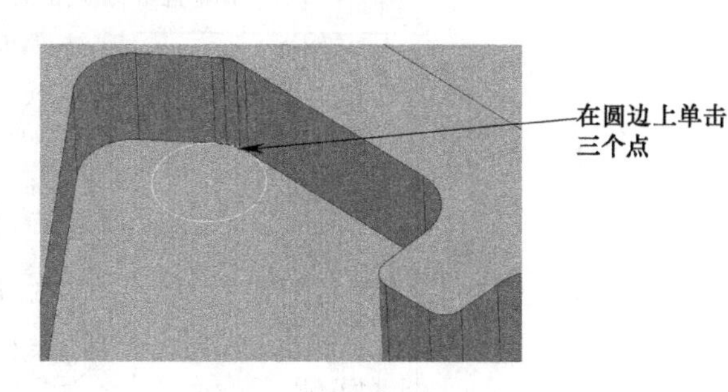

图 3-52　选择圆边上三个点

经过测量可知，两个梯形型腔的最小圆角半径为 *R*5mm，因此，使用直径为 10mm 的刀具可将圆角加工到位。

关闭“测量圆形”表格。

2）计算两个梯形型腔的粗、精加工刀具路径：在 PowerMILL“综合”工具栏中，单击“刀具路径策略”按钮，打开“策略选取器”表格，选择“2.5 维区域清除”选项卡，在该选项卡中选择“二维曲线区域清除”，单击“接受”按钮，打开“曲线区域清除”表格，按图 3-53 所示设置参数。

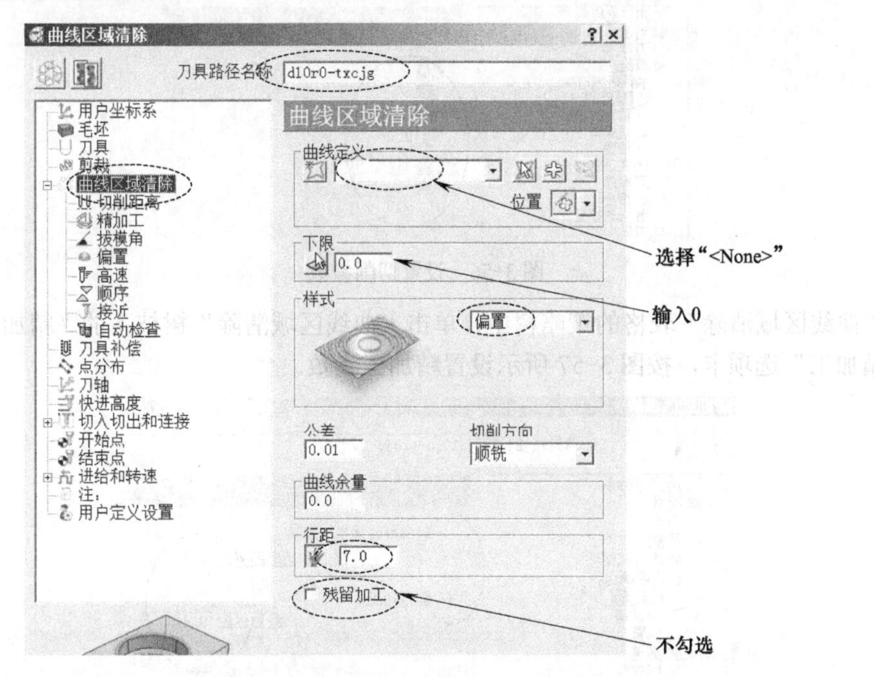

图 3-53 设置梯形型腔加工刀具路径参数

在“曲线区域清除”选项卡中的“曲线定义”栏中，单击“获取几何形体到参考线”按钮，然后在绘图区中依次单击选取图 3-54 中箭头所指的两个梯形型腔的底平面，系统将选择出来的两个梯形底面轮廓线自动创建为参考线 3。在“获取”工具栏中，单击“勾”按钮完成曲线选择。

在“曲线区域清除”选项卡的“下限”栏中，单击“拾取最低 *Z* 高度”按钮，系统进入捕获 *Z* 高度环境。

在绘图区中，单击图 3-54 中箭头所指的两个梯形底平面中的任意一个梯形底平面，系统自动获得其最低 *Z* 高度为 15mm。

在“曲线区域清除”表格的策略树中，单击“刀具”树枝，调出“End mill”选项卡，按图 3-55 所示选择刀具。

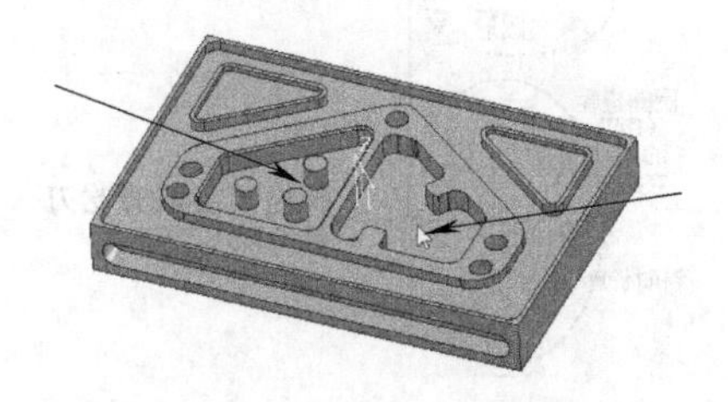

图 3-54 选择两个梯形底面

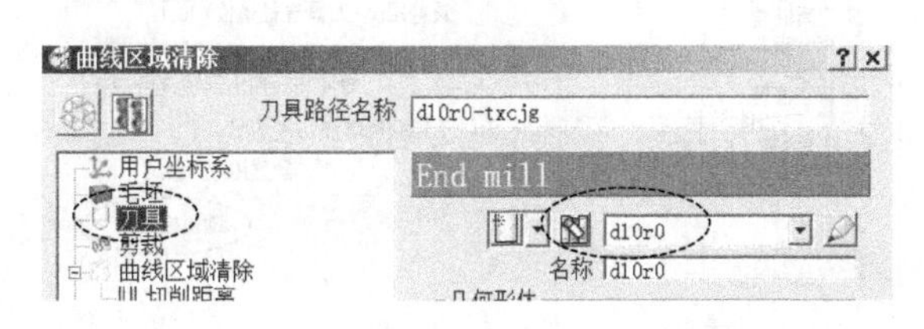

图 3-55 选择刀具

在“曲线区域清除”表格的策略树中，单击“曲线区域清除”树枝下的“切削距离”树枝，调出“切削距离”选项卡，按图 3-56 所示设置切削参数。

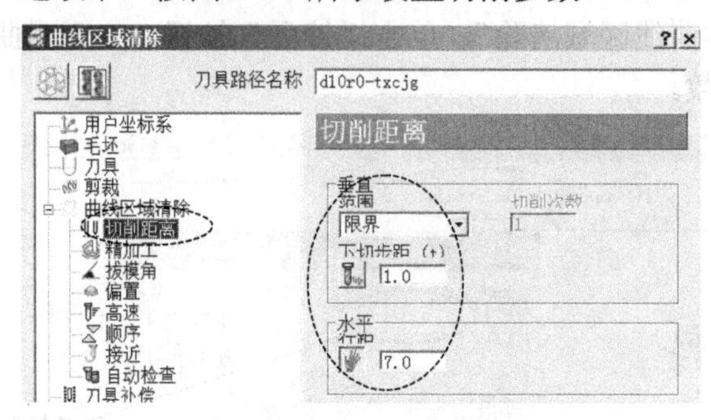

图 3-56　设置切削参数

在“曲线区域清除”表格的策略树中，单击“曲线区域清除”树枝下的“精加工”树枝，调出“精加工”选项卡，按图 3-57 所示设置精加工参数。

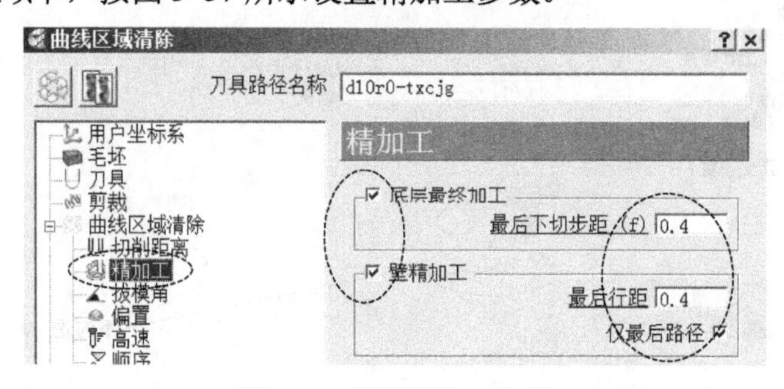

图 3-57　设置精加工参数

在“曲线区域清除”表格的策略树中，双击“切入切出和连接”树枝，展开它，单击该树枝下的“切入”树枝，调出“切入”选项卡，按图 3-58 所示设置参数。

在切入选项卡中，单击“斜向选项”按钮斜向选项...，调出“斜向切入选项”表格，按图 3-59 所示设置参数。设置完成后，单击“接受”按钮返回。

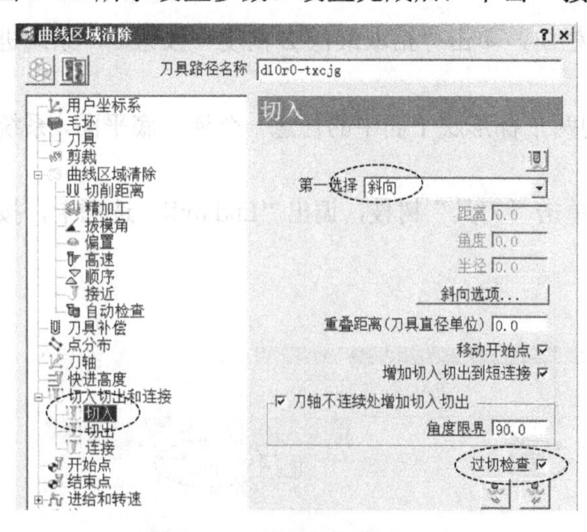

图 3-58　设置切入方式

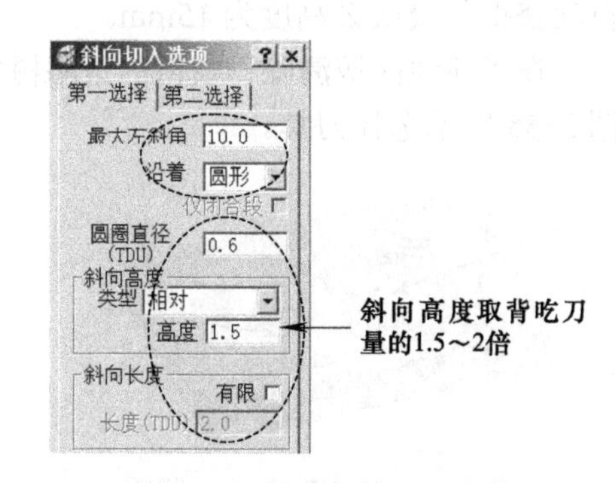

图 3-59　设置螺旋切入参数

单击“切入切出和连接”树枝下的“连接”树枝，调出“连接”选项卡，按图3-60所示设置连接方式。

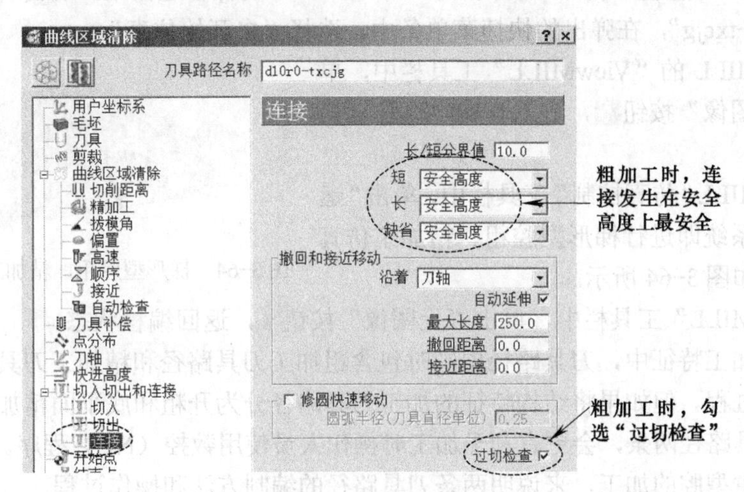

图3-60 设置连接方式

在“曲线区域清除”表格的策略树中，单击“进给和转速”树枝，调出“进给和转速”选项卡，按图3-61所示设置进给和转速参数。

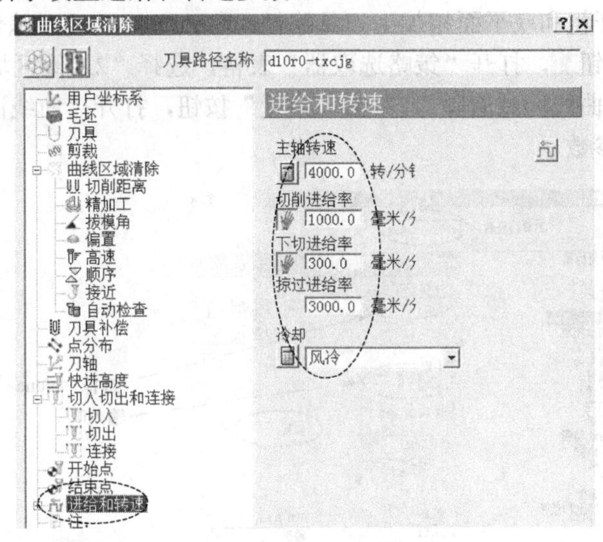

图3-61 设置进给和转速参数

单击“曲线区域清除”表格下方的“计算”按钮，系统计算出图3-62所示两个梯形型腔的粗、精加工刀具路径，图3-63为该刀具路径的局部放大图。

图3-62 两个梯形型腔的粗、精加工刀具路径

图3-63 两个梯形型腔粗、精加工刀具路径的局部放大图

单击“取消”按钮，关闭“曲线区域清除”表格。

3）两个梯形型腔粗、精加工仿真：在 PowerMILL 资源管理器中，右击“刀具路径”树枝下的“d10r0-txcjg”，在弹出的快捷菜单条中，选择“自开始仿真”。

在 PowerMILL 的“ViewMILL”工具栏中，单击“光泽阴影图像”按钮，进入真实实体仿真切削状态。

在 PowerMILL“仿真控制”工具栏中，单击“运行”按钮，系统即进行梯形型腔粗、精加工仿真切削，其结果如图 3-64 所示。

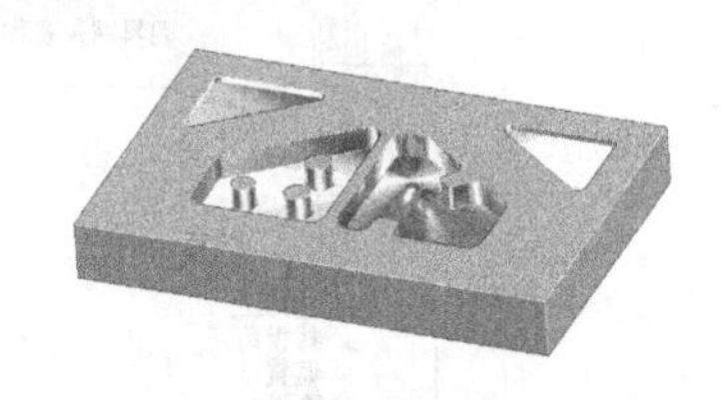

图 3-64　梯形型腔粗、精加工仿真切削结果

在“ViewMILL”工具栏中，单击“无图像”按钮，返回编程状态。

以上工步加工特征中，刀具路径中同时包含粗加工刀具路径和精加工刀具路径，这种方法简化了编程过程。但如果将结构特征的加工刀具路径分为开粗和底平面精加工刀具路径、侧壁精加工刀具路径两条，会更有利于加工时操作人员使用数控（NC）程序。

下面借助主型腔的加工，来说明两条刀具路径的编制方法和操作过程。

3.2.6　主型腔开粗和底平面精加工——二维曲线区域清除应用于异形型腔加工

1）计算主型腔开粗和底平面精加工刀具路径：在 PowerMILL“综合”工具栏中，单击“刀具路径策略”按钮，打开“策略选取器”表格，选择“2.5 维区域清除”选项，在该选项卡中选择“二维曲线区域清除”，单击“接受”按钮，打开“曲线区域清除”对话框，按图 3-65 所示设置参数。

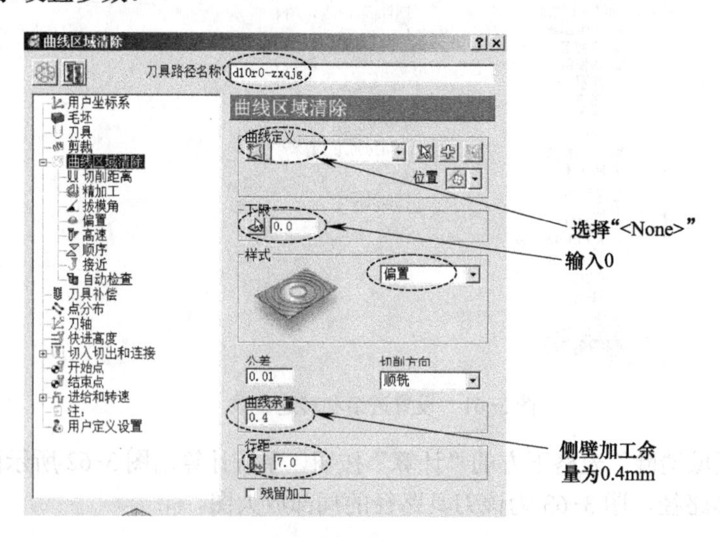

图 3-65　设置主型腔加工刀具路径参数

在“曲线区域清除”选项卡中的“曲线定义”栏中，单击“获取几何形体到参考线”按钮，然后在绘图区选择图 3-66 中箭头所指的零件主型腔底面，系统将主型腔底面轮廓线自动创建为参考线 4。在“获取”工具栏中，单击“勾”按钮完成曲线选择。

在“曲线区域清除”选项卡的“下限”栏中，单击“拾取最低 Z 高度”按钮，系统进入捕获 Z 高度环境。在绘图区中，单击图 3-66 中箭头所指示的主型腔底面，系统自动获得其最低 Z 高度为 20mm。

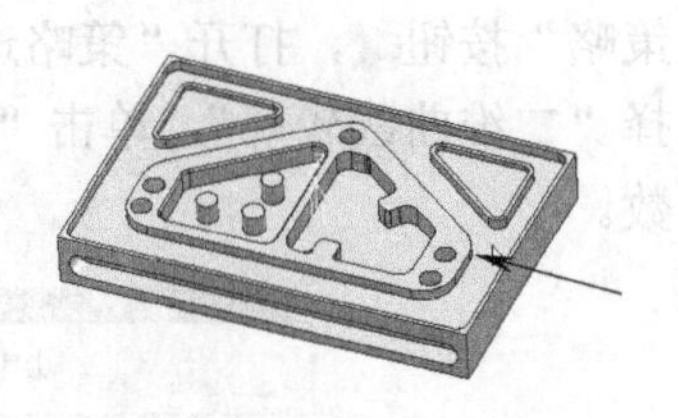
图 3-66　选择主型腔底面

在“曲线区域清除”表格的策略树中，单击“精加工”树枝，调出“精加工”选项卡，按图 3-67 所设置精加工参数。

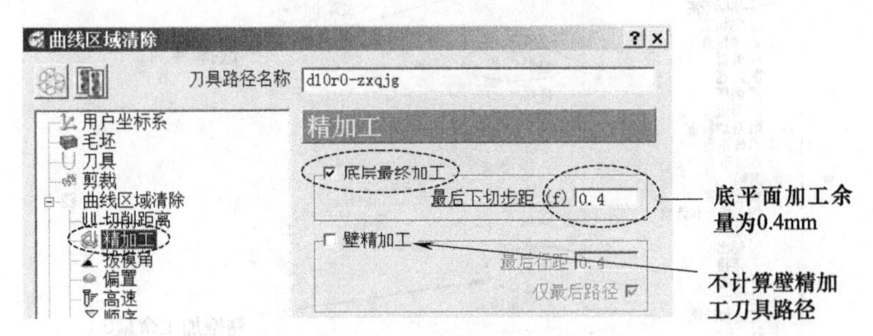

图 3-67　设置精加工参数

刀具、切削距离、切入切出和连接、进给和转速参数的设置与前一工步相同，系统会默认使用前一工步参数，故此处可不用再设置。

单击“曲线区域清除”表格下方的“计算”按钮，系统计算出图 3-68 所示主型腔开粗和底平面精加工刀具路径，图 3-69 为该刀具路径的局部放大图。

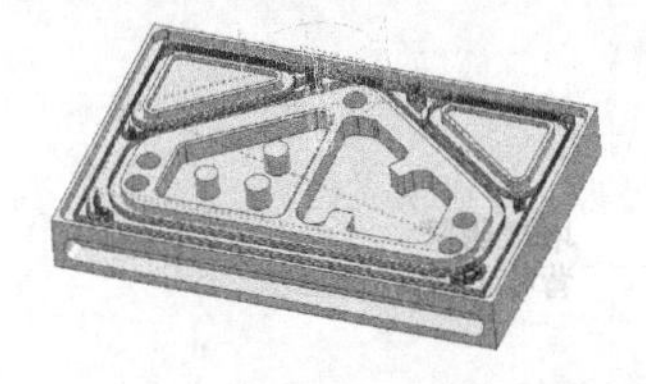
图 3-68　主型腔开粗和底平面精加工刀具路径

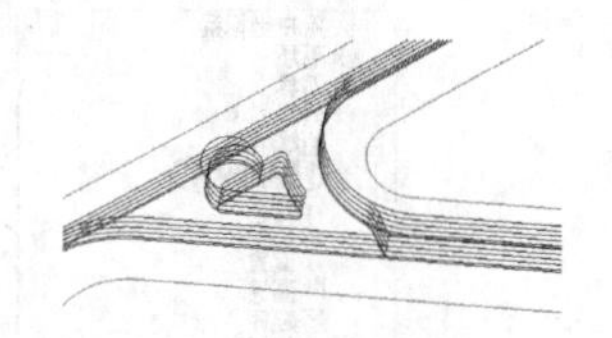
图 3-69　主型腔开粗和底平面精加工刀具路径的局部放大图

单击“取消”按钮，关闭“曲线区域清除”表格。

2）主型腔开粗和底平面精加工仿真：在 PowerMILL 资源管理器中，右击“刀具路径”树枝下的“d10r0-zxqjg”，在弹出的快捷菜单条中，选择“自开始仿真”。

在 PowerMILL 的“ViewMILL”工具栏中，单击“光泽阴影图像”按钮，进入真实实体仿真切削状态。

在 PowerMILL“仿真控制”工具栏中，单击“运行”按钮，系统即进行主型腔开粗和底平面精加工仿真切削，其结果如图 3-70 所示。

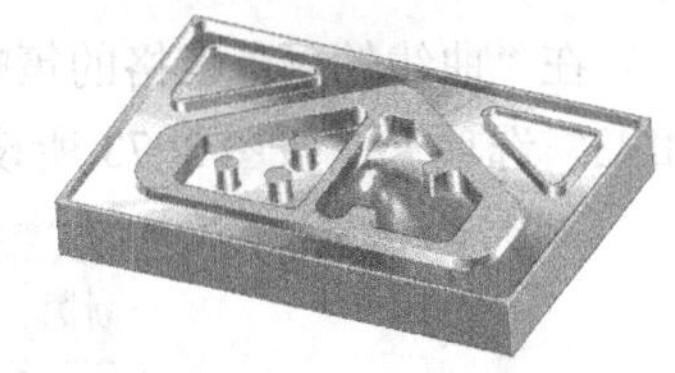
图 3-70　主型腔开粗和底平面精加工仿真切削结果

在“ViewMILL”工具栏中，单击“无图像”按钮，返回编程状态。

3.2.7　主型腔侧壁精加工——二维曲线轮廓应用于异形型腔侧壁加工

1）计算主型腔侧壁精加工刀具路径：在 PowerMILL“综合”工具栏中，单击“刀具路径策略”按钮，打开“策略选取器”表格，选择“2.5维区域清除”选项，在该选项卡中选择“二维曲线轮廓”，单击“接受”按钮，打开“曲线轮廓”表格，按图3-71所示设置参数。

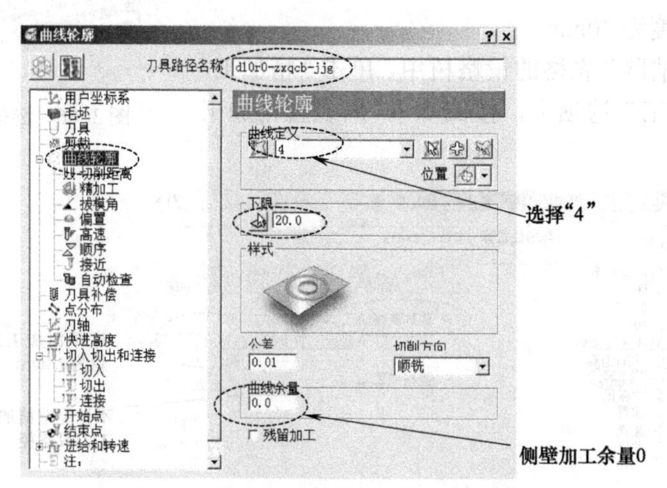

图3-71 设置主型腔侧壁精加工参数

在“曲线轮廓”表格的策略树中，单击“曲线轮廓”树枝下的“切削距离”树枝，调出“切削距离”选项卡，按图3-72所设置切削参数。

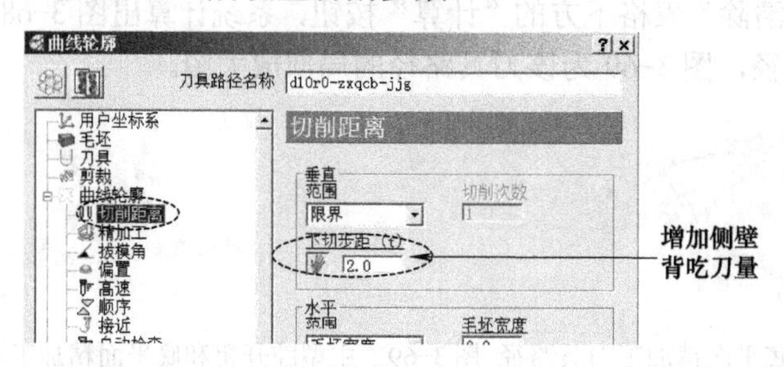

图3-72 设置切削参数

在“曲线轮廓”表格的策略树中，单击“曲线轮廓”树枝下的“精加工”树枝，调出“精加工”选项卡，按图3-73所设置精加工参数。

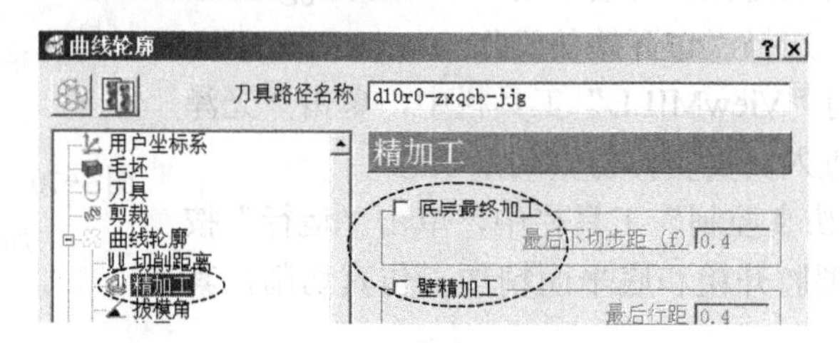

图3-73 设置精加工参数

在“曲线轮廓”表格的策略树中，双击“切入切出和连接”树枝，将它展开，单击该树枝下的“切入”树枝，调出“切入”选项卡，按图3-74所设置侧壁精加工切入方式。

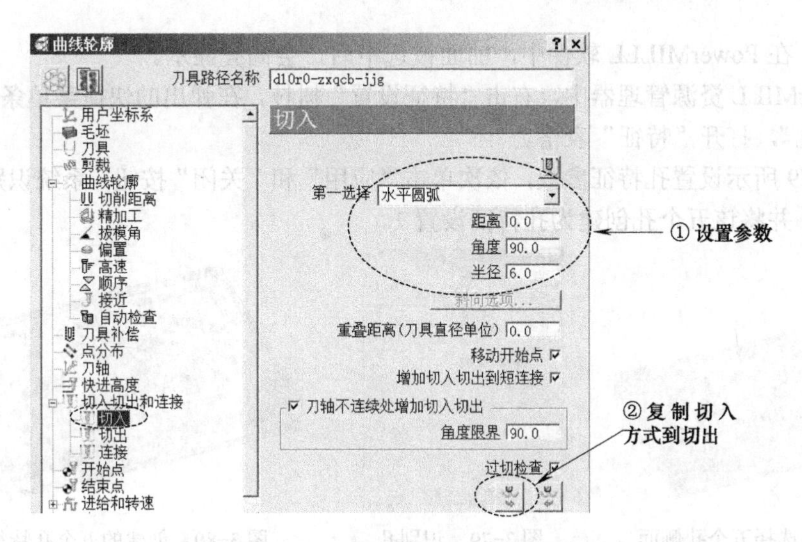

图 3-74　设置侧壁精加工切入方式

刀具、进给和转速参数的设置与前一工步相同，此处可不用再设置。

单击“曲线轮廓”表格下方的“计算”按钮，系统计算出图 3-75 所示主型腔侧壁精加工刀具路径，图 3-76 为该刀具路径的局部放大图。

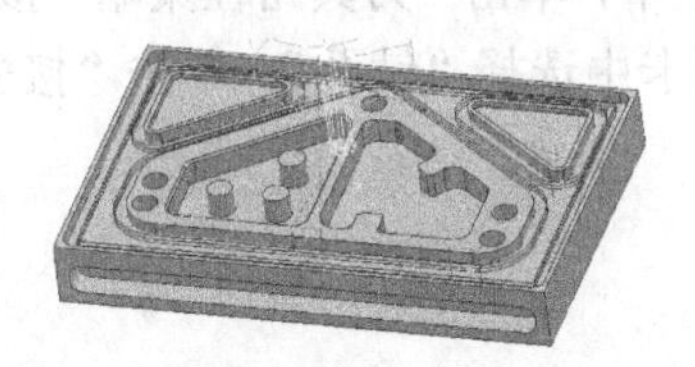

图 3-75　主型腔侧壁精加工刀具路径

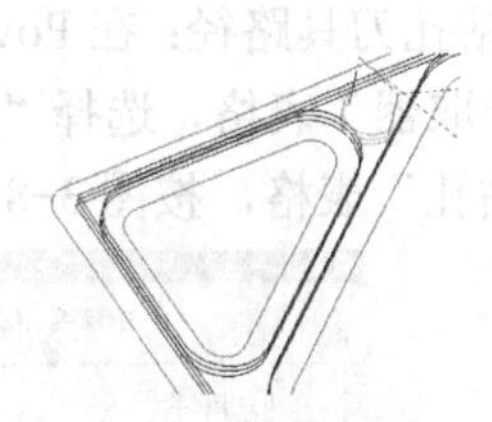

图 3-76　主型腔侧壁精加工刀具路径的局部放大图

单击“取消”按钮，关闭“曲线轮廓”表格。

2）主型腔侧壁精加工仿真：在 PowerMILL 资源管理器中，右击“刀具路径”树枝下的“d10r0-zxqcb-jjg”，在弹出的快捷菜单条中，选择“自开始仿真”。

在 PowerMILL 的“ViewMILL”工具栏中，单击“光泽阴影图像”按钮，进入真实实体仿真切削状态。

在 PowerMILL“仿真控制”工具栏中，单击“运行”按钮，系统即进行主型腔侧壁精加工仿真切削，其结果如图 3-77 所示。

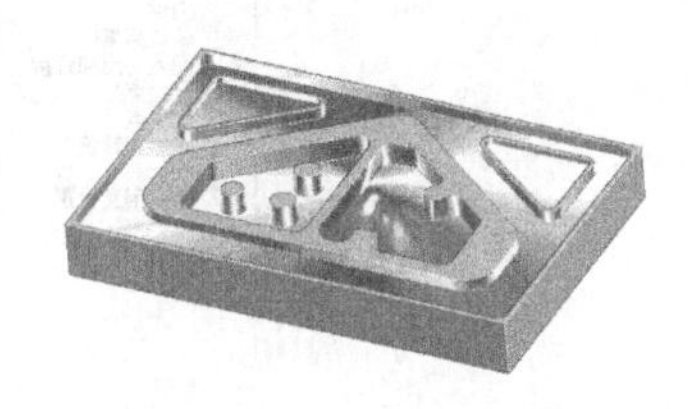

图 3-77　主型腔侧壁精加工仿真切削结果

在“ViewMILL”工具栏中，单击“无图像”按钮，返回编程状态。

3.2.8　孔加工——钻孔和铣孔策略应用于孔加工

在 PowerMILL 资源管理器中的“刀具路径”树枝下，右击“d10r0-zxqcb-jjg”，在弹出的快捷菜单条中执行“激活”，取消 d10r0-zxqcb-jjg 刀具路径的激活状态。

1）识别模型中的孔：按下<Shift>键，在绘图区中选中五个待加工孔的侧壁面，如图 3-78

中箭头所指。在 PowerMILLL 软件中，曲面被选中后，会高亮显示。

在 PowerMILL 资源管理器中，右击“特征设置”树枝，在弹出的快捷菜单条中执行“识别模型中的孔”，打开“特征”表格。

按图 3-79 所示设置孔特征参数，依次单击“应用”和“关闭”按钮，系统识别出图 3-80 中的五个孔，并将该五个孔创建为孔特征设置 1。

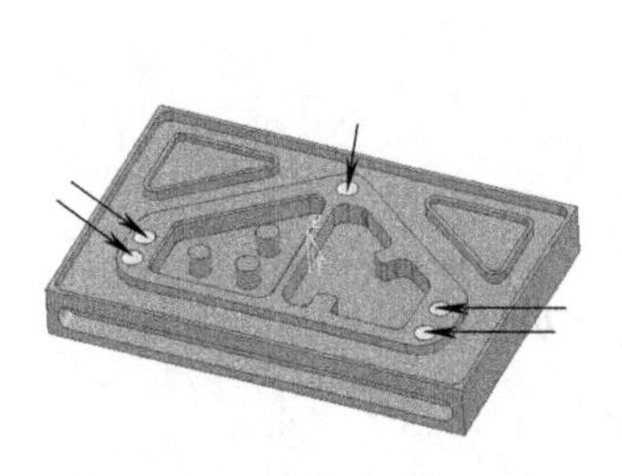

图 3-78　选择五个孔侧面

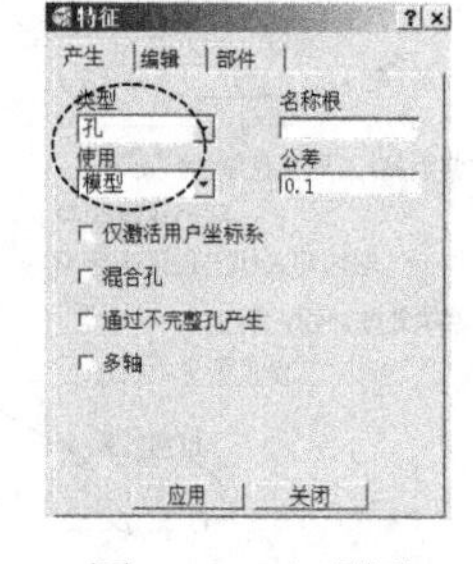

图 3-79　识别孔

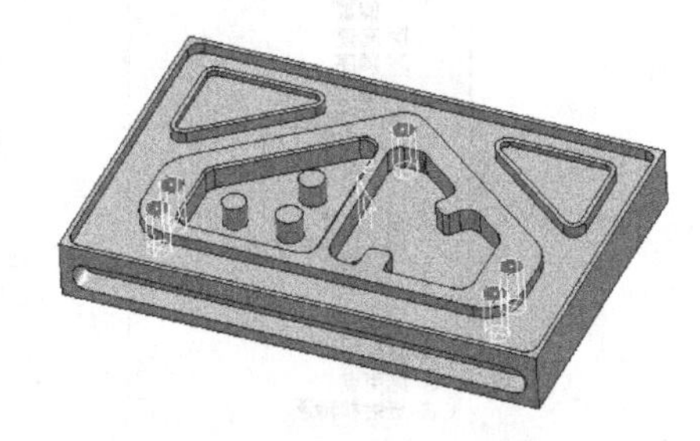

图 3-80　创建的五个孔特征

如果零件中孔直径大小不一，在识别孔时，最好按直径不同分别进行上述操作，即同一直径的孔做一次识别，创建为同一组孔特征设置。在后续加工时，分别选用不同直径的钻头对应相关的孔特征设置来计算刀具路径。

2）计算钻孔刀具路径：在 PowerMILL“综合”工具栏中，单击“刀具路径策略”按钮，打开“策略选取器”表格，选择“钻孔”选项，在该选项卡中选择“钻孔”，单击“接受”按钮，打开“钻孔”表格，按图 3-81 所示设置参数。

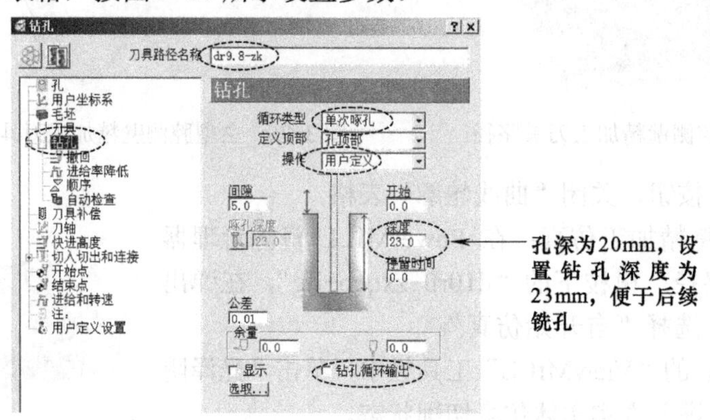

图 3-81　设置钻孔参数

在“钻孔”表格的“钻孔”选项卡中，单击“选取”按钮选取...，打开“特征选项”表格，按图 3-82 所示顺序号操作，选择要加工的孔，依次单击“选取”和“关闭”按钮，完成待加工孔的选定。

在“钻孔”表格的策略树中，单击“刀具”树枝，调出“钻头”选项卡，按图 3-83 所示选择刀具。

在“钻孔”表格的策略树中，单击“进给和转速”树枝，调出“进给和转速”选项卡，设置主轴转速为“800”，切削进给率为“200”，下切进给率为“80”，掠过进给率为“3000”，冷却方式为“液体”。

单击“钻孔”表格下方的“计算”按钮，系统计算出图 3-84 所示钻孔刀具路径。

单击“取消”按钮，关闭“钻孔”表格。

3）钻孔仿真：在 PowerMILL 资源管理器中，右击“刀具路径”树枝下的“dr9.8-zk”，在弹出的快捷菜单条中，选择“自开始仿真”。

在 PowerMILL 的“ViewMILL”工具栏中，单击“光泽阴影图像”按钮，进入真实实体仿真切削状态。

在 PowerMILL“仿真控制”工具栏中，单击“运行”按钮，系统即进行钻孔仿真切削，其结果如图 3-85 所示。

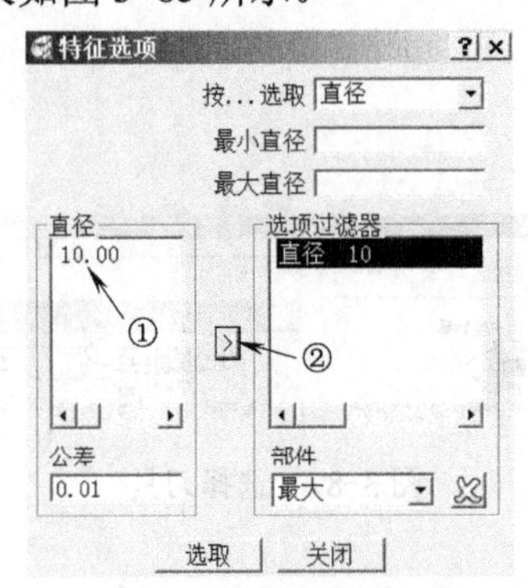

图 3-82　选择加工孔

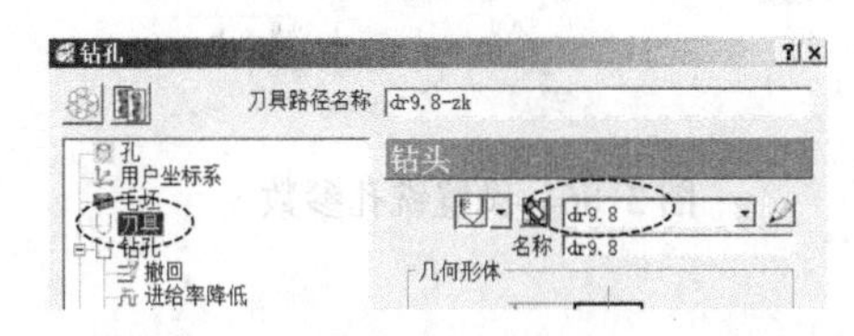

图 3-83　选择刀具

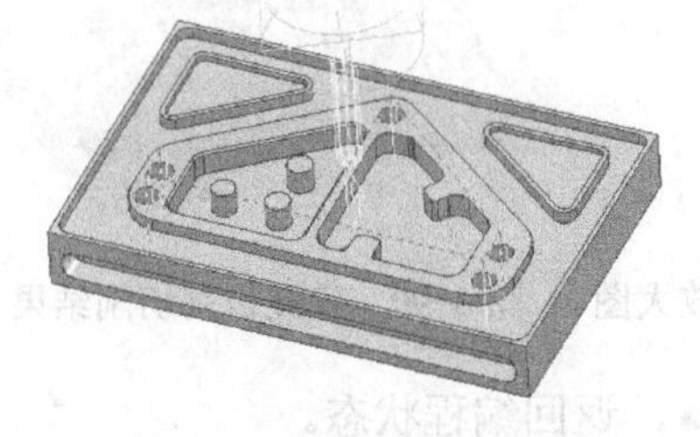

图 3-84　钻孔刀具路径

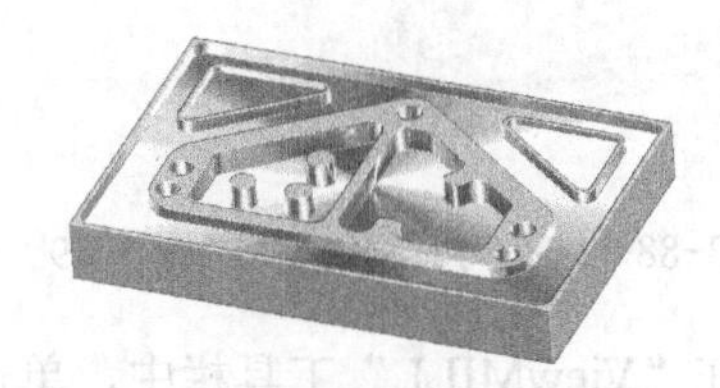

图 3-85　钻孔仿真切削结果

在“ViewMILL”工具栏中，单击“无图像”按钮，返回编程状态。

4）计算铣孔刀路：在 PowerMILL“综合”工具栏中，单击“刀具路径策略”按钮，打开“策略选取器”表格，选择“钻孔”选项，在该选项卡中选择“钻孔”，单击“接受”按钮，打开“钻孔”表格，按图 3-86 所示设置参数。

在“钻孔”表格的策略树中，单击“刀具”树枝，调出“End mill”选项卡，按图 3-87 所示选择刀具。

在“钻孔”表格的策略树中，单击“进给和转速”树枝，调出“进给和转速”选项卡，设置主轴转速为“800”，切削进给率为“600”，下切进给率为“100”，掠过进给率为“3000”，冷却方式为“液体”。

单击“钻孔”表格下方的“计算”按钮，系统计算出图 3-88 所示铣孔刀具路径，图 3-89 为该刀具路径的局部放大图。

单击“取消”按钮，关闭“钻孔”表格。

5）铣孔加工仿真：在 PowerMILL 资源管理器中，右击“刀具路径”树枝下的“d6r0-xk”，在弹出的快捷菜单条中，选择“自开始仿真”。

在 PowerMILL 的“ViewMILL”工具栏中，单击“光泽阴影图像”按钮，进入真实实体仿真切削状态。

在 PowerMILL“仿真控制”工具栏中，单击“运行”按钮，系统即进行铣孔仿真切削，其结果如图 3-90 所示。

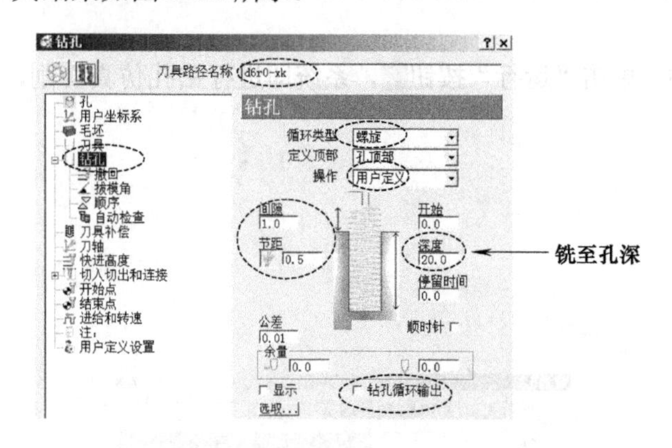

图 3-86　设置铣孔参数

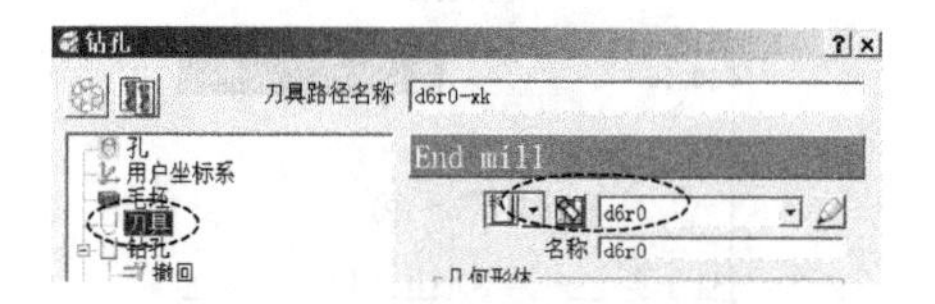

图 3-87　选择刀具

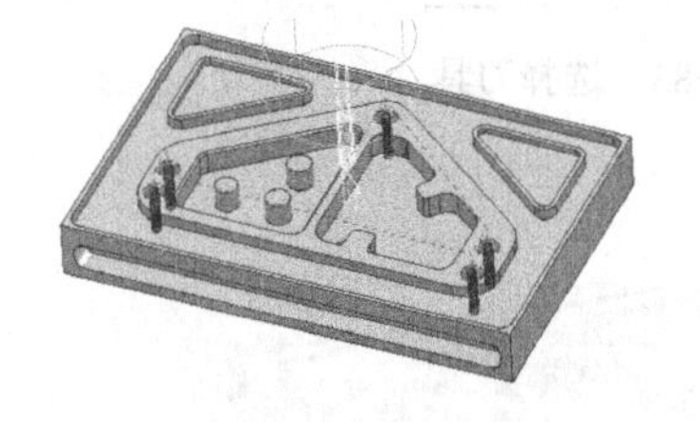

图 3-88　铣孔刀具路径

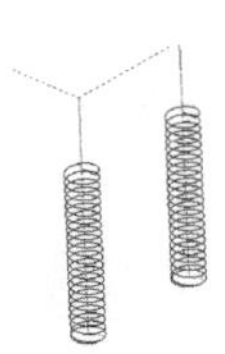

图 3-89　铣孔刀具路径的局部放大图

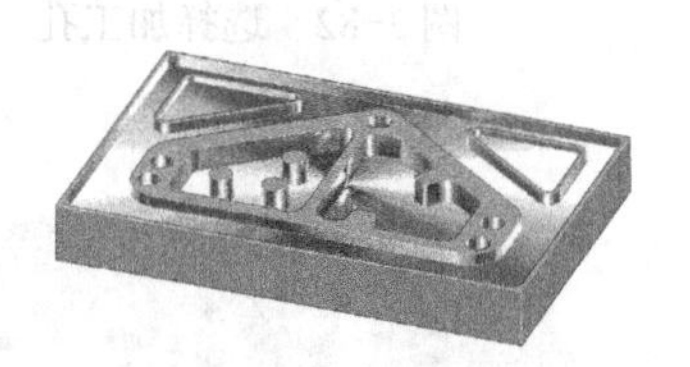

图 3-90　铣孔仿真切削结果

在“ViewMILL”工具栏中，单击“无图像”按钮，返回编程状态。

3.2.9　直倒角加工——平倒角铣削策略应用于直倒角加工

零件的梯形型腔有一个直倒角，其尺寸为 *C*1mm。计算直倒角加工刀具路径前，需要创建直倒角边线为参考线。直倒角刀具路径的计算过程如下。

1）取消激活铣孔刀路：在 PowerMILL 资源管理器的“刀具路径”树枝下，右击“d6r0-xk”，在弹出的快捷菜单条中执行“激活”，取消激活 d6r0-xk 刀具路径。

刀具路径被取消激活后，在绘图区中就不再显示，这样做的目的是便于在绘图区中查看图线。

2）创建参考线：在 PowerMILL 资源管理器中，右击“参考线”树枝，在弹出的快捷菜单条中执行“产生参考线”，系统即产生一条名称为 5、内容为空白的参考线。

双击“参考线”树枝，将它展开。右击该树枝下的“5”，在弹出的快捷菜单条中执行“曲线编辑器...”，调出“曲线编辑器”工具栏。

在“曲线编辑器”工具栏中，单击“获取曲线”按钮，系统弹出“获取”工具栏。在绘图区中单击图 3-91 中箭头所指平面。

在“获取”工具栏中，单击“勾”按钮，完成曲线获取，如图 3-92 所示。

在图 3-92 中，箭头所指曲线部位是不需要直倒角的，因此，应该删除这些曲线。

在绘图区中，按下<Shift>键，选择图 3-92 中箭头指示曲线（共 7 条，选择之前，可以在“查看”工具栏中，通过“普通阴影和毛坯显示”开关，先将模型和毛坯隐藏起来，便于选取），然后在“曲线编辑器”工具栏中，单击“删除已选几何要素”按钮，将它们删除，最终得到的参考线 5 如图 3-93 所示。

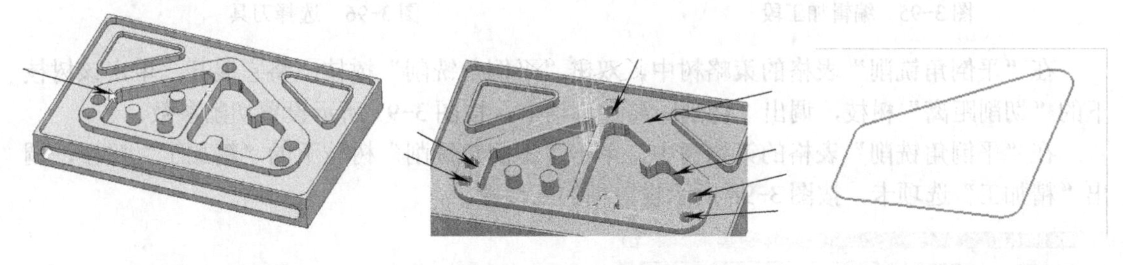

图 3-91　选择平面　　　图 3-92　获取的曲线　　　图 3-93　保留的曲线

在“曲线编辑器”工具栏中，单击“勾”按钮，完成参考线 5 的创建。

3）计算平倒角刀具路径：在 PowerMILL“综合”工具栏中，单击“刀具路径策略”按钮，打开“策略选取器”表格，选择“2.5 维区域清除”选项，在该选项卡中选择“平倒角铣削”，单击“接受”按钮，打开“平倒角铣削”表格，按图 3-94 所示设置参数。

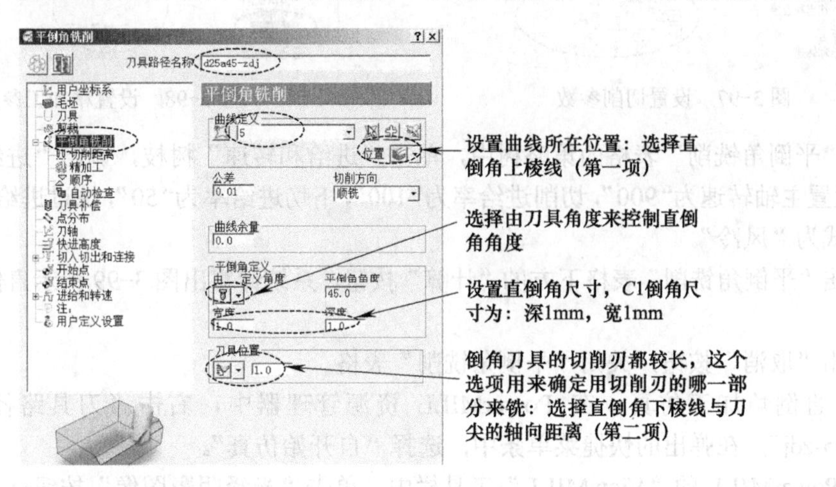

图 3-94　设置平倒角铣削参数

在“平倒角铣削”选项卡的“曲线定义”栏，单击“交互修改可加工段”按钮，调出“参考线装饰”工具栏，同时，系统会在绘图区显示出刀具与曲线的位置关系及铣削方向，如图 3-95 所示。

由图 3-95 可见，刀具位于曲线的外围侧，这是不正确的。在“编辑加工段”工具栏中，单击“反转加工侧”按钮，将刀具置于曲线内侧。单击“勾”按钮，退出编辑加工段环境。

在“平倒角铣削”表格的策略树中，单击“刀具”树枝，调出“Tapered tipped”选项卡，按图 3-96 所示选择刀具。

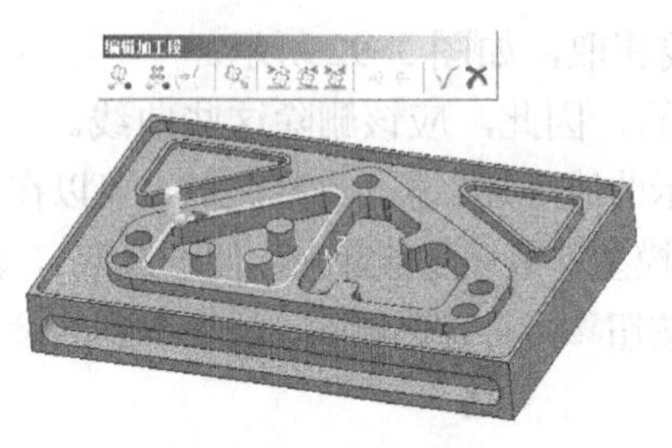

图 3-95 编辑加工段

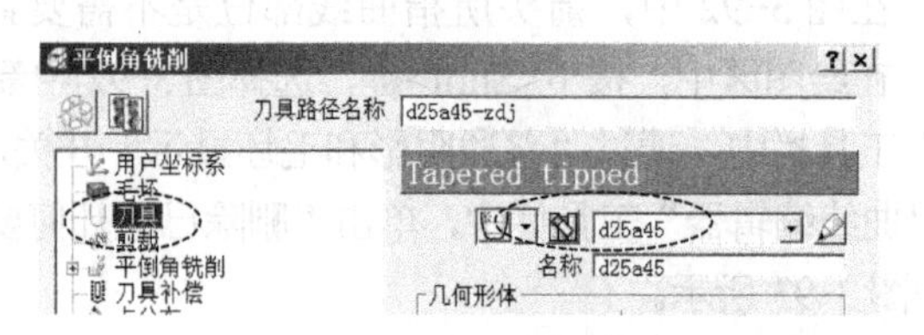

图 3-96 选择刀具

在“平倒角铣削”表格的策略树中，双击“平倒角铣削”树枝，将它展开，单击该树枝下的“切削距离”树枝，调出“切削距离”选项卡，按图 3-97 所示设置切削参数。

在“平倒角铣削”表格的策略树中，单击“平倒角铣削”树枝下的“精加工”树枝，调出“精加工”选项卡，按图 3-98 所示设置精加工参数。

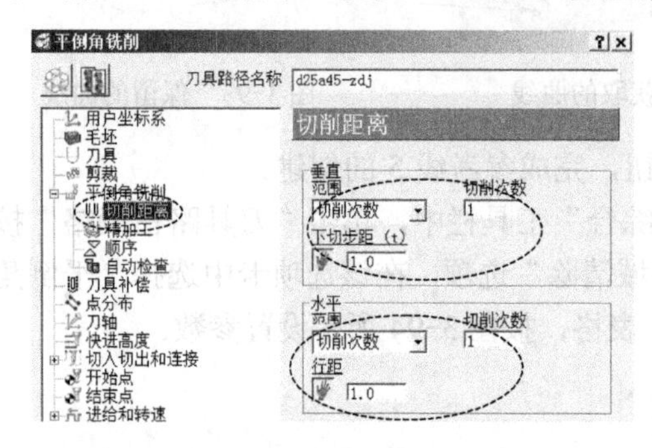

图 3-97 设置切削参数

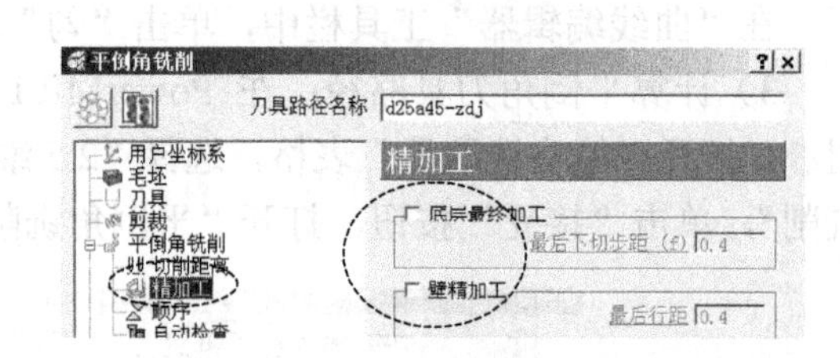

图 3-98 设置精加工参数

在“平倒角铣削”表格的策略树中，单击“进给和转速”树枝，调出“进给和转速”选项卡，设置主轴转速为“900”，切削进给率为“100”，下切进给率为“50”，掠过进给率为“3000”，冷却方式为“风冷”。

单击“平倒角铣削”表格下方的“计算”按钮，系统计算出图 3-99 所示直倒角加工刀具路径。

单击“取消”按钮，关闭“平倒角铣削”表格。

4）直倒角加工仿真：在 PowerMILL 资源管理器中，右击“刀具路径”树枝下的“d25a45-zdj”，在弹出的快捷菜单条中，选择“自开始仿真”。

在 PowerMILL 的“ViewMILL”工具栏中，单击“光泽阴影图像”按钮，进入真实实体仿真切削状态。

在 PowerMILL“仿真控制”工具栏中，单击“运行”按钮，系统即进行直倒角加工仿真切削，其结果如图 3-100 所示。

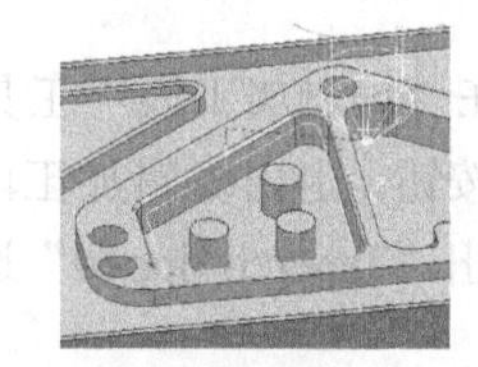

图 3-99 直倒角加工刀具路径

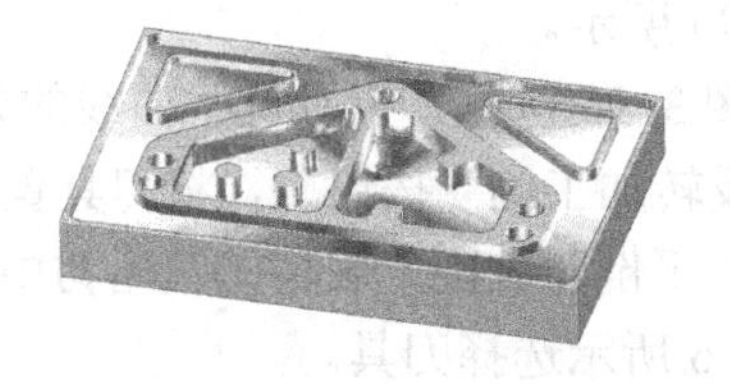

图 3-100 直倒角加工仿真切削结果

在“ViewMILL”工具栏中，单击“无图像”按钮，返回编程状态。

3.2.10 刀具路径后处理

在第 2 章中，介绍了将全部刀具路径处理为一个 NC 代码文件的方法，下面介绍将各条刀具路径分别后处理为单个 NC 代码文件的方法。

以铣削两个三角形型腔的刀具路径为例。

在 PowerMILL 资源管理器中的“刀具路径”树枝下，右击两个三角形型腔铣削刀具路径“d10r0-sjxjg”，在弹出的快捷菜单条中执行“激活”，将该刀具路径激活。

再次右击“刀具路径”树枝下的“d10r0-sjxjg”刀路，在弹出的快捷菜单条中执行“产生独立的 NC 程序”，系统即将刀具路径“d10r0-sjxjg”加入到 NC 程序树枝中。

在 PowerMILL 资源管理器中，双击 “NC 程序”树枝，将它展开。右击“NC 程序”树枝下的“d10r0-sjxjg”，在弹出的快捷菜单条中，单击“设置...”选项，打开“NC 程序：d10r0-sjxjg”表格，按图 3-101 所示设置参数。

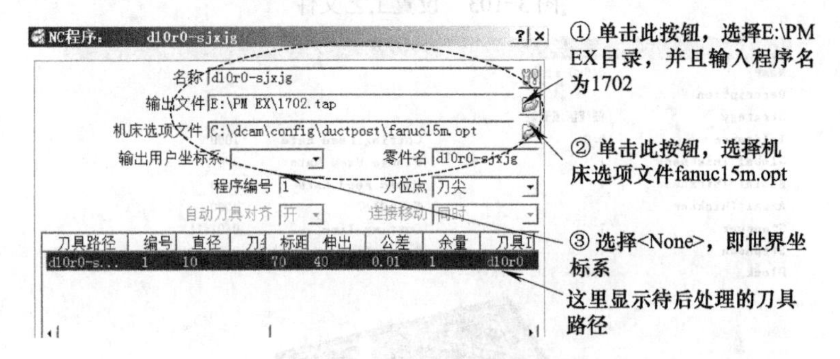

图 3-101 输出 NC 程序设置

设置完成后，单击“写入”按钮，系统即开始进行后处理计算。等到信息对话框提示后处理完成后，用记事本打开 E:\PM EX\1702.tap 文件，就能看到三角形型腔加工 NC 程序，部分程序如图 3-102 所示。

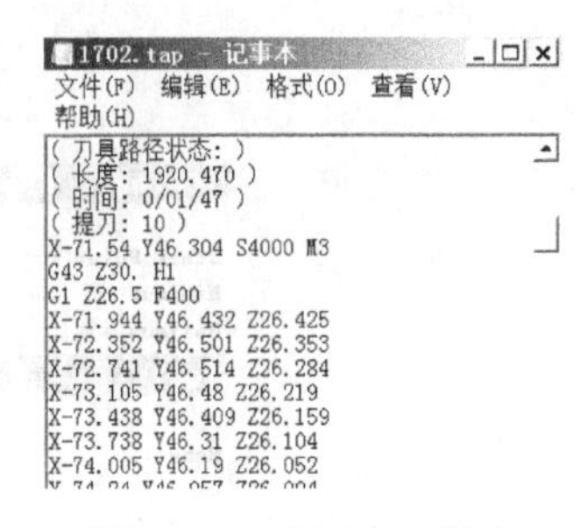

图 3-102 部分 NC 程序

关闭信息对话框，关闭“NC 程序：d10r0−sjxjg”表格。

参照上述步骤，即可将其他刀具路径分别后处理为单个 NC 文件。

3.2.11 产生数控加工工艺清单

可以产生单条刀具路径对应的工艺文件。具体操作步骤如下：

1）在绘图区中，将图形调整到适合查看的位置和大小。

2）在 PowerMILL 资源管理器中，右击“NC 程序”树枝下的“d10r0-sjxjg”，在弹出的快捷菜单条中，执行“设置清单”→“快照”→“全部刀具路径”→“当前查看”，系统即对该刀具路径拍照。关闭弹出的信息对话框。

3）再次右击“NC 程序”树枝下的“d10r0-sjxjg”，在弹出的快捷菜单条中，执行“设置清单”→“路径”，打开“设置清单”表格，按图 3-103 所示设置参数。

设置完成后，单击“关闭”按钮。

再次右击“NC 程序”树枝下的“d10r0-sjxjg”，在弹出的快捷菜单条中，执行“设置清单”→“输出”，等待输出完成后，打开 E:\PM EX\1702\3-1 2dsolid.html 网页文件，即可调阅 NC 程序文件 1702.tap 所对应的各项工艺参数，部分工艺清单内容如图 3-104 所示。

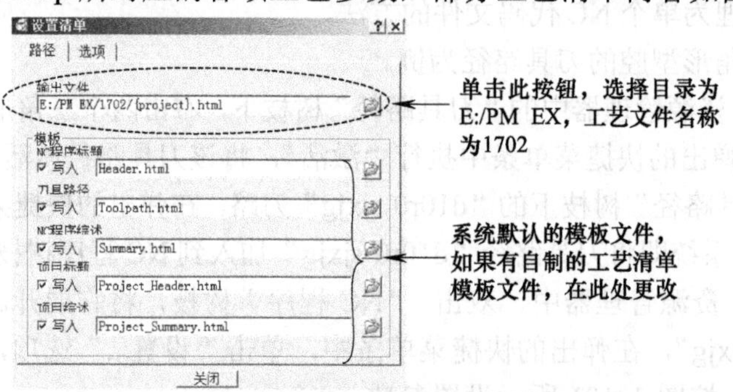

图 3-103　设置工艺文件

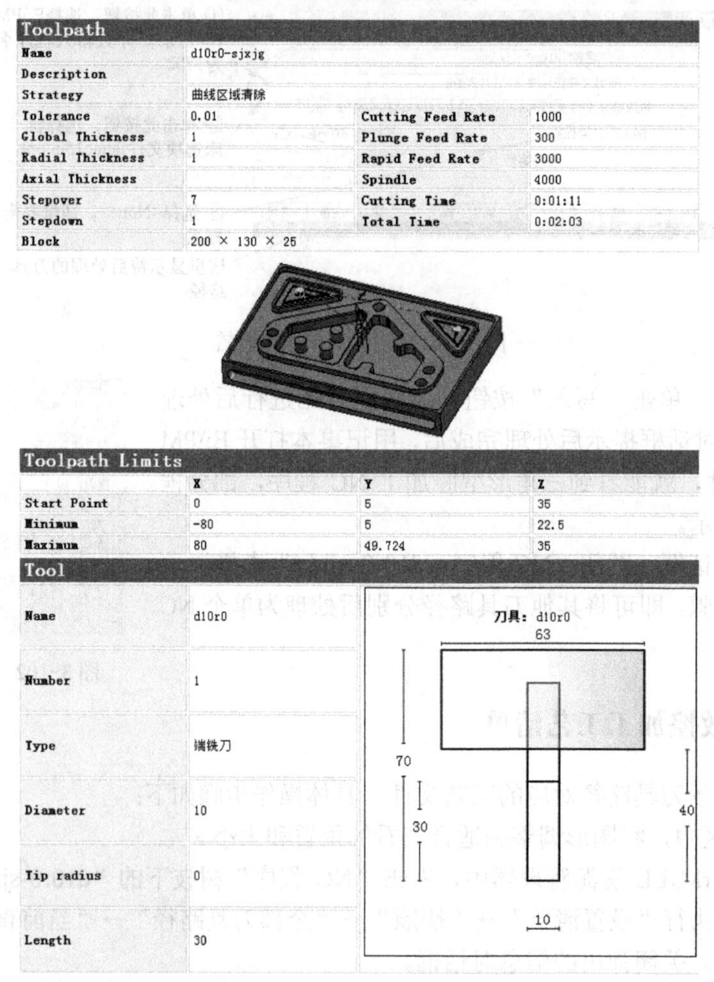

Toolpath			
Name	d10r0-sjxjg		
Description			
Strategy	曲线区域清除		
Tolerance	0.01	Cutting Feed Rate	1000
Global Thickness	1	Plunge Feed Rate	300
Radial Thickness	1	Rapid Feed Rate	3000
Axial Thickness		Spindle	4000
Stepover	7	Cutting Time	0:01:11
Stepdown	1	Total Time	0:02:03
Block	200 × 130 × 25		

Toolpath Limits	X	Y	Z
Start Point	0	5	35
Minimum	-80	5	22.5
Maximum	80	49.724	35

Tool	
Name	d10r0
Number	1
Type	端铣刀
Diameter	10
Tip radius	0
Length	30

图 3-104　部分工艺清单内容

3.2.12　保存项目文件

在 PowerMILL 下拉菜单条中，执行“文件”→“保存项目”，保存该项目文件。

3.3　工程师点评

1）对于结构零件的加工，其主要思路就是“各个击破”，即一个特征一个特征地计算加工刀具路径。把整个零件划分为若干特征之后，单独对各个特征来编程会简单得多。结构加工的先后顺序也应引起编程人员的注意。一般来说，机械加工的基础原则是必须遵守的，比如：先基准后其他、先平面后其他、先面后孔等。

2）实体形式的零件图，其刀具路径的计算方法与线框形式的零件图基本相似，不同之处在于，选择加工对象时，实体形式的零件是选择实体面，而非线条。

3）结构零件的特征主要有：凸台、型腔、孔、直倒角、圆倒角、槽、文字等。在第 2、3 章中各讲解了一个例子，通过这两个典型的例子，介绍了上述特征的加工刀具路径的计算方法，这些方法是程序化的，读者以后遇到这些特征，就可以参照第 2、3 章中的方法来计算加工刀具路径。

4）对有翻边加工要求的零件，编程前务必考虑清楚各面上各结构的装夹加工方法，拟订加工先后顺序非常重要。

3.4　练习题

1）计算图 3-105 所示实体形式结构零件各个特征的加工刀具路径。毛坯为方坯，刀具及切削参数自定义。零件模型在光盘中的存放位置：光盘符:\习题\ch03\xt 3-01.dgk。光盘内附有参考答案。

2）计算图 3-106 所示实体形式结构零件各个特征的加工刀具路径。毛坯为方坯，刀具及切削参数自定义。零件模型在光盘中的存放位置：光盘符:\习题\ch03\xt 3-02.dgk。光盘内附有参考答案。

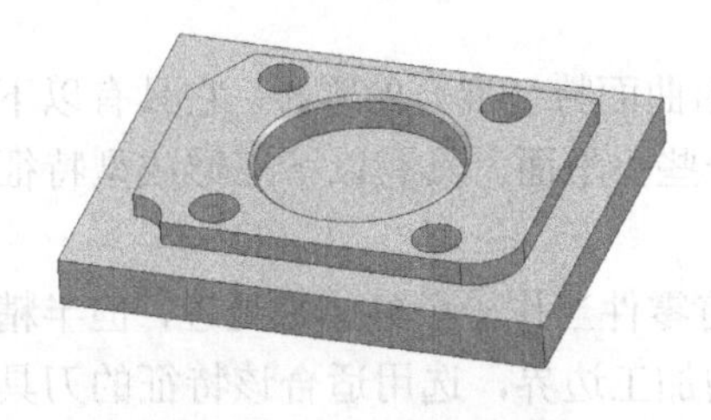

图 3-105　练习题 1）图

图 3-106　练习题 2）图

第4章

塑料模具型腔零件数控加工编程

如果从编程的角度来划分零件种类的话，可以将机械零件分为三大类。第一大类是纯粹的结构零件，即零件的组成特征全部是结构特征，如水平面、侧垂面、直槽、圆孔、圆柱、直倒角等，这类零件在机械领域是最常见的，它们的数控加工编程方法在第2、3章中已经讲述到了。第二大类是纯粹的曲面零件，即零件的组成特征全部是三维曲面，包括解析曲面（如球面的一部分）和自由曲面（如 B 样条曲面），这类零件在汽车覆盖件模具中有大量应用，其数控加工编程方法在第1章的例中初步做了介绍，在本书第7、8章会更详细地介绍。第三大类是由结构特征和曲面特征混合组成的零件，即零件的组成特征既有结构特征，又有自由曲面特征，这类零件也是大量存在的，在本章和第5章中，介绍的例子都属于这类零件，其数控加工编程思路是，先将零件整体粗加工，然后将零件的组成特征分类，分别使用适当的刀具路径计算策略来单独计算各结构的加工刀具路径。下面举例来说明。

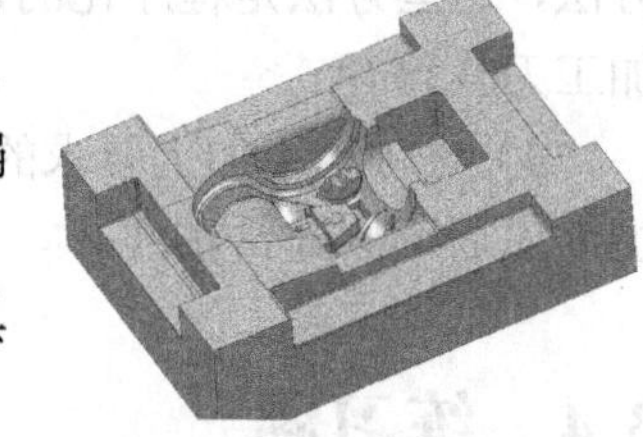

图4-1　玩具车壳凹模零件

玩具车壳凹模零件如图4-1所示，要求加工成型型腔以及侧滑块安装槽等。

4.1　数控加工编程工艺分析

图4-1所示零件具有以下特点：

1）零件总体尺寸为796mm×546mm×225mm，整体上看，零件是一个矩形，毛坯采用方坯，六面已经加工平整。

2）该零件是一个典型的二维结构特征与三维自由曲面特征混合的零件。它具有以下结构特征：分型平面、四个滑块安装槽（侧垂面）以及一些小平面。具有以下三维成型特征：玩具车壳的成型表面、不同半径的倒圆角曲面等。

3）零件具有较多不同类型的特征，粗加工可以将零件当作一个整体来处理，但半精加工和精加工时，应该根据不同类型的特征，设计相应的加工边界，选用适合该特征的刀具路径策略以分别计算对应特征的加工刀具路径，而不宜整体计算零件的精加工刀具路径，这样加工工时会增长，而且加工质量也不易控制。此外，还要注意成型曲面部分清角到位。凹模型面最深尺寸约为138mm，选用和装夹刀具时，要注意有足够长的刀具悬伸量。

玩具小车壳凹模零件是一个比较典型的塑料模具型腔零件，可以使用三轴联动数控铣床或加工中心来加工。根据零件的结构特点，拟采用表4-1所列的零件数控加工编程工艺过程。

表 4-1 零件数控加工编程工艺过程

工步号	工步名	加工策略	加工部位	刀具	切削参数					
					转速/（r/min）	进给速度/（mm/min）	切削宽度/mm	背吃刀量/mm	公差/mm	余量/mm
1	粗加工	模型区域清除	零件整体	d50r3 刀尖圆角面铣刀	900	4000	35	1	0.1	0.5
2	二次粗加工（半精加工）	模型残留区域清除	型腔区域	d25r2 刀尖圆角面铣刀	1200	2500	17	0.6	0.1	0.5
3	精加工	平行精加工	型腔顶面	d12r6 球头铣刀	6000	2000	0.7		0.01	0
4	精加工	等高精加工	型腔侧面	d12r6 球头铣刀	6000	2000		1	0.01	0
5	精加工	三维偏置精加工	型腔底面	d12r6 球头铣刀	6000	2000	0.7		0.01	0
6	精加工	偏置平坦面精加工	平面部分	d25r2 刀尖圆角面铣刀	4000	2500	10		0.01	0
7	清角	清角精加工	型腔底面	d6r3 球头铣刀	6000	1200			0.01	0
8	清角	清角精加工	型腔底面	d3r1.5 球头铣刀	6000	1000			0.01	0

4.2 详细编程过程

4.2.1 设置公共参数

步骤一 新建加工项目

1）复制光盘内文件到本地磁盘：复制光盘上的文件*:\Source\ch04\cheaomo.dgk 到 E:\PM EX 目录下。

2）输入模型：在下拉菜单中单击“文件”→“输入模型”，打开“输入模型”表格，选择 E:\PM EX\cheaomo.dgk 文件，然后单击“打开”按钮，完成模型输入操作。

3）查看模型：在 PowerMILL“查看”工具条中，单击“普通阴影”按钮，显示模型的着色状态。“单击线框”按钮，关闭线框显示。单击“ISO1”按钮，以轴测视角查看零件。

4）保存加工项目文件：在 PowerMILL 下拉菜单条中，执行“文件”→“保存项目”，打开“保存项目为”表格，在“保存在”栏选择 E：\PM EX，在“文件名”栏输入项目名为 4-1 cheaomo，然后单击“保存”按钮完成操作。

步骤二 准备加工

1）创建方形毛坯：在 PowerMILL“综合”工具栏中，单击“创建毛坯”按钮，打开“毛坯”表格，勾选“显示”复选项，如图 4-2 所示，单击“计算”按钮，系统计算出图 4-3 所示方坯。单击“接受”按钮，关闭“毛坯”表格。

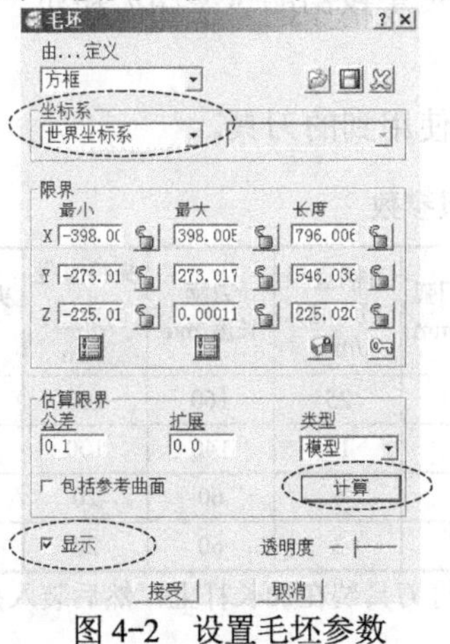

图 4-2 设置毛坯参数

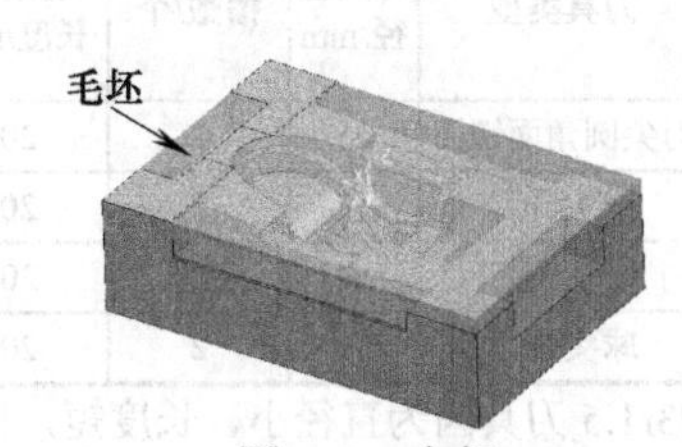

图 4-3 方坯

本例中，对刀坐标系使用世界坐标系（即设计坐标系），它位于零件顶面中心点。

2）创建粗加工刀具：在 PowerMILL 资源管理器中，右击“刀具”树枝，在弹出的快捷菜单条中执行“产生刀具”→“刀尖圆角端铣刀”，打开“刀尖圆角端铣刀”表格，按图 4-4 所示设置刀具切削刃部分参数。

单击“刀尖圆角端铣刀”表格中的“刀柄”选项卡，按图 4-5 所示设置刀具直柄部分参数。

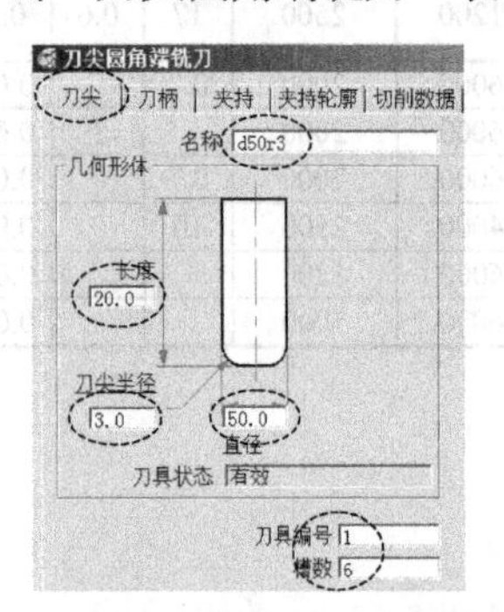

图 4-4　设置刀具切削刃部分参数

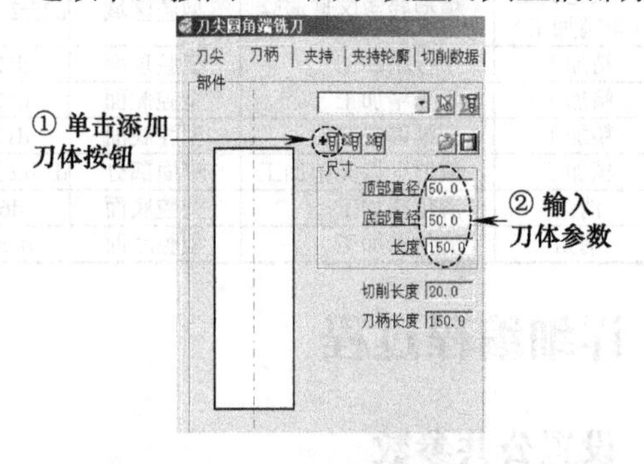

图 4-5　设置刀具直柄部分参数

单击“刀尖圆角端铣刀”表格中的“夹持”选项卡，按图 4-6 所示设置刀具夹持部分参数。

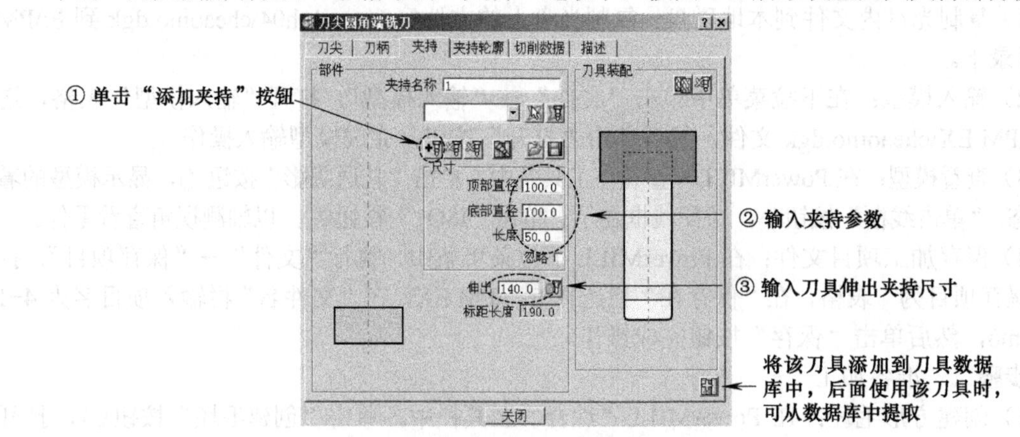

图 4-6　设置刀具夹持部分参数

完成上述参数设置后，单击“刀尖圆角端铣刀”表格中的“关闭”按钮，创建出一把带夹持的、完整的刀尖圆角端铣刀 d50r3。

参照上述方法，创建表 4-2 所列的各工步需要使用到的刀具。

表 4-2　其余刀具参数

刀具编号	刀具名称	刀具类型	刀具直径/mm	槽数/个	切削刃长度/mm	刀尖圆弧半径/mm	刀柄直径（顶/底）/mm	刀柄长度/mm	夹持直径（顶/底）/mm	夹持长度/mm	刀具伸出夹持长度/mm
2	d25r2	刀尖圆角面铣刀	25	2	20	2	25	160	100	50	140
3	d12r6	球头铣刀	12	2	20	6	12	140	100	50	140
4	d6r3	球头铣刀	6	2	20	3	6	60	20	140	60
5	d3r1.5	球头铣刀	3	2	20	1.5	3	60	20	140	60

注：d6r3、d3r1.5 刀具因为直径小、长度短，使用时先将刀具装在加长杆上，然后装入夹持中。

3）计算安全高度：在 PowerMILL“综合”工具栏中，单击“快进高度”按钮，打开“快进高度”表格，按图 4-7 所示设置参数，单击“接受”按钮关闭表格。

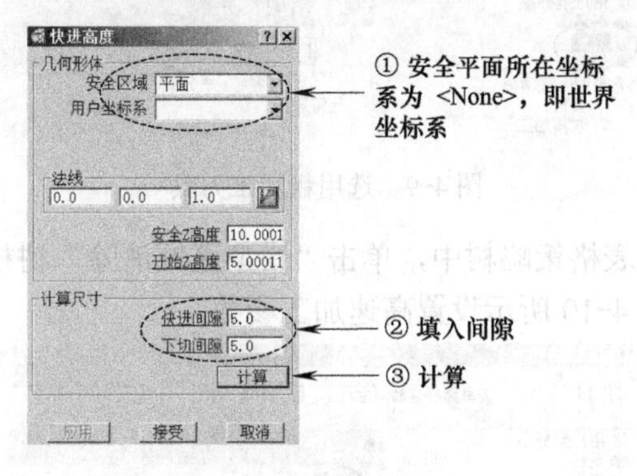

图 4-7 设置快进高度

4）设置加工开始点和结束点：在 PowerMILL“综合”工具栏中，单击“开始点和结束点”按钮，打开“开始点和结束点”表格，设置开始点为“毛坯中心安全高度”，结束点为“最后一点安全高度”。

4.2.2 整体粗加工——模型区域清除及高速加工选项应用于开粗

1．计算粗加工刀具路径

在 PowerMILL“综合”工具栏中，单击“刀具路径策略”按钮，打开“策略选取器”表格，选择“三维区域清除”选项，在这个选项卡里，选择“模型区域清除”，单击“接受”按钮，打开“模型区域清除”表格，按图 4-8 所示设置参数。

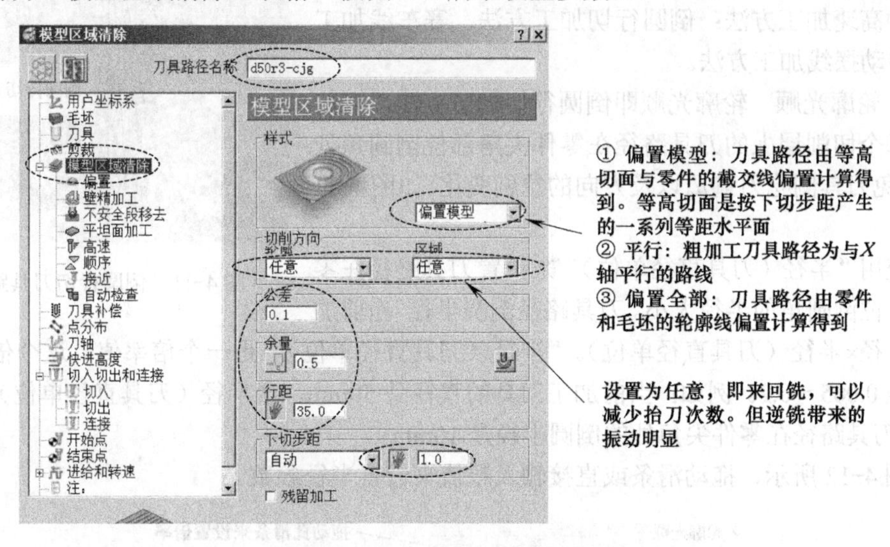

图 4-8 设置模型区域清除参数

单击“模型区域清除”表格策略树中的“刀具”树枝，调出“刀具”选项卡，如图 4-9 所示，选择刀具 d50r3。

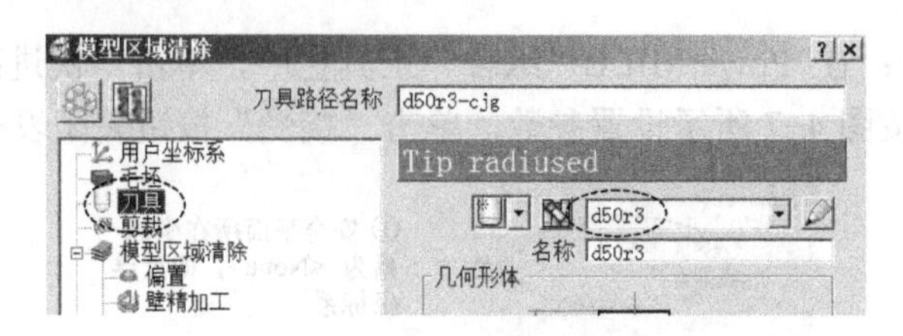

图 4-9　选用粗加工刀具

在“模型区域清除”表格策略树中，单击“模型区域清除”树枝下的“高速”树枝，调出“高速”选项卡，按图 4-10 所示设置高速加工参数。

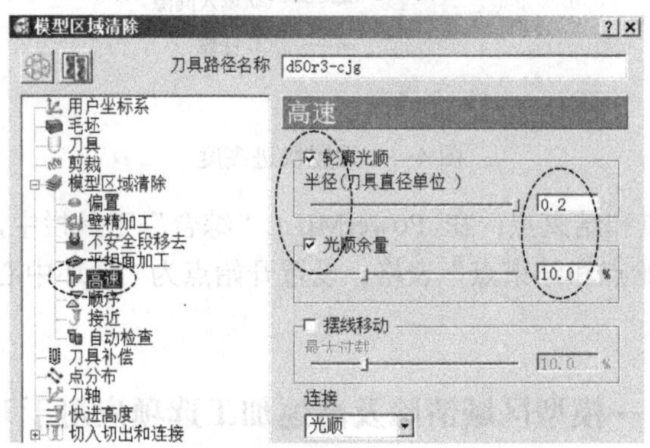

图 4-10　设置高速加工参数

高速加工已经在生产中广泛应用。在这里，集中介绍 PowerMILL 高速加工选项的功能。“高速”选项卡中包括三个选项：轮廓光顺、光顺余量和摆线移动。它们分别对应于三种高速加工方法：倒圆行切加工方法、赛车线加工方法和自动摆线加工方法。

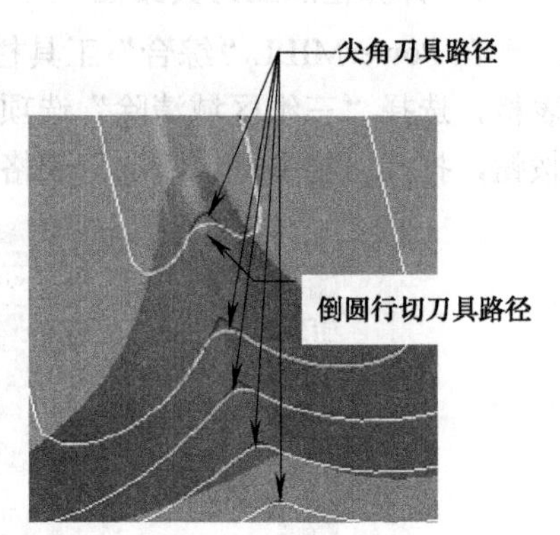

图 4-11　倒圆行切刀具路径

（1）轮廓光顺　轮廓光顺即倒圆行切加工方法，它的功能是每个切削层上的刀具路径在零件尖角部位倒圆角处理，以避免刀具侧吃刀量 a_e 以及方向的急剧变化，如图 4-11 所示。

系统用“半径（刀具直径单位）”来设置刀具路径在零件尖角部位倒圆角的半径大小。刀具路径倒圆半径=当前加工刀具直径×半径（刀具直径单位）。“半径（刀具直径单位）”是一个倍率值，这个倍率的取值范围是 0.005～0.2。例如：当前加工刀具的直径是 50mm，当半径（刀具直径单位）设置为 0.2 时，刀具路径在零件尖角处的倒圆半径是 10mm。

如图 4-12 所示，拖动滑条或直接输入数值来设置半径参数。

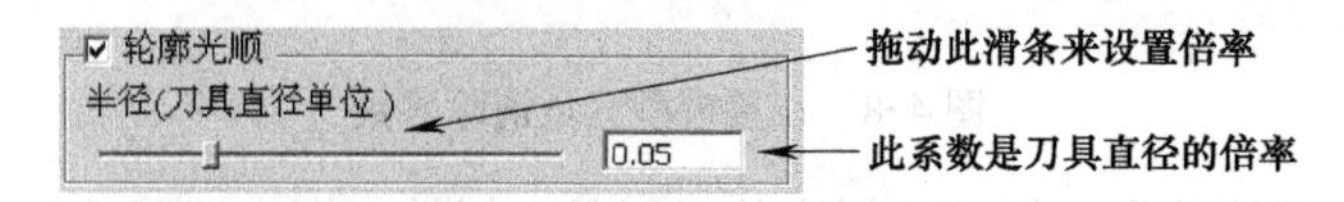

图 4-12　设置轮廓光顺参数

（2）光顺余量　光顺余量即赛车线加工方法。赛车线刀具路径是 PowerMILL 软件拥有专利的高速粗加工策略。该技术使刀具路径在许可步距范围内进行光顺处理，远离零件轮廓的刀具路径用大段的圆弧曲线代替轮廓偏置线，使刀具路径在形式上就像赛车道。图 4-13 所示是赛车线刀具路径与传统刀具路径的比较。

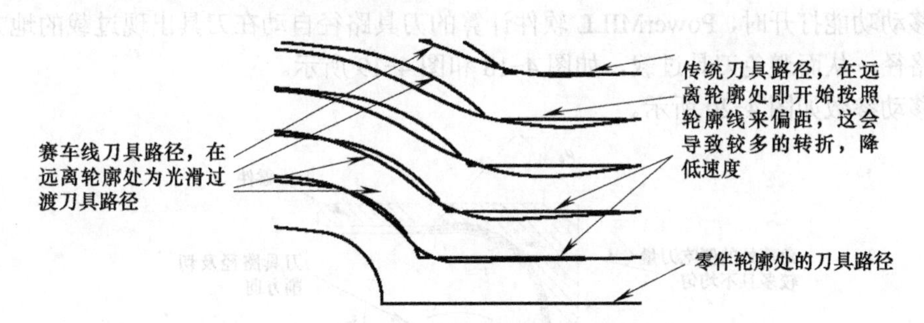

图 4-13　赛车线刀具路径与传统刀具路径的比较

使用光顺余量选项计算出来的刀具路径，其外层刀具路径以圆弧代替小直线段，这是非常适合于高速加工的策略。如图 4-14 所示，接近零件轮廓的一段刀具路径具有很多刀位点，是由很多小线段组成的，而远离零件轮廓的刀具路径用大段的圆弧代替了小直线段，使外轮廓刀具路径上的刀位点减少，从而提高速度。

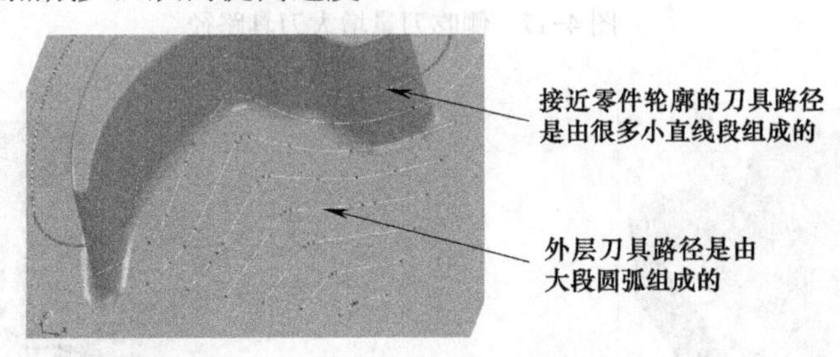

图 4-14　赛车线刀具路径形成原理图

图 4-14 外层的刀具路径是偏置其原始刀具路径计算得来，因此，需要定义一个偏离系数。勾选“光顺余量”复选项，定义外部刀具路径在零件尖角处的最大偏离系数，如图 4-15 所示，最大偏离系数可以设置为行距的 40%。

“光顺余量”复选项下面的“连接”选项用来设置刀具路径行间的连接方式，如图 4-16 所示。

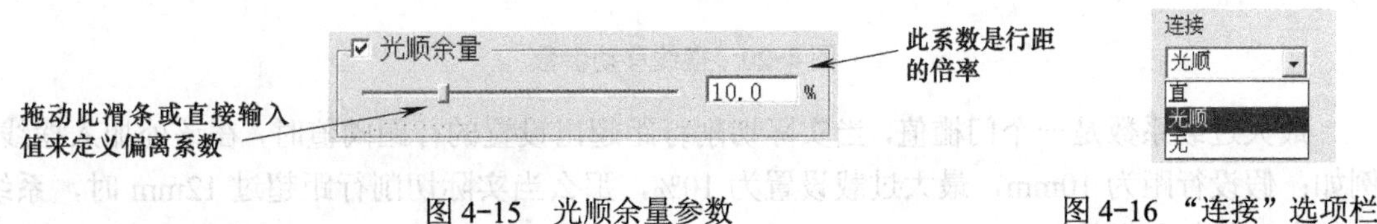

图 4-15　光顺余量参数　　图 4-16　“连接”选项栏

刀具路径段之间的连接方式有如下三种。

1）直：刀具路径在行间用直线连接。

2）光顺：刀具路径在行间用圆弧线连接。

3）无：刀具路径在行间不连接，而是提刀后再进给。

（3）摆线移动　摆线移动即自动摆线加工方法。在轮廓偏置刀具路径中，当刀具初始切入毛坯或刀具切入零件的角落、狭长沟道和槽时，会由于侧吃刀量的突然增大（有时甚至会出现全刃切削的情况），而使刀具出现过载，如图 4-17 所示。

摆线移动功能打开时，PowerMILL 软件计算的刀具路径自动在刀具出现过载的地方加入摆线刀具路径，从而避免刀具过载，如图 4-18 和图 4-19 所示。

摆线移动参数如图 4-20 所示。

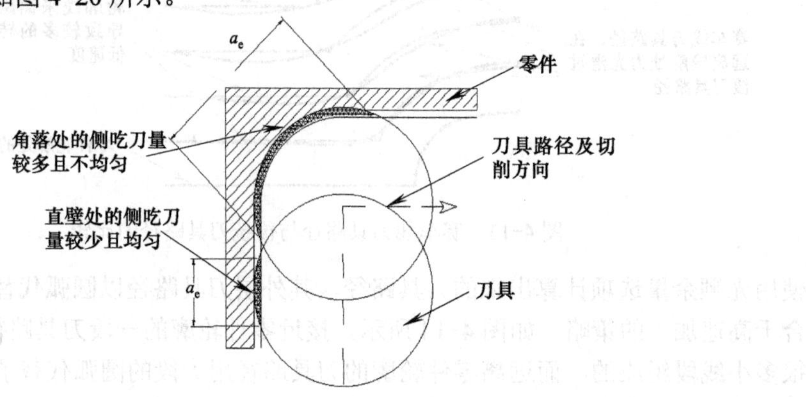

图 4-17　侧吃刀量增大刀具路径

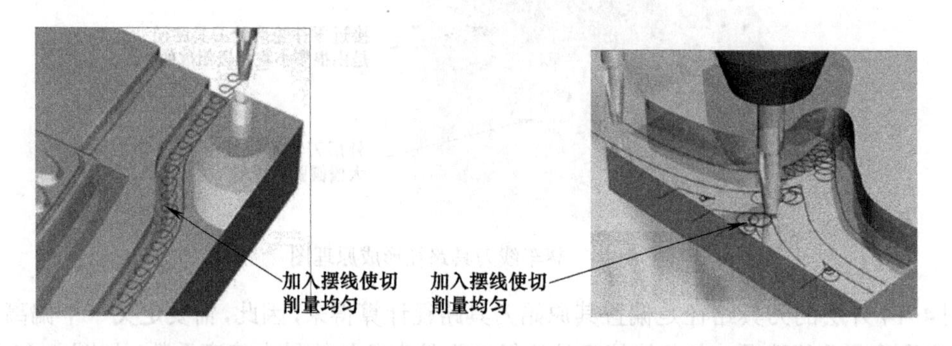

图 4-18　切削狭长槽时加入摆线　　图 4-19　切削角落时加入摆线

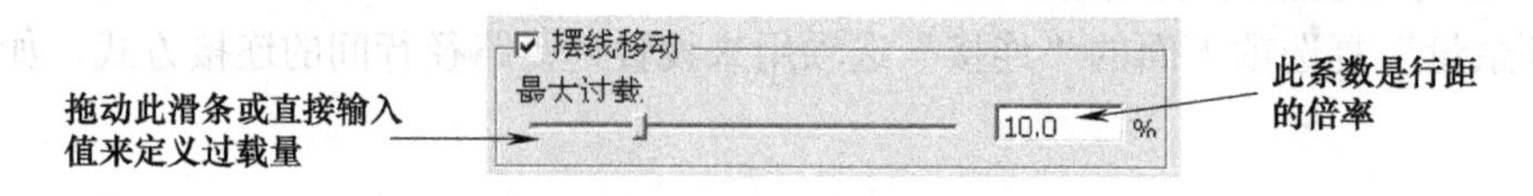

图 4-20　摆线移动参数

最大过载系数是一个门槛值，当实际切削行距超出设置的行距阈值时，在该处加入摆线。例如：假设行距为 10mm，最大过载设置为 10%，那么当实际切削行距超过 12mm 时，系统自动在该处加入摆线。

下面接着设置粗加工参数。

该型腔零件既有开放型腔又有封闭型腔。在开放型腔，系统会自动从毛坯外部进刀。在切削封闭型腔时，装刀片的铣刀（切削刃不过中心）要防止切小型腔时的顶刀情况，为保护刀尖，需要设置“不安全段移去”和“切入”方式。

在“模型区域清除”表格策略树中的“模型区域清除”树枝下，单击“不安全段移去”树枝，调出“不安全段移去”选项卡，按图 4-21 所示设置不安全段移去参数。

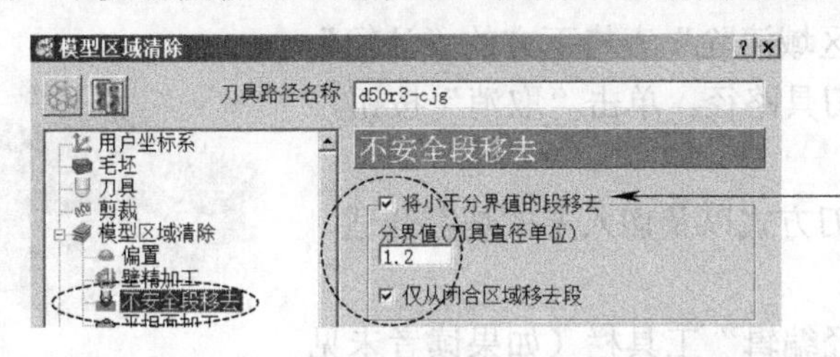

将小于分界值的段移去：当刀具为装刀片的切削刃不过中心的机夹刀具时，为防止切到一些小型腔造成顶刀，勾选此项不加工比“分界值 × 直径”小的区域

图 4-21　设置不安全段移去参数

在“模型区域清除”表格策略树中，双击“切入切出和连接”树枝，展开它。单击该树枝下的“切入”树枝，调出“切入”选项卡，按如图 4-22 所示设置参数。

在切入选项卡中，单击“斜向选项”按钮斜向选项...，打开“斜向切入选项”表格，按图 4-23 所示设置参数。设置完成后，单击“接受”按钮返回。

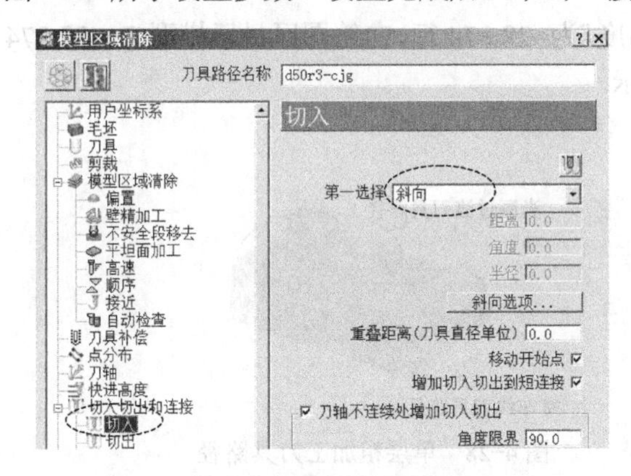

图 4-22　设置切入参数

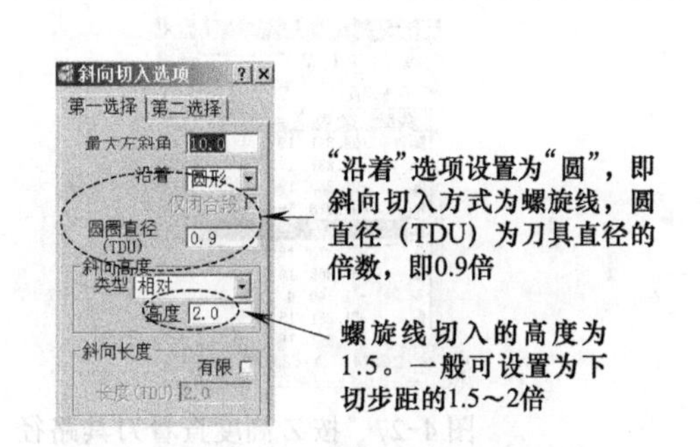

“沿着”选项设置为“圆”，即斜向切入方式为螺旋线，圆直径（TDU）为刀具直径的倍数，即0.9倍
螺旋线切入的高度为1.5。一般可设置为下切步距的1.5～2倍

图 4-23　设置斜向切入参数

在“模型区域清除”表格的策略树中，单击“切入切出和连接”树枝下的“连接”树枝，调出“连接”选项卡，按图 4-24 所示设置连接方式。

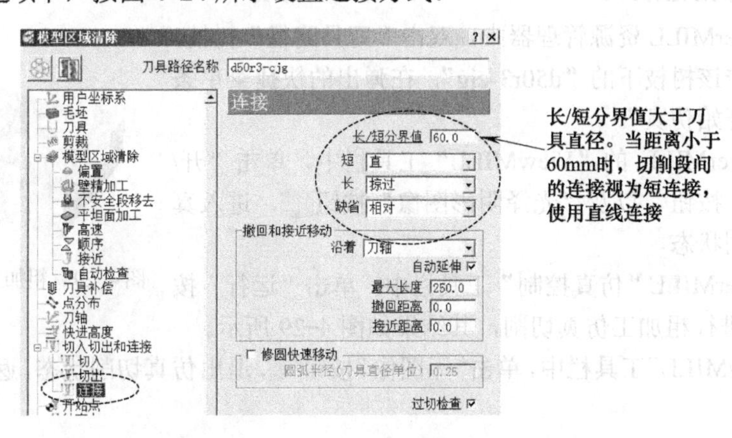

长/短分界值大于刀具直径。当距离小于60mm时，切削段间的连接视为短连接，使用直线连接

图 4-24　设置连接方式

在“模型区域清除”表格策略树中，单击“进给和转速”树枝，调出“进给和转速”选项卡，设置主轴转速为“900”，切削进给率为“4000”，下切进给率为“500”，掠过进给率为“5000”，冷却方式为“液体”。

设置完参数后，单击“模型区域清除”表格下方的“计算”按钮，系统计算出图 4-25 所示刀具路径。单击“取消”按钮，关闭“模型区域清除”表格。

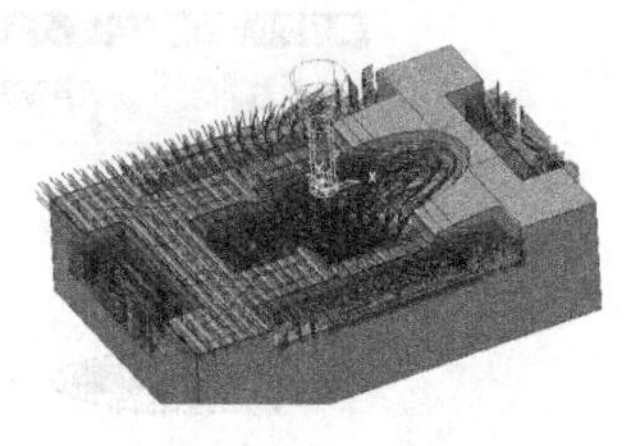

图 4-25　粗加工刀具路径

为了更清楚地观察粗加工走刀方式以及切入方式是否合适，做如下设置。

在图 4-26 所示的“刀具路径编辑”工具栏（如果读者未见“刀具路径”编辑工具栏，调出的方法是：单击下拉菜单“查看”→“工具栏”，勾选“刀具路径”选项中，单击“按 Z 高度查看刀具路径”按钮，打开“Z 高度”表格。

d50r3-cjg

图 4-26　“刀具路径编辑”工具栏

在“Z 高度”表格中，单击图 4-27 所示“Z 高度”为-28.874 行，在绘图区显示模型 Z=-28.874 高度处的单层粗加工刀具路径，如图 4-28 所示。

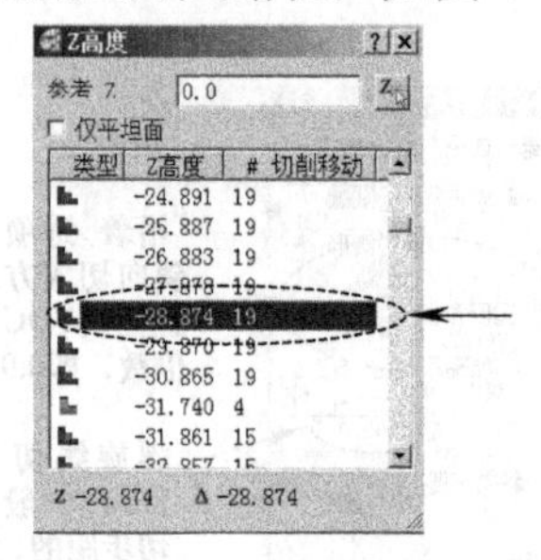

图 4-27　按 Z 高度查看刀具路径

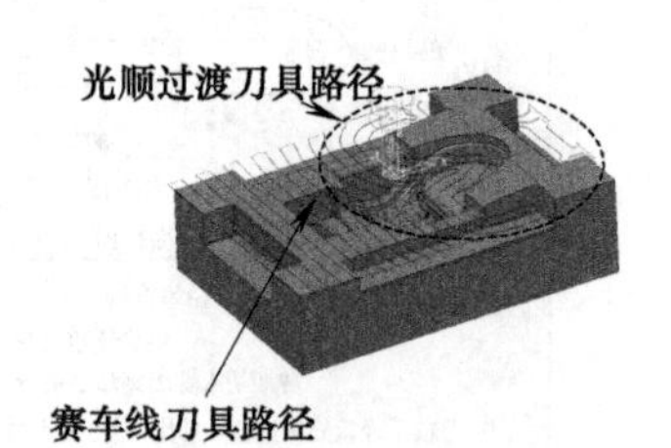

图 4-28　单层粗加工刀具路径

图 4-28 所示刀具路径在零件外围做赛车线分布，而在接近零件轮廓时，按轮廓偏置分布。关闭“Z 高度”表格。

2．粗加工高质量仿真

1）在 PowerMILL 资源管理器中，双击“刀具路径”树枝，将它展开。右击该树枝下的“d50r3-cjg”，在弹出的快捷菜单条中，选择“自开始仿真”。

2）在 PowerMILL 的“ViewMILL”工具栏中，单击“开/关 ViewMILL”按钮以及“光泽阴影图像”按钮，进入真实实体仿真切削状态。

3）在 PowerMILL“仿真控制”工具栏中，单击“运行”按钮，系统即进行粗加工仿真切削，其结果如图 4-29 所示。

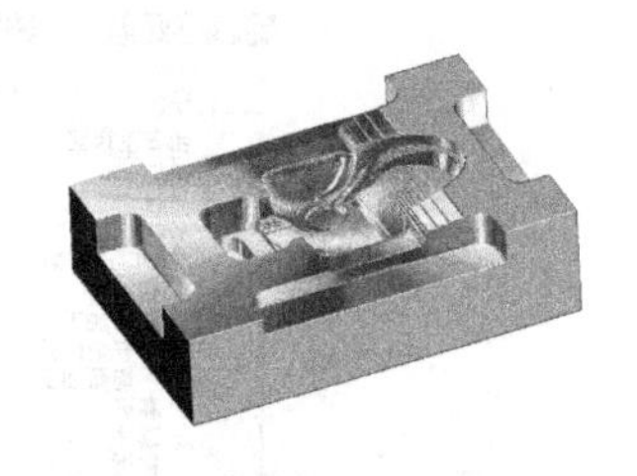

图 4-29　粗加工仿真切削结果

4）在“ViewMILL”工具栏中，单击“无图像”按钮，退出仿真切削状态，返回 PowerMILL 编程环境。

4.2.3 整体二次粗加工——模型残留区域清除及残留模型应用于二次粗加工

二次粗加工的参考对象有两种：一种是上一工步刀具路径，这个选项在第 2、3 章中已经使用到了；另一种是残留模型。本例拟使用残留模型来计算二次粗加工刀具路径。在此之前，先介绍残留模型的概念、作用、创建方法及应用。

1．残留模型

残留模型是一个用三角面片表示的模型，它用来表示加工过程中某一工步结束后残留下来的模型。

残留模型主要有两方面的作用：一是用于查看某一工步刀具路径切削完成后的模型余量的均匀程度，以及哪些角落余量过多过大；二是作为计算其他刀具路径的毛坯。

在 PowerMILL 资源管理器中，右击“残留模型”树枝，弹出图 4-30 所示“残留模型”快捷菜单条。

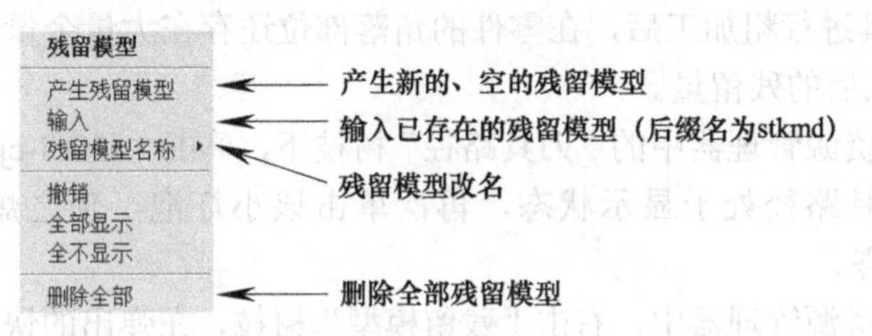

图 4-30 “残留模型”快捷菜单条

在残留模型快捷菜单条中选择“产生残留模型”，即可创建出一个名称为“1”、内容为空白的残留模型。

接着双击“残留模型”树枝，展开残留模型列表，可以看到新生成的残留模型“1”（“1”这个名称是系统自定义的，读者可以用“残留模型”快捷菜单条中的“残留模型名称”选项来更改）。

右击“残留模型”树枝下的“1”，弹出图 4-31 所示快捷菜单条，按该图中顺序号所指示的操作顺序即可创建出有模型内容的残留模型来。

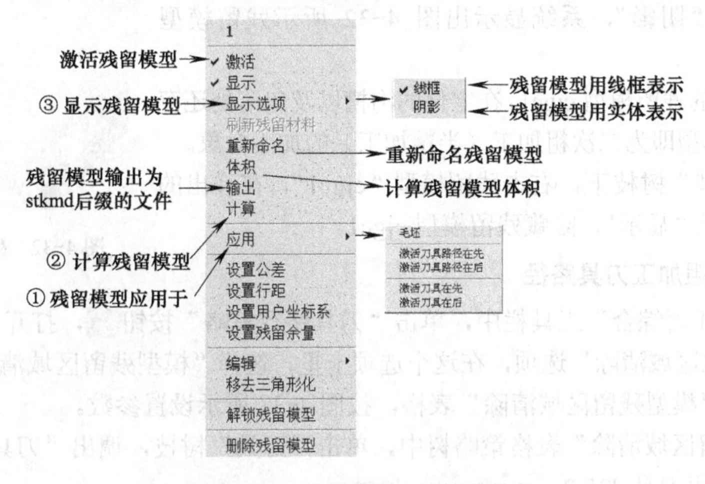

图 4-31 残留模型 1 快捷菜单条

在“残留模型”快捷菜单条的“应用”选项下，有五个子选项。

1）毛坯：将毛坯直接用作残留模型。

2）激活刀具路径在先：应用于当前激活的刀具路径，并把刀具路径放置在当前“残留模型”树枝的顶部。

3）激活刀具路径在后：应用于当前激活的刀具路径，并把刀具路径放置在当前“残留模型”树枝的底部。

4）激活刀具在先：去除三轴加工方式下当前激活刀具所能清除的全部材料，放置刀具状态到残留模型列表的首端。

5）激活刀具在后：去除三轴加工方式下当前激活刀具所能清除的全部材料，放置刀具状态到残留模型列表的底端。

下面回到例题中来，计算使用粗加工刀具路径 d50r3-cjg 加工模型后得到的残留模型。

2．计算残留模型

使用 d50r3 刀具进行粗加工后，在零件的角落部位还存在大量余量。使用残留模型来准确计算毛坯经粗加工后的残留量。

在 PowerMILL 资源管理器中的“刀具路径”树枝下，单击“d50r3-cjg”树枝前的小灯泡，使之点亮，此时刀具路径处于显示状态，再次单击该小灯泡，使之熄灭，此时刀具路径 d50r3-cjg 为隐藏状态。

在 PowerMILL 资源管理器中，右击“残留模型”树枝，在弹出的快捷菜单条中执行“产生残留模型”，系统即生成一个名称为“2”、内容为空白的残留模型。

在“残留模型”树枝下，右击残留模型“2”，在弹出的快捷菜单条中执行“重新命名”，输入名称“cjgc1”，回车确认。

在“残留模型”树枝下，右击残留模型“cjgc1”，在弹出的快捷菜单条中单击“应用”→“激活刀具路径在先”。

再次右击残留模型“cjgc1”，在弹出的快捷菜单条中执行“计算”，系统即计算出经过粗加工刀具路径 d50r3-cjg 加工后残留下来的模型。

再次右击残留模型“cjgc1”，在弹出的快捷菜单条中单击“显示选项”→“阴影”，系统显示出图 4-32 所示残留模型 cjgcl 来。

图 4-32 所示的残留模型 cjgc1，在零件的沟槽以及角落处还存在较多余量，该模型即为二次粗加工（半精加工）的加工对象。

在“残留模型”树枝下，右击残留模型“cjgc1”，在弹出的快捷菜单条中执行“显示”，隐藏残留模型 cjgc1。

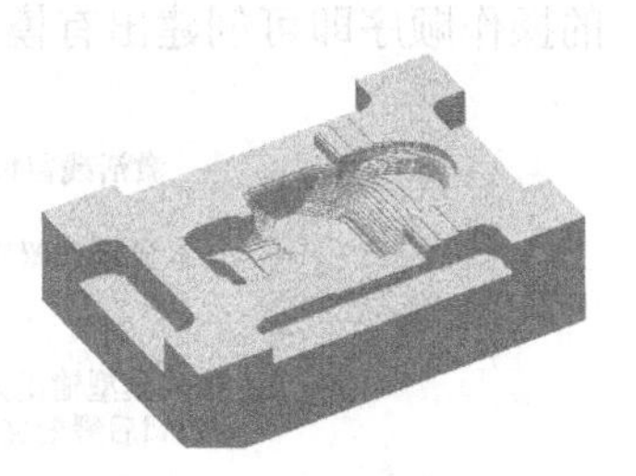

图 4-32　残留模型 cjgc1

3．计算二次粗加工刀具路径

在 PowerMILL“综合”工具栏中，单击“刀具路径策略”按钮，打开“策略选取器”表格，选择“三维区域清除”选项，在这个选项卡里，选择“模型残留区域清除”，单击“接受”按钮，打开“模型残留区域清除”表格，按图 4-33 所示设置参数。

在“模型残留区域清除”表格策略树中，单击“刀具”树枝，调出“刀具”选项卡，如图 4-34 所示，选用刀具 d25r2。

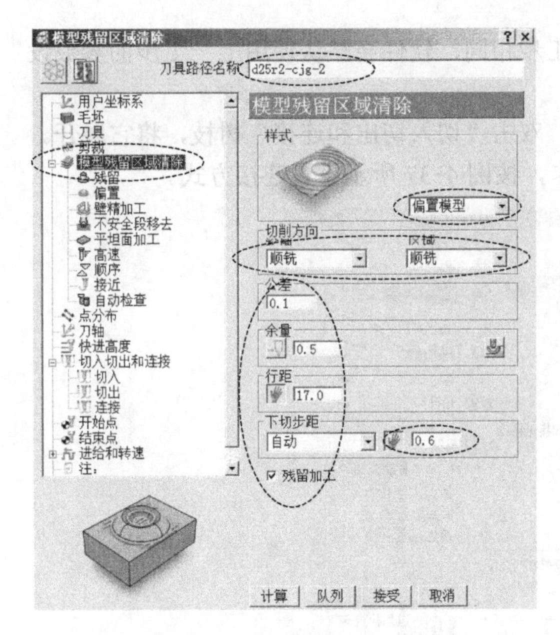

图 4-33　设置二次粗加工参数

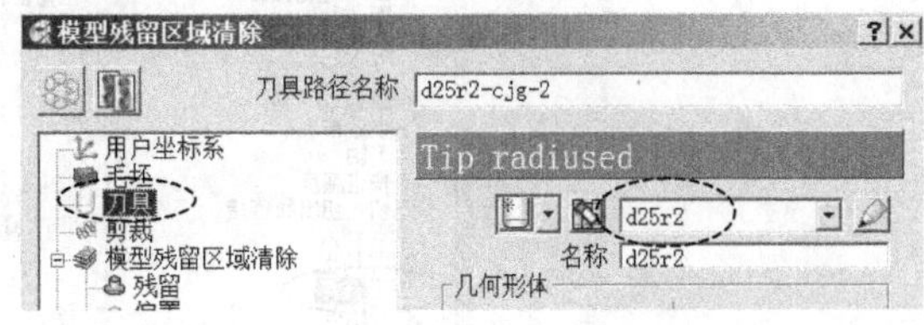

图 4-34　选用二次粗加工刀具

在“模型残留区域清除”表格策略树中，单击“残留”树枝，调出“残留”选项卡，按图 4-35 所示选择残留模型 cjgc1。

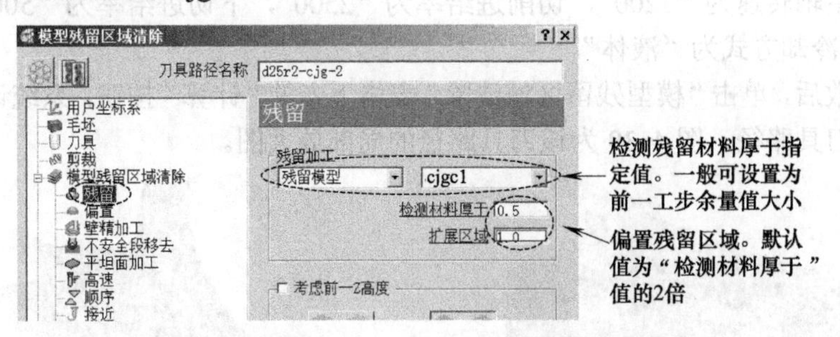

图 4-35　选择残留模型

在“模型残留区域清除”表格策略树中，单击“高速”树枝，调出“高速”选项卡，按图 4-36 所示设置高速加工参数。

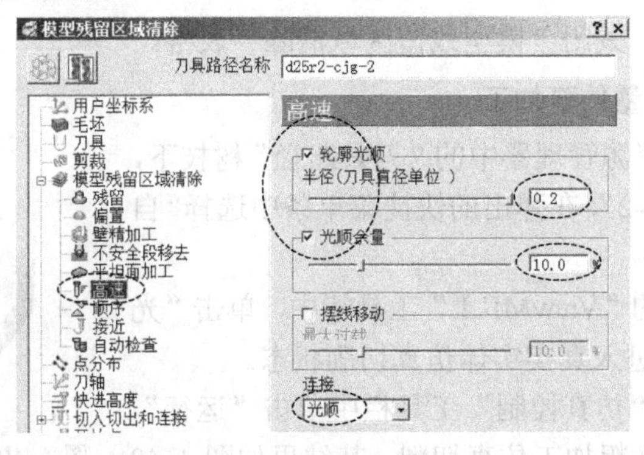

图 4-36　设置高速加工参数

不安全段移去和切入方式的设置与粗加工工步相同，软件会默认使用上一工步的参数设置值，这里就不需要再设置了。

在“模型残留区域清除”对话框策略树中，双击“切入切出和连接”树枝，将它展开。单击其下的“连接”树枝，调出“连接”选项卡，按图 4-37 所示设置连接方式。

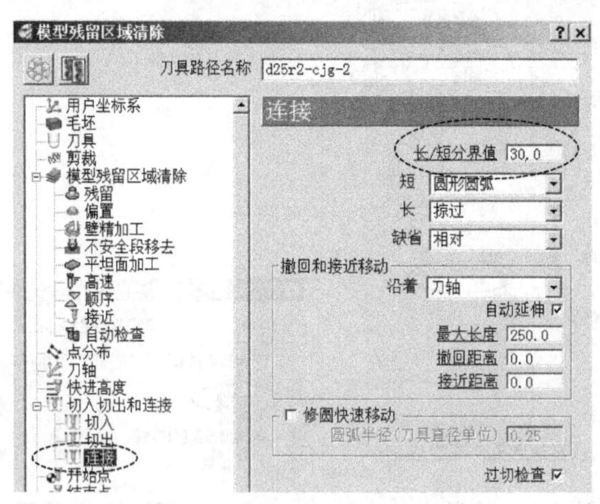

图 4-37 设置刀具路径连接方式

在“模型残留区域清除”表格策略树中，单击“进给和转速”树枝，调出“进给和转速”选项卡，设置主轴转速为“1200”，切削进给率为“2500”，下切进给率为“500”，掠过进给率为“5000”，冷却方式为“液体”。

设置完参数后，单击“模型残留区域清除”表格下方的“计算”按钮，系统计算出图 4-38 所示二粗加工刀具路径，图 4-39 为该刀具路径的局部放大图。

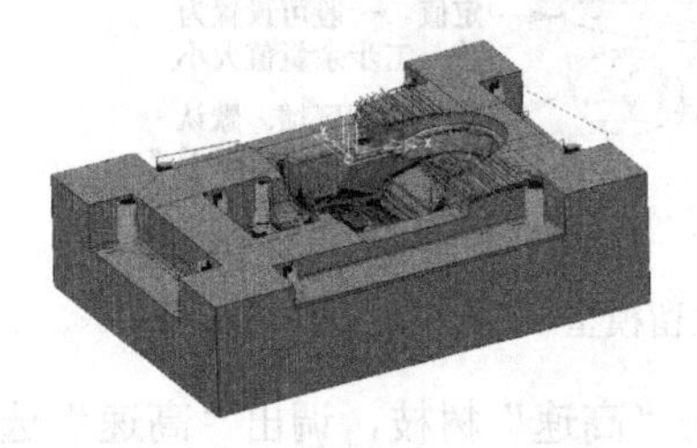

图 4-38 二次粗加工刀具路径

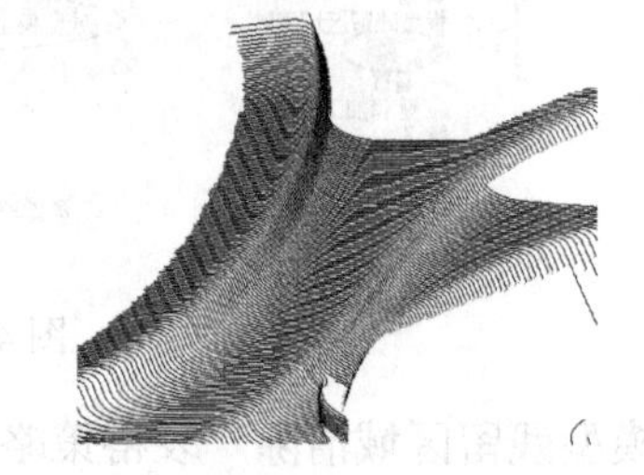

图 4-39 二次粗加工刀具路径的局部放大图

单击“取消”按钮，关闭“模型残留区域清除”表格。

4. 二次粗加工高质量仿真加工

1）在 PowerMILL 资源管理器中的“刀具路径”树枝下，右击刀具路径“d25r2-cjg-2”，在弹出的快捷菜单条中选择“自开始仿真”。

2）在 PowerMILL 的“ViewMILL”工具栏中，单击“光泽阴影图像”按钮，进入真实实体仿真切削状态。

3）在 PowerMILL“仿真控制”工具栏中单击“运行”按钮，系统即进行二次粗加工仿真切削，其结果如图 4-40

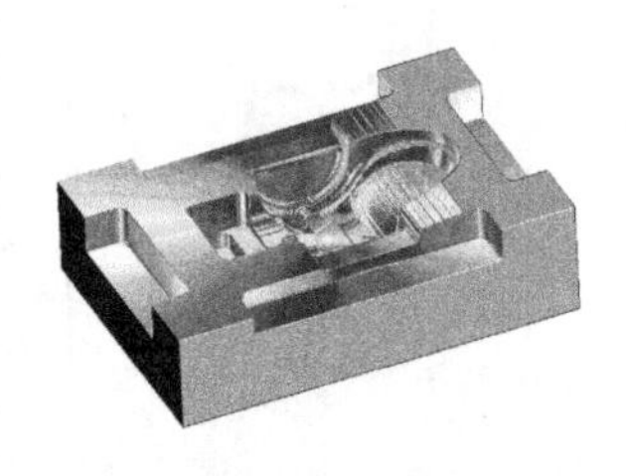

图 4-40 二次粗加工仿真切削结果

所示。

4）在“ViewMILL”工具栏中，单击“无图像”按钮，退出仿真状态，返回 PowerMILL 编程环境。

4.2.4 型腔顶面精加工——平行精加工及模型边界应用于浅滩面加工

在加工中，常需要限制加工的范围大小（*X*、*Y* 方向）。在 PowerMILL 软件中，使用边界来控制加工范围。从本章开始，涉及边界这个工具的概念和应用。首先简要介绍边界的概念、作用以及常用的几种创建方法。

1．边界

在 PowerMILL 软件中，边界是一条或多条封闭的二维或三维曲线。边界的作用如下：

1）限制刀具路径径向加工范围，实现局部加工。限制加工范围可以用限制毛坯大小以及使用边界两种方法来实现，而后一种方法的应用更加广泛。

2）边界可以转换为参考线，而参考线可进一步生成为刀具路径。

在 PowerMILL 资源管理器中，右击“边界”树枝，弹出图 4-41 所示“边界”快捷菜单条。

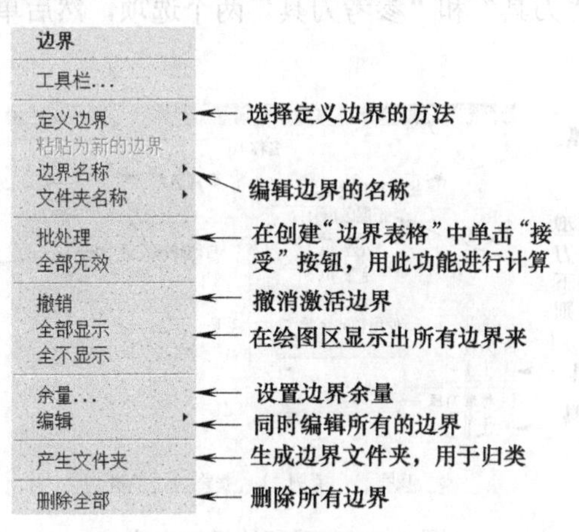

图 4-41 “边界”快捷菜单条

在 PowerMILL 下拉菜单条中，执行“查看”→“工具栏”→“边界”，打开图 4-42 所示“边界”工具栏（各图标的含义在第 1 章中已有介绍，在此不赘述了）。

在图 4-41 所示的“边界”快捷菜单条中，选择“定义边界”，弹出图 4-43 所示菜单条，显示出创建边界的 11 种方法。

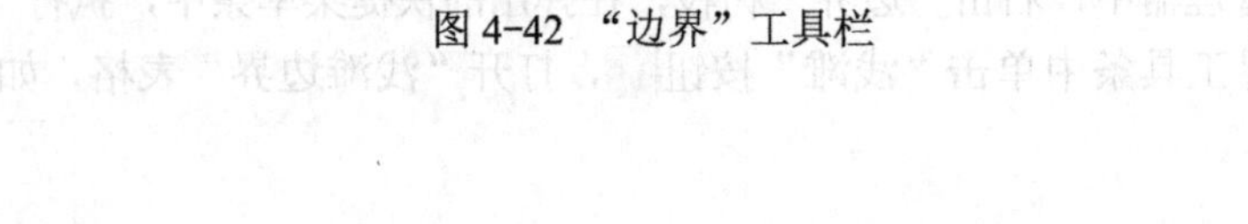

创建边界的方法　选择要激活的边界

图 4-42 “边界”工具栏

毛坯
残留
已选曲面
浅滩
轮廓
无碰撞边界
残留模型残留
接触点
接触点转换
布尔操作
用户定义

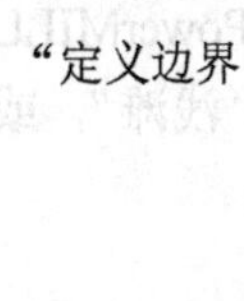

图 4-43 “定义边界”菜单条

下面简单介绍几种常用边界的创建方法。

（1）残留边界　残留边界的概念要结合残留模型来理解。在模型的角落处，往往会因为刀具直径过大切不进去而产生残留量，这些残留量的集合就是残留模型。使用下一工步所用刀具沿残留模型的轮廓走一圈就会形成残留边界，如图 4-44 所示。

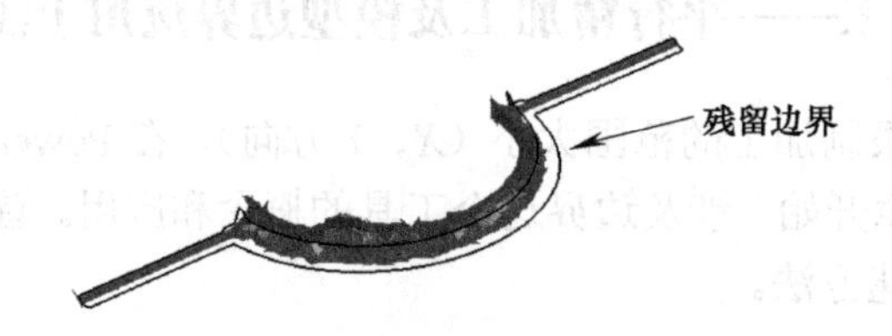

图 4-44　残留边界

由定义可知，要计算出残留边界，应设定好上一工步所使用的刀具和本工步用刀具以及公差和余量等参数。

计算残留边界前，必须定义毛坯、前一工步和本工步所使用的刀具。

在图 4-43 所示的“定义边界”菜单条中，选择“残留”后，打开“残留边界”表格，如图 4-45 所示。最少设置“刀具”和“参考刀具”两个选项，然后单击“应用”按钮，即可计算出残留边界。

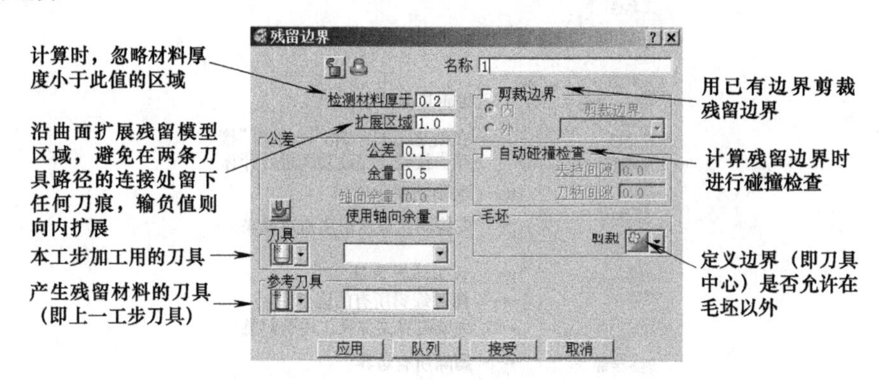

图 4-45　“残留边界”表格

（2）浅滩边界　PowerMILL 软件中提到的“浅滩”区域是指零件上那些与刀轴垂直的平面（三轴加工时即水平面）所构成的角度较小的面，这个角度用“浅滩角”来定义，系统用浅滩角来区分零件上的浅滩区域和陡峭区域。浅滩边界即这些平坦区域（或接近平坦区域）轮廓经过偏置刀具半径后形成的轮廓线。浅滩边界的创建方法是通过设置用于区分平坦区域的上限角和下限角、加工刀具来计算沿零件轮廓的边界。

图 4-46 所示为设置上限角为 10°、下限角为 0°、直径为 10mm 的球头刀具后计算出来的浅滩边界。

在实际编程过程中，常用浅滩边界区分出平坦和陡峭区域，在平坦区域用三维偏置精加工策略或平行精加工策略计算刀具路径，在陡峭区域则用等高精加工策略计算刀具路径。

计算浅滩边界时，需要预先设置好毛坯及本工步用的刀具。

在 PowerMILL 资源管理器中，右击“边界”树枝，在弹出的快捷菜单条中，执行“定义边界”→“浅滩”，或在边界工具条中单击“浅滩”按钮，打开“浅滩边界”表格，如图 4-47

所示。

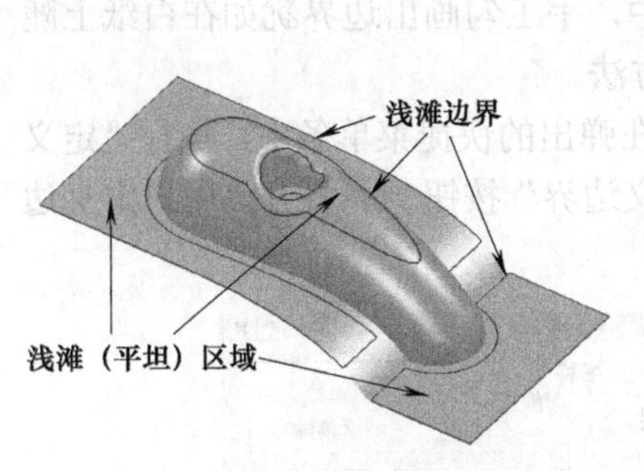

图 4-46 浅滩边界示意

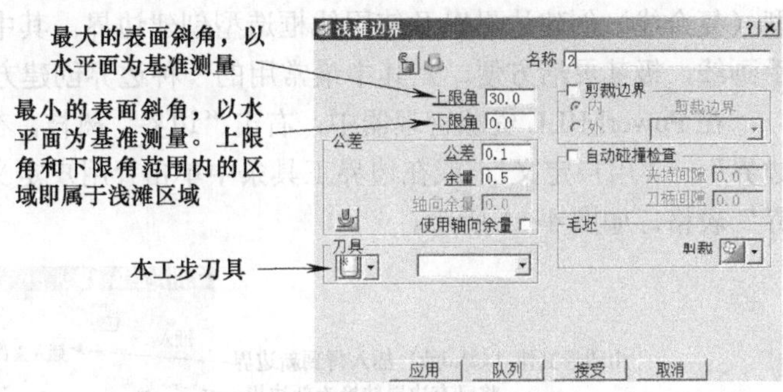

图 4-47 “浅滩边界”表格

（3）无碰撞边界　在铣削加工时，为了提高刀具刚度、减小振动，从而带来好的表面加工质量，一般希望在条件允许的情况下，刀具伸出夹持部分越短越好，刀具的直径越大越好。

无碰撞边界通过设置现有刀具及其夹持的长度和直径参数来计算加工时不会与模型发生碰撞的极限区域，从而形成无碰撞边界。如图 4-48 所示，边界内的表面可用图示短刀具加工，边界外的表面则需要用到悬伸更长一些的刀具来加工才不致发生碰撞。

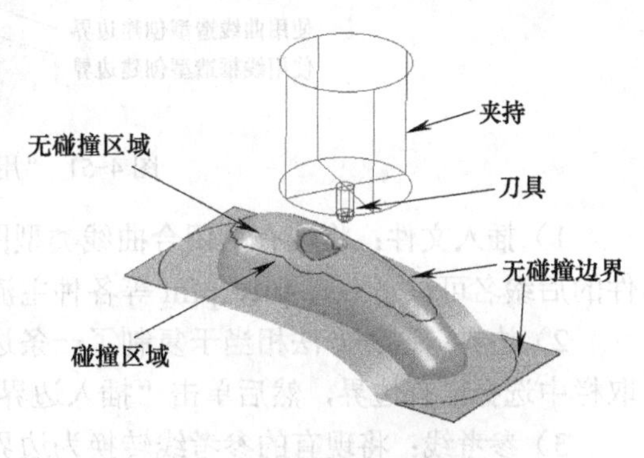

图 4-48 无碰撞边界示意

无碰撞边界的显著优势是，可以由系统计算出现有装夹好的刀具能加工到模型的哪个深度部位而不致发生碰撞。产生无碰撞边界的前提条件是，定义毛坯以及本工序所使用的刀具及其夹持参数。

在 PowerMILL 资源管理器中，右击“边界”树枝，在弹出的快捷菜单条中，执行“定义边界”→“无碰撞边界”，或在“边界”工具条中单击“无碰撞边界”按钮，打开“无碰撞边界”表格，如图 4-49 所示。

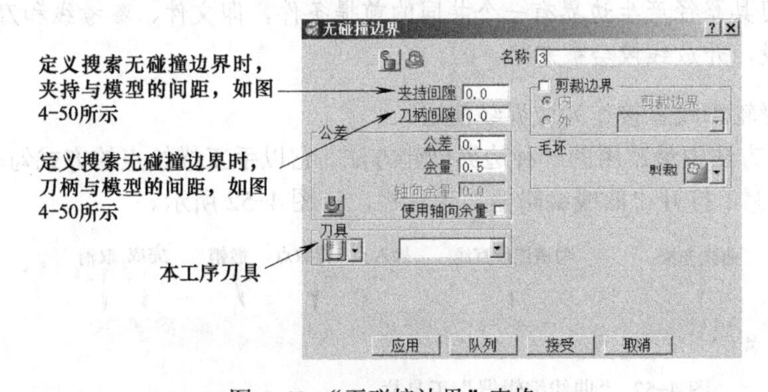

图 4-49 “无碰撞边界”表格

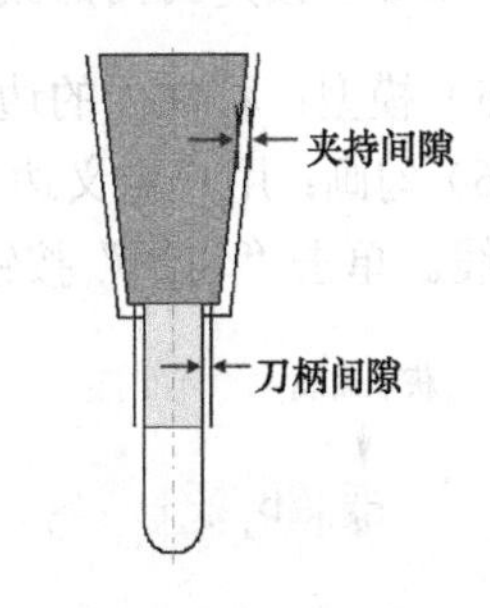

图 4-50 间隙

（4）用户定义边界　用户定义边界是一种常用的边界创建方法。该选项内还包括多种边界创建方法：由图形文件插入得到新边界、将已有边界转换为新边界、将参考线转换为边界、将刀具路径转换为边界、由已选模型（曲面）轮廓创建边界、手工勾画出边界、使用曲线造型（复合线）创建边界以及使用线框造型创建边界。其中，手工勾画出边界犹如在白纸上随手画线，极其灵活方便，是其中最常用的一种边界创建方法。

在 PowerMILL 资源管理器中，右击“边界”树枝，在弹出的快捷菜单条中，执行“定义边界”→“用户定义”，或在边界工具条中单击“用户定义边界”按钮，打开“用户定义边界”表格，如图 4-51 所示。

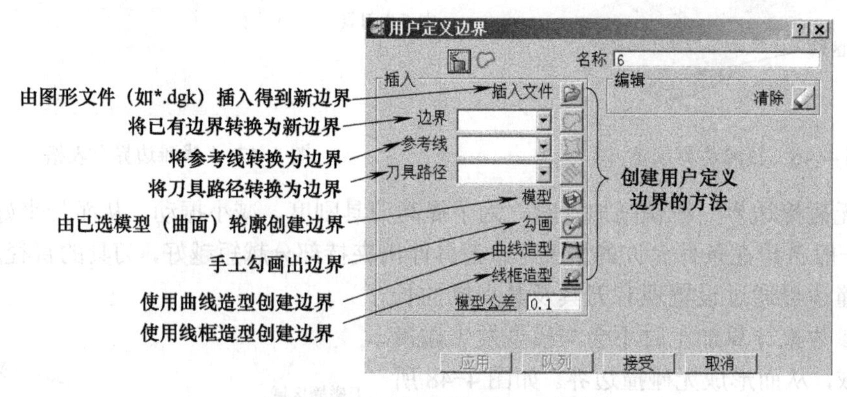

图 4-51 “用户定义边界”表格

1）插入文件：将现有的闭合曲线类型图形文件插入到 PowerMILL 系统中形成边界。文件的后缀名可以是 igs、prt、pfm 等各种主流 CAD 系统生成的文件。

2）边界：这种方法相当于复制了一条边界，将现有边界转换为新的边界。在“边界”选取栏中选择已有边界，然后单击“插入边界”按钮即可完成。

3）参考线：将现有的参考线转换为边界线。在“参考线”选取栏中选择已有参考线，然后单击“插入参考线”按钮即可完成。

4）刀具路径：将已经计算出来的封闭刀具路径段转换为边界。在“刀具路径”选取栏选择已有刀具路径，然后单击“插入刀具路径”按钮即可完成。

注：

插入文件、参考线和刀具路径产生边界有一个共同的前提条件，即文件、参考线和刀具路径都应该是封闭的线段，开放线段会被忽略。

5）模型：将曲面的边缘轮廓线直接作为边界线使用。

6）勾画：用户定义边界方法中最常用的一种边界创建方法。它以手工描绘点的方式勾勒边界线。单击“勾画”按钮，打开“曲线编辑器”工具栏，如图 4-52 所示。

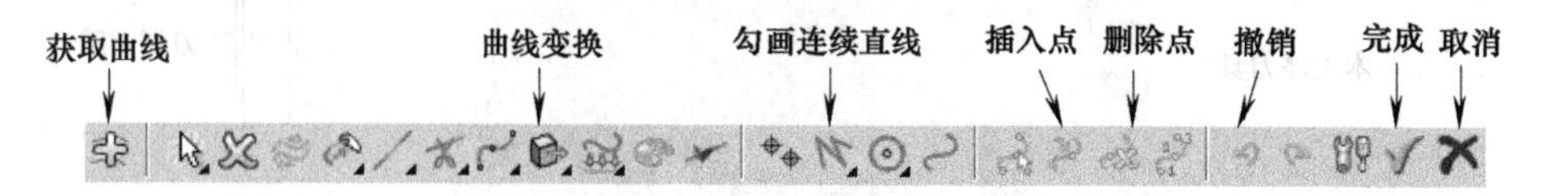

图 4-52 “曲线编辑器”工具栏

7）曲线造型：使用造型软件 PowerSHAPE 中的复合曲线功能创建边界线。

（5）接触点边界　接触点边界由本工步加工用刀具加工模型时的刀触点形成边界。刀触点与刀尖点如图 4-53 所示。

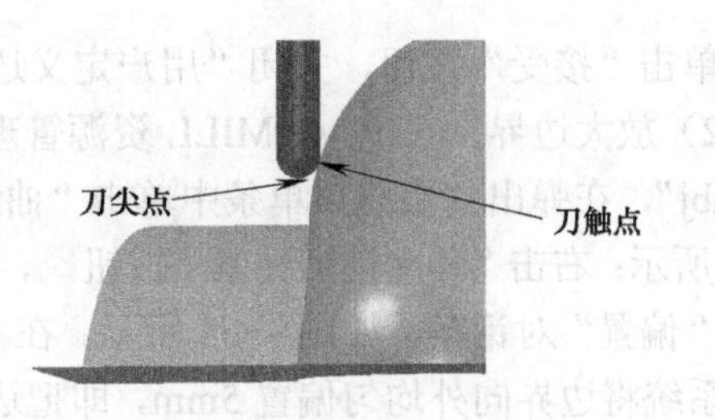

图 4-53　刀触点与刀尖点

在 PowerMILL 资源管理器中，右击“边界”树枝，在弹出的快捷菜单条中，执行“定义边界”→“接触点”，或在“边界”工具栏中单击“接触点边界”按钮，打开“接触点边界”表格，如图 4-54 所示。

由图 4-54 可以看出，创建接触点边界有六种方法，其中由已选模型（曲面）轮廓创建接触点边界比较常用，在有激活刀具时，在绘图区中选中曲面后，单击该按钮即可创建用于该刀具加工的接触点边界。

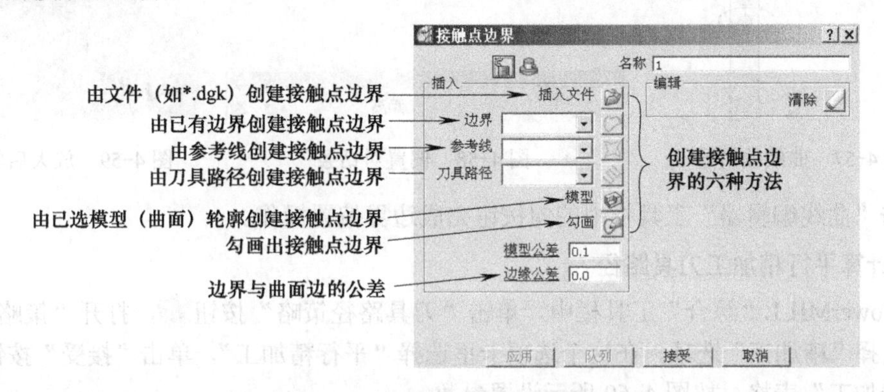

图 4-54 “接触点边界”表格

下面回到例子中来，接着介绍后续操作。

在 PowerMILL 资源管理器中的“刀具路径”树枝下，单击刀具路径“d25r2-cjg-2”前的小灯泡，使之点亮，再次单击该小灯泡，使之熄灭，将二次粗加工刀具路径隐藏起来，以便于后续操作。

2. 创建并编辑边界

1）创建顶部浅滩曲面加工用边界：按住键盘上的<Shift>键不放，在绘图区中选中图 4-55 所示曲面（共计 2 个对象）。

在 PowerMILL 资源管理器中，右击“边界”树枝，在弹出的快捷菜单条中，执行“定义边界”→“用户定义”，打开图 4-51 所示的“用户定义边界”表格，在表格中的“名称”栏，输入边界名为“dmbj”，然后单击该表格中的“模型”按钮，系统即创建出图 4-56 所示的边界。

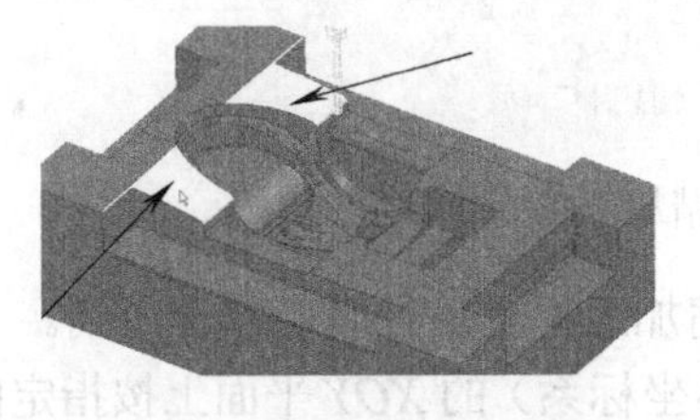
图 4-55　选择 2 个曲面

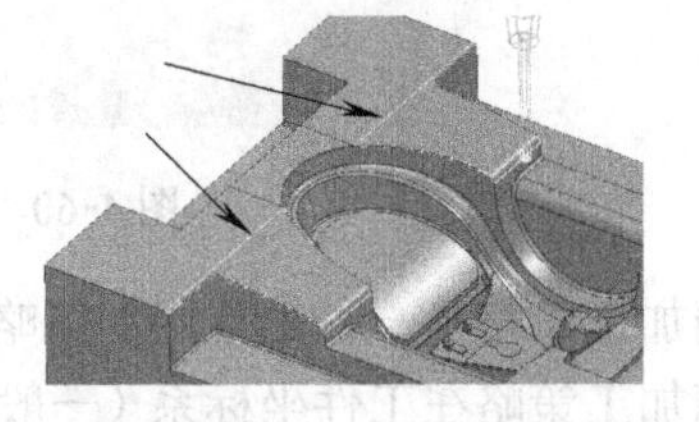
图 4-56　边界

单击“接受”按钮，关闭“用户定义边界”表格。

2）放大边界：在 PowerMILL 资源管理器中，双击“边界”树枝，将它展开。右击边界“dmbj”，在弹出的快捷菜单条中单击“曲线编辑器...”，打开“曲线编辑器”工具栏，如图 4-57 所示；右击“移动几何元素”按钮，在弹出的工具条中单击“偏置几何要素”按钮，打开“偏置”对话条，如图 4-58 所示。在“偏置”对话条的“距离”栏中输入“5”，按回车键，系统将边界向外均匀偏置 5mm，即把边界放大了，并且水平投影为平面曲线，如图 4-59 所示。

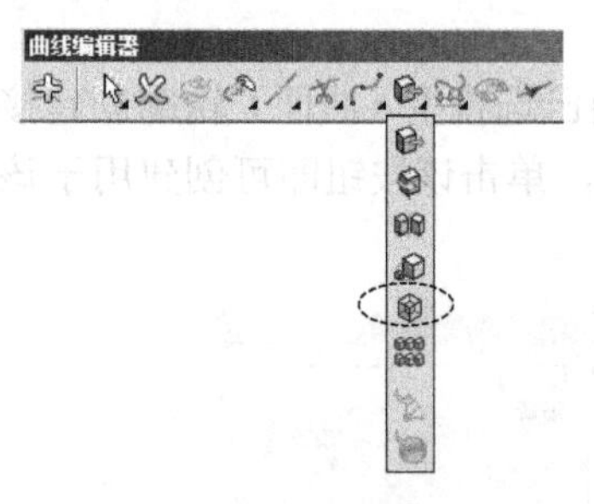

图 4-57 曲线编辑器

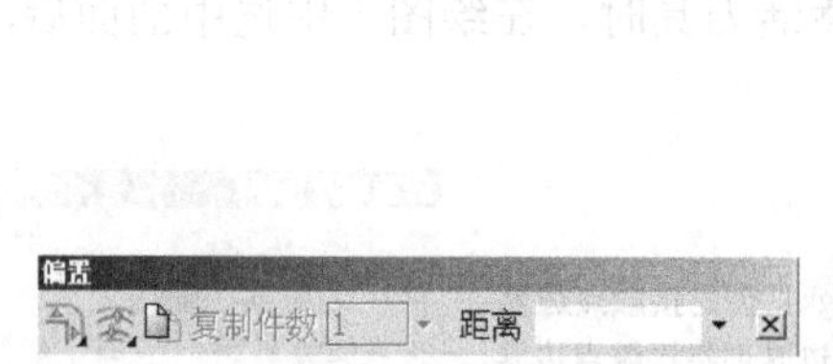

图 4-58 偏置对话条

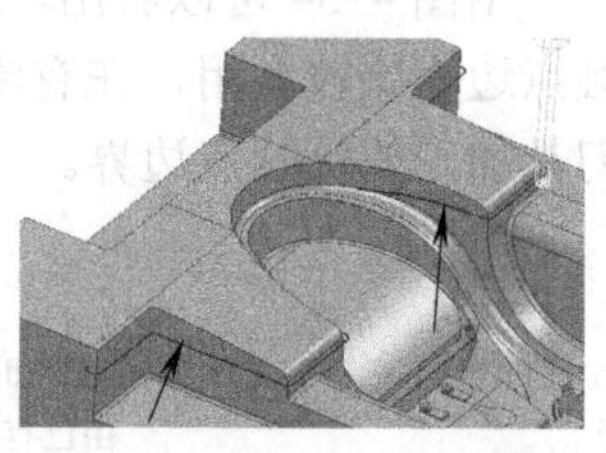

图 4-59 放大后的边界

单击“曲线编辑器”工具栏中的勾按钮完成边界偏置操作。

3. 计算平行精加工刀具路径

在 PowerMILL“综合”工具栏中，单击“刀具路径策略”按钮，打开“策略选取器”表格，选择“精加工”选项，在这个选项卡里选择“平行精加工”，单击“接受”按钮，打开“平行精加工”表格，按图 4-60 所示设置参数。

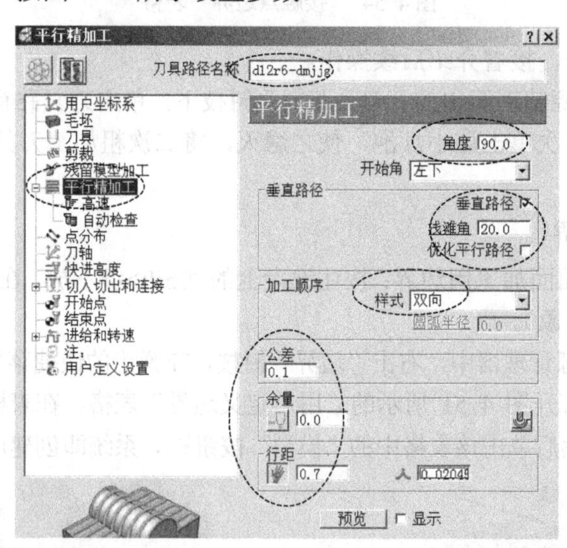

图 4-60 设置平行精加工参数

平行精加工策略是一种很常用的策略，计算精加工刀具路径时经常会用到。

平行精加工策略在工件坐标系（一般就是世界坐标系）的 *XOY* 平面上按指定的行距创建一组平行线，然后将这组平行线沿 *Z* 轴垂直向下投影到零件表面上形成平行精加工刀具路径，如图 4-61 所示。

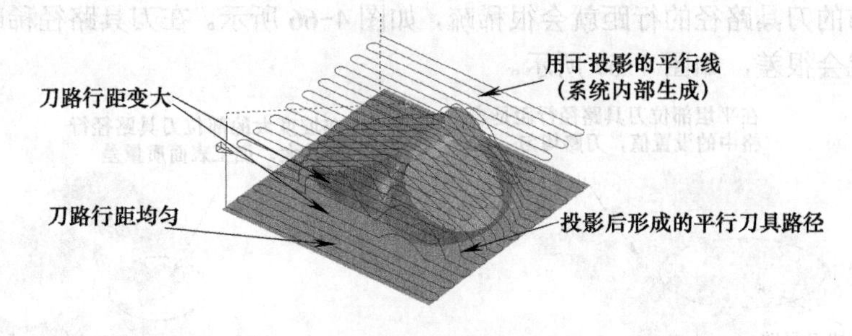

图 4-61 平行精加工策略计算刀具路径原理

由于是垂直向下投影平面平行线到模型表面，因此，在模型没有坡度或坡度很小的曲面区域，刀具路径的行距会很均匀，而在模型的陡峭曲面区域，则会得到行距变大的刀具路径。所以平行精加工策略一般应用于加工那些曲面的坡度变化幅度不大的零件。其优点是计算速度快、参数设置简单。

平行精加工策略的关键参数介绍如下。

（1）角度 用于定义平行精加工刀具路径与工件坐标系的 *X* 轴之间的夹角，如图 4-62 和图 4-63 所示。

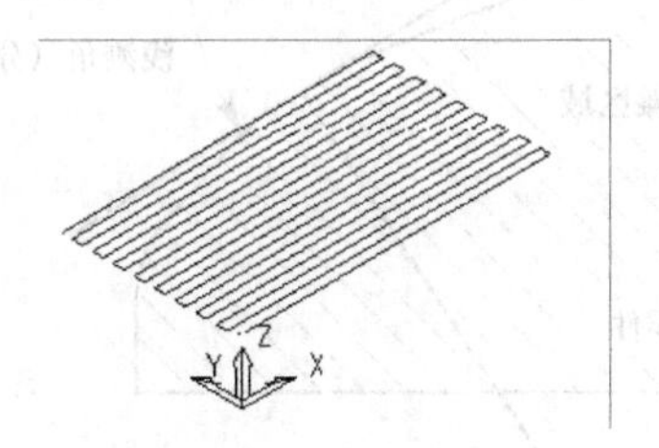

图 4-62 平行精加工刀具路径（角度为 0°）

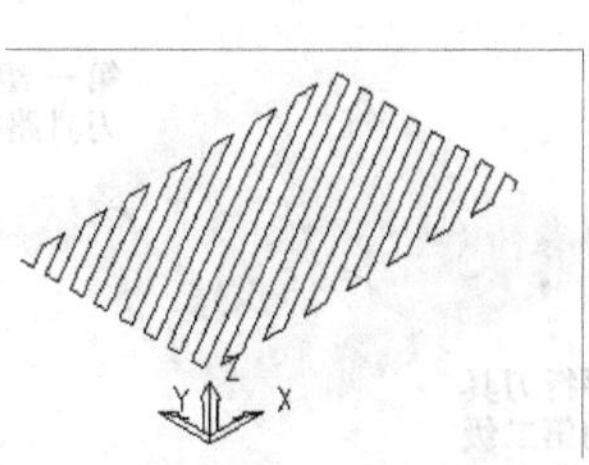

图 4-63 平行精加工刀具路径（角度为 30°）

（2）开始角 用于定义平行精加工刀具路径的起始角落。有四个选项：左下、右下、右上和左上，这四个角落是在 *XOY* 平面上定义的，如图 4-64 所示。

（3）垂直路径 垂直路径定义垂直于第一组平行精加工刀具路径的第二组平行精加工刀具路径。勾选“垂直路径”选项后，“浅滩角”及“优化平行路径”两个选项被激活，如图 4-65 所示。

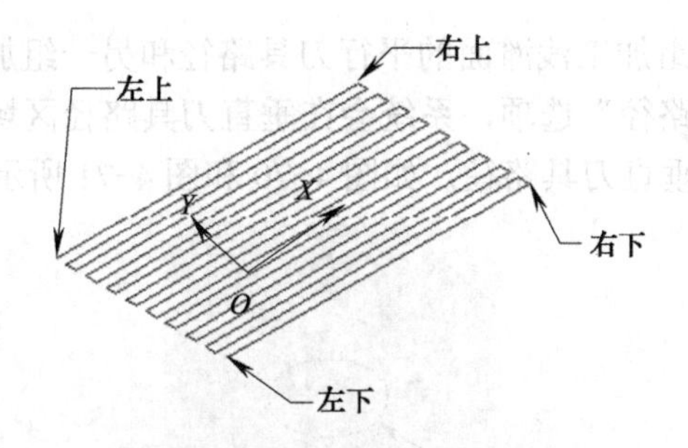

图 4-64 平行精加工刀具路径起始位置

图 4-65 “垂直路径”选项栏

某些零件可能包括一些坡度比较大（即陡峭）的结构表面，在计算平行精加工刀具路径时，由于平行精加工刀具路径的行距是在 *XOY* 平面上测量的，所以，投影后在零件有坡度的结构表面上分布的刀具路径的行距就会很稀疏，如图 4-66 所示。在刀具路径稀疏处，加工出来的表面质量就会很差，如图 4-67 所示。

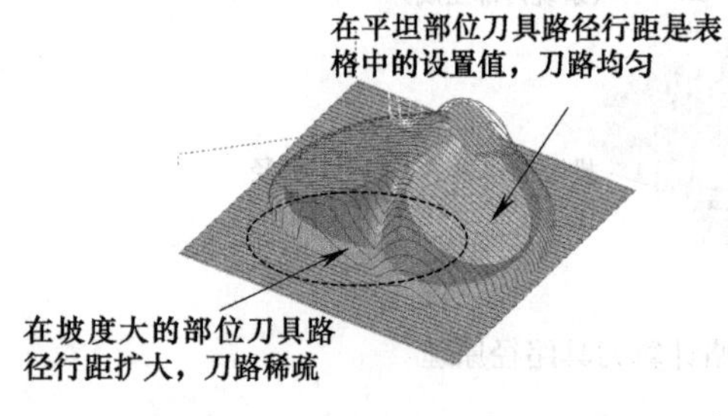

图 4-66 无垂直刀具路径的平行刀具路径

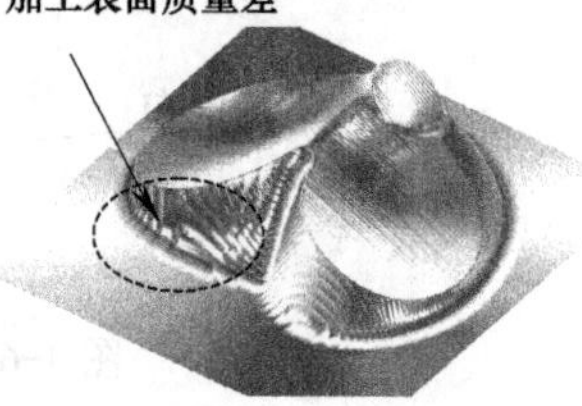

图 4-67 无垂直刀具路径的平行刀具路径加工效果

针对这种情况，有必要在行距稀疏的表面处添加一组与之垂直的平行刀具路径，如图 4-68 所示。

1）浅滩角：定义一个与 *XOY* 平面的夹角，用于区分零件的陡峭部位（有坡度）和浅滩（平缓）部位，其含义如图 4-69 所示。

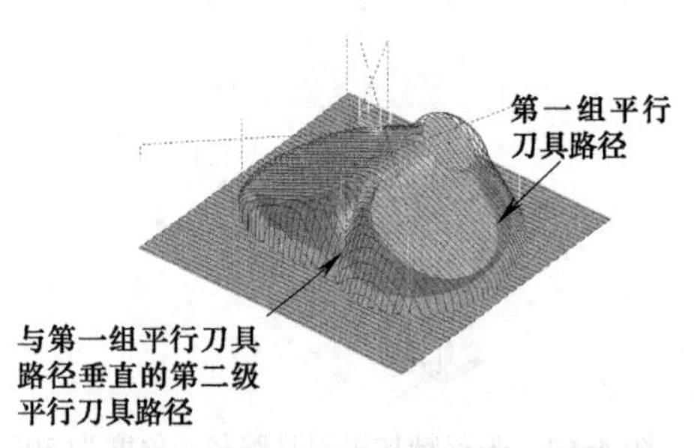

图 4-68 有垂直刀具路径的平行刀具路径

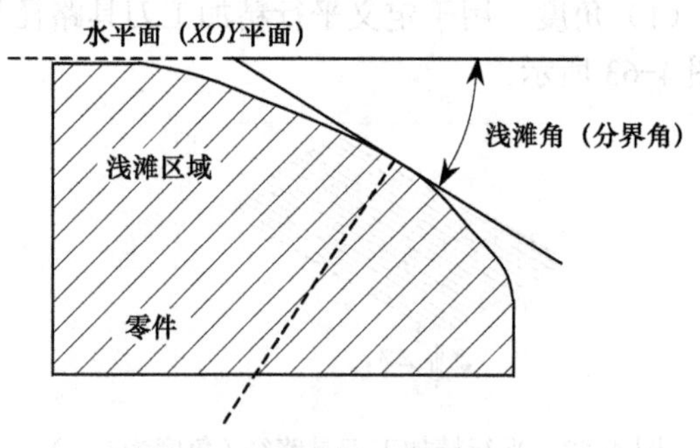

图 4-69 浅滩角示意图

当零件上的结构面与 *XOY* 平面之间的夹角小于浅滩角时，当作浅滩面对待，不生成垂直路径；当零件上的结构面与 *XOY* 平面之间的夹角大于浅滩角时，当作陡峭部位对待，会计算垂直路径。浅滩角的取值范围一般是 0° ～90° ，特殊情况下，当浅滩角为 0° 时，零件的所有表面均被视为陡峭区域，都会计算垂直刀具路径；当浅滩角为 90° 时，零件上的所有表面均被视为浅滩区域，都不计算垂直刀具路径。

2）优化平行路径：当平行刀具路径是由一组加工浅滩面的平行刀具路径和另一组加工陡峭面的垂直刀具路径组成时，勾选“优化平行路径”选项，系统会在垂直刀具路径区域修剪第一组平行刀具路径，即在陡峭区域只会生成垂直刀具路径，如图 4-70 和图 4-71 所示。

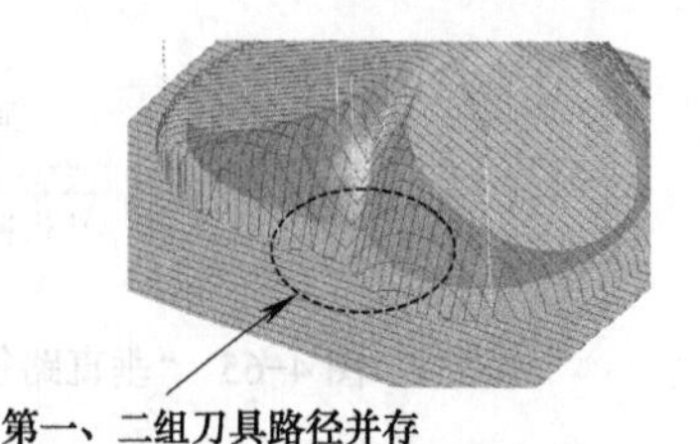

图 4-70 未勾选“优化平行路径”的情况

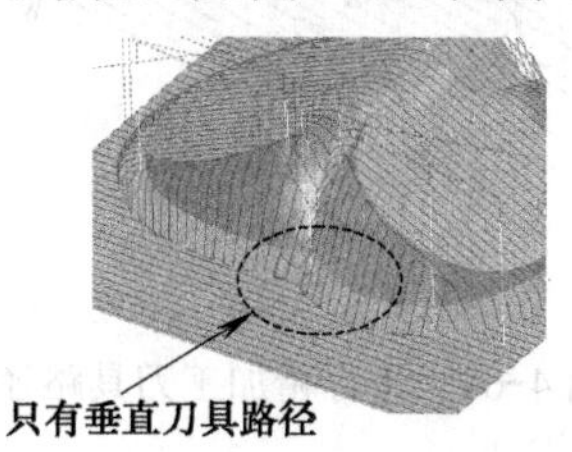

图 4-71 勾选“优化平行路径”的情况

（4）加工顺序　“加工顺序”选项栏如图 4-72 所示，用于定义零件各部位的加工顺序。

1）单向：如图 4-73 所示，零件各部位按单方向顺序切削，单方向走完一条刀具路径，就会提刀一次走第二条刀具路径，会产生较多的提刀动作。

2）单向组：如图 4-74 所示，单方向按最短路径连接刀路，同样会有较多的提刀动作。

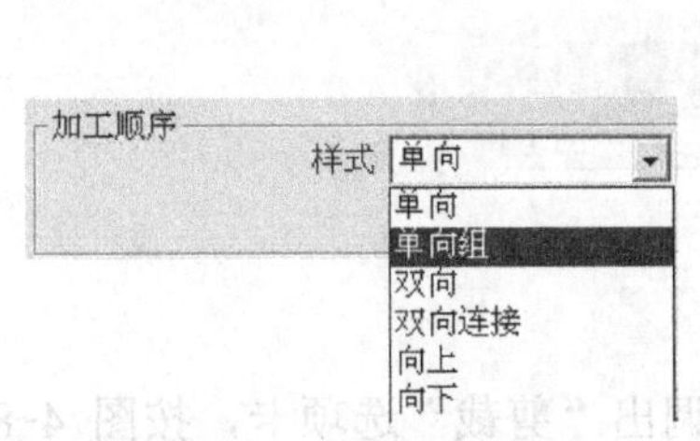

图 4-72　“加工顺序”选项栏

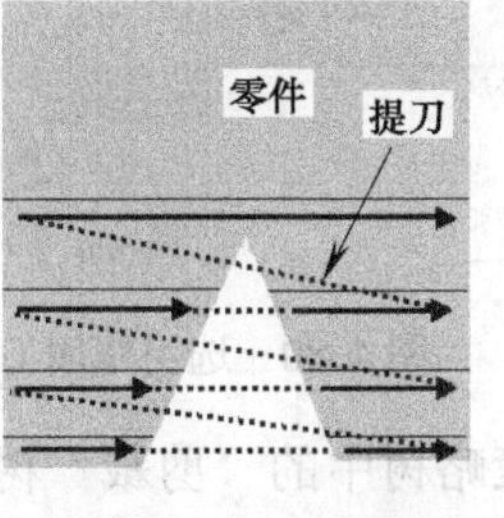

图 4-73　单向刀具路径

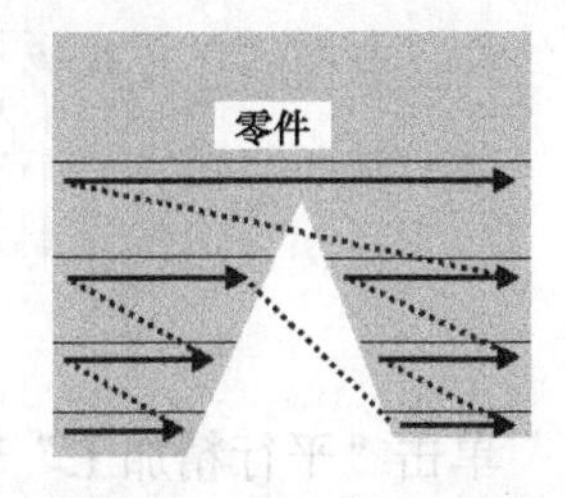

图 4-74　单向组刀具路径

3）双向：如图 4-75 所示，双向刀具路径的连接段是直线刀具路径。

4）双向连接：如图 4-76 所示，双向连接刀具路径的连接段是圆弧刀具路径。系统激活“圆弧半径”选项，如图 4-77 所示，填入连接段的圆弧半径值（这个值应等于或大于行距的一半）。

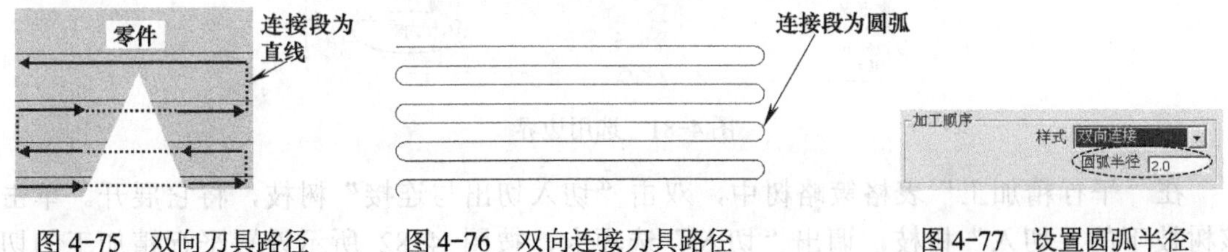

图 4-75　双向刀具路径　　图 4-76　双向连接刀具路径　　图 4-77　设置圆弧半径

5）向上：如图 4-78 所示，使刀具路径总是沿着零件结构面的坡度从下向上加工。为保证向上加工，系统会对刀具路径进行分割，重新安排单条刀具路径的切削方向，因此会产生较多的提刀动作。

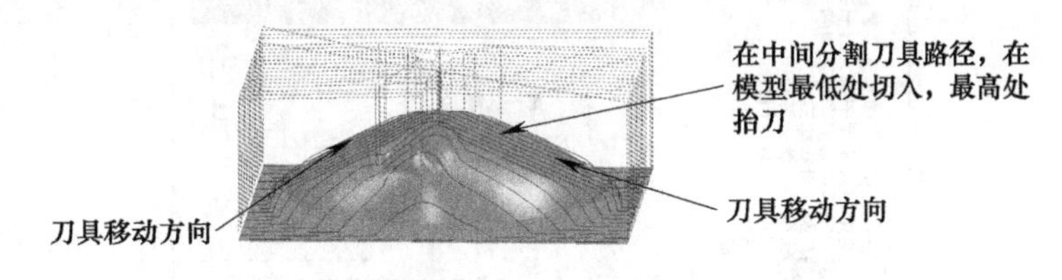

图 4-78　向上刀具路径

6）向下：如图 4-79 所示，同向上相反，使刀具路径总是沿着零件结构面的坡度从上向下加工。

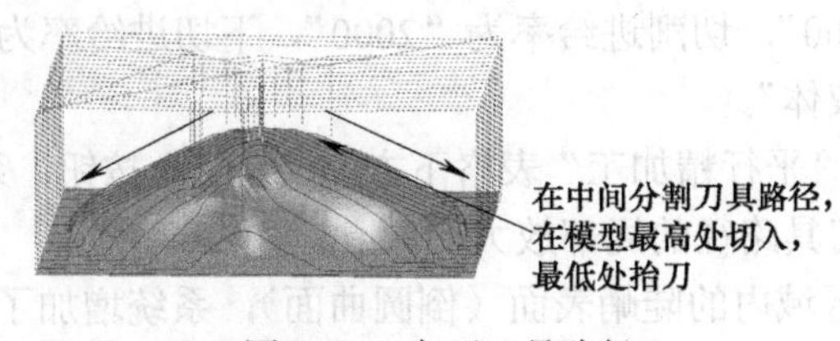

图 4-79　向下刀具路径

下面回到平行精加工参数设置上来。

单击“平行精加工”表格策略树中的“刀具”树枝，调出“刀具”选项卡，如图 4-80 所示，选用精加工刀具 d12r6。

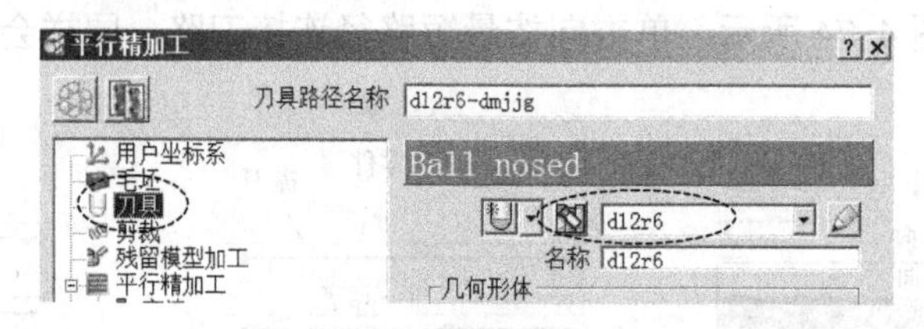

图 4-80　选用精加工刀具

单击“平行精加工”表格策略树中的“剪裁”树枝，调出“剪裁”选项卡，按图 4-81 所示选用边界。

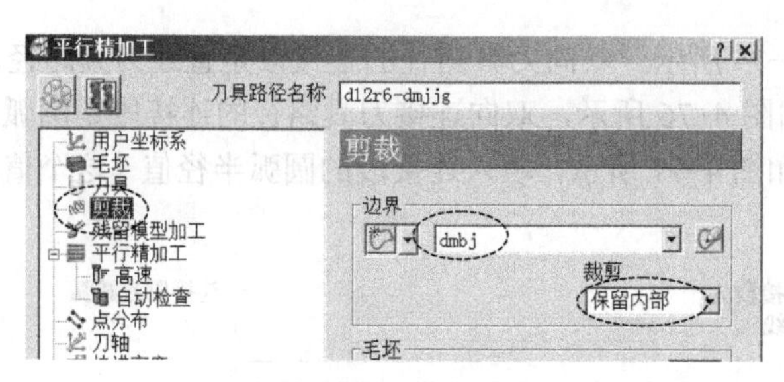

图 4-81　选用边界

在“平行精加工”表格策略树中，双击“切入切出与连接”树枝，将它展开。单击该树枝下的“切入”树枝，调出“切入”选项卡，按图 4-82 所示设置平行精加工的切入方式。

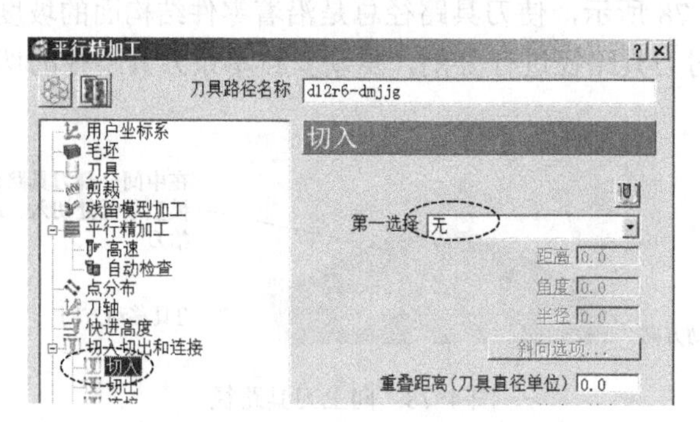

图 4-82　设置平行精加工的切入方式

在“平行精加工”表格策略树中，单击“进给和转速”树枝，调出“进给和转速”选项卡，设置主轴转速为“6000”，切削进给率为“2000”，下切进给率为“500”，掠过进给率为“5000”，冷却方式为“液体”。

设置完参数后，单击“平行精加工”表格下方的“计算”按钮，系统计算出图 4-83 所示刀具路径，图 4-84 是该刀具路径的局部放大图。

在图 4-83 所示加工区域内的陡峭表面（倒圆曲面），系统增加了与第一组平行刀具路径相垂直的第二组平行刀具路径，这样可以提高加工表面质量。

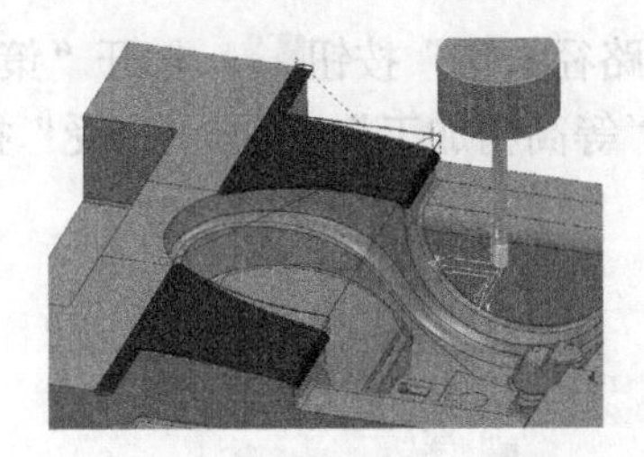

图 4-83　顶面精加工刀具路径

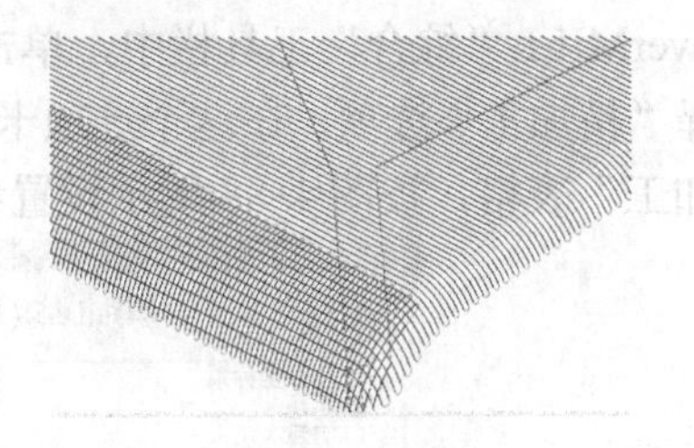

图 4-84　顶面精加工刀具路径的局部放大图

单击“取消”按钮，关闭“平行精加工”表格。

4．型腔顶面精加工高质量仿真加工

1）在 PowerMILL 资源管理器中的“刀具路径”树枝下，右击刀具路径“d12r6-dmjjg”，在弹出的快捷菜单条中选择“自开始仿真”。

2）在 PowerMILL 的“ViewMILL”工具栏中，单击“光泽阴影图像”按钮，进入真实实体仿真切削状态。

3）在 PowerMILL“仿真控制”工具栏中单击“运行”按钮，系统即进行型腔顶面精加工仿真切削，其结果如图 4-85 所示。

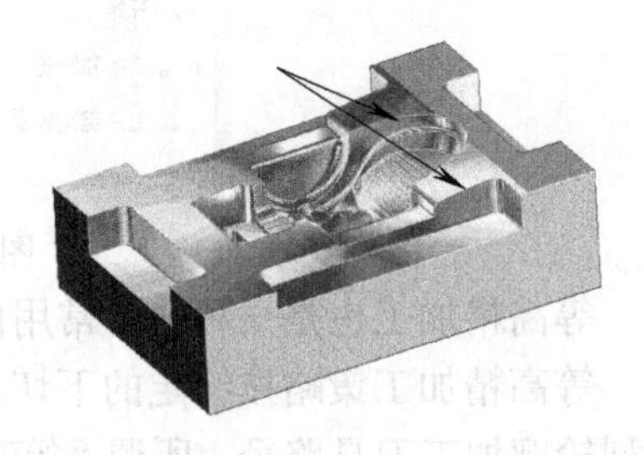

图 4-85　型腔顶面精加工仿真切削结果

4）在“ViewMILL”工具栏中单击“无图像”按钮，退出仿真状态，返回 PowerMILL 编程环境。

4.2.5　型腔侧面精加工——等高精加工及浅滩边界应用于陡峭面加工

1．创建边界

在 PowerMILL 资源管理器中，右击“边界”树枝，在弹出的快捷菜单条中，执行“定义边界”→“浅滩”，打开“浅滩边界”表格，按图 4-86 所示设置浅滩边界参数。

单击“应用”按钮，系统计算出图 4-87 所示的浅滩边界。单击“接受”按钮，关闭“浅滩边界”表格。

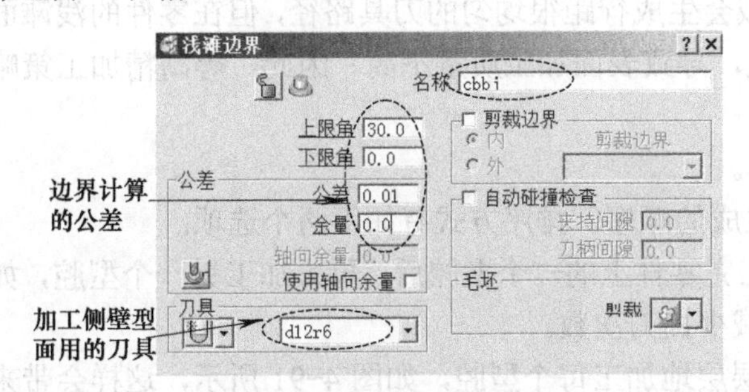

图 4-86　设置浅滩边界参数

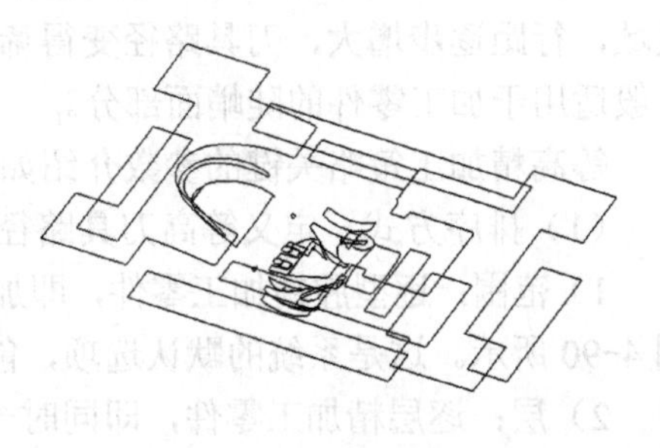

图 4-87　浅滩边界

2. 计算等高精加工刀具路径

在 PowerMILL“综合”工具栏中，单击“刀具路径策略”按钮，打开“策略选取器”表格，选择“精加工”选项，在这个选项卡里选择“等高精加工”，单击“接受”按钮，打开“等高精加工”表格，按图 4-88 所示设置参数。

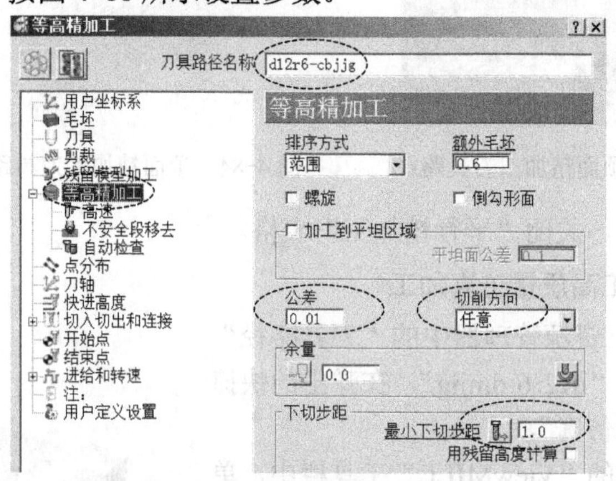

图 4-88　设置等高精加工参数

等高精加工也是一种非常常用的精加工策略。

等高精加工策略按给定的下切步距在模型 Z 高度上计算“等高切面”，在等高切面上计算模型轮廓加工刀具路径。所谓“等高切面”是指间距（Z方向）相同的一系列平面。等高精加工策略所生成的刀具路径如图 4-89 所示。

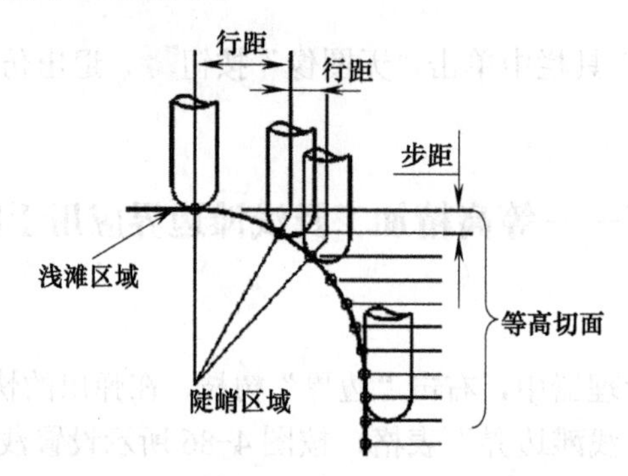

图 4-89　等高精加工策略所生成的刀具路径

如图 4-89 所示，在零件的陡峭面区域会生成行距很均匀的刀具路径，但在零件的浅滩面区域，行距逐步增大，刀具路径变得稀疏，导致表面加工质量不高。因此，等高精加工策略一般适用于加工零件的陡峭面部分。

等高精加工策略关键的参数介绍如下。

（1）排序方式　定义等高刀具路径生成的顺序。排序方式有如下两个选项：

1）范围：逐型腔精加工零件，即加工完零件上的一个型腔后，再去加工另一个型腔，如图 4-90 所示。这是系统的默认选项，能减少提刀次数。

2）层：逐层精加工零件，即同时一层层地加工每个型腔，如图 4-91 所示，这样会带来较多的提刀次数。

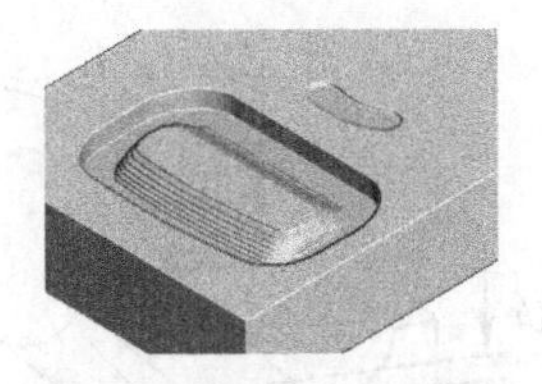

图 4-90　排序方式（范围）

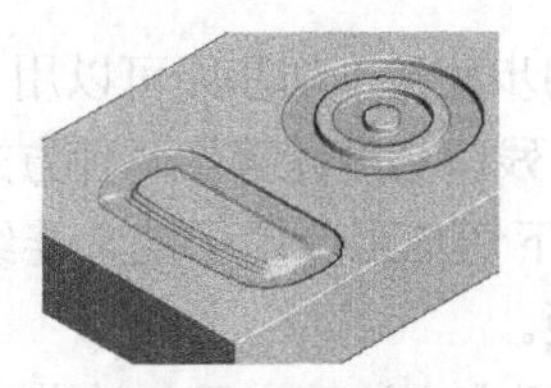

图 4-91　排序方式（层）

（2）额外毛坯　在默认情况下，系统按范围（即型腔）计算等高刀具路径。但有时需要系统先按范围加工，直至刀具加工下去切削量突增时，改为按层加工。例如：当在零件的两狭窄陡峭侧壁间铣削时，保证铣削完某一侧壁后，再铣削同一 Z 高度的另一侧壁，然后向下铣削，从而避免损坏小刀具，如图 4-92 所示。

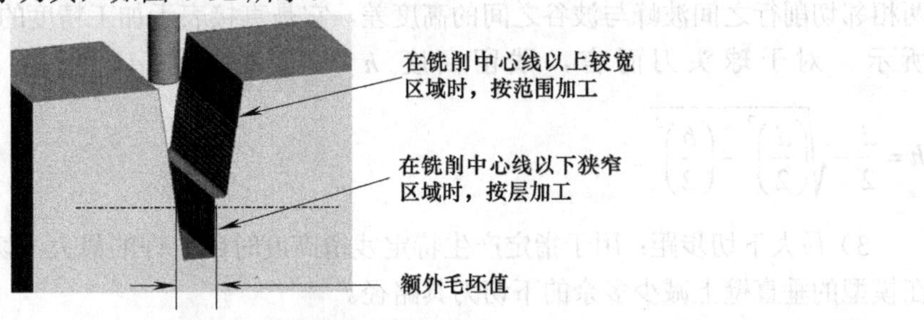

图 4-92　额外毛坯的功能示意

设定一个额外毛坯值，用于定义从该设定值宽度开始生成所需的按层等高加工刀具路径。

（3）螺旋　在两个连续相邻的轮廓表面产生螺旋刀具路径。图 4-93 所示为未勾选“螺旋”选项时生成的刀具路径，图 4-94 所示为勾选“螺旋”选项时生成的刀具路径。可以看出，勾选“螺旋”选项时，会减少提刀次数。

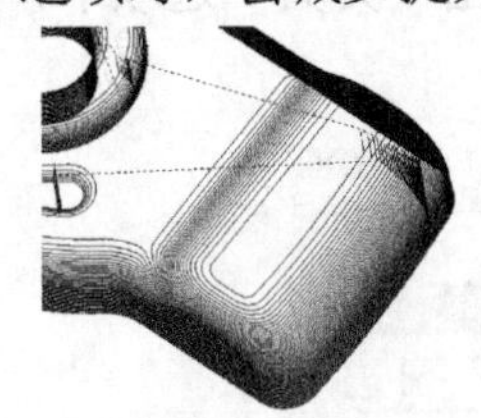

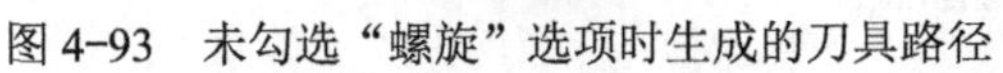

图 4-93　未勾选“螺旋”选项时生成的刀具路径

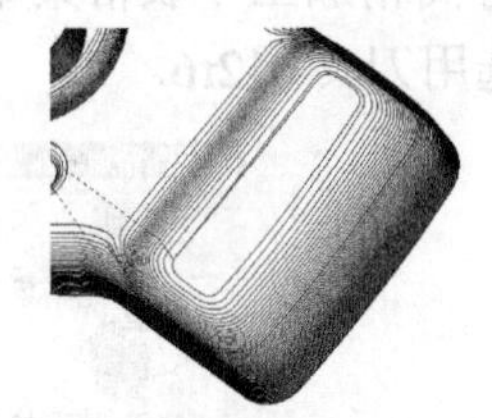

图 4-94　勾选“螺旋”选项时生成的刀具路径

（4）倒钩形面　勾选该复选项，计算适用于三轴机床加工的零件上的倒钩形面精加工刀具路径，如图 4-95 所示。这需要配合使用特殊的圆角盘铣刀具。

（5）加工到平坦区域　在等高精加工刀具路径中，增加一条平坦面精加工刀具路径，如图 4-96 所示。

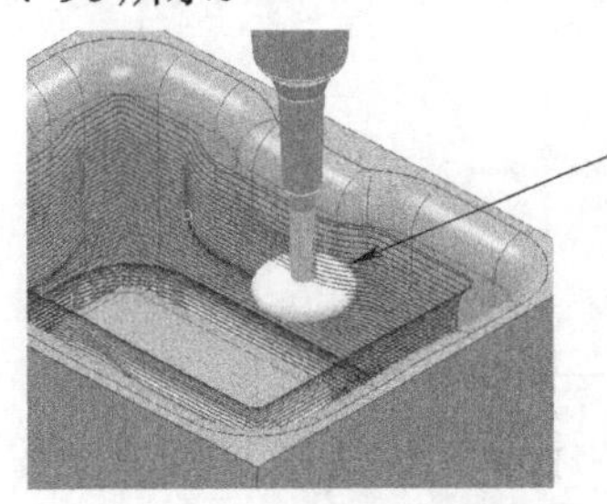

图 4-95　倒钩形面加工

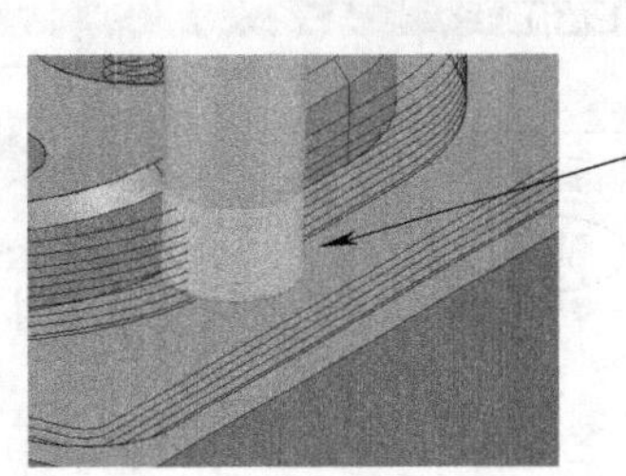

图 4-96　加工到平坦面

（6）下切步距　下切步距可以用“最小下切步距”或“用残留高度计算”两种方式来指定。

1）最小下切步距：用于定义连续切削层之间的下切步距。

2）用残留高度计算：不勾选此选项时，下切步距保持最小下切步距值，是常量；当勾选这个选项时，下切步距将会受到“最大下切步距”和“残留高度”两个选项的影响。

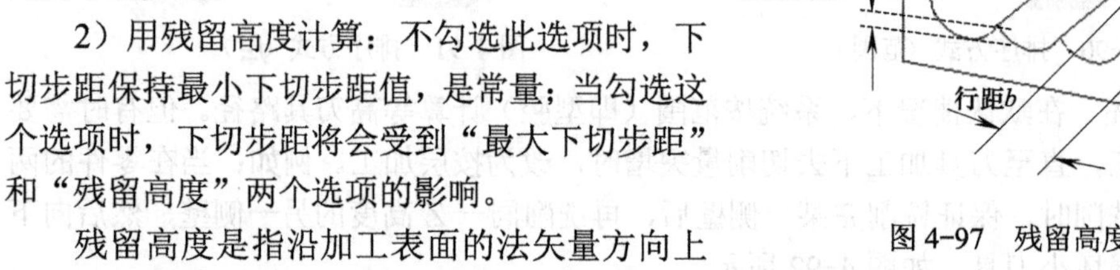

图 4-97　残留高度示意图

残留高度是指沿加工表面的法矢量方向上两相邻切削行之间波峰与波谷之间的高度差，它是直接表示加工精度的工艺参数。如图 4-97 所示，对于球头刀而言，残留高度 h 与刀具直径 d、行距 b 之间的关系是：$h=\frac{d}{2}-\sqrt{\left(\frac{d}{2}\right)^2-\left(\frac{b}{2}\right)^2}$。

3）最大下切步距：用于指定产生特定残留高度时所允许的最大下切步距值。这个选项会在模型的垂直壁上减少多余的下切刀具路径。

4）残留高度：用于指定残留高度 h 的大小。

请读者注意，如果用残留高度计算的下切步距值比最小下切步距还要小，系统会自动使用最小下切步距来计算刀具路径。

下面回到等高精加工参数设置上来。

单击“等高精加工”表格策略树中的“刀具”树枝，调出“刀具”选项卡，如图 4-98 所示，确认选用刀具 d12r6。

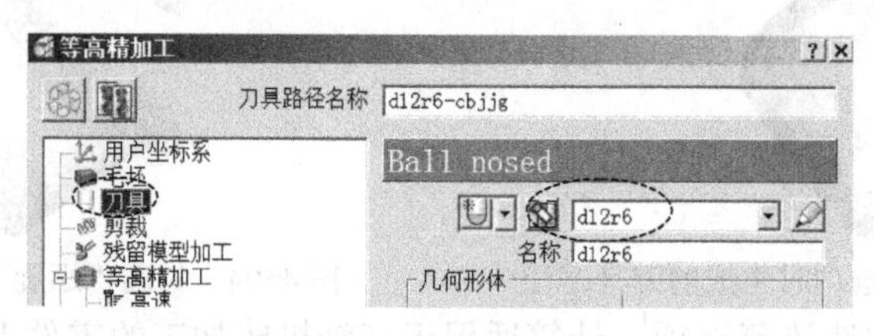

图 4-98　选用等高精加工刀具

单击“等高精加工”表格策略树中的“剪裁”树枝，调出“剪裁”选项卡，如图 4-99 所示，确认选用边界 cbbj。

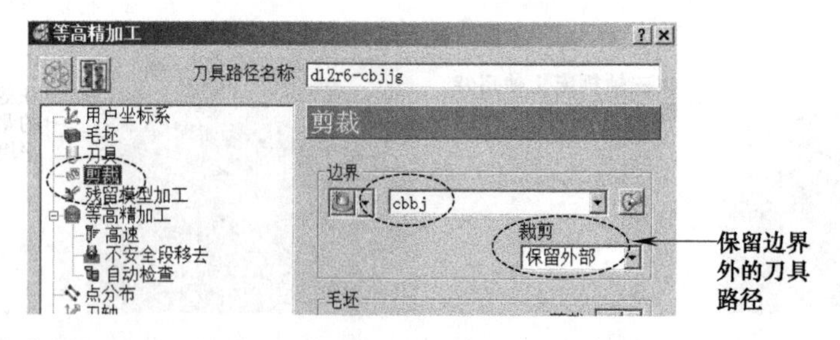

图 4-99　选用边界

单击“等高精加工”表格策略树中的“进给和转速”树枝，调出“进给和转速”选项卡，设置主轴转速为“6000”，切削进给率为“2000”，下切进给率为“500”，掠过进给率为“6000”，冷却方式为“液体”。

设置完参数后，单击“等高精加工”表格下方的“计算”按钮，系统计算出图 4-100 所示的型腔侧面精加工刀具路径，图 4-101 是该刀具路径的局部放大图。

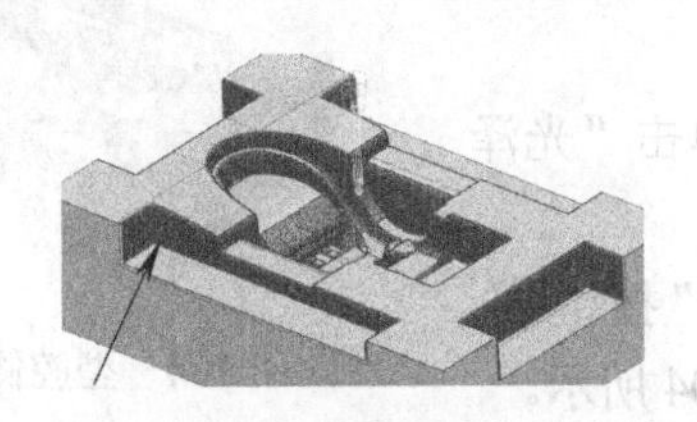

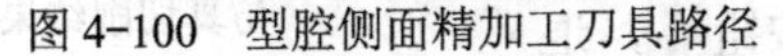

图 4-100　型腔侧面精加工刀具路径　　图 4-101　型腔侧面精加工刀具路径的局部放大图

单击“取消”按钮，关闭“等高精加工”表格。

3．刀具路径碰撞检查

模具型腔比较深，有发生刀具夹持与零件碰撞的可能，因此，有必要执行刀具路径碰撞检查。

在 PowerMILL 资源管理器中的“刀具路径”树枝下，右击刀具路径“d12r6-cbjjg”，在弹出的快捷菜单条中，执行“检查”→“刀具路径...”，打开“刀具路径检查”表格，按图 4-102 所示设置检查参数。

单击“应用”按钮，系统即对刀具路径进行检查，弹出图 4-103 所示的信息对话框。

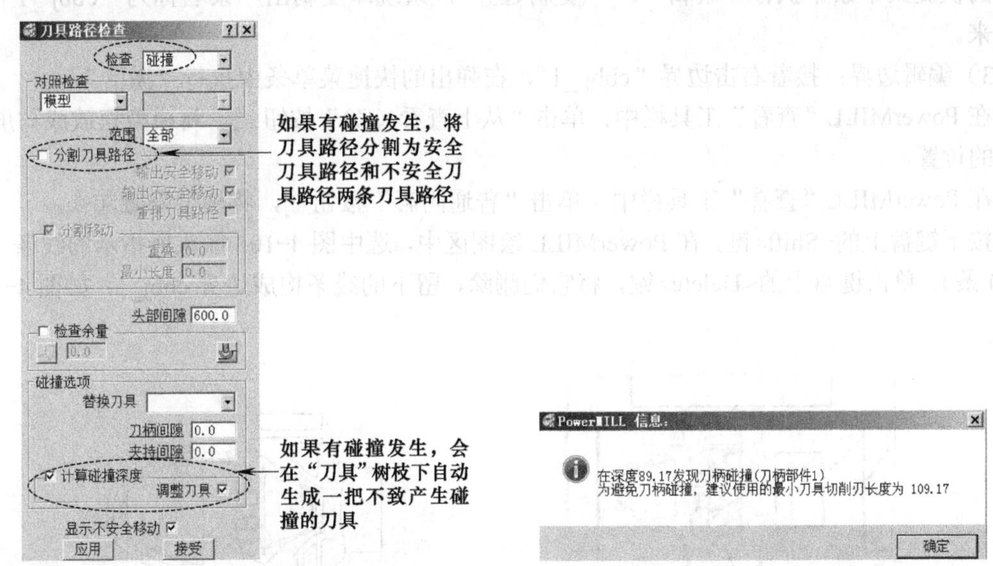

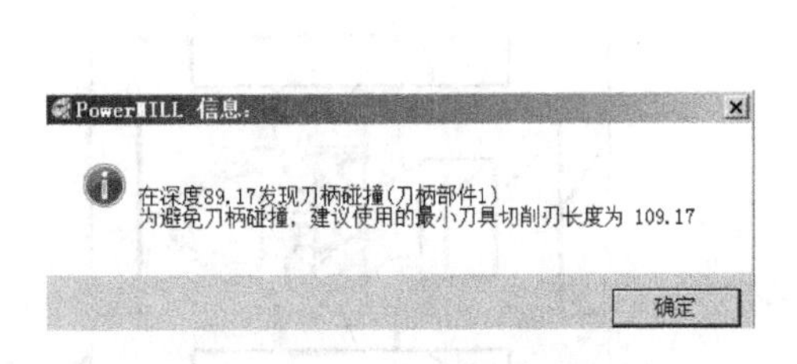

图 4-102　刀具路径检查参数　　图 4-103　碰撞检查信息

根据碰撞检查的结果提示，刀具的刀柄部分在零件深度为 89.17mm 处发生挤压，系统在“刀具”树枝下已自动对刀具 d12r6 进行复制，生成新刀具 d12r6_1，该刀具的刀柄部件 1（即切削刃部分）加长到 109.17mm。此时，刀具路径 d12r6-cbjjg 已经使用新刀具 d12r6_1。

单击“PowerMILL 信息”对话框中的“确定”按钮，关闭该对话框。单击“刀具路径检查”表格中的“接受”按钮，关闭该表格。

4．型腔侧面精加工高质量仿真加工

1）在 PowerMILL 资源管理器中的“刀具路径”树枝下，右击刀具路径“d12r1-cbjjg”，在弹出的快捷菜单条中选择“自开始仿真”。

2）在 PowerMILL 的“ViewMILL”工具栏中，单击“光泽阴影图像”按钮，进入真实实体仿真切削状态。

3）在 PowerMILL“仿真控制”工具栏中单击“运行”按钮，系统即进行型腔侧面精加工仿真切削，其结果如图 4-104 所示。

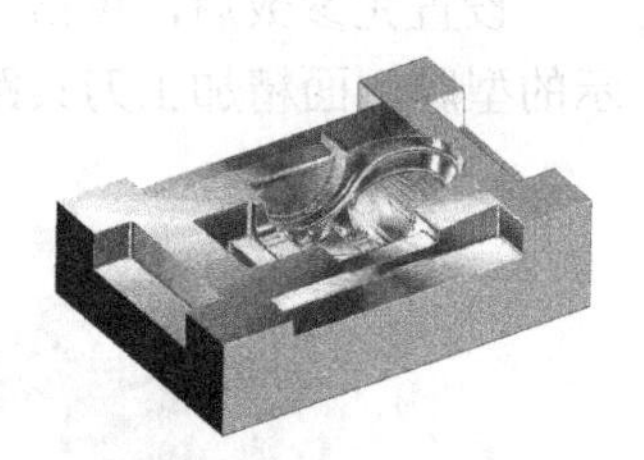

图 4-104　型腔侧面精加工仿真切削结果

4）在“ViewMILL”工具栏中单击“无图像”按钮，退出仿真状态，返回 PowerMILL 编程环境。

4.2.6　型腔底面精加工——三维偏置精加工应用于浅滩面加工

1．创建边界

1）在 PowerMILL 资源管理器中的“刀具路径”树枝下，右击刀具路径“d12r6-cbjjg”，在弹出的快捷菜单条中执行“激活”，将它取消激活并隐藏起来。

2）复制边界：在 PowerMILL 资源管理器中的“边界”树枝下，右击边界“cbbj”，在弹出的快捷菜单条中执行“编辑”→“复制边界”，系统即复制出一条名称为“cbbj _1”的边界来。

3）编辑边界：接着右击边界“cbbj _1”，在弹出的快捷菜单条中执行“激活”。

在 PowerMILL“查看”工具栏中，单击“从上查看（Z）”按钮，将模型摆放成与屏幕平行的位置。

在 PowerMILL“查看”工具栏中，单击“普通阴影”按钮，将模型隐藏起来。

按下键盘上的<Shift>键，在 PowerMILL 绘图区中，选中图 4-105 箭头所指示的线条（共计 10 条），单击键盘上的<Delete>键，将它们删除，留下的线条构成边界 cbbj_1，如图 4-106 所示。

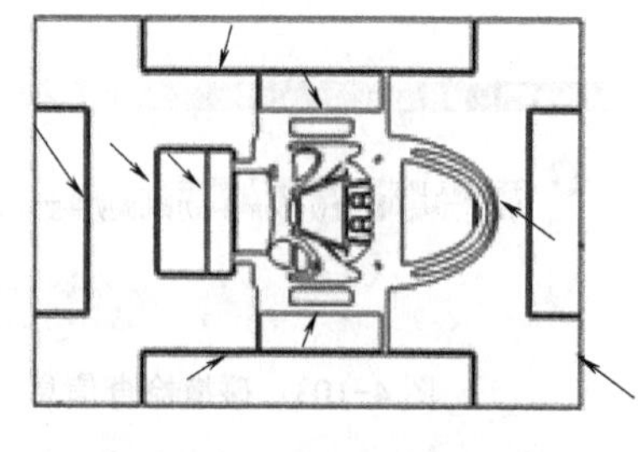

图 4-105　选择多余的边界

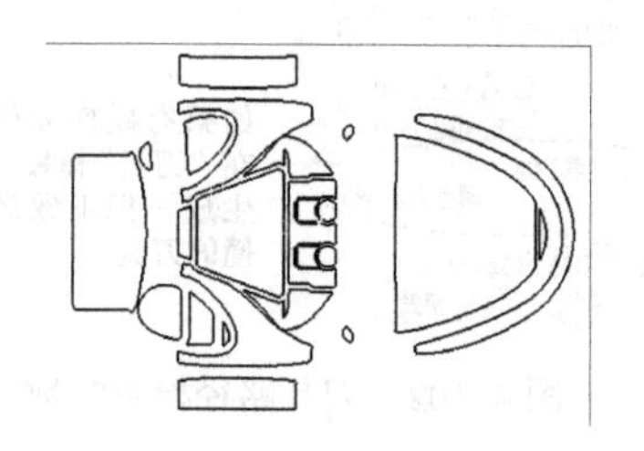

图 4-106　边界 cbbj_1

2．计算三维偏置精加工刀具路径

在 PowerMILL“综合”工具栏中，单击“刀具路径策略”按钮，打开“策略选取器”

表格，选择“精加工”选项，在这个选项卡里选择“三维偏置精加工”，单击“接受”按钮，打开“三维偏置精加工”表格，按图 4-107 所示设置参数。

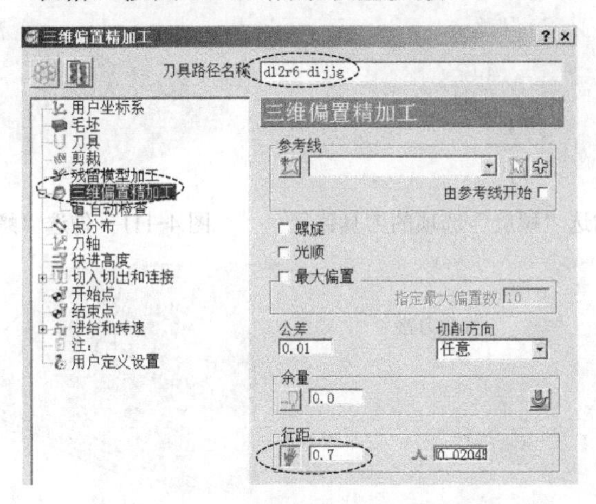

图 4-107　设置三维偏置精加工参数

三维偏置精加工也是一种极为常用的精加工策略，在复杂型面的计算中应用频繁。

三维偏置精加工策略按固定的行距偏置三维曲面的轮廓线生成刀具路径，这种策略在零件的浅滩区域和陡峭区域均能生成行距均匀的刀具路径。

三维偏置精加工策略关键参数介绍如下。

（1）参考线　当选择一条已经创建好的参考线后，系统按照参考线的走势来计算三维偏置刀具路径，如图 4-108 所示。

“参考线”选项栏各参数的含义如图 4-109 所示。

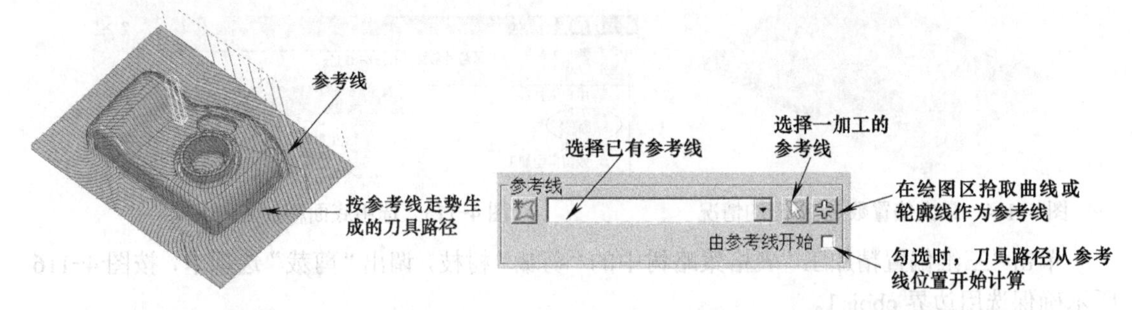

图 4-108　按参考线走势生成的刀具路径　　　　图 4-109　“参考线”选项栏各参数的含义

由于三维偏置精加工策略是按照零件轮廓线偏置生成刀具路径的，对于方形外轮廓的零件而言，刀具路径就会有四个 90° 的转角，这不仅会影响加工效率，也影响零件表面加工纹路。实际加工中，通常勾画一条直线参考线来控制三维偏置刀具路径的走势，以获得更好的切削效果，此时，称参考线为引导线。

（2）螺旋　由零件外轮廓向零件中心产生连续的螺旋线偏置刀具路径。图 4-110 所示为未勾选“螺旋”选项时所生成的刀具路径，图 4-111 所示为勾选“螺旋”选项时所生成的刀具路径。可见勾选“螺旋”选项会减少精加工的提刀次数。

（3）光顺　对尖角及直角转弯刀具路径进行倒圆处理。图 4-112 所示为未勾选“光顺”

选项的刀具路径，图 4-113 所示为勾选“光顺”选项的刀具路径。

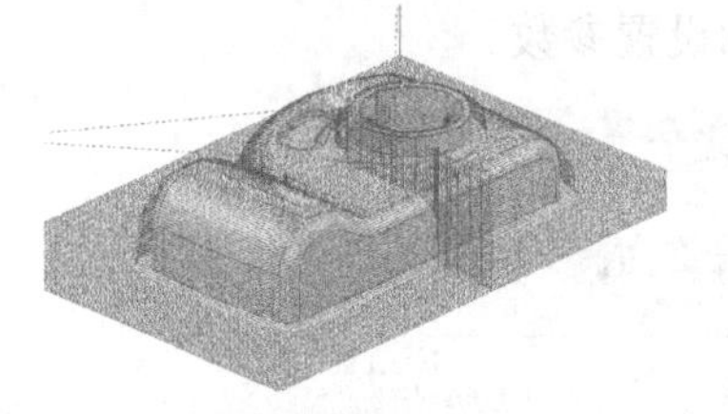
图 4-110　未勾选“螺旋”选项的刀具路径

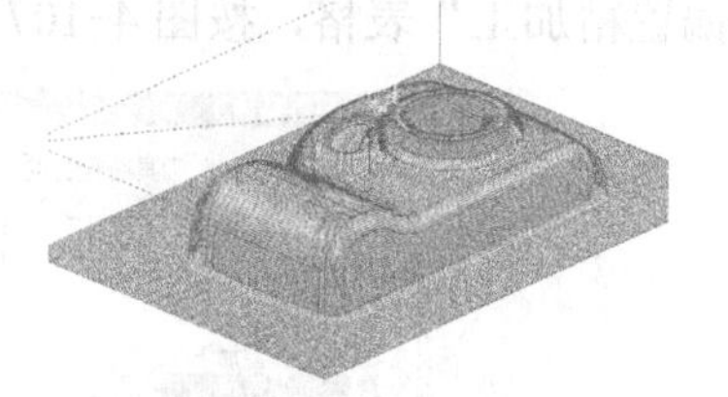
图 4-111　勾选“螺旋”选项的刀具路径

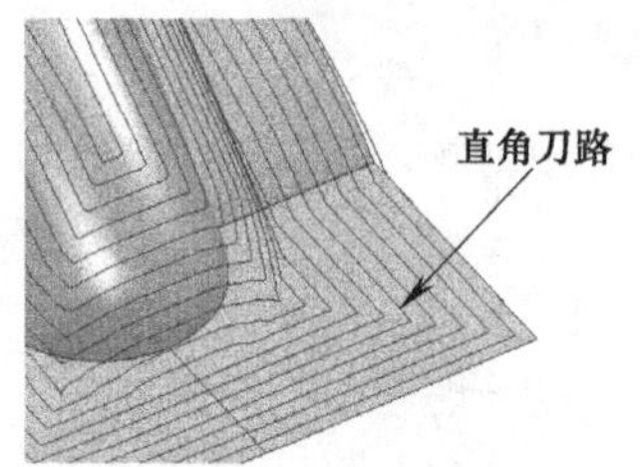

图 4-112　未勾选“光顺”选项的刀具路径　　图 4-113　勾选“光顺”选项的刀具路径

（4）最大偏置　指定对零件轮廓进行偏置的次数，也就是由零件外轮廓向内生成多少条刀具路径。例如：勾选“最大偏置”选项，并设置数目是 10 时，生成 10 条刀具路径，如图 4-114 所示。

下面回到三维偏置精加工参数设置上来。

单击“三维偏置精加工”表格的策略树中的“刀具”树枝，调出“刀具”选项卡，如图 4-115 所示，确认选用的刀具是 d12r6。

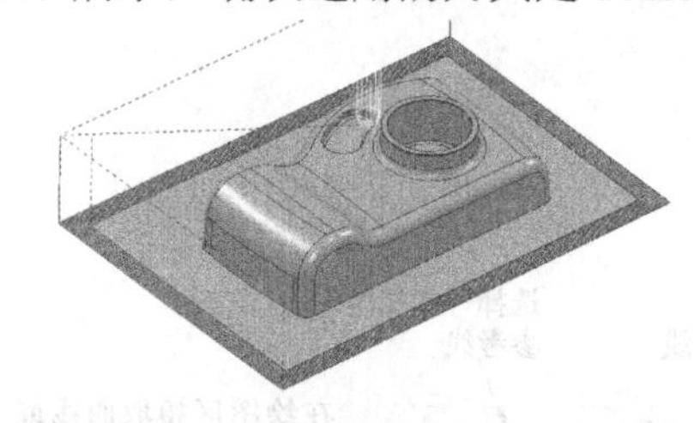
图 4-114　最大偏置数是 10 时的情况

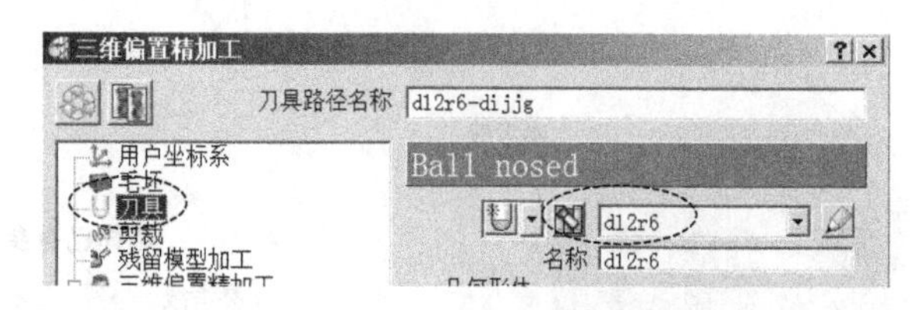

图 4-115　选用底面精加工刀具

单击“三维偏置精加工”表格策略树中的“剪裁”树枝，调出“剪裁”选项卡，按图 4-116 所示确保选用边界 cbbj_1。

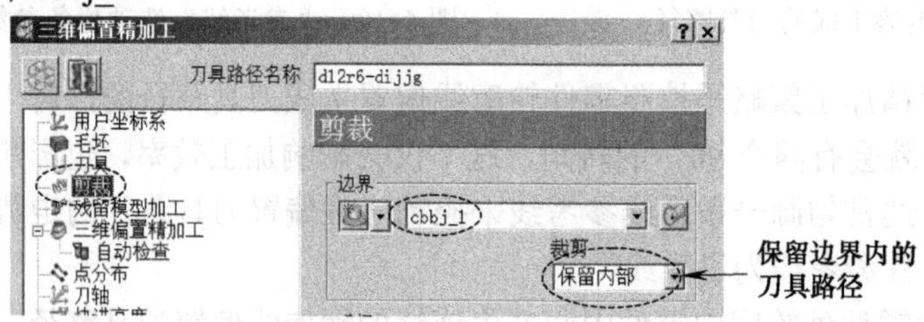

图 4-116　选用边界 cbbj_1

单击“三维偏置精加工”表格的策略树中的“进给和转速”树枝，调出“进给和转速”选项卡，设置主轴转速为“6000”，切削进给率为“2000”，下切进给率为“500”，掠过进给率为“5000”，冷却方式为“液体”。

设置完参数后，单击“三维偏置精加工”表格下方的“计算”按钮，系统计算出图 4-117 所示的型腔底面精加工刀具路径，图 4-118 是该刀具路径的局部放大图。

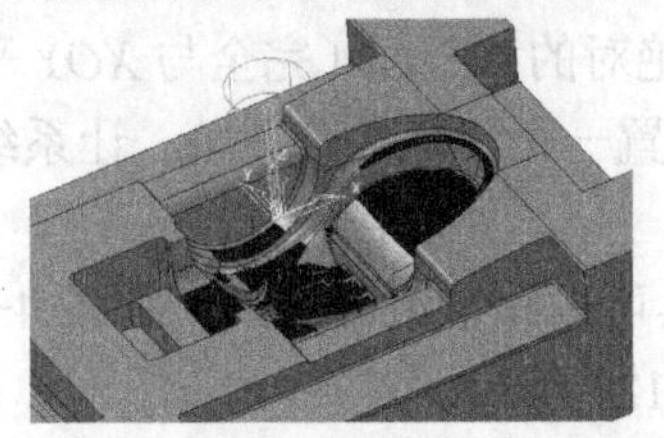

图 4-117 型腔底面精加工刀具路径

图 4-118 型腔底面精加工刀具路径的局部放大图

单击“取消”按钮，关闭“三维偏置精加工”表格。

3．型腔底面精加工高质量仿真加工

1）在 PowerMILL 资源管理器中的“刀具路径”树枝下，右击刀具路径“d12r6-dijjg”，在弹出的快捷菜单条中选择“自开始仿真”。

2）在 PowerMILL 的“ViewMILL”工具栏中，单击“光泽阴影图像”按钮，进入真实实体仿真切削状态。

3）在 PowerMILL“仿真控制”工具栏中单击“运行”按钮，系统即进行型腔底面精加工仿真切削，其结果如图 4-119 所示。

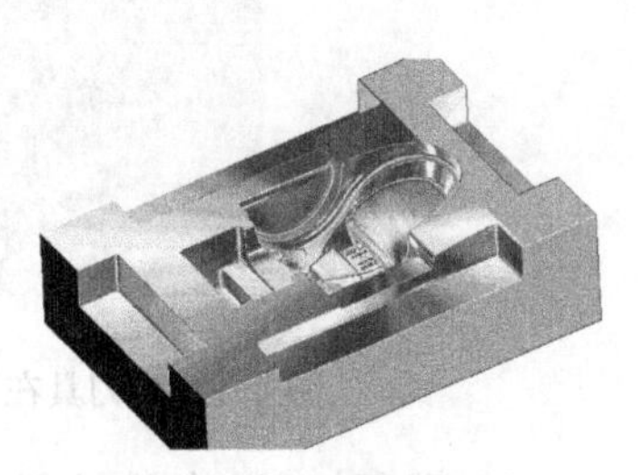

图 4-119 型腔底面精加工仿真切削结果

4）在“ViewMILL”工具栏中单击“无图像”按钮，退出仿真状态，返回 PowerMILL 编程环境。

4.2.7 平面精加工——偏置平坦面精加工应用于平面加工

1．计算平坦面精加工刀具路径

在 PowerMILL“综合”工具栏中，单击“刀具路径策略”按钮，打开“策略选取器”表格，选择“精加工”选项，在这个选项卡里选择“偏置平坦面精加工”，单击“接受”按钮，打开“偏置平坦面精加工”表格，按图 4-120 所示设置参数。

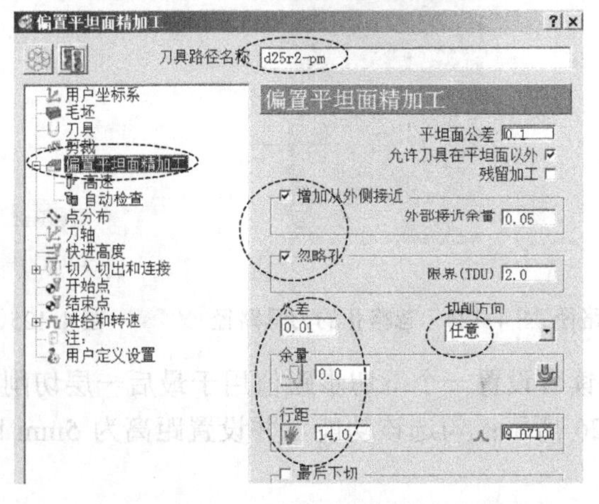

图 4-120 设置偏置平坦面精加工参数

偏置平坦面精加工常用于计算平面的精加工刀具路径，偏置平坦面精加工策略生成的路径是对零件轮廓线进行偏置后产生的。

对常用参数介绍如下：

1）平坦面公差：其默认值为 0，即只加工零件上绝对的水平面（完全与 *XOY* 平面平行）。如果要加工接近于与 *XOY* 平面平行的几何面，可以设置一个平坦面公差值，让系统能用此公差值去识别那些接近平坦面的几何面。

2）允许刀具在平坦面以外：勾选该选项时，刀具可以在平坦面以外，如图 4-121 所示；不勾选该选项时，刀具被限制在平坦面以内，如图 4-122 所示。

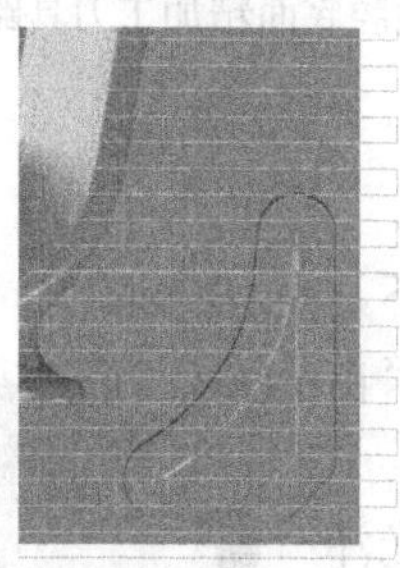
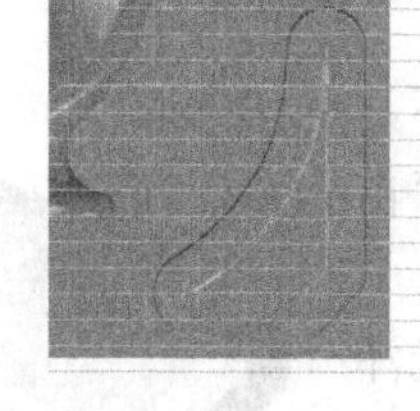

图 4-121　刀具在平坦面以外　　图 4-122　刀具在平坦面以内

3）残留加工：勾选该复选框，计算平面的残留加工刀具路径。一些平面被锐角包围，在使用大直径刀具加工后，勾选“残留加工”，使用小直径刀具对这些被锐角包围的平面进行加工。残留加工需要设置残留加工的参考对象。

4）增加从外侧接近：可能的情况下，均让刀具从毛坯以外切入平面，这有利于保护刀尖。

5）忽略孔：忽略比设定直径小的孔，认为该小孔不存在。设定值用 TDU 表示，TDU 是当前刀具直径的倍数的意思。不忽略孔的刀具路径如图 4-123 所示，忽略孔的刀具路径如图 4-124 所示。

6）最后下切：勾选该复选框，激活“最后下切步距”选项栏，如图 4-125 所示。

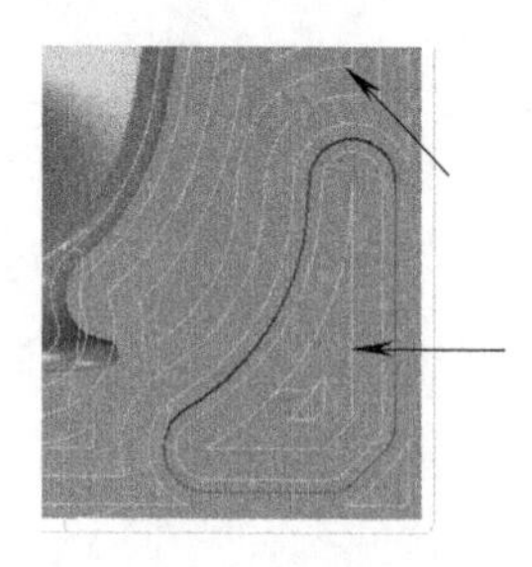

图 4-123　不忽略孔的刀具路径

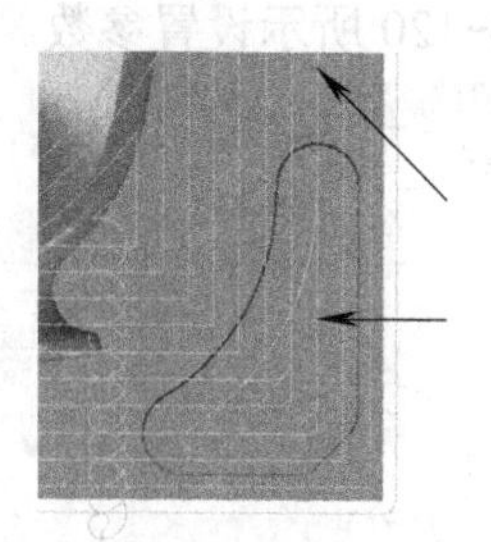

图 4-124　忽略孔的刀具路径

图 4-125　最后下切选项栏

最后下切功能允许读者设置一个下切步距值用于最后一层切削。不勾选该功能时，产生的刀具路径如图 4-126 所示；勾选该功能，并设置距离为 5mm 时，产生的刀具路径如图 4-127 所示。

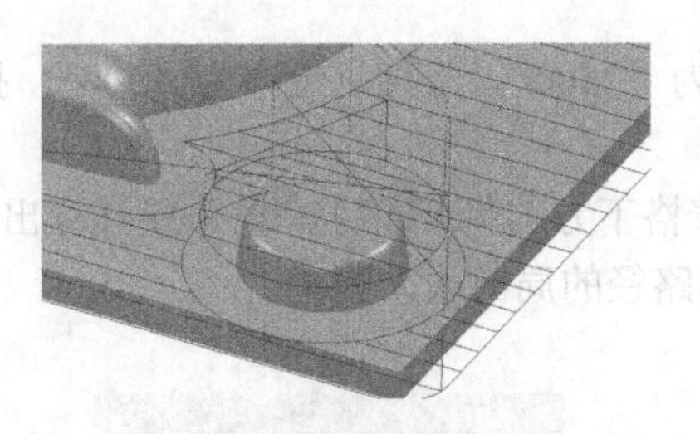

图 4-126 不设置最后下切步距的情况

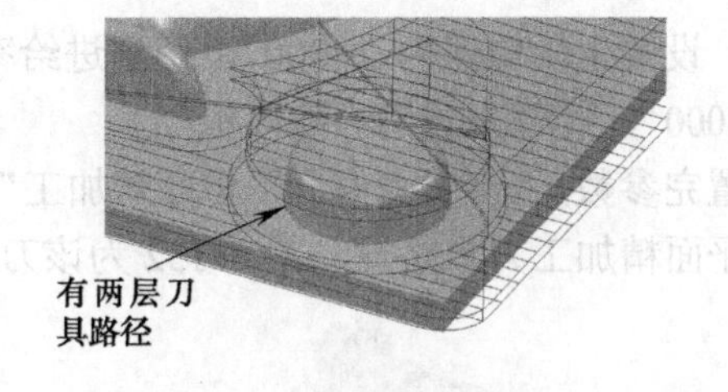

图 4-127 设置最后下切步距的情况

下面回到偏置平坦面精加工参数设置上来。

单击“偏置平坦面精加工”表格策略树中的“刀具”树枝，调出“刀具”选项卡，如图 4-128 所示，选用刀具 d25r2。

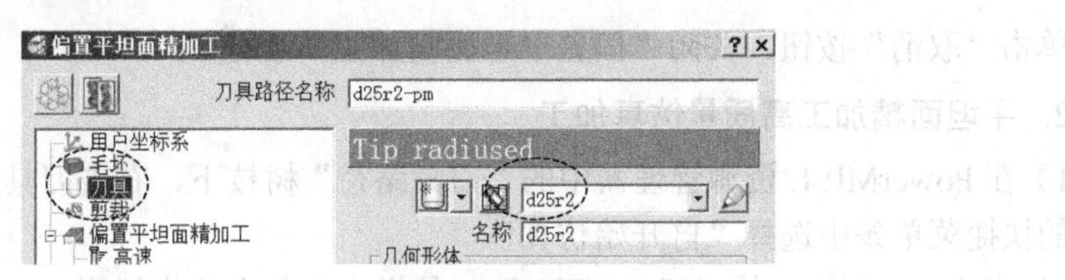

图 4-128 选用平面精加工刀具

单击“偏置平坦面精加工”表格的策略树中的“剪裁”树枝，调出“剪裁”选项卡，如图 4-129 所示，取消选用边界。

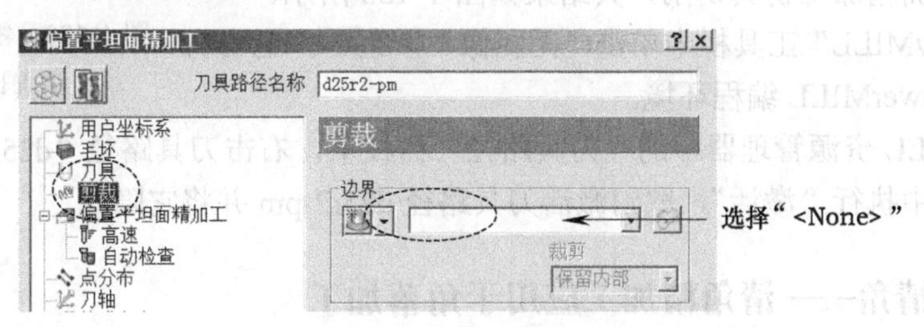

图 4-129 取消选用边界

单击“偏置平坦面精加工”表格的策略树中的“高速”树枝，调出“高速”选项卡，按图 4-130 所示设置高速加工参数。

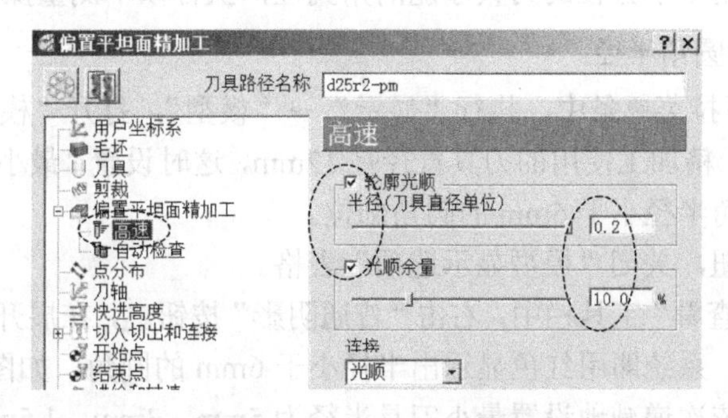

图 4-130 高速加工参数

单击“偏置平坦面精加工”表格的策略树中的“进给和转速”树枝，调出“进给和转速”

选项卡，设置主轴转速为“4000”，切削进给率为“2500”，下切进给率为“500”，掠过进给率为“5000”，冷却方式为“液体”。

设置完参数后，单击“偏置平坦面精加工”表格下方的“计算”按钮，系统计算出图 4-131 所示的平面精加工刀具路径，图 4-132 为该刀具路径的局部放大图。

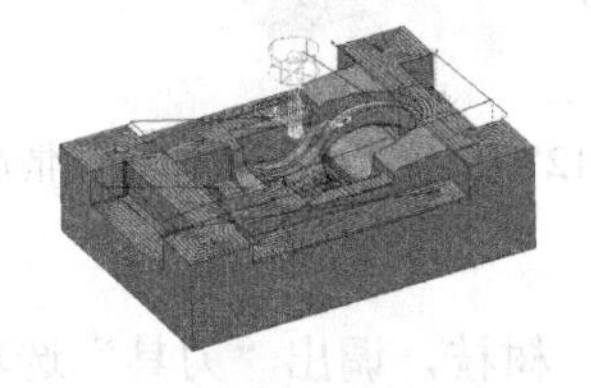

图 4-131　平面精加工刀具路径

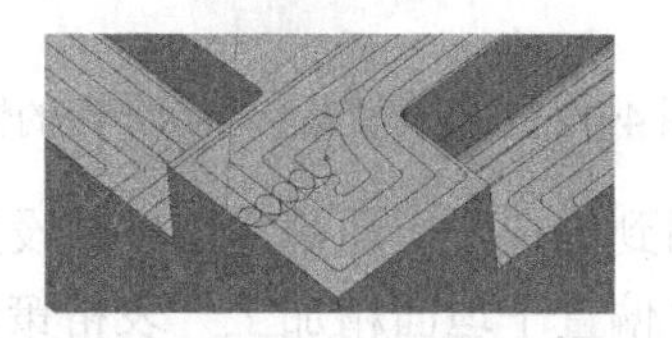

图 4-132　平面精加工刀具路径的局部放大图

单击“取消”按钮，关闭“偏置平坦面精加工”表格。

2．平坦面精加工高质量仿真加工

1）在 PowerMILL 资源管理器中的“刀具路径”树枝下，右击刀具路径“d25r2-pm”，在弹出的快捷菜单条中选择“自开始仿真”。

2）在 PowerMILL 的“ViewMILL”工具栏中，单击“光泽阴影图像”按钮，进入真实实体仿真切削状态。

3）在 PowerMILL“仿真控制”工具栏中单击“运行”按钮，系统即进行平坦面精加工仿真切削，其结果如图 4-133 所示。

4）在“ViewMILL”工具栏中单击“无图像”按钮，退出仿真状态，返回 PowerMILL 编程环境。

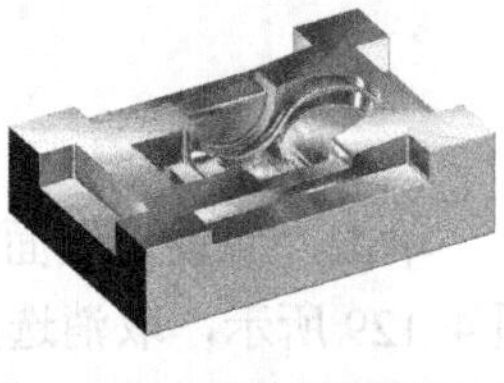

图 4-133　零件平面精加工仿真切削结果

在 PowerMILL 资源管理器中的“刀具路径”树枝下，右击刀具路径“d25r2-pm”，在弹出的快捷菜单条中执行“激活”，取消激活刀具路径 d25r2-pm 并将它隐藏。

4.2.8　第一次清角——清角精加工应用于角落加工

经过上述工步的加工，零件的大面已经加工到位，但零件的角落处还存在一些加工余量，需要使用比直径 12mm 更小的刀具进行清角。

为了探测需要使用多小直径的刀具才能清角到位，执行以下测量操作。

1．检测零件上的圆角半径

在 PowerMILL 下拉菜单条中，执行“显示”→“模型”，打开“模型显示选项”表格，如图 4-134 所示。由于精加工使用的刀具直径是 12mm，这时设置“最小刀具半径”为“6.0”，可以检测出零件上圆角半径小于 6mm 的圆角部位。

单击“接受”按钮，关闭“模型显示选项”表格。

在 PowerMILL“查看”工具栏中，右击“普通阴影”按钮，在展开的工具条中单击“最小半径阴影”按钮，系统即用红色显示出半径小于 6mm 的圆角，如图 4-135 中箭头所指。

参照上述操作，依次递减地设置最小刀具半径为 5mm、3mm、1.5mm、1mm，每更改设置一次最小刀具半径，就使用最小半径阴影分析工具分析一次模型，这样可以探测出零件上的最小圆角半径。对于本例，当设置最小刀具半径为 1.5mm 时，模型上的圆角基本不会显示为红色，即使用直径为3mm的球头刀具可以将模型清角到位。

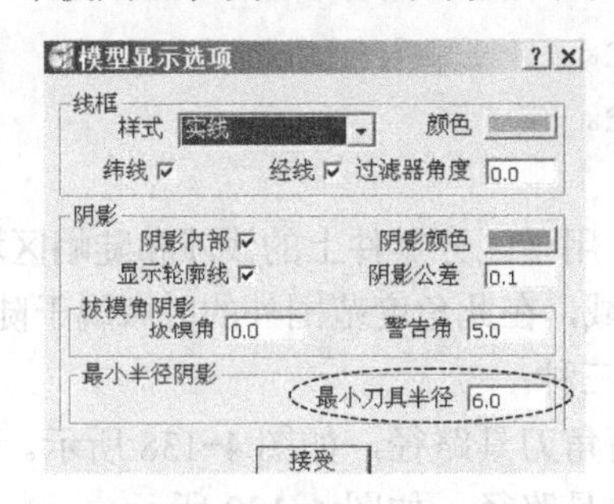

图4-134 设置最小刀具半径

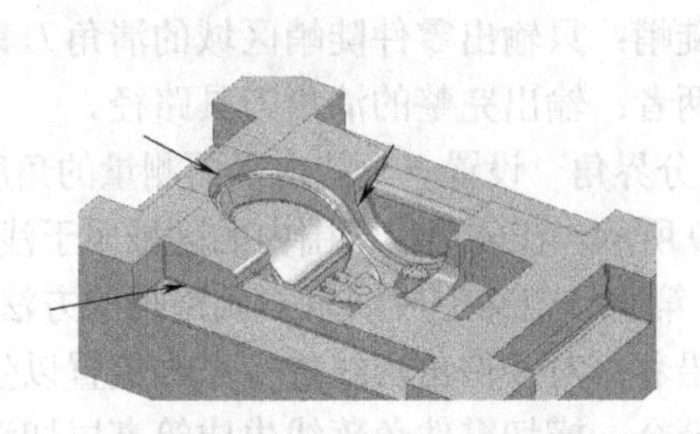

图4-135 最小半径阴影

2．计算清角刀具路径

在PowerMILL“综合”工具栏中，单击“刀具路径策略”按钮，打开“策略选取器”表格，选择“精加工”选项，在这个选项卡里选择“清角精加工”，单击“接受”按钮，打开“清角精加工”表格，按图4-136所示设置参数。

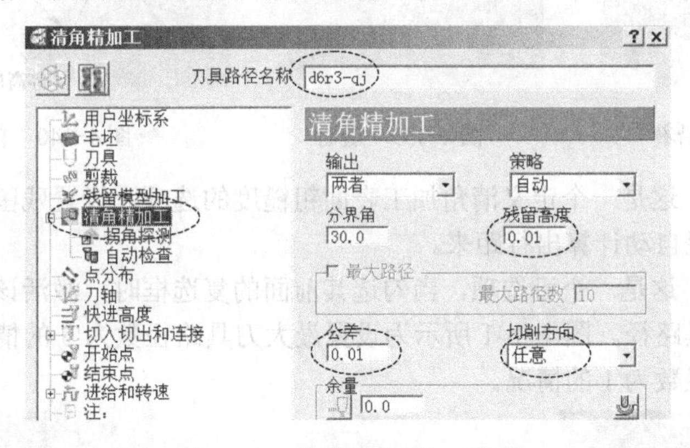

图4-136 设置清角精加工参数

清角精加工策略能够自动判断存有余量的角落并生成相适应的刀具路径，常用来计算角落精加工刀具路径。清角精加工策略的特点是，属于陡峭区域的角落生成等高层切清角刀具路径，属于浅滩区域的角落计算三维偏置清角刀具路径，如图4-137所示。

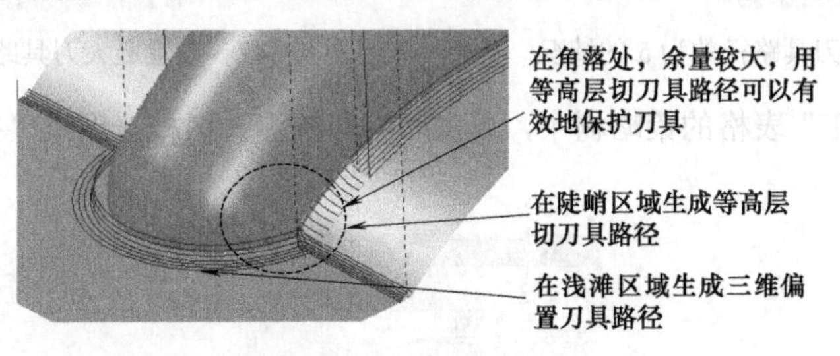

图4-137 清角精加工策略

对其关键参数介绍如下：

（1）输出 用于指定输出清角刀具路径的哪一部分。这是由于系统在计算清角刀具路径时，以编程人员设定的分界角划分出了陡峭区域和浅滩区域的刀具路径。它有三个选项，分别是浅滩、陡峭和两者。

1）浅滩：只输出零件浅滩区域的清角刀具路径。

2）陡峭：只输出零件陡峭区域的清角刀具路径。

3）两者：输出完整的清角刀具路径。

（2）分界角　设置一个从水平面测量的角度值，用于区分零件上的浅滩和陡峭区域，示意如图 4-69 所示。在此角度范围内的区域属于浅滩区域，在此角度范围外的区域属于陡峭区域。

（3）策略　定义生成清角刀具路径的方法。有三种：

1）沿着：对零件角落线进行三维偏置以生成清角刀具路径，如图 4-138 所示。

2）缝合：横切零件角落线生成等高层切清角刀具路径，如图 4-139 所示。

3）自动：在零件的浅滩区域计算三维偏置清角刀具路径，而在零件的陡峭区域计算等高层切清角刀具路径，如图 4-140 所示。

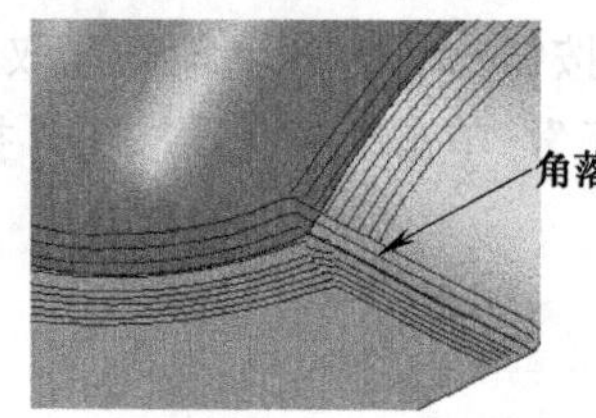

图 4-138　沿着

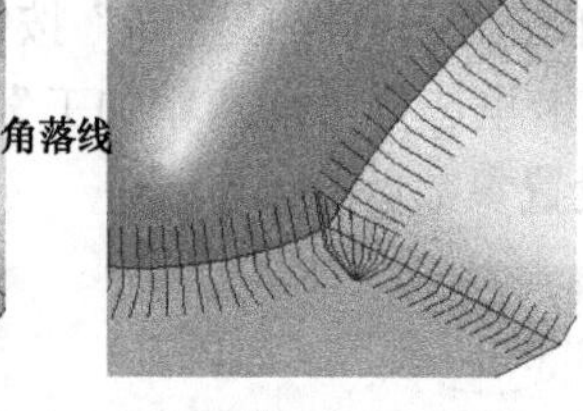

图 4-139　缝合

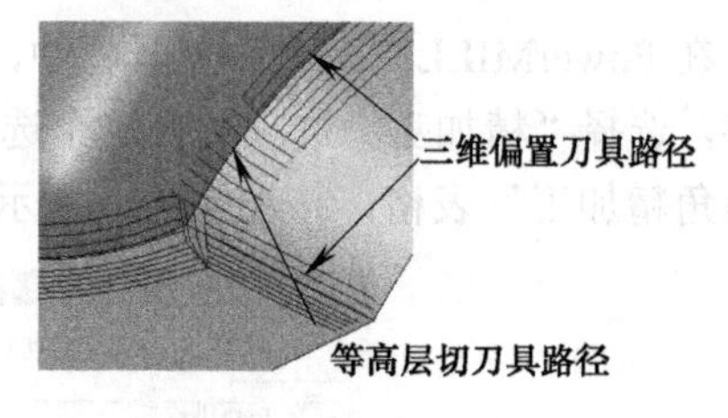

图 4-140　自动

（4）残留高度　这是一个定义清角加工表面粗糙度的选项。设置残留高度值后，系统根据所使用的刀具直径自动计算出行距来。

（5）最大路径　这是一个可选项，当勾选其前面的复选框时，激活该功能。用于指定计算出多少条清角刀具路径。图 4-141 所示为设置最大刀具路径数为 5 的情况，图 4-142 所示为设置最大刀具路径数为 1 的情况。

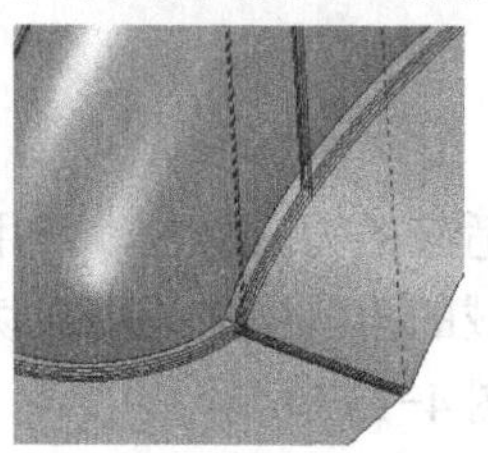

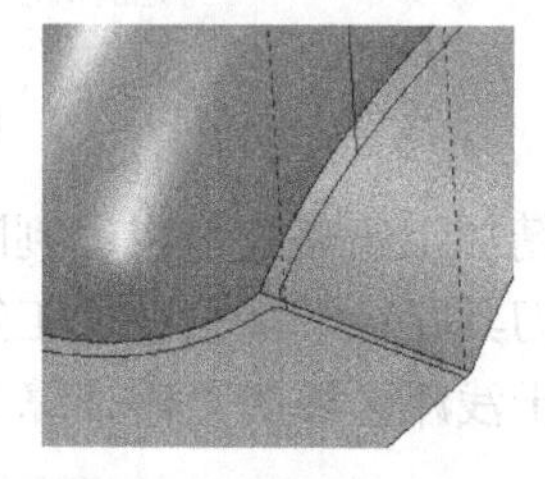

图 4-141　设置最大刀具路径数为 5 的情况　　图 4-142　设置最大刀具路径数为 1 的情况

在“清角精加工”表格的策略树中，单击“拐角探测”树枝，调出“拐角探测”选项卡，如图 4-143 所示。

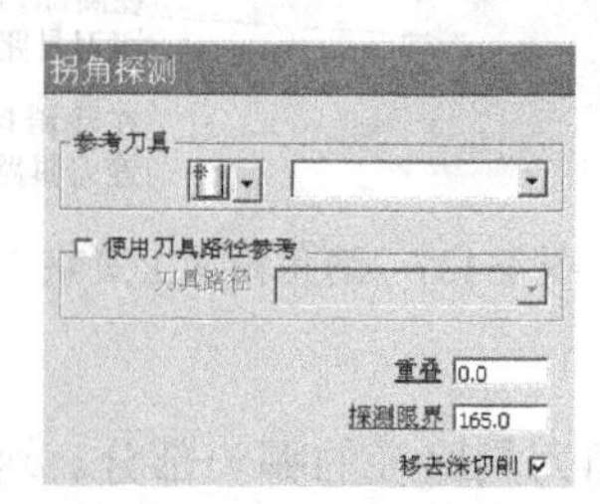

图 4-143　拐角探测选项卡

1）参考刀具：本工步清角时，考虑上一工步加工刀具。上一工步加工留下的残留材料与其使用的刀具直径直接相关。

2）使用刀具路径参考：这是一个复选项，与“参考刀具”选项的作用是相同的。本工步清角时，考虑上一工步加工的刀具路径。

3）重叠：某些情况下，希望清角刀具路径向零件表面间的交线以外扩展，以增加清角刀具路径的切削区域，此时可以指定一个重叠值。“重叠”选项用于指定刀具路径延拓到未加工表面边缘外的延伸量。设置为0时，刀具路径不做延伸，如图4-144所示。图4-145所示为“重叠”值设置为5的情况。

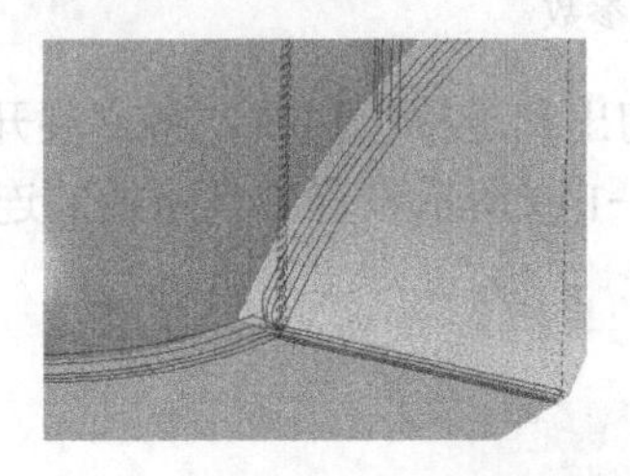

图4-144 “重叠”值设置为0

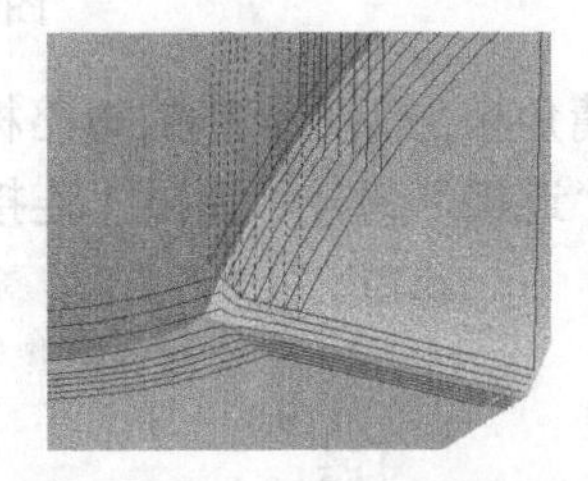

图4-145 “重叠”值设置为5

由上可知，重叠值设置得越大，则清角范围就会越大。

4）探测界限：探测界限是一个角度极限值（最小值），它以水平面为0°来计量。系统用它来搜寻大于或等于探测界限角度的零件表面角落，并在这些角落处生成清角刀具路径。对于小于探测界限角度的夹角，则不生成清角刀具路径。

当“探测界限”设置为100°时，清角策略计算出来的清角刀具路径如图4-146所示。

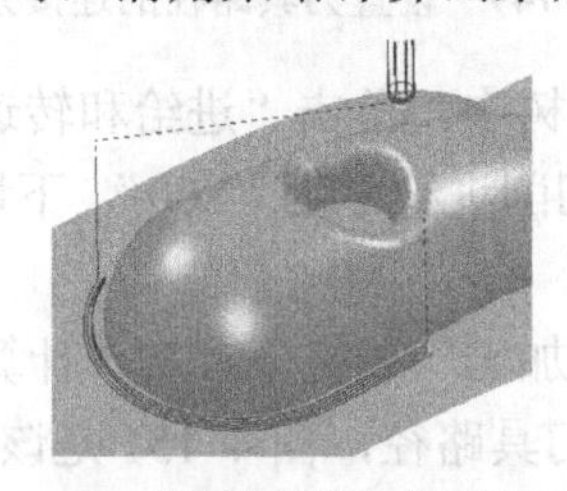

图4-146 “探测界限”设置为100°

由上可知，探测界限角度值设置得越大，则系统会搜寻出越多的角落来计算清角路径，但要注意，探测界限的取值范围是5°～176°。

5）移去深切削：删除下切步距过大的清角刀具路径段。

下面回到清角精加工参数设置上来。

单击“清角精加工”表格策略树中的“刀具”树枝，调出“刀具”选项卡，如图4-147所示，确保选用的刀具是d6r3。

图4-147 选用清角精加工刀具

在“清角精加工”表格的策略树中，单击“清角精加工”树枝下的“拐角探测”树枝，调出“拐角探测”选项卡，按图 4-148 所示设置拐角探测参数。

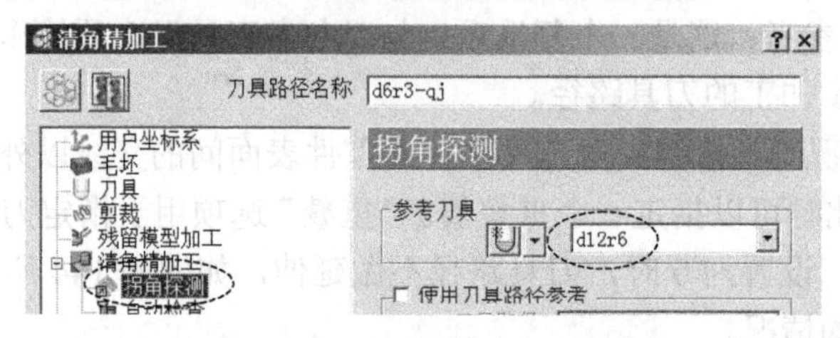

图 4-148　设置拐角探测参数

在“清角精加工”表格的策略树中，双击“切入切出和连接”树枝，将它展开。单击该树枝下的“连接”树枝，调出“连接”选项卡，按图 4-149 所示设置刀具路径的连接方式。

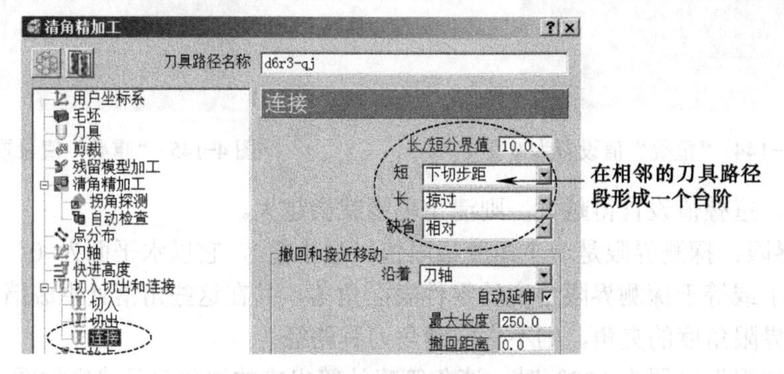

图 4-149　设置刀具路径的连接方式

在“清角精加工”表格的策略树中，单击“进给和转速”树枝，调出“进给和转速”选项卡，设置主轴转速为“6000”，切削进给率为“800”，下切进给率为“300”，掠过进给率为“5000”，冷却方式为“液体”。

设置完参数后，单击“清角精加工”表格下方的“计算”按钮，系统计算出图 4-150 所示的使用直径为 6mm 刀具的清角刀具路径，图 4-151 是该刀具路径的局部放大图。

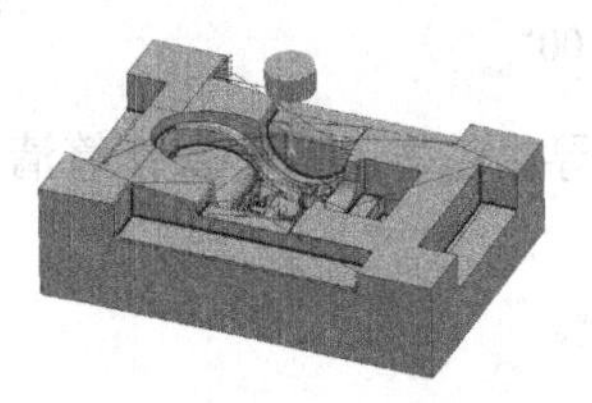

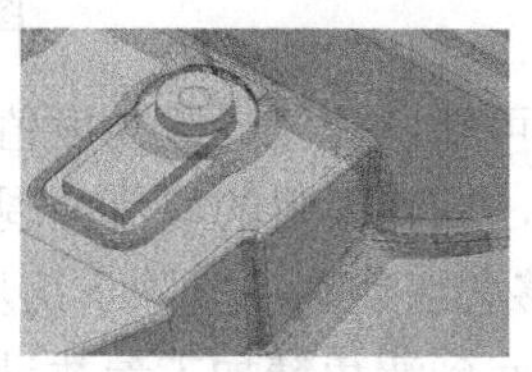

图 4-150　使用直径为 6mm 刀具的清角刀具路径　图 4-151　使用直径为 6mm 刀具的清角刀具路径的局部放大图

单击“取消”按钮，关闭“清角精加工”表格。

3. 清角刀具路径碰撞检查

由于直径为 6mm 清角刀具悬伸出其夹持部分的长度较短（60mm），在加工深型腔的角落时，若圆角的 Z 向深度大于 60mm，就有可能导致夹持部分与零件碰撞。执行碰撞检查，可以将刀具路径分割为安全部分和有碰撞的部分。对于有碰撞的圆角，须更换更长悬伸量的刀具来加工，或者对该部位设计清角电极，然后加工出电极零件，采用电火花加工方式将角落加工到位。

在 PowerMILL 资源管理器中的“刀具路径”树枝下，右击刀具路径“d6r3-qj”，在弹出的快捷菜单条中，执行“检查”→“刀具路径...”，打开“刀具路径检查”表格，按图 4-152 所示设置检查参数。

单击“应用”按钮，系统即对刀具路径进行检查，弹出图 4-153 所示的碰撞检查信息。

根据碰撞检查的结果提示，刀具的光杆部分在零件深度为 89.97mm 处发生挤压，刀具的夹持部分在零件深度为 49.79mm 处发生碰撞。为避免夹持碰撞，需要使用悬伸出夹持部分 109.79mm 的刀具来加工。

在 PowerMILL 资源管理器中的“刀具路径”树枝下，将刀具路径 d6r3-qj 分割为安全刀具路径 d6r3-qj_1 和不安全刀具路径 d6r3-qj_2。如果要安全地使用清角刀具路径 d6r3-qj_2，应该使用悬伸出夹持部分 109.79mm 的刀具。

单击“PowerMILL 信息”对话框中的“确定”按钮，关闭该对话框。单击“刀具路径检查”表格中的“接受”按钮，关闭该表格。

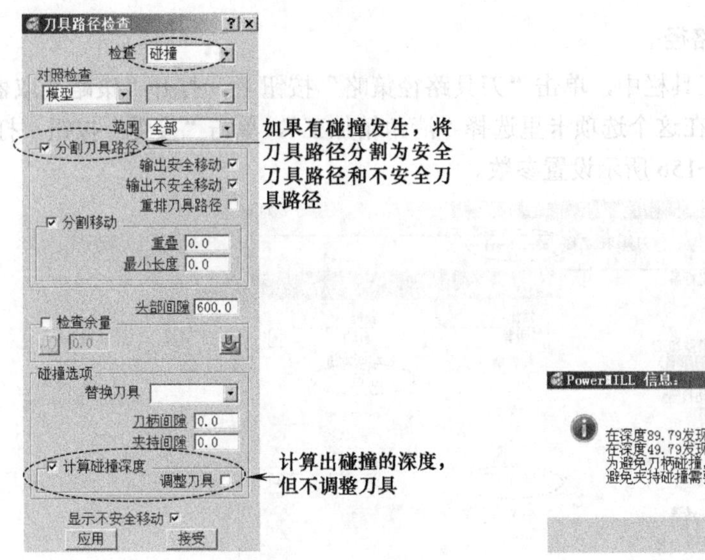

图 4-152　刀具路径检查参数

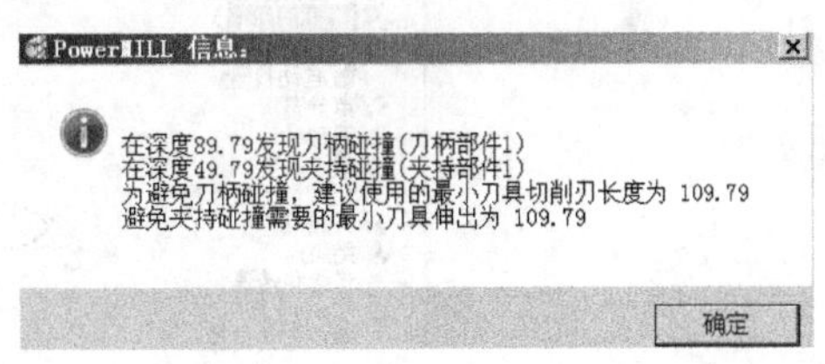

图 4-153　碰撞检查信息

请读者注意，在 PowerMILL 资源管理器中的“刀具路径”树枝下，刀具路径树枝前显示为绿色，表示该刀具路径是安全的；显示为红色，表示该刀具路径是有碰撞的；没有颜色显示，表示该刀具路径未进行碰撞检查，如图 4-154 所示。

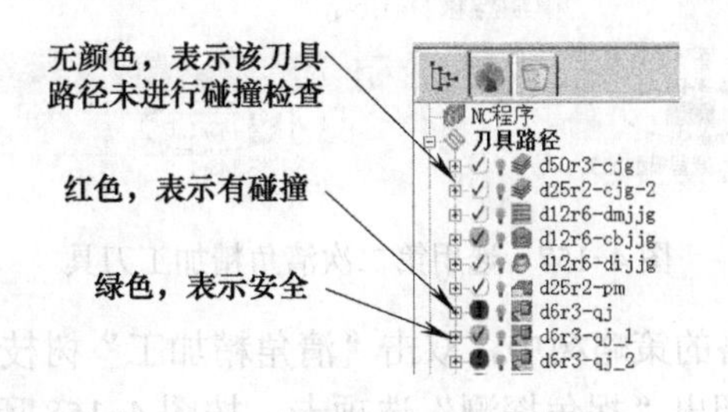

图 4-154　安全刀具路径和碰撞刀具路径的显示

4．第一次清角高质量仿真加工

1）在 PowerMILL 资源管理器中的“刀具路径”树枝下，右击刀具路径“d6r3-qj_1”，在弹出的快捷菜单条中选择“自开始仿真”。

2）在 PowerMILL 的“ViewMILL”工具栏中，单击“光泽阴影图像”按钮，进入真实实体仿真切削状态。

3）在 PowerMILL“仿真控制”工具栏中单击“运行”按钮，系统即进行第一次清角仿真切削，其结果如图 4-155 所示。

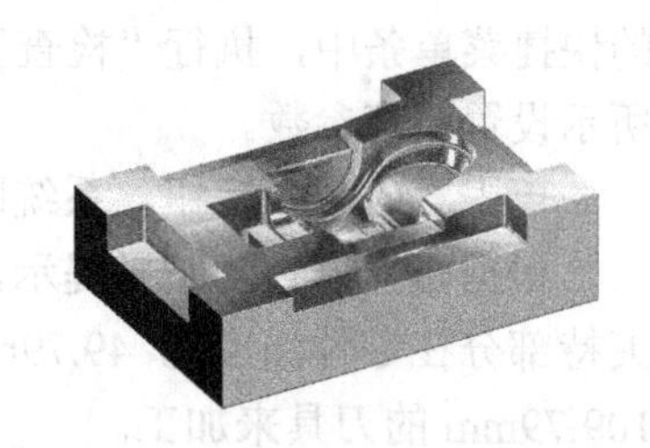

图 4-155　第一次清角仿真切削结果

在“ViewMILL”工具栏中单击“无图像”按钮，退出仿真状态，返回 PowerMILL 编程环境。

4.2.9　第二次清角——清角精加工应用于角落加工

1．计算第二次清角刀具路径

在 PowerMILL“综合”工具栏中，单击“刀具路径策略”按钮，打开“策略选取器”表格，选择“精加工”选项，在这个选项卡里选择“清角精加工”，单击“接受”按钮，打开“清角精加工”表格，按图 4-156 所示设置参数。

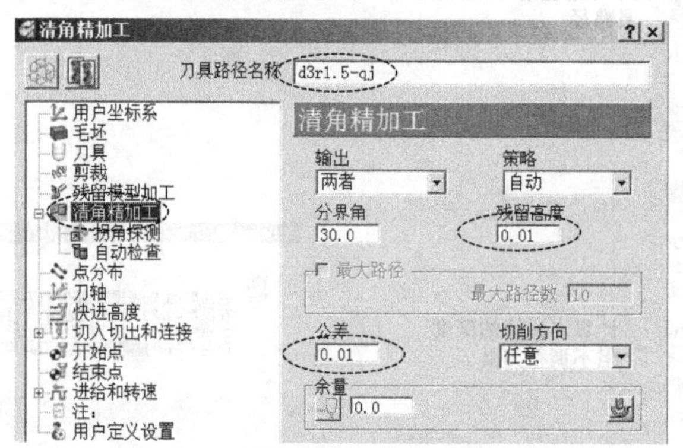

图 4-156　设置第二次清角精加工参数

在“清角精加工”表格的策略树中，单击“刀具”树枝，调出“刀具”选项卡，如图 4-157 所示，确保选用的刀具是 d3r1.5。

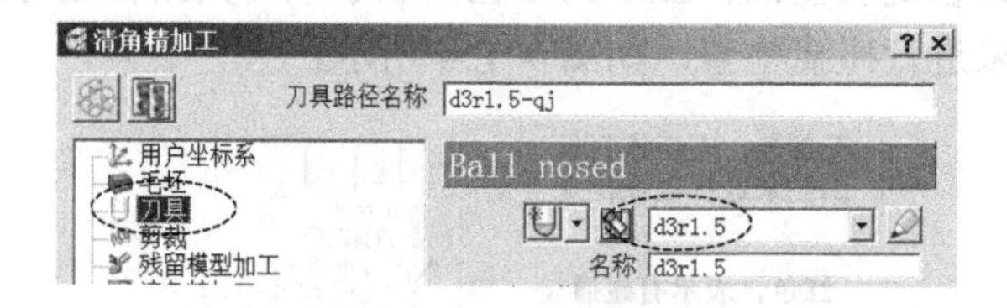

图 4-157　选用第二次清角精加工刀具

在“清角精加工”表格的策略树中，双击“清角精加工”树枝，将它展开。在该树枝下，单击“拐角探测”树枝，调出“拐角探测”选项卡，按图 4-158 所示设置拐角探测参数。

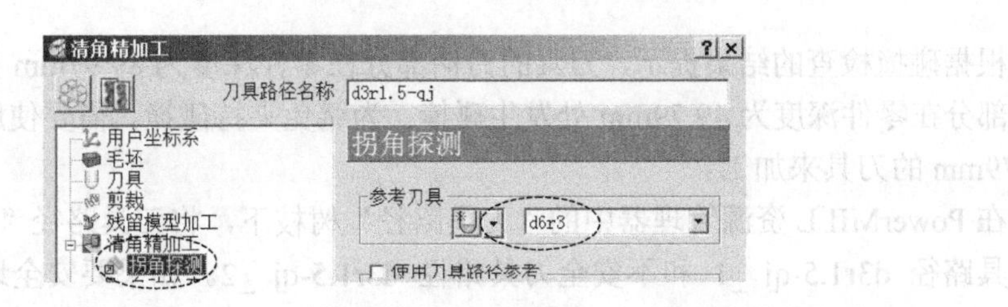

图 4-158　设置拐角探测参数

在“清角精加工”表格的策略树中，单击“进给和转速”树枝，调出“进给和转速”选项卡，设置主轴转速为“6000”，切削进给率为“600”，下切进给率为“300”，掠过进给率为“5000”，冷却方式为“液体”。

单击“清角精加工”表格下方的“计算”按钮，系统计算出图 4-159 所示的刀具路径，图 4-160 是该刀具路径的局部放大图。

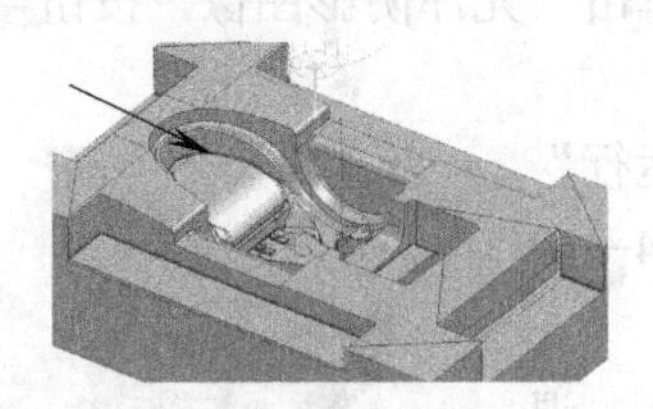

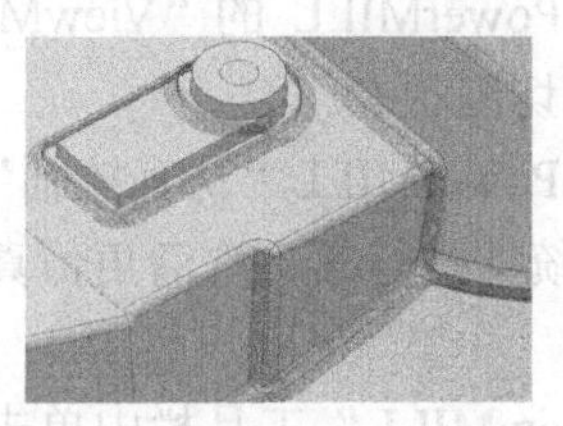

图 4-159　使用直径为3mm刀具的清角刀具路径　图 4-160　使用直径为3mm刀具的清角刀具路径的局部放大图

单击“取消”按钮，关闭“清角精加工”表格。

2．清角刀具路径碰撞检查

在 PowerMILL 资源管理器中的“刀具路径”树枝下，右击刀具路径“d3r1.5-qj”，在弹出的快捷菜单条中，执行“检查”→“刀具路径...”，打开“刀具路径检查”表格，按图 4-161 所示设置检查参数。

单击“应用”按钮，系统即对刀具路径进行检查，弹出图 4-162 所示的碰撞检查信息。

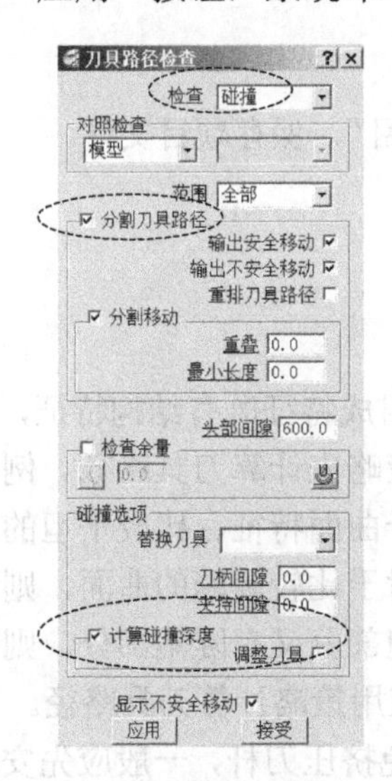

图 4-161　刀具路径检查参数

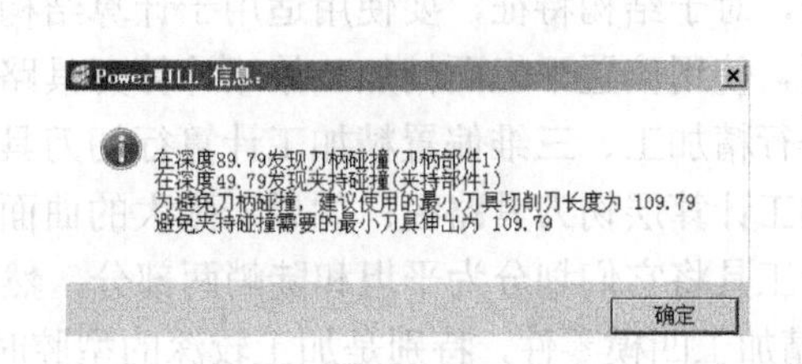

图 4-162　碰撞检查信息

根据碰撞检查的结果提示，刀具的刀柄部分在零件深度为89.97mm处发生挤压，刀具的夹持部分在零件深度为49.79mm处发生碰撞。为避免夹持碰撞，需要使用到悬伸出夹持部分109.79mm的刀具来加工。

在PowerMILL资源管理器中的“刀具路径”树枝下，将刀具路径“d3r1.5-qj”分割为安全刀具路径 d3r1.5-qj _1 和不安全刀具路径 d3r1.5-qj _2。如果要安全地使用清角刀具路径 d3r1.5-qj _2，应该使用悬伸出夹持部分109.79mm的刀具。

单击“PowerMILL信息”对话框中的“确定”按钮，关闭该对话框。单击“刀具路径检查”表格中的“接受”按钮，关闭该对话框。

3. 第二次清角高质量仿真加工

1）在PowerMILL资源管理器中的“刀具路径”树枝下，右击刀具路径“d3r1.5-qj_1”，在弹出的快捷菜单条中选择“自开始仿真”。

2）在PowerMILL的“ViewMILL”工具栏中，单击“光泽阴影图像”按钮，进入真实实体仿真切削状态。

3）在PowerMILL“仿真控制”工具栏中单击“运行”按钮，系统即进行第二次清角仿真切削，其结果如图4-163所示。

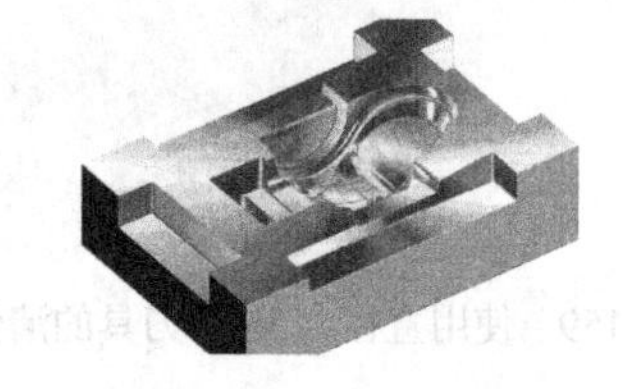

图4-163 第二次清角仿真结果

在“ViewMILL”工具栏中单击“无图像”按钮，退出仿真状态，返回PowerMILL编程环境。

直径为6mm和3mm的标准铣刀总长较短，本例中，型腔最深达138mm，那么就存在较深部位的角落加工有碰撞的问题。本例中计算出了完整的清角刀具路径，然后根据实际刀具长度进行碰撞检查，分割掉那些有碰撞的刀具路径。由于刀具短而清角不到的部位，须采用其他方法（比如电加工）来加工。

4.2.10 保存项目文件

在PowerMILL下拉菜单条中单击“文件”→“保存项目”，保存项目文件。

4.3 工程师经验点评

1）由结构特征和曲面特征混合组成的零件，即零件的组成特征既有结构特征，又有自由曲面特征，对于结构特征，要使用适用于计算结构特征的策略来计算刀具路径。例如：对于分型平面，使用偏置平坦面精加工策略计算刀具路径；对于曲面特征、比较平坦的曲面，可以使用平行精加工、三维偏置精加工计算行切刀具路径；对于比较陡峭的曲面，则可以使用等高精加工计算层切刀具路径；如果一张大的曲面既有平坦部分又有陡峭部分，则需要使用边界这个工具将它们划分为平坦和陡峭两部分，然后分别应用策略计算刀具路径。

2）精加工凹模零件，特别是加工较深的型腔时，为避免挤压刀杆，一般应先安排侧壁的等高精加工，再安排浅滩面的平行或三维偏置精加工。

3）随着技术的演化进步，高速加工机床的应用有普遍推广的趋势，PowerMILL 是高速加工编程软件，其三种高速加工刀具路径计算技术（赛车线、倒圆行切、摆线）在加工效率、保护机床等方面做得比较好，在业内有较大的影响力，读者可以在实际加工时试用高速加工选项，比较用与不用的优劣。

4.4 练习题

1）图 4-164 所示的凹模零件，含有结构特征和三维曲面特征，计算其加工刀具路径。毛坯为方坯，刀具和切削参数自定义。零件数模在光盘中的存放位置：光盘符:\习题\ch04\xt4-01.dgk。

2）图 4-165 所示的凹模零件，含有结构特征和三维曲面特征，计算其加工刀具路径。毛坯为方坯，刀具和切削参数自定义。零件数模在光盘中的存放位置：光盘符:\习题\ch04\xt4-02.dgk。

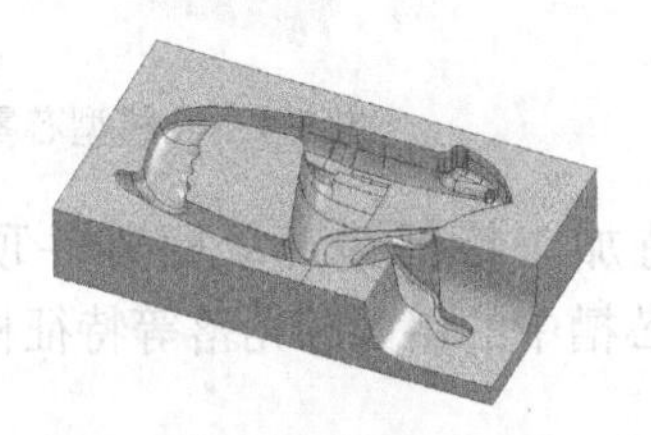

图 4-164　练习题 1）图

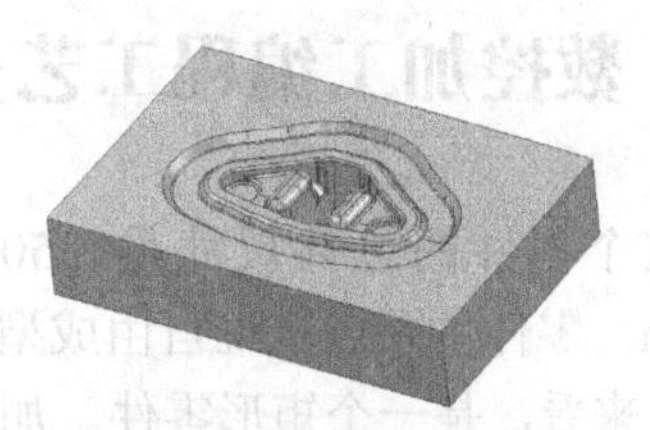

图 4-165　练习题 2）图

第5章

塑料模具型芯零件数控加工编程

一套塑料模具的模芯零件分为凹模型腔和凸模型芯。第 4 章介绍了一个典型的凹模型腔零件的数控加工编程过程，在本章中，将介绍一个典型的凸模型芯零件的数控加工编程过程。如图 5-1 所示，待加工零件是一个凸模型芯。

图 5-1　凸模型芯零件

5.1　数控加工编程工艺分析

这个零件的总体尺寸是 350mm×200mm×168mm，待加工特征最深处距零件顶部约 100mm。零件主要由三维自由成型曲面、分模平面、侧抽芯槽中的斜面和角落等特征构成。总体上来看，是一个矩形零件。加工该零件的注意点包括：

1）三维自由成型曲面与分模平面交接处要注意加工到位。

2）侧抽芯槽角落部位要注意加工处理方式。

3）考虑高速加工的刀具路径策略参数。

零件外形为矩形，选用毛坯四周面加工到尺寸的长方体钢板作为毛坯。使用机用虎钳夹紧安装在数控加工中心工作台上。

拟使用表 5-1 所列的零件数控加工编程工艺过程来计算零件的加工刀具路径。

表 5-1　零件数控加工编程工艺过程

工步号	工步名	加工策略	加工部位	刀具	切削参数					
					转速/（r/min）	进给速度/（mm/min）	切削宽度/mm	背吃刀量/mm	公差/mm	余量/mm
1	粗加工	模型区域清除	分模面以上	d20r1 刀尖圆角面铣刀	2000	2000	2	20	0.01	0.5
2	粗加工	参考线精加工	侧抽芯槽进刀槽	d20r1 刀尖圆角面铣刀	2500	2000	10	3	0.01	0
3	粗加工	模型区域清除	侧抽芯槽	d20r1 刀尖圆角面铣刀	2200	2000	10	3	0.01	0.5
4	精加工	三维偏置精加工	成型曲面	d20r10 球头铣刀	6000	3000	0.7		0.01	0
5	精加工	陡峭和浅滩精加工	侧抽芯槽斜面	d20r10 球头铣刀	6000	2500	0.7		0.01	0
6	精加工	偏置平坦面精加工	平面部分	d20r0 面铣刀	6000	3000	10		0.01	0
7	清角	清角精加工	零件整体	d10r5 球头铣刀	6000	1500			0.01	0
8	清角	清角精加工	零件整体	d6r3 球头铣刀	6000	1000			0.01	0

5.2 详细编程过程

5.2.1 设置公共参数

步骤一 新建加工项目

（1）复制光盘内文件夹到本地磁盘 复制光盘上的文件夹*:\Source\ch05 到 E:\PM EX 目录下。

（2）输入模型 在下拉菜单条中单击“文件”→“输入模型”，打开“输入模型”表格，选择 E:\PM EX\ch05\hm.dgk 文件，然后单击“打开”按钮，完成模型输入操作。

（3）查看模型 在 PowerMILL“查看”工具条中，单击“普通阴影”按钮，显示模型的着色状态。单击“线框”按钮，关闭线框显示。单击“ISO1”按钮，以轴测视角查看零件。

（4）保存加工项目文件 在 PowerMILL 下拉菜单条中，执行“文件”→“保存项目”，打开“保存项目为”表格，在“保存在”栏选择 E：\PM EX，在“文件名”栏输入项目名为 5-1hm，然后单击“保存”按钮完成操作。

步骤二 准备加工

（1）计算毛坯 在 PowerMILL“综合”工具栏中，单击“毛坯”按钮，打开“毛坯”表格，按图 5-2 所示设置参数。单击“接受”按钮，关闭该表格。计算出来的毛坯如图 5-3 所示。

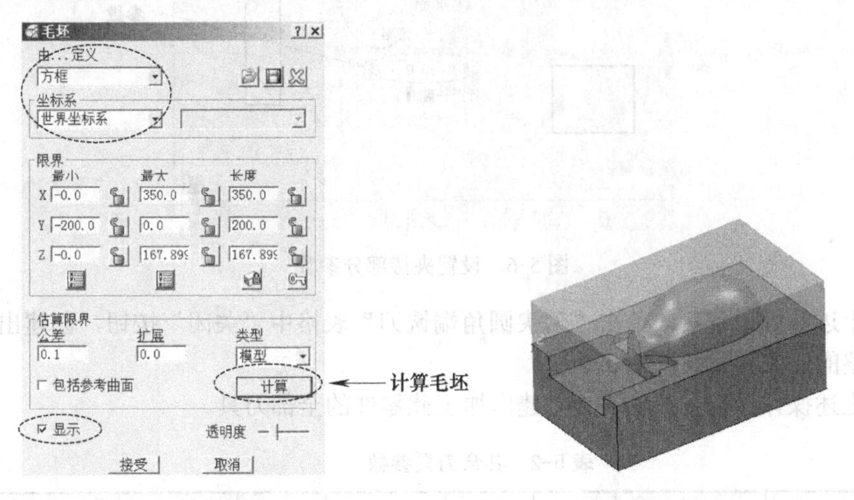

图 5-2 计算毛坯　　　　图 5-3 毛坯

本例中，对刀坐标系使用世界坐标系（即设计坐标系），它位于零件底面角落点。

（2）创建粗加工刀具 在 PowerMILL 资源管理器中，右击“刀具”树枝，在弹出的快捷菜单条中，执行“产生刀具”→“刀尖圆角端铣刀”，打开“刀尖圆角端铣刀”表格。按图 5-4 所示设置刀尖（切削刃）部分的参数。单击“刀尖圆角端铣刀”表格中的“刀柄”选项卡，切换到“刀柄”表格，按图 5-5 所示设置刀柄（刀具体）部分参数。

单击“刀尖圆角端铣刀”表格中的“夹持”选项卡，切换到“夹持”表格，按图 5-6 所示设置夹持部分参数。

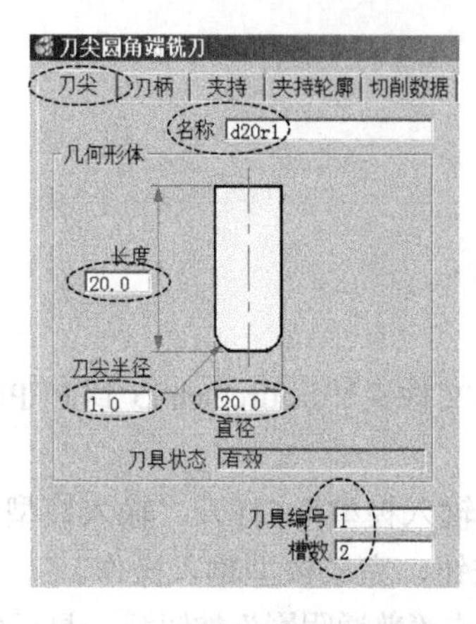

图 5-4　设置刀尖部分参数

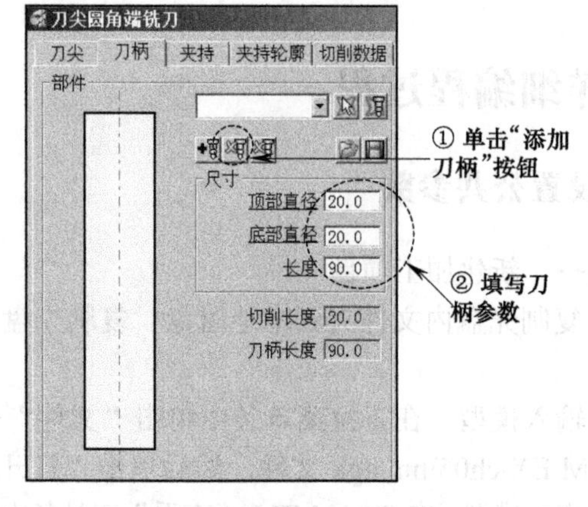

图 5-5　设置刀柄部分参数

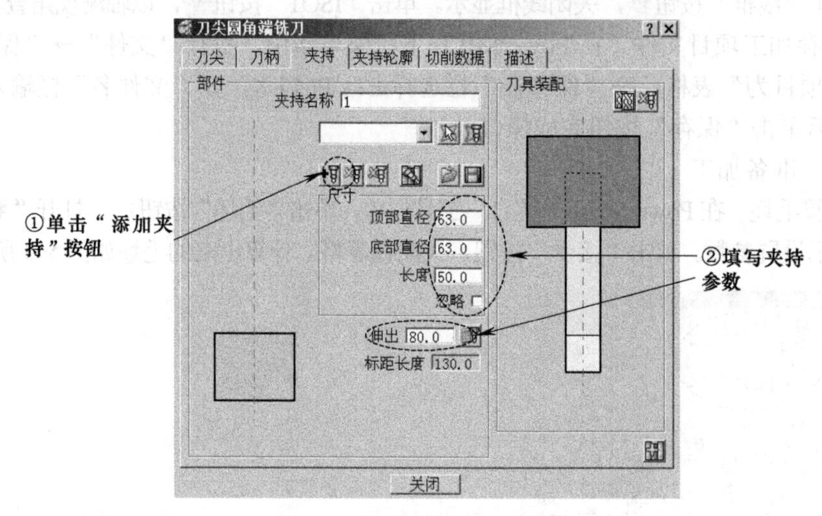

图 5-6　设置夹持部分参数

完成上述参数设置后，单击"刀尖圆角端铣刀"表格中"关闭"按钮，创建出一把带夹持的、完整的刀尖圆角面铣刀 d20r1。

参照上述操作过程，按表 5-2 创建出加工此零件的全部刀具。

表 5-2　其余刀具参数

刀具编号	刀具名称	刀具类型	刀具直径/mm	槽数/个	切削刃长度/mm	刀尖圆弧半径/mm	刀柄直径（顶/底）/mm	刀柄长度/mm	夹持直径（顶/底）/mm	夹持长度/mm	刀具伸出夹持长度/mm
2	d20r10	球头铣刀	20	2	20	10	20	80	63	50	80
3	d20r0	面铣刀	20	2	20	0	20	80	63	50	80
4	d10r5	球头铣刀	10	2	20	5	10	80	63	50	80
5	d6r3	球头铣刀	6	2	10	3	6	60	20	50	40

注：d6r3 球头铣刀由于直径小、长度短，需要先装夹在加长杆上再装入夹持。

（3）计算安全高度　在 PowerMILL"综合"工具栏中，单击"快进高度"按钮，打开"快进高度"表格，按图 5-7 所示设置参数，单击"接受"按钮关闭表格。

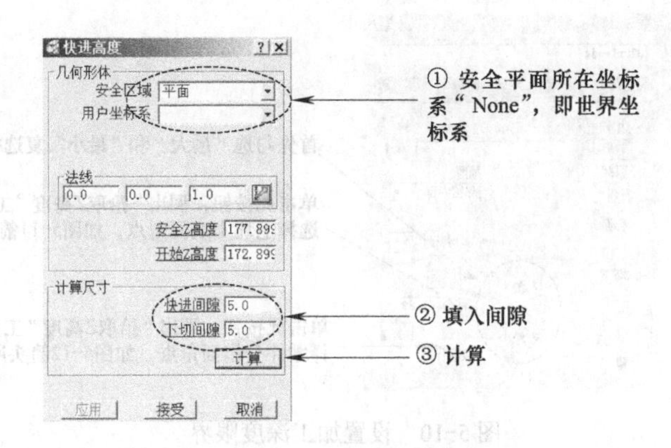

图 5-7 设置快进高度

（4）设置加工开始点和结束点　在 PowerMILL“综合”工具栏中，单击“开始点和结束点”按钮，打开“开始点和结束点”表格，设置开始点为“毛坯中心安全高度”，结束点为“最后一点安全高度”。

5.2.2 粗加工——模型区域清除策略应用于粗加工

1. 计算光顺的开粗刀路

在 PowerMILL“综合”工具栏中，单击“刀具路径策略”按钮，打开“策略选取器”表格，选择“三维区域清除”选项，在该选项卡中选择“模型区域清除”，单击“接受”按钮，打开“模型区域清除”表格，按图 5-8 所示设置参数。

在“模型区域清除”表格的策略树中，单击“刀具”树枝，调出“刀具”选项卡，按图 5-9 所示选择粗加工刀具。

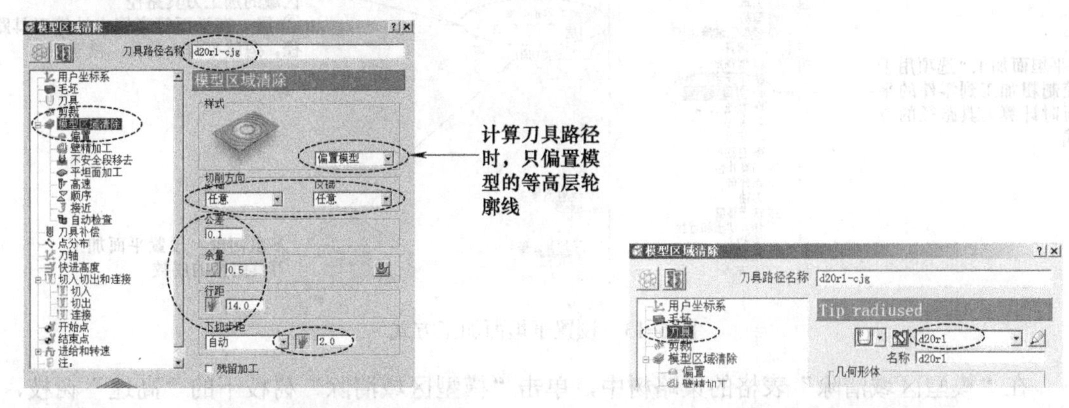

图 5-8 设置高速粗加工参数　　图 5-9 选择粗加工刀具

该型芯零件分模面以下的侧滑块槽单独计算粗加工刀具路径。因此，需要限制粗加工的加工深度。

在“模型区域清除”表格的策略树中，单击“剪裁”树枝，调出“剪裁”选项卡，按图 5-10 所示设置参数，控制粗加工的深度范围。

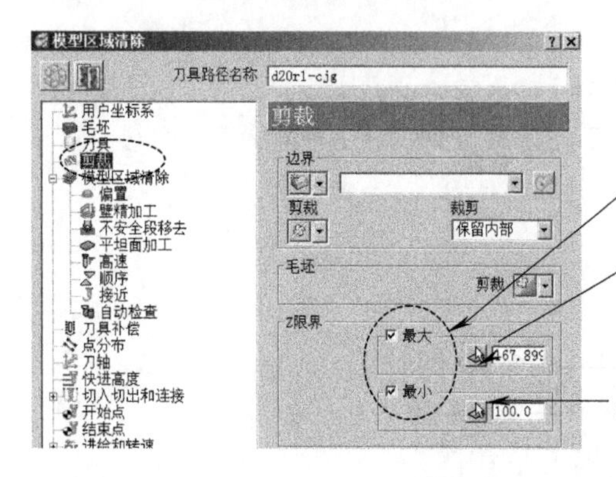

首先勾选“最大”和“最小”复选框
单击此按钮，调出“拾取Z高度”工具条，在绘图区选择毛坯上表面角点，如图5-11箭头所示
单击此按钮，调出“拾取Z高度”工具条，在绘图区选择零件分模面角点，如图5-12箭头所示

图 5-10　设置加工深度限界

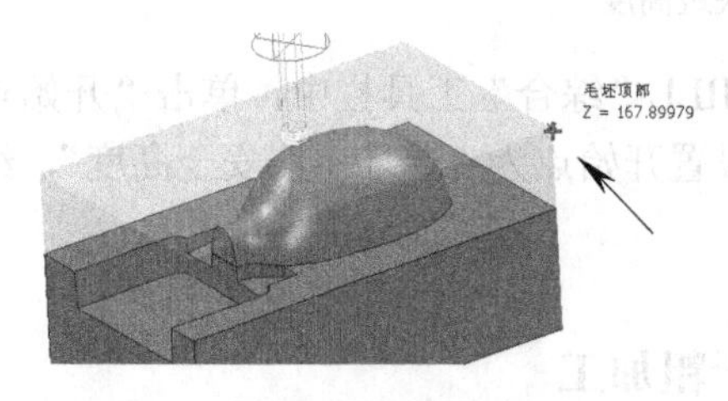

图 5-11　选择毛坯上表面角点

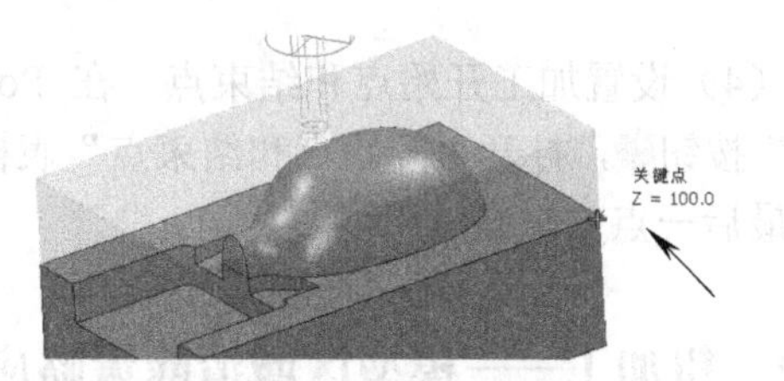

图 5-12　选择零件分模面角点

该型芯零件有平面分模面，下面设置该平面的加工方式。

在“模型区域清除”表格的策略树中，单击“模型区域清除”树枝下的“平坦面加工”树枝，调出“平坦面加工”选项卡，按图 5-13 所示设置平坦面加工参数。

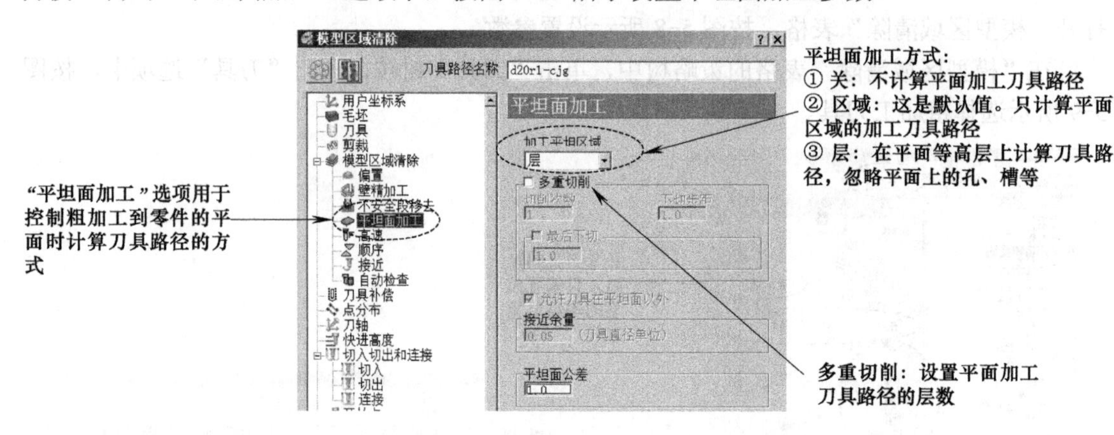

平坦面加工方式：
① 关：不计算平面加工刀具路径
② 区域：这是默认值。只计算平面区域的加工刀具路径
③ 层：在平面等高层上计算刀具路径，忽略平面上的孔、槽等
“平坦面加工”选项用于控制粗加工到零件的平面时计算刀具路径的方式
多重切削：设置平面加工刀具路径的层数

图 5-13　设置平坦面加工方式

在“模型区域清除”表格的策略树中，单击“模型区域清除”树枝下的“高速”树枝，调出“高速”选项卡，按图 5-14 所示设置高速加工参数。

在“模型区域清除”表格的策略树中，单击“模型区域清除”树枝下的“接近”树枝，调出“接近”选项卡，按图 5-15 所示设置刀具从毛坯外部切入方式。

在“模型区域清除”表格的策略树中，双击“切入切出和连接”树枝，将它展开。单击“连接”树枝，调出“连接”选项卡，按图 5-16 所示设置连接方式。

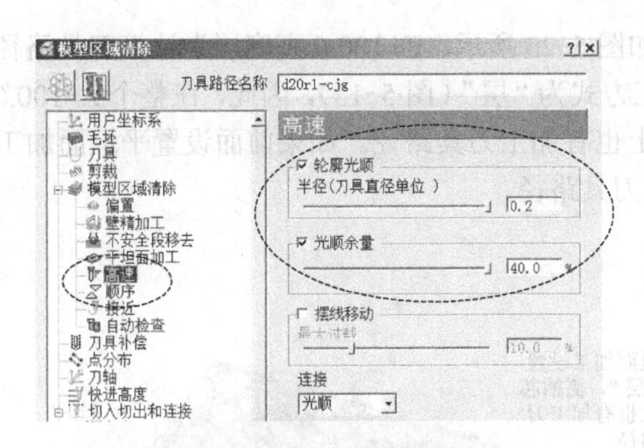

图 5-14 设置高速加工参数

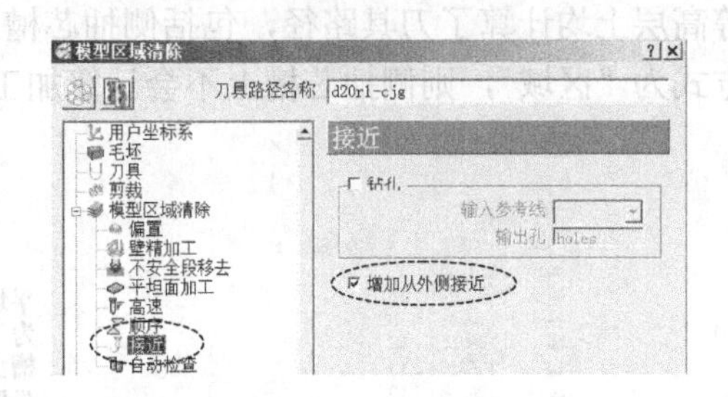

图 5-15 设置刀具从毛坯外部切入方式

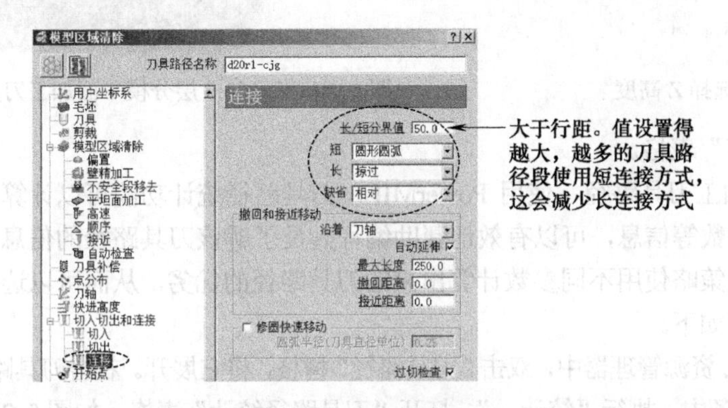

图 5-16 设置连接方式

在“模型区域清除”表格的策略树中，单击“进给和转速”树枝，调出“进给和转速”选项卡，设置主轴转速为“2000”，切削进给率为“2000”，下切进给率为“500”，掠过进给率为“3000”，冷却方式为“液体”。

设置完成各参数后，单击“模型区域清除”表格下方的“计算”按钮，系统计算出图 5-17 所示光顺的粗加工刀具路径，图 5-18 是该刀具路径的分层放大图。

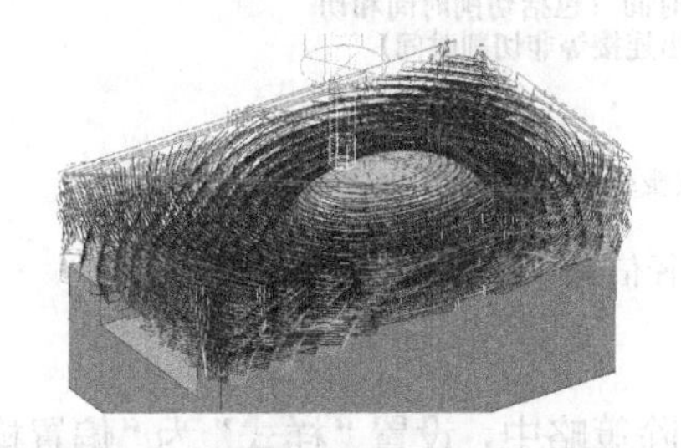

图 5-17 分模面以上粗加工刀具路径

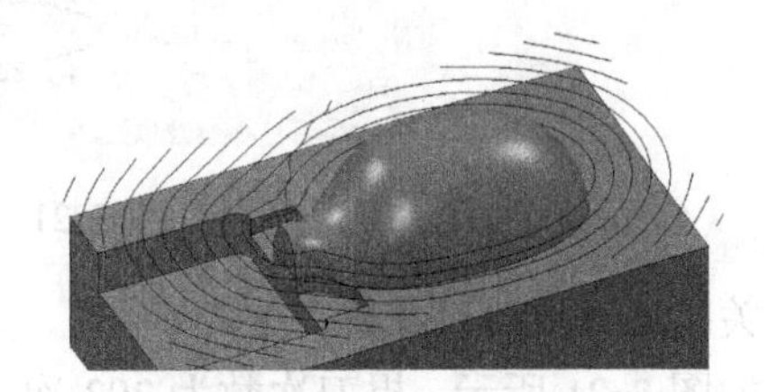

图 5-18 分模面以上粗加工刀具路径的分层放大图

单击“取消”按钮，关闭“模型区域清除”表格。

2. 查看和统计光顺的开粗刀具路径

（1）分层查看粗加工刀具路径 在 PowerMILL“刀具路径编辑”工具栏中，单击“按 Z 高度查看刀具路径”按钮，打开“Z 高度”表格，如图 5-19 所示，单击 Z=100.6 高度层，在绘图区中查看该高度层粗加工刀具路径，如图 5-20 所示。Z=100.6 高度层为计算刀具路径时分模平面的等高层，前面设置了平坦面加工方式为“层”（图 5-13），因此，在整个 Z=100.6 等高层上均计算了刀具路径，包括侧抽芯槽上也有加工刀具路径。如果前面设置平坦面加工方式为“区域”，则侧抽芯槽上不会计算加工刀具路径。

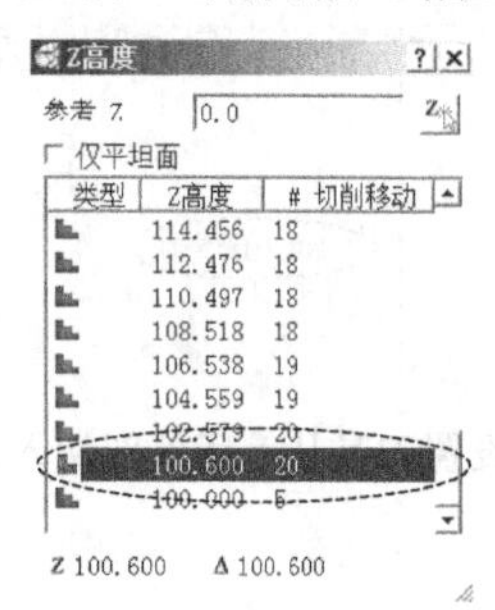

图 5-19　选择 Z 高度

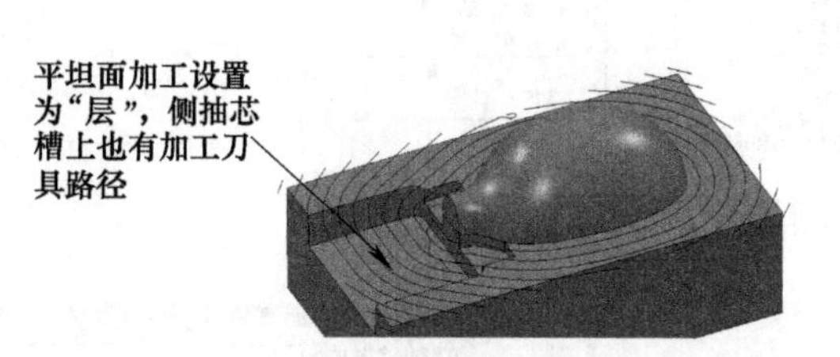

图 5-20　Z=100.6 层分模平面加工刀具路径

关闭“Z 高度”表格。

（2）统计粗加工刀具路径　使用 PowerMILL 刀具路径统计功能可以计算出该刀具路径的切削时间、提刀次数等信息，可以有效地帮助编程人员了解该刀具路径的信息，以利于后续比较各种策略或同一策略使用不同参数计算出来的刀具路径的优劣，从而可以选择出更合适的刀具路径。操作过程如下。

在 PowerMILL 资源管理器中，双击“刀具路径”树枝，将它展开。右击刀具路径“d20r1-cjg”，在弹出的快捷菜单条中，执行“统计...”，打开“刀具路径统计”表格，如图 5-21 所示。

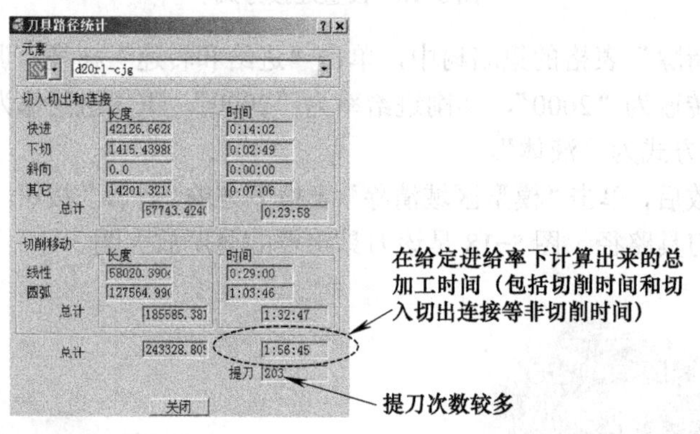

图 5-21　粗加工刀具路径信息

关闭“刀具路径统计”表格。

如图 5-21 所示，提刀次数为 203 次。模型区域清除策略中，设置“样式”为“偏置模型”并设置高速加工参数时，可以计算出很光顺的刀具路径，切削宽度保持不变，如图 5-18 所示，这有利于机床快速运行，达到编程人员设定的切削进给率，但会有较多的提刀次数。如果要减少提刀次数，可以修改“样式”为“偏置全部”。

3. 计算提刀次数较少的开粗刀具路径

（1）复制已有刀具路径生成新刀具路径　在 PowerMILL 资源管理器中的“刀具路径”树枝下，右击刀具路径“d20r1-cjg”，在弹出的快捷菜单条中，执行“编辑”→“复制刀具路径”，复制出刀具路径“d20r1-cjg_1”。

（2）修改新刀具路径参数　在 PowerMILL 资源管理器中的“刀具路径”树枝下，右击刀具路径“d20r1-cjg_1”，在弹出的快捷菜单条中，执行“激活”。

再次右击刀具路径“d20r1-cjg_1”，在弹出的快捷菜单条中，执行“设置...”，打开“模型区域清除”表格，单击该表格左上方的“编辑参数”按钮，激活表格中的参数，按图 5-22 所示修改样式为“偏置全部”。

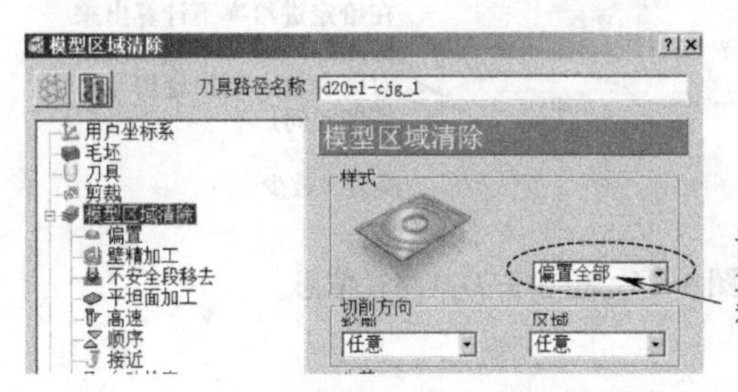

图 5-22　修改刀具路径样式

在“模型区域清除”表格的策略树中，单击“模型区域清除”树枝下的“偏置”树枝，调出“偏置”表格，按图 5-23 所示设置偏置参数。

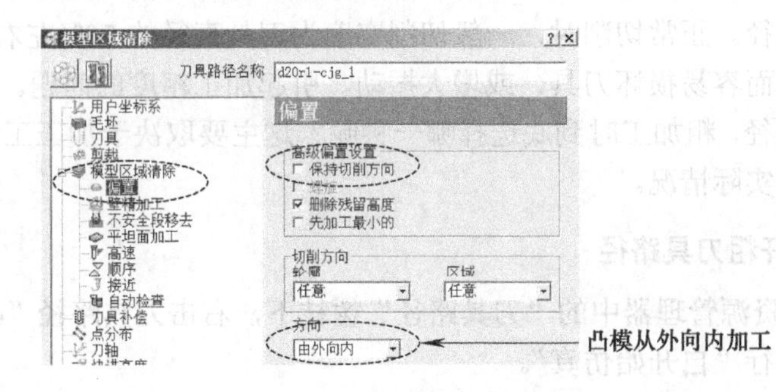

图 5-23　修改切削内外方向

单击“模型区域清除”表格下方的“计算”按钮，系统计算出图 5-24 所示粗加工刀具路径，图 5-25 是该刀具路径的分层放大图。

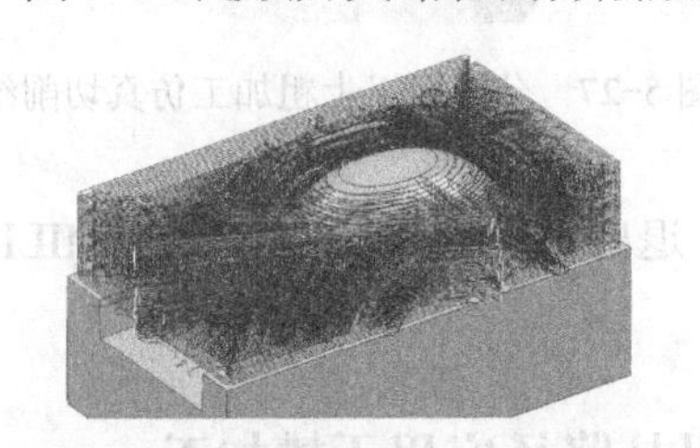

图 5-24　偏置全部的粗加工刀具路径

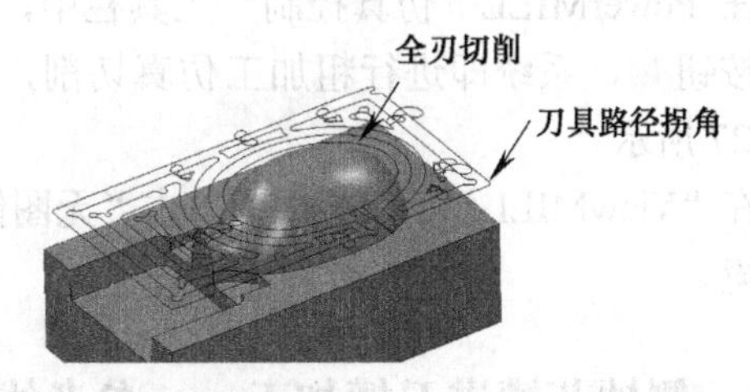

图 5-25　分模面以上粗加工刀具路径的分层放大图

单击“取消”按钮，关闭“模型区域清除”表格。

（3）统计修改后的粗加工刀具路径　在 PowerMILL 资源管理器中的“刀具路径”树枝下，右击刀具路径“d20r1-cjg_1”，在弹出的快捷菜单条中，执行“统计...”，打开“刀具路径统计”表格，如图 5-26 所示。

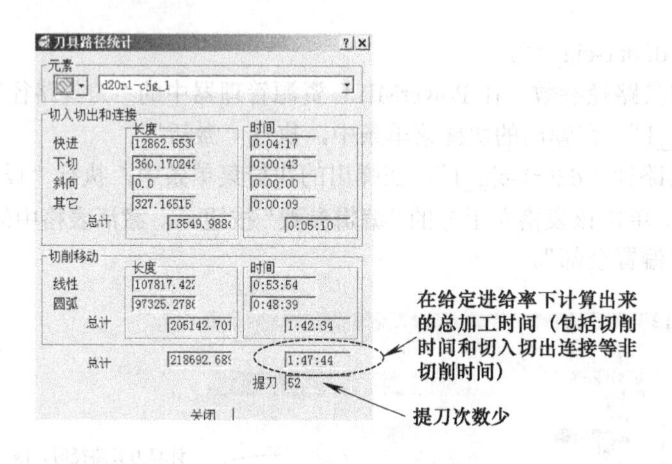

图 5-26　粗加工刀具路径信息

关闭“刀具路径统计”表格。

如图 5-26 所示，该刀具路径的提刀次数只有 52 次。但该刀具路径的问题在于（图 5-25）：刀具路径的拐角过多，数控机床运行该刀具路径时，通常在拐角处会降低进给率，达不到编程人员设定的切削进给率，从而会增加总切削时间；由于是同时偏置毛坯和零件在等高层上的轮廓线来计算刀具路径，因此，刀具路径中存在有全刃切削的段。所谓“全刃切削”，是指切削宽度等于刀具直径。正常切削时，一般切削宽度为刀具直径的 70%左右，全刃切削会导致切削负载突变，从而容易损坏刀具，或增大振动，引起加工精度的问题。

以上两种刀具路径，粗加工时到底选择哪一种呢？这主要取决于加工工艺系统，即机床、刀具、夹具和毛坯的实际情况。

4. 仿真光顺的开粗刀具路径

在 PowerMILL 资源管理器中的“刀具路径”树枝下，右击刀具路径“d20r1-cjg”，在弹出的快捷菜单条中执行“自开始仿真”。

在 PowerMILL 的“ViewMILL”工具栏中，依次单击“开/关 ViewMILL”按钮、“光泽阴影图像”按钮，进入真实实体仿真切削状态。

在 PowerMILL“仿真控制”工具栏中，单击“运行”按钮，系统即进行粗加工仿真切削，其结果如图 5-27 所示。

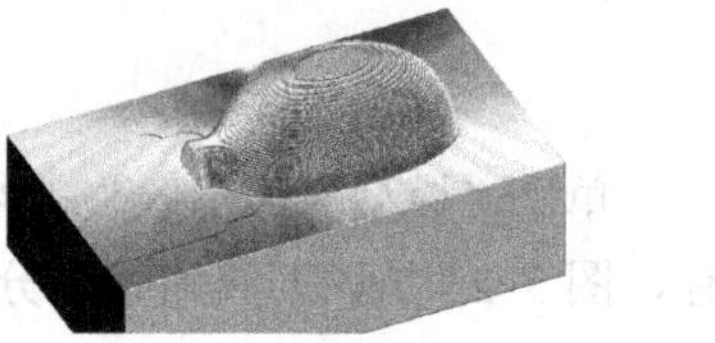

图 5-27　分模面以上粗加工仿真切削结果

在“ViewMILL”工具栏中，单击“无图像”按钮，退出仿真状态，返回 PowerMILL 编程环境。

5.2.3　侧抽芯槽进刀槽加工——参考线及参考线刀具路径应用于槽加工

1. 创建参考线

在 PowerMILL 资源管理器中的“刀具路径”树枝下，右击刀具路径“d20r1-cjg_1”，在弹出的快捷菜单条中，执行“激活”，取消其激活状态。

在 PowerMILL“查看”工具栏中，单击“从上查看（Z）”按钮，将模型摆平。单击“毛坯显示开关”按钮，隐藏毛坯。

在 PowerMILL 资源管理器中，右击“参考线”树枝，在弹出的快捷菜单条中，执行“产生参考线”，系统立即产生一条名称为 1、内容为空白的参考线 1。

双击“参考线”树枝，将它展开。右击参考线“1”，在弹出的快捷菜单条中执行“曲线编辑器...”，调出“曲线编辑器”工具栏，单击“连续直线”按钮，绘制图 5-28 所示直线。

绘制直线时，注意从左往右绘制，因为绘制方向即为参考线加工方向。图 5-28 所示尺寸为大概数据即可，查看该数据的方法是：在 PowerMILL“信息”工具栏中，查看光标当前位置的 *X*、*Y*、*Z* 坐标值，如图 5-29 所示。

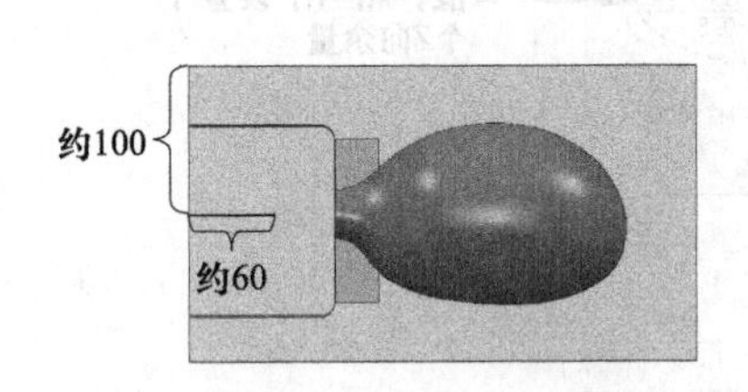

图 5-28　绘制直线

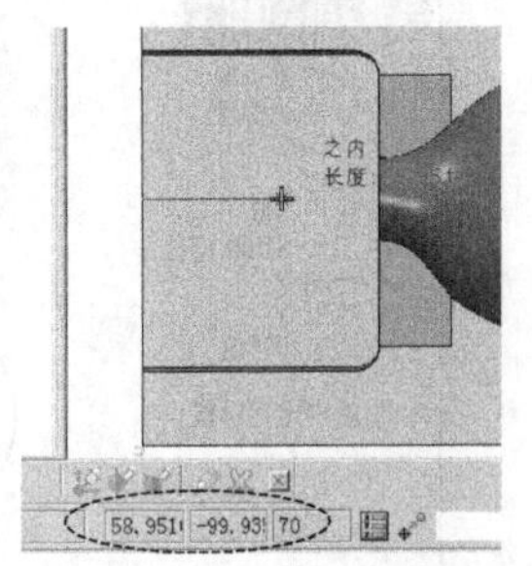

图 5-29　查看光标位置

单击“曲线编辑器”工具栏中的勾按钮完成参考线绘制。参考线 1 如图 5-30 所示。

图 5-30　参考线 1

再次右击“参考线”树枝，在弹出的快捷菜单条中执行“产生参考线”，系统立即产生一条名称为 2、内容为空白的参考线 2。

右击参考线“2”，在弹出的快捷菜单条中执行“插入”→“参考线产生器”，打开“参考线产生器”表格，按图 5-31 所示设置参数。

在 PowerMILL 资源管理器的“参考线”树枝中，单击参考线“1”树枝前的小灯泡，使之点亮，然后在绘图区中单击参考线“1”，使之处于选中状态（为便于选择直线，可以在“查看”工具栏中单击“普通阴影”按钮，将模型隐藏起来后再去选择，选中直线后，再单击“普通阴影”按钮，将模型显示出来）。

单击“参考线生成器”窗口中的“应用”按钮，系统计算出图 5-32 所示的参考线 2。

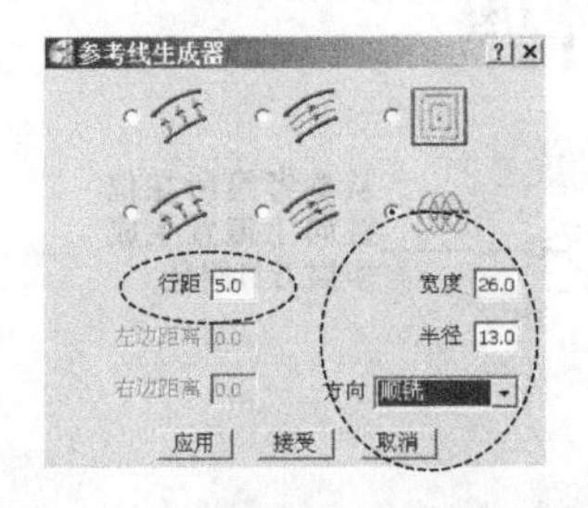

图 5-31　设置参考线 2 的产生参数

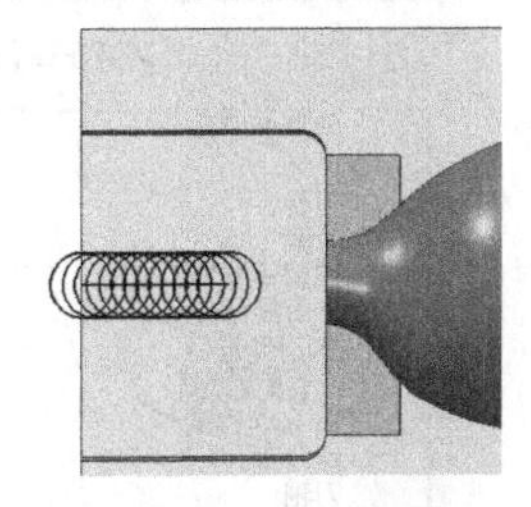

图 5-32　参考线 2

单击“接受”按钮，关闭“参考线产生器”表格。

参考线 2 用来作为计算侧抽芯槽进刀槽加工刀具路径的依据。

2. 计算参考线精加工刀具路径

在 PowerMILL“综合”工具栏中，单击“刀具路径策略”按钮，打开“策略选取器”表格，选择“精加工”选项，在该选项卡中选择“参考线精加工”，单击“接受”按钮，打开“参考线精加工”表格，按图 5-33 所示设置参数。

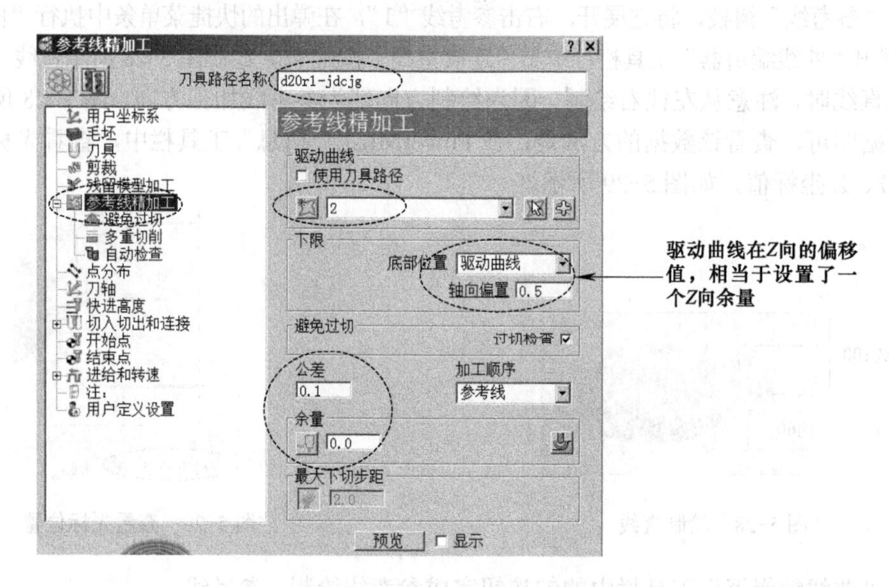

图 5-33 设置进刀槽加工参数

刀具使用与上一工步相同的刀具 d20r1，不需要再去选择。

进刀槽深 30mm，需要分层加工，使用“多重切削”计算分层切削刀具路径。在“参考线精加工”表格的策略树中，单击“多重切削”树枝，调出“多重切削”选项卡，按图 5-34 所示设置参数。

在“参考线精加工”对话框的策略树中，单击“剪裁”树枝，调出“剪裁”选项卡，按图 5-35 所示设置参数。

为计算出从毛坯外侧切入的刀具路径，将毛坯向 *X* 负方向延长出来，这样，实际加工时，刀具即从空处切入实体。在“参考线精加工”表格的策略树中，单击“毛坯”树枝，调出“毛坯”选项卡，按图 5-36 所示修改毛坯参数。

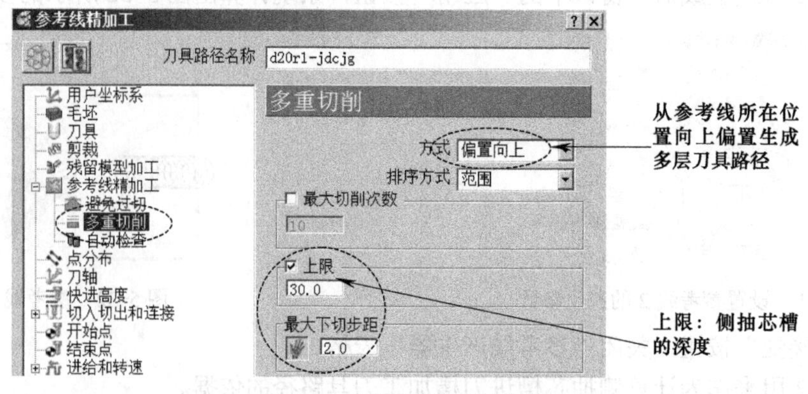

图 5-34 设置多重切削参数

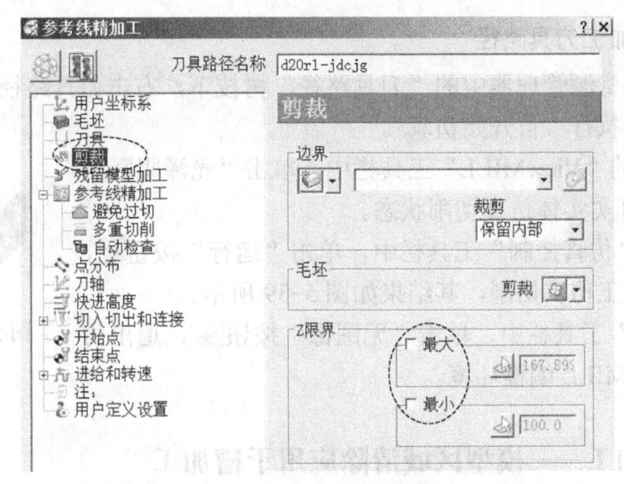

图 5-35　取消 Z 限界

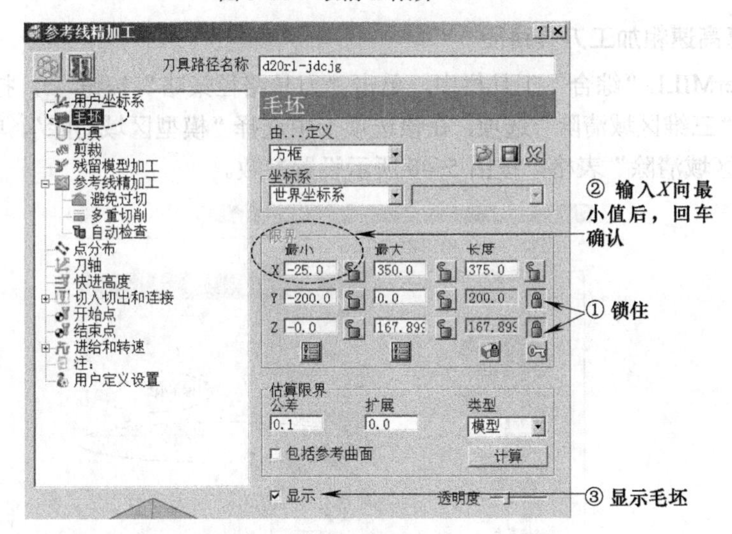

图 5-36　设置毛坯参数

在“参考线精加工”表格的策略树中，单击“进给和转速”树枝，调出“进给和转速”选项卡，设置主轴转速为“2500”，切削进给率为“2000”，下切进给率为“500”，掠过进给率为“3000”，冷却方式为“液体”。

设置完各参数后，单击“参考线精加工”表格下方的“计算”按钮，系统计算出图 5-37 所示进刀槽加工刀具路径，图 5-38 为该刀具路径的局部放大图。

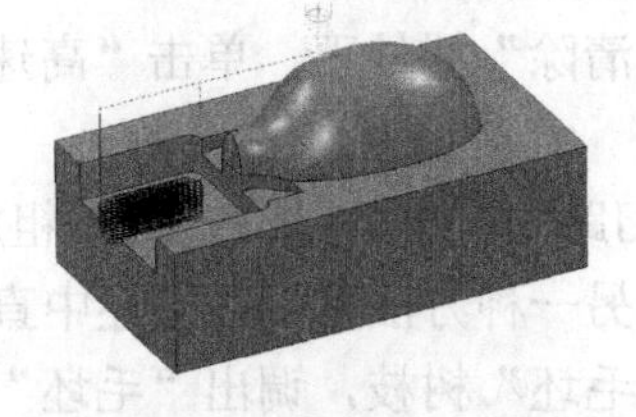

图 5-37　进刀槽加工刀具路径

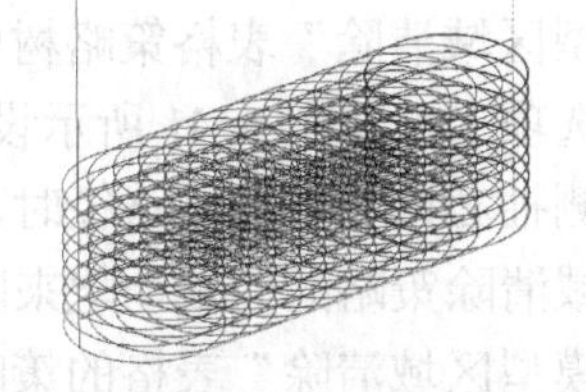

图 5-38　进刀槽加工刀具路径的局部放大图

单击“取消”按钮，关闭“参考线精加工”表格。

3．仿真进刀槽加工刀具路径

在 PowerMILL 资源管理器中的“刀具路径”树枝下，右击刀具路径“d20r1-jdcjg”，在弹出的快捷菜单条中执行“自开始仿真”。

在 PowerMILL 的“ViewMILL”工具栏中，单击“光泽阴影图像”按钮，进入真实实体仿真切削状态。

在 PowerMILL“仿真控制”工具栏中，单击“运行”按钮，系统即进行进刀槽加工仿真切削，其结果如图 5-39 所示。

在“ViewMILL”工具栏中，单击“无图像”按钮，退出仿真状态，返回 PowerMILL 编程环境。

图 5-39　进刀槽加工仿真切削结果

5.2.4　侧抽芯槽加工——模型区域清除应用于槽加工

1．计算高速粗加工刀具路径

在 PowerMILL“综合”工具栏中，单击“刀具路径策略”按钮，打开“策略选取器”表格，选择“三维区域清除”选项，在该选项卡中选择“模型区域清除”，单击“接受”按钮，打开“模型区域清除”表格，按图 5-40 所示设置参数。

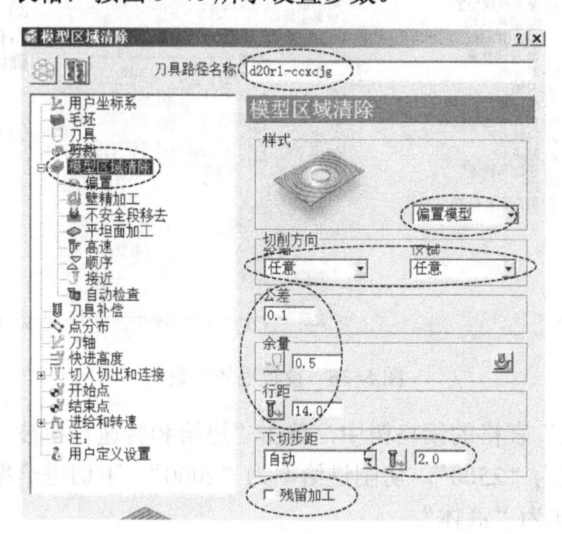

图 5-40　设置侧抽芯槽高速粗加工参数

刀具使用与上一工步相同的刀具 d20r1，不需要再去选择。

在“模型区域清除”表格策略树中的“模型区域清除”树枝下，单击“高速”树枝，调出“高速”选项卡，按图 5-41 所示设置参数。

只计算侧抽芯槽加工刀具路径时，需要限制计算刀路的 Z 向尺寸。在 5.2.2 粗加工一节中，通过模型区域清除策略的剪裁功能来限制 Z 向尺寸。另一种方法可以在毛坯中直接设置 Z 向尺寸。在“模型区域清除”表格的策略树中，单击“毛坯”树枝，调出“毛坯”选项卡，按图 5-42 所示顺序号操作，设置毛坯参数。

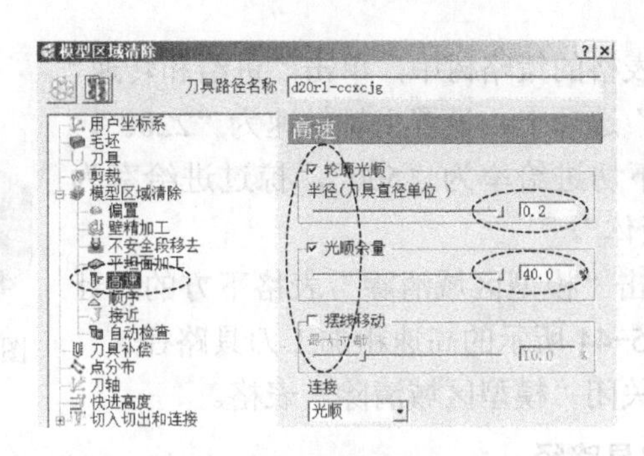

图 5-41　设置高速加工参数

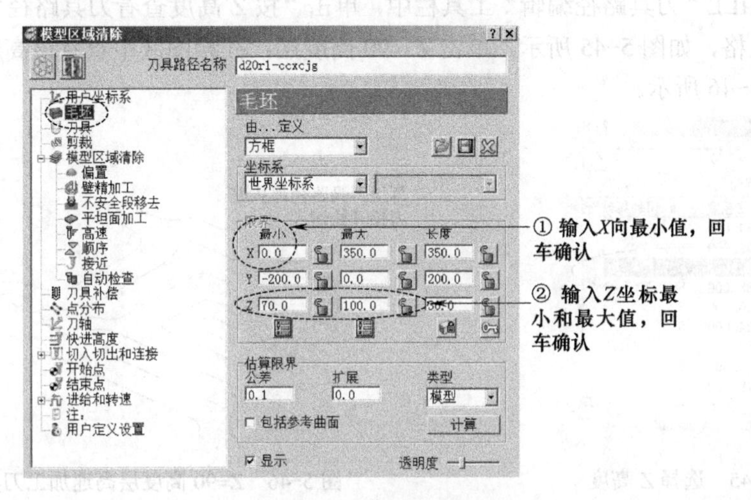

图 5-42　设置毛坯参数

重新设置毛坯 Z 坐标的最小值和最大值，使新计算的毛坯的深度刚好是侧抽芯槽的深度。通过毛坯的大小来控制刀具路径生成的范围（包括 X、Y、Z 三个方向）也是一种常用的方法。请读者注意，只有被毛坯包容的区域，PowerMILL 软件才会计算刀具路径，模型的某些区域没有毛坯，是不会计算刀具路径的。

在“模型区域清除”表格的策略树中，双击“切入切出和连接”树枝，将它展开。单击“连接”树枝，调出“连接”选项卡，按图 5-43 所示设置连接方式。

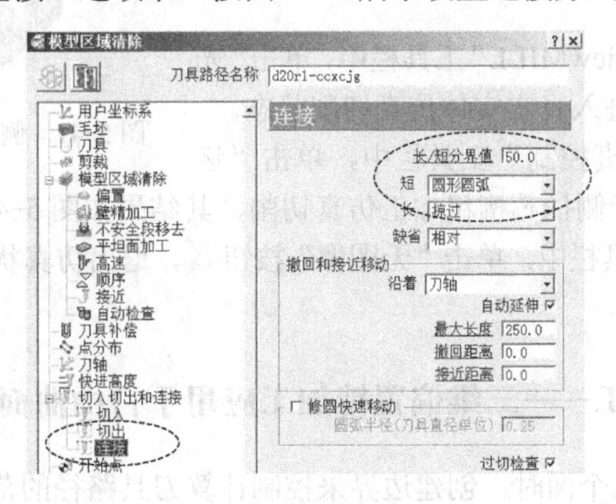

图 5-43　设置连接方式

在“模型区域清除”表格的策略树中，单击“进给和转速”树枝，调出“进给和转速”选项卡，设置主轴转速为“2200”，切削进给率为“2000”，下切进给率为“500”，掠过进给率为“3000”，冷却方式为“液体”。

设置完各参数后，单击“模型区域清除”表格下方的“计算”按钮，系统计算出图 5-44 所示的高速粗加工刀具路径。

单击“取消”按钮，关闭“模型区域清除”表格。

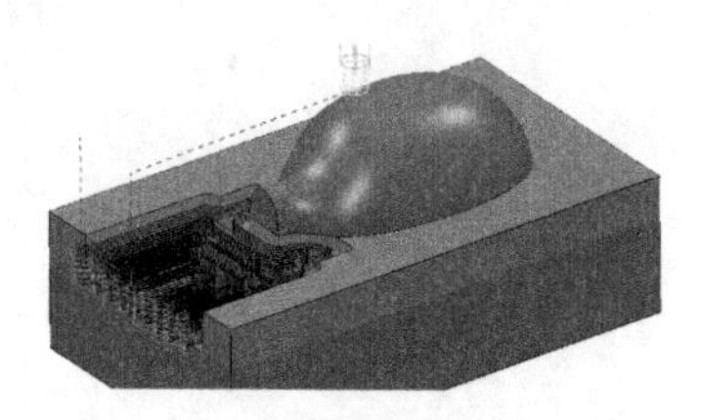

图 5-44　侧抽芯槽高速粗加工刀具路径

2．查看高速粗加工刀具路径

在 PowerMILL“刀具路径编辑”工具栏中，单击“按 Z 高度查看刀具路径”按钮，打开“Z 高度”表格，如图 5-45 所示，单击 Z=90 高度层，在绘图区中查看该高度层粗加工刀具路径，如图 5-46 所示。

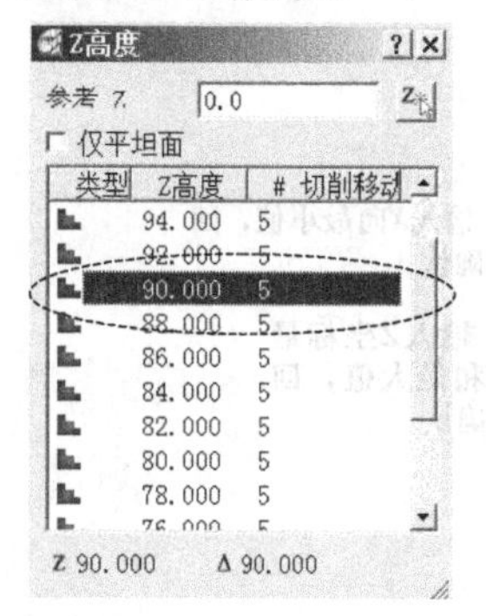

图 5-45　选择 Z 高度

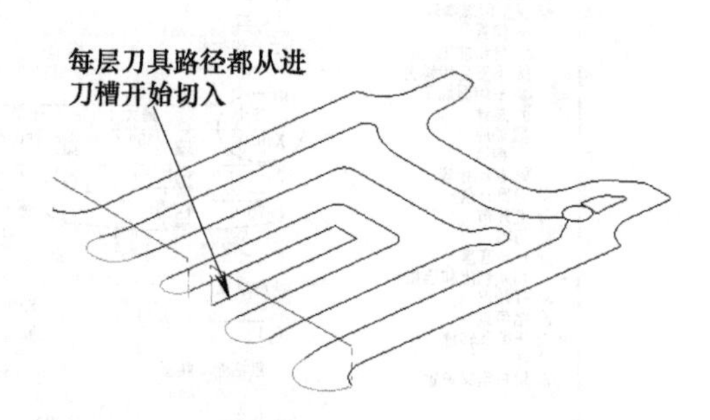

图 5-46　Z=90 高度层高速加工刀具路径

关闭“Z 高度”表格。

该刀具路径的特点是进刀发生在前一工步加工的进刀槽处，从而有效地避免了每层第一次进刀出现“全刃切削”的情况，而且避免使用螺旋或斜向等耗费工时的切入方式。

3．仿真侧抽芯槽粗加工刀具路径

在 PowerMILL 资源管理器中的“刀具路径”树枝下，右击刀具路径“d20r1-ccxcjg”，在弹出的快捷菜单条中选择“自开始仿真”。

在 PowerMILL 的“ViewMILL”工具栏中，单击“光泽阴影图像”按钮，进入真实实体仿真切削状态。

在 PowerMILL“仿真控制”工具栏中，单击“运行”按钮，系统即进行侧抽芯槽粗加工仿真切削，其结果如图 5-47 所示。

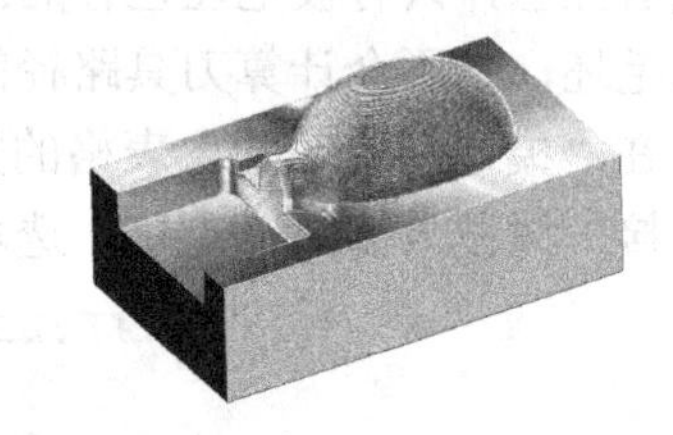

图 5-47　侧抽芯槽粗加工仿真切削结果

在“ViewMILL”工具栏中，单击“无图像”按钮，退出仿真状态，返回 PowerMILL 编程环境。

5.2.5　成型曲面精加工——三维偏置精加工应用于自由曲面加工

只加工某个面或某几个面时，创建边界来控制计算刀具路径的范围。

1．创建加工边界

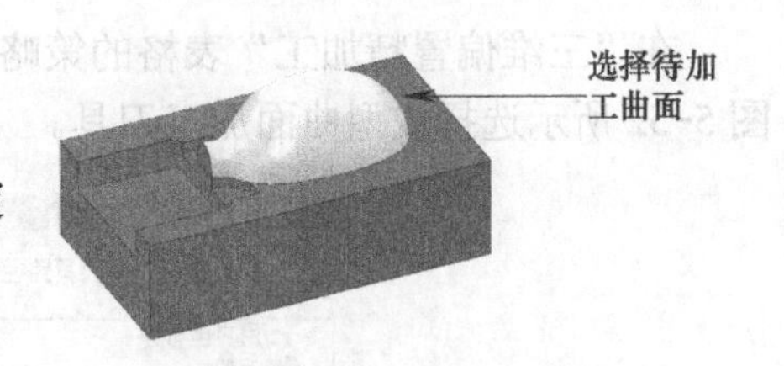

图 5-48 选择待加工曲面

在 PowerMILL 资源管理器中，右击“边界”树枝，在弹出的快捷菜单条中执行“定义边界”→“用户定义”，打开“用户定义边界”表格。

在绘图区中选择图 5-48 所示待加工成型曲面。

在“用户定义边界”表格中，单击“模型”按钮，将已选曲面的轮廓线转换为边界线 1，如图 5-49 所示。

单地“接受”按钮，关闭“用户定义边界”表格。

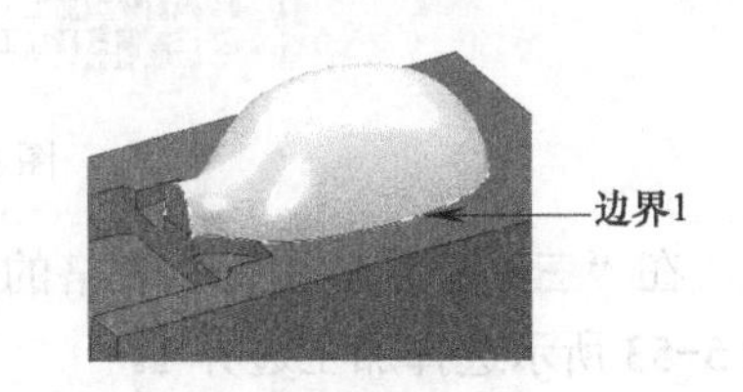

图 5-49 边界 1

2．编辑加工边界 1

在 PowerMILL 资源管理器中，双击“边界”树枝，将它展开，右击边界“1”，在弹出的快捷菜单条中执行“曲线编辑器...”，调出“曲线编辑器”工具栏。

右击“曲线编辑器”工具栏中的“变换”按钮，展开“变换”工具条。

在“变换”工具条中单击“偏置几何元素”按钮，调出“偏置”表格，在“距离”栏中输入 11，回车，将边界 1 向待加工曲面外偏置 11mm，并且向 *XOY* 平面投影为水平线，如图 5-50 所示。

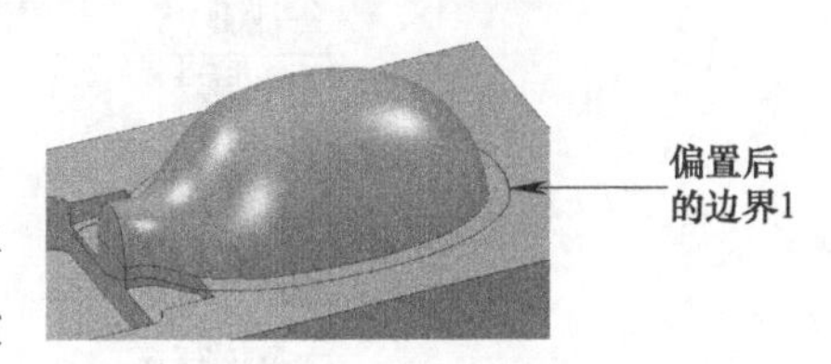

图 5-50 编辑后的边界 1

向外偏置 11mm 的原因是拟使用直径为 20mm 的球头铣刀加工此面，偏置距离比刀具半径大 1mm，保证能完全切削到曲面。

单击“曲线编辑器”工具栏中的勾按钮，完成边界线 1 的编辑。

在绘图区的空白处单击，取消成型曲面选择。

3．计算成型曲面精加工刀具路径

在 PowerMILL“综合”工具栏中，单击“刀具路径策略”按钮，打开“策略选取器”表格，选择“精加工”选项，在该选项卡中选择“三维偏置精加工”，单击“接受”按钮，打开“三维偏置精加工”表格，按图 5-51 所示设置参数。

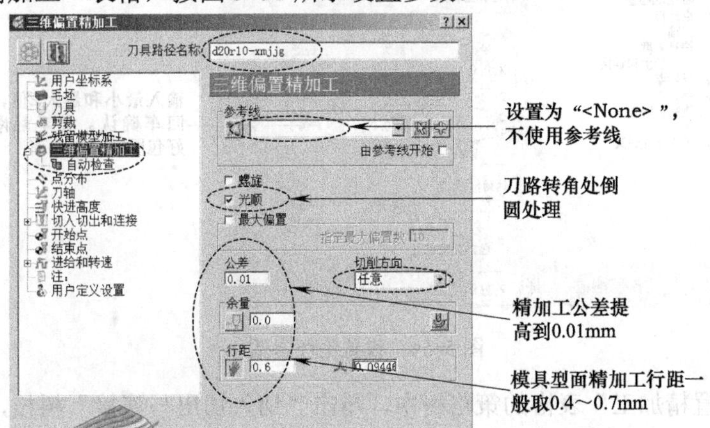

图 5-51 设置成型曲面高速精加工参数

在“三维偏置精加工”表格的策略树中，单击“刀具”树枝，调出“刀具”选项卡，按图 5-52 所示选择成型曲面加工刀具。

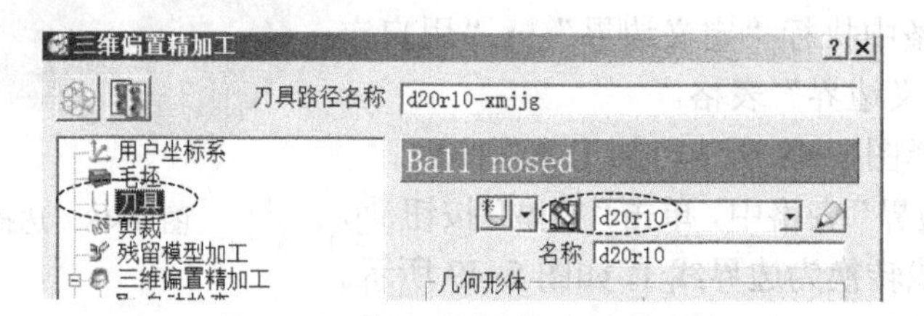

图 5-52 选择成型曲面加工刀具

在“三维偏置精加工”表格的策略树中，单击“剪裁”树枝，调出“剪裁”选项卡，按图 5-53 所示选择加工边界 1。

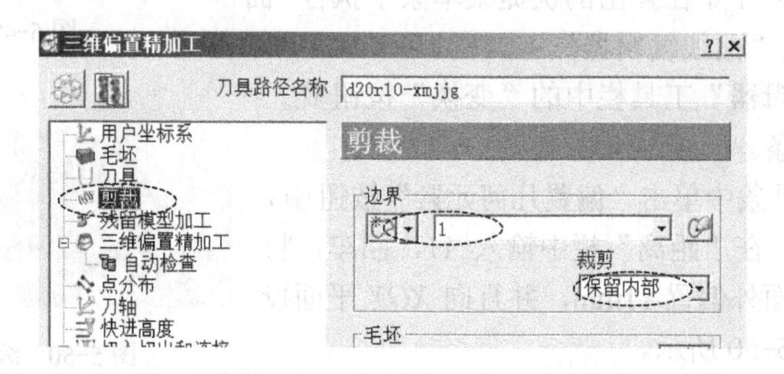

图 5-53 选择加工边界 1

在“三维偏置精加工”对话框的策略树中，单击“毛坯”树枝，调出“毛坯”选项卡，按图 5-54 所示设置毛坯参数，控制 Z 轴加工范围。

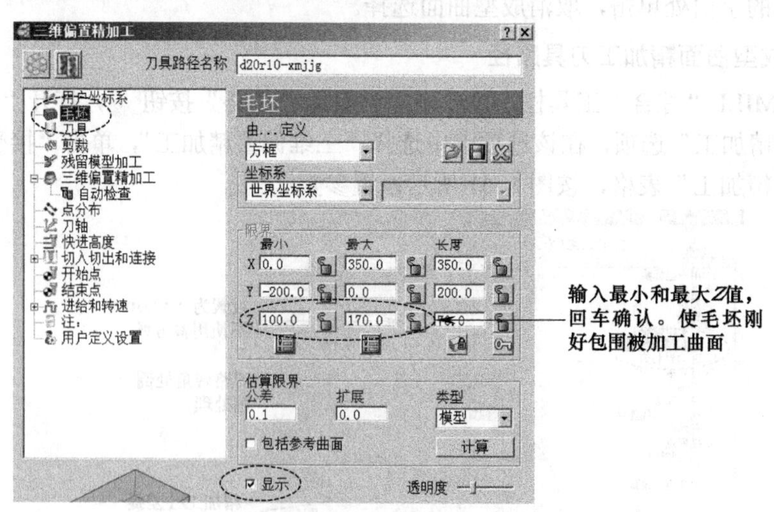

图 5-54 设置毛坯参数

在“三维偏置精加工”表格的策略树中，单击“切入切出与连接”树枝，将它展开。单击“连接”树枝，调出“连接”选项卡，按图 5-55 所示设置连接方式。

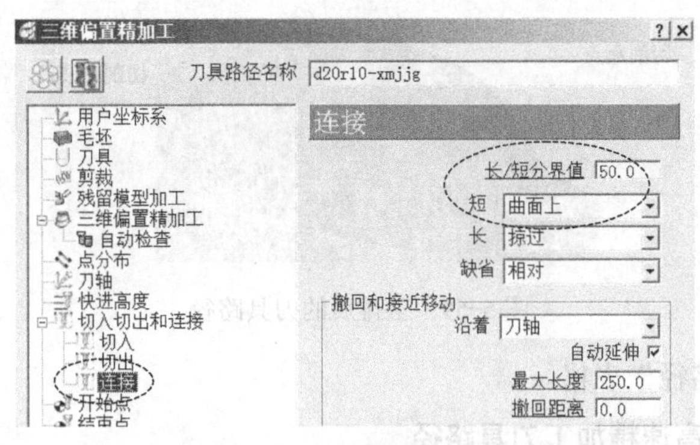

图 5-55　设置连接方式

在“三维偏置精加工”表格的策略树中，单击“进给和转速”树枝，调出“进给和转速”选项卡，设置主轴转速为“6000”，切削进给率为“3000”，下切进给率为“500”，掠过进给率为“8000”，冷却方式为“液体”。

设置完各参数后，单击“三维偏置精加工”表格下方的“计算”按钮，系统计算出图 5-56 所示成型曲面高速精加工刀具路径，图 5-57 为该刀具路径的局部放大图。

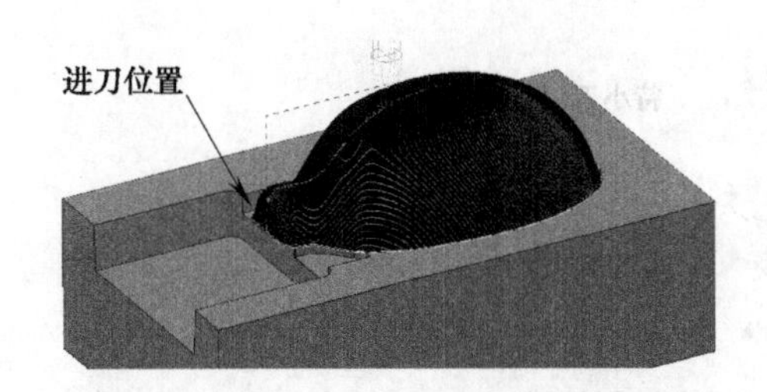

图 5-56　成型曲面高速精加工刀具路径

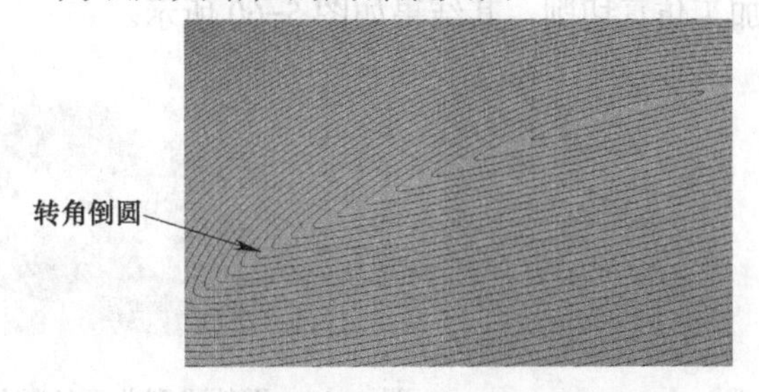

图 5-57　成型曲面高速精加工刀具路径的局部放大图

单击“取消”按钮，关闭“三维偏置精加工”表格。

4. 修改刀具路径切削顺序

如图 5-58 所示刀具路径，从凸模的根部向顶部切削，这种切削顺序会使刀具在根部切削时背吃刀量增加，应该改为从顶部向根部切削。

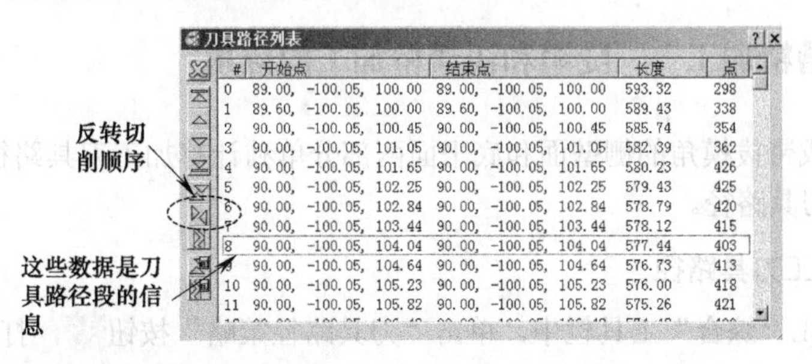

#	开始点	结束点	长度	点
0	89.00, -100.05, 100.00	89.00, -100.05, 100.00	593.32	298
1	89.60, -100.05, 100.00	89.60, -100.05, 100.00	589.43	338
2	90.00, -100.05, 100.45	90.00, -100.05, 100.45	585.74	354
3	90.00, -100.05, 101.05	90.00, -100.05, 101.05	582.39	362
4	90.00, -100.05, 101.65	90.00, -100.05, 101.65	580.23	426
5	90.00, -100.05, 102.25	90.00, -100.05, 102.25	579.43	425
6	90.00, -100.05, 102.84	90.00, -100.05, 102.84	578.79	420
7	90.00, -100.05, 103.44	90.00, -100.05, 103.44	578.12	415
8	90.00, -100.05, 104.04	90.00, -100.05, 104.04	577.44	403
9	90.00, -100.05, 104.64	90.00, -100.05, 104.64	576.73	413
10	90.00, -100.05, 105.23	90.00, -100.05, 105.23	576.00	418
11	90.00, -100.05, 105.82	90.00, -100.05, 105.82	575.26	421

图 5-58　重排刀具路径

在 PowerMILL“刀具路径”工具栏（调出方法：在下拉菜单条中，执行“查看”→“工具栏”，勾选“刀具路径”）中，单击“重排刀具路径”按钮，打开“重排刀具路径”表格，如图 5-58 所示，单击“反转切削顺序”按钮，将刀具路径切削顺序反转过来，如图 5-59 所示。

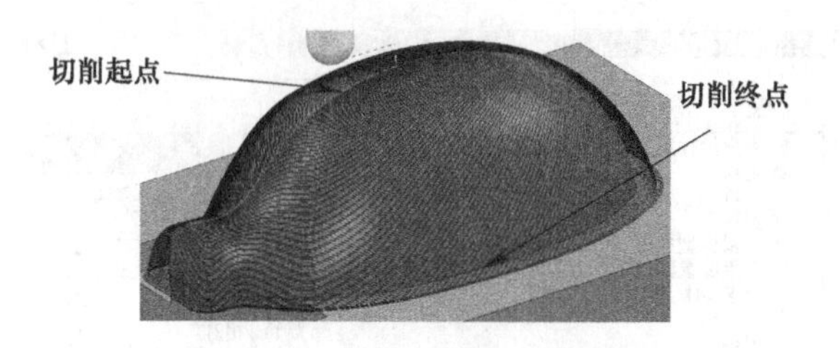

图 5-59　重排后的刀具路径

关闭“重排刀具路径”表格。

5. 仿真成型曲面高速精加工刀具路径

在 PowerMILL 资源管理器中的“刀具路径”树枝下，右击刀具路径“d20r10-xmjjg”，在弹出的快捷菜单条中选择“自开始仿真”。

在 PowerMILL 的“ViewMILL”工具栏中，单击“光泽阴影图像”按钮，进入真实实体仿真切削状态。

在 PowerMILL“仿真控制”工具栏中，单击“运行”按钮，系统即进行零件成型曲面的精加工仿真切削，其结果如图 5-60 所示。

图 5-60　零件成型曲面的精加工仿真切削结果

图 5-60 所示的仿真结果，因为使用 d20r10 球头铣刀加工，曲面与平面交接处还有余量未加工到，后续需要安排工步使用直径小于 20mm 的刀具进行清根。

在“ViewMILL”工具栏中，单击“无图像”按钮，退出仿真状态，返回 PowerMILL 编程环境。

5.2.6　侧抽芯槽精加工——陡峭和浅滩精加工的应用

侧抽芯槽分成带拔模角的侧壁面和底平面两部分单独计算加工刀具路径。先计算带拔模角的侧壁面加工刀具路径。

1. 计算精加工刀具路径

在 PowerMILL“综合”工具栏中，单击“刀具路径策略”按钮，打开“策略选取器”表格，选择“精加工”选项，在该选项卡中选择“陡峭和浅滩精加工”，单击“接受”按钮，打开“陡峭和浅滩精加工”表格，按图 5-61 所示设置参数。

使用陡峭和浅滩精加工策略能同时计算零件的陡峭和浅滩区域的刀具路径。在陡峭区域生成等高刀具路径，在浅滩区域生成三维偏置刀具路径。该策略可以理解为是等高精加工策略与三维偏置精加工策略的有机结合。图 5-62 所示为陡峭和浅滩精加工刀具路径示例。

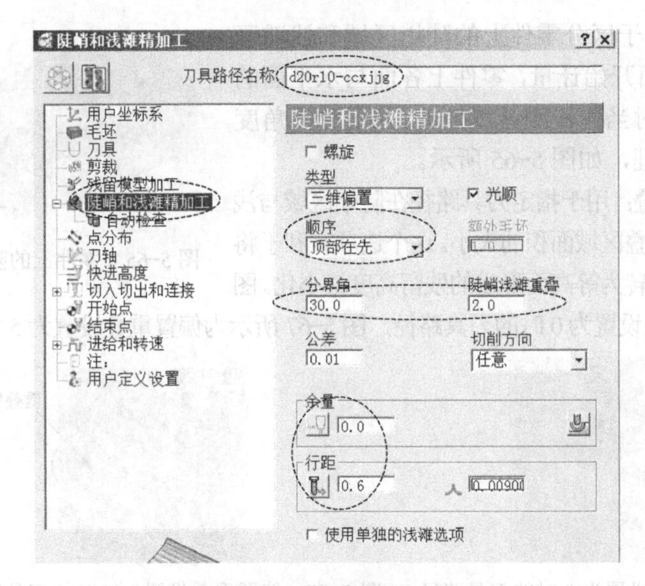

图 5-61 设置侧抽芯槽精加工参数

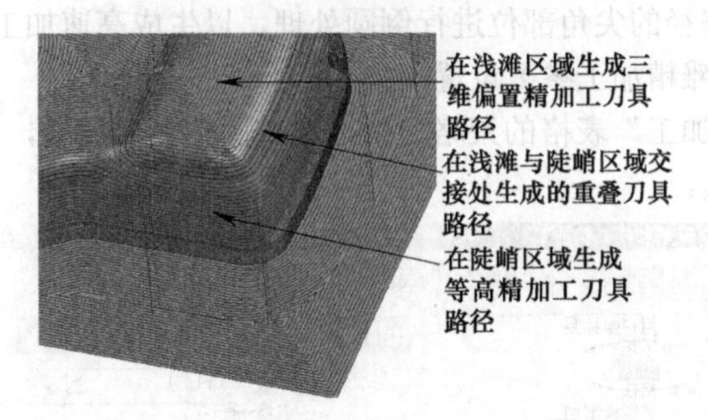

图 5-62 陡峭和浅滩精加工刀具路径示例

其关键参数介绍如下：

1）螺旋：创建出螺旋线刀具路径。该选项的功能及应用与等高精加工策略中的螺旋选项相同。

2）类型：定义零件浅滩区域刀具路径的样式，包括“三维偏置”和“平行”两种刀具路径，分别如图 5-63 和图 5-64 所示。

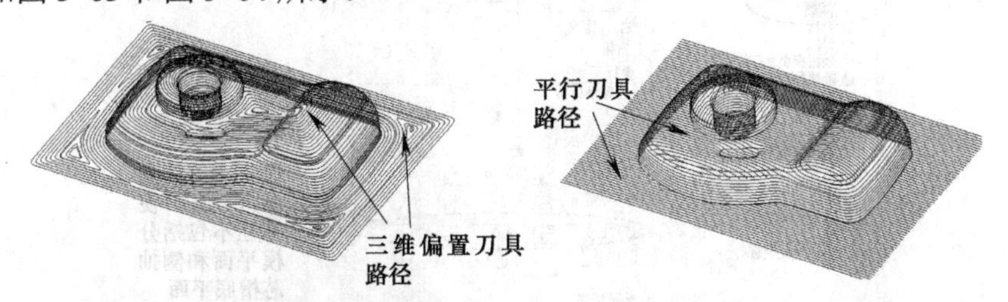

图 5-63 三维偏置刀具路径　　图 5-64 平行刀具路径

3）顺序：定义加工零件陡峭区域和浅滩区域的先后顺序，包括“顶部在先”和“陡峭在先”两种顺序。顶部在先的意思是先加工零件的全部浅滩区域，然后加工陡峭区域；陡峭在先则表示先加工零件的全部陡峭区域，然后加工浅滩区域。

4）分界角：用于区分零件上的陡峭区域和浅滩区域。该角度从水平面开始计量，零件上各面与水平面的夹角小于分界角度时当作浅滩区域处理，大于分界角度时当作陡峭区域处理，如图 5-65 所示。

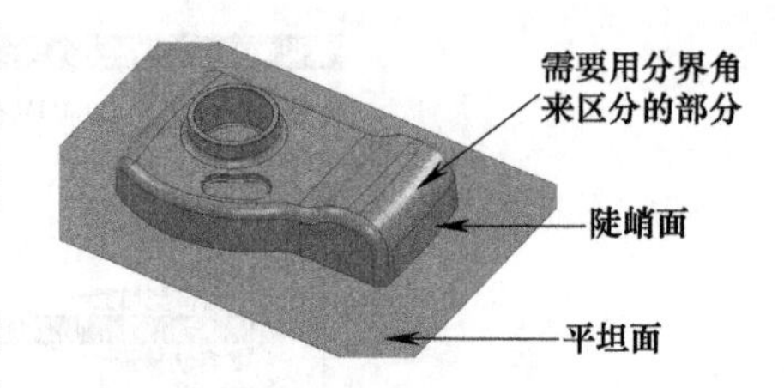

图 5-65　零件上的陡峭区域与浅滩区域

5）陡峭浅滩重叠：用于指定刀具路径在陡峭区域与浅滩区域相接位置的重叠区域面积的大小。这个选项有利于将刀具路径从三维偏置转为等高而形成的残留高度最小化。图 5-66 所示为偏置重叠设置为 0 时的刀具路径，图 5-67 所示为偏置重叠设置为 5 时的刀具路径。

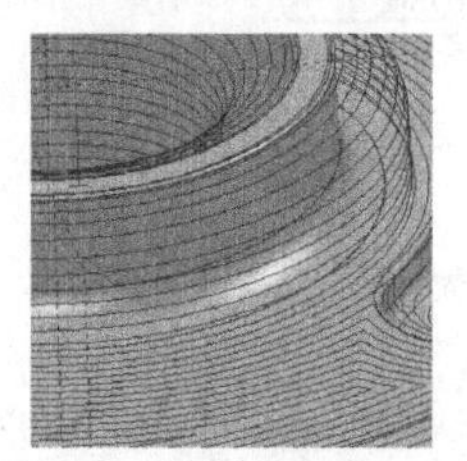

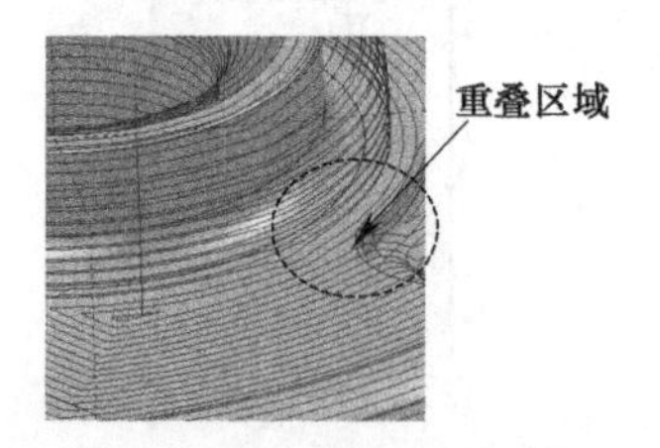

图 5-66　偏置重叠设置为 0 时的刀具路径　　图 5-67　偏置重叠设置为 5 时的刀具路径

6）光顺：对刀具路径的尖角部位进行倒圆处理，以生成高速加工刀具路径。

下面回到陡峭和浅滩精加工参数设置上来。

在“陡峭和浅滩精加工”表格的策略树中，单击“刀具”树枝，调出“刀具”选项卡，按图 5-68 所示选择刀具。

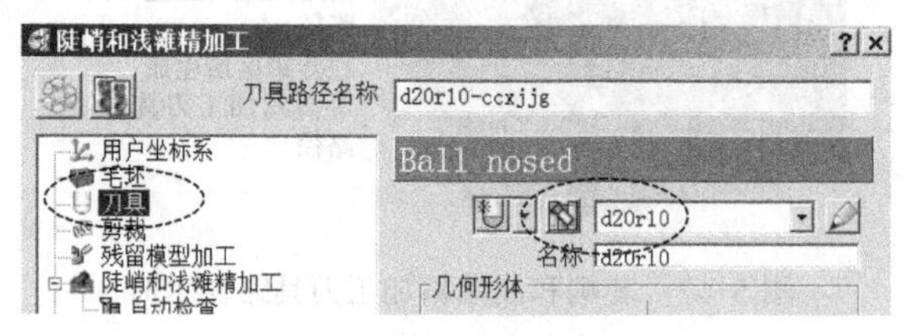

图 5-68　选择刀具

在“陡峭和浅滩精加工”表格的策略树中，单击“毛坯”树枝，调出“毛坯”选项卡，按图 5-69 所示设置参数。

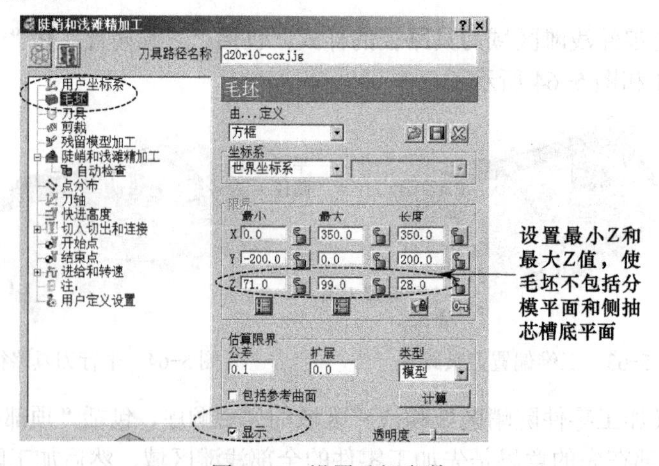

图 5-69　设置毛坯参数

在“陡峭和浅滩精加工”表格的策略树中，单击“剪裁”树枝，调出“剪裁”选项卡，按图5-70所示取消选择边界。

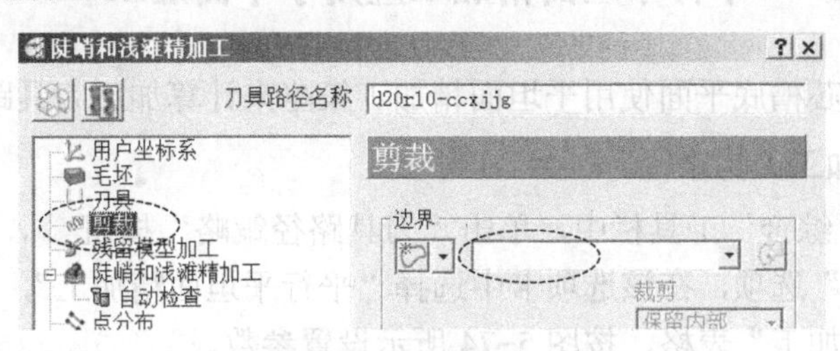

图5-70　取消选择边界

切入切出和连接方式与上一工步相同，不需要再设置。

在“陡峭和浅滩精加工”表格的策略树中，单击“进给和转速”树枝，调出“进给和转速”选项卡，设置主轴转速为“6000”，切削进给率为“2500”，下切进给率为“500”，掠过进给率为“8000”，冷却方式为“液体”。

设置完各参数后，单击“陡峭和浅滩精加工”表格下方的“计算”按钮，系统计算出图5-71所示侧抽芯槽斜面高速精加工刀具路径。图5-72为该刀具路径的局部放大图。

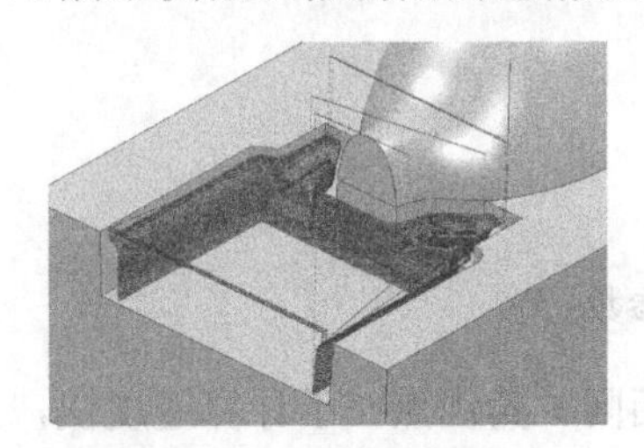

图5-71　侧抽芯槽斜面高速精加工刀具路径

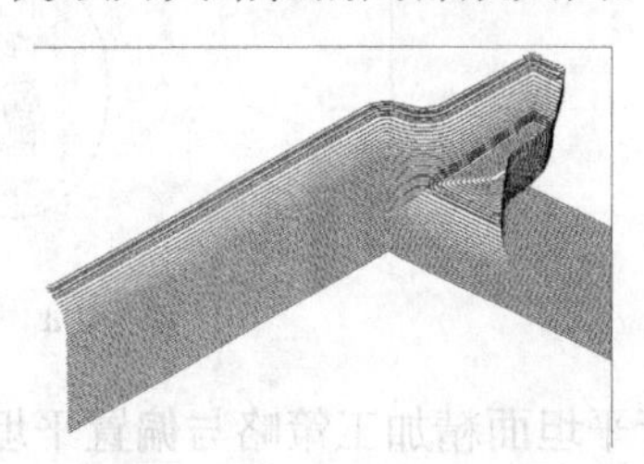

图5-72　侧抽芯槽斜面高速精加工刀具路径的局部放大图

单击“取消”按钮，关闭“陡峭和浅滩精加工”表格。

2．仿真侧抽芯槽斜面精加工刀具路径

在PowerMILL资源管理器中的“刀具路径”树枝下，右击刀具路径“d20r10-ccxjjg”，在弹出的快捷菜单条中选择“自开始仿真”。

在PowerMILL的“ViewMILL”工具栏中，单击“光泽阴影图像”按钮，进入真实实体仿真切削状态。

在PowerMILL“仿真控制”工具栏中，单击“运行”按钮，系统即进行零件侧抽芯槽斜面的精加工仿真切削，其结果如图5-73所示。

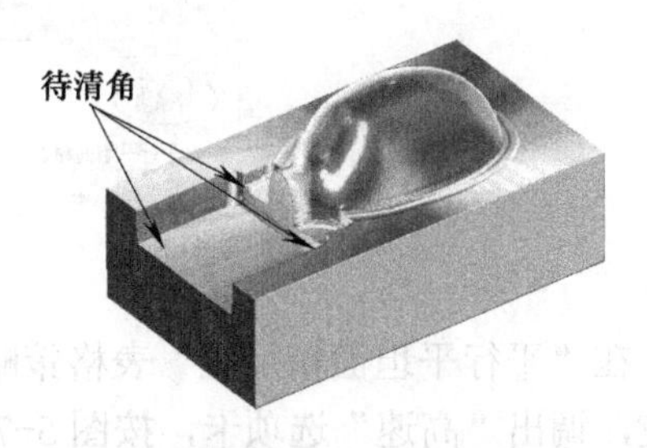

图5-73　侧抽芯槽斜面加工仿真切削结果

如图5-73所示，侧抽芯槽的角落尚未加工到位，需要进一步清角，或者设计清角电极，采用电火花加工的方式来加工到位。

在“ViewMILL”工具栏中，单击“无图像”按钮，退出仿真状态，返回PowerMILL编程环境。

5.2.7 平面精加工——平行平坦面精加工应用于平面加工

分模平面和侧抽芯槽底平面使用平坦面精加工策略来计算加工刀具路径。

1. 计算平面精加工刀具路径

在 PowerMILL“综合”工具栏中，单击“刀具路径策略”按钮，打开“策略选取器”表格，选择“精加工”选项，在该选项卡中选择“平行平坦面精加工”，单击“接受”按钮，打开“平行平坦面精加工”表格，按图 5-74 所示设置参数。

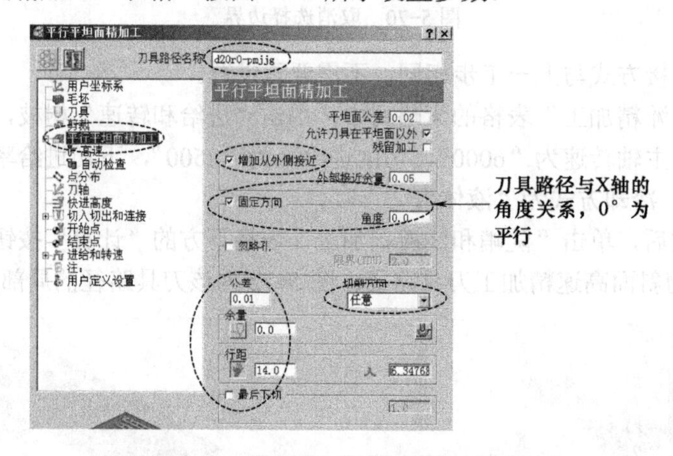

图 5-74 设置平行平坦面精加工参数

平行平坦面精加工策略与偏置平坦面精加工策略功能相同。其优点在于计算速度快，刀具路径运行速度高。

在“平行平坦面精加工”表格的策略树中，单击“刀具”树枝，调出“刀具”选项卡，按图 5-75 所示选择刀具。

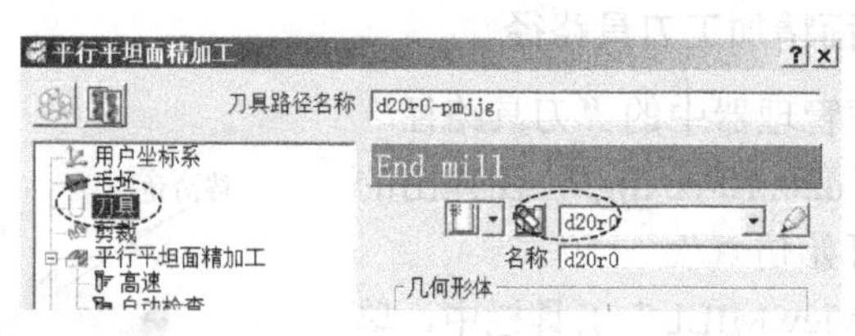

图 5-75 选择刀具

在“平行平坦面精加工”表格策略树中的“平行平坦面精加工”树枝下，单击“高速”树枝，调出“高速”选项卡，按图 5-76 所示设置参数。

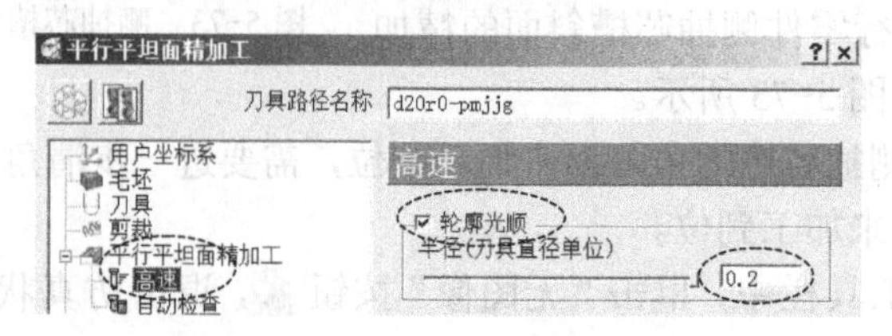

图 5-76 设置高速加工参数

在“平行平坦面精加工”表格的策略树中，单击“毛坯”树枝，调出“毛坯”选项卡，按图 5-77 所示修改毛坯参数。

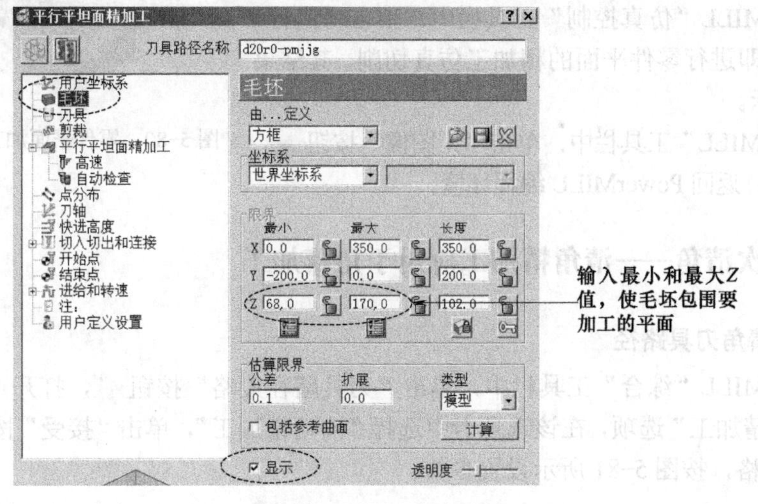

图 5-77　修改毛坯参数

在“平行平坦面精加工”表格的策略树中，双击“切入切出与连接”树枝，将它展开。单击该树枝下的“连接”树枝，调出“连接”选项卡，按图 5-78 所示设置连接方式。

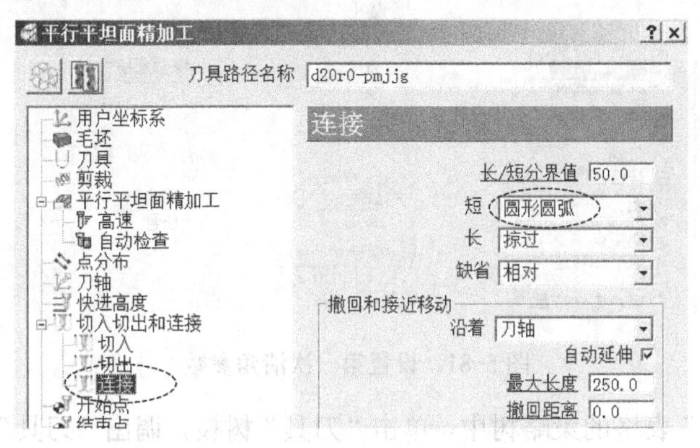

图 5-78　设置连接方式

在“平行平坦面精加工”表格的策略树中，单击“进给和转速”树枝，调出“进给和转速”选项卡，设置主轴转速为“6000”，切削进给率为“3000”，下切进给率为“500”，掠过进给率为“8000”，冷却方式为“液体”。

设置完各参数后，单击“平行平坦面精加工”表格下方的“计算”按钮，系统计算出图 5-79 所示平面精加工刀具路径。

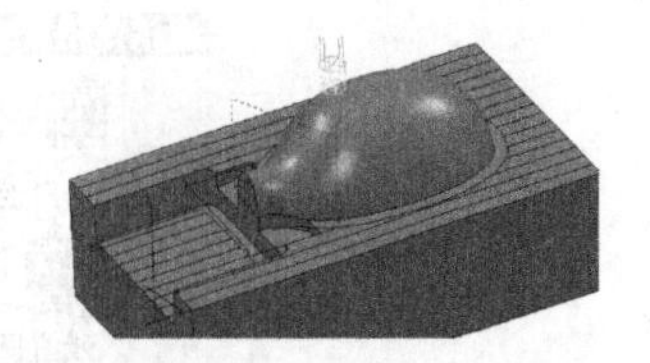

图 5-79　平面精加工刀具路径

单击“取消”按钮，关闭“平行平坦面精加工”表格。

2．仿真平面精加工刀具路径

在 PowerMILL 资源管理器中的“刀具路径”树枝下，右击刀具路径“d20r0-pmjjg”，在弹出的快捷菜单条中，选择“自开始仿真”。

在 PowerMILL 的“ViewMILL”工具栏中，单击“光泽阴影图像”按钮，进入真实实体仿真切削状态。

在 PowerMILL“仿真控制”工具栏中，单击“运行”按钮，系统即进行零件平面的精加工仿真切削，其结果如图 5-80 所示。

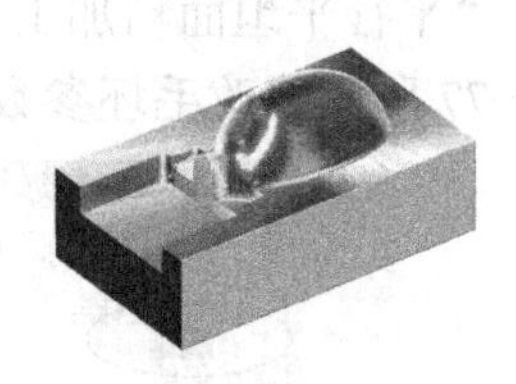

图 5-80　零件平面加工切削仿真结果

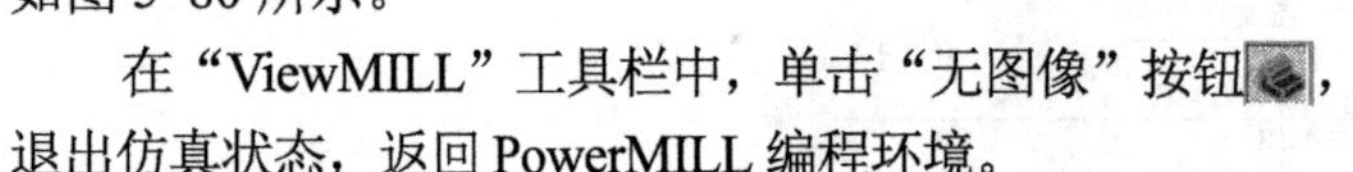

在“ViewMILL”工具栏中，单击“无图像”按钮，退出仿真状态，返回 PowerMILL 编程环境。

5.2.8　第一次清角——清角精加工应用于角落加工

1. 计算清角刀具路径

在 PowerMILL“综合”工具栏中，单击“刀具路径策略”按钮，打开“策略选取器”表格，选择“精加工”选项，在该选项卡中选择“清角精加工”，单击“接受”按钮，打开“清角精加工”表格，按图 5-81 所示设置参数。

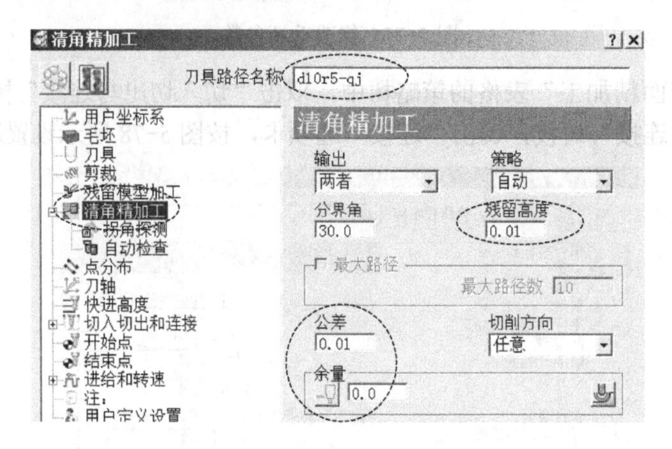

图 5-81　设置第一次清角参数

在“清角精加工”表格的策略树中，单击“刀具”树枝，调出“刀具”选项卡，按图 5-82 所示选择清角刀具。

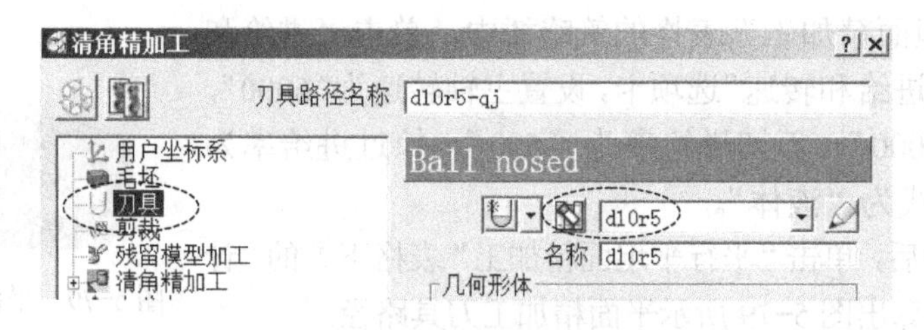

图 5-82　选择刀具

毛坯尺寸与上一工步相同，可不再修改。

在“清角精加工”表格策略树中的“清角精加工”树枝下，单击“拐角探测”树枝，调出“拐角探测”选项卡，按图 5-83 所示设置探测拐角的参数。

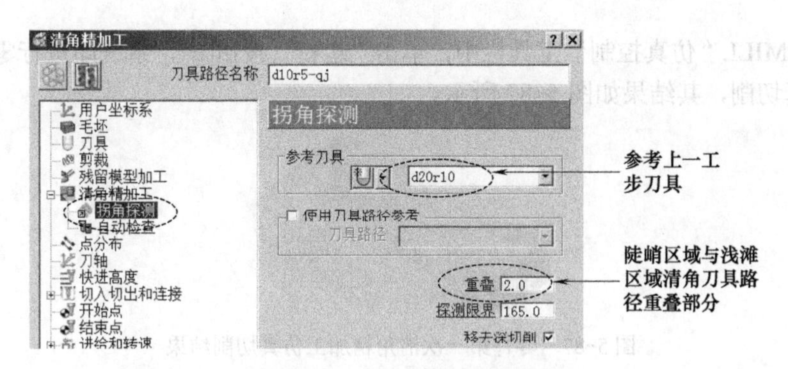

图 5-83　设置探测拐角的参数

在“清角精加工”表格的策略树中，双击“切入切出与连接”树枝，将它展开。单击“连接”树枝，调出“连接”选项卡，按图 5-84 所示设置连接方式。

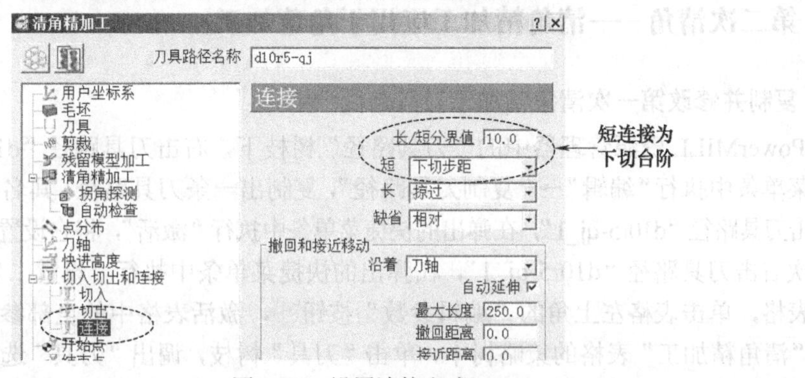

图 5-84　设置连接方式

在“清角精加工”表格的策略树中，单击“进给和转速”树枝，调出“进给和转速”选项卡，设置主轴转速为“6000”，切削进给率为“1500”，下切进给率为“500”，掠过进给率为“8000”，冷却方式为“液体”。

设置完各参数后，单击“清角精加工”表格下方的“计算”按钮，系统计算出图 5-85 所示的第一次清角精加工刀具路径，图 5-86 为该刀具路径的局部放大图。

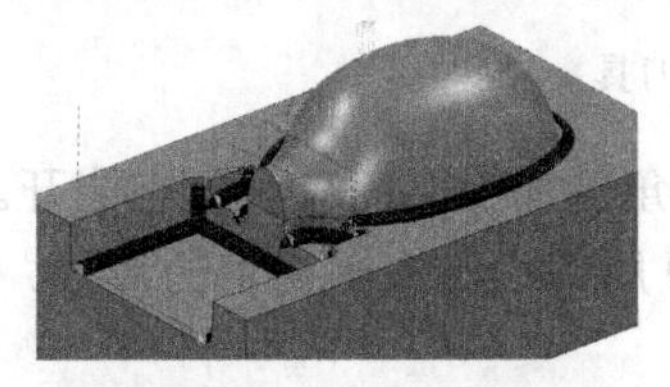

图 5-85　第一次清角精加工刀具路径

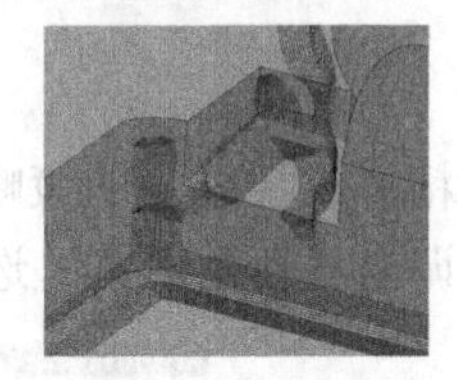

图 5-86　第一次清角精加工刀具路径的局部放大图

单击“取消”按钮，关闭“清角精加工”表格。

2．仿真第一次清角精加工刀具路径

在 PowerMILL 资源管理器中的“刀具路径”树枝下，右击刀具路径“d10r5-qj”，在弹出的快捷菜单条中选择“自开始仿真”。

在 PowerMILL 的“ViewMILL”工具栏中，单击“光泽阴影图像”按钮，进入真实实体仿真切削状态。

在PowerMILL“仿真控制”工具栏中，单击“运行”按钮，系统即进行零件第一次清角精加工仿真切削，其结果如图5-87所示。

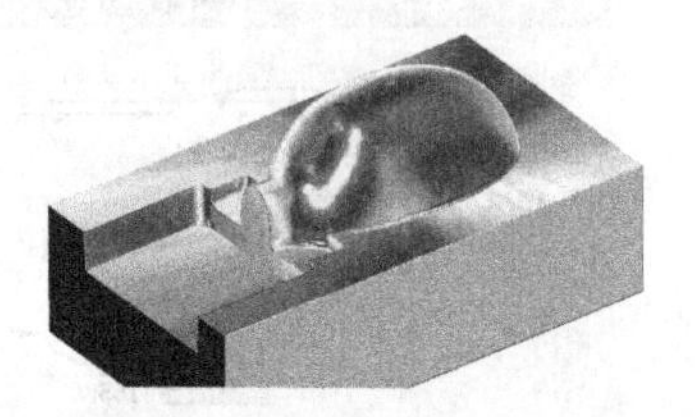

图5-87 零件第一次清角精加工仿真切削结果

在“ViewMILL”工具栏中，单击“无图像”按钮，退出仿真状态，返回PowerMILL编程环境。

5.2.9 第二次清角——清角精加工应用于角落加工

1. 复制并修改第一次清角精加工刀具路径

在PowerMILL资源管理器中的“刀具路径”树枝下，右击刀具路径“d10r5-qj”，在弹出的快捷菜单条中执行“编辑”→“复制刀具路径”，复制出一条刀具路径，其名称为d10r5-qj_1。

右击刀具路径“d10r5-qj_1”，在弹出的快捷菜单条中执行“激活”，将它设置为当前激活状态。

再次右击刀具路径“d10r5-qj_1”，在弹出的快捷菜单条中执行“设置...”，打开“清角精加工”表格，单击表格左上角的“编辑参数”按钮，激活表格中的全部参数。

在“清角精加工”表格的策略树中，单击“刀具”树枝，调出“刀具”选项卡，按图5-88所示选择第二次清角刀具，同时将刀具路径名称改为“d6r3-qj”。

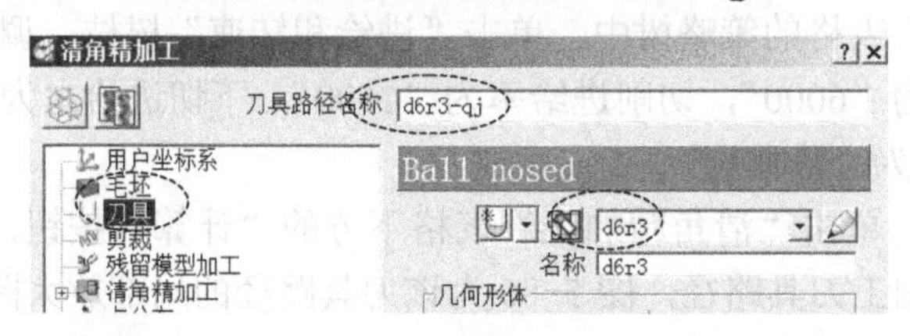

图5-88 选择刀具

在“清角精加工”表格的策略树中，双击“清角精加工”树枝，将它展开。单击“拐角探测”树枝，调出“拐角探测”选项卡，按图5-89所示设置探测拐角的参数。

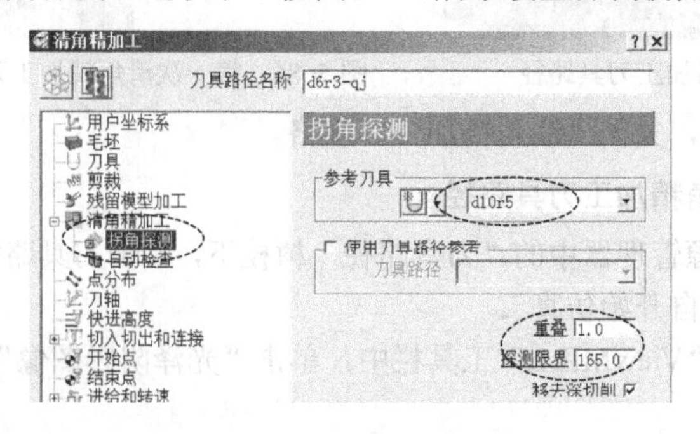

图5-89 设置探测拐角的参数

在“清角精加工”表格的策略树中，单击“进给和转速”树枝，调出“进给和转速”选项卡，设置主轴转速为“6000”，切削进给率为“1000”，下切进给率为“500”，掠过进给率为“8000”，冷却方式为“液体”。

修改完参数后，单击“清角精加工”表格下方的“计算”按钮，系统计算出图 5-90 所示的第二次清角精加工刀具路径，图 5-91 为该刀具路径的局部放大图。

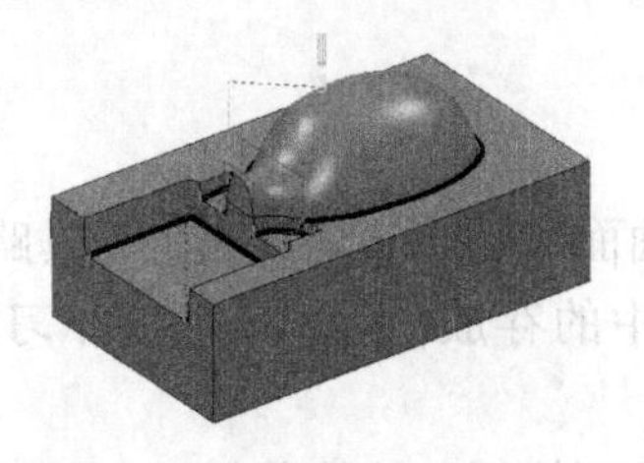

图 5-90 第二次清角精加工刀具路径

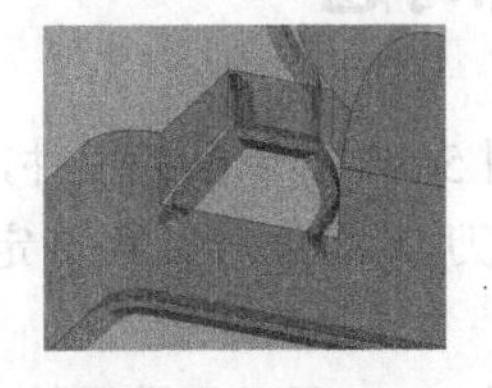

图 5-91 第二次清角精加工刀具路径的局部放大图

单击“取消”按钮，关闭“清角精加工”表格。

2. 仿真清角精加工刀具路径

在 PowerMILL 资源管理器中的“刀具路径”树枝下，右击刀具路径“d6r3-qj”，在弹出的快捷菜单条中，选择“自开始仿真”。

在 PowerMILL 的“ViewMILL”工具栏中，单击“光泽阴影图像”按钮，进入真实实体仿真切削状态。

在 PowerMILL“仿真控制”工具栏中，单击“运行”按钮，系统即进行零件第二次清角精加工仿真切削，其结果如图 5-92 所示。

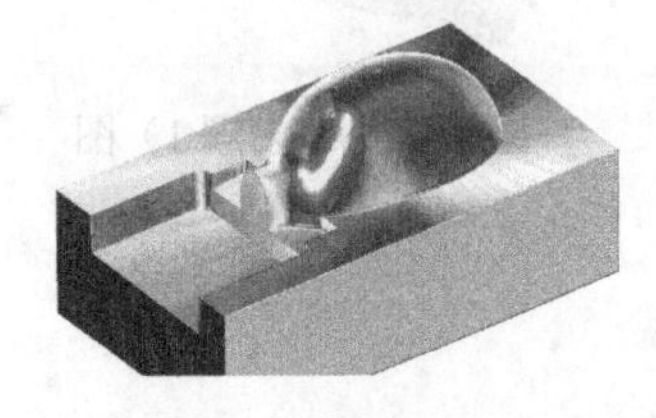

图 5-92 零件第二次清角加工仿真切削结果

在“ViewMILL”工具栏中，单击“无图像”按钮，退出仿真状态，返回 PowerMILL 编程环境。

经过上述两次清角，零件上的一些圆角已经加工到尺寸，但还有一些直角被铣削成了半径为 3mm 的圆角，还可以使用比 d6r3 更小的刀具进行第三次、第四次或更多次的清角加工，使圆角的半径进一步减小。对于这些经过球头铣刀清角后仍未加工到位的直角部位，则需要采用其他加工方式，如电火花加工或钳工手工处理。

5.2.10 保存项目文件

在 PowerMILL 下拉菜单条中，执行“文件”→“保存项目”，保存该项目文件。

5.3 工程师经验点评

1）通过此例可以看到，模具零件粗加工刀具路径有两种，一种刀具路径很光顺，行距保持均匀，但提刀次数相对较多，另一种刀具路径提刀次数很少，但存在全刃切削和拐角较多的问题。读者可根据毛坯大小、材料、工艺系统刚性来决定计算哪一种刀具路径。

2）模具凸模零件的精加工、清角要注意切削先后顺序问题。一般应先计算侧壁的等高层加工刀具路径，再计算浅滩或平坦面的偏置加工刀具路径，以免刀柄挤压或碰撞零件侧壁。

3）一些带有较多不同半径圆角的零件，要注意清角到位。为便于选择清角刀具，可以使用最小圆角分析工具，逐步分析出需要使用多小直径的刀具来清角到位。

5.4 练习题

1）图 5-93 所示凸模零件，含有结构特征和三维曲面特征，计算其加工刀具路径。毛坯为方坯，刀具和切削参数自定义。零件数模在光盘中的存放位置：光盘符:\习题\ch05\xt5-01.dgk。

2）图 5-94 所示凸模零件，含有结构特征和三维曲面特征，计算其加工刀具路径。毛坯为方坯，刀具和切削参数自定义。零件数模在光盘中的存放位置：光盘符:\习题\ch05\xt5-02.dgk。

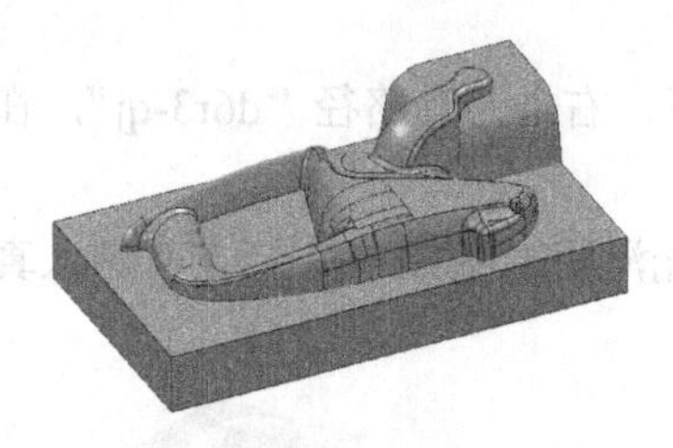

图 5-93 练习题 1）图

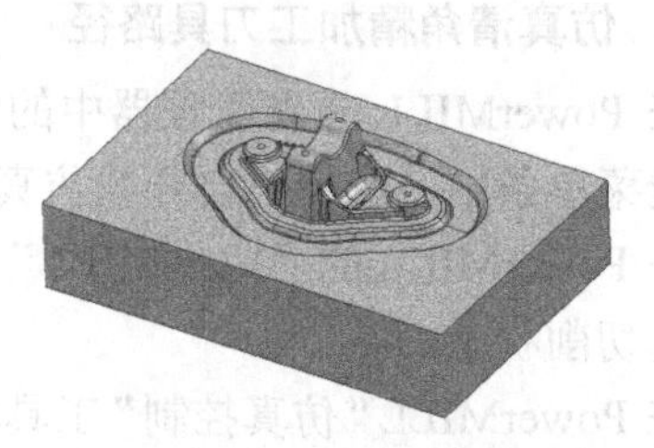

图 5-94 练习题 2）图

第6章

工具电极零件数控加工编程

模具零件的加工，往往会用到特种加工设备，比如电火花机床。对于一些复杂的模具零件，往往要结合使用加工中心和电火花机床才能完整、高效地加工出来。本章将介绍电火花机床加工时需要用到的电极零件的数控加工编程过程。

电极是电火花加工的媒介，它的材料要求导电性能良好，通常使用铜、石墨等制作电极。

如图 6-1 所示，一个完整的电极零件的组成包括三个部分：形体、基准框和夹持部分。形体是直接用于放电加工出所需形状的部分，外形上它是模芯形体的互补。在电火花加工时，电极曲面与被加工零件曲面之间存在“放电间隙”，因此，电极曲面尺寸应该是由被加工零件曲面尺寸等距向内偏置得到的，偏置值即为“放电间隙”。同时，电极形体在 *Z* 方向必须要延伸，避免电极的基准框打到形体，造成过切，延伸量一般为 0.5～2mm。基准框是用于电火花加工进行找正、对刀的基准，其长宽尺寸要求精确，都为整数。夹持部分用于将电极零件安装夹紧到电火花机床上，其高度一般为 20mm 左右。

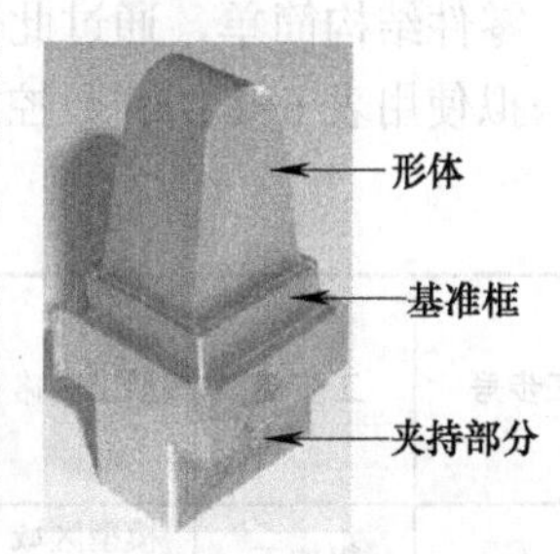

图 6-1　电极零件

从功能上，可以将电极零件分为以下三类：

（1）清角电极　如图 6-2 所示，模具零件的直角部位，因为铣刀是圆柱形，使用铣刀无法加工出直角，需要制作图 6-3 所示的清角电极。

（2）加强筋电极　壳件塑料制品往往会设计加强筋，这样模具的型芯和型腔就会有较深且窄的槽，这时就需要设计加工加强筋电极，如图 6-4 所示。

（3）形体电极　如图 6-5 所示，为了满足凹模型腔的成型曲面部分有统一且较低的表面粗糙度值，设计加工形体电极。

图 6-2　无法铣出的直角

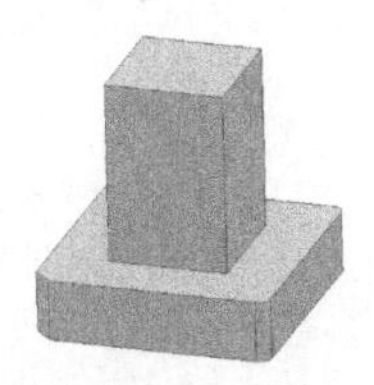
图 6-3　清角电极

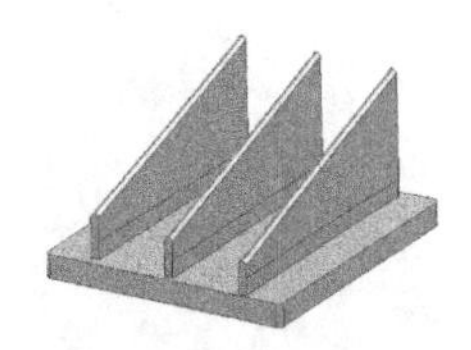
图 6-4　加强筋电极

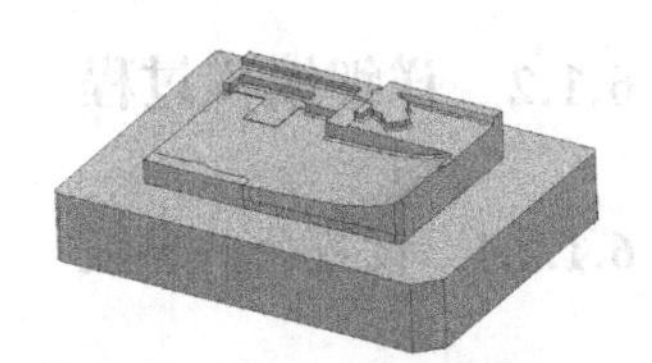
图 6-5　形体电极

在设计电极零件时，往往是从被加工零件形体上直接抽取曲面，这样的话，电极曲面的尺寸是与被加工零件曲面尺寸一致的，而实际上，电极曲面尺寸应该向内偏置一个放电间隙值。在计算电极零件的加工刀具路径时，加工出放电间隙的方法包括设置负余量、“小刀编程，大刀加工”（即在编程时，设置刀具直径比实际加工刀具直径要小的尺寸计算刀具路径，加工时使用实际刀具）等方法。本章第一个例子使用负余量的方法计算有放电间隙的刀具路径，第二个例子使用“小刀编程，大刀加工”的方法计算有放电间隙的刀具路径。

6.1 清角电极数控加工编程

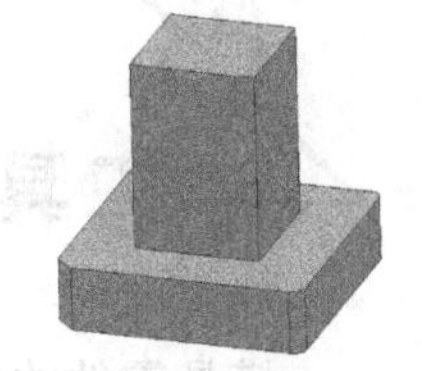
图 6-6 清角电极零件

如图 6-6 所示，待加工零件是一个简单的清角电极零件。

6.1.1 数控加工编程工艺分析

这个零件的总体尺寸是 40mm×40mm×40mm，电极形体高 30mm，基准框高 10mm。毛坯为方坯，待加工结构包括电极形体顶平面、形体四个侧壁面、基准框平面、基准框四周面等。零件结构简单，通过此例说明电极零件的加工过程、放电间隙的处理等。

拟使用表 6-1 所列数控加工编程工艺过程来计算零件的加工刀具路径。

表 6-1 零件数控加工编程工艺过程

工步号	工步名	加工策略	加工部位	刀具	切削参数						
					转速/(r/min)	进给速度/(mm/min)	切削宽度/mm	背吃刀量/mm	公差/mm	径向余量/mm	轴向余量/mm
1	粗加工	模型区域清除	形体部分	d10r0 面铣刀（粗加工用）	6000	2000	7	0.35	0.03	0.07	
2	粗加工	等高精加工	基准框部分	d10r0 面铣刀（粗加工用）	5000	1000		0.5	0.03	0.1	
3	精加工	等高切面区域清除	形体顶平面	d10r0 面铣刀（精加工用）	6000	1000	7		0.01	0.1	−0.1
4	精加工	模型轮廓	形体四周	d10r0 面铣刀（精加工用）	6000	1000	0.06	25	0.01	−0.1	−0.1
5	精加工	等高切面区域清除	基准平面	d10r0 面铣刀（精加工用）	6000	1000	7		0.01	0.1	0
6	精加工	模型轮廓	基准四周	d10r0 面铣刀（精加工用）	6000	1000	0.05	40	0.01	0	
7	刻字	参考线精加工	文字	dr0.1 锥度球头铣刀	6000	500			0.01	−0.05	

6.1.2 详细编程过程

6.1.2.1 设置公共参数

步骤一 新建加工项目

1）复制光盘内文件夹到本地磁盘：复制光盘上的文件夹*:\Source\ch06 到 E:\PM EX 目录下。

2）输入模型：在下拉菜单条中单击“文件”→“输入模型”，打开“输入模型”表格，选择 E:\PM EX\ch06\6-1 qjdj.dgk 文件，然后单击“打开”按钮，完成模型输入操作。

3）查看模型：在 PowerMILL“查看”工具条中，单击“普通阴影”按钮，显示模型的着色状态。单击“线框”按钮，关闭线框显示。单击“ISO1”按钮，以轴测视角查看零件。

4）保存加工项目文件：在 PowerMILL 下拉菜单条中，执行“文件”→“保存项目”，打开“保存项目为”表格，在“保存在”栏选择 E：\PM EX，在“文件名”栏输入项目名为 6-1 qjdj，然后单击“保存”按钮完成操作。

步骤二　准备加工

1）计算毛坯：在 PowerMILL“综合”工具栏中，单击“毛坯”按钮，打开“毛坯”表格，按图 6-7 所示设置参数。单击“接受”按钮，关闭该表格。计算出来的毛坯如图 6-8 所示。

本例中，将对刀坐标系零点设置为电极形体顶平面的中心。因此，接下来创建用户坐标系作为对刀坐标系。

2）创建对刀及编程坐标系：在 PowerMILL 资源管理器中，右击“用户坐标系”树枝，在弹出的快捷菜单条中执行“产生并定向用户坐标系”→“使用毛坯定位用户坐标系”。

在绘图区中，系统在毛坯上各特征点显示了小圆球。在图 6-9 所示毛坯顶面中心点位置的小圆球上单击，系统创建出一个用户坐标系，它的名称是 1。

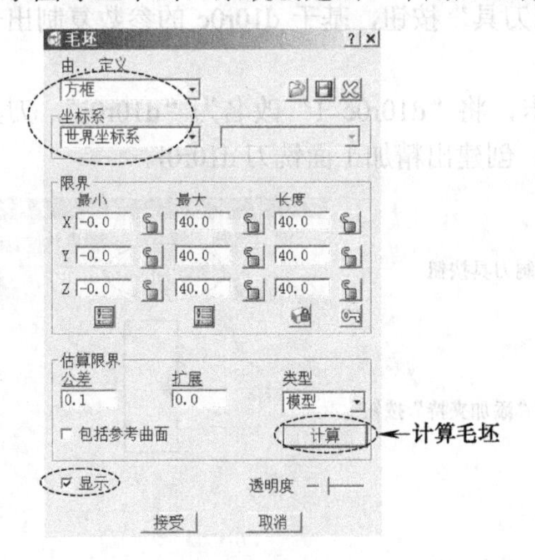

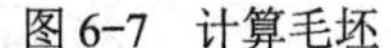

图 6-7　计算毛坯

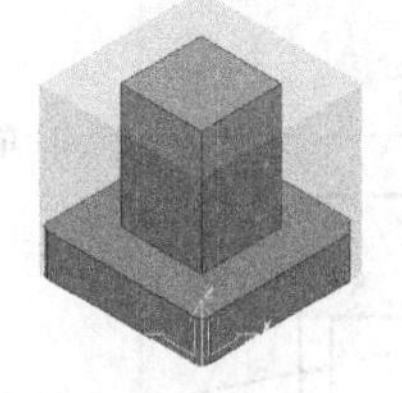

图 6-8　毛坯

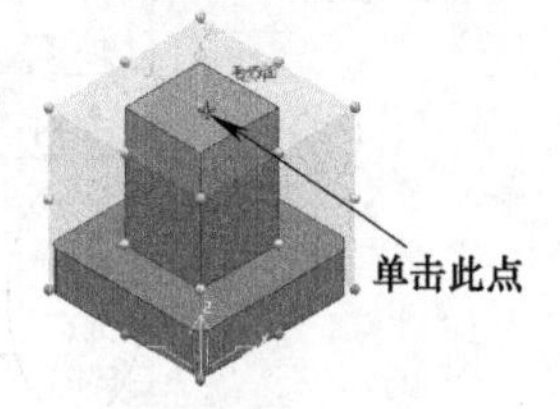

图 6-9　选择特征点

如果读者创建出来的用户坐标系 1 各轴指向与图 6-9 中的不一致，则需要编辑坐标轴的方位。编辑方法请读者参照本书 3.2.1 节中的内容。

在 PowerMILL 资源管理器中，双击“用户坐标系”树枝，将它展开。右击用户坐标系“1”，在弹出的快捷菜单条中执行“激活”，使用户坐标系 1 成为当前编程坐标系，如图 6-10 所示。

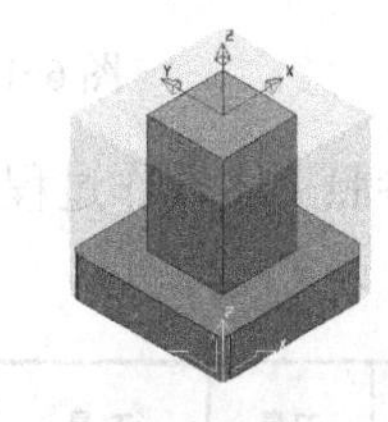

图 6-10　激活的用户坐标系 1

3）创建粗加工刀具：在 PowerMILL 资源管理器中，右击“刀具”树枝，在弹出的快捷菜单条中选择“产生刀具”→“端铣刀”，打开“端铣刀”表格，按图 6-11 所示设置刀尖部分的参数。单击“端铣刀”表格中的“刀柄”选项卡，切换到“刀柄”选项卡表格，按图 6-12 所示设置刀柄部分参数。

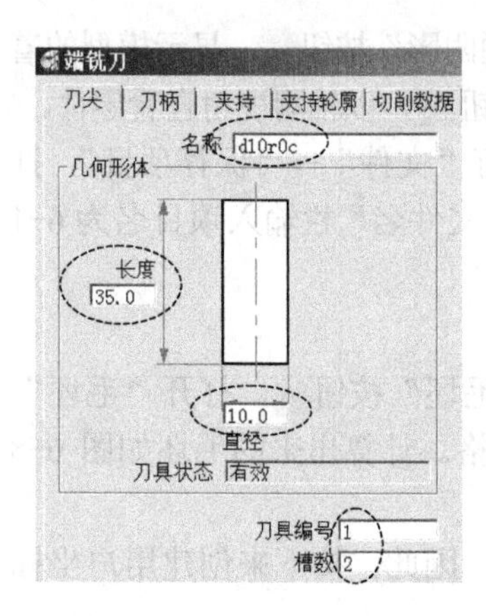

图 6-11　设置部分参数

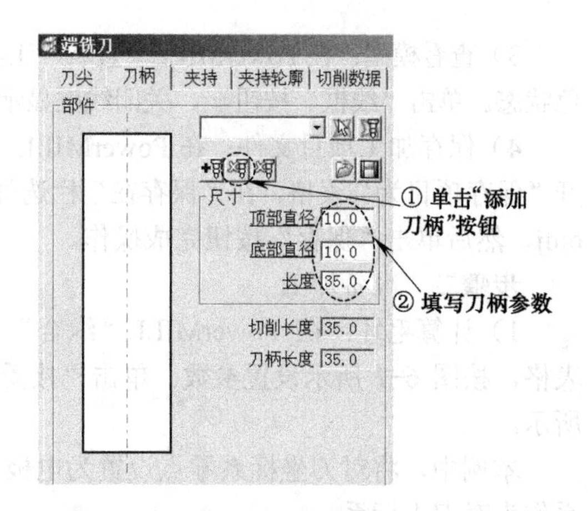

图 6-12　设置刀柄部分参数

单击“端铣刀”表格中的“夹持”选项卡，切换到“夹持”选项卡表格，按图 6-13 所示设置夹持部分参数。

完成上述参数设置后，粗加工面铣刀 d10r0c 已经创建出来。

单击图 6-13 所示“端铣刀”表格中的“复制刀具”按钮，基于 d10r0c 的参数复制出一把完整的面铣刀 d10r0c 1。

在“端铣刀”表格中，切换到“刀尖”选项卡，将“d10r0c 1”改名为“d10r0j”，刀具编号改为 2，如图 6-14 所示，单击“关闭”按钮，创建出精加工面铣刀 d10r0j。

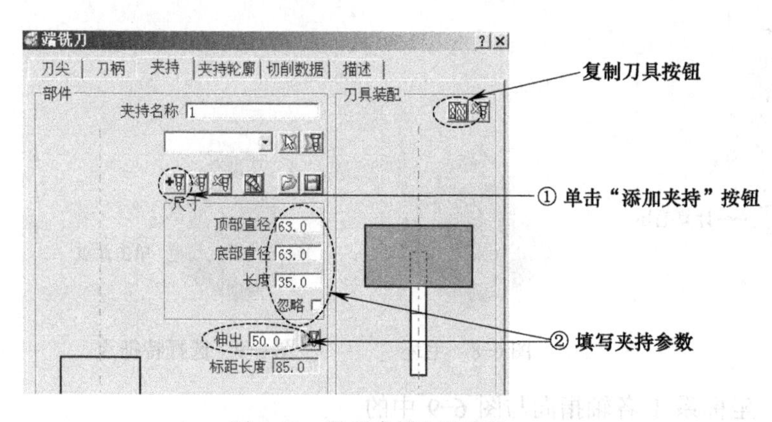

图 6-13　设置夹持部分参数

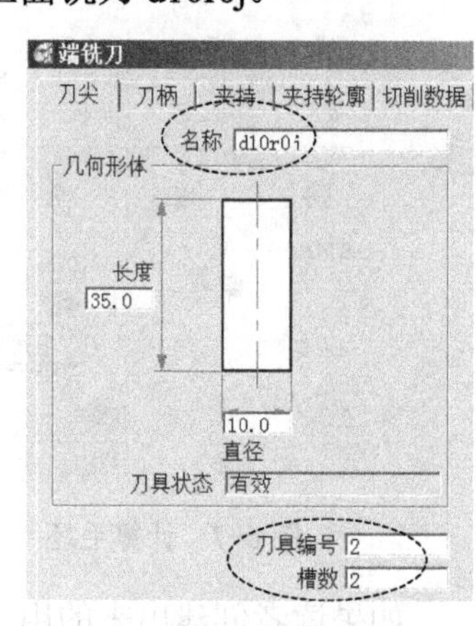

图 6-14　刀具 d10r0j 参数

参照上述操作过程，按表 6-2 创建出刻字刀具。

表 6-2　刻字刀具参数

刀具编号	刀具名称	刀具类型	刀具直径/mm	槽数/个	切削刃长度/mm	刀尖圆弧半径/mm	锥角/(°)	刀柄直径(顶/底)/mm	刀柄长度/mm	夹持直径(顶/底)/mm	夹持长度/mm	刀具伸出夹持长度/mm
3	dr0.1	锥度球铣刀	3	2	15	0.1	45	3	30	63	30	40

4）设置快进高度：在 PowerMILL“综合”工具栏中，单击“快进高度”按钮，打开“快进高度”表格，按图 6-15 所示设置快进高度参数，完成后单击“接受”按钮退出。

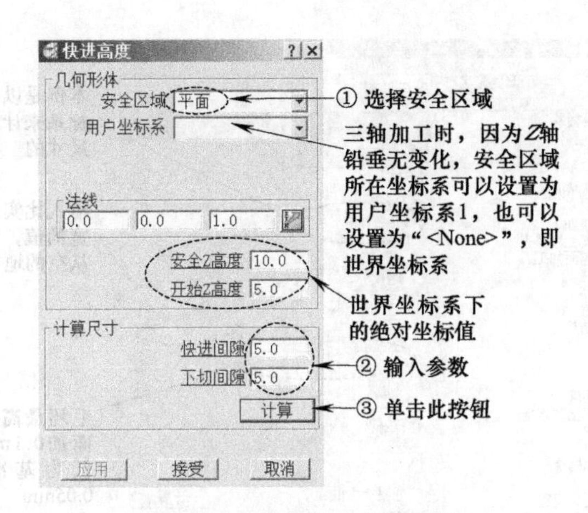

图 6-15　设置快进高度参数

5）设置加工开始点和结束点：在 PowerMILL“综合”工具栏中，单击“开始点和结束点”按钮，打开“开始点和结束点”表格。设置开始点为“毛坯中心安全高度”，结束点为“最后一点安全高度”。

6.1.2.2　电极形体部分粗加工——模型区域清除用于凸模开粗

1．计算电极形体部分粗加工刀具路径

在 PowerMILL“综合”工具栏中，单击“刀具路径策略”按钮，打开“策略选取器”表格，选择“三维区域清除”选项，在该选项卡中选择“模型区域清除”，单击“接受”按钮，打开“模型区域清除”表格，按图 6-16 所示设置参数。

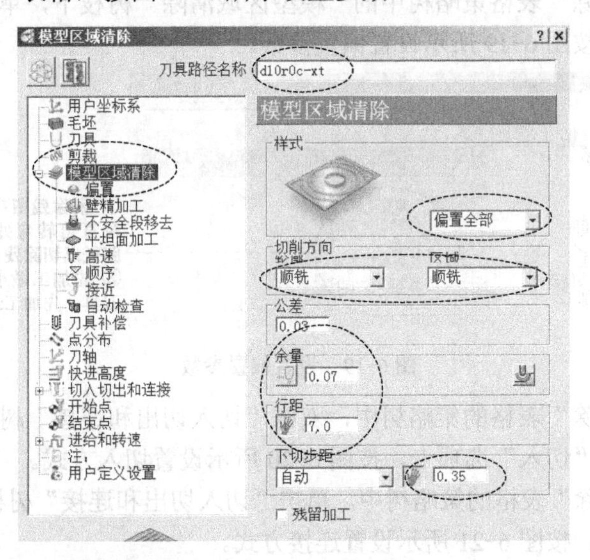

图 6-16　设置形体部分粗加工参数

在“模型区域清除”表格的策略树中，单击“毛坯”树枝，调出“毛坯”选项卡，按图 6-17 所示设置毛坯尺寸。

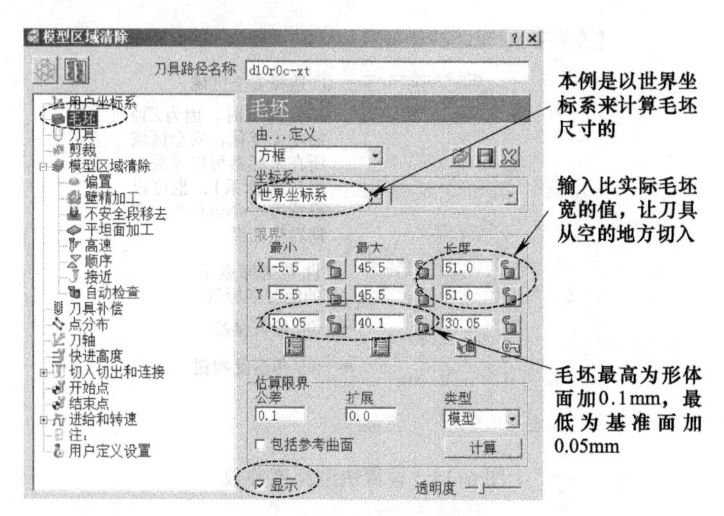

图 6-17 设置毛坯尺寸

在“模型区域清除”表格的策略树中，单击“刀具”树枝，调出“刀具”选项卡，按图6-18 所示选择粗加工刀具。

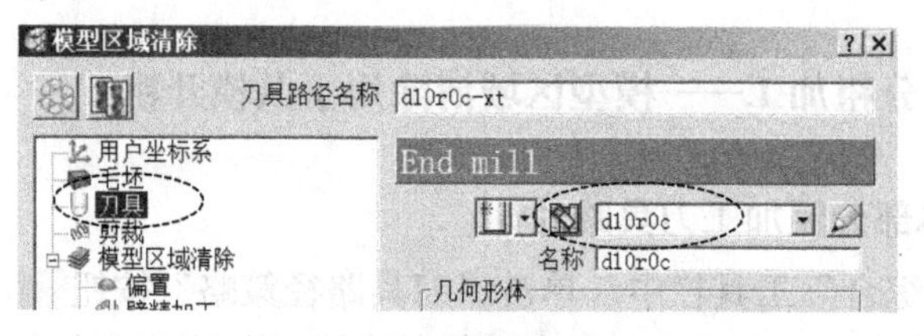

图 6-18 选择粗加工刀具

在“模型区域清除”表格策略树中的“模型区域清除”树枝下，单击“偏置”树枝，调出“偏置”选项卡，按图 6-19 所示设置偏置参数。

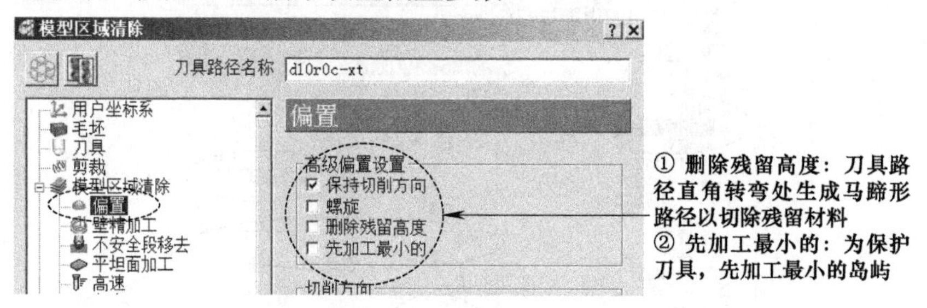

图 6-19 设置偏置参数

在“模型区域清除”表格的策略树中，双击“切入切出和连接”树枝，将它展开，单击“切入”树枝，调出“切入”选项卡，按图 6-20 所示设置切入方式。

在“模型区域清除”表格的策略树中，单击“切入切出和连接”树枝下的“连接”树枝，调出“连接”选项卡，按图 6-21 所示设置连接方式。

在“模型区域清除”表格的策略树中，单击“进给和转速”树枝，调出“进给和转速”选项卡，设置主轴转速为“5000”，切削进给率为“4000”，下切进给率为“1000”，掠过进给率为“6000”，冷却方式为“标准”。

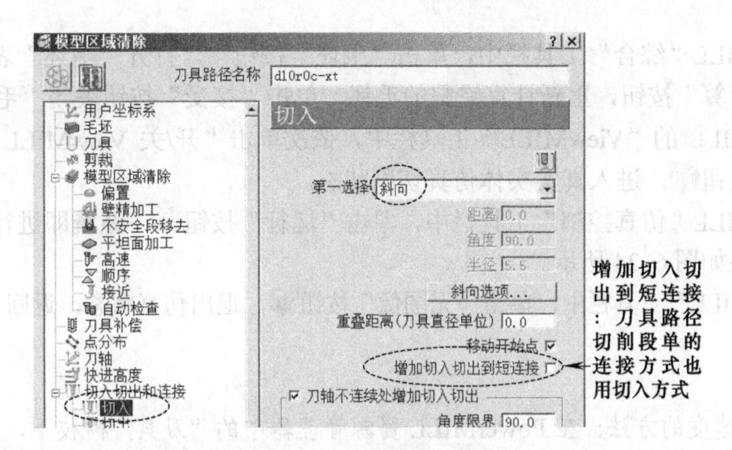

图 6-20　设置切入方式

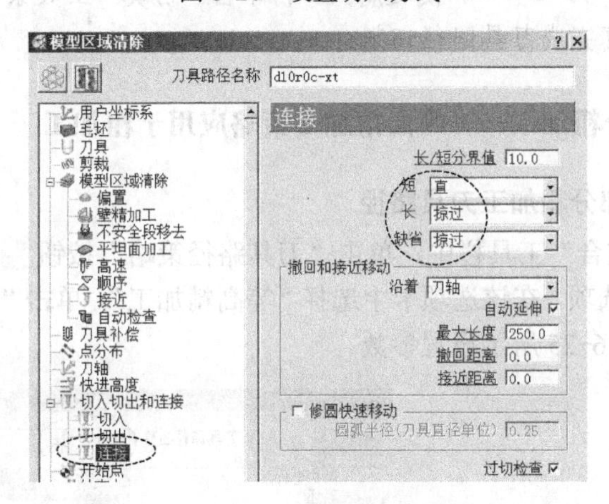

图 6-21　设置连接方式

设置完各参数后，单击“模型区域清除”表格下方的“计算”按钮，系统计算出图 6-22 所示形体部分粗加工刀具路径，图 6-23 为该刀具路径的单层放大图。

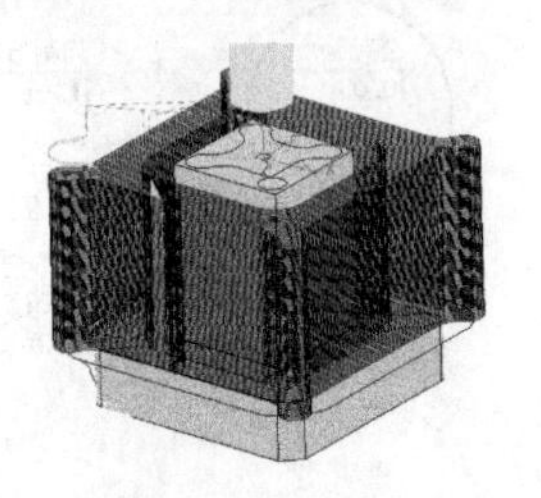

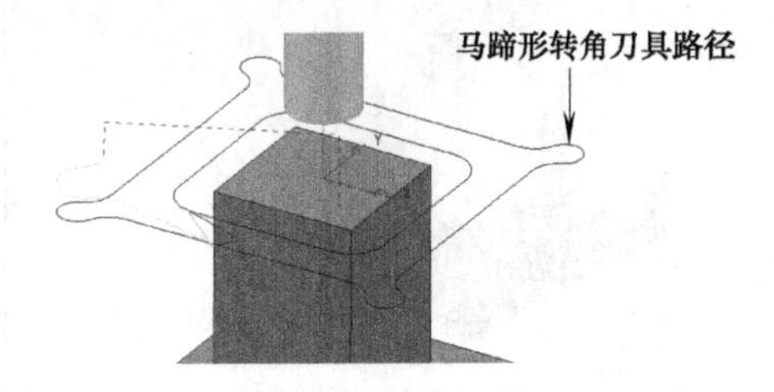

图 6-22　形体部分粗加工刀具路径　　　　图 6-23　形体部分粗加工刀具路径的单层放大图

单击“取消”按钮，关闭“模型区域清除”表格。

2. 仿真电极形体部分粗加工刀具路径

在 PowerMILL 资源管理器中，双击“刀具路径”树枝，将它展开，右击“刀具路径”树枝下的“d10r0c-xt”，在弹出的快捷菜单条中执行“自开始仿真”。

由于在计算形体粗加工刀具路径时，修改降低了毛坯的高度，因此，在进入实体仿真切削之前，需要重新计算毛坯的大小。

在PowerMILL“综合”工具栏中，单击“毛坯”按钮，打开“毛坯”表格，使用默认参数，单击“计算”按钮，重新计算完整的毛坯。单击“接受”按钮关闭“毛坯”表格。

在PowerMILL的“ViewMILL”工具栏中，依次单击“开/关ViewMILL”按钮、“光泽阴影图像”按钮，进入真实实体仿真切削状态。

在PowerMILL“仿真控制”工具栏中，单击“运行”按钮，系统即进行形体粗加工仿真切削，其结果如图6-24所示。

在“ViewMILL”工具栏中，单击“无图像”按钮，退出仿真状态，返回PowerMILL编程环境。

提示

加快仿真速度的方法：在PowerMILL资源管理器中的“刀具”树枝下，两次单击当前刀具树枝前的小灯泡 d10r0c，使之熄灭，再单击“仿真”工具条中的“运行”按钮，即可以最快的速度仿真完成刀具路径切削。

6.1.2.3 电极基准部分粗加工——等高精加工策略应用于粗加工

1. 计算电极基准部分粗加工刀具路径

在PowerMILL“综合”工具栏中，单击“刀具路径策略”按钮，打开“策略选取器”表格，选择“精加工”选项，在该选项卡中选择“等高精加工”，单击“接受”按钮，打开“等高精加工”表格，按图6-25所示设置参数。

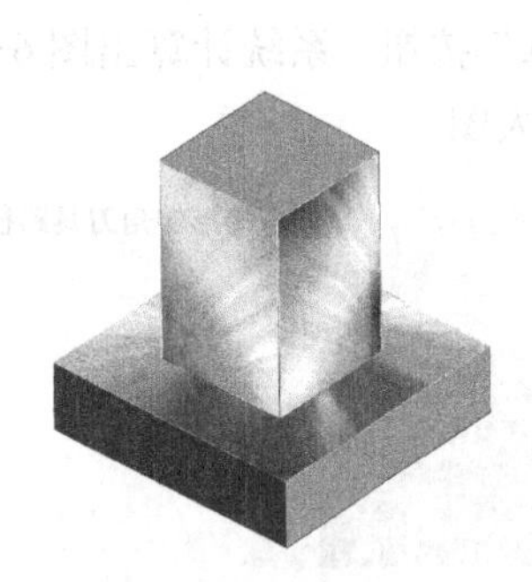

图6-24 电极形体部分粗加工仿真切削结果

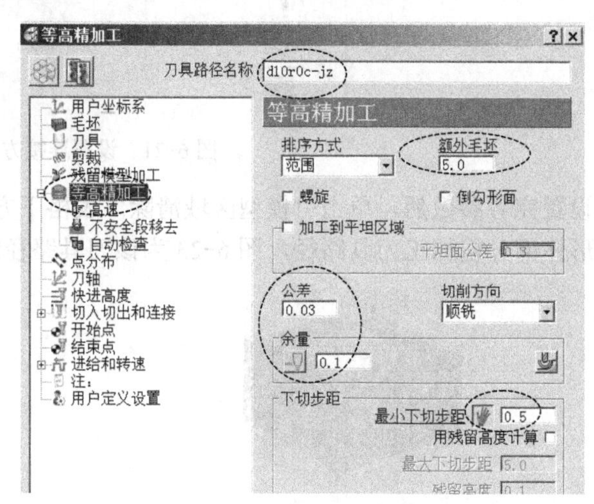

图6-25 设置基准部分粗加工参数

在“等高精加工”表格的策略树中，单击“毛坯”树枝，调出“毛坯”选项卡，按图6-26所示设置毛坯大小尺寸。

刀具依然使用d10r0c，无须更改设置。

在“等高精加工”表格策略树中的“等高精加工”树枝下，单击“高速”树枝，调出“高速”选项卡，按图6-27所示设置高速参数。

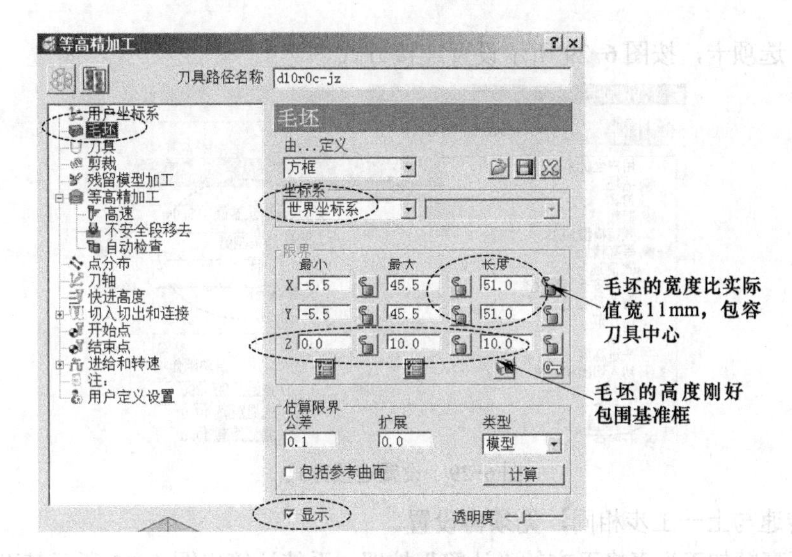

图 6-26　设置毛坯尺寸

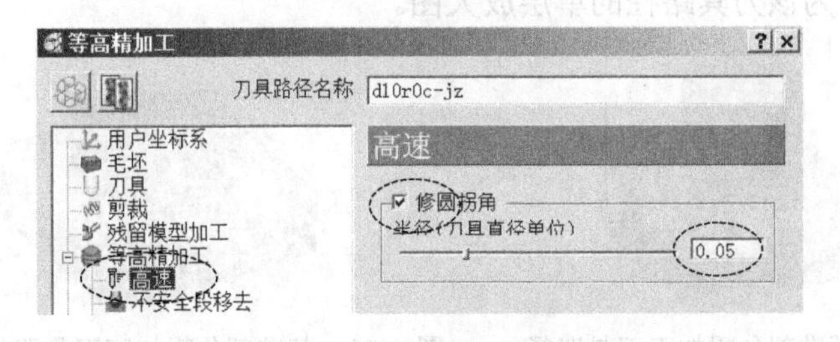

图 6-27　设置高速参数

在“等高精加工”表格的策略树中，双击“切入切出和连接”树枝，将它展开，单击“切入”树枝，调出“切入”选项卡，按图 6-28 所示设置切入方式并将该方式复制到切出。

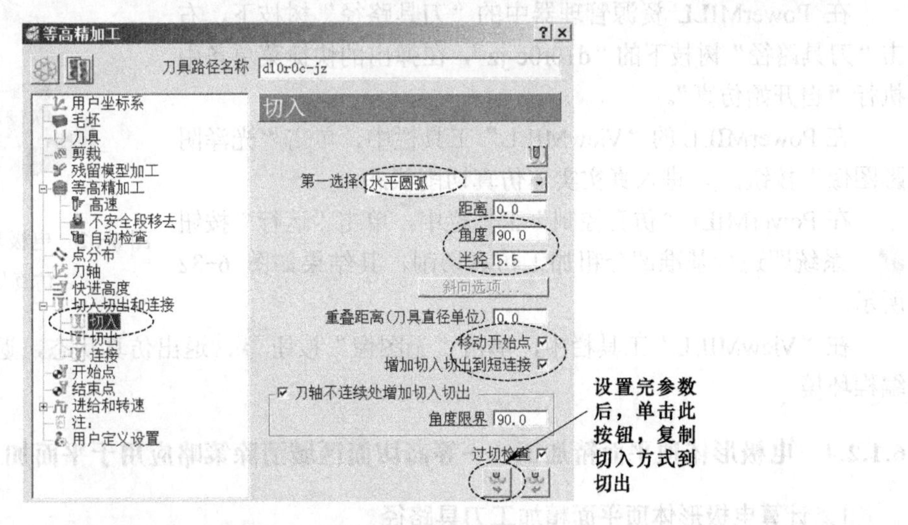

图 6-28　设置切入切出方式

在“等高精加工”表格的策略树中，单击“切入切出和连接”树枝下的“连接”树枝，调出“连接”选项卡，按图 6-29 所示设置连接方式。

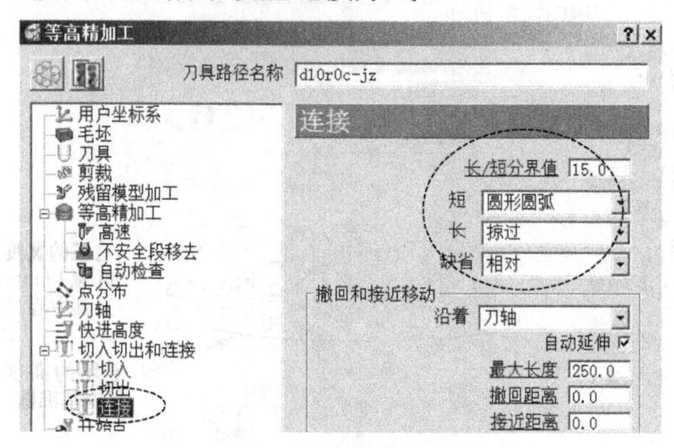

图 6-29 设置连接方式

进给和转速与上一工步相同，无须再设置。

单击“等高精加工”表格下方的“计算”按钮，系统计算出图 6-30 所示基准部分粗加工刀具路径，图 6-31 为该刀具路径的单层放大图。

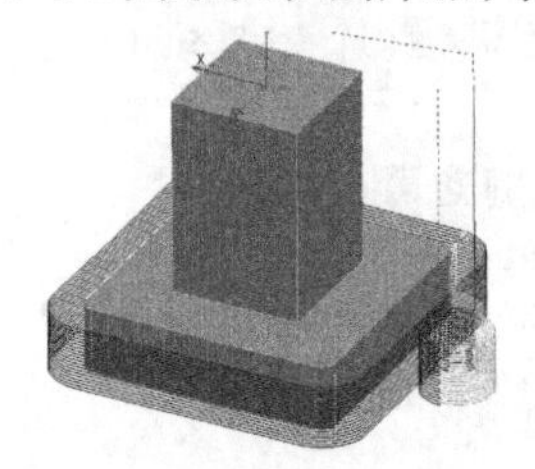

图 6-30 基准部分粗加工刀具路径

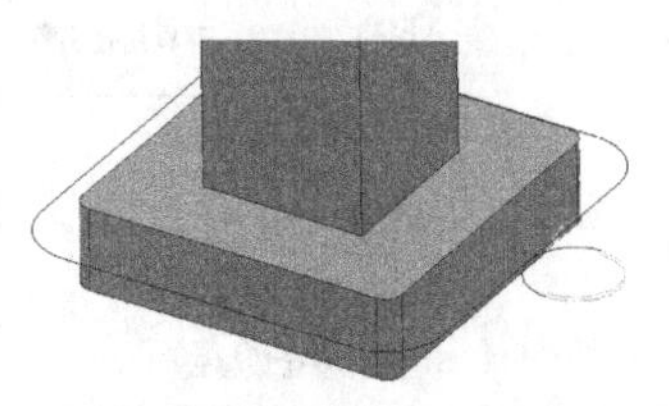

图 6-31 基准部分粗加工刀具路径的单层放大图

单击“取消”按钮，关闭“等高精加工”表格。

2．仿真电极基准部分粗加工刀具路径

在 PowerMILL 资源管理器中的“刀具路径”树枝下，右击“刀具路径”树枝下的“d10r0c-jz”，在弹出的快捷菜单条中执行“自开始仿真”。

在 PowerMILL 的“ViewMILL”工具栏中，单击“光泽阴影图像”按钮，进入真实实体仿真切削状态。

在 PowerMILL“仿真控制”工具栏中，单击“运行”按钮，系统即进行基准部分粗加工仿真切削，其结果如图 6-32 所示。

图 6-32 电极基准部分粗加工仿真切削结果

在“ViewMILL”工具栏中，单击“无图像”按钮，退出仿真状态，返回 PowerMILL 编程环境。

6.1.2.4 电极形体顶平面精加工——等高切面区域清除策略应用于平面加工

1．计算电极形体顶平面精加工刀具路径

在 PowerMILL“综合”工具栏中，单击“刀具路径策略”按钮，打开“策略选取器”表格，选择“三维区域清除”选项卡，在该选项卡中选择“等高切面区域清除”，单击“接受”

按钮，打开“等高切面区域清除”表格，按图 6-33 所示设置参数。

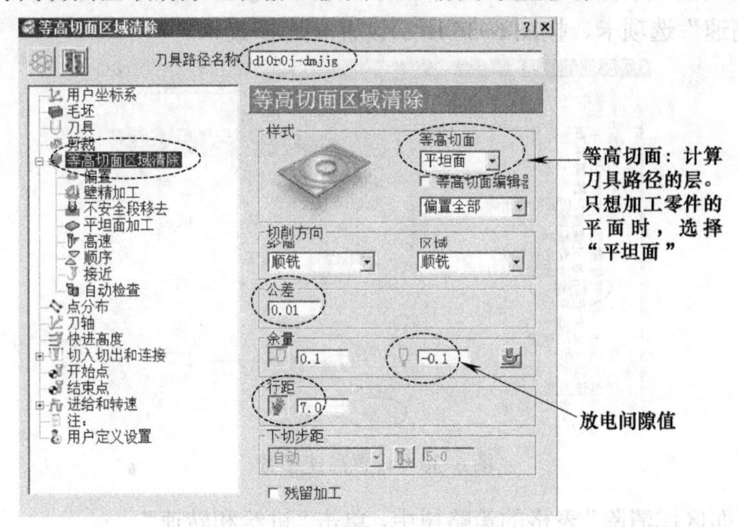

图 6-33　设置顶面精加工参数

在“等高切面区域清除”表格的策略树中，单击“毛坯”树枝，调出“毛坯”选项卡，按图 6-34 所示设置毛坯大小尺寸。

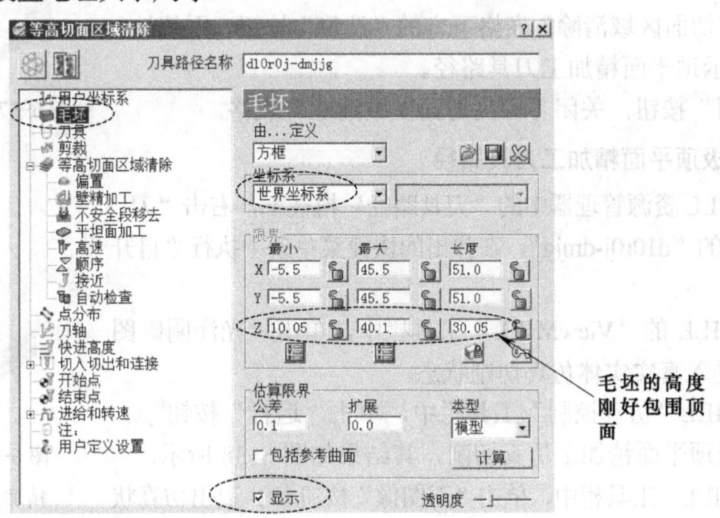

图 6-34　设置毛坯尺寸

在“等高切面区域清除”表格的策略树中，单击“刀具”树枝，调出“刀具”选项卡，按图 6-35 所示选择精加工刀具。

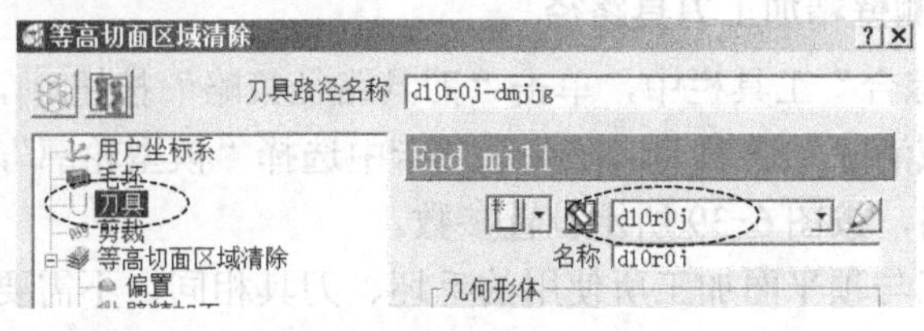

图 6-35　选择精加工刀具

在“等高切面区域清除”表格策略树中的“等高切面区域清除”树枝下，单击“高速”树枝，调出“高速”选项卡，按图6-36所示设置高速参数。

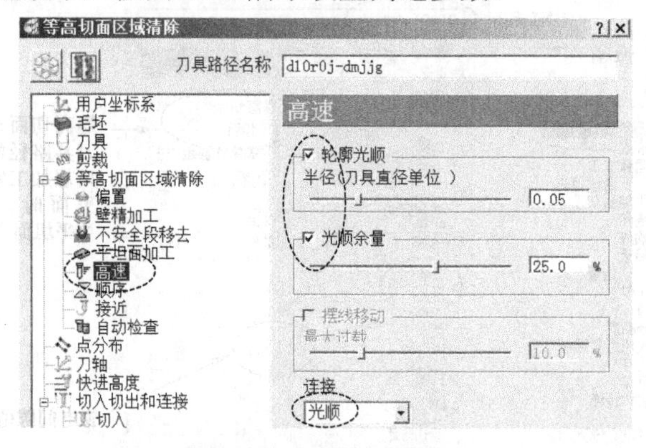

图6-36 设置高速参数

在“等高切面区域清除”表格的策略树中，单击“进给和转速”树枝，调出“进给和转速”选项卡，设置主轴转速为“8000”，切削进给率为“4000”，下切进给率为“1000”，掠过进给率为“10000”，冷却方式为“标准”。

单击“等高切面区域清除”表格下方的“计算”按钮，系统计算出图6-37所示顶平面精加工刀具路径。

单击“取消”按钮，关闭“等高切面区域清除”表格。

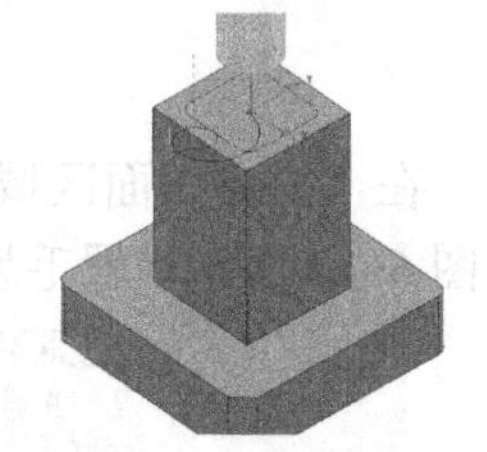

图6-37 顶平面精加工刀具路径

2．仿真电极顶平面精加工刀具路径

在PowerMILL资源管理器中的“刀具路径”树枝下，右击“刀具路径”树枝下的“d10r0j-dmjg”，在弹出的快捷菜单条中执行“自开始仿真”。

在PowerMILL的“ViewMILL”工具栏中，单击“光泽阴影图像”按钮，进入真实实体仿真切削状态。

在PowerMILL“仿真控制”工具栏中，单击“运行”按钮，系统即进行电极顶平面精加工仿真切削，其结果如图6-38所示。

图6-38 电极顶平面精加工仿真切削结果

在“ViewMILL”工具栏中，单击“无图像”按钮，退出仿真状态，返回PowerMILL编程环境。

6.1.2.5 电极形体侧壁精加工——模型轮廓策略应用于侧壁加工

1．计算电极形体侧壁精加工刀具路径

在PowerMILL“综合”工具栏中，单击“刀具路径策略”按钮，打开“策略选取器”表格，选择“三维区域清除”选项卡，在该选项卡中选择“模型轮廓”，单击“接受”按钮，打开“模型轮廓”表格，按图6-39所示设置参数。

电极形体侧壁加工与顶平面加工所使用的毛坯、刀具相同，不需要再设置。

在“模型轮廓”表格的策略树中，单击“模型轮廓”树枝下的“切削距离”树枝，调出

“切削距离”选项卡，按图 6-40 所示设置切削距离参数。

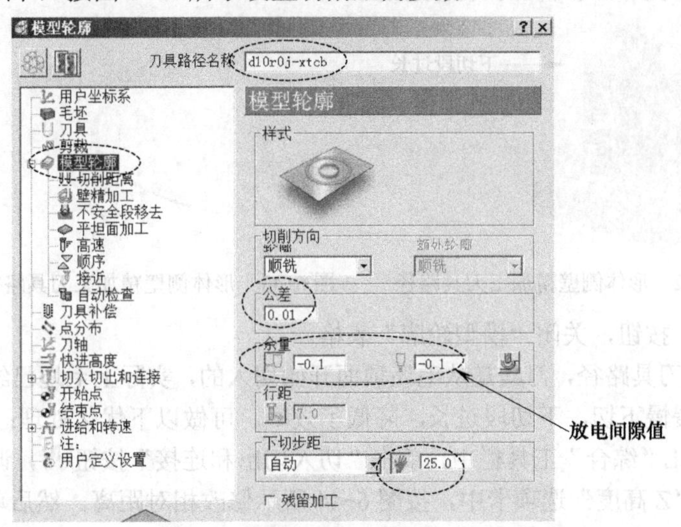

图 6-39　设置形体侧壁精加工参数

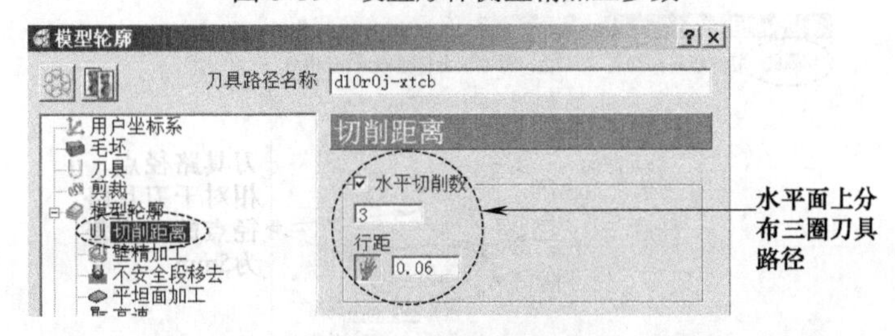

图 6-40　设置切削距离

在“模型轮廓”表格的策略树中，双击“切入切出和连接”树枝，将它展开，单击“切入”树枝，调出“切入”选项卡，按图 6-41 所示设置切入方式并将该方式复制到切出。

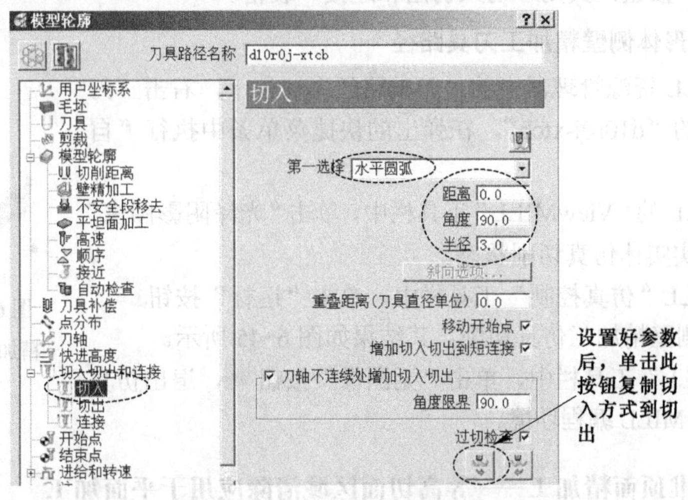

图 6-41　设置切入切出方式

形体侧壁精加工的进给量与转速同上一工步，不用再设置。

单击“模型轮廓”表格下方的“计算”按钮，系统计算出图 6-42 所示形体侧壁精加工刀具路径，图 6-43 为该刀具路径的局部放大图。

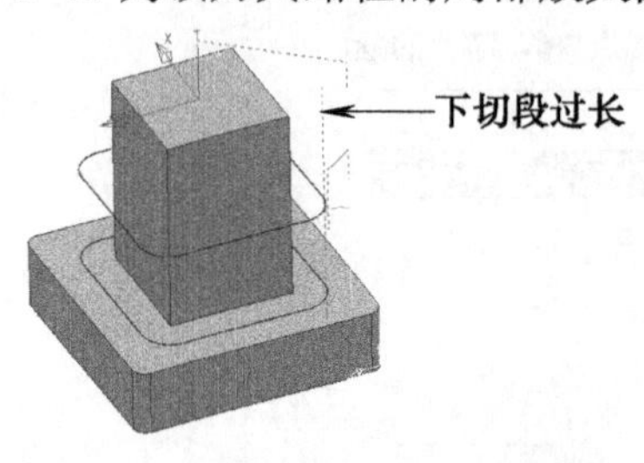

图 6-42　形体侧壁精加工刀具路径

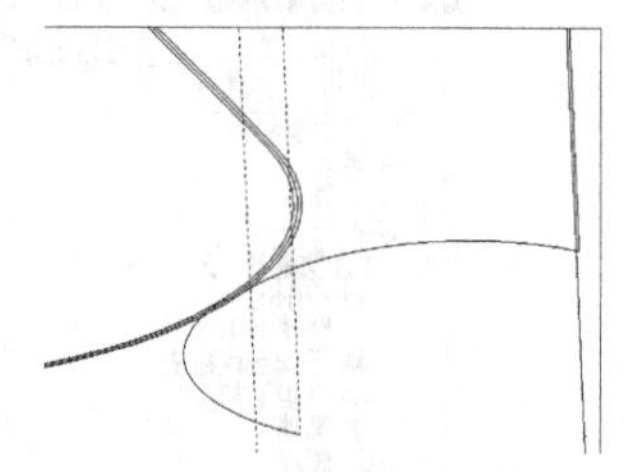

图 6-43　形体侧壁精加工刀具路径的局部放大图

单击“取消”按钮，关闭“模型轮廓”表格。

图 6-42 所示刀具路径，刀具是从毛坯顶面开始切入的，实际上毛坯已经经过粗加工，刀具再从毛坯顶面缓慢下切，下切段过长，降低了效率。可做以下优化处理：

在 PowerMILL“综合”工具栏中，单击“切入切出和连接”按钮，调出“切入切出和连接”表格，在“Z 高度”选项卡中，按图 6-44 所示修改相对距离。然后单击“应用连接”按钮，可见刀具路径的下切段已经降低很多。

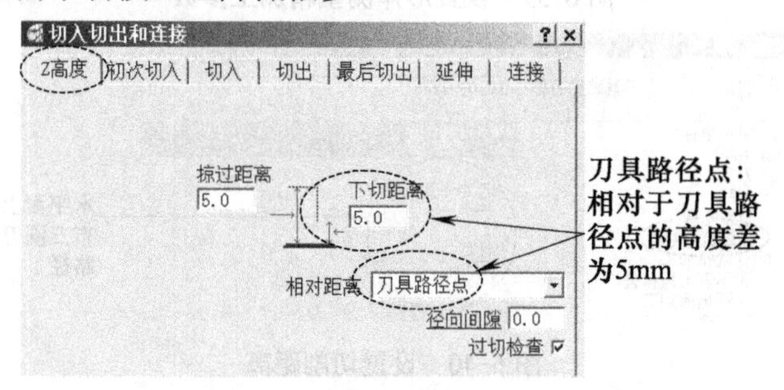

图 6-44　修改下切相对距离

单击“接受”按钮，关闭“切入切出和连接”表格。

2．仿真电极形体侧壁精加工刀具路径

在 PowerMILL 资源管理器中的“刀具路径”树枝下，右击“刀具路径”树枝下的“d10r0j-xtcb”，在弹出的快捷菜单条中执行“自开始仿真”。

在 PowerMILL 的“ViewMILL”工具栏中，单击“光泽阴影图像”按钮，进入真实实体仿真切削状态。

在 PowerMILL“仿真控制”工具栏中，单击“运行”按钮，系统即进行形体侧壁精加工仿真切削，其结果如图 6-45 所示。

图 6-45　形体侧壁精加工仿真切削结果

在“ViewMILL”工具栏中，单击“无图像”按钮，退出仿真状态，返回 PowerMILL 编程环境。

6.1.2.6　电极基准顶面精加工——等高切面区域清除应用于平面加工

1．计算电极基准顶平面精加工刀具路径

在 PowerMILL“综合”工具栏中，单击“刀具路径策略”按钮，打开“策略选取器”

表格，选择“三维区域清除”选项卡，在该选项卡中选择“等高切面区域清除”，单击“接受”按钮，打开“等高切面区域清除”表格，按图 6-46 所示设置参数。

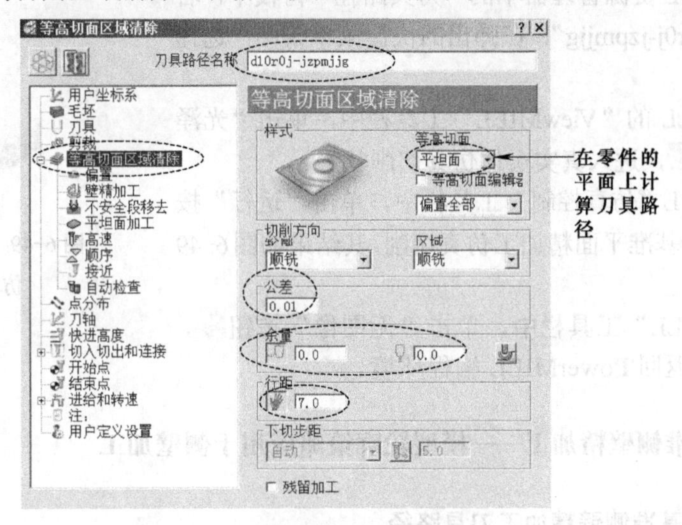

图 6-46　设置基准平面精加工参数

在“等高切面区域清除”表格的策略树中，单击“毛坯”树枝，调出“毛坯”选项卡，按图 6-47 所示设置毛坯尺寸。

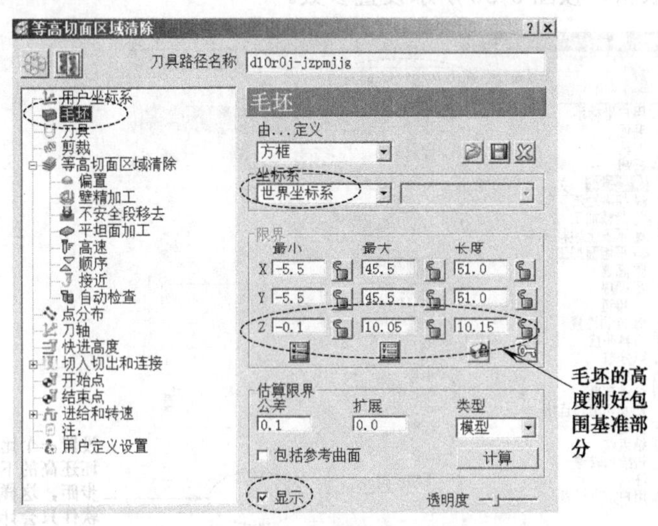

图 6-47　设置毛坯尺寸

刀具、进给和转速等参数与上一工步相同，不需要再设置。

单击“等高切面区域清除”表格下方的“计算”按钮，系统计算出图 6-48 所示基准平面精加工刀具路径。

单击“取消”按钮，关闭“等高切面区域清除”表格。

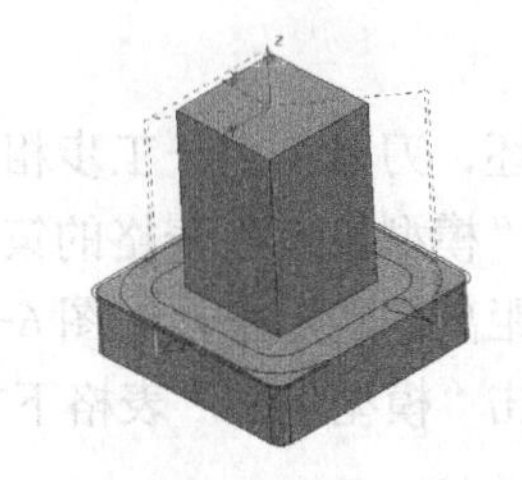

图 6-48　基准平面精加工刀具路径

2. 仿真电极基准面精加工刀具路径

在 PowerMILL 资源管理器中的“刀具路径”树枝下，右击刀具路径“d10r0j-jzpmjjg”，在弹出的快捷菜单条中，选择“自开始仿真”。

在 PowerMILL 的“ViewMILL”工具栏中，单击“光泽阴影图像”按钮，进入真实实体仿真切削状态。

在 PowerMILL“仿真控制”工具栏中，单击“运行”按钮，系统即进行基准平面精加工仿真切削，其结果如图 6-49 所示。

图 6-49 基准平面精加工仿真切削结果

在“ViewMILL”工具栏中，单击“无图像”按钮，退出仿真状态，返回 PowerMILL 编程环境。

6.1.2.7 电极基准侧壁精加工——模型轮廓策略应用于侧壁加工

1. 计算电极基准侧壁精加工刀具路径

在 PowerMILL“综合”工具栏中，单击“刀具路径策略”按钮，打开“策略选取器”表格，选择“三维区域清除”选项卡，在该选项卡中选择“模型轮廓”，单击“接受”按钮，打开“模型轮廓”表格，按图 6-50 所示设置参数。

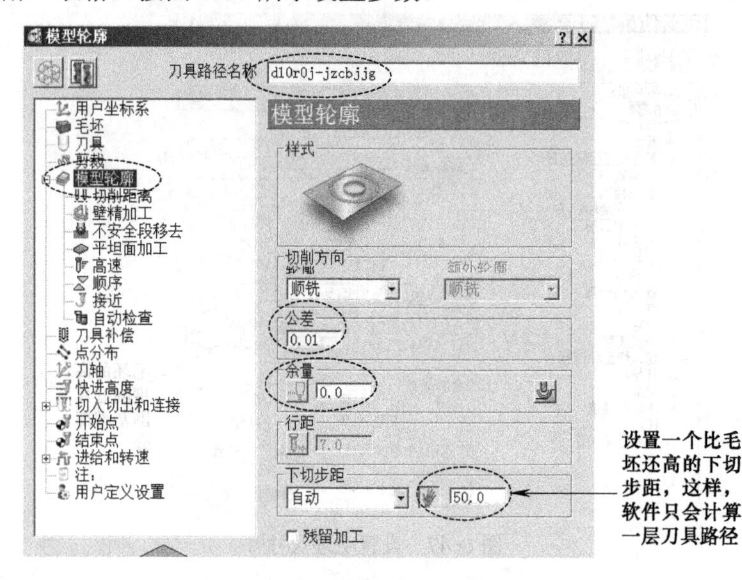

图 6-50 设置基准侧壁精加工参数

毛坯、刀具与上一工步相同，不需要再设置。

在“模型轮廓”表格的策略树中，单击“模型轮廓”树枝下的“切削距离”树枝，调出“切削距离”选项卡，按图 6-51 所示设置切削距离参数。

单击“模型轮廓”表格下方的“计算”按钮，系统计算出图 6-52 所示基准侧壁精加工刀具路径。

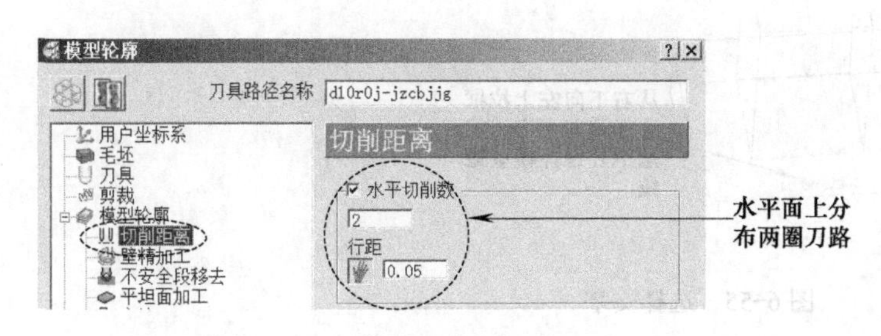

图6-51　设置切削距离参数

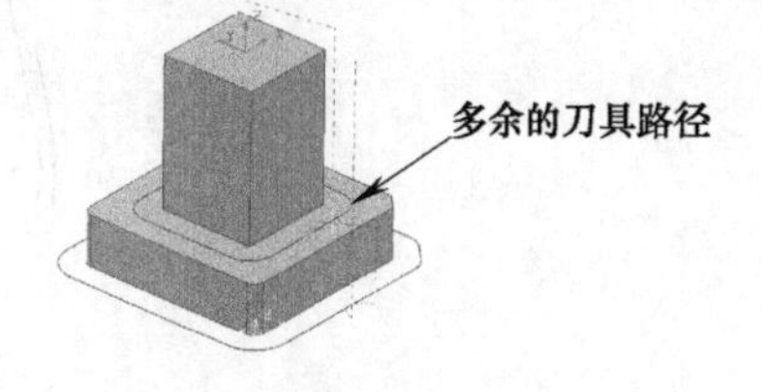

图6-52　基准侧壁精加工刀具路径

单击“取消”按钮，关闭“模型轮廓”表格。

图6-52所示刀具路径，由于毛坯高出基准0.1mm，所以在电极形体部位也产生了刀具路径，需要将这些多余的刀具路径删除。操作如下：

在PowerMILL“查看”工具栏中，单击“毛坯”按钮和“普通阴影”按钮，将它们隐藏起来。

在PowerMILL绘图区单击选取图6-52箭头所指的刀具路径，接着在该段刀具路径上右击，在弹出的快捷菜单条中执行“编辑”→“删除已选部件”，将多余的刀具路径删除，结果如图6-53所示。

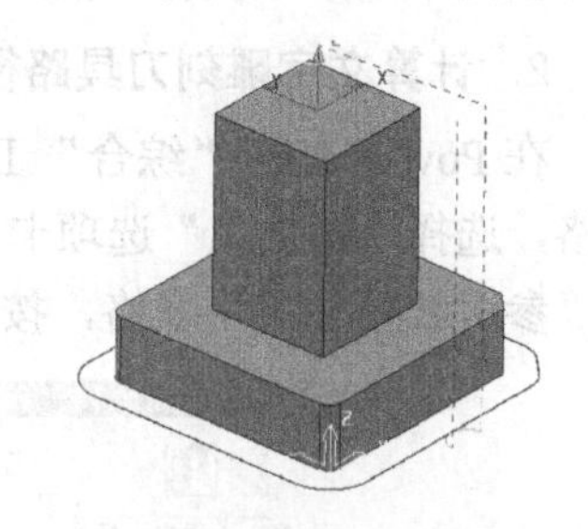

图6-53　编辑后的基准侧壁精加工刀路

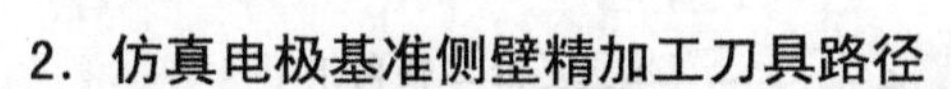

2．仿真电极基准侧壁精加工刀具路径

在PowerMILL资源管理器中的“刀具路径”树枝下，右击刀具路径“d10r0j-jzcbjjg”，在弹出的快捷菜单条中，执行“自开始仿真”。

在PowerMILL的“ViewMILL”工具栏中，单击“光泽阴影图像”按钮，进入真实实体仿真切削状态。

在PowerMILL“仿真控制”工具栏中，单击“运行”按钮，系统即进行基准侧壁精加工仿真切削，其结果如图6-54所示。

图6-54　基准侧壁精加工仿真切削结果

在“ViewMILL”工具栏中，单击“无图像”按钮，退出仿真状态，返回PowerMILL编程环境。

6.1.2.8　电极序列号加工——参考线精加工应用于文字雕刻

1．创建参考线

在PowerMILL“查看”工具栏中，单击“线框”按钮，将模型中的文字显示出来，单击“普通阴影”按钮，将模型隐藏起来。

在PowerMILL资源管理器中，右击“参考线”树枝，在弹出的快捷菜单条中执行“产生参考线”，产生一条名称为“1”、内容为空白的参考线。

在绘图区中，拉框选择图6-55所示全部文字。

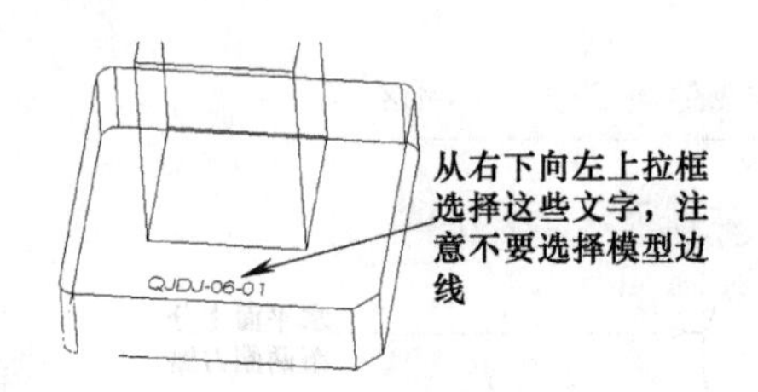

图 6-55　选择文字

在 PowerMILL 资源管理器中，双击“参考线”树枝，将它展开，右击参考线“1”，在弹出的快捷菜单条中执行“插入”→“模型”，此操作将模型中的线条转换为参考线。

2．计算文字雕刻刀具路径

在 PowerMILL“综合”工具栏中，单击“刀具路径策略”按钮，打开“策略选取器”表格，选择“精加工”选项卡，在该选项卡中选择“参考线精加工”，单击“接受”按钮，打开“参考线精加工”表格，按图 6-56 所示设置参数。

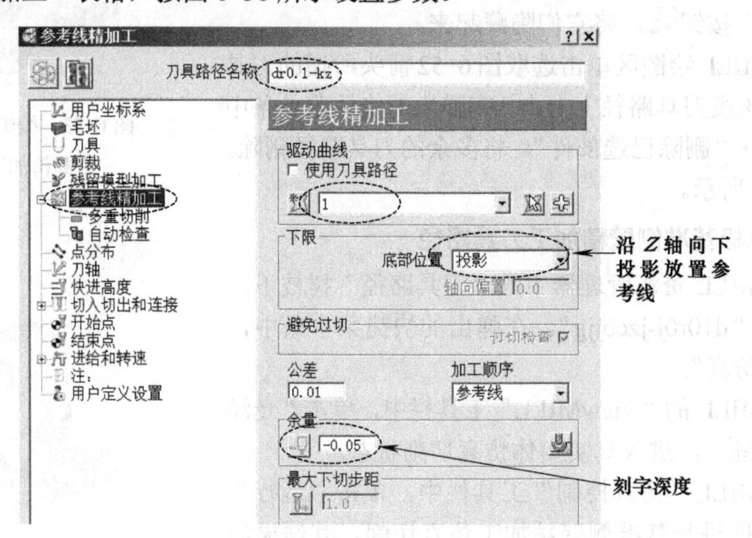

图 6-56　设置雕刻文字参数

在“参考线精加工”表格的策略树中，单击“刀具”树枝，调出“刀具”选项卡，按图 6-57 所示选择文字雕刻刀具。

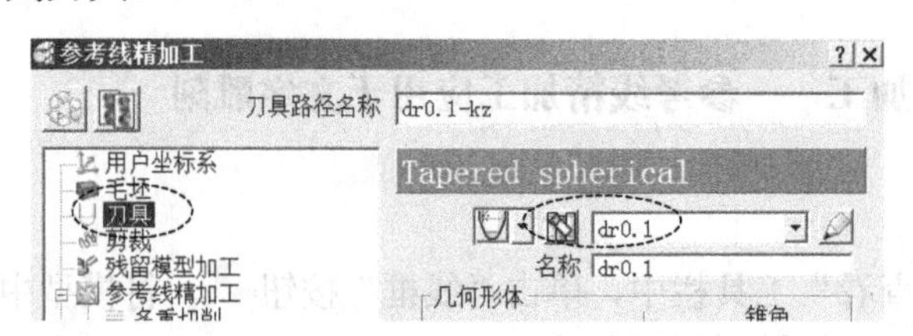

图 6-57　选择刀具

在“参考线精加工”表格的策略树中，双击“切入切出和连接”树枝，展开它。单击“切入”树枝，调出“切入”选项卡，按图 6-58 所示设置切入切出方式。

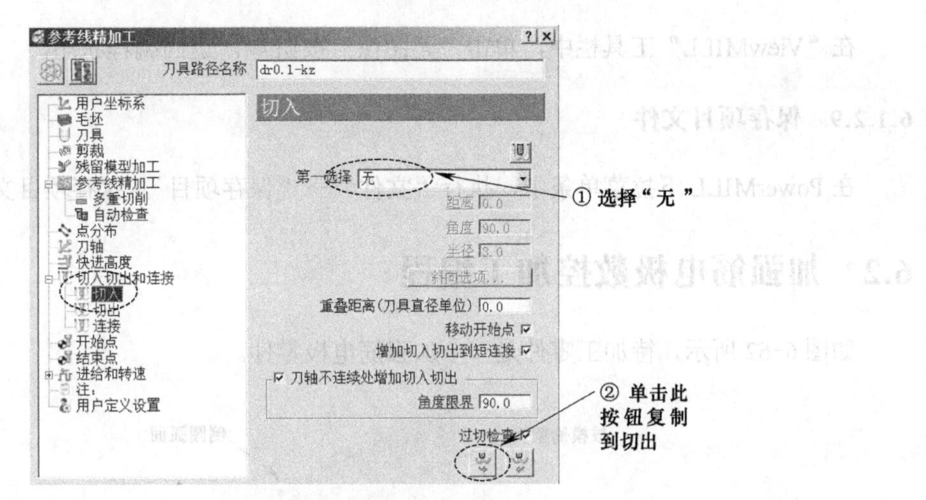

图 6-58 设置切入切出方式

单击“切入切出和连接”树枝下的“连接”树枝，调出“连接”选项卡，按图 6-59 所示设置连接方式。

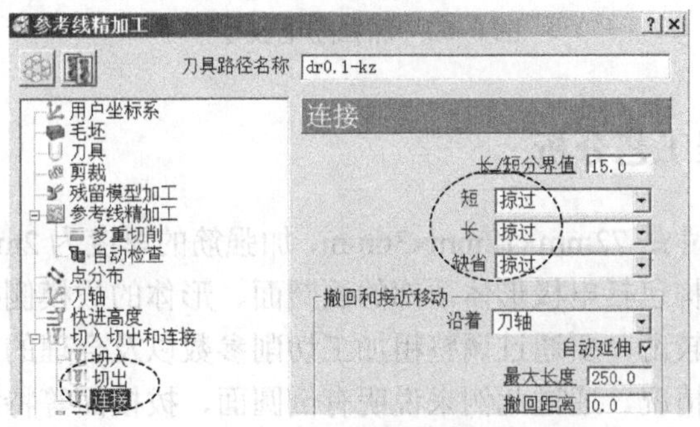

图 6-59 设置连接方式

在“参考线精加工”表格的策略树中，单击“进给和转速”树枝，调出“进给和转速”选项卡，设置主轴转速为“10000”，切削进给率为“1000”，下切进给率为“600”，掠过进给率为“10000”，冷却方式为“标准”。

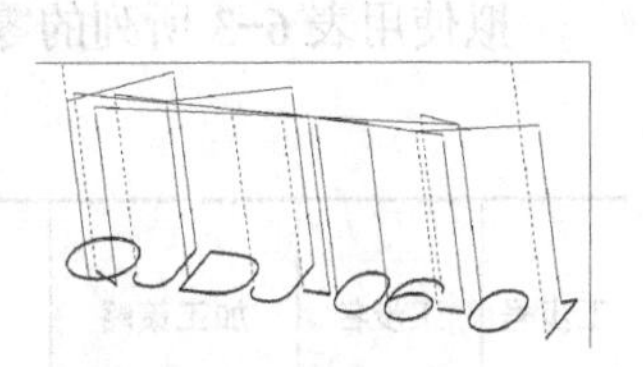

图 6-60 文字雕刻刀具路径

单击“参考线精加工”表格中的“计算”按钮，系统计算出图 6-60 所示文字雕刻刀具路径。

单击“取消”按钮，关闭“参考线精加工”表格。

3. 文字雕刻加工仿真

在 PowerMILL 资源管理器中的“刀具路径”树枝下，右击刀具路径“dr0.1-kz”，在弹出的快捷菜单条中，执行“自开始仿真”。

在 PowerMILL 的“ViewMILL”工具栏中，单击“光泽阴影图像”按钮，进入真实实体仿真切削状态。

在 PowerMILL“仿真控制”工具栏中，单击“运行”按钮，系统即进行文字雕刻仿真切削，其结果如图 6-61 所示。

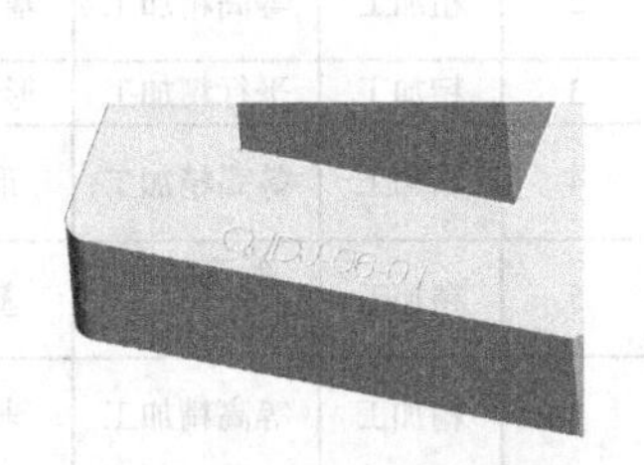

图 6-61 文字雕刻仿真切削结果

在“ViewMILL”工具栏中，单击“无图像”按钮，返回编程状态。

6.1.2.9 保存项目文件

在 PowerMILL 下拉菜单条中，执行“文件”→“保存项目”，保存项目文件。

6.2 加强筋电极数控加工编程

如图 6-62 所示，待加工零件是一个加强筋电极零件。

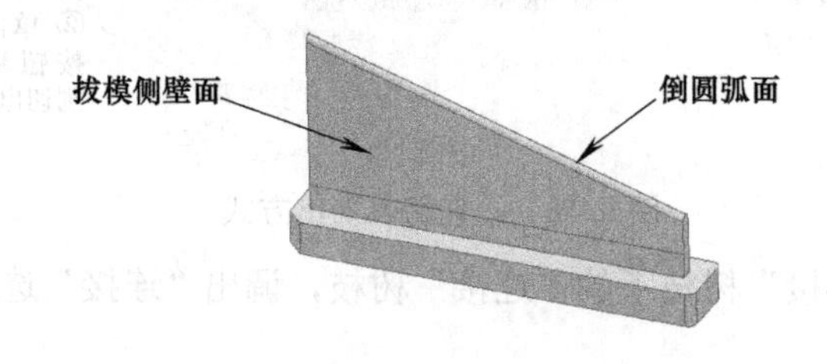

图 6-62 加强筋电极零件

6.2.1 数控加工编程工艺分析

这个零件的总体尺寸是 72mm×12mm×36mm，加强筋的厚度为 2mm，高度最大为 31mm。毛坯为方坯，待加工结构包括电极形体顶部的倒圆面、形体的拔模侧壁面、基准框平面、基准框四周面等。加强筋较薄，要通过调整粗加工切削参数以及合理的工步安排，防止此类薄壁特征出现加工变形的情况。通过此例来说明有倒圆面、拔模面等特征的电极零件的加工过程、放电间隙的处理等。

拟使用表 6-3 所列的零件数控加工编程工艺过程来计算零件的加工刀具路径。

表 6-3 零件数控加工编程工艺过程

工步号	工步名	加工策略	加工部位	刀具	切削参数						
					转速/(r/min)	进给速度/(mm/min)	切削宽度/mm	背吃刀量/mm	公差/mm	径向余量/mm	轴向余量/mm
1	粗加工	模型区域清除	形体部分	d10r0 面铣刀（粗加工用）	6000	2000	7	0.3	0.03	1	0.15
2	粗加工	等高精加工	基准框部分	d10r0 面铣刀（粗加工用）	5000	1000		0.3	0.03	0.15	0.15
3	精加工	平行精加工	形体顶弧面	d3r1.5 球头铣刀	12000	5000	0.05		0.005	−0.1	−0.1
4	精加工	等高精加工	形体侧壁	d3.8r0 面铣刀（实际刀：d4r0）	12000	5000		0.1	0.01	0	
5	精加工	等高切面区域清除	基准平面	d10r0 面铣刀（精加工用）	8000	4000	7		0.01	0	
6	精加工	等高精加工	基准四周	d10r0 面铣刀（精加工用）	8000	4000		50	0.01	0	
7	刻字	参考线精加工	文字	dr0.1 锥度球头铣刀	10000	1000			0.01	−0.05	

6.2.2 详细编程过程

6.2.2.1 设置公共参数

步骤一 新建加工项目

（1）复制光盘内文件夹到本地磁盘 复制光盘上的文件夹*:\Source\ch06 到 E:\PM EX 目录下。如果之前已经复制了 ch06 文件夹，此步操作省略。

（2）输入模型 在下拉菜单条中单击“文件”→“输入模型”，打开“输入模型”表格，选择 E:\PM EX\ch06\6-2 jqjdj.dgk 文件，然后单击“打开”按钮，完成模型输入操作。

（3）查看模型 在 PowerMILL“查看”工具条中，单击“普通阴影”按钮，显示模型的着色状态。单击“线框”按钮，关闭线框显示。单击“ISO1”按钮，以轴测视角查看零件。

（4）保存项目文件 在 PowerMILL 下拉菜单条中，执行“文件”→“保存项目”，打开“保存项目为”表格，然后在“保存在”栏选择 E：\PM EX，在“文件名”栏输入项目名为 6-2 jqjdj，单击“保存”按钮完成操作。

步骤二 准备加工

（1）计算毛坯 在 PowerMILL“综合”工具栏中，单击“毛坯”按钮，打开“毛坯”表格，按图 6-63 所示设置参数。单击“接受”按钮，关闭该表格。计算出来的毛坯如图 6-64 所示。

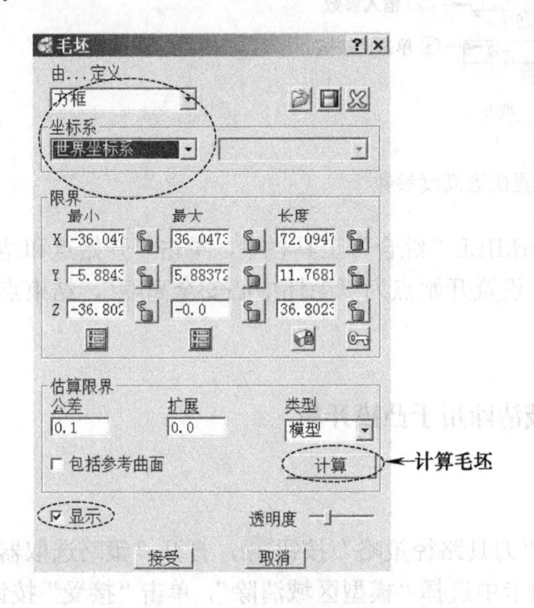

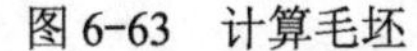
图 6-63 计算毛坯

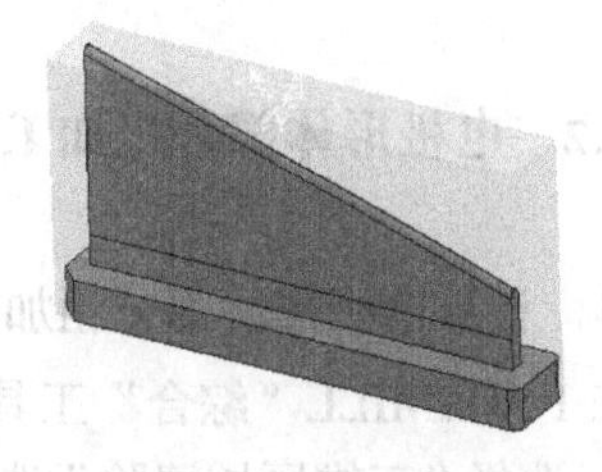
图 6-64 毛坯

本例中，世界坐标系在毛坯顶面中心，直接用作对刀坐标系零点。

（2）创建加工刀具 与 6.1.2.1 节“步骤二 准备加工”中创建粗加工刀具的操作过程相同，创建刀具 d10r0c 和 d10r0j。按表 6-4 创建出其余刀具。

表 6-4　其余刀具参数

刀具编号	刀具名称	刀具类型	刀具直径/mm	槽数/个	切削刃长度/mm	刀尖圆弧半径/mm	锥角/（°）	刀柄直径（顶/底）/mm	刀柄长度/mm	夹持直径（顶/底）/mm	夹持长度/mm	刀具伸出夹持长度/mm
3	d4r0	面铣刀	4	2	35	0		4	20	63	30	40
4	d3r1.5	球头铣刀	3	2	8	1.5		3	30	63	30	30
5	dr0.1	锥度球头铣刀	3	2	15	0.1	45	3	30	63	30	40

（3）设置快进高度　在 PowerMILL“综合”工具栏中，单击“快进高度”按钮，打开“快进高度”表格，按图 6-65 所示设置快进高度参数，完成后单击“接受”按钮退出。

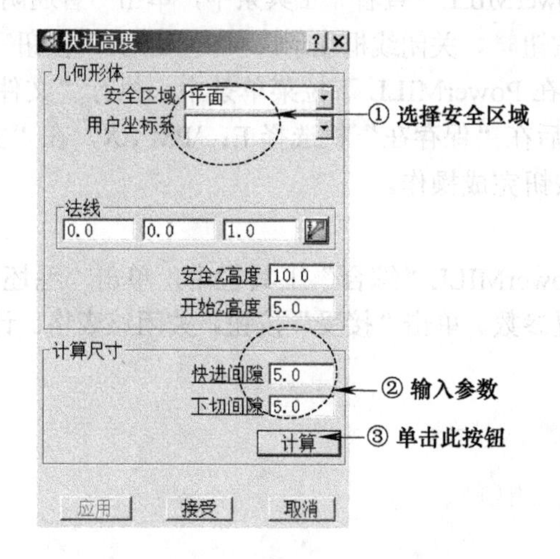

图 6-65　设置快进高度参数

（4）设置加工开始点和结束点　在 PowerMILL“综合”工具栏中，单击“开始点和结束点”按钮，打开“开始点和结束点”表格，设置开始点为“毛坯中心安全高度”，结束点为“最后一点安全高度”。

6.2.2.2　电极形体部分粗加工——模型区域清除用于凸模开粗

1．计算电极形体部分粗加工刀具路径

在 PowerMILL“综合”工具栏中，单击“刀具路径策略”按钮，打开“策略选取器”表格，选择“三维区域清除”选项，在该选项卡中选择“模型区域清除”，单击“接受”按钮，打开“模型区域清除”表格，按图 6-66 所示设置参数。

在“模型区域清除”表格的策略树中，单击“毛坯”树枝，调出“毛坯”选项卡，按图 6-67 所示设置毛坯大小尺寸。

在“模型区域清除”表格的策略树中，单击“刀具”树枝，调出“刀具”选项卡，按图 6-68 所示选择粗加工刀具。

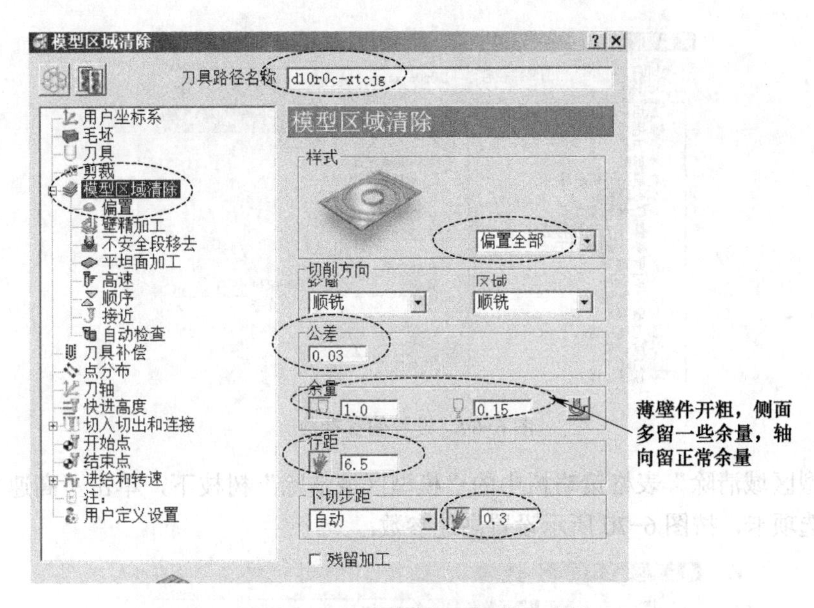

薄壁件开粗，侧面多留一些余量，轴向留正常余量

图 6-66　设置形体部分粗加工参数

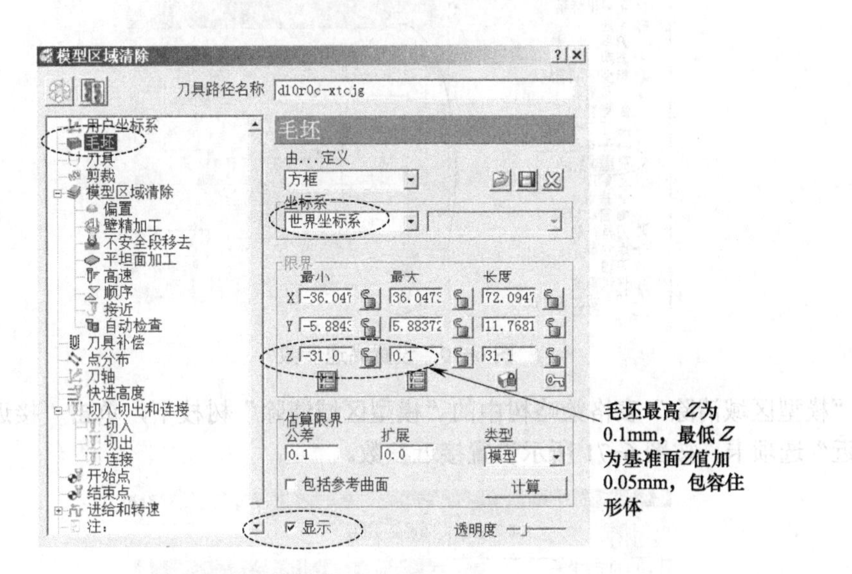

毛坯最高Z为0.1mm，最低Z为基准面Z值加0.05mm，包容住形体

图 6-67　设置毛坯尺寸

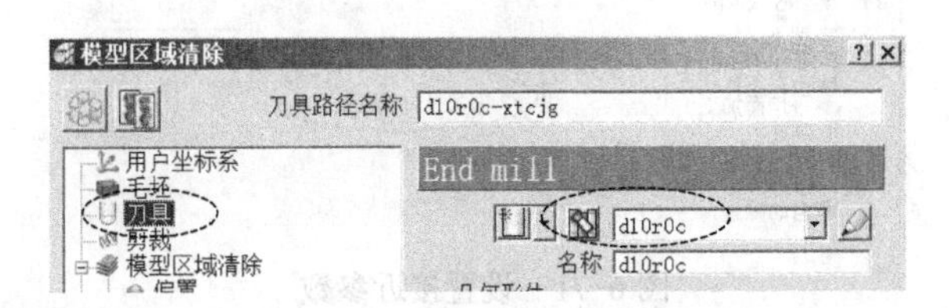

图 6-68　选择粗加工刀具

在“模型区域清除”表格策略树中的“模型区域清除”树枝下，单击“偏置”树枝，调出“偏置”选项卡，按图 6-69 所示设置偏置参数。

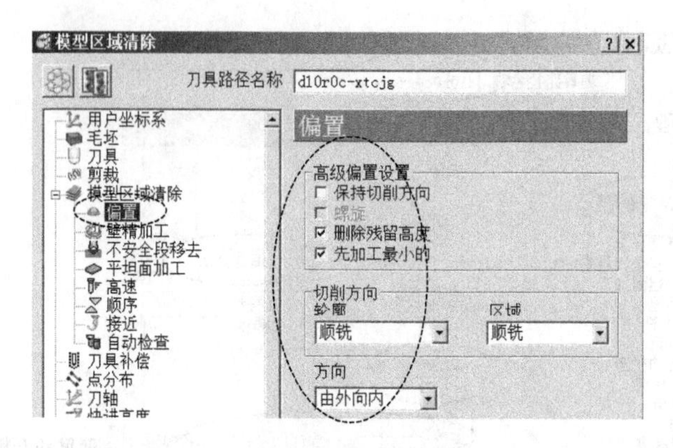

图 6-69　设置偏置参数

在“模型区域清除”表格策略树中的“模型区域清除”树枝下，单击“高速”树枝，调出“高速”选项卡，按图 6-70 所示设置高速参数。

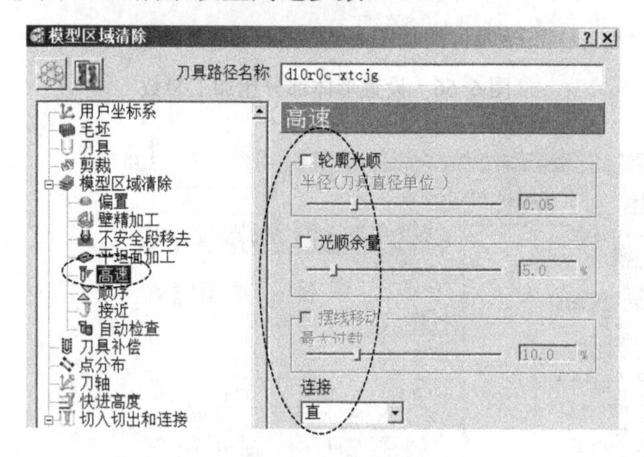

图 6-70　设置高速参数

在“模型区域清除”表格策略树中的“模型区域清除”树枝下，单击“接近”树枝，调出“接近”选项卡，按图 6-71 所示设置接近参数。

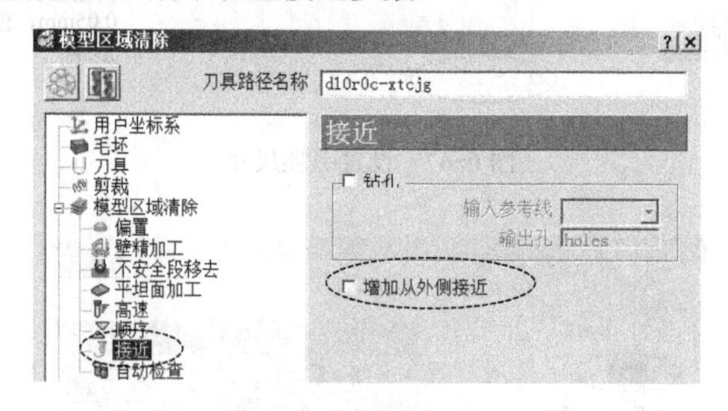

图 6-71　设置接近参数

在“模型区域清除”表格的策略树中，双击“切入切出和连接”树枝，将它展开，单击“切入”树枝，调出“切入”选项卡，按图 6-72 所示设置切入方式。

在“模型区域清除”表格的策略树中，单击“切入切出和连接”树枝下的“连接”树枝，调出“连接”选项卡，按图 6-73 所示设置连接方式。

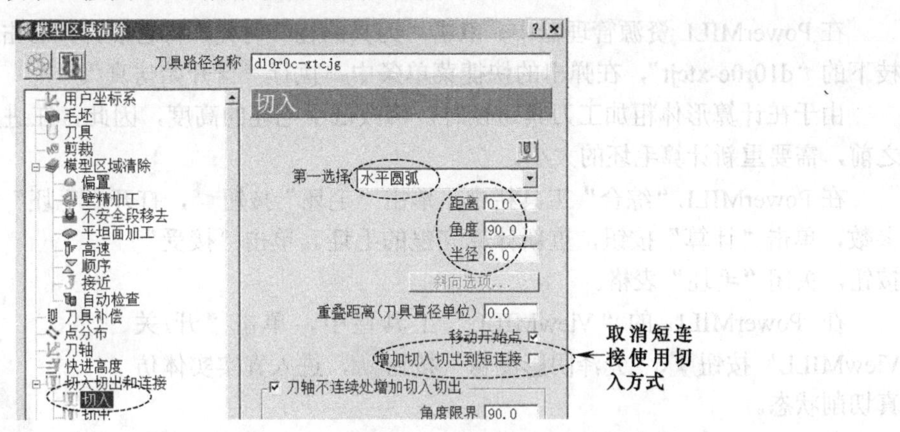

图 6-72　设置切入方式

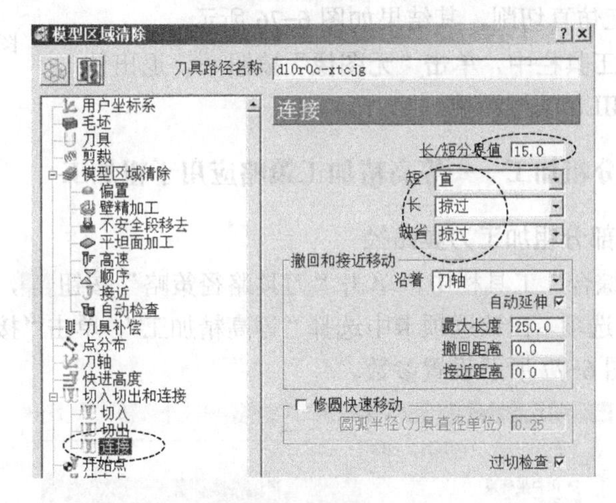

图 6-73　设置连接方式

在“模型区域清除”表格的策略树中，单击“进给和转速”树枝，调出“进给和转速”选项卡，设置主轴转速为“5000”，切削进给率为“4000”，下切进给率为“1000”，掠过进给率为“8000”，冷却方式为“标准”。

设置完各参数后，单击“模型区域清除”表格下方的“计算”按钮，系统计算出图 6-74 所示形体部分加工刀具路径，图 6-75 为该刀具路径的单层放大图。

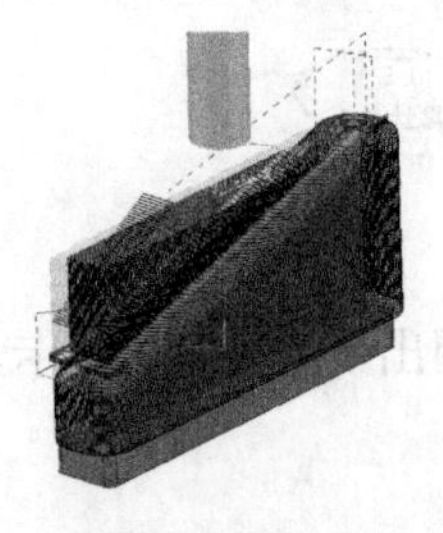

图 6-74　形体部分粗加工刀具路径

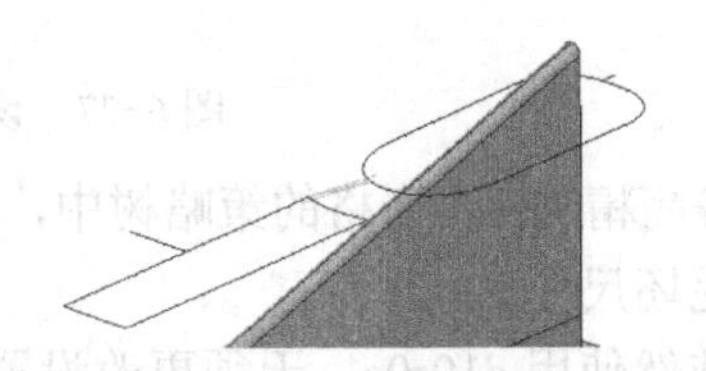

图 6-75　形体部分粗加工刀具路径的单层放大图

单击“取消”按钮，关闭“模型区域清除”表格。

2. 仿真电极形体部分粗加工刀具路径

在 PowerMILL 资源管理器中，双击“刀具路径”树枝，将它展开，右击“刀具路径”树枝下的“d10r0c-xtcjt”，在弹出的快捷菜单条中，执行“自开始仿真”。

由于在计算形体粗加工刀具路径时，修改低了毛坯的高度，因此，在进入实体仿真切削之前，需要重新计算毛坯的大小。

在 PowerMILL“综合”工具栏中，单击“毛坯”按钮，打开“毛坯”表格，使用默认参数，单击“计算”按钮，重新计算完整的毛坯。单击“接受”按钮，关闭“毛坯”表格。

在 PowerMILL 的“ViewMILL”工具栏中，单击“开/关 ViewMILL”按钮、“光泽阴影图像”按钮，进入真实实体仿真切削状态。

在 PowerMILL“仿真控制”工具栏中，单击“运行”按钮，系统即进行形体粗加工仿真切削，其结果如图 6-76 所示。

在“ViewMILL”工具栏中，单击“无图像”按钮，退出仿真状态，返回 PowerMILL 编程环境。

图 6-76　电极形体部分仿真切削结果

6.2.2.3　电极基准部分粗加工——等高精加工策略应用于粗加工

1. 计算电极基准部分粗加工刀具路径

在 PowerMILL“综合”工具栏中，单击“刀具路径策略”按钮，打开“策略选取器”表格，选择“精加工”选项，在该选项卡中选择“等高精加工”，单击“接受”按钮，打开“等高精加工”表格，按图 6-77 所示设置参数。

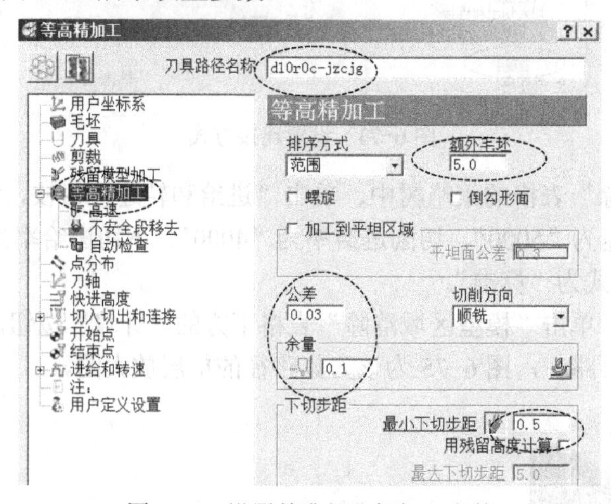

图 6-77　设置基准部分粗加工参数

在“等高精加工”表格的策略树中，单击“毛坯”树枝，调出“毛坯”选项卡，按图 6-78 所示设置毛坯尺寸。

刀具依然使用 d10r0c，无须更改设置。

在“等高精加工”表格的策略树中，双击“切入切出和连接”树枝，将它展开，单击“切入”树枝，调出“切入”选项卡，按图 6-79 所示设置切入方式并将该方式复制到切出。

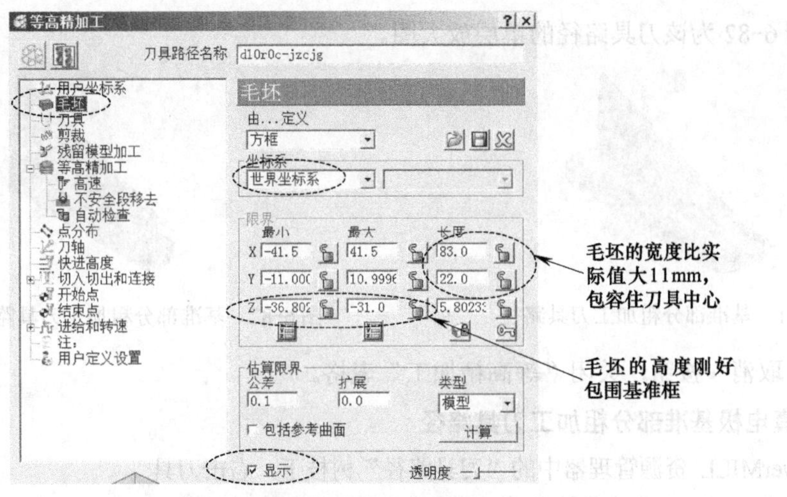

图 6-78 设置毛坯尺寸

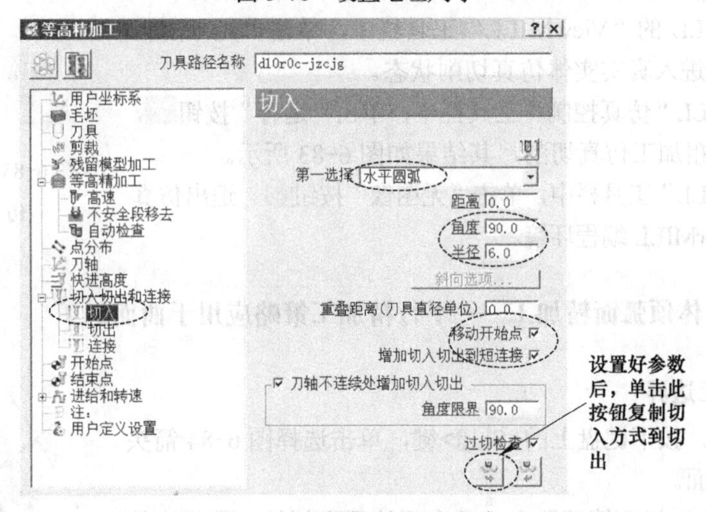

图 6-79 设置切入切出方式

在“等高精加工”表格的策略树中，单击“切入切出和连接”树枝下的“连接”树枝，调出“连接”选项卡，按图 6-80 所示设置连接方式。

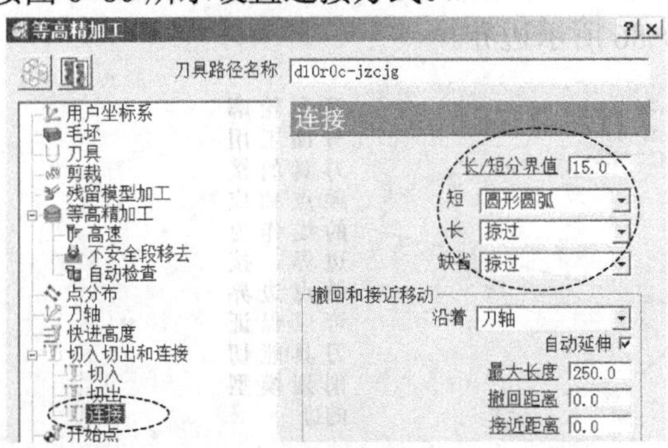

图 6-80 设置连接方式

进给和转速与上一工步相同，无须再设置。

单击“等高精加工”表格下方的“计算”按钮，系统计算出图 6-81 所示基准部分加工刀具路径，图 6-82 为该刀具路径的单层放大图。

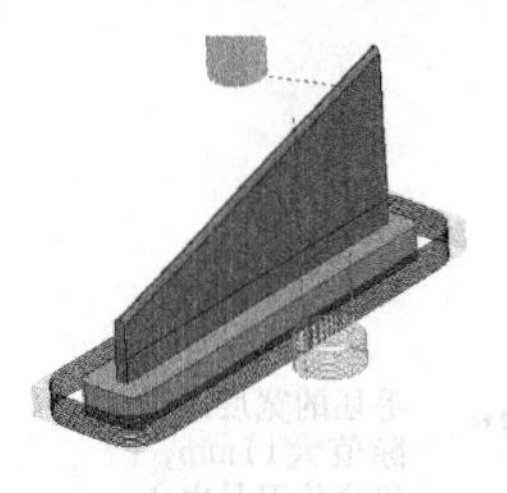

图 6-81　基准部分粗加工刀具路径

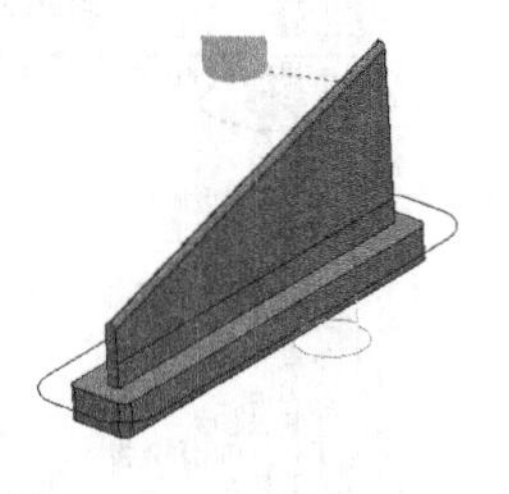

图 6-82　基准部分粗加工刀具路径的单层放大图

单击“取消”按钮，关闭“等高精加工”表格。

2．仿真电极基准部分粗加工刀具路径

在 PowerMILL 资源管理器中的“刀具路径”树枝下，右击刀具路径“d10r0c-jzcjg”，在弹出的快捷菜单条中，选择“自开始仿真”。

在 PowerMILL 的“ViewMILL”工具栏中，单击“光泽阴影图像”按钮，进入真实实体仿真切削状态。

在 PowerMILL“仿真控制”工具栏中，单击“运行”按钮，系统即进行基准粗加工仿真切削，其结果如图 6-83 所示。

在“ViewMILL”工具栏中，单击“无图像”按钮，退出仿真状态，返回 PowerMILL 编程环境。

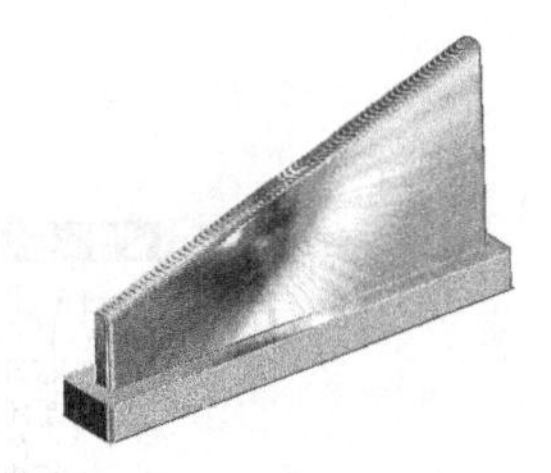

图 6-83　电极基准部分仿真切削结果

6.2.2.4　电极形体顶弧面精加工——平行精加工策略应用于曲面加工

1．创建加工边界

在绘图区中，按下键盘上的<Shift>键，单击选择图 6-84 箭头所指的两个圆弧面。

在 PowerMILL 资源管理器中，右击“边界”树枝，在弹出的快捷菜单条中执行“定义边界”→“接触点”，打开“接触点边界”表格，按图 6-85 所示设置参数，然后依次单击“模型”按钮、“接受”按钮，创建图 6-86 所示边界。

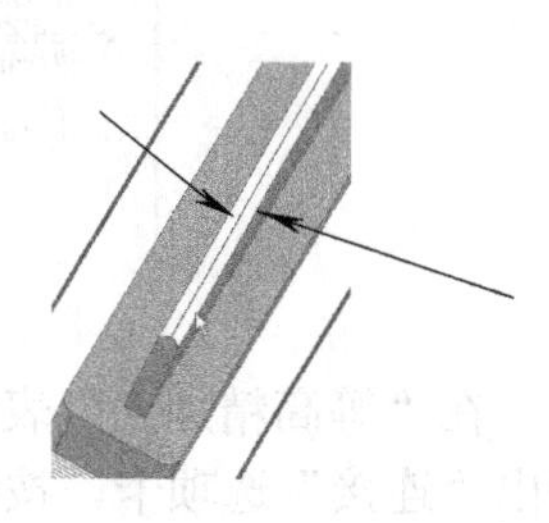

图 6-84　选择圆弧面

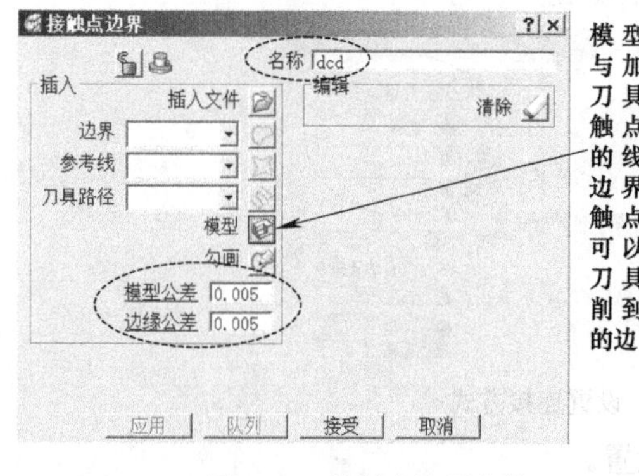

图 6-85　接触点边界参数

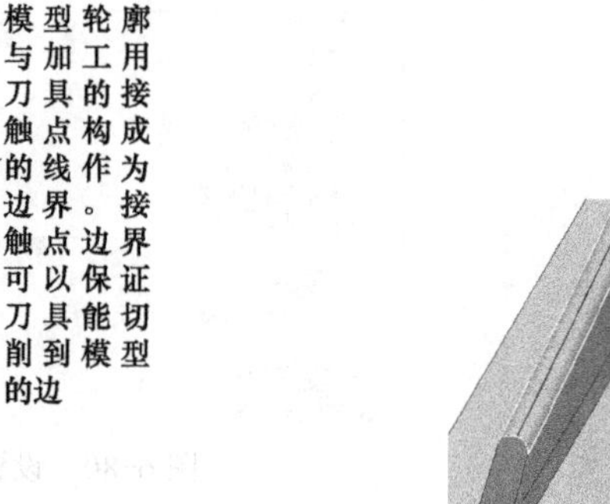

图 6-86　接触点边界

2. 计算电极形体顶弧面精加工刀具路径

在 PowerMILL“综合”工具栏中，单击“刀具路径策略”按钮，打开“策略选取器”表格，选择“精加工”选项卡，在该选项卡中选择“平行精加工”，单击“接受”按钮，打开“平行精加工”表格，按图 6-87 所示设置参数。

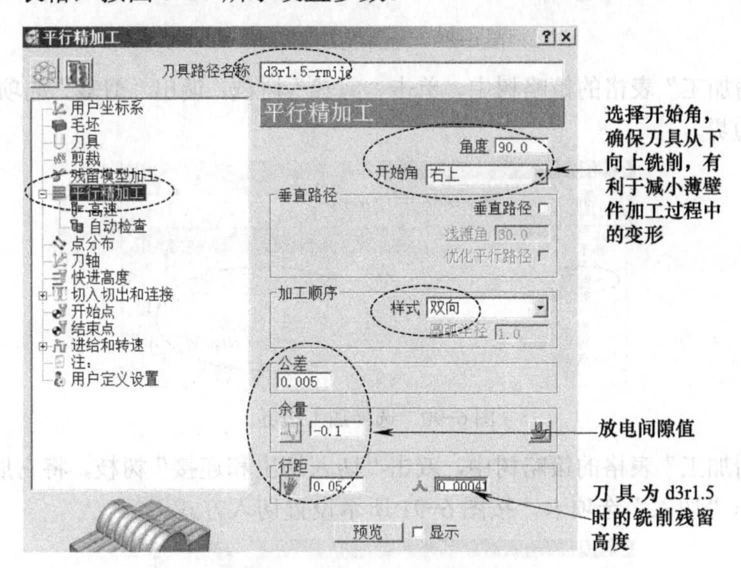

图 6-87　设置顶弧面精加工参数

在“平行精加工”表格的策略树中，单击“毛坯”树枝，调出“毛坯”选项卡，按图 6-88 所示设置毛坯尺寸。

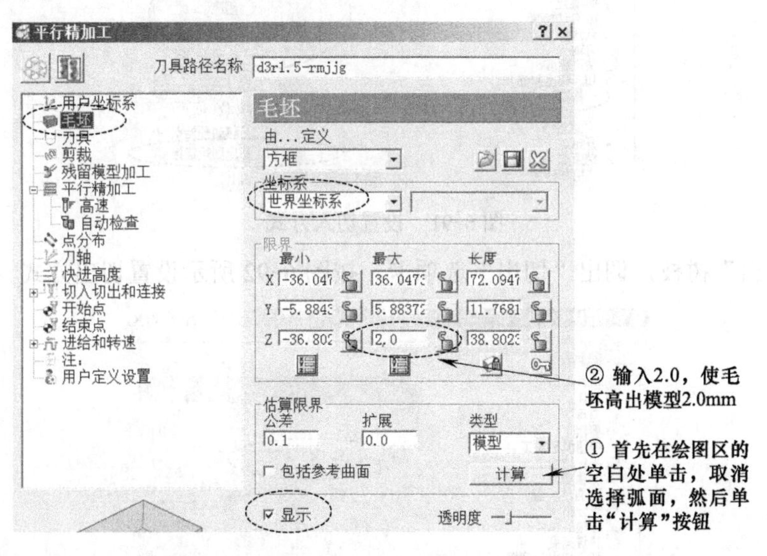

图 6-88　设置毛坯尺寸

在“平行精加工”表格的策略树中，单击“刀具”树枝，调出“刀具”选项卡，按图 6-89 所示选择精加工刀具。

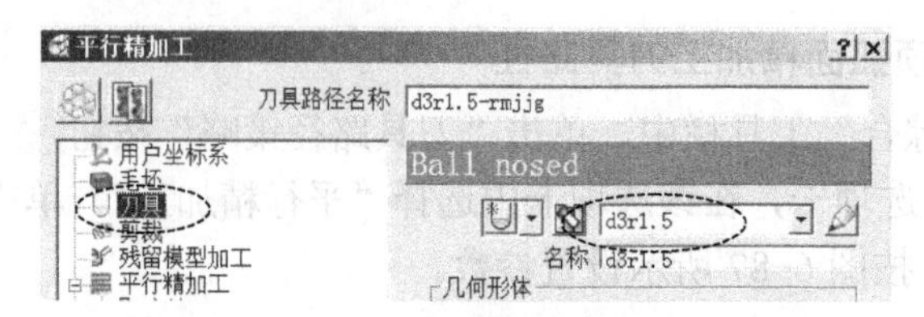

图 6-89　选择精加工刀具

在“平行精加工”表格的策略树中，单击“剪裁”树枝，调出“剪裁”选项卡，按图 6-90 所示选择加工边界。

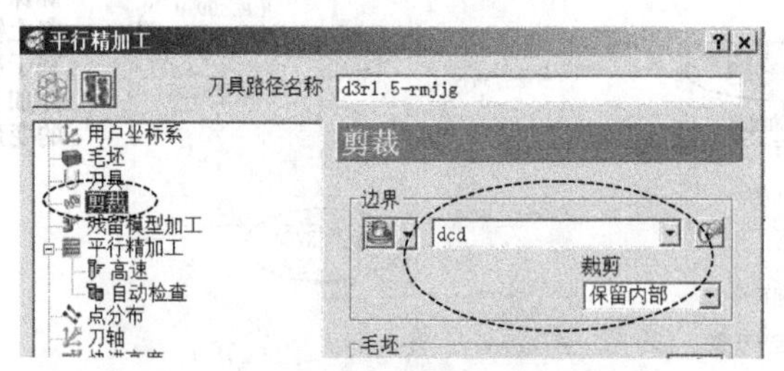

图 6-90　选择加工边界

在“平行精加工”表格的策略树中，双击“切入切出和连接”树枝，将它展开，单击“切入”树枝，调出“切入”选项卡，按图 6-91 所示设置切入方式。

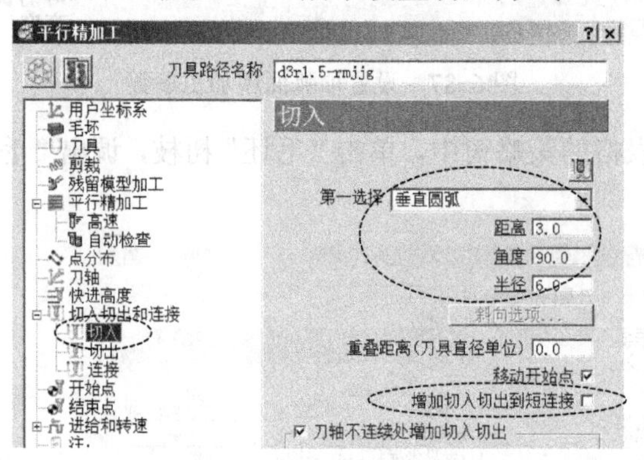

图 6-91　设置切入方式

单击“切出”树枝，调出“切出”选项卡，按图 6-92 所示设置切出方式。

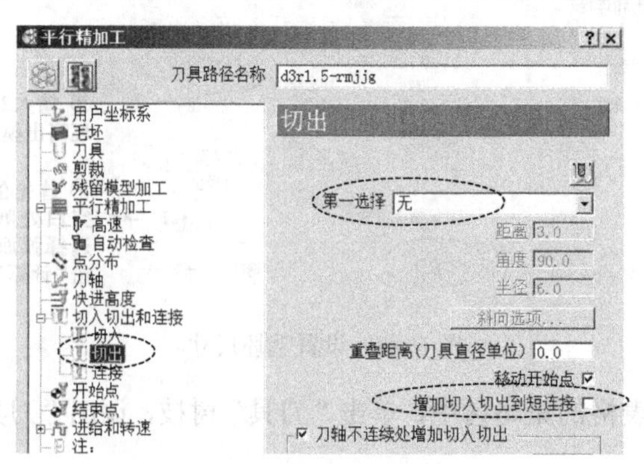

图 6-92　设置切出方式

单击“连接”树枝，调出“连接”选项卡，按图 6-93 所示设置连接方式。

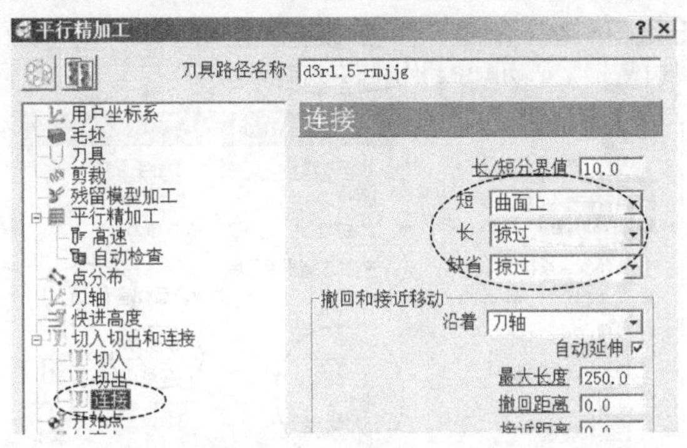

图 6-93　设置连接方式

在“平行精加工”表格的策略树中，单击“进给和转速”树枝，调出“进给和转速”选项卡，设置主轴转速为“12000”，切削进给率为“5000”，下切进给率为“3000”，掠过进给率为“10000”，冷却方式为“标准”。

单击“平行精加工”表格下方的“计算”按钮，系统计算出图 6-94 所示顶弧面精加工刀具路径，图 6-95 为该刀具路径的局部放大图。

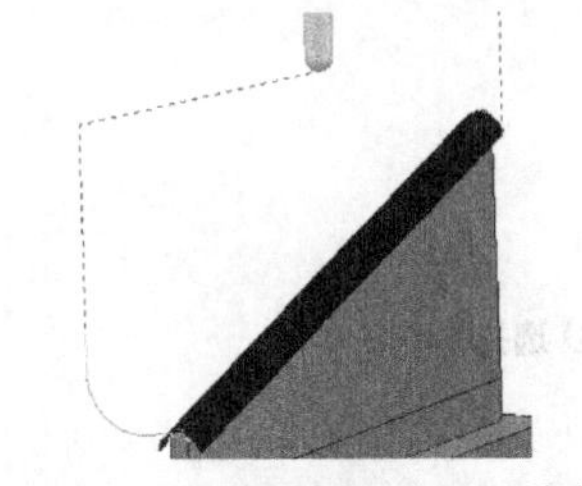

图 6-94　顶弧面精加工刀具路径

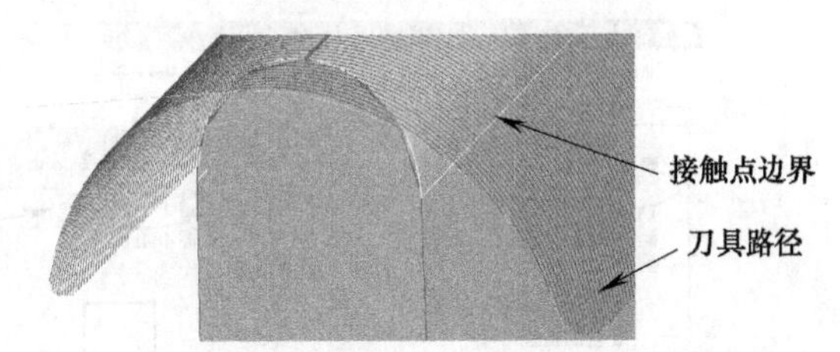

图 6-95　顶弧面精加工刀具路径的局部放大图

单击“取消”按钮，关闭“平行精加工”表格。

3．仿真电极顶弧面精加工刀具路径

在 PowerMILL 资源管理器中的“刀具路径”树枝下，右击刀具路径“d3r1.5-rmjjg”，在弹出的快捷菜单条中，执行“自开始仿真”。

在 PowerMILL 的“ViewMILL”工具栏中，单击“光泽阴影图像”按钮，进入真实实体仿真切削状态。

在 PowerMILL“仿真控制”工具栏中，单击“运行”按钮，系统即进行电极顶弧面精加工仿真切削，其结果如图 6-96 所示。

图 6-96　电极顶弧面精加工仿真切削结果

在“ViewMILL”工具栏中，单击“无图像”按钮，退出仿真状态，返回 PowerMILL 编程环境。

6.2.2.5　电极形体侧壁精加工——“骗刀法”应用于侧壁加工

1．计算电极形体侧壁精加工刀具路径

在 PowerMILL“综合”工具栏中，单击“刀具路径策略”按钮，打开“策略选取器”表格，选择“清加工”选项卡，在该选项卡中选择“等高精加工”，单击“接受”按钮，打开

“等高精加工”表格，按图 6-97 所示设置参数。

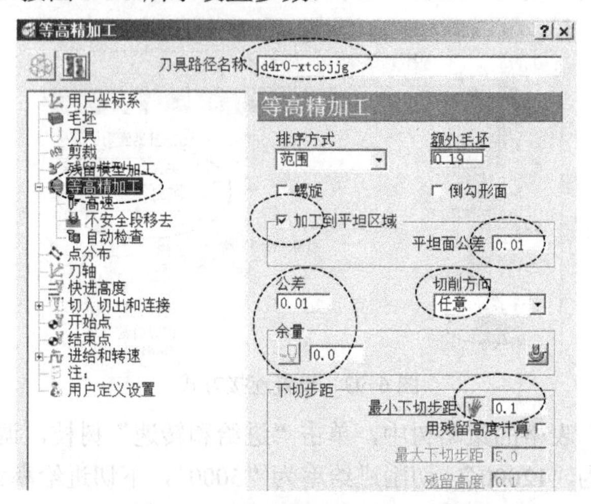

图 6-97　设置形体侧壁精加工参数

在“等高精加工”表格的策略树中，单击“刀具”树枝，调出“刀具”选项卡，按图 6-98 所示设置刀具参数。

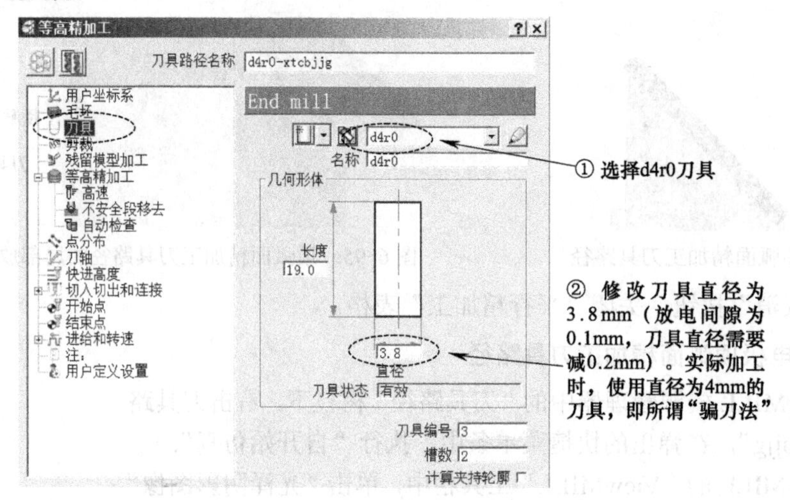

图 6-98　设置刀具参数

在“等高精加工”表格的策略树中，单击“剪裁”树枝，调出“剪裁”选项卡，按图 6-99 所示选择加工边界。

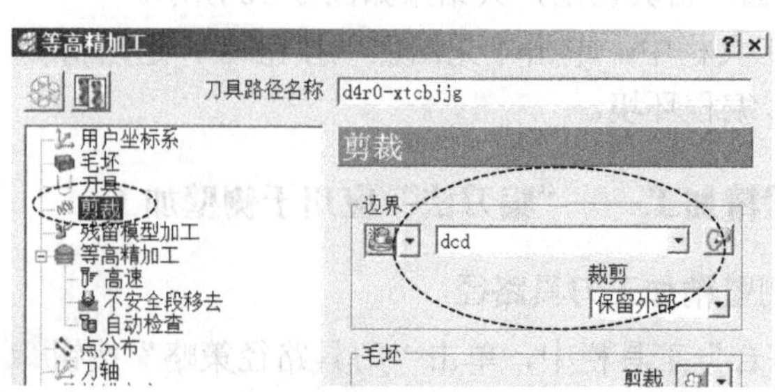

图 6-99　选择加工边界

在“等高精加工”表格的策略树中，双击“切入切出和连接”树枝，将它展开，单击“切入”树枝，调出“切入”选项卡，按图 6-100 所示设置切入方式。

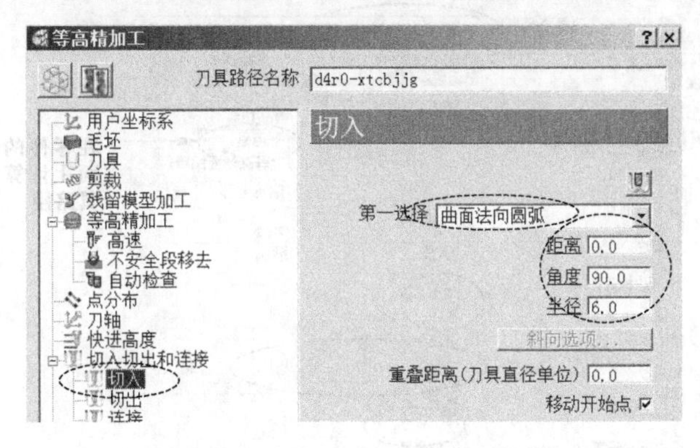

图 6-100　设置切入方式

形体侧壁精加工的进给量与转速同上一工步，不用再设置。

单击“等高精加工”表格下方的“计算”按钮，系统计算出图 6-101 所示形体侧壁精加工刀具路径，图 6-102 为该刀具路径的局部放大图。

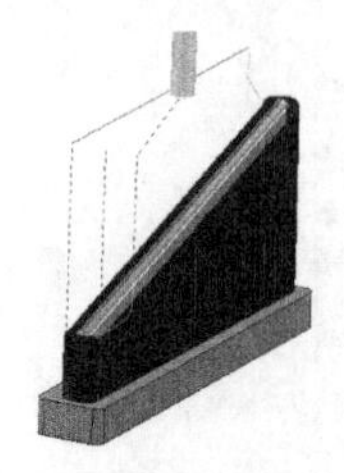

图 6-101　形体侧壁精加工刀具路径

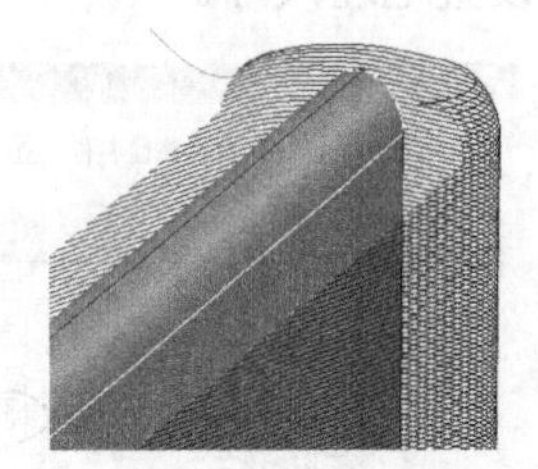

图 6-102　形体侧壁精加工刀具路径的局部放大图

单击“取消”按钮，关闭“等高精加工”表格。

2. 仿真电极形体侧壁精加工刀具路径

在 PowerMILL 资源管理器中的“刀具路径”树枝下，右击刀具路径“d4r0-xtcbjjg”，在弹出的快捷菜单条中，执行“自开始仿真”。

在 PowerMILL 的“ViewMILL”工具栏中，单击“光泽阴影图像”按钮，进入真实实体仿真切削状态。

在 PowerMILL“仿真控制”工具栏中，单击“运行”按钮，系统即进行形体侧壁精加工仿真切削，其结果如图 6-103 所示。

在“ViewMILL”工具栏中，单击“无图像”按钮，退出仿真状态，返回 PowerMILL 编程环境。

图 6-103　形体侧壁精加工仿真切削结果

6.2.2.6　电极基准顶面精加工——等高切面区域清除应用于平面加工

1. 计算电极基准顶平面精加工刀具路径

在 PowerMILL“综合”工具栏中，单击“刀具路径策略”按钮，打开“策略选取器”表格，选择“三维区域清除”选项卡，在该选项卡中选择“等高切面区域清除”，单击“接受”

按钮，打开“等高切面区域清除”表格，按图 6-104 所示设置参数。

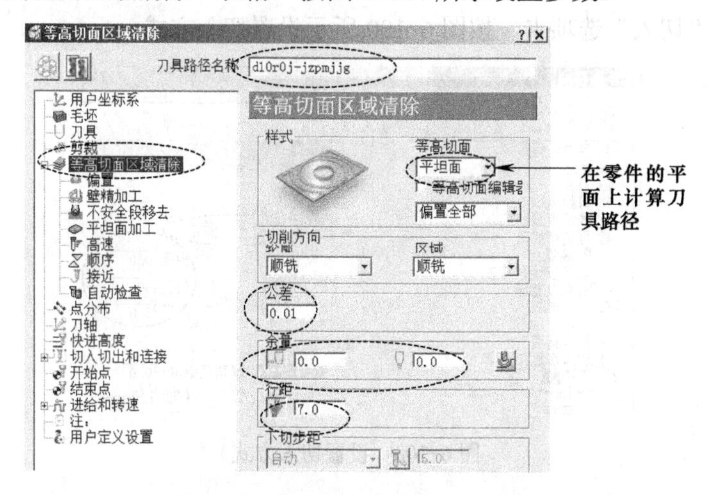

图 6-104　设置基准平面精加工参数

在“等高切面区域清除”表格的策略树中，单击“毛坯”树枝，调出“毛坯”选项卡，按图 6-105 所示设置毛坯尺寸。

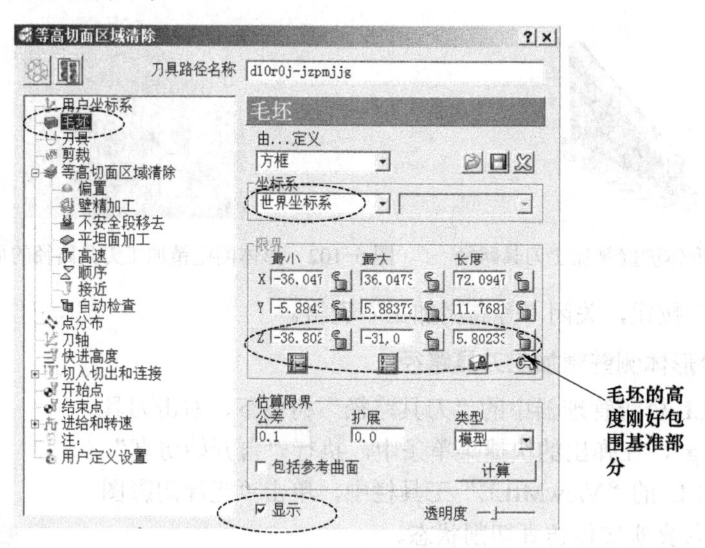

图 6-105　设置毛坯尺寸

在“等高切面区域清除”表格的策略树中，单击“刀具”树枝，调出“刀具”选项卡，按图 6-106 所示选择刀具。

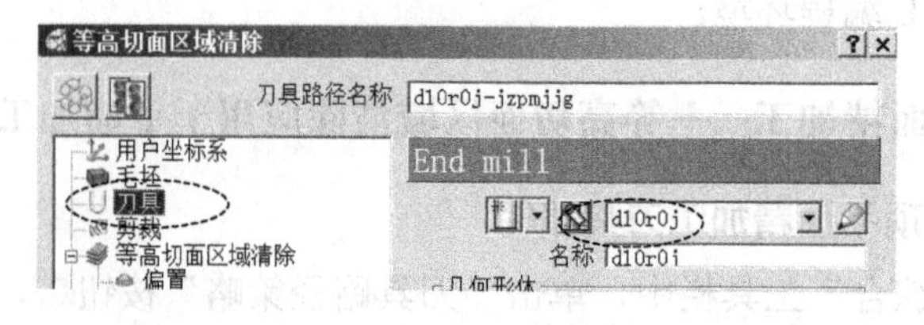

图 6-106　选择刀具

在“等高切面区域清除”表格的策略树中，单击“剪裁”树枝，调出“剪裁”选项卡，按图 6-107 所示取消选择边界。

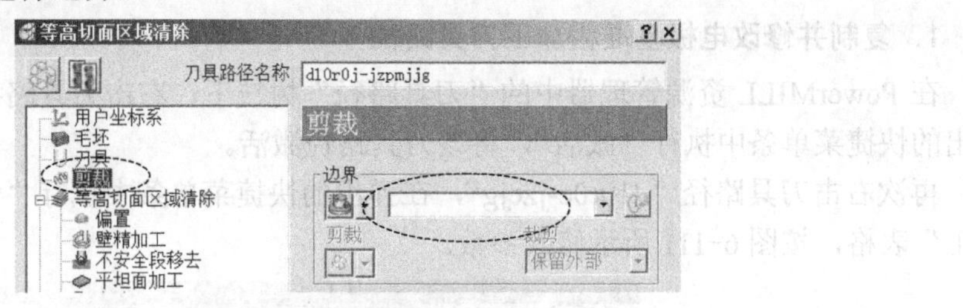

图 6-107　取消选择边界

在“等高切面区域清除”表格的策略树中，双击“切入切出和连接”树枝，将它展开，单击“切入”树枝，调出“切入”选项卡，按图 6-108 所示设置切入方式。

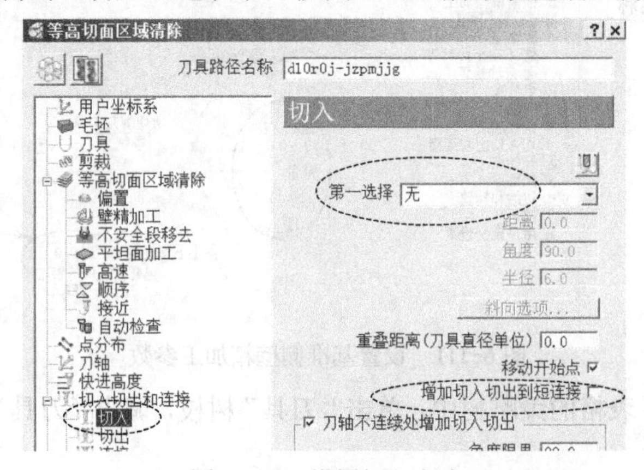

图 6-108　设置切入方式

在“等高切面区域清除”表格的策略树中，单击“进给和转速”树枝，调出“进给和转速”选项卡，设置主轴转速为“8000”，切削进给率为“4000”，下切进给率为“2000”，掠过进给率为“10000”，冷却方式为“标准”。

单击“等高切面区域清除”表格下方的“计算”按钮，系统计算出图 6-109 所示基准平面精加工刀具路径。

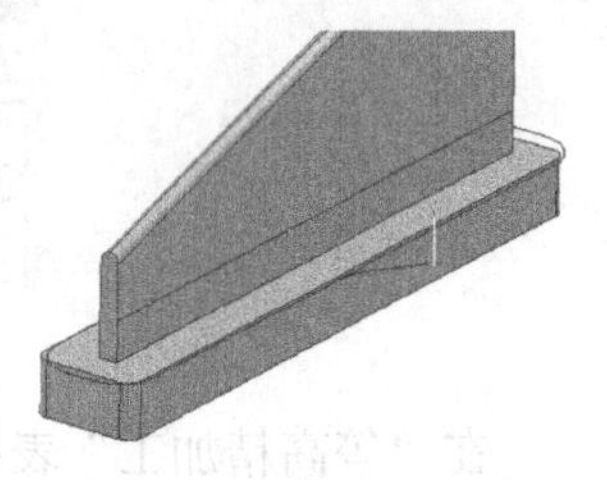

图 6-109　基准平面精加工刀具路径

单击“取消”按钮，关闭“等高切面区域清除”表格。

2．仿真电极基准面精加工刀具路径

在 PowerMILL 资源管理器中的“刀具路径”树枝下，右击刀具路径“d10r0j-jzpmjjg”，在弹出的快捷菜单条中，选择“自开始仿真”。

在 PowerMILL 的“ViewMILL”工具栏中，单击“光泽阴影图像”按钮，进入真实实体仿真切削状态。

在 PowerMILL“仿真控制”工具栏中，单击“运行”按钮，系统即进行基准平面精加工仿真切削，其结果如图 6-110 所示。

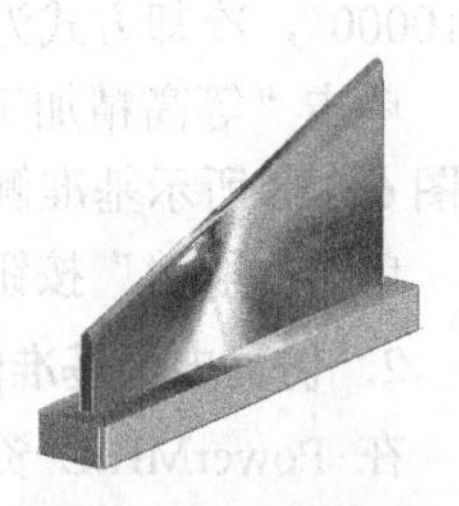

图 6-110　基准平面精加工仿真切削结果

在“ViewMILL”工具栏中，单击“无图像”按钮，退出仿真状态，返回 PowerMILL 编程环境。

6.2.2.7 电极基准侧壁精加工——复制并修改原有刀具路径获得新刀具路径

1．复制并修改电极基准粗加工刀具路径

在 PowerMILL 资源管理器中的“刀具路径”树枝下，右击刀具路径“d10r0c-jzcjg”，在弹出的快捷菜单条中执行“激活”，将该刀具路径激活。

再次右击刀具路径“d10r0c-jzcjg”，在弹出的快捷菜单条中执行“设置”，打开“等高精加工”表格，按图 6-111 所示修改参数。

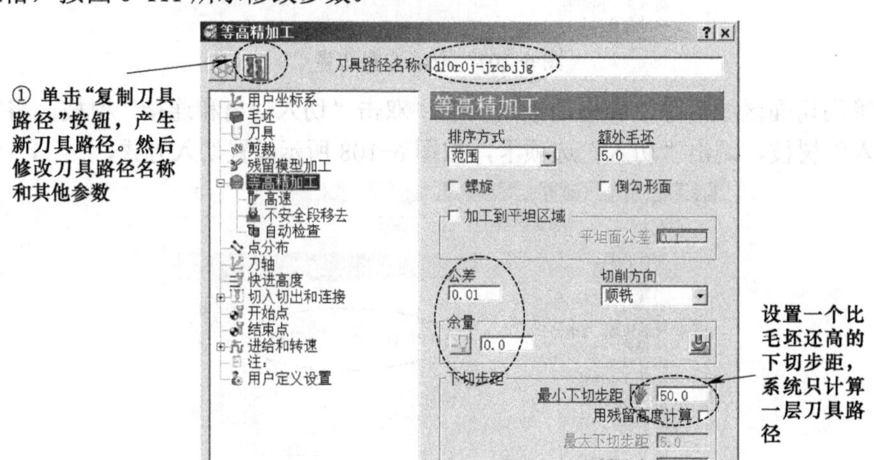

图 6-111 设置基准侧壁精加工参数

在“等高精加工”表格的策略树中，单击“刀具”树枝，调出“刀具”选项卡，按图 6-112 所示选择精加工刀具。

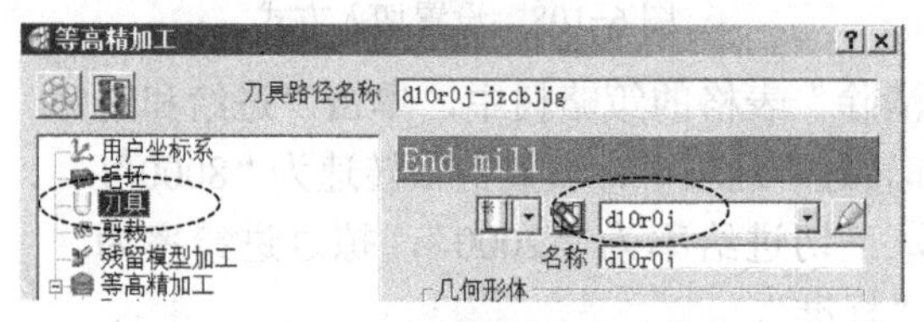

图 6-112 选择精加工刀具

在“等高精加工”表格的策略树中，单击“进给和转速”树枝，调出“进给和转速”选项卡，设置主轴转速为“8000”，切削进给率为“4000”，下切进给率为“2000”，掠过进给率为“10000”，冷却方式为“标准”。

单击“等高精加工”表格下方的“计算”按钮，系统计算出图 6-113 所示基准侧壁精加工刀具路径。

单击“取消”按钮，关闭“等高精加工”表格。

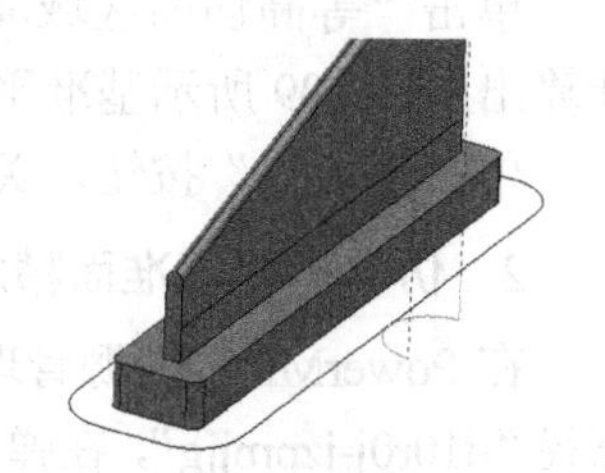

图 6-113 基准侧壁精加工刀具路径

2．仿真电极基准侧壁精加工刀具路径

在 PowerMILL 资源管理器中的“刀具路径”树枝下，右击刀具路径“d10r0j-jzcbjjg”，在弹出的快捷菜单条中，选择“自开始仿真”。

在 PowerMILL 的“ViewMILL”工具栏中，单击“光泽阴影图像”按钮，进入真实实体仿真切削状态。

在 PowerMILL“仿真控制”工具栏中，单击“运行”按钮，系统即进行基准侧壁精加工仿真切削，其结果如图 6-114 所示。

在“ViewMILL”工具栏中，单击“无图像”按钮，退出仿真状态，返回 PowerMILL 编程环境。

在 PowerMLL 资源管理器中的“刀具路径”树枝下，将鼠标指针放在“d10r0j-jzcbjjg”树枝前的图标上，按下鼠标，将它向下拖动到“d10r0j-jzpmjjg”树枝下。请读者注意，当全部刀具路径一起输出为一条 NC 代码时，刀具路径的先后排序即 NC 代码的先后顺序。

图 6-114 基准侧壁精加工仿真切削结果

6.2.2.8 电极序列号加工——参考线精加工应用于文字雕刻

1. 创建参考线

在 PowerMILL“查看”工具栏中，单击“线框”按钮，将模型中的文字显示出来，单击“普通阴影”按钮，将模型隐藏起来。

在 PowerMILL 资源管理器中，右击“参考线”树枝，在弹出的快捷菜单条中执行“产生参考线”，产生一条名称为“1”、内容为空白的参考线。

在绘图区中，拉框选择图 6-115 所示的全部文字。

在 PowerMILL 资源管理器中，双击“参考线”树枝，将它展开，右击参考线“1”，在弹出的快捷菜单条中执行“插入”→“模型”，此操作将模型中的线条转换为参考线。

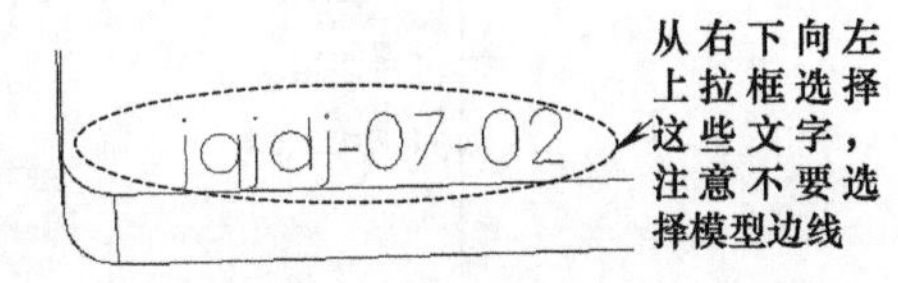

图 6-115 选择文字

2. 计算文字雕刻刀具路径

在 PowerMILL“综合”工具栏中，单击“刀具路径策略”按钮，打开“策略选取器”表格，选择“精加工”选项卡，在该选项卡中选择“参考线精加工”，单击“接受”按钮，打开“参考线精加工”表格，按图 6-116 所示设置参数。

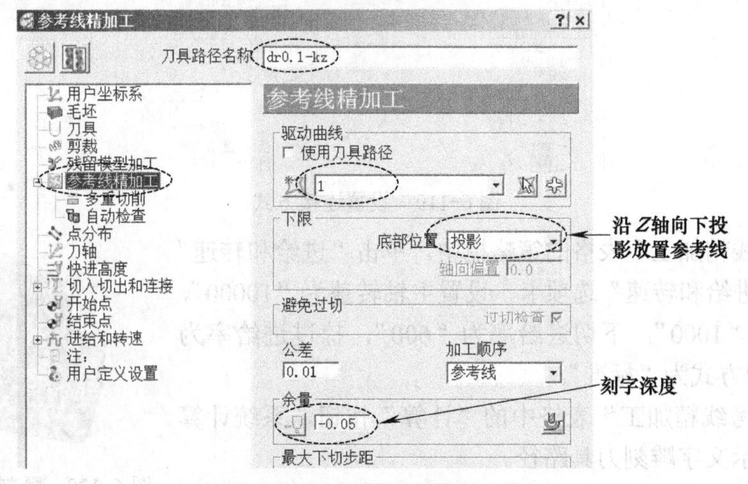

图 6-116 设置文字雕刻参数

在“参考线精加工”表格的策略树中，单击“刀具”树枝，调出“刀具”选项卡，按图6-117所示选择文字雕刻刀具。

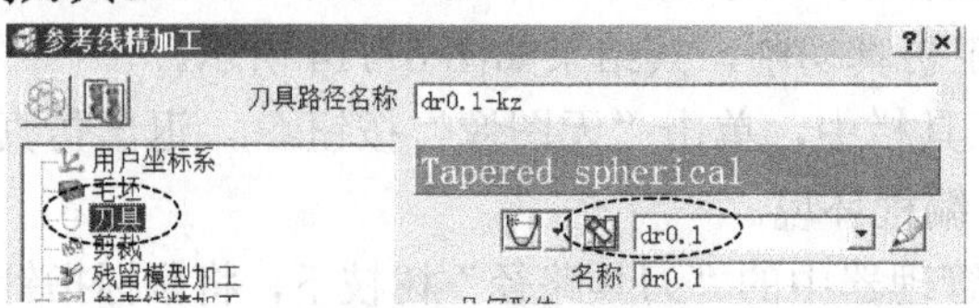

图 6-117　选择刀具

在“参考线精加工”表格的策略树中，双击“切入切出和连接”树枝，展开它。单击“切入”树枝，调出“切入”选项卡，按图6-118所示设置切入切出方式。

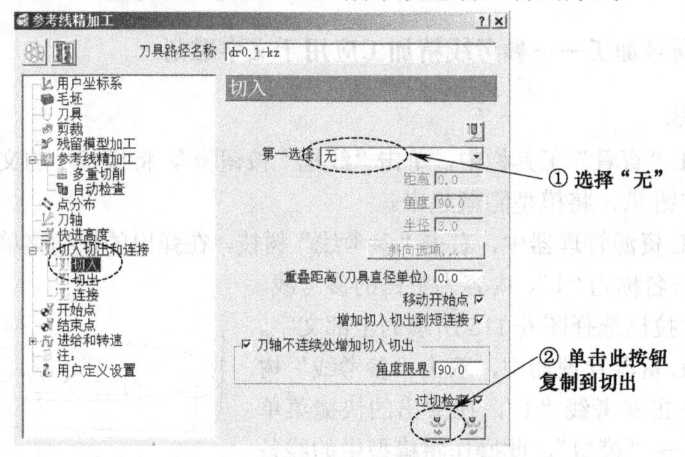

图 6-118　设置切入切出方式

单击“切入切出和连接”树枝下的“连接”树枝，调出“连接”选项卡，按图6-119所示设置连接方式。

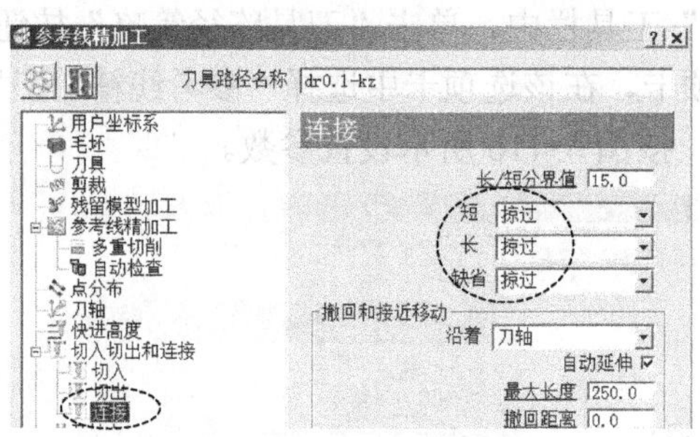

图 6-119　设置连接方式

在“参考线精加工”表格的策略树中，单击“进给和转速”树枝，调出“进给和转速”选项卡，设置主轴转速为“10000”，切削进给率为“1000”，下切进给率为“600”，掠过进给率为“5000”，冷却方式为“标准”。

单击“参考线精加工”表格中的“计算”按钮，系统计算出图6-120所示文字雕刻刀具路径。

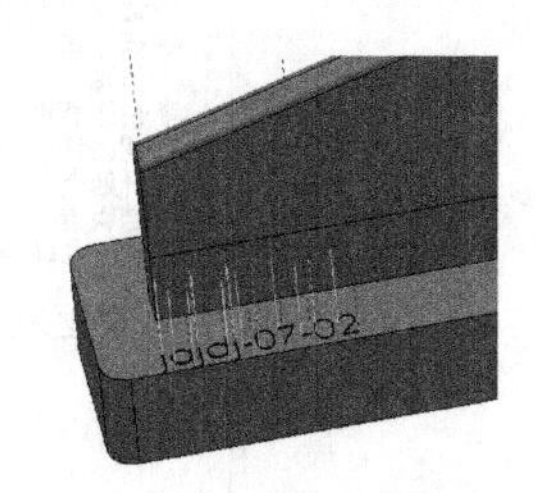

图 6-120　雕刻文字刀具路径

单击“取消”按钮，关闭“参考线精加工”表格。

3. 文字雕刻加工仿真

在 PowerMILL 资源管理器中的“刀具路径”树枝下，右击刀具路径“dr0.1-kz”，在弹出的快捷菜单条中选择“自开始仿真”。

在 PowerMILL 的“ViewMILL”工具栏中，单击“光泽阴影图像”按钮，进入真实实体仿真切削状态。

在 PowerMILL“仿真控制”工具栏中，单击“运行”按钮，系统即进行文字雕刻仿真切削，其结果如图 6-121 所示。

图 6-121 文字雕刻仿真切削结果

在“ViewMILL”工具栏中，单击“无图像”按钮，返回编程状态。

6.2.2.9 保存项目文件

在 PowerMILL 下拉菜单条中，执行“文件”→“保存项目”，保存项目文件。

6.3 形体电极数控加工编程

如图 6-122 所示，待加工零件是一个比较典型的形体电极零件。

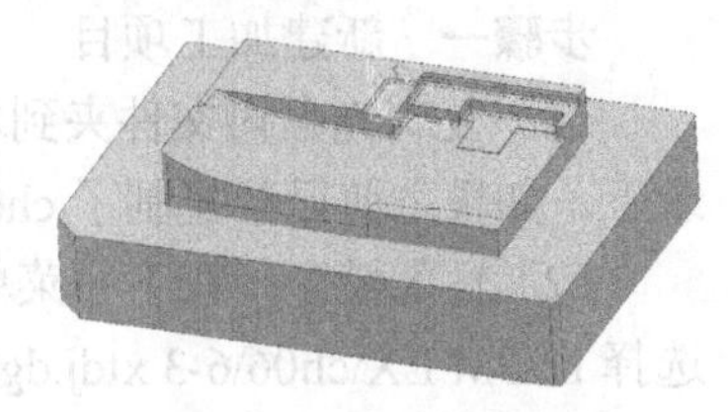

图 6-122 形体电极零件

6.3.1 数控加工编程工艺分析

这个零件的总体尺寸是 90mm×65mm×24.68mm，毛坯为方坯，待加工电极的形体部分结构特征较多，包括三维曲面、台阶、倒圆等。通过此例来说明形体电极零件的加工过程。

拟使用表 6-5 所列的零件数控加工编程工艺过程来计算零件的加工刀具路径。

表 6-5 零件数控加工编程工艺过程

工步号	工步名	加工策略	加工部位	刀具	切削参数						
					转速/(r/min)	进给量/(mm/min)	侧吃刀量/mm	背吃刀量/mm	公差/mm	径向余量/mm	轴向余量/mm
1	粗加工	模型区域清除	形体部分	d10r0 面铣刀（粗加工用）	5000	4000	7	0.3	0.03	0.1	0.1
2	粗加工	等高精加工	基准框部分	d10r0 面铣刀（粗加工用）	5000	4000	—	—	0.03	0.12	0.08
3	二次粗加工	模型残留区域清除	形体部分	d6r0 面铣刀	6000	3000	4	0.2	0.02	0.1	0.1
4	三次粗加工	模型残留区域清除	形体部分	d3r0 面铣刀	8000	2000	1.5	0.1	0.02	0.1	0.1
5	精加工	等高切面区域清除	基准框平面	d10r0 面铣刀（精加工用）	8000	4000	7	—	0.01	0.1	0
6	精加工	模型轮廓	基准框侧壁	d10r0 面铣刀（精加工用）	8000	4000	0.05	50	0.01	0	0
7	精加工	平行平坦面精加工	形体顶平面	d6r0 面铣刀	8000	3500	3.5	—	0.01	0	−0.1
8	精加工	平行精加工	形体顶曲面	d4r2 球头铣刀	8000	3000	0.2	—	0.01	−0.1	−0.1
9	精加工	等高精加工	形体侧壁	d4r2 球头铣刀	8000	3000	—	0.1	0.01	−0.1	−0.1

（续）

工步号	工步名	加工策略	加工部位	刀具	切削参数						
					转速/(r/min)	进给量/(mm/min)	侧吃刀量/mm	背吃刀量/mm	公差/mm	径向余量/mm	轴向余量/mm
10	精加工	线框轮廓加工	形体侧壁	d10r 0 面铣刀	8000	4000	—	—	0.01	-0.1	-0.1
11	清角	自动清角	形体部分	d2r 1 球头铣刀	8000	1500	—	—	0.01	-0.1	-0.1
12	清角	自动清角	形体部分	d1r 0.5 球头铣刀	8000	1000	—	—	0.01	-0.1	-0.1
13	刻字	参考线精加工	文字	dr 0.1 锥度球头铣刀	8000	500	0	0	0.01	0	-0.1

6.3.2 详细编程过程

6.3.2.1 设置公共参数

步骤一 新建加工项目

（1）复制光盘内文件夹到本地磁盘 复制光盘上的文件夹*:\Source\ch06 到 E:\PM EX 目录下。如果之前已经复制了 ch06 文件夹，此步操作省略。

（2）输入模型 在下拉菜单条中单击“文件”→“输入模型”，打开“输入模型”表格，选择 E:\PM EX\ch06\6-3 xtdj.dgk 文件，然后单击“打开”按钮，完成模型输入操作。

（3）查看模型 在 PowerMILL“查看”工具条中，单击“普通阴影”按钮，显示模型的着色状态。单击“线框”按钮，关闭线框显示。单击“ISO1”按钮，以轴测视角查看零件。

（4）保存项目文件 在 PowerMILL 下拉菜单条中，执行“文件”→“保存项目”，打开“保存项目为”表格，在“保存在”栏选择 E: \PM EX，在“文件名”栏输入项目名为 6-3 xtdj，然后单击“保存”按钮完成操作。

步骤二 准备加工

（1）计算毛坯 在 PowerMILL“综合”工具栏中，单击“毛坯”按钮，打开“毛坯”表格，按图 6-123 所示设置参数。单击“接受”按钮，关闭该表格。计算出来的毛坯如图 6-124 所示。

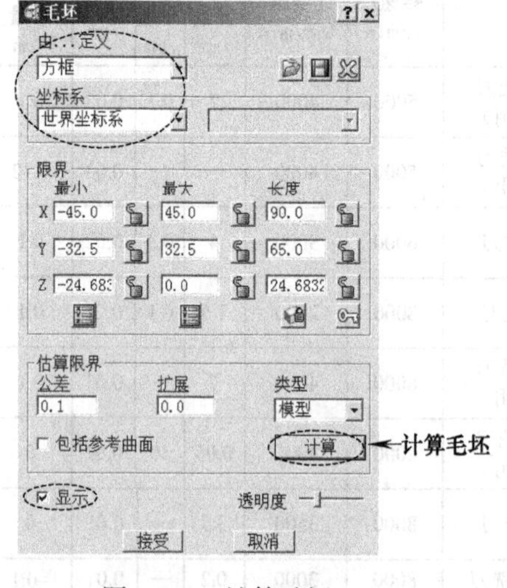

图 6-123 计算毛坯

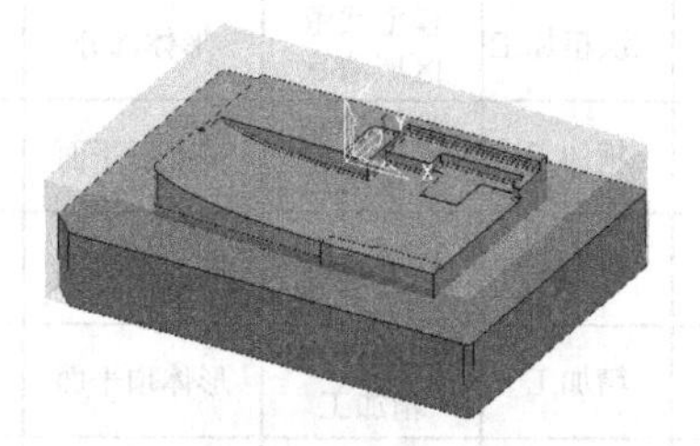

图 6-124 毛坯

本例中，世界坐标系在毛坯顶面中心，用作对刀坐标系零点。

（2）创建加工刀具　与 6.1.2.1 节“步骤二 准备加工”中创建粗加工刀具的操作过程相同，创建刀具 d10r0c 和 d10r0j。参照上述操作过程，按表 6-6 创建出其余刀具。

表 6-6　其余刀具参数

刀具编号	刀具名称	刀具类型	刀具直径/mm	槽数/个	切削刃长度/mm	刀尖半径/mm	锥角/（°）	刀柄直径（顶/底）/mm	刀柄长度/mm	夹持直径（顶/底）/mm	夹持长度/mm	刀具伸出夹持长度/mm
3	d6r0	面铣刀	6	2	20	0		6	30	63	30	30
4	d3r0	面铣刀	3	2	20	0		3	30	63	30	30
5	d4r2	球头铣刀	4	2	20	2		4	30	63	30	30
6	d2r1	球头铣刀	2	2	20	1		3	30	63	30	30
7	d1r0.5	球头铣刀	1	2	20	0.5		3	30	63	30	30
8	dr0.1	锥度球头铣刀	3	2	15	0.1	45	3	30	63	30	30

（3）设置快进高度　在 PowerMILL“综合”工具栏中，单击“快进高度”按钮，打开“快进高度”表格，按图 6-125 所示设置快进高度参数，完成后单击“接受”按钮退出。

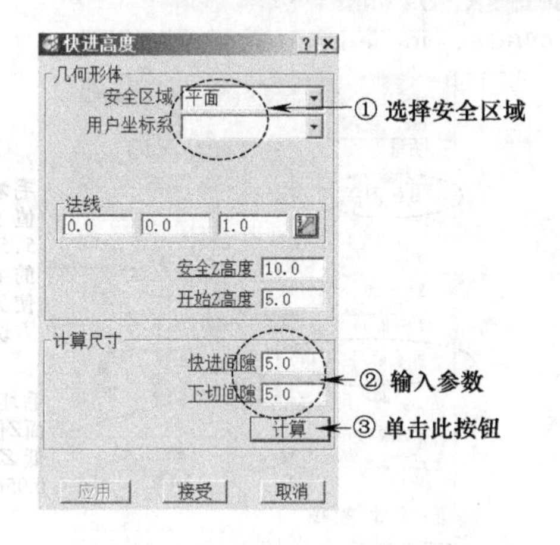

图 6-125　设置快进高度参数

（4）设置加工开始点和结束点　在 PowerMILL“综合”工具栏中，单击“开始点和结束点”按钮，打开“开始点和结束点”对话框，设置开始点为“毛坯中心安全高度”，结束点为“最后一点安全高度”。

6.3.2.2　电极形体部分粗加工——模型区域清除用于凸模开粗

1．计算电极形体部分粗加工刀具路径

在 PowerMILL“综合”工具栏中，单击“刀具路径策略”按钮，打开“策略选取器”表格，选择“三维区域清除”选项卡，在该选项卡中选择“模型区域清除”，单击“接受”按钮，打开“模型区域清除”表格，按图 6-126 所示设置参数。

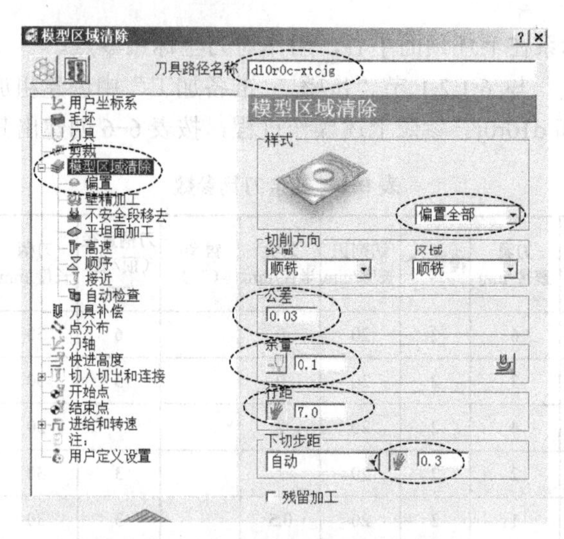

图 6-126　设置形体部分粗加工参数

在“模型区域清除”表格的策略树中，单击“毛坯”树枝，调出“毛坯”选项卡，按图 6-127 所示设置毛坯尺寸。

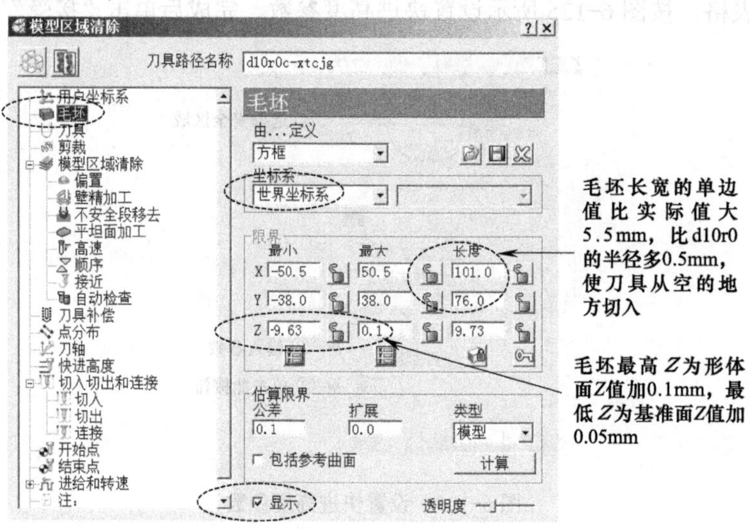

图 6-127　设置毛坯尺寸

在“模型区域清除”表格的策略树中，单击“刀具”树枝，调出“刀具”选项卡，按图 6-128 所示选择粗加工刀具。

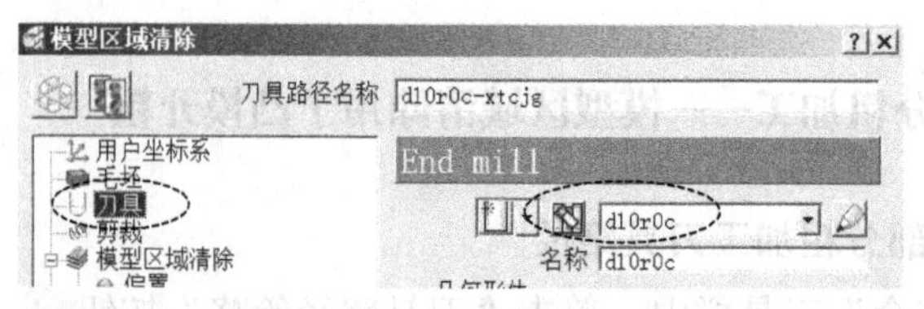

图 6-128　选择粗加工刀具

在“模型区域清除”表格策略树中的“模型区域清除”树枝下，单击“偏置”树枝，调出“偏置”选项卡，按图 6-129 所示设置偏置参数。

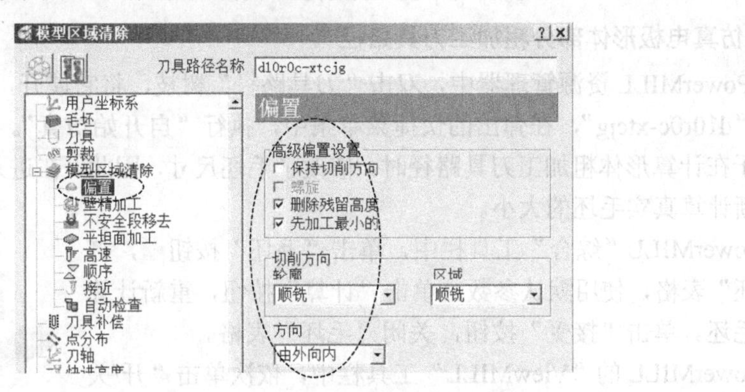

图 6-129　设置偏置参数

在“模型区域清除”表格的策略树中，双击“切入切出和连接”树枝，将它展开，单击“连接”树枝，调出“连接”选项卡，按图 6-130 所示设置连接方式。

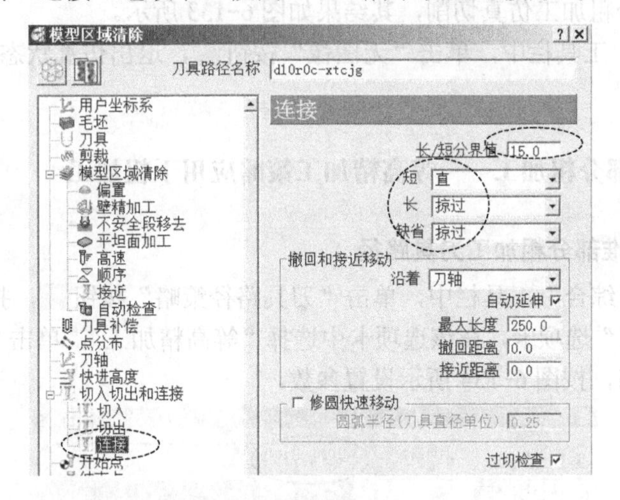

图 6-130　设置连接方式

在“模型区域清除”表格的策略树中，单击“进给和转速”树枝，调出“进给和转速”选项卡，设置主轴转速为“5000”，切削进给率为“4000”，下切进给率为“400”，掠过进给率为“5000”，冷却方式为“标准”。

设置完各参数后，单击“模型区域清除”表格下方的“计算”按钮，系统计算出图 6-131 所示形体部分加工刀具路径，图 6-132 为该刀具路径的单层放大图。

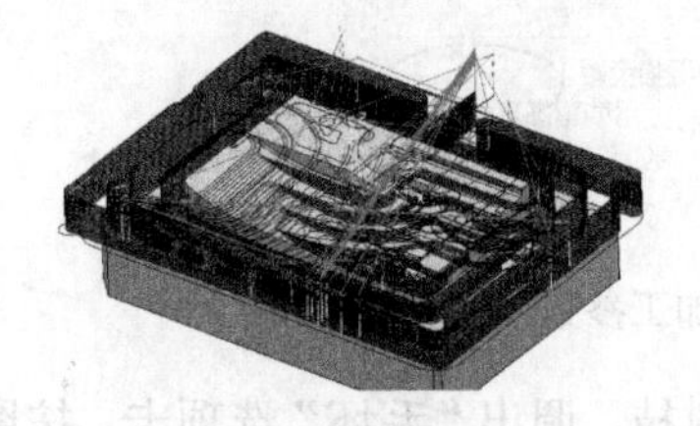

图 6-131　形体部分粗加工刀具路径

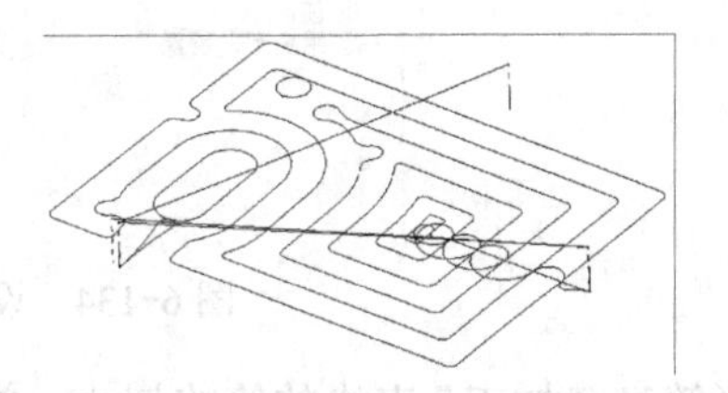

图 6-132　形体部分粗加工刀具路径的单层放大图

单击“取消”按钮，关闭“模型区域清除”表格。

2．仿真电极形体部分粗加工刀具路径

在 PowerMILL 资源管理器中，双击“刀具路径”树枝，将它展开，右击“刀具路径”树枝下的“d10r0c-xtcjg”，在弹出的快捷菜单条中，执行“自开始仿真”。

由于在计算形体粗加工刀具路径时，修改了毛坯尺寸，因此，在进入实体仿真切削之前，需要重新计算真实毛坯的大小。

在 PowerMILL“综合”工具栏中，单击“毛坯”按钮，打开“毛坯”表格，使用默认参数，单击“计算”按钮，重新计算完整的毛坯。单击“接受”按钮，关闭“毛坯”表格。

在 PowerMILL 的“ViewMILL”工具栏中，依次单击“开/关 ViewMILL”按钮、“光泽阴影图像”按钮，进入真实实体仿真切削状态。

图 6-133　电极形体部分粗加工仿真切削结果

在 PowerMILL“仿真控制”工具栏中，单击“运行”按钮，系统即进行形体部分粗加工仿真切削，其结果如图 6-133 所示。

在“ViewMILL”工具栏中，单击“无图像”按钮，退出仿真状态，返回 PowerMILL 编程环境。

6.3.2.3　电极基准部分粗加工——等高精加工策略应用于粗加工

1．计算电极基准部分粗加工刀具路径

在 PowerMILL“综合”工具栏中，单击“刀具路径策略”按钮，打开“策略选取器”表格，选择“精加工”选项卡，在该选项卡中选择“等高精加工”，单击“接受”按钮，打开“等高精加工”表格，按图 6-134 所示设置参数。

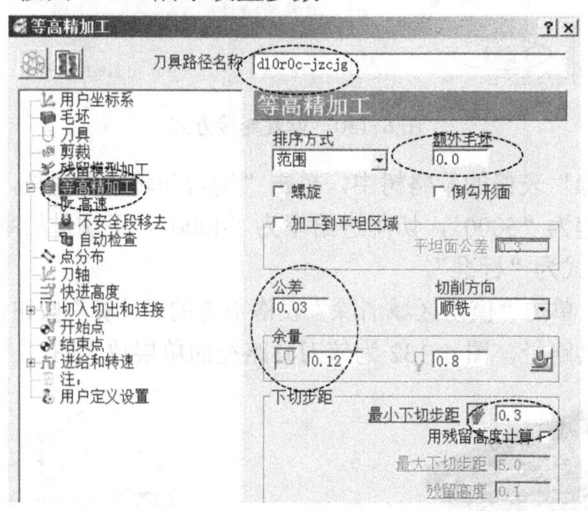

图 6-134　设置基准部分粗加工参数

在“等高精加工”表格的策略树中，单击“毛坯”树枝，调出“毛坯”选项卡，按图 6-135 所示设置毛坯尺寸。

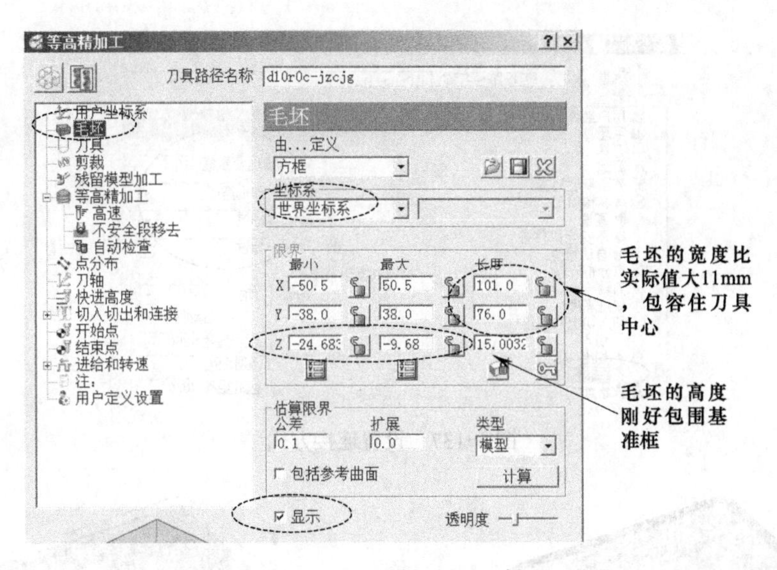

图 6-135　设置毛坯尺寸

刀具依然使用 d10r0c，无须更改设置。

在“等高精加工”表格的策略树中，双击“切入切出和连接”树枝，将它展开，单击“切入”树枝，调出“切入”选项卡，按图 6-136 所示设置切入方式并将该方式复制到切出。

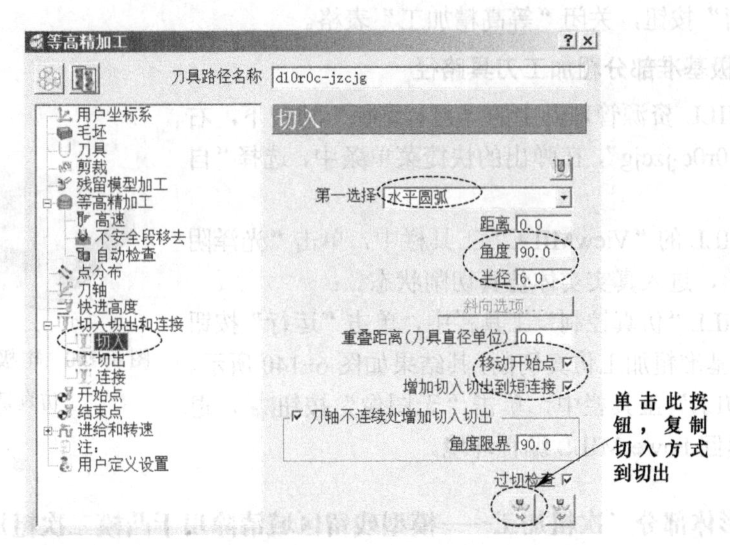

图 6-136　设置切入切出方式

在“等高精加工”表格的策略树中，单击“切入切出和连接”树枝下的“连接”树枝，调出“连接”选项卡，按图 6-137 所示设置连接方式。

进给和转速与上一工步相同，无须再设置。

单击“等高精加工”表格下方的“计算”按钮，系统计算出图 6-138 所示基准部分加工刀具路径，图 6-139 为该刀具路径的单层放大图。

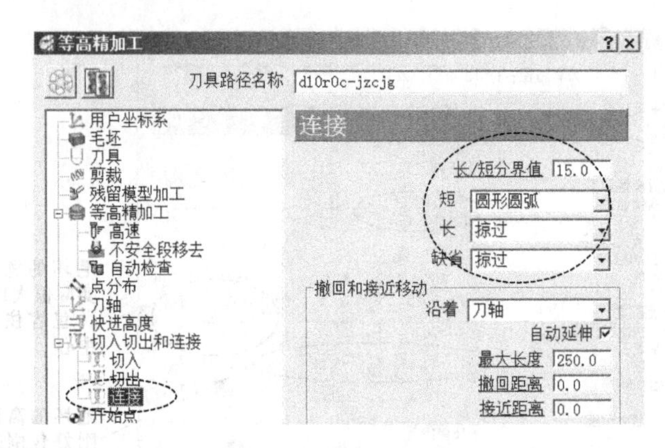

图 6-137　设置连接方式

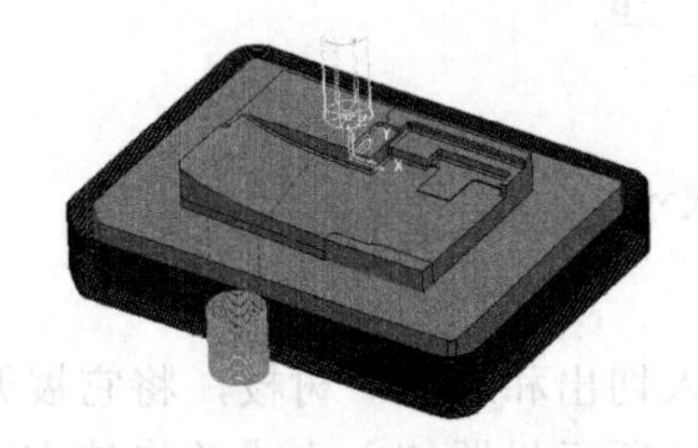
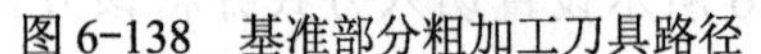

图 6-138　基准部分粗加工刀具路径

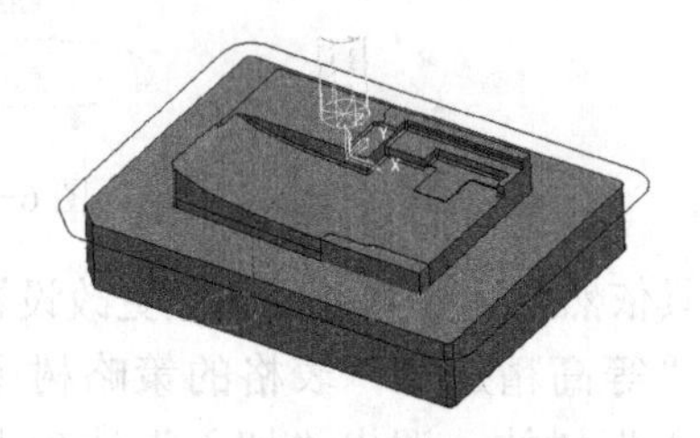

图 6-139　基准部分粗加工刀具路径的单层放大图

单击“取消”按钮，关闭“等高精加工”表格。

2. 仿真电极基准部分粗加工刀具路径

在 PowerMILL 资源管理器中的“刀具路径”树枝下，右击刀具路径“d10r0c-jzcjg”，在弹出的快捷菜单条中，选择“自开始仿真”。

在 PowerMILL 的“ViewMILL”工具栏中，单击“光泽阴影图像”按钮，进入真实实体仿真切削状态。

在 PowerMILL“仿真控制”工具栏中，单击“运行”按钮，系统即进行基准粗加工仿真切削，其结果如图 6-140 所示。

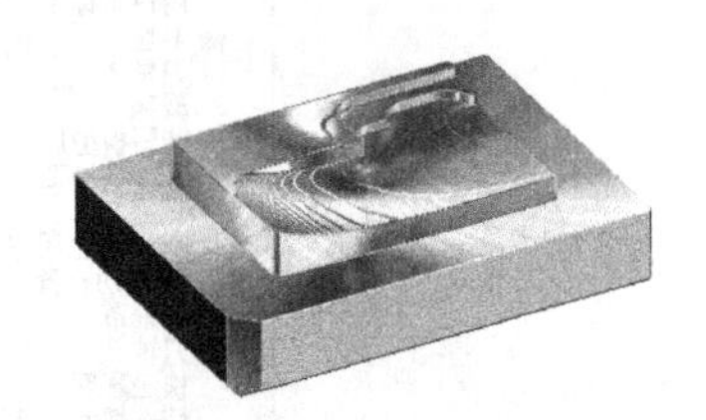

图 6-140　电极基准部分粗加工仿真切削结果

在“ViewMILL”工具栏中，单击“无图像”按钮，退出仿真状态，返回 PowerMILL 编程环境。

6.3.2.4　电极形体部分二次粗加工——模型残留区域清除用于凸模二次粗加工

1. 计算电极形体部分二次粗加工刀具路径

在 PowerMILL“综合”工具栏中，单击“刀具路径策略”按钮，打开“策略选取器”对话框，选择“三维区域清除”选项卡，在该选项卡中选择“模型残留区域清除”，单击“接受”按钮，打开“模型残留区域清除”表格，按图 6-141 所示设置参数。

在“模型残留区域清除”表格的策略树中，单击“毛坯”树枝，调出“毛坯”选项卡，按图 6-142 所示设置毛坯尺寸。

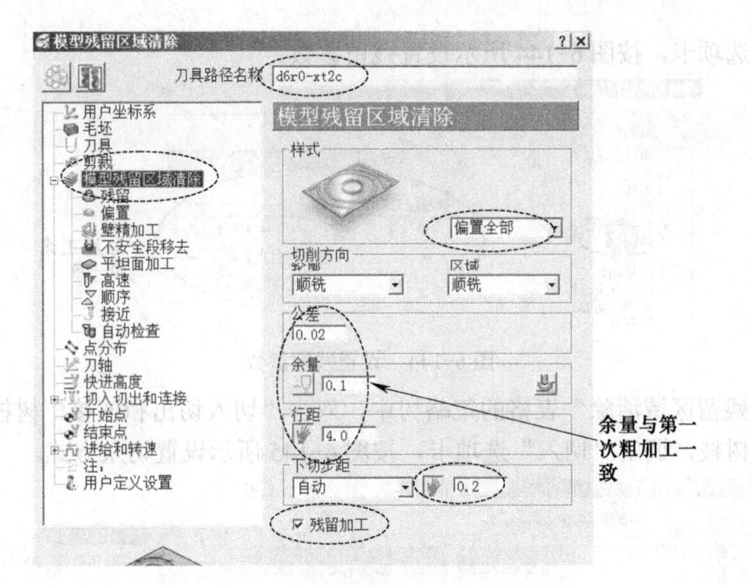

图 6-141　设置形体部分二次粗加工参数

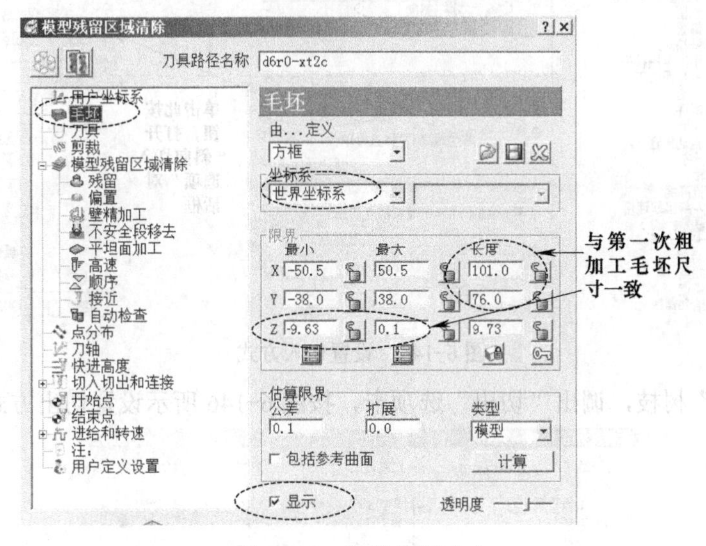

图 6-142　设置毛坯尺寸

在“模型残留区域清除”表格的策略树中，单击“刀具”树枝，调出“刀具”选项卡，按图 6-143 所示选择二次粗加工刀具。

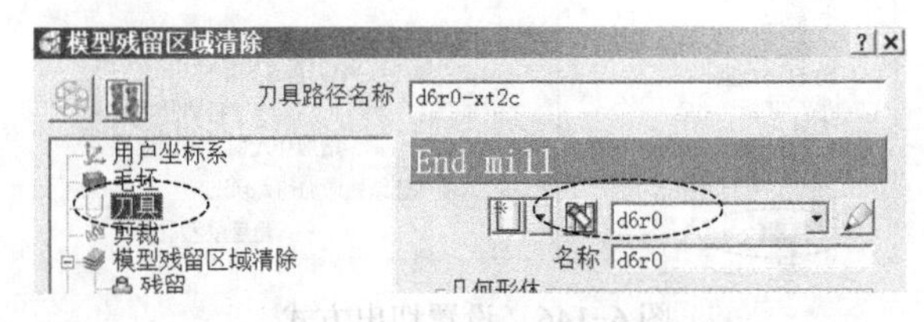

图 6-143　选择二次粗加工刀具

在“模型残留区域清除”表格策略树中的“模型区域清除”树枝下，单击“残留”树枝，调出“残留”选项卡，按图 6-144 所示设置残留参数。

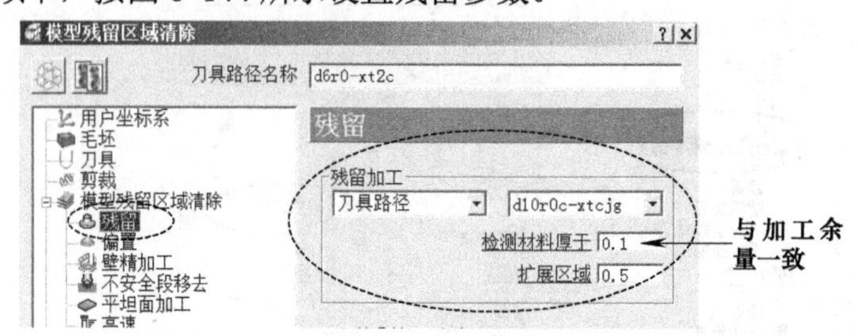

图 6-144　设置残留参数

在“模型残留区域清除”表格的策略树中，双击“切入切出和连接”树枝，将它展开，单击“切入”树枝，调出“切入”选项卡，按图 6-145 所示设置切入方式。

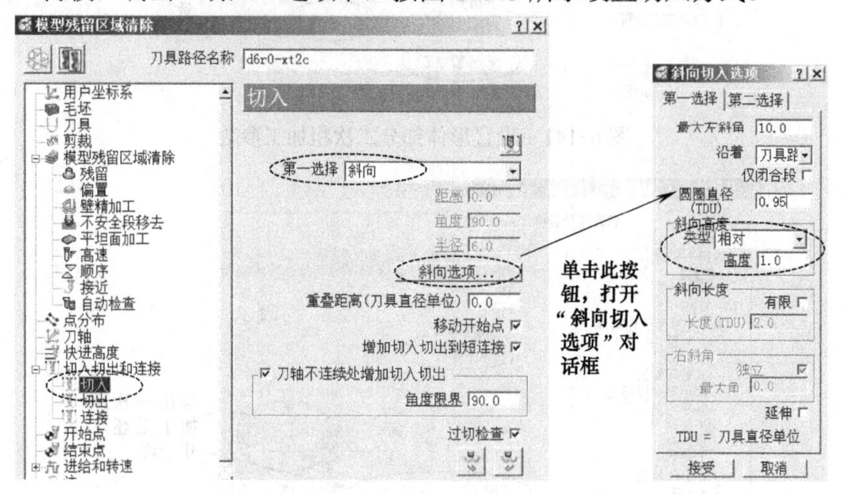

图 6-145　设置切入方式

单击“切出”树枝，调出“切出”选项卡，按图 6-146 所示设置切出方式。

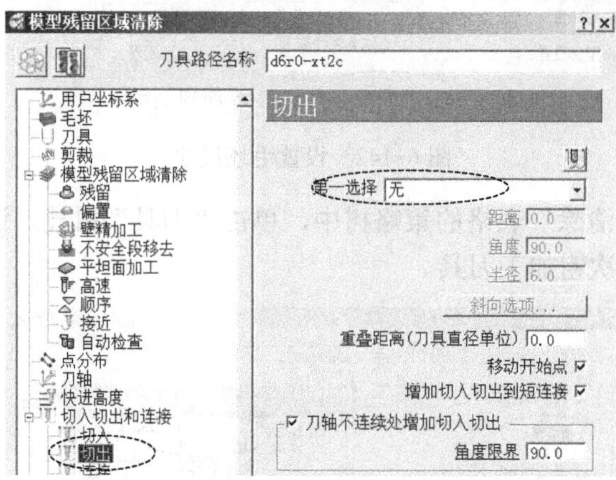

图 6-146　设置切出方式

单击“连接”树枝，调出“连接”选项卡，按图 6-147 所示设置连接方式。

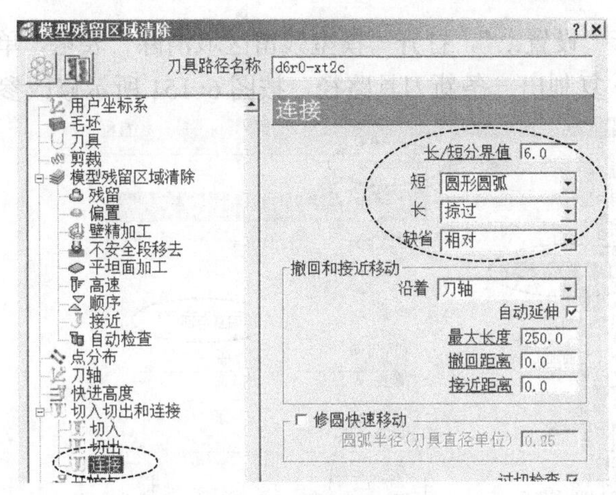

图 6-147 设置连接方式

在“模型残留区域清除”表格的策略树中，单击“进给和转速”树枝，调出“进给和转速”选项卡，设置主轴转速为“6000”，切削进给率为“3000”，下切进给率为“500”，掠过进给率为“3000”，冷却方式为“标准”。

设置完各参数后，单击“模型残留区域清除”表格下方的“计算”按钮，系统计算出图 6-148 所示形体部分二次粗加工刀具路径，图 6-149 为该刀具路径的局部放大图。

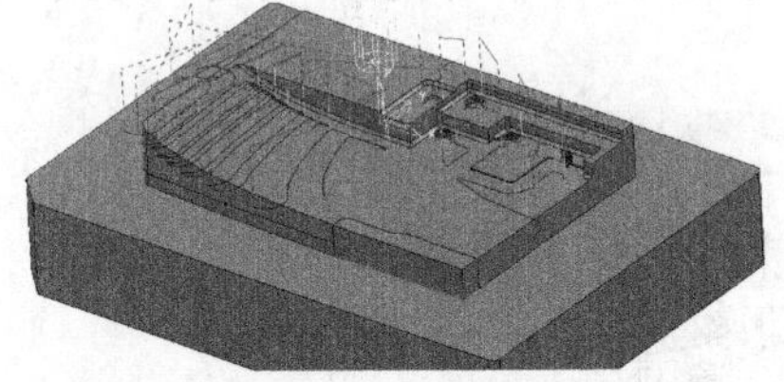
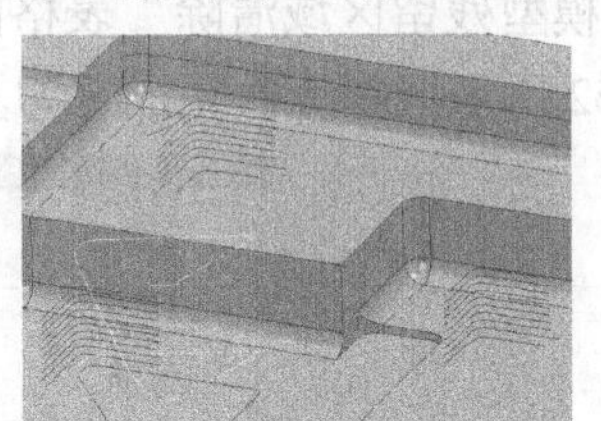

图 6-148 形体部分二次粗加工刀具路径　图 6-149 形体部分二次粗加工刀具路径的局部放大图

单击“取消”按钮，关闭“模型残留区域清除”表格。

2. 仿真电极形体部分二次粗加工刀具路径

在 PowerMILL 资源管理器中，单击“刀具路径”树枝下的“d6r0-xt2c”，在弹出的快捷菜单条中执行“自开始仿真”。

在 PowerMILL 的“ViewMILL”工具栏中，单击“光泽阴影图像”按钮，进入真实实体仿真切削状态。

在 PowerMILL“仿真控制”工具栏中，单击“运行”按钮，系统即进行形体二次粗加工仿真切削，其结果如图 6-150 所示。

图 6-150 电极形体部分二次粗加工仿真切削结果

在“ViewMILL”工具栏中，单击“无图像”按钮，退出仿真状态，返回 PowerMILL 编程环境。

6.3.2.5 电极形体部分三次粗加工——模型残留区域清除用于凸模三次粗加工

1. 复制、修改电极形体二次粗加工刀具路径得到三次粗加工刀具路径

在 PowerMILL 资源管理器中的“刀具路径”树枝下，右击刀具路径“d6r0-xt2c”，在弹出的快捷菜单条中执行“设置...”，打开“模型残留区域清除”表格，单击表格左上角的“复制刀具路径”按钮，复制出一条新刀具路径，按图 6-151 所示修改参数。

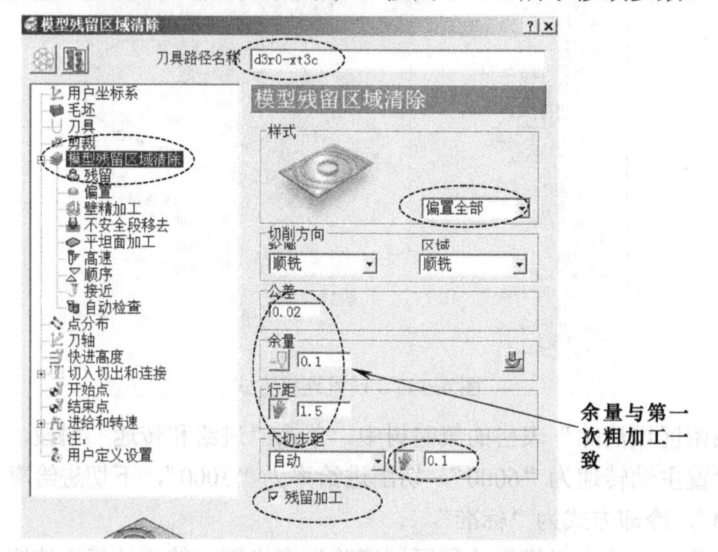

图 6-151　设置形体部分三次粗加工参数

在“模型残留区域清除”表格的策略树中，单击“刀具”树枝，调出“刀具”选项卡，按图 6-152 所示选择三次粗加工刀具。

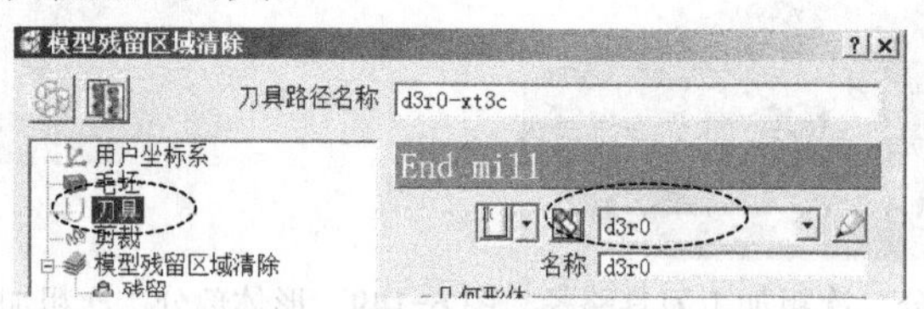

图 6-152　选择三次粗加工刀具

在“模型残留区域清除”表格策略树中的“模型区域清除”树枝下，单击“残留”树枝，调出“残留”选项卡，按图 6-153 所示设置残留参数。

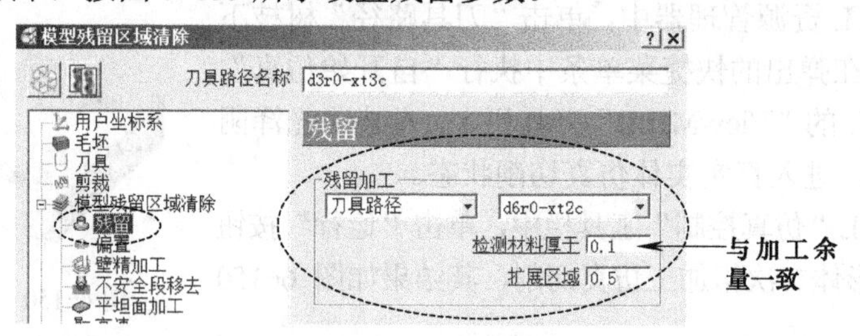

图 6-153　设置残留参数

在“模型残留区域清除”表格的策略树中，单击“进给和转速”树枝，调出“进给和转速”选项卡，设置主轴转速为“8000”，切削进给率为“2000”，下切进给率为“500”，掠过进给率为“3000”，冷却方式为“标准”。

设置完各参数后，单击“模型残留区域清除”表格下方的“计算”按钮，系统计算出图 6-154 所示形体部分三次粗加工刀具路径，图 6-155 为该刀具路径的局部放大图。

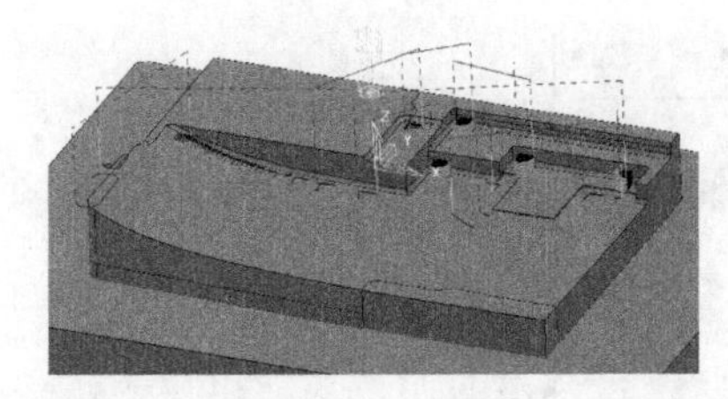

图6-154　形体部分三次粗加工刀具路径

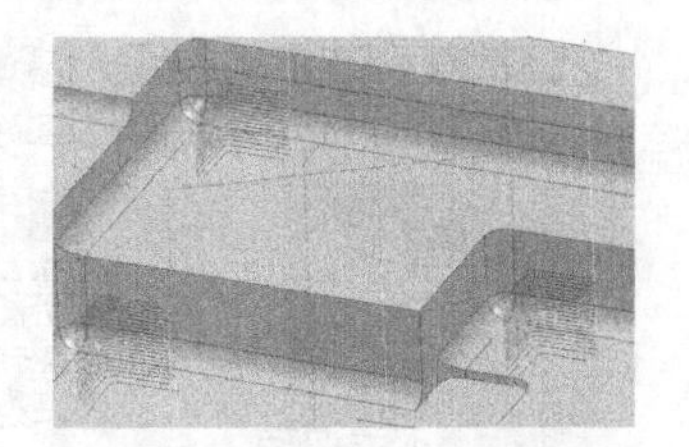

图6-155　形体部分三次粗加工刀具路径的局部放大图

单击“取消”按钮，关闭“模型残留区域清除”表格。

2．仿真电极形体部分三次粗加工刀具路径

在PowerMILL资源管理器中，单击“刀具路径”树枝下的“d3r0-xt3c”，在弹出的快捷菜单条中，执行“自开始仿真”。

在PowerMILL的“ViewMILL”工具栏中，单击“光泽阴影图像”按钮，进入真实实体仿真切削状态。

在PowerMILL“仿真控制”工具栏中，单击“运行”按钮，系统即进行形体三次粗加工仿真切削，其结果如图6-156所示。

图6-156　电极形体部分三次粗加工仿真切削结果

在ViewMILL工具栏中，单击无图像按钮，退出仿真状态，返回PowerMILL编程环境。

6.3.2.6　电极基准顶面精加工——等高切面区域清除应用于平面加工

1．计算电极基准顶平面精加工刀具路径

在PowerMILL“综合”工具栏中，单击“刀具路径策略”按钮，打开“策略选取器”表格，选择“三维区域清除”选项卡，在该选项卡中选择“等高切面区域清除”，单击“接受”按钮，打开“等高切面区域清除”对话框，按图6-157所示设置参数。

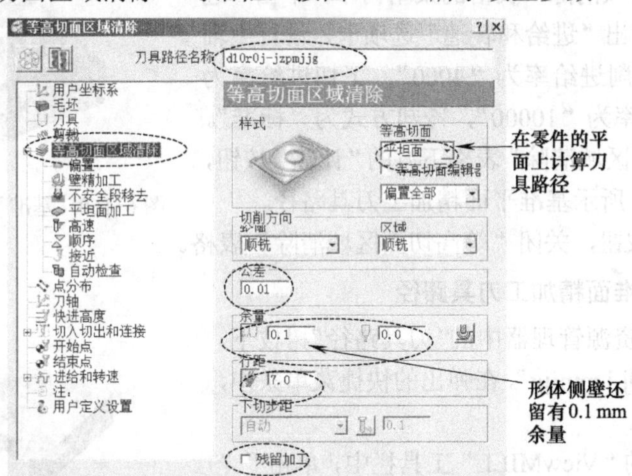

图6-157　设置基准顶平面精加工参数

在“等高切面区域清除”表格的策略树中，单击“毛坯”树枝，调出“毛坯”选项卡，按图6-158所示设置毛坯尺寸。

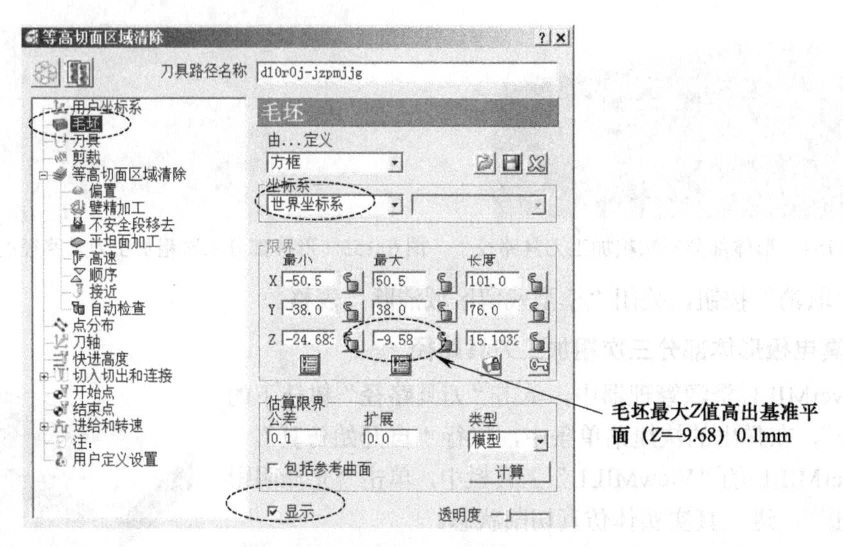

图 6-158　设置毛坯尺寸

在“等高切面区域清除”表格的策略树中，单击“刀具”树枝，调出“刀具”选项卡，按图 6-159 所示选择基准平面精加工刀具。

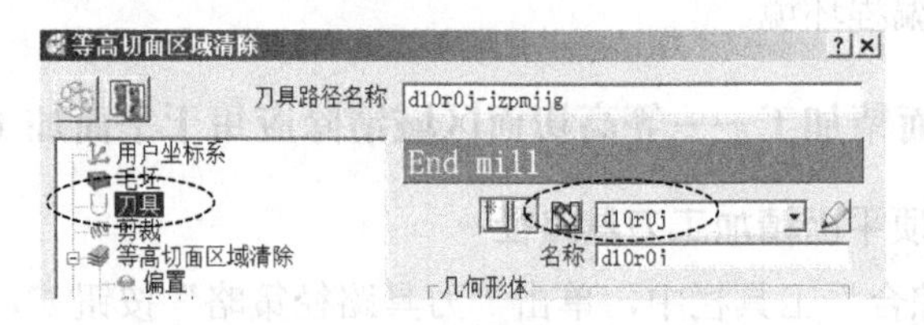

图 6-159　选择基准平面精加工刀具

在“等高切面区域清除”表格的策略树中，单击“进给和转速”树枝，调出“进给和转速”选项卡，设置主轴转速为“8000”，切削进给率为“4000”，下切进给率为“1000”，掠过进给率为“10000”，冷却方式为“标准”。

单击“等高切面区域清除”表格下方的“计算”按钮，系统计算出图 6-160 所示基准平面精加工刀具路径。

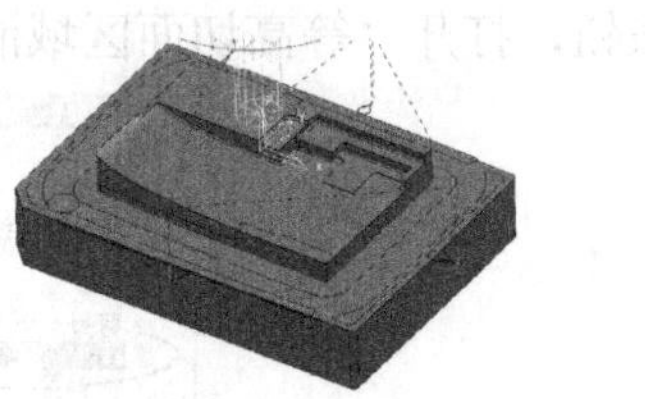

图 6-160　基准平面精加工刀具路径

单击“取消”按钮，关闭“等高切面区域清除”表格。

2. 仿真电极基准面精加工刀具路径

在 PowerMILL 资源管理器中的“刀具路径”树枝下，右击刀具路径“d10r0j-jzpmjjg”，在弹出的快捷菜单条中，执行“自开始仿真”。

在 PowerMILL 的“ViewMILL”工具栏中，单击“光泽阴影图像”按钮，进入真实实体仿真切削状态。

图 6-161　基准平面精加工仿真切削结果

在 PowerMILL“仿真控制”工具栏中，单击“运行”按钮，系统即进行基准平面精加工仿真切削，其结果如图 6-161 所示。

在“ViewMILL”工具栏中，单击“无图像”按钮，退出仿真状态，返回 PowerMILL 编程环境。

6.3.2.7　电极基准侧壁精加工——模型轮廓策略应用于侧壁加工

1. 计算电极基准侧壁精加工刀具路径

在 PowerMILL“综合”工具栏中，单击“刀具路径策略”按钮，打开“策略选取器”表格，选择“三维区域清除”选项卡，在该选项卡中选择“模型轮廓”，单击“接受”按钮，打开“模型轮廓”表格，按图 6-162 所示设置参数。

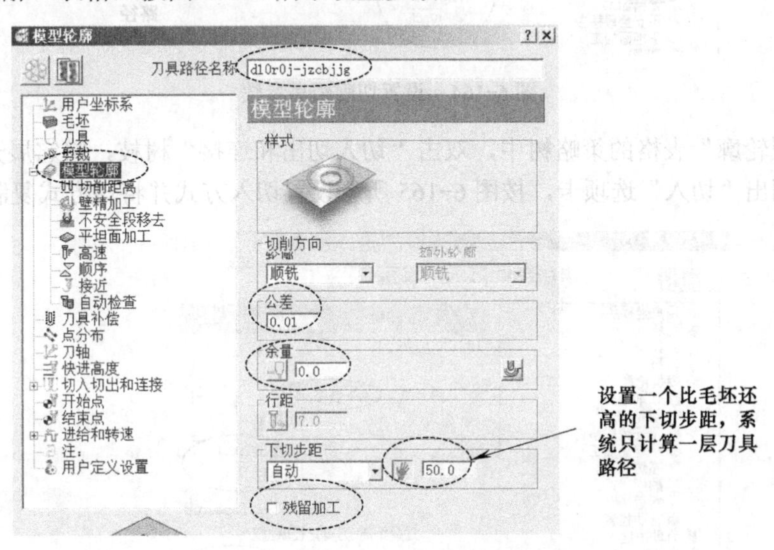

图 6-162　设置基准侧壁精加工参数

在“模型轮廓”表格的策略树中，单击“毛坯”树枝，调出“毛坯”选项卡，按图 6-163 所示设置毛坯尺寸。

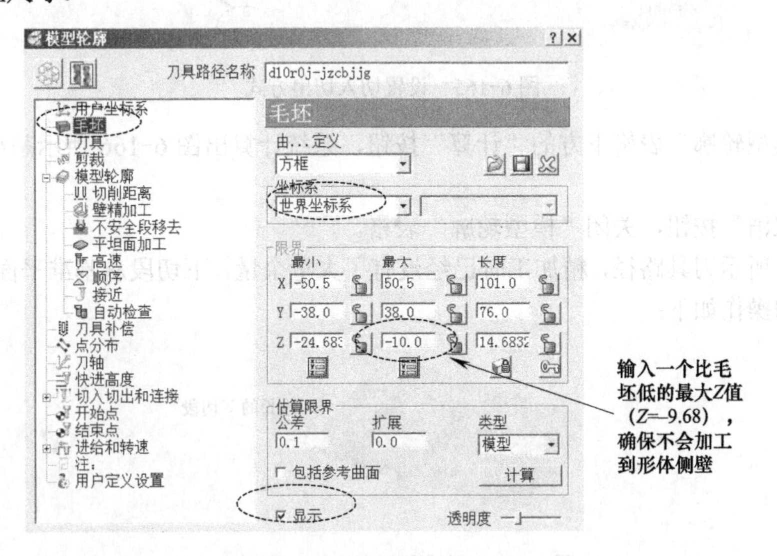

图 6-163　设置毛坯尺寸

刀具、进给和转速与上一工步相同，不需要再设置。

在“模型轮廓”表格的策略树中，单击“模型轮廓”树枝下的“切削距离”树枝，调出“切削距离”选项卡，按图 6-164 所示设置切削距离参数。

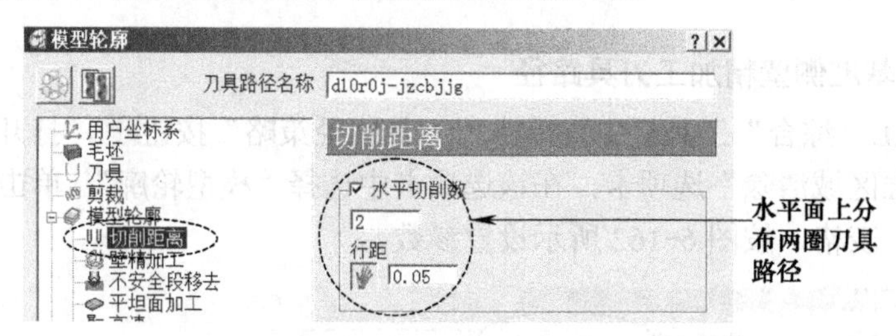

图 6-164　设置切削距离参数

在“模型轮廓”表格的策略树中，双击“切入切出和连接”树枝，将它展开，单击“切入”树枝，调出“切入”选项卡，按图 6-165 所示设置切入方式并将该方式复制到切出。

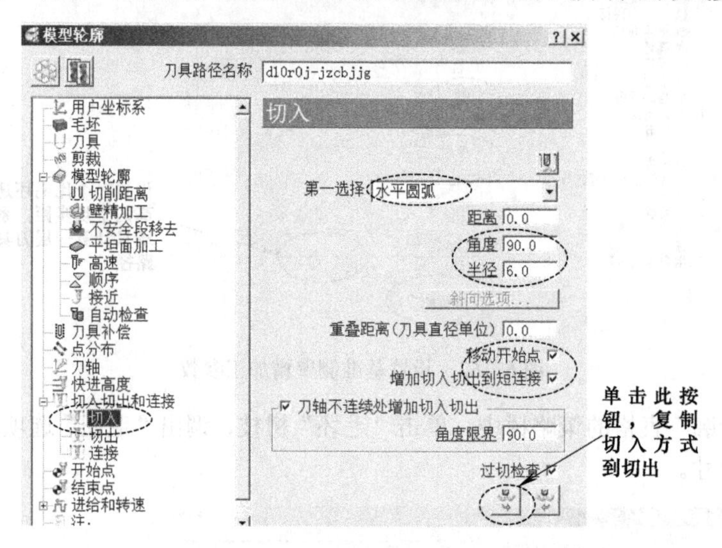

图 6-165　设置切入切出方式

单击“模型轮廓”表格下方的“计算”按钮，系统计算出图 6-166 所示基准侧壁精加工刀具路径。

单击“取消”按钮，关闭“模型轮廓”表格。

图 6-166 所示刀具路径，精加工时已经没有了大量余量，下切段从基准平面开始，过长，减短下切段的操作如下：

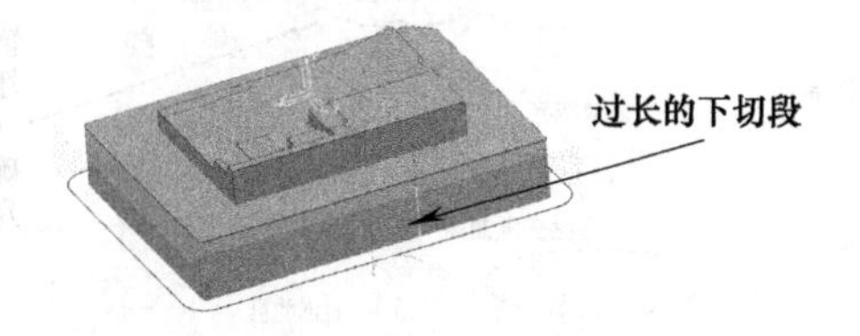

图 6-166　基准侧壁精加工刀具路径

在 PowerMILL“综合”工具栏中，单击“切入切出和连接”按钮，打开“切入切出和连接”表格，如图 6-167 所示，修改 Z 高度的相对距离为“刀具路径点”。

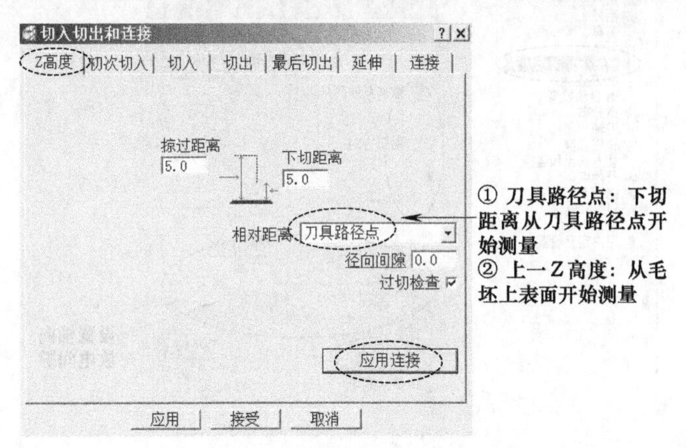

图 6-167　修改下切段长度

单击“切入切出和连接”表格中的“应用连接”按钮，刀具路径修改为图 6-168 所示。单击“接受”按钮，关闭“切入切出和连接”表格。

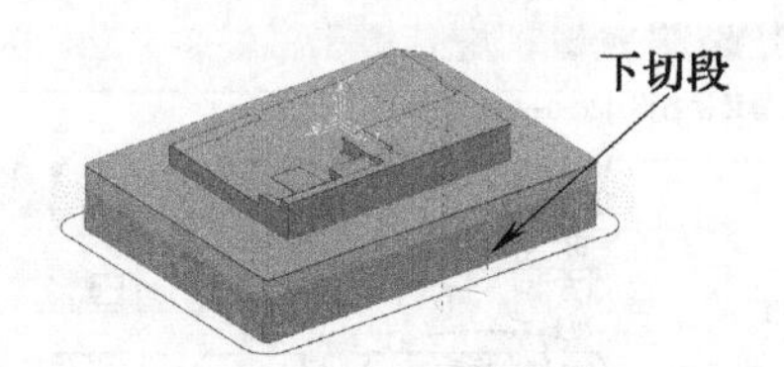

图 6-168　修改下切段长度后的刀具路径

2．仿真电极基准侧壁精加工刀具路径

在 PowerMILL 资源管理器中的“刀具路径”树枝下，右击刀具路径“d10r0j-jzcbjjg”，在弹出的快捷菜单条中选择“自开始仿真”。

在 PowerMILL 的“ViewMILL”工具栏中，单击“光泽阴影图像”按钮，进入真实实体仿真切削状态。

在 PowerMILL“仿真控制”工具栏中，单击“运行”按钮，系统即进行基准侧壁精加工仿真切削，其结果如图 6-169 所示。

图 6-169　基准侧壁精加工仿真切削结果

在“ViewMILL”工具栏中，单击“无图像”按钮，退出仿真状态，返回 PowerMILL 编程环境。

6.3.2.8　电极形体平面精加工——平行平坦面精加工应用于平面加工

1．计算电极形体水平面精加工刀具路径

在 PowerMILL“综合”工具栏中，单击“刀具路径策略”按钮，打开“策略选取器”对话框，选择“精加工”选项卡，在该选项卡中选择“平行平坦面精加工”，单击“接受”按钮，打开“平行平坦面精加工”表格，按图 6-170 所示设置参数。

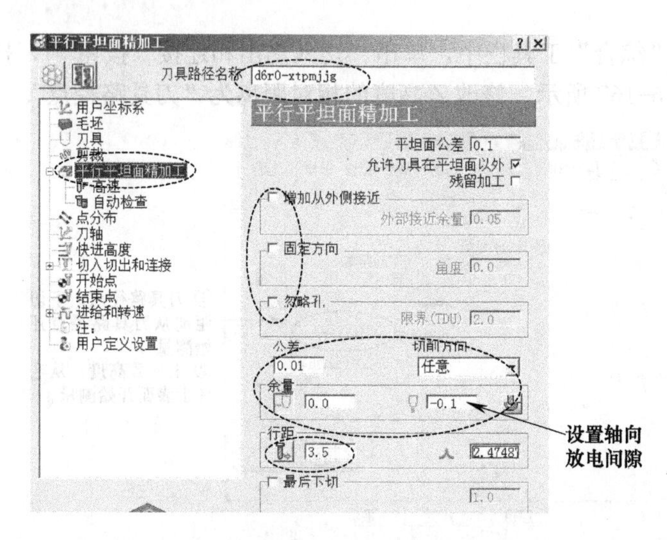

图 6-170　设置形体水平面精加工参数

在“平行平坦面精加工”表格的策略树中，单击“毛坯”树枝，调出“毛坯”选项卡，按图 6-171 所示设置毛坯尺寸。

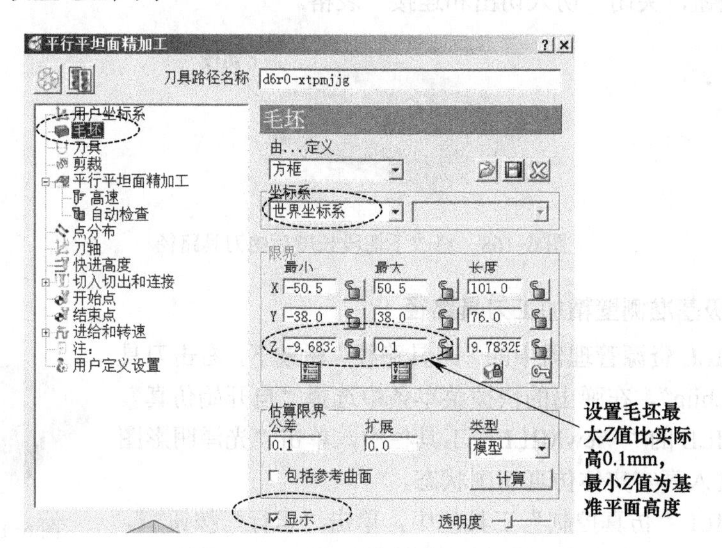

图 6-171　设置毛坯尺寸

在“平行平坦面精加工”表格的策略树中，单击“刀具”树枝，调出“刀具”选项卡，按图 6-172 所示选择刀具。

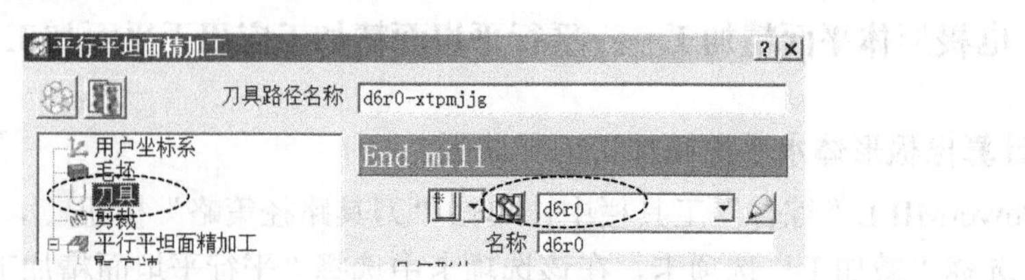

图 6-172　选择形体水平面加工刀具

在“平行平坦面精加工”表格的策略树中，双击“切入切出和连接”树枝，将它展开，单击“切入”树枝，调出“切入”选项卡，按图6-173所示设置切入方式并将该方式复制到切出。

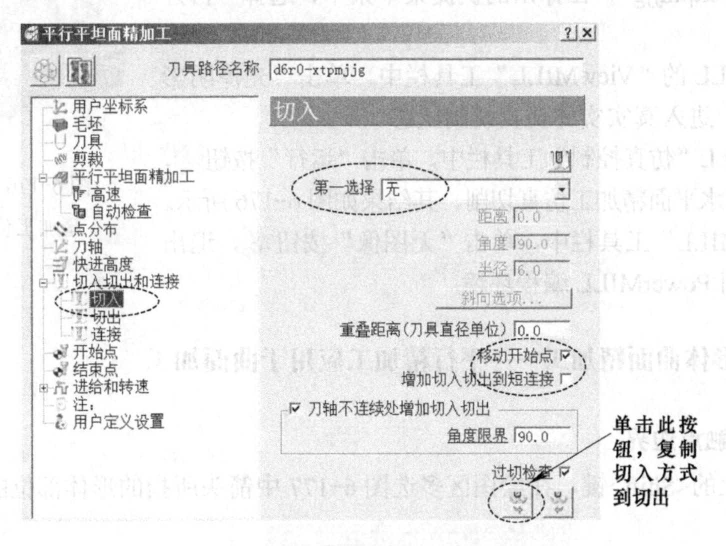

图6-173 设置切入切出方式

单击“连接”树枝，调出“连接”选项卡，按图6-174所示设置连接方式。

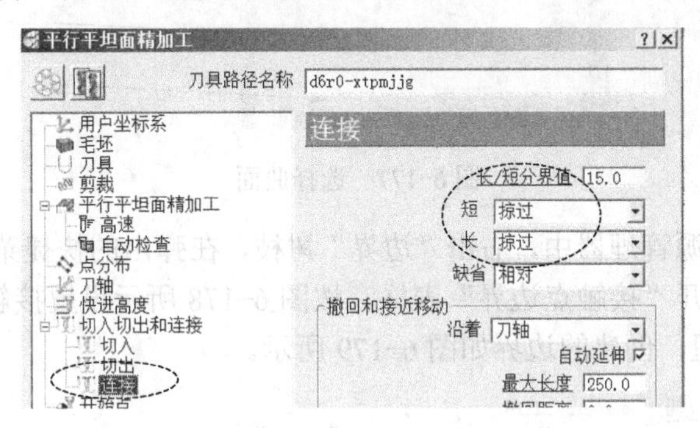

图6-174 设置连接方式

在“平行平坦面精加工”表格的策略树中，单击“进给和转速”树枝，调出“进给和转速”选项卡，设置主轴转速为“8000”，切削进给率为“3500”，下切进给率为“1000”，掠过进给率为“8000”，冷却方式为“标准”。

单击“平行平坦面精加工”表格下方的“计算”按钮，系统计算出图6-175所示形体水平面精加工刀具路径。

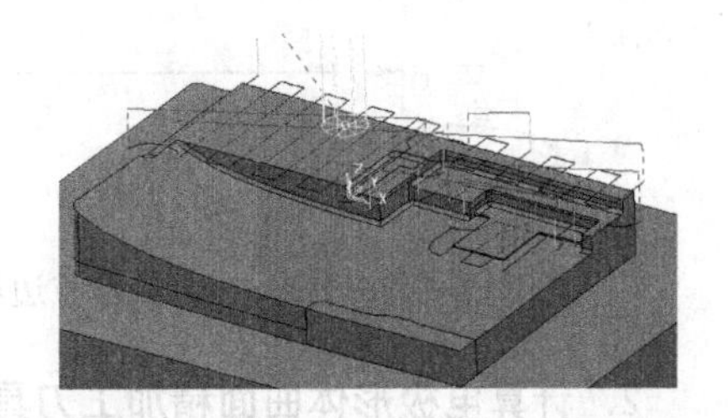

图6-175 形体水平面精加工刀具路径

单击“取消”按钮，关闭“平行平坦面精加工”表格。

2．仿真电极形体水平面精加工刀具路径

在 PowerMILL 资源管理器中的“刀具路径”树枝下，右击刀具路径“d6r0-xtpmjjg”，在弹出的快捷菜单条中，选择“自开始仿真”。

在 PowerMILL 的“ViewMILL”工具栏中，单击“光泽阴影图像”按钮，进入真实实体仿真切削状态。

在 PowerMILL“仿真控制”工具栏中，单击“运行”按钮，系统即进行形体水平面精加工仿真切削，其结果如图 6-176 所示。

在“ViewMILL”工具栏中，单击“无图像”按钮，退出仿真状态，返回 PowerMILL 编程环境。

图 6-176　形体水平面精加工仿真切削结果

6.3.2.9　电极形体曲面精加工——平行精加工应用于曲面加工

1．创建接触点边界

按下键盘上的<Shift>键，在绘图区多选图 6-177 中箭头所指的形体部位的曲面（3 个）。

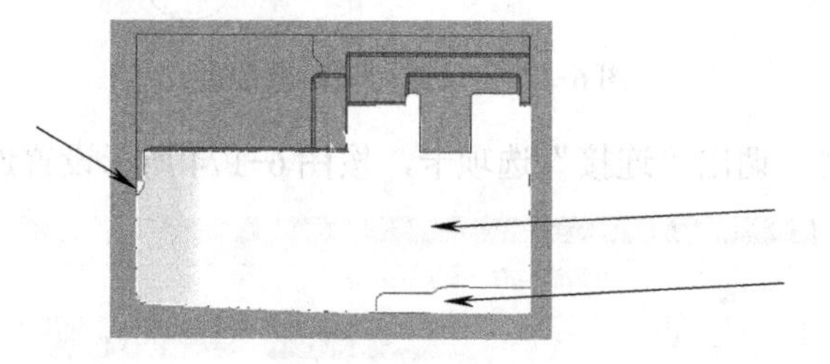

图 6-177　选择曲面

在 PowerMILL 资源管理器中，右击“边界”树枝，在弹出的快捷菜单条中执行“定义边界”→“接触点”，打开“接触点边界”表格，按图 6-178 所示设置接触点边界。

单击“接受”按钮，创建的边界如图 6-179 所示。

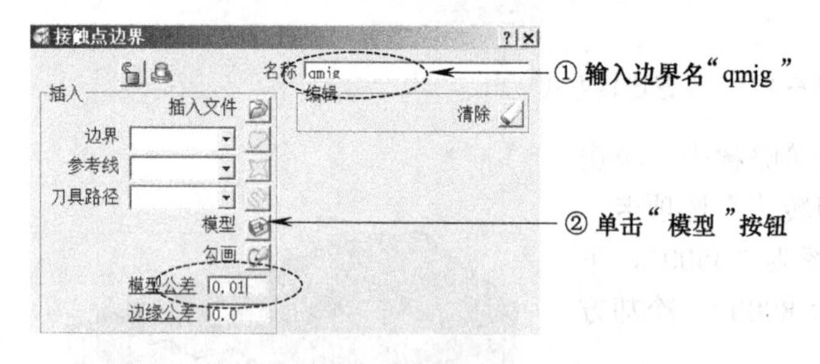

图 6-178　设置接触点边界参数

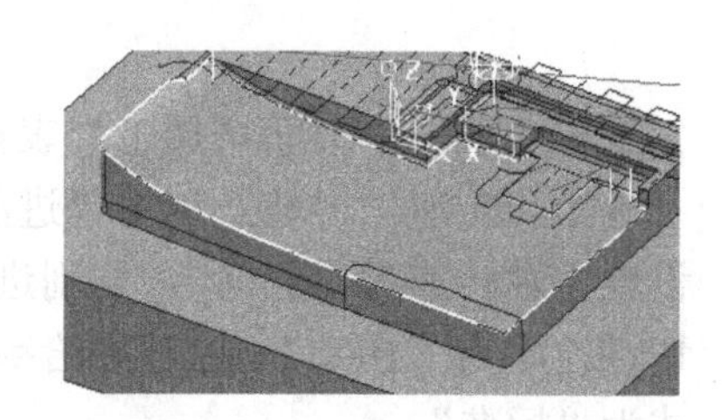

图 6-179　接触点边界 qmjg

2．计算电极形体曲面精加工刀具路径

在 PowerMILL“综合”工具栏中，单击“刀具路径策略”按钮，打开“策略选取器”表格，选择“精加工”选项卡，在该选项卡中选择“平行精加工”，单击“接受”按钮，打开“平行精加工”表格，按图 6-180 所示设置参数。

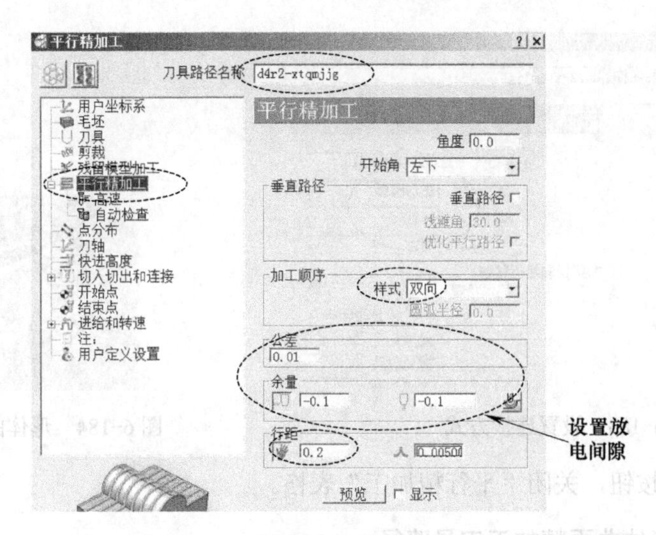

图6-180　设置形体曲面精加工参数

在“平行精加工”表格的策略树中，单击“刀具”树枝，调出“刀具”选项卡，按图6-181所示选择加工刀具。

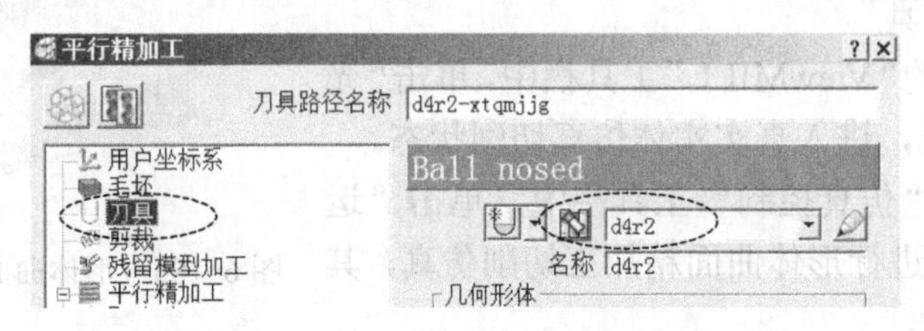

图6-181　选择形体曲面加工刀具

在“平行精加工”表格的策略树中，单击“剪裁”树枝，调出“剪裁”选项卡，按图6-182所示选择加工边界。

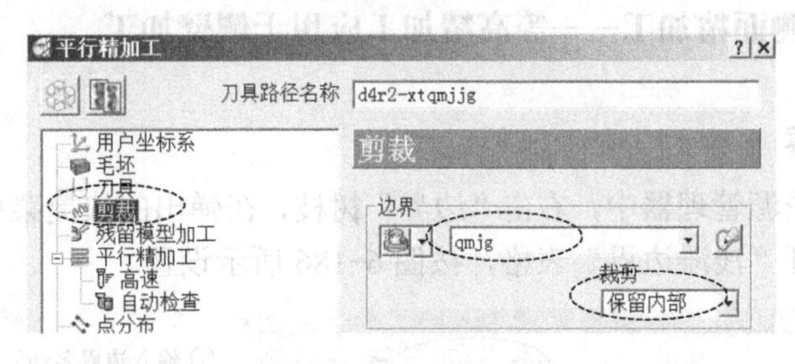

图6-182　选择加工边界

在“平行精加工”表格的策略树中，双击“切入切出和连接”树枝，将它展开，

单击“连接”树枝，调出“连接”选项卡，按图6-183所示设置连接方式。

在“平行精加工”表格的策略树中，单击“进给和转速”树枝，调出“进给和转速”选项卡，设置主轴转速为“8000”，切削进给率为“3000”，下切进给率为“1000”，掠过进给率为“8000”，冷却方式为“标准”。

单击“平行精加工”表格下方的“计算”按钮，系统计算出图6-184所示形体曲面精加工刀具路径。

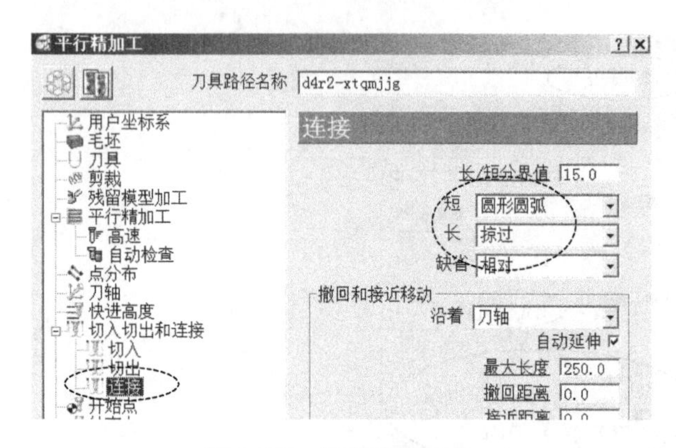

图 6-183　设置连接方式

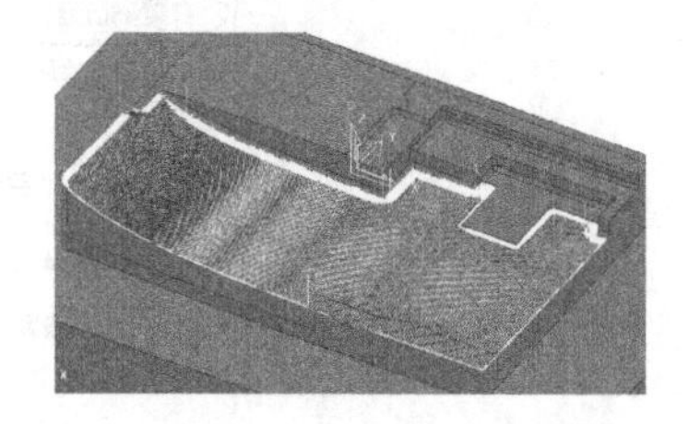

图 6-184　形体曲面精加工刀具路径

单击“取消”按钮，关闭“平行精加工”表格。

3. 仿真电极形体曲面精加工刀具路径

在 PowerMILL 资源管理器中的“刀具路径”树枝下，右击刀具路径“d4r0-xtqmjjg”，在弹出的快捷菜单条中执行“自开始仿真”。

在 PowerMILL 的“ViewMILL”工具栏中，单击“光泽阴影图像”按钮，进入真实实体仿真切削状态。

在 PowerMILL“仿真控制”工具栏中，单击“运行”按钮，系统即进行形体曲面精加工切削仿真，其结果如图 6-185 所示。

图 6-185　形体曲面精加工仿真切削结果

在“ViewMILL”工具栏中，单击“无图像”按钮，退出仿真状态，返回 PowerMILL 编程环境。

6.3.2.10　电极形体侧面精加工——等高精加工应用于侧壁加工

1. 创建浅滩边界

在 PowerMILL 资源管理器中，右击“边界”树枝，在弹出的快捷菜单条中执行“定义边界”→“浅滩”，打开“浅滩边界”表格，按图 6-186 所示设置。

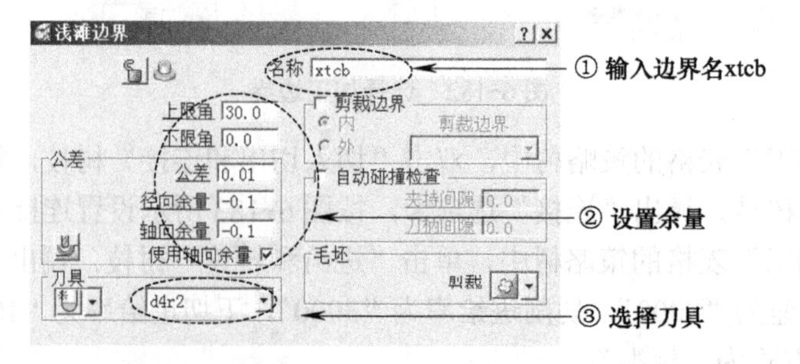

图 6-186　设置浅滩边界参数

单击“应用”按钮，创建的边界如图 6-187 所示。

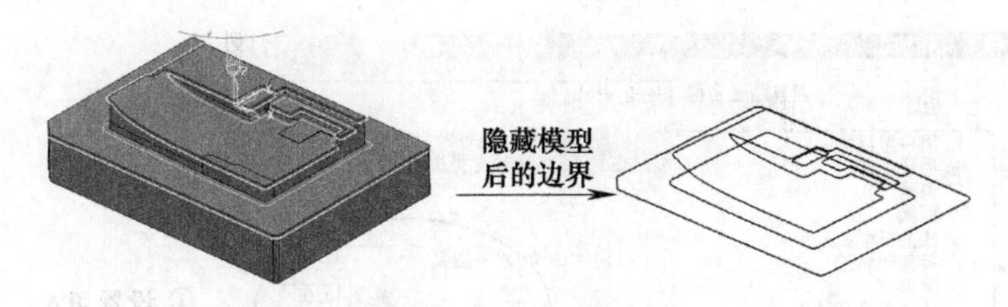

图 6-187　浅滩边界 xtcb

2. 计算电极形体侧壁精加工刀具路径

在 PowerMILL“综合”工具栏中，单击“刀具路径策略”按钮，打开“策略选取器”对话框，选择“精加工”选项卡，在该选项卡中选择“等高精加工”，单击“接受”按钮，打开“等高精加工”表格，按图 6-188 所示设置参数。

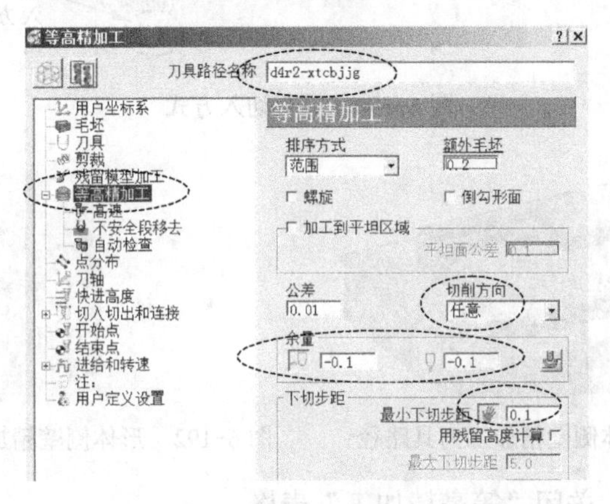

图 6-188　设置形体侧壁精加工参数

毛坯、刀具、进给和转速与上一工步相同，不需要再设置。

在“等高精加工”表格的策略树中，单击“剪裁”树枝，调出“剪裁”选项卡，按图 6-189 所示选择加工边界。

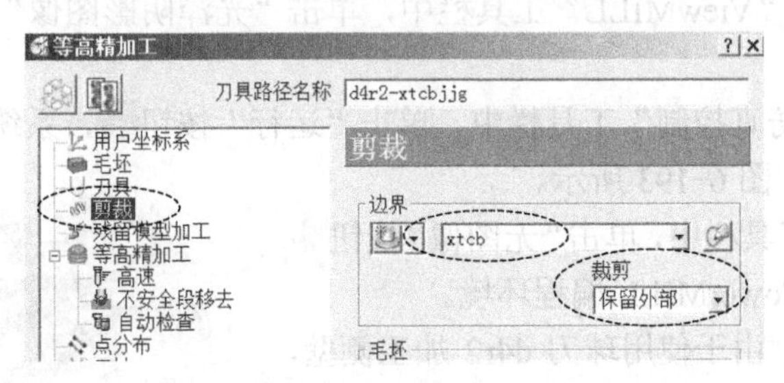

图 6-189　选择加工边界

在“等高精加工”表格的策略树中，双击“切入切出和连接”树枝，将它展开，单击“切入”树枝，调出“切入”选项卡，按图 6-190 所示设置切入方式。

单击“等高精加工”表格下方的“计算”按钮，系统弹出信息对话框，提示“毛坯的边界参数和毛坯的刀具路径参数不匹配”，单击“确定”按钮，计算出图 6-191 所示形体侧壁精加工刀具路径，图 6-192 为该刀具路径的局部放大图。

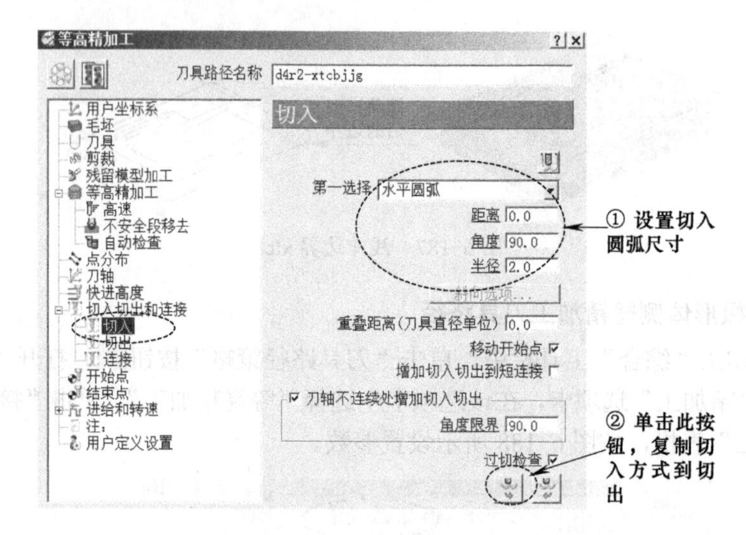

图 6-190　设置切入方式

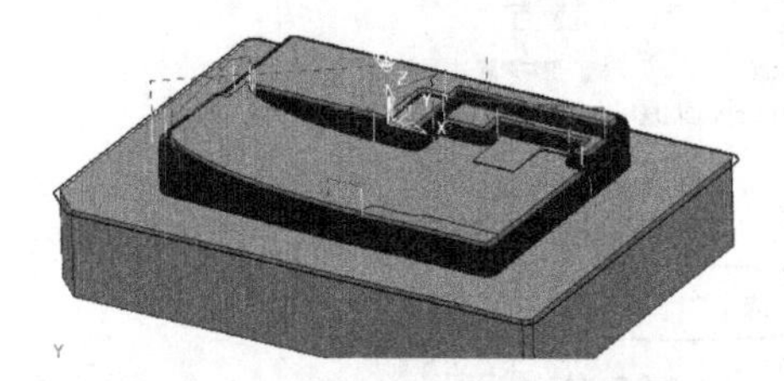

图 6-191　形体侧壁精加工刀具路径

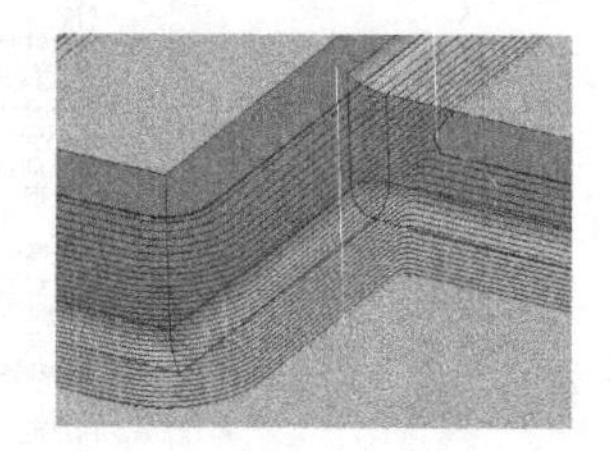

图 6-192　形体侧壁精加工刀具路径的局部放大图

单击“取消”按钮，关闭“等高精加工”表格。

3．仿真电极形体曲面精加工刀具路径

在 PowerMILL 资源管理器中的“刀具路径”树枝下，右击刀具路径“d4r0-xtcbjjg”，在弹出的快捷菜单条中选择“自开始仿真”。

在 PowerMILL 的“ViewMILL”工具栏中，单击“光泽阴影图像”按钮，进入真实实体仿真切削状态。

在 PowerMILL“仿真控制”工具栏中，单击“运行”按钮，系统即进行形体侧壁精加工仿真切削，其结果如图 6-193 所示。

在“ViewMILL”工具栏中，单击“无图像”按钮，退出仿真状态，返回 PowerMILL 编程环境。

如图 6-193 所示，由于使用球刀 d4r2 加工侧壁，侧壁的根部还有余量未被切除，需要再计算一条侧壁清角刀具路径。

图 6-193　形体侧壁精加工仿真切削结果

6.3.2.11　电极形体侧壁清角——线框轮廓加工应用于侧壁加工

1．创建参考线

在绘图区中，单击选中图 6-194 中箭头所指的基准平面。

在 PowerMILL 资源管理器中，右击“参考线”树枝，在弹出的快捷菜单条中执行“产生参考线”，产生一条名称为 1、内容的空白的参考线。

双击“参考线”树枝，将它展开。右击参考线“1”，在弹出的快捷菜单条中执行“插入”→“模型”，创建的参考线如图 6-195 所示。

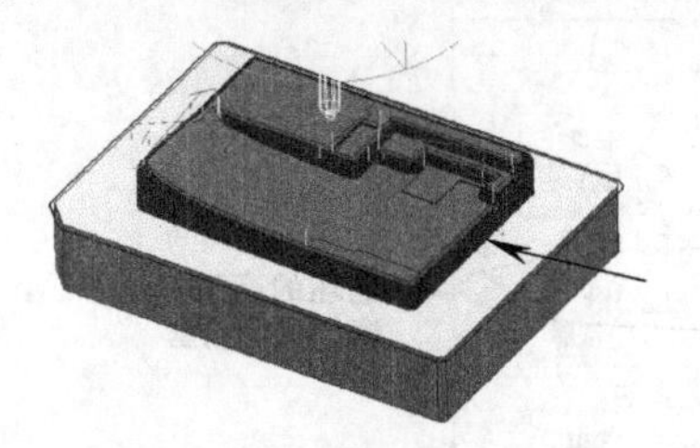

图 6-194　选择平面

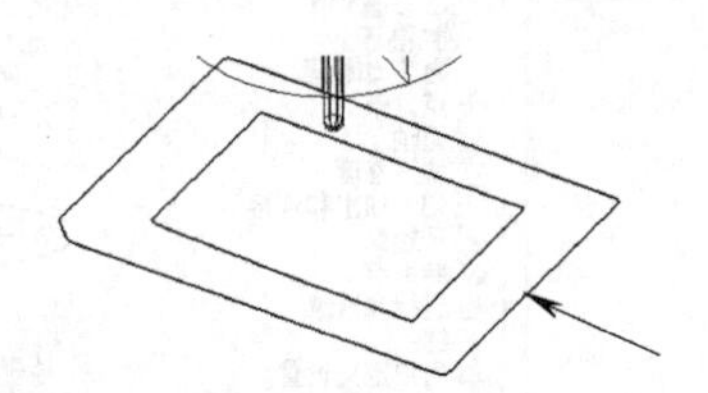

图 6-195　参考线 1

2. 编辑参考线

在 PowerMILL“查看”工具栏中，单击“普通阴影”按钮，将模型隐藏。

在 PowerMILL 资源管理器中的“刀具路径”树枝下，单击两次“d4r2-xtcbjjg”树枝前的小灯泡，将它关闭，隐藏 d4r2-xtcbjjg 刀具路径。

在绘图区中，单击选中图 6-195 中箭头所指的参考线的外圈，按键盘上的<Delete>键，将它删除。

3. 计算电极形体侧壁清角刀具路径

在 PowerMILL“综合”工具栏中，单击“刀具路径策略”按钮，打开“策略选取器”对话框，选择“精加工”选项卡，在该选项卡中选择“线框轮廓加工”，单击“接受”按钮，打开“线框轮廓加工”表格，按图 6-196 所示设置参数。

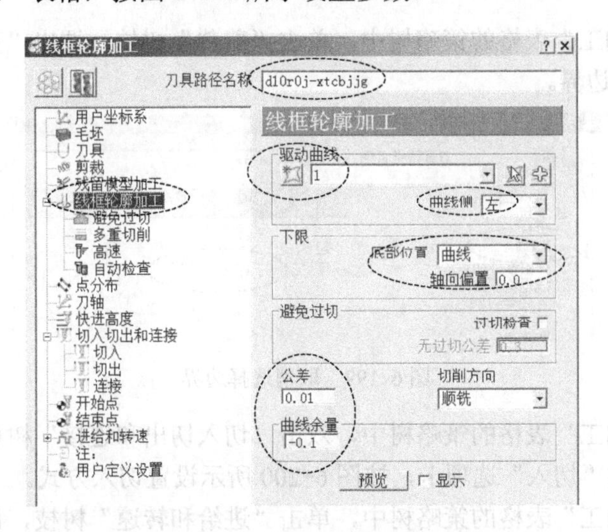

图 6-196　设置形体侧壁清角参数

在“线框轮廓加工”表格的策略树中，单击“毛坯”树枝，调出“毛坯”选项卡，按图 6-197 所示设置毛坯尺寸。

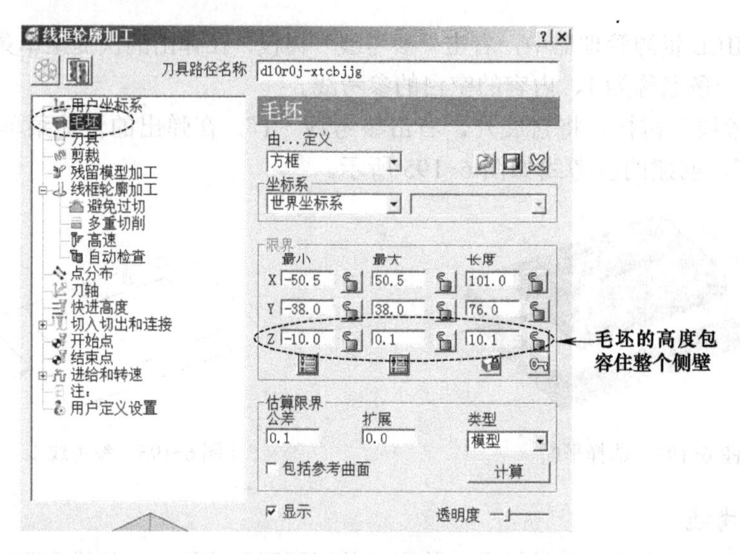

图 6-197 设置毛坯尺寸

在“线框轮廓加工”表格的策略树中，单击“刀具”树枝，调出“刀具”选项卡，按图6-198 所示选择加工刀具。

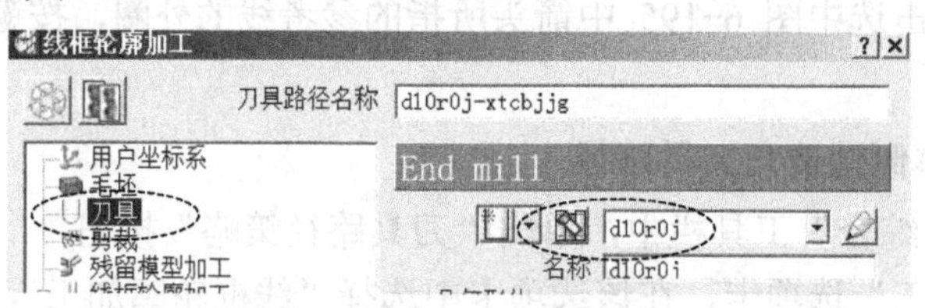

图 6-198 选择加工刀具

在“线框轮廓加工”表格的策略树中，单击“剪裁”树枝，调出“剪裁”选项卡，按图6-199 所示取消选择边界。

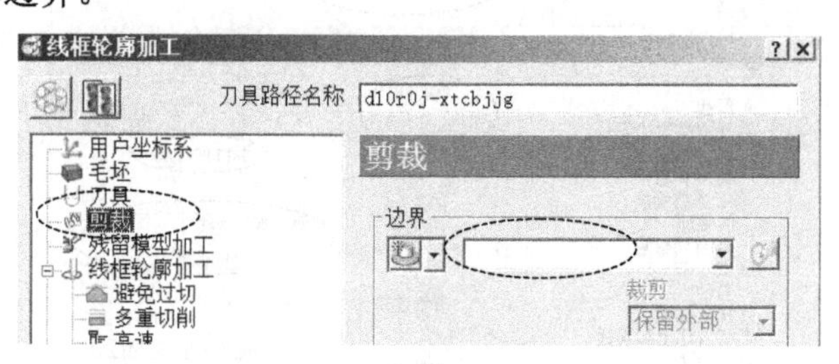

图 6-199 取消选择边界

在“线框轮廓加工”表格的策略树中，双击“切入切出和连接”树枝，将它展开，单击“切入”树枝，调出“切入”选项卡，按图 6-200 所示设置切入方式。

在“线框轮廓加工”表格的策略树中，单击“进给和转速”树枝，调出“进给和转速”选项卡，设置主轴转速为“8000”，切削进给率为“4000”，下切进给率为“400”，掠过进给率为“3000”，冷却方式为“标准”。

单击“线框轮廓加工”表格下方的“计算”按钮，系统计算出图 6-201 所示形体侧壁清角刀具路径。

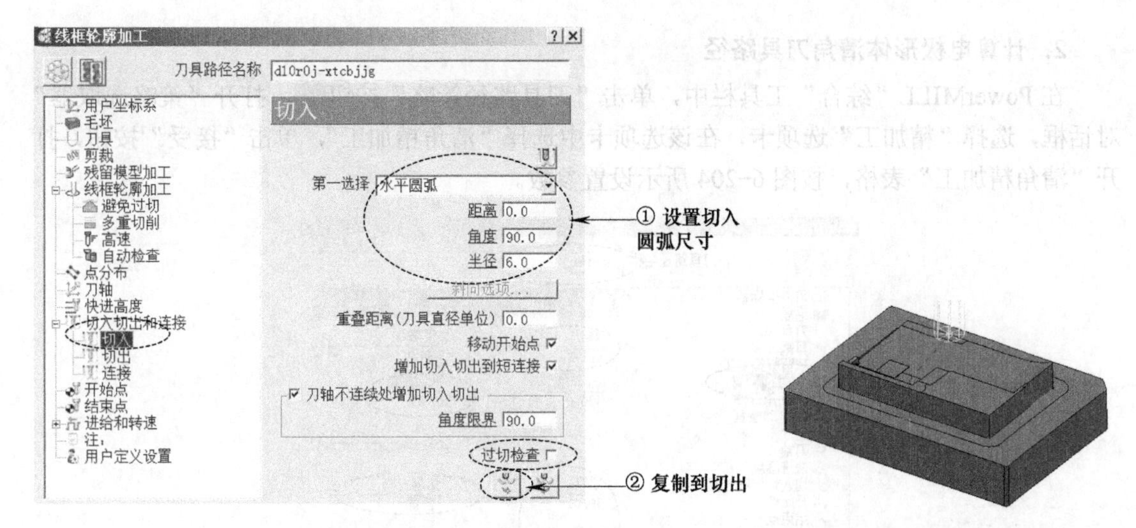

图6-200　设置切入方式　　图6-201　形体侧壁清角刀具路径

单击“取消”按钮，关闭“线框轮廓加工”表格。

4．仿真电极形体侧壁清角刀具路径

在 PowerMILL 资源管理器中的“刀具路径”树枝下，右击刀具路径“d10r0j-xtcbjjg”，在弹出的快捷菜单条中选择“自开始仿真”。

在 PowerMILL 的“ViewMILL”工具栏中，单击“光泽阴影图像”按钮，进入真实实体仿真切削状态。

在 PowerMILL“仿真控制”工具栏中，单击“运行”按钮，系统即进行形体侧壁清角仿真切削，其结果如图6-202所示。

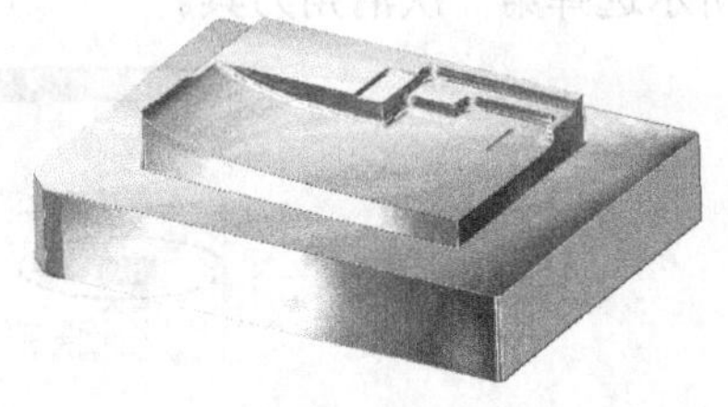

图6-202　形体侧壁清角仿真切削结果

在“ViewMILL”工具栏中，单击“无图像”按钮，退出仿真状态，返回 PowerMILL 编程环境。

6.3.2.12　电极形体第一次清角——清角精加工应用于角落加工

1．参考线转换为清角边界

在 PowerMILL 资源管理器中，右击“边界”树枝，在弹出的快捷菜单条中执行“定义边界”→“用户定义”，打开“用户定义边界”表格，按图6-203所示创建边界。

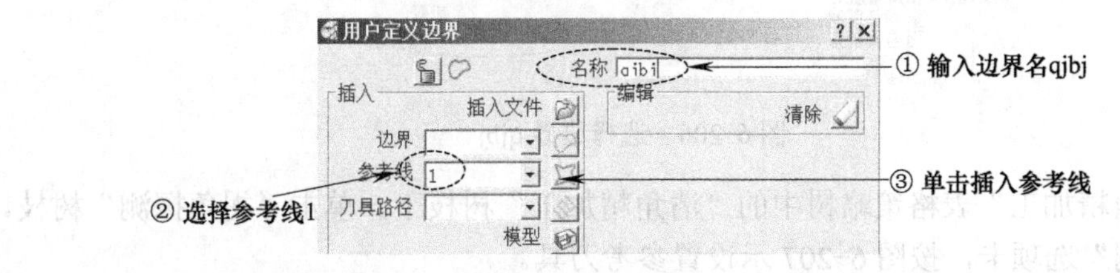

图6-203　由参考线1创建边界

单击“接受”按钮，关闭“用户定义边界”表格。

2. 计算电极形体清角刀具路径

在PowerMILL“综合”工具栏中，单击“刀具路径策略”按钮，打开“策略选取器”对话框，选择“精加工”选项卡，在该选项卡中选择“清角精加工”，单击“接受”按钮，打开“清角精加工”表格，按图6-204所示设置参数。

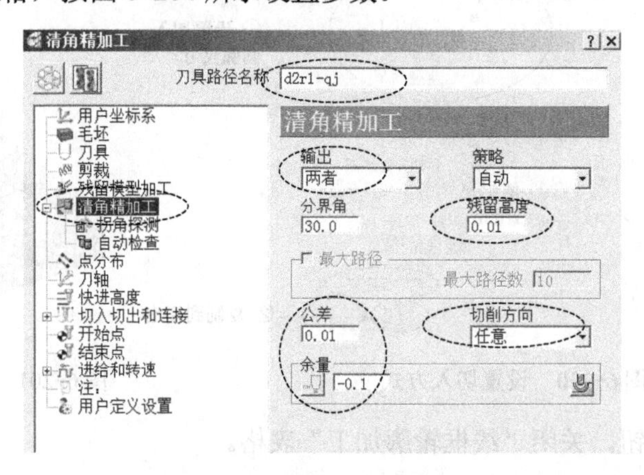

图6-204 设置第一次清角参数

在“清角精加工”表格的策略树中，单击“刀具”树枝，调出“刀具”选项卡，按图6-205所示选择第一次清角刀具。

图6-205 选择第一次清角刀具

在“清角精加工”表格的策略树中，单击“剪裁”树枝，调出“剪裁”选项卡，按图6-206所示选择边界。

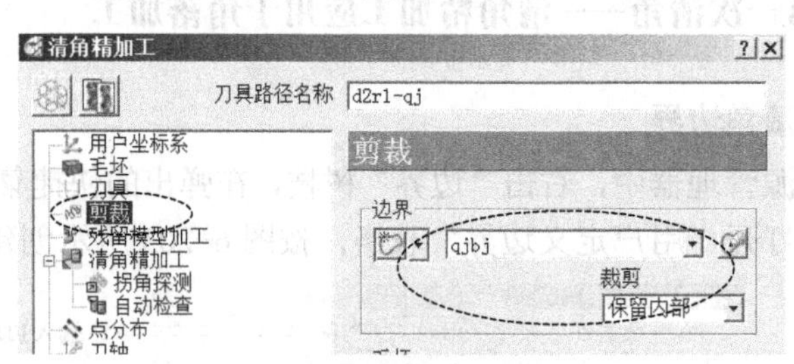

图6-206 选择边界qjbj

在“清角精加工”表格策略树中的“清角精加工”树枝下，单击“拐角探测”树枝，调出“拐角探测”选项卡，按图6-207示设置参考刀具。

在“清角精加工”表格的策略树中，双击“切入切出和连接”树枝，将它展开，单击“切入”树枝，调出“切入”选项卡，按图6-208所示设置切入方式。

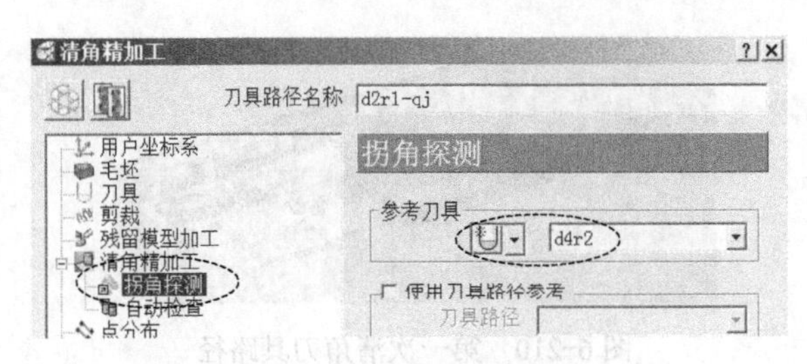

图 6-207　选择参考刀具

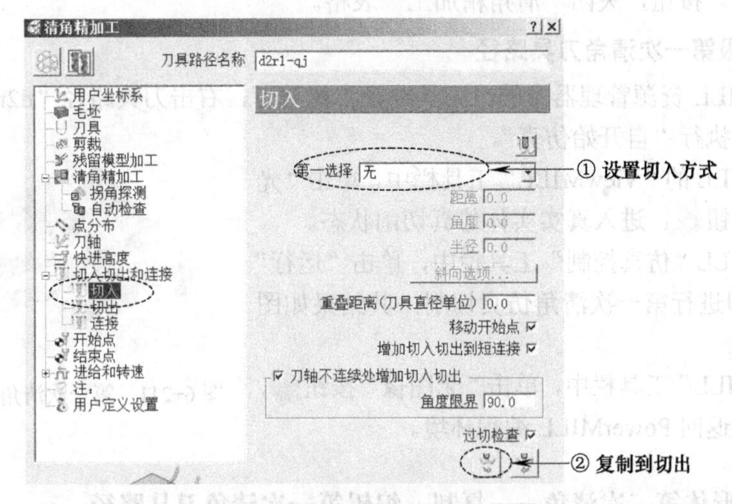

图 6-208　设置切入方式

在“清角精加工”表格策略树中的“切入切出和连接”树枝下，单击“连接”树枝，调出“连接”选项卡，按图 6-209 所示设置连接方式。

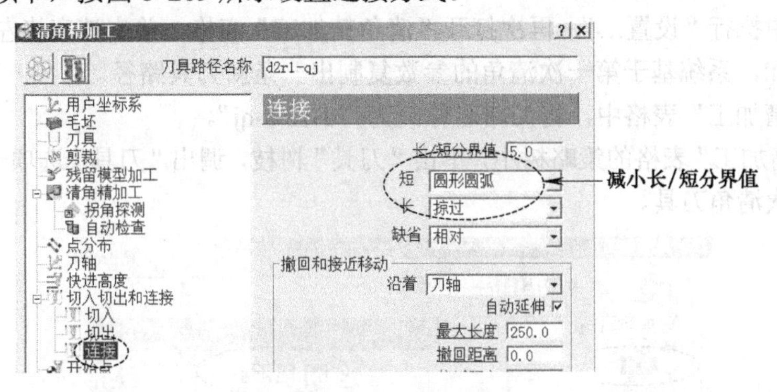

图 6-209　设置连接方式

在“清角精加工”表格的策略树中，单击“进给和转速”树枝，调出“进给和转速”选项卡，设置主轴转速为“8000”，切削进给率为“1500”，下切进给率为“600”，掠过进给率为“4000”，冷却方式为“标准”。

单击“清角精加工”表格下方的“计算”按钮，系统计算出图 6-210 所示的第一次清角刀具路径。

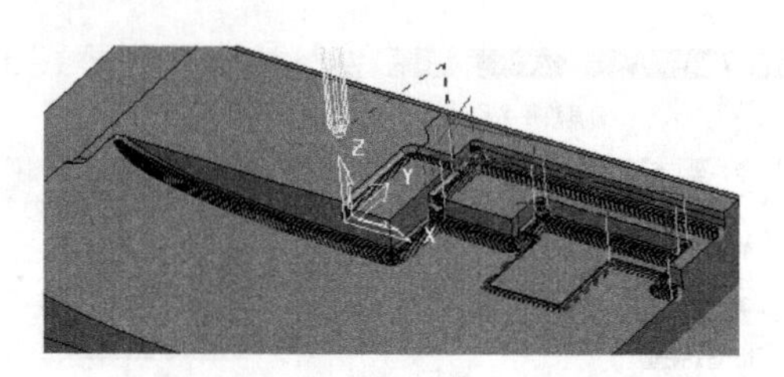

图 6-210　第一次清角刀具路径

单击“取消”按钮，关闭“清角精加工”表格。

3．仿真电极第一次清角刀具路径

在 PowerMILL 资源管理器中的“刀具路径”树枝下，右击刀具路径“d2r1-qj”，在弹出的快捷菜单条中执行“自开始仿真”。

在 PowerMILL 的“ViewMILL”工具栏中，单击“光泽阴影图像”按钮，进入真实实体仿真切削状态。

在 PowerMILL“仿真控制”工具栏中，单击“运行”按钮，系统即进行第一次清角仿真切削，其结果如图 6-211 所示。

图 6-211　第一次清角仿真切削结果

在“ViewMILL”工具栏中，单击“无图像”按钮，退出仿真状态，返回 PowerMILL 编程环境。

6.3.2.13　电极形体第二次清角——复制、编辑第一次清角刀具路径

1．复制并编辑第一次清角刀具路径

在 PowerMILL 资源管理器中的“刀具路径”树枝下，右击刀具路径“d2r1-qj”，在弹出的快捷菜单条中执行“设置...”，再次打开“清角精加工”表格，单击该表格左上角“复制刀具路径”按钮，系统基于第一次清角的参数复制出一条新刀具路径。

在“清角精加工”表格中，将刀路名称改为“d1r0.5-qj”。

在“清角精加工”表格的策略树中，单击“刀具”树枝，调出“刀具”选项卡，按图 6-212 所示选择第二次清角刀具。

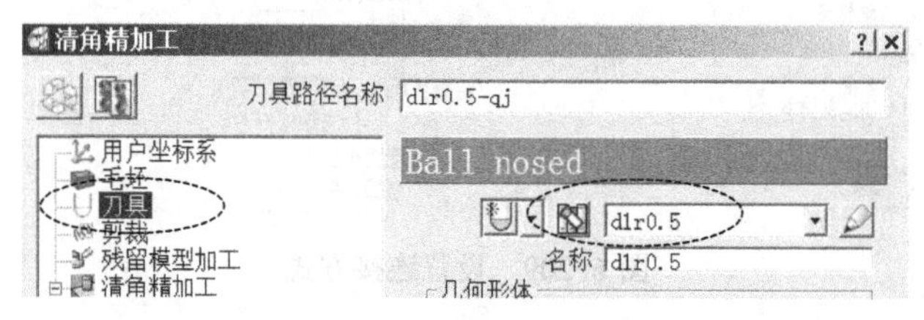

图 6-212　选择第二次清角刀具

在“清角精加工”表格策略树中的“清角精加工”树枝下，单击“拐角探测”树枝，调出“拐角探测”选项卡，按图 6-213 所示设置参考刀具。

在“清角精加工”表格的策略树中，单击“进给和转速”树枝，调出“进给和转速”选项卡，设置主轴转速为“8000”，切削进给率为“1000”，下切进给率为“400”，掠过进给率为“3000”，冷却方式为“标准”。

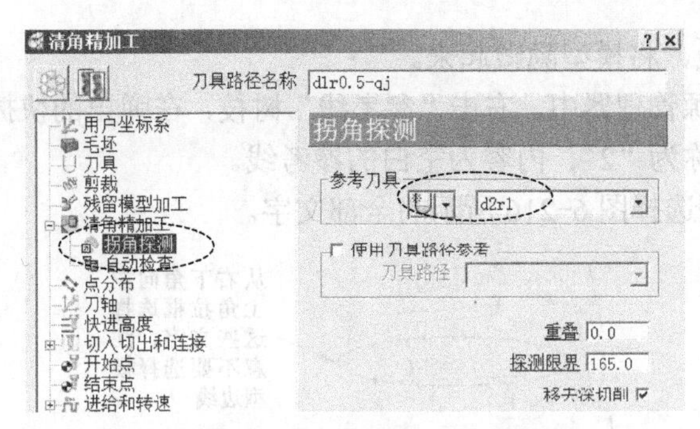

图 6-213　选择参考刀具

单击“清角精加工”表格下方的“计算”按钮，系统计算出图 6-214 所示的第二次清角刀具路径。

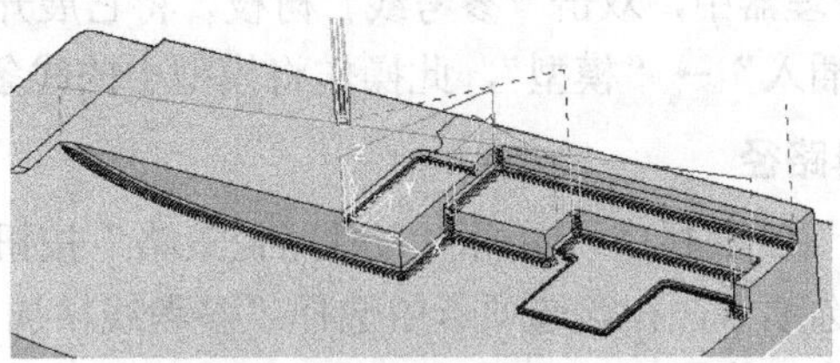

图 6-214　第二次清角刀具路径

单击“取消”按钮，关闭“清角精加工”表格。

2. 仿真电极第二次清角刀具路径

在 PowerMILL 资源管理器中的“刀具路径”树枝下，右击刀具路径“d1r0.5-qj”，在弹出的快捷菜单条中，执行“自开始仿真”。

在 PowerMILL 的“ViewMILL”工具栏中，单击“光泽阴影图像”按钮，进入真实实体仿真切削状态。

在 PowerMILL“仿真控制”工具栏中，单击“运行”按钮，系统即进行第二次清角仿真切削，其结果如图 6-215 所示。

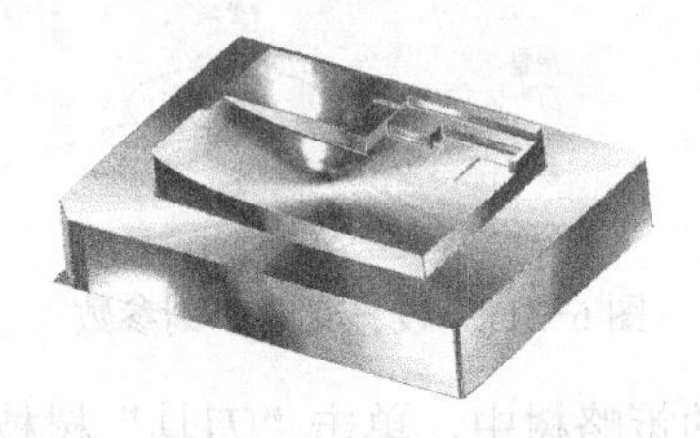

图 6-215　第二次清角仿真切削结果

在“ViewMILL”工具栏中，单击“无图像”按钮，退出仿真状态，返回 PowerMILL 编程环境。

6.3.2.14　电极序列号加工——参考线精加工应用于文字雕刻

1. 创建参考线

在 PowerMILL“查看”工具栏中，单击“线框”按钮，将模型中的文字显示出来，单击“普通阴影”按钮，将模型隐藏起来。

在PowerMILL资源管理器中，右击“参考线”树枝，在弹出的快捷菜单条中执行“产生参考线”，产生一条名称为“2”、内容为空白的参考线。

在绘图区中，拉框选择图6-216所示的全部文字。

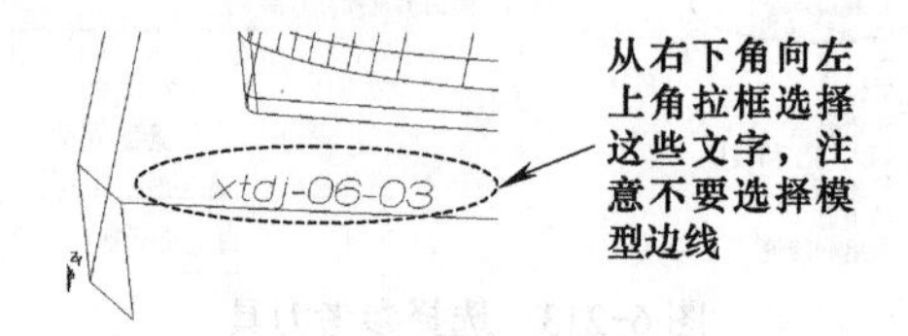

图6-216　选择文字

在PowerMILL资源管理器中，双击“参考线”树枝，将它展开，右击参考线“2”，在弹出的快捷菜单条中执行“插入”→“模型”，此操作将模型中的线条转换为参考线。

2. 计算文字雕刻刀具路径

在PowerMILL“综合”工具栏中，单击“刀具路径策略”按钮，打开“策略选取器”对话框，选择“精加工”选项卡，在该选项卡中选择“参考线精加工”，单击“接受”按钮，打开“参考线精加工”表格，按图6-217所示设置参数。

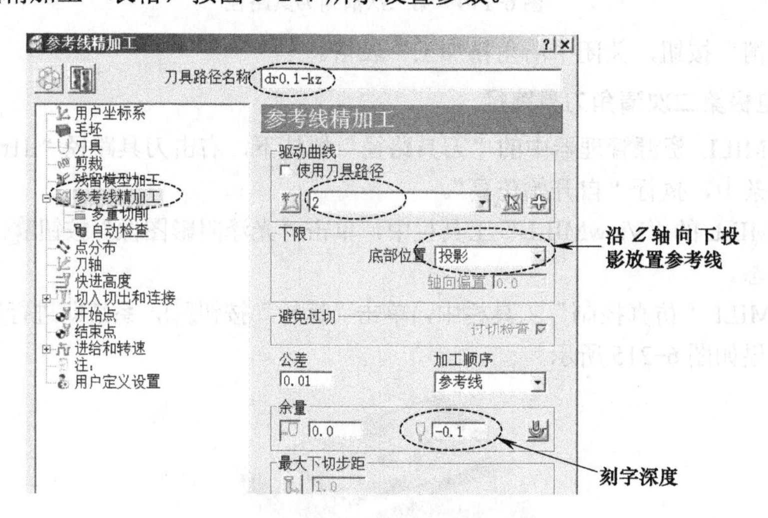

图6-217　设置文字雕刻参数

在“参考线精加工”表格的策略树中，单击“刀具”树枝，调出“刀具”选项卡，按图6-218所示选择文字雕刻刀具。

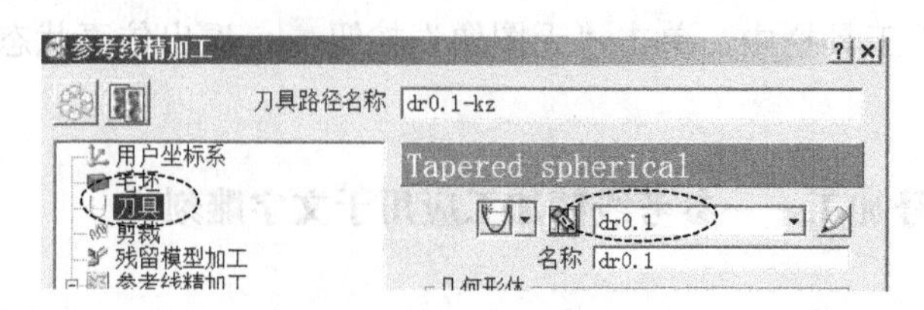

图6-218　选择文字雕刻刀具

在“参考线精加工”表格的策略树中，单击“剪裁”树枝，调出“剪裁”选项卡，按图6-219 所示取消选择边界。

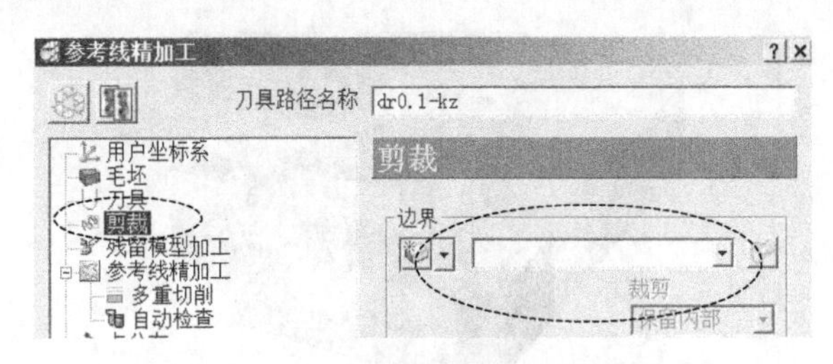

图 6-219　取消选择边界 qjbj

在“参考线精加工”表格的策略树中，双击“切入切出和连接”树枝，展开它。单击 “连接”树枝，调出“连接”选项卡，按图 6-220 所示设置连接方式。

在“参考线精加工”表格的策略树中，单击“进给和转速”树枝，调出“进给和转速”选项卡，设置主轴转速为“8000”，切削进给率为“500”，下切进给率为“300”，掠过进给率为“3000”，冷却方式为“标准”。

单击“参考线精加工”表格中的“计算”按钮，系统计算出图 6-221 所示的文字雕刻刀具路径。

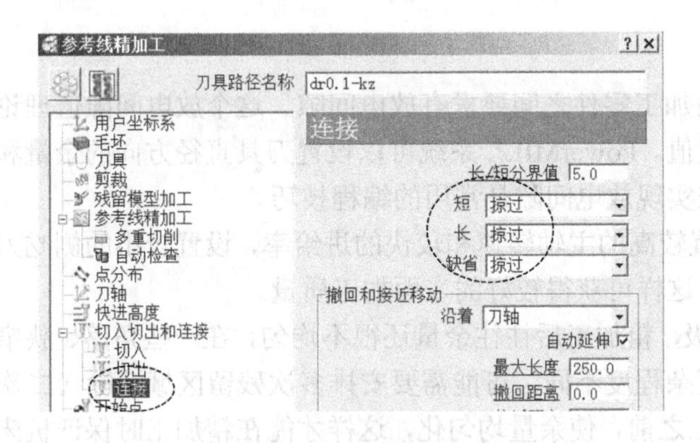

图 6-220　设置连接方式

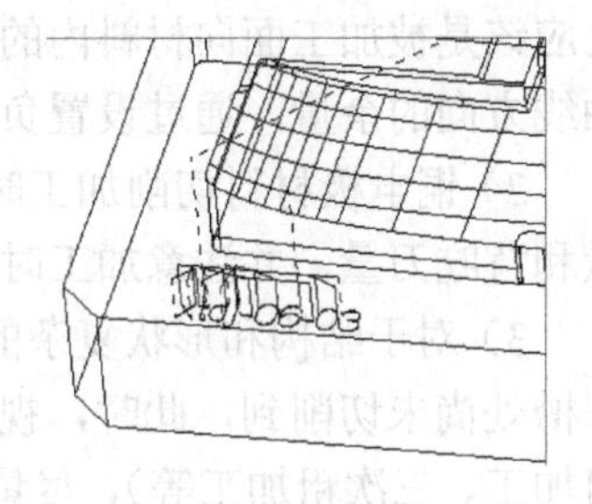

图 6-221　文字雕刻刀具路径

单击“取消”按钮，关闭“参考线精加工”表格。

文字雕刻刀具路径的提刀连接路线较长，可以使用自动重排功能来优化提刀连接路线。在“刀具路径”工具栏中，单击“重排刀具路径”按钮，打开“刀具路径列表”对话框，在该对话框中单击“自动重排”按钮，系统对刀具路径进行连接优化。关闭“刀具路径列表”对话框。

3．文字雕刻加工仿真

在 PowerMILL 资源管理器中的“刀具路径”树枝下，右击刀具路径“dr0.1-kz”，在弹出的快捷菜单条中，执行“自开始仿真”。

在 PowerMILL 的“ViewMILL”工具栏中，单击“光泽阴影图像”按钮，进入真实实体仿真切削状态。

在 PowerMILL“仿真控制”工具栏中，单击“运行”按钮，系统即进行文字雕刻加工仿真切削，其结果如图 6-222 所示。

图 6-222　文字雕刻仿真切削结果

在“ViewMILL”工具栏中，单击“无图像”按钮，返回编程状态。

6.3.2.15　保存项目文件

在 PowerMILL 下拉菜单条中，执行“文件”→“保存项目”，保存项目文件。

6.4　工程师经验点评

1）电火花加工时，电极零件与被加工零件之间要求有放电间隙。这个放电间隙值理论上应该是被加工面向材料内的等距偏置值。PowerMILL 系统可以设置刀具直径方向的余量和轴线方向的余量，通过设置负余量值来实现放电间隙是常用的编程技巧。

2）铜电极材料切削加工时，宜设置较高的主轴转速和较快的进给率，设置较小的侧吃刀量和背吃刀量，并注意加工时的冷却，这样可获得较好的表面加工质量。

3）对于结构和形状复杂的形体电极，粗加工后往往余量还很不均匀，在一些角落、狭窄深槽处尚未切削到，此时，视结构的复杂程度不同，可能需要安排多次残留区域清除（二次粗加工、三次粗加工等），尽量在精加工之前，使余量均匀化，这样才能在精加工时保证机床振动最小，达到较好的表面质量和尺寸精度。

6.5　练习题

1）图 6-223 所示清角电极零件，放电间隙为 0.1mm，计算其加工刀具路径。毛坯为方坯，刀具和切削参数自定义。零件数模在光盘中的存放位置：光盘符:\习题\ch06\xt 6-01.dgk。光盘内附有参考答案。

2）图 6-224 所示加强筋电极零件，放电间隙为 0.1mm，计算其加工刀具路径。毛坯为方坯，刀具和切削参数自定义。零件数模在光盘中的存放位置：光盘符:\习题\ch06\xt 6-02.dgk。光盘内附有参考答案。

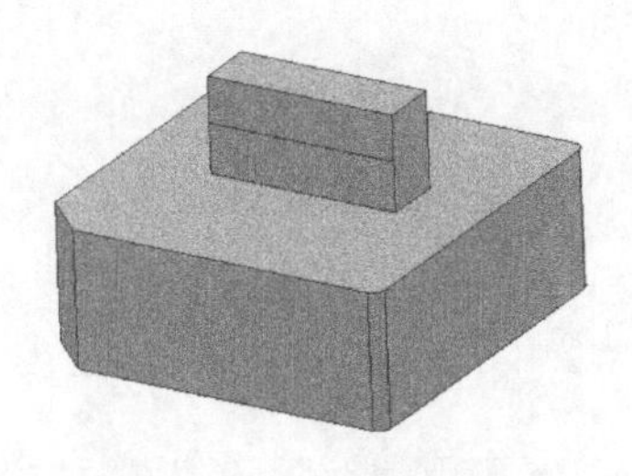

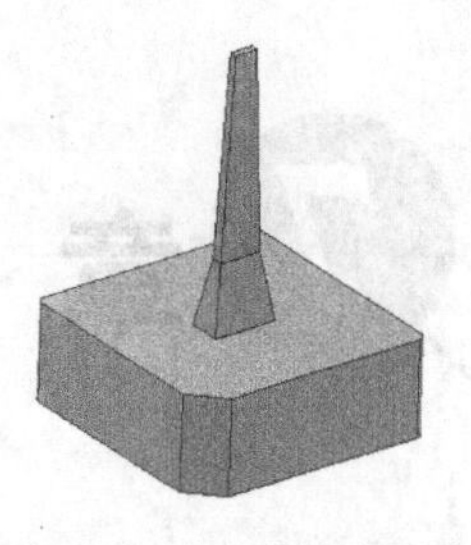

图 6-223　练习题 1）图　　　　图 6-224　练习题 2）图

3）图 6-225 所示形体电极零件，放电间隙为 0.1mm，计算其加工刀具路径。毛坯为方坯，刀具和切削参数自定义。零件数模在光盘中的存放位置：光盘符:\习题\ch06\xt 6-03.dgk。光盘内附有参考答案。

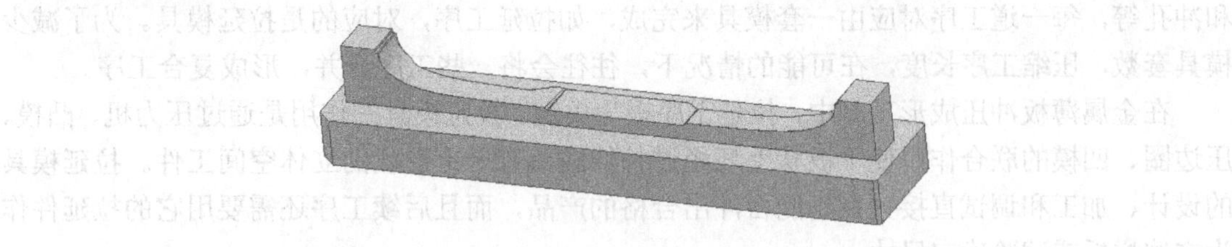

图 6-225　练习题 3）图

第7章

拉延模具凹模零件数控加工编程

冲压模具是冲压工艺中的关键装备。根据金属薄板制品的复杂程度，可能需要几道甚至十几道工序才能完成冲压过程，其中，冲压的基本工序有：落料、拉延、整形、修边、翻边和冲孔等，每一道工序对应由一套模具来完成，如拉延工序，对应的是拉延模具。为了减少模具套数，压缩工序长度，在可能的情况下，往往会将一些工序合并，形成复合工序。

在金属薄板冲压成形工序中，拉延工序极为关键。拉延模具的作用是通过压力机、凸模、压边圈、凹模的联合作用使平板状毛坯经过拉伸成具有一定形状的立体空间工件。拉延模具的设计、加工和调试直接关系到能否冲出合格的产品，而且后续工序还需要用它的拉延件作为立体样板或试验确定尺寸。

拉延模具有正装和倒装两种结构形式。正装拉延模的凸模和压料圈在上，凹模在下，它使用双动压力机，凸模安装在内滑块上，压料圈安装在外滑块上，成形时外滑块首先下行，压料圈将毛坯紧紧压在凹模面上，然后内滑块下行，凸模将毛坯拉伸到凹模腔内。倒装拉延模的凸模和压料圈在下，凹模在上，它使用单动压力机，凸模直接装在下工作台上，压料圈则使用压力机下面的顶出缸，通过顶杆获得所需的压料力。目前，拉延模具采用倒装的结构形式居多。

拉延模具的主要结构零件有凸模、压边圈、凹模、顶件器、导板（或导柱、导套）等。典型拉延模具凹模如图 7-1 所示。

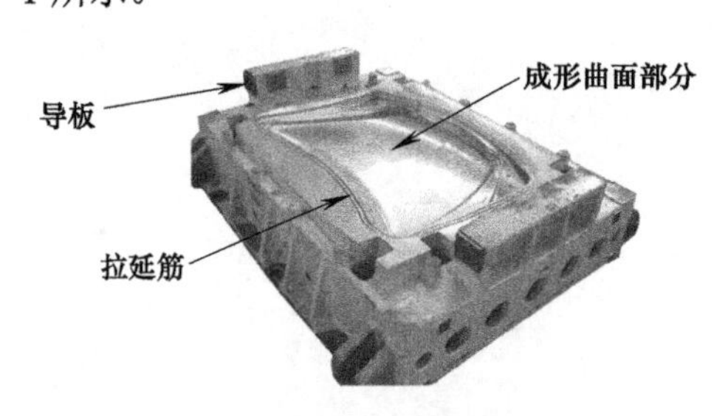

图 7-1　典型拉延模具凹模

金属薄板制品外形往往包括三维曲面，因此，拉延模具的成形零件（凸、凹模零件）一般都需要在数控机床上加工。

拉延模具凸、凹模具零件制造的关键是要保证拉延凸模型面与拉延件的内表面相同，保证凸模型面、压料型面、凹模内部成形型面的精度。拉延模具凸模零件加工时，按数模加工到尺寸，而拉延模具凹模零件加工时，需要考虑板材的厚度，将其厚度值作为负余量值设置在成形曲面的精加工工步中。

零件的型面很复杂时，粗加工、半精加工、粗清角等工步往往会安排多次，主要目的是为型面的最终精加工和精清角留下薄薄的一层厚度均匀的余量，以达到最小的切削振动，切削出最光滑的表面。下面举例来说明。

如图 7-2 所示，待加工零件是一个加强板的拉延模具凹模零件。

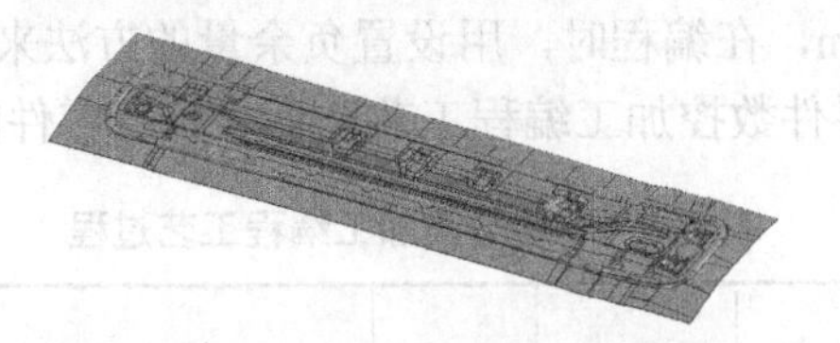

图 7-2　拉延模具凹模零件

7.1　数控加工编程工艺分析

这个零件的总体尺寸约为1130mm×260mm×30mm，毛坯为方坯，待加工结构全部为三维曲面，包括一些半径不同的倒圆角面。为分析最小圆角半径以确定最小清角刀具，使用最小半径阴影工具来检测模型。

在 PowerMILL 下拉菜单条中，执行“显示”→“模型...”，打开“模型显示”表格，按图 7-3 所示预设置一个最小刀具半径 5mm。

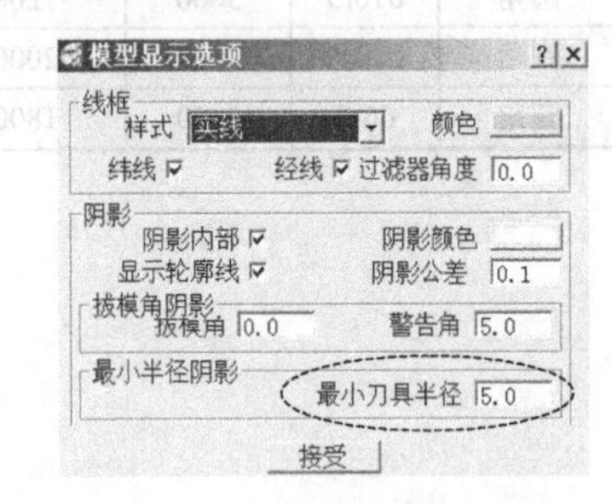

图 7-3　设置最小刀具半径

在 PowerMILL“查看”工具栏中，右击“普通阴影”按钮，在展开的工具栏中，单击“最小半径阴影”按钮，系统在绘图区用不同颜色表示不同半径的圆角，如图 7-4 所示。

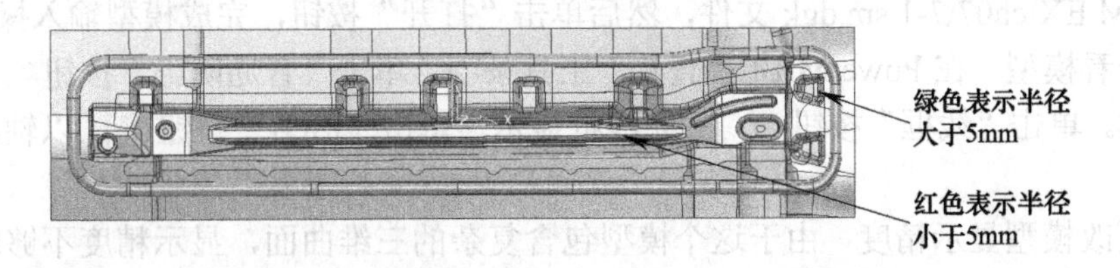

图 7-4　最小半径阴影

用绿色表示半径大于 5mm 的圆弧面，用红色表示半径小于 5mm 的圆弧面，即只要有红色面存在，就表示还有比最小刀具半径值更小的圆角存在。此时，逐步设置递减的最小刀具半径值，比如依次在图 7-3 所示的“模型显示选项”对话框中设置最小刀具半径为 4mm、3mm、

2mm……每变更设置一次最小刀具半径，就分析一次最小半径阴影，这样就可以找出需要用到半径多小的球头铣刀才能清角到位。

型面还包括若干类似于小型腔的加强槽，精加工前，要尽量做到余量均匀化，这就要安排多次的粗加工、半精加工、清角等工步。拉延板料厚度为2mm，拉延模具凹模零件型面加工时，向实体内部切除2mm，在编程时，用设置负余量的方法来实现。

拟使用表7-1所列的零件数控加工编程工艺过程来计算零件的加工刀具路径。

表7-1 零件数控加工编程工艺过程

工步号	工步名	加工策略	加工部位	刀具	切削参数					
					转速/（r/min）	进给速度/（mm/min）	切削宽度/mm	背吃刀量/mm	公差/mm	余量/mm
1	粗加工	模型区域清除	模型整体	d63r4.5	900	4000	42	0.65	0.05	−1.2
2	二次开粗	模型残留区域清除	模型整体	d32r0.8	1200	2500	20	0.5	0.05	−1.1
3	三次开粗	模型残留区域清除	模型整体	d16r0	1600	2000	12	0.4	0.05	−1
4	第一次半精	三维偏置精加工	型面	d40r20	1200	2500	3	—	0.03	−1.3
5	一次粗清角	清角精加工	圆角	d25r12.5	2200	2200	—	—	0.03	−1.3
6	第二次半精	三维偏置精加工	型面	d30r15	3500	3500	2.5	—	0.03	−1.8
7	二次粗清角	清角精加工	圆角	d20r10	2500	2300	—	—	0.03	−1.8
8	型面精	三维偏置精加工	型面	d30r15	5000	5000	0.5	—	0.01	−2
9	精清角	清角精加工	圆角	d20r10	3000	2300	—	—	0.01	−2
10	单笔清角	多笔清角精加工	圆角	d10r5	3000	1200	—	—	0.01	−1.8
11	精清角	清角精加工	圆角	d10r5	3000	2000	—	—	0.01	−2
12	精清角	清角精加工	圆角	d6r3	3500	1800	—	—	0.01	−2

7.2 详细编程过程

7.2.1 设置公共参数

步骤一 新建加工项目

（1）复制光盘内文件夹到本地磁盘 复制光盘上的文件夹*：\Source\ch07到E：\PM EX目录下。

（2）输入模型 在下拉菜单条中单击“文件”→“输入模型”，打开“输入模型”表格，选择E：\PM EX\ch07\7-1 sm.dgk文件，然后单击“打开”按钮，完成模型输入操作。

（3）查看模型 在PowerMILL“查看”工具条中，单击“普通阴影”按钮，显示模型的着色状态。单击“线框”按钮，关闭线框显示。单击“ISO1”按钮，以轴测视角查看零件。

（4）更改模型显示精度 由于这个模型包含复杂的三维曲面，显示精度不够时，圆弧边线会呈多边形，曲面与曲面拼接还会显示有漏孔。

首先更改圆弧边线显示精度。在PowerMILL下拉菜单条中，执行“工具”→“选项”，打开“选项”表格，双击“查看”树枝，将它展开，单击该树枝下的“三维图形”树枝，调出三维图形选项卡。将显示公差设置为0.01mm。单击“接受”按钮，关闭“选项”表格。

然后更改模型实体阴影精度。在PowerMILL下拉菜单条中，执行“显示”→“模型”，打开模型显示选项表格，将阴影公差设置为0.01mm。单击“接受”按钮，关闭“模型显示选项”表格。

通过上述修改，模型的显示精度会提高很多。

（5）保存加工项目文件　在 PowerMILL 下拉菜单条中，执行“文件”→“保存项目”，打开“保存项目为”表格，在“保存在”栏选择 E：\PM EX，在“文件名”栏输入项目名为“7-1 sm”，然后单击“保存”按钮完成操作。

步骤二　准备加工

（1）计算毛坯　在 PowerMILL“综合”工具栏中，单击“毛坯”按钮，打开“毛坯”表格，按图 7-5 所示设置参数。单击“接受”按钮，关闭该表格。计算出来的毛坯如图 7-6 所示。

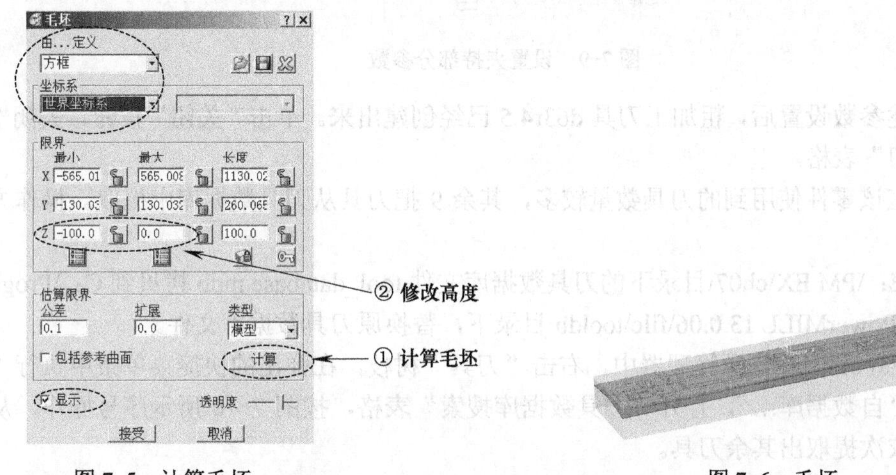

图 7-5　计算毛坯　　　　图 7-6　毛坯

本例中，对刀坐标系零点即为世界坐标系原点，设置在模具中心，因此，不需要再创建对刀坐标系。

（2）创建粗加工刀具　在 PowerMILL 资源管理器中，右击“刀具”树枝，在弹出的快捷菜单条中选择“产生刀具”→“刀尖圆角端铣刀”，打开“刀尖圆角端铣刀”表格，按图 7-7 所示设置刀尖部分的参数。单击“刀尖圆角端铣刀”表格中的“刀柄”选项卡，按图 7-8 所示设置刀柄部分参数。

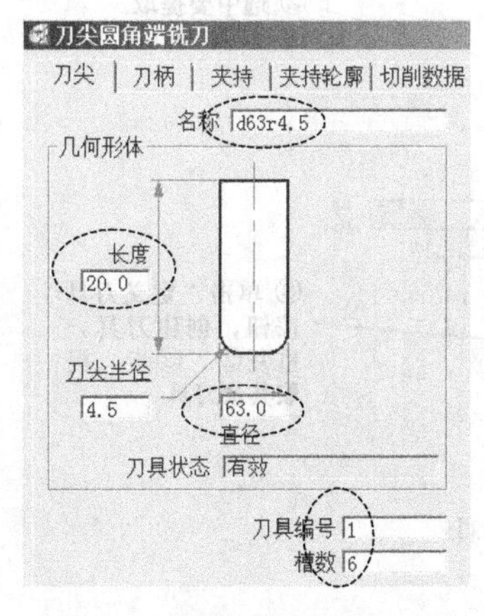

图 7-7　设置刀尖部分参数

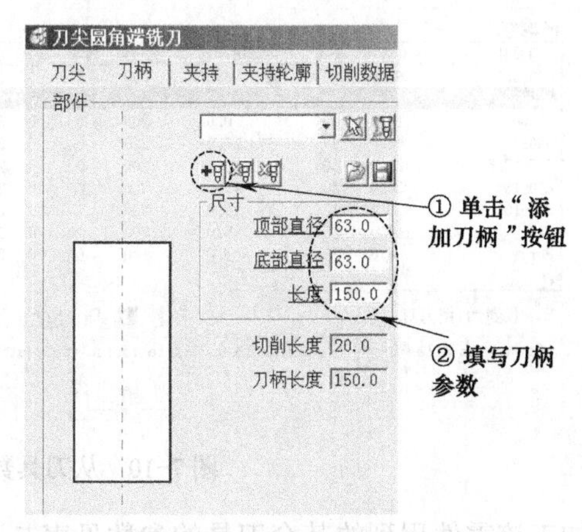

图 7-8　设置刀柄部分参数

在“刀尖圆角端铣刀”表格中的“夹持”选项卡中，按图 7-9 所示设置夹持部分参数。

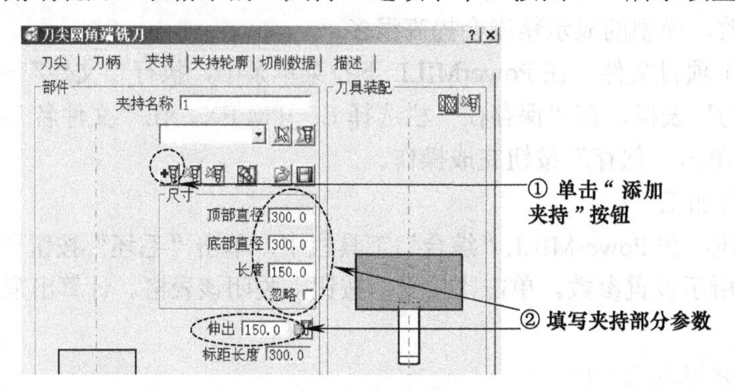

图 7-9　设置夹持部分参数

完成上述参数设置后，粗加工刀具 d63r4.5 已经创建出来。单击“关闭”按钮，关闭“刀尖圆角端铣刀”表格。

由于加工该零件使用到的刀具数量较多，其余 9 把刀具从刀具数据库中提取。操作方法如下：

首先将 E：\PM EX\ch07\目录下的刀具数据库文件 tool_database.mdb 拷贝到 C：\Program Files\Delcam\PowerMILL 13.0.06\file\tooldb 目录下，替换原刀具数据库文件。

然后在 PowerMILL 资源管理器中，右击“刀具”树枝，在弹出的快捷菜单条中执行“产生刀具”→“自数据库...”，打开“刀具数据库搜索”表格，按图 7-10 所示序号操作，从刀具数据库中依次提取出其余刀具。

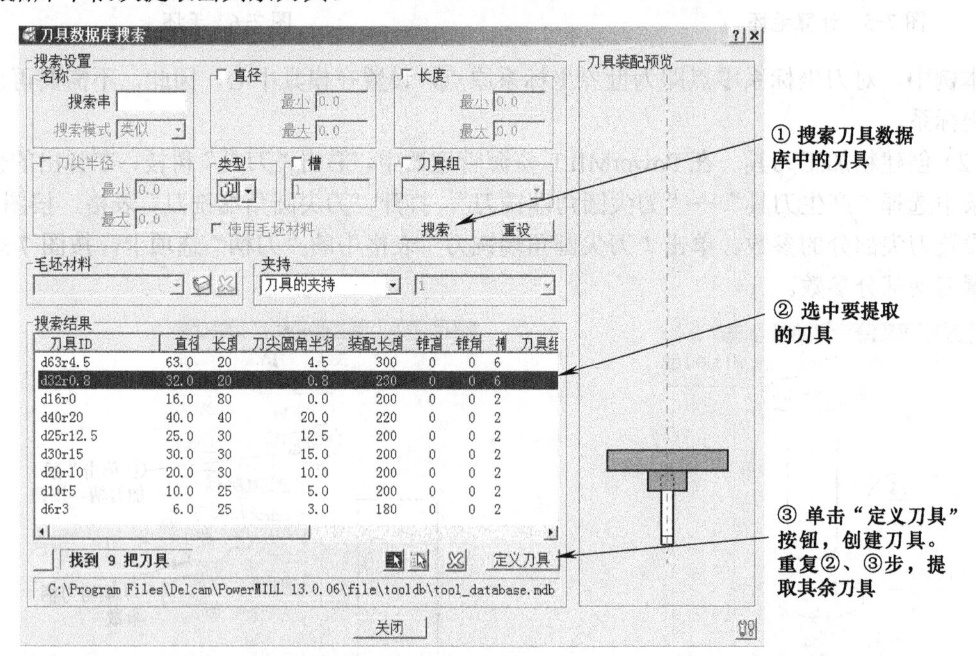

图 7-10　从刀具数据库中提取刀具

加工该零件用到的其余刀具的参数见表 7-2。

表 7-2　其余刀具的参数

刀具编号	刀具名称	刀具类型	刀具直径/mm	槽数/个	切削刃长度/mm	刀尖圆弧半径/mm	刀柄直径（顶/底）/mm	刀柄长度/mm	夹持直径（顶/底）/mm	夹持长度/mm	刀具伸出夹持长度/mm
2	d32r0.8	刀尖圆角端铣刀	32	6	20	0.8	32	150	100	50	100
3	d16r0	端铣刀	16	2	30	0	16	80	100	50	80
4	d40r20	球头铣刀	40	2	20	20	40	150	100	50	120
5	d25r12.5	球头铣刀	25	2	20	12.5	25	150	100	50	130
6	d30r15	球头铣刀	30	2	20	15	30	150	100	50	130
7	d20r10	球头铣刀	20	2	20	10	20	150	100	50	130
8	d10r5	球头铣刀	10	2	20	5	10	80	100	50	60
9	d6r3	球头铣刀	6	2	20	3	6	80	100	50	60

（3）设置快进高度　在 PowerMILL“综合”工具栏中，单击“快进高度”按钮，打开“快进高度”表格，按图 7-11 所示设置快进高度参数，完成后单击“接受”按钮退出。

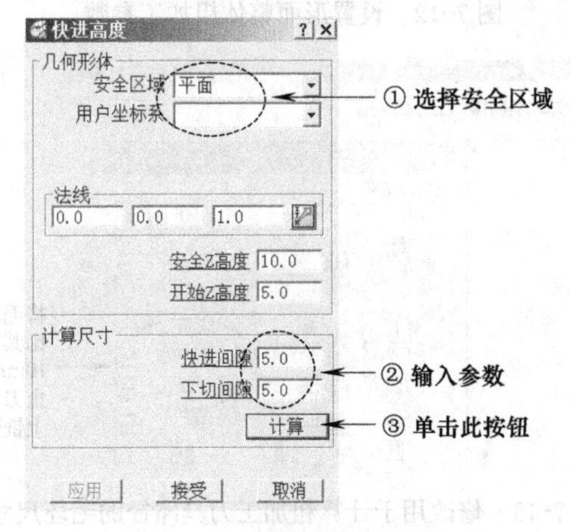

图 7-11　设置快进高度参数

（4）设置加工开始点和结束点　在 PowerMILL“综合”工具栏中，单击“开始点和结束点”按钮，打开“开始点和结束点”表格，设置开始点为“毛坯中心安全高度”，结束点为“最后一点安全高度”。

7.2.2　型面整体粗加工——模型区域清除用于凹模开粗

1．计算形面整体粗加工刀具路径

在 PowerMILL“综合”工具栏中，单击“刀具路径策略”按钮，打开“策略选取器”表格，选择“三维区域清除”选项，在该选项卡中选择“模型区域清除”，单击“接受”按钮，打开“模型区域清除”表格，按图 7-12 所示设置参数。

在“模型区域清除”表格的策略树中，单击“毛坯”树枝，调出“毛坯”选项卡，按图 7-13 所示修改用于计算粗加工刀具路径的毛坯尺寸。

在“模型区域清除”表格的策略树中，单击“刀具”树枝，调出“刀具”选项卡，按图 7-14 所示选择粗加工刀具。

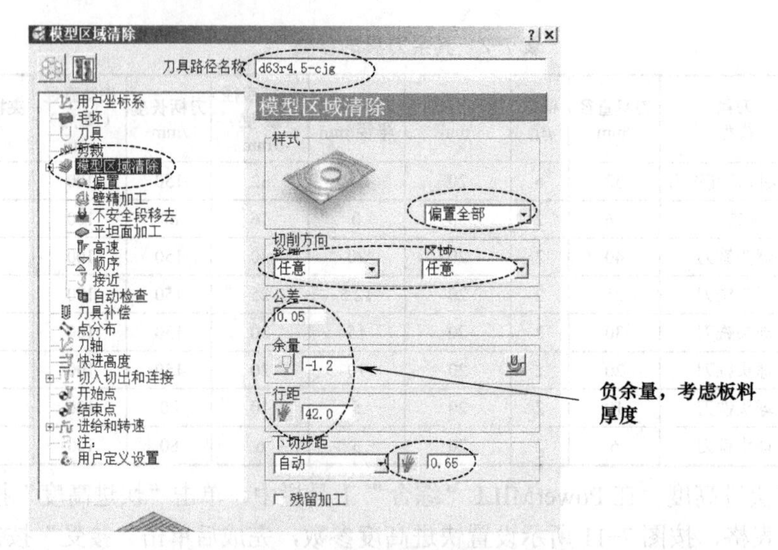

图 7-12　设置形面整体粗加工参数

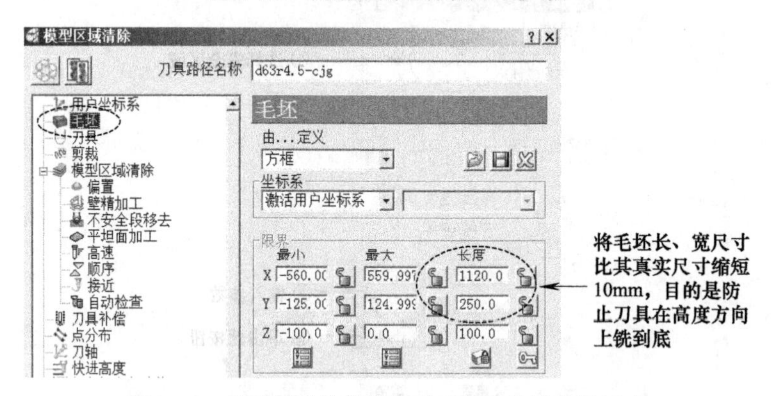

图 7-13　修改用于计算粗加工刀具路径的毛坯尺寸

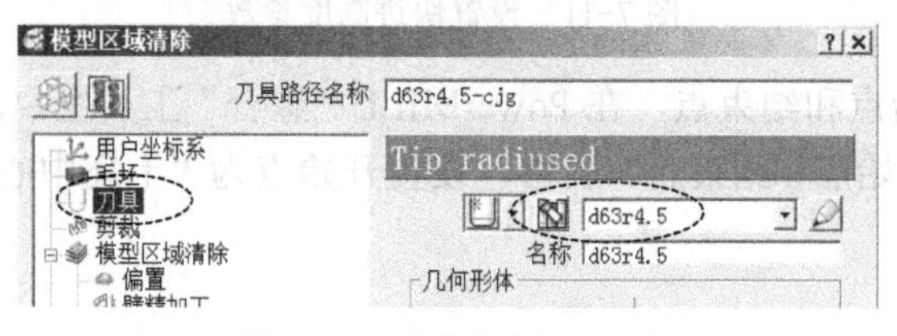

图 7-14　选择粗加工刀具

在“模型区域清除”表格的策略树中，单击“模型区域清除”树枝下的“不安全段移去”树枝，调出“不安全段移去”选项卡，按图 7-15 所示设置不安全段移去参数。

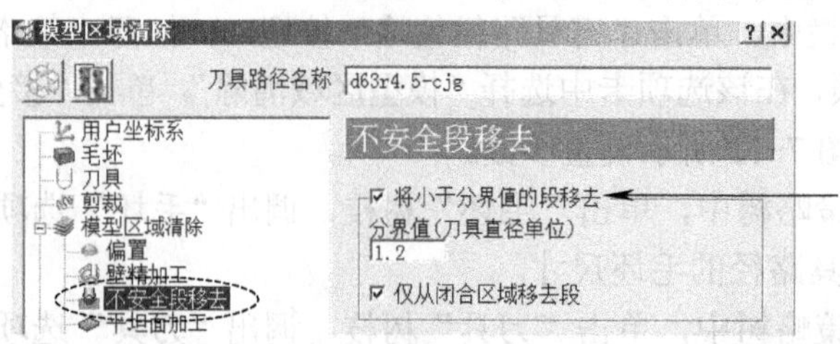

图 7-15　设置不安全段移去参数

在“模型区域清除”表格的策略树中，双击“切入切出和连接”树枝，将它展开，单击“切入”树枝，调出“切入”选项卡，按图 7-16 所示设置切入方式。

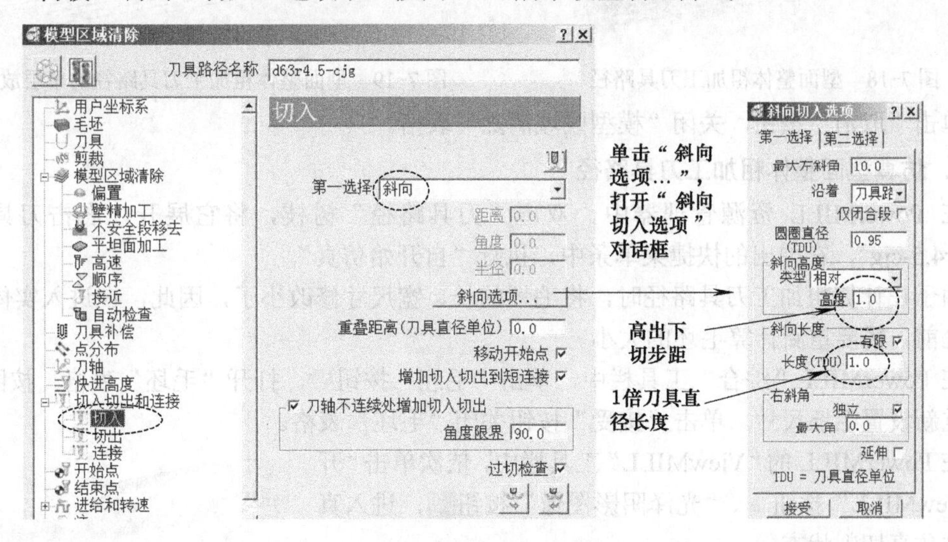

图 7-16 设置切入方式

注意

刀具的切削刃不过中心时，需要设置不安全段移去和斜向切入方式，避免损坏刀具。

在“模型区域清除”表格的策略树中，单击“切入切出和连接”树枝下的“连接”树枝，调出“连接”选项卡，按图 7-17 所示设置连接方式。

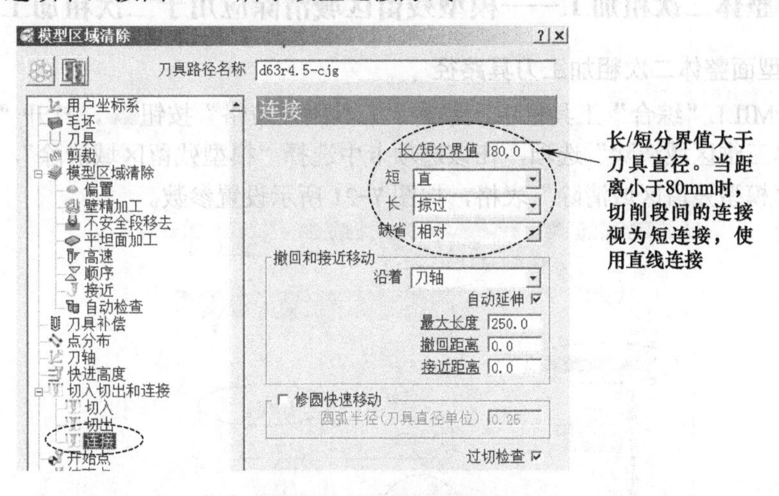

图 7-17 设置连接方式

在“模型区域清除”表格的策略树中，单击“进给和转速”树枝，调出“进给和转速”选项卡，设置主轴转速为“900”，切削进给率为“4000”，下切进给率为“500”，掠过进给率为“8000”，冷却方式为“风冷”。

设置完各参数后，单击“模型区域清除”表格下方的“计算”按钮，系统计算出图 7-18 所示的型面整体加工刀具路径，图 7-19 为该刀具路径的单层放大图。

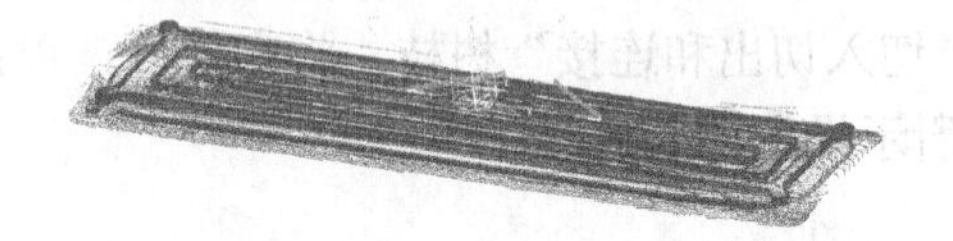

图 7-18　型面整体粗加工刀具路径

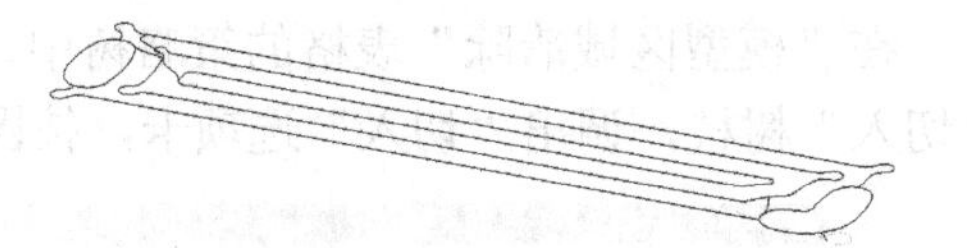

图 7-19　型面整体粗加工刀具路径的单层放大图

单击“取消”按钮，关闭“模型区域清除”表格。

2．仿真型面整体粗加工刀具路径

在 PowerMILL 资源管理器中，双击“刀具路径”树枝，将它展开，右击刀具路径“d63r4.5-cjg”，在弹出的快捷菜单条中，执行“自开始仿真”。

由于在计算粗加工刀具路径时，将毛坯的长、宽尺寸修改小了，因此，在进入实体仿真切削之前，需要重新计算毛坯的大小。

在 PowerMILL“综合”工具栏中，单击“毛坯”按钮，打开“毛坯”表格，按图 7-5 所示重新设置毛坯尺寸。单击“接受”按钮关闭“毛坯”表格。

在 PowerMILL 的“ViewMILL”工具栏中，依次单击“开/关 ViewMILL”按钮、“光泽阴影图像”按钮，进入真实实体仿真切削状态。

在 PowerMILL“仿真控制”工具栏中，单击“运行”按钮，系统即进行粗加工仿真切削，其结果如图 7-20 所示。

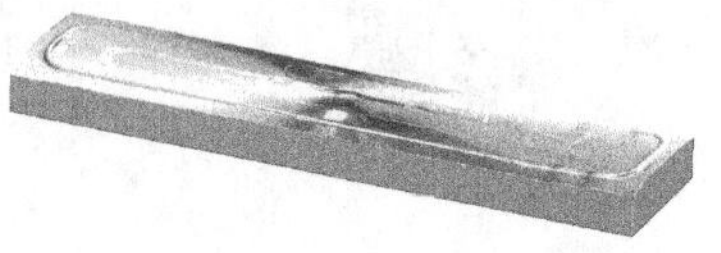

图 7-20　粗加工仿真切削结果

在“ViewMILL”工具栏中，单击“无图像”按钮，退出仿真状态，返回 PowerMILL 编程环境。

7.2.3　型面整体二次粗加工——模型残留区域清除应用于二次粗加工

1．计算型面整体二次粗加工刀具路径

在 PowerMILL“综合”工具栏中，单击“刀具路径策略”按钮，打开“策略选取器”表格，选择“三维区域清除”选项，在该选项卡中选择“模型残留区域清除”，单击“接受”按钮，打开“模型残留区域清除”表格，按图 7-21 所示设置参数。

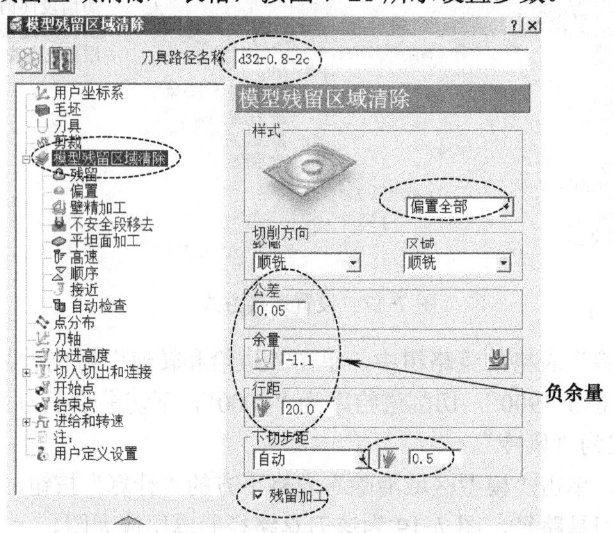

图 7-21　设置二次粗加工参数

在“模型残留区域清除”表格的策略树中，单击“刀具”树枝，调出“刀具”选项卡，按图 7-22 所示选择二次粗加工刀具。

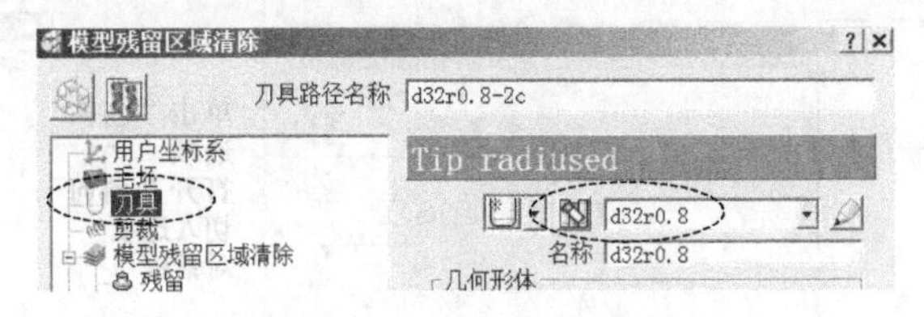

图 7-22　选择二次粗加工刀具

在“模型残留区域清除”表格的策略树中，单击“模型残留区域清除”树枝下的“残留”树枝，调出“残留”选项卡，按图 7-23 所示设置残留参数。

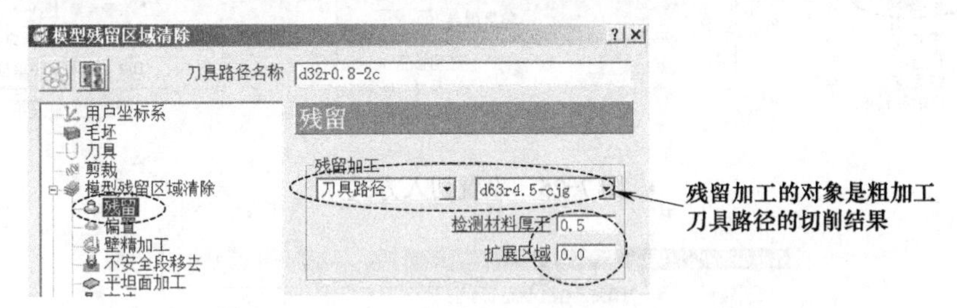

图 7-23　设置残留参数

在“模型残留区域清除”表格的策略树中，单击“模型残留区域清除”树枝下的“不安全段移去”树枝，调出“不安全段移去”选项卡，按图 7-24 所示设置不安全段移去参数。

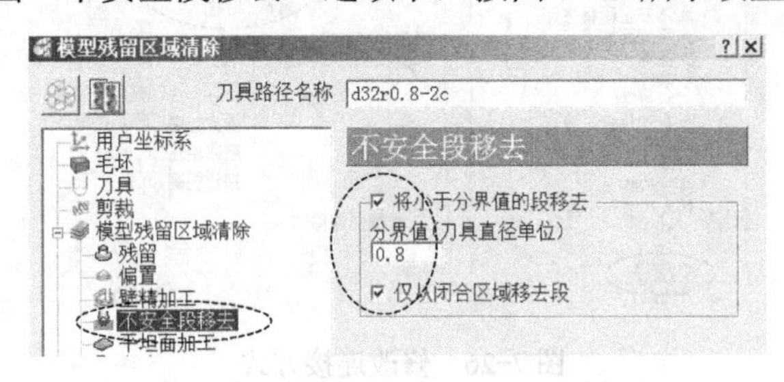

图 7-24　设置不安全段移去参数

在“模型残留区域清除”表格的策略树中，双击“切入切出和连接”树枝，将它展开，单击“切入”树枝，调出“切入”选项卡，按图 7-25 所示设置切入方式。

在“模型残留区域清除”表格的策略树中，双击“切入切出和连接”树枝，将它展开，单击“连接”树枝，调出“连接”选项卡，按图 7-26 所示修改连接方式。

在“模型残留区域清除”表格的策略树中，单击“进给和转速”树枝，调出“进给和转速”选项卡，设置主轴转速为“1200”，切削进给率为“2500”，下切进给率为“500”，掠过进给率为“8000”，冷却方式为“风冷”。

单击“模型残留区域清除”表格下方的“计算”按钮，系统会提示负余量值大于刀尖圆弧半径，单击“确定”按钮。系统计算出图 7-27 所示的型面整体二次粗加工刀具路径，图 7-28 为该刀具路径的局部放大图。

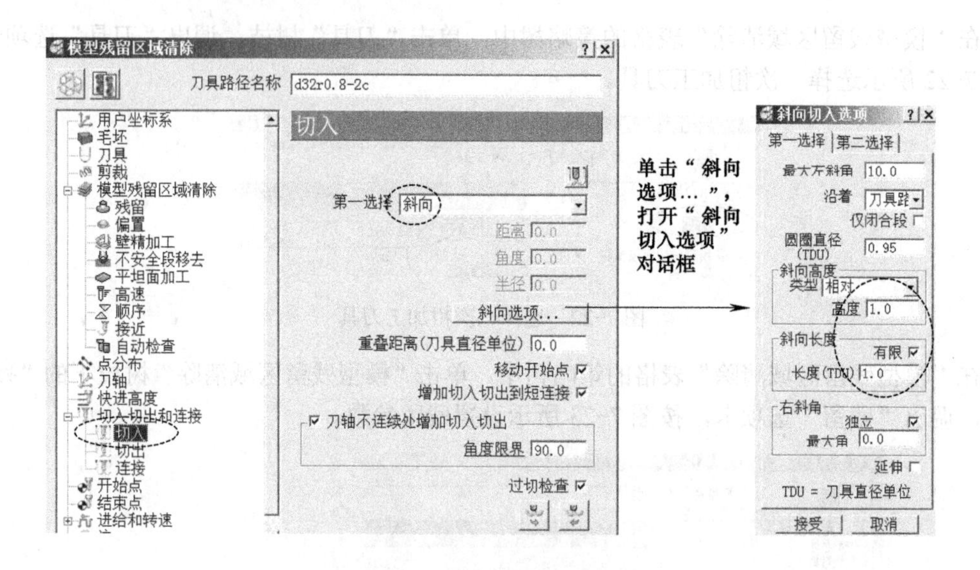

图 7-25 设置切入方式

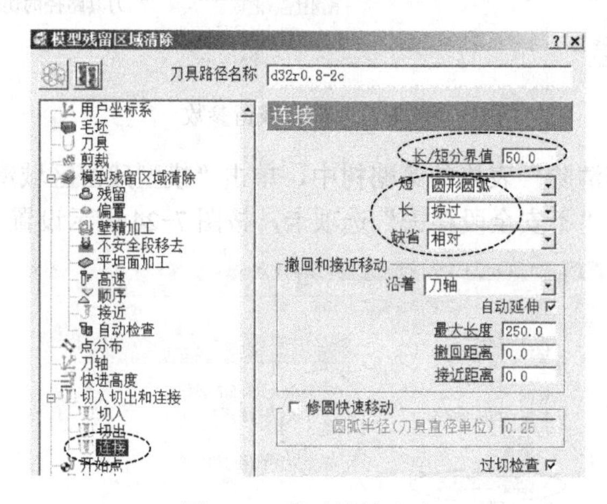

图 7-26 修改连接方式

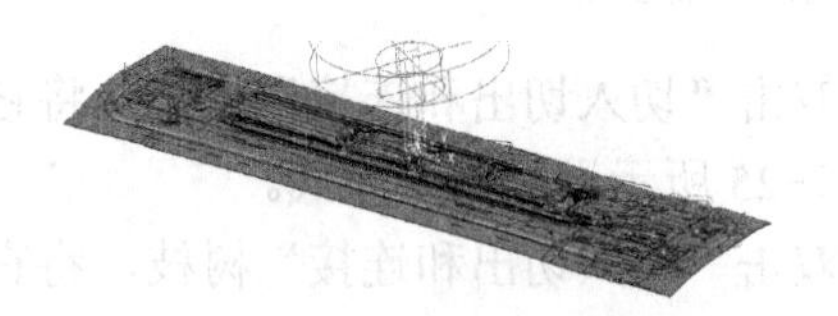

图 7-27 型面整体二次粗加工刀具路径

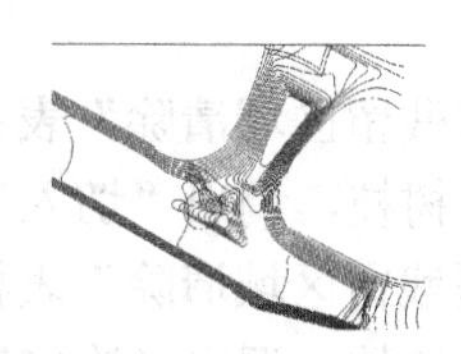

图 7-28 型面整体二次粗加工刀具路径的局部放大图

单击“取消”按钮，关闭“模型残留区域清除”表格。

由于设置了负余量，因此在 PowerMILL 资源管理器中的“刀具路径”树枝下，刀具路径 d32r0.8-2c 前的小灯泡会显示红色，表示该刀具路径存在过切。

2．仿真型面整体二次粗加工刀具路径

在 PowerMILL 资源管理器中，右击“刀具路径”树枝下的“d32r0.8-2c”，在弹出的快捷菜单条中，执行“自开始仿真”。

在 PowerMILL 的“ViewMILL”工具栏中，单击“光泽阴影图像”按钮，进入真实实体仿真切削状态。

在 PowerMILL“仿真控制”工具栏中，单击“运行”按钮，系统即进行型面整体二次粗加工仿真切削，其结果如图 7-29 所示。

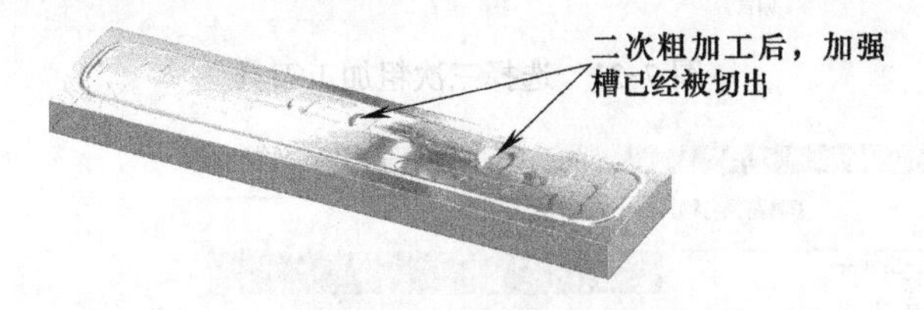

图 7-29　型面整体二次粗加工仿真切削结果

如图 7-31 所示，经过二次粗加工后，一些小结构比如加强槽已经切削出来了，余量进一步均匀化。

在“ViewMILL”工具栏中，单击“无图像”按钮，退出仿真状态，返回 PowerMILL 编程环境。

7.2.4　型面整体三次粗加工——模型残留区域清除应用于三次粗加工

1．计算型面整体三次粗加工刀具路径

在 PowerMILL“综合”工具栏中，单击“刀具路径策略”按钮，打开“策略选取器”表格，选择“三维区域清除”选项，在该选项卡中选择“模型残留区域清除”，单击“接受”按钮，打开“模型残留区域清除”表格，按图 7-30 所示设置参数。

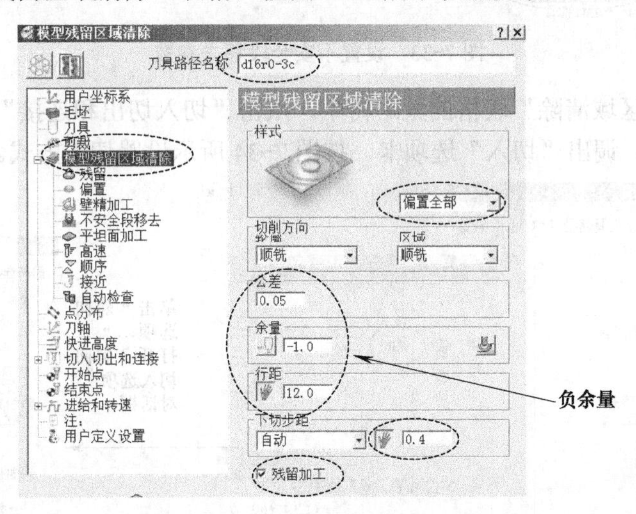

图 7-30　设置三次粗加工参数

在“模型残留区域清除”表格的策略树中，单击“刀具”树枝，调出“刀具”选项卡，按图 7-31 所示选择三次粗加工刀具。

在“模型残留区域清除”表格的策略树中，单击“模型残留区域清除”树枝下的“残留”树枝，调出“残留”选项卡，按图 7-32 所示设置残留参数。

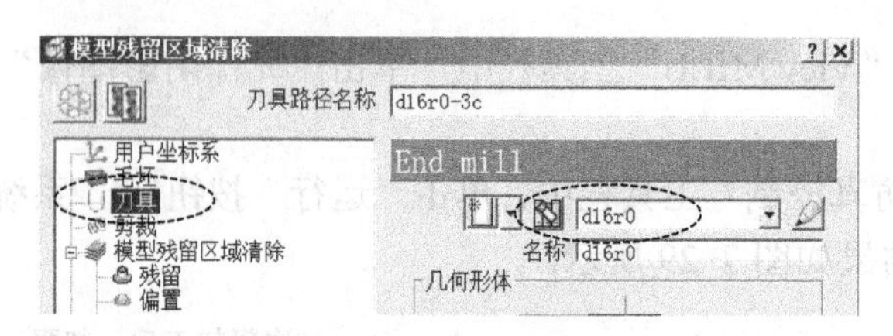

图 7-31 选择三次粗加工刀具

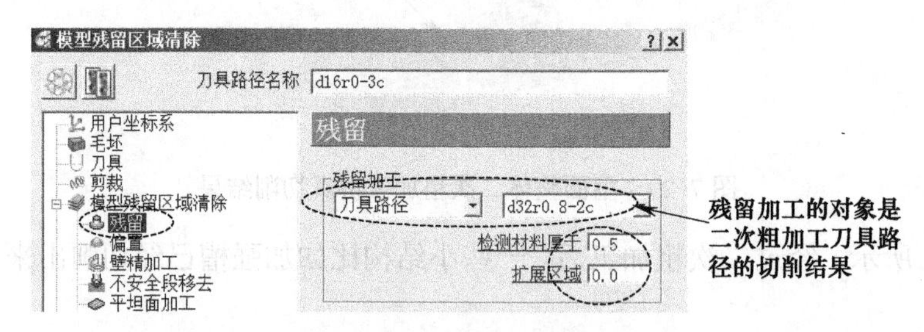

图 7-32 设置残留参数

在“模型残留区域清除”表格的策略树中的“模型残留区域清除”树枝下，单击“不安全段移去”树枝，调出“不安全段移去”选项卡，按图 7-33 所示设置参数。

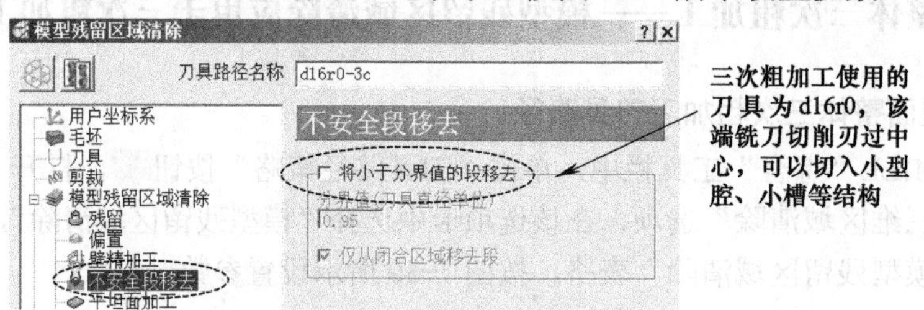

图 7-33 设置不安全段移去参数

在“模型残留区域清除”表格的策略树中，双击“切入切出和连接”树枝，将它展开，单击“切入”树枝，调出“切入”选项卡，按图 7-34 所示设置切入方式。

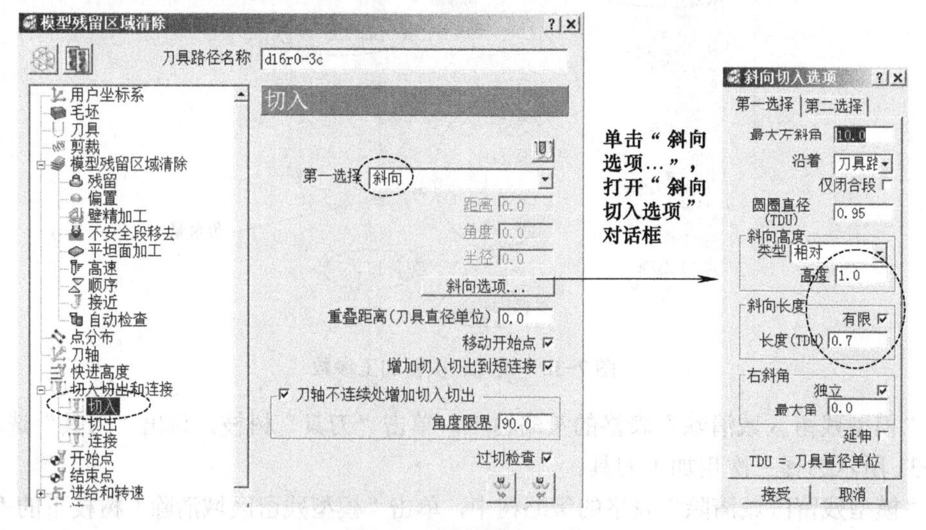

图 7-34 设置切入方式

在“模型残留区域清除”表格策略树中，单击“切入切出和连接”树枝下的“连接”树枝，调出“连接”选项卡，按图 7-35 所示修改连接方式。

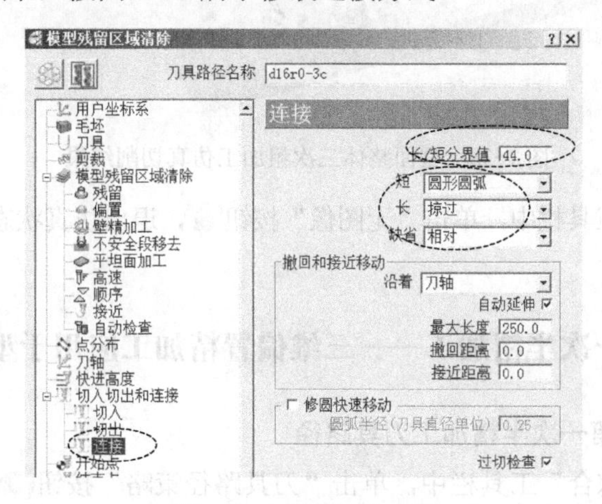

图 7-35　修改连接方式

在“模型残留区域清除”表格的策略树中，单击“进给和转速”树枝，调出“进给和转速”选项卡，设置主轴转速为“1600”，切削进给率为“2000”，下切进给率为“500”，掠过进给率为“8000”，冷却方式为“风冷”。

单击“模型残留区域清除”表格下方的“计算”按钮，系统会提示参考刀具路径使用了“检测厚于...”选项，可能包括未识别出的残留模型以及因为使用了负余量而出现的过切警告。单击“确定”按钮。系统计算出图 7-36 所示的型面整体三次粗加工刀具路径，图 7-37 为该刀路的局部放大图。

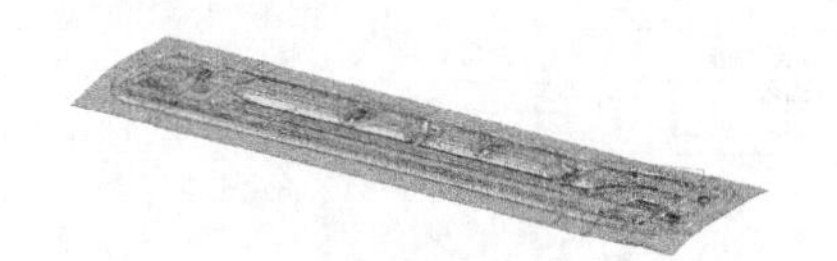
图 7-36　型面整体三次粗加工刀具路径

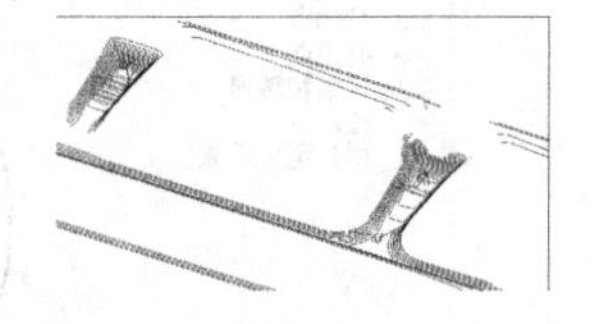
图 7-37　型面整体三次粗加工刀具路径的局部放大图

单击“取消”按钮，关闭“模型残留区域清除”表格。

同前一工步一样，由于设置了负余量，因此在 PowerMILL 资源管理器中的“刀具路径”树枝下，刀具路径 d16r0-3c 前的小灯泡会显示红色，表示该刀具路径存在过切。

2．仿真型面整体三次粗加工刀具路径

在 PowerMILL 资源管理器中的“刀具路径”树枝下，右击“刀具路径”树枝下的“d16r0-3c”，在弹出的快捷菜单条中，执行“自开始仿真”。

在 PowerMILL 的“ViewMILL”工具栏中，单击“光泽阴影图像”按钮，进入真实实体仿真切削状态。

在 PowerMILL“仿真控制”工具栏中，单击“运行”按钮，系统即进行型面整体三次粗加工仿真切削，其结果如图 7-38 所示。

如图 7-38 所示，经过三次粗加工后，一些小结构更清晰，余量进一步均匀化。

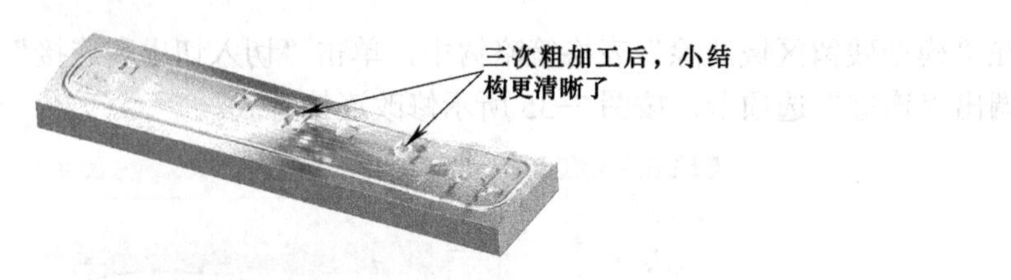

图 7-38　型面整体三次粗加工仿真切削结果

在“ViewMILL”工具栏中，单击“无图像”按钮，退出仿真状态，返回 PowerMILL 编程环境。

7.2.5　型面整体第一次半精加工——三维偏置精加工应用于型面半精加工

1. 计算型面整体第一次半精加工刀具路径

在 PowerMILL“综合”工具栏中，单击“刀具路径策略”按钮，打开“策略选取器”表格，选择“精加工”选项卡，在该选项卡中选择“三维偏置精加工”，单击“接受”按钮，打开“三维偏置精加工”表格，按图 7-39 所示设置参数。

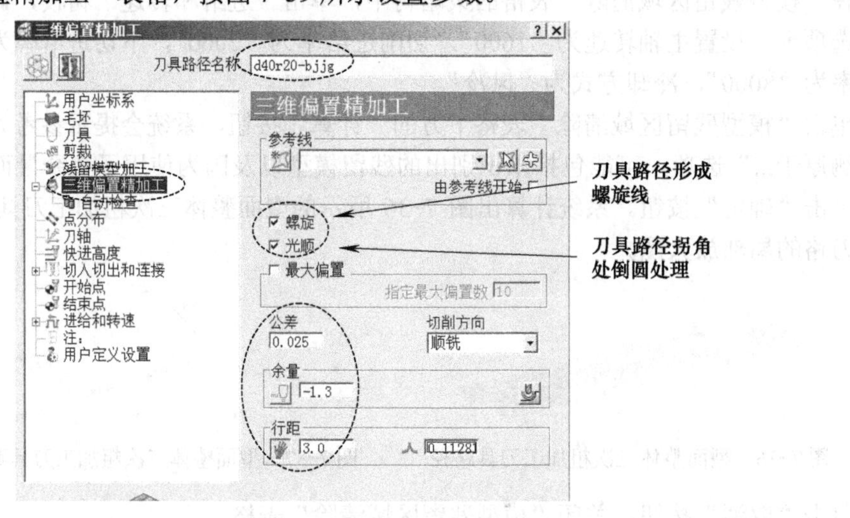

图 7-39　设置第一次半精加工参数

在“三维偏置精加工”表格的策略树中，单击“刀具”树枝，调出“刀具”选项卡，按图 7-40 所示选择第一次半精加工刀具。

图 7-40　选择第一次半精加工刀具

在“三维偏置精加工”表格的策略树中，双击“切入切出和连接”树枝，将它展开，单击“切入”树枝，调出“切入”选项卡，按图 7-41 所示设置切入方式。

在“三维偏置精加工”表格策略树中的“切入切出和连接”树枝下，单击“连接”树枝，调出“连接”选项卡，按图 7-42 所示修改连接方式。

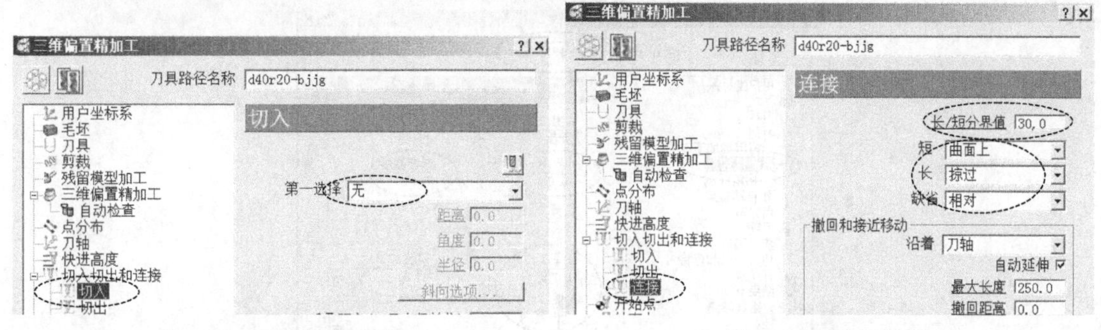

图 7-41　设置切入方式　　　　图 7-42　修改连接方式

在“三维偏置精加工”表格的策略树中，单击“进给和转速”树枝，调出“进给和转速”选项卡，设置主轴转速为“1200”，切削进给率为“2500”，下切进给率为“500”，掠过进给率为“8000”，冷却方式为“风冷”。

单击“三维偏置精加工”表格下方的“计算”按钮，系统计算出图 7-43 所示的型面整体第一次半精加工刀具路径，图 7-44 为该刀具路径的局部放大图。

图 7-43　型面整体第一次半精加工刀具路径

图 7-44　第一次半精加工刀具路径的局部放大图

单击“取消”按钮，关闭“三维偏置精加工”表格。

2．仿真型面整体第一次半精加工刀具路径

在 PowerMILL 资源管理器中，右击“刀具路径”树枝下的“d40r20-bjjg”，在弹出的快捷菜单条中，执行“自开始仿真”。

在 PowerMILL 的“ViewMILL”工具栏中，单击“光泽阴影图像”按钮，进入真实实体仿真切削状态。

在 PowerMILL“仿真控制”工具栏中，单击“运行”按钮，系统即进行型面整体半精加工仿真切削，其结果如图 7-45 所示。

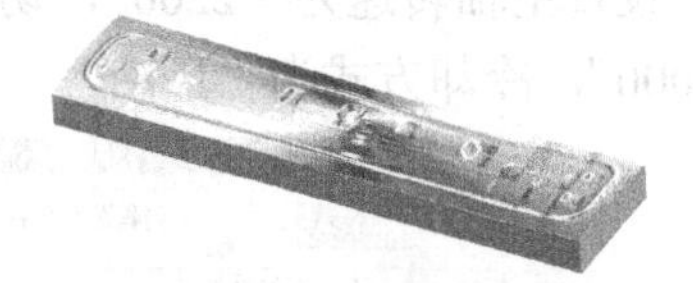

图 7-45　型面整体第一次半精加工仿真切削结果

在“ViewMILL”工具栏中，单击“无图像”按钮，退出仿真状态，返回 PowerMILL 编程环境。

经过球头铣刀 d40r20 的半精加工后，台阶状的余量被去除。但零件圆角部位还存在不均匀的余量，需安排一次粗清角。

7.2.6　第一次粗清角——清角精加工应用于角落加工

1．计算第一次粗清角刀具路径

在 PowerMILL“综合”工具栏中，单击“刀具路径策略”按钮，打开“策略选取器”

表格，选择“精加工”选项卡，在该选项卡中选择“清角精加工”，单击“接受”按钮，打开“清角精加工”表格，按图 7-46 所示设置参数。

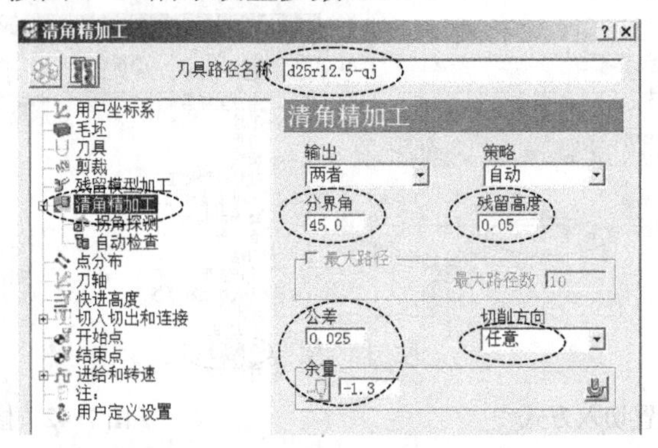

图 7-46　设置第一次粗清角参数

在“清角精加工”表格的策略树中，单击“刀具”树枝，调出“刀具”选项卡，按图 7-47 所示选择第一次粗清角刀具。

在“清角精加工”表格的策略树中，双击“清角精加工”树枝，将它展开。单击该树枝下的“拐角探测”树枝，调出“拐角探测”选项卡，按图 7-48 所示设置拐角探测参数。

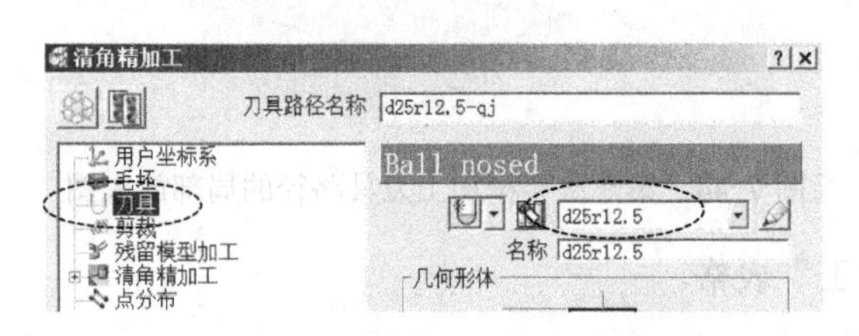

图 7-47　选择第一次粗清角刀具

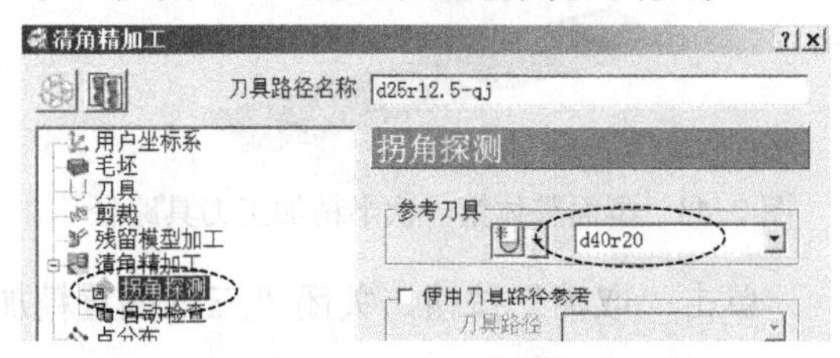

图 7-48　设置拐角探测参数

在“清角精加工”表格的策略树中，双击“切入切出和连接”树枝，将它展开，单击该树枝下的“连接”树枝，调出“连接”选项卡，按图 7-49 所示修改连接方式。

在“清角精加工”表格的策略树中，单击“进给和转速”树枝，调出“进给和转速”选项卡，设置主轴转速为“2200”，切削进给率为“2200”，下切进给率为“500”，掠过进给率为“8000”，冷却方式为“风冷”。

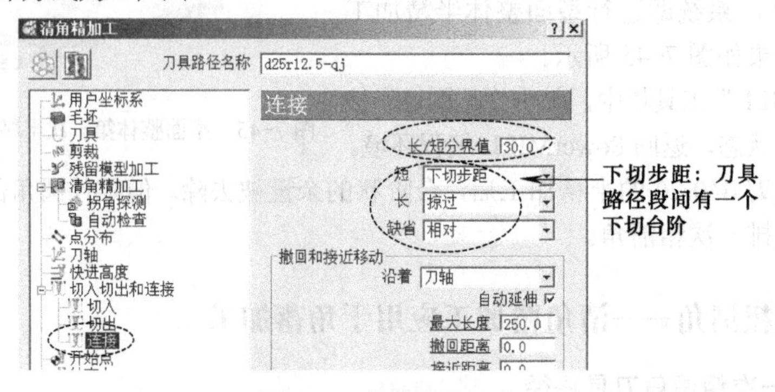

图 7-49　修改连接方式

单击“清角精加工”表格下方的“计算”按钮，系统计算出图 7-50 所示的第一次粗清角刀具路径，图 7-51 为该刀具路径的局部放大图。

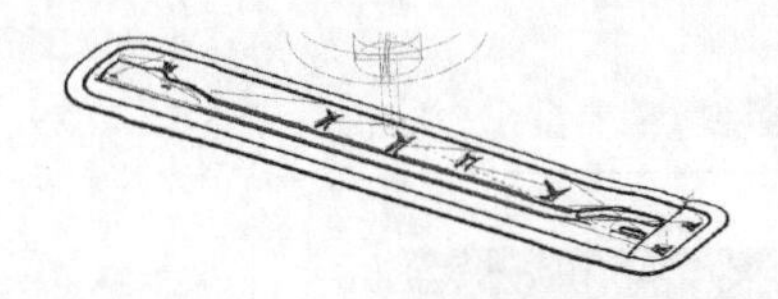

图 7-50　第一次粗清角刀具路径

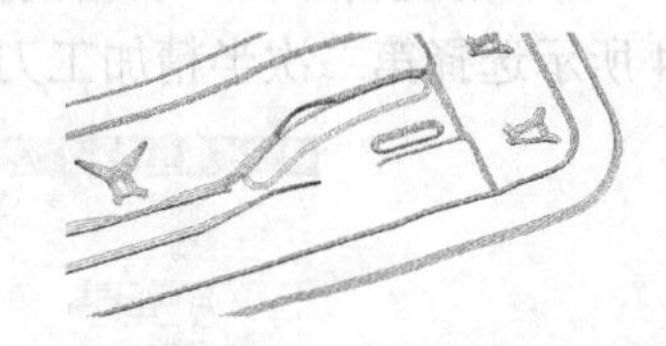

图 7-51　第一次粗清角刀具路径的局部放大图

单击“取消”按钮，关闭清角精加工表格。

2．仿真第一次粗清角刀具路径

在 PowerMILL 资源管理器中的“刀具路径”树枝下，右击刀具路径“d25r12.5-qj”，在弹出的快捷菜单条中，执行“自开始仿真”。

在 PowerMILL 的“ViewMILL”工具栏中，单击“光泽阴影图像”按钮，进入真实实体仿真切削状态。

在 PowerMILL“仿真控制”工具栏中，单击“运行”按钮，系统即进行第一次粗清角仿真切削，其结果如图 7-52 所示。

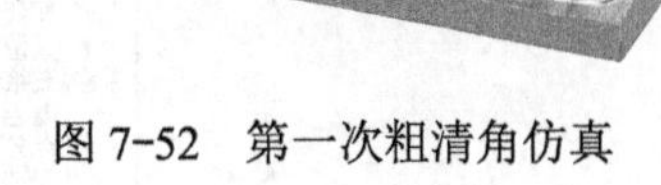

图 7-52　第一次粗清角仿真切削结果

在“ViewMILL”工具栏中，单击“无图像”按钮，退出仿真切削状态，返回 PowerMILL 编程环境。

使用球头铣刀 d25r12.5 进行粗清角后，零件角落部位的余量被切削一部分，整个型面的余量更均匀一些。

7.2.7　型面整体第二次半精加工——三维偏置精加工应用于型面半精加工

1．计算型面整体第二次半精加工刀具路径

在 PowerMILL“综合”工具栏中，单击“刀具路径策略”按钮，打开“策略选取器”表格，选择“精加工”选项卡，在该选项卡中选择“三维偏置精加工”，单击“接受”按钮，打开“三维偏置精加工”表格，按图 7-53 所示设置参数。

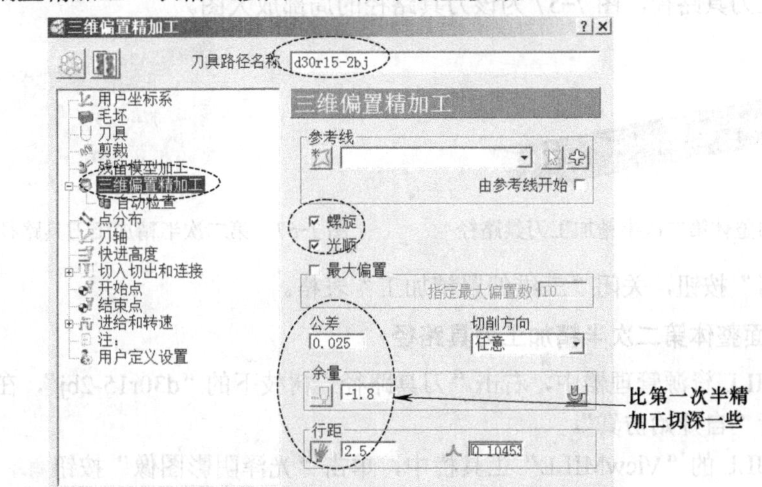

图 7-53　设置第二次半精加工参数

在“三维偏置精加工”表格的策略树中，单击“刀具”树枝，调出“刀具”选项卡，按图 7-54 所示选择第二次半精加工刀具。

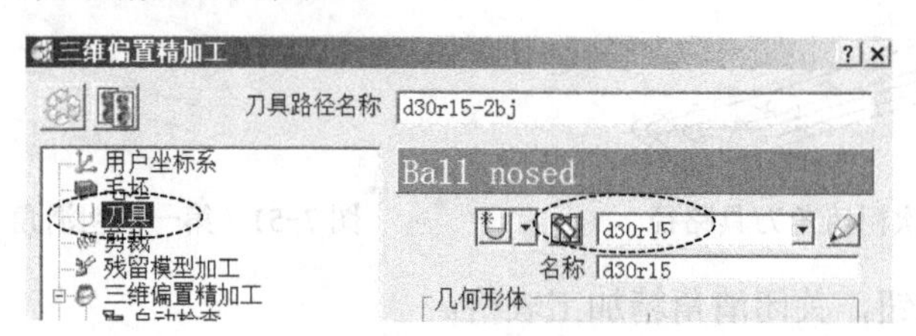

图 7-54　选择第二次半精加工刀具

在“三维偏置精加工”表格的策略树中，双击“切入切出和连接”树枝，将它展开，单击“连接”树枝，调出“连接”选项卡，按图 7-55 所示修改连接方式。

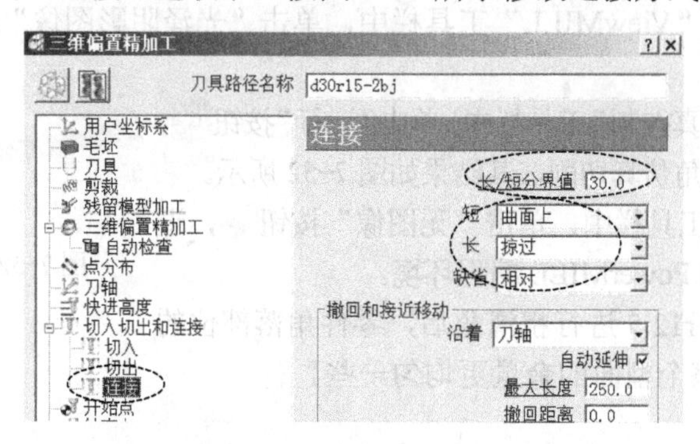

图 7-55　修改连接方式

在“三维偏置精加工”表格的策略树中，单击“进给和转速”树枝，调出“进给和转速”选项卡，设置主轴转速为“3500”，切削进给率为“3500”，下切进给率为“500”，掠过进给率为“8000”，冷却方式为“风冷”。

单击“三维偏置精加工”表格下方的“计算”按钮，系统计算出图 7-56 所示的型面整体第二次半精加工刀具路径，图 7-57 为该刀具路径的局部放大图。

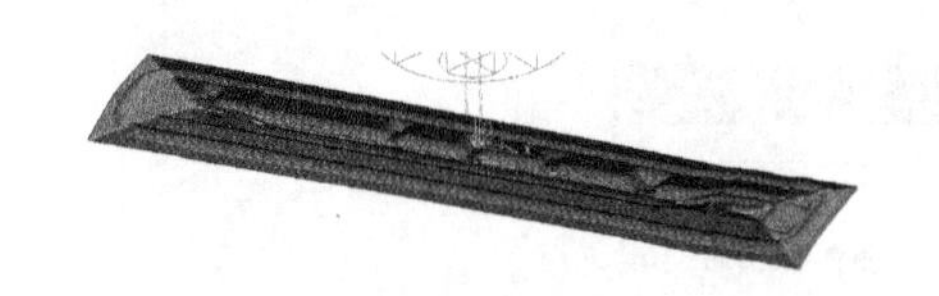

图 7-56　型面整体第二次半精加工刀具路径

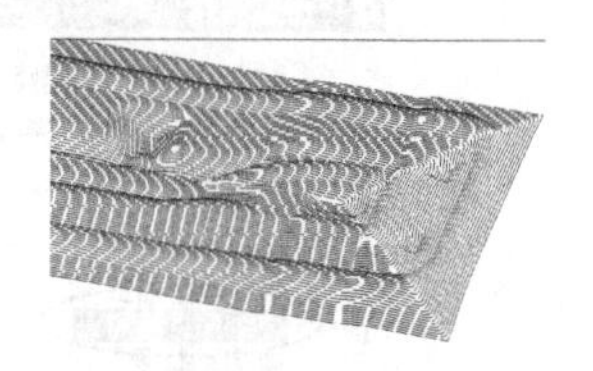

图 7-57　第二次半精加工刀具路径的局部放大图

单击“取消”按钮，关闭“三维偏置精加工”表格。

2．仿真型面整体第二次半精加工刀具路径

在 PowerMILL 资源管理器中，右击“刀具路径”树枝下的“d30r15-2bj”，在弹出的快捷菜单条中，执行“自开始仿真”。

在 PowerMILL 的“ViewMILL”工具栏中，单击“光泽阴影图像”按钮，进入真实实体仿真切削状态。

在 PowerMILL“仿真控制”工具栏中，单击“运行”按钮，系统即进行型面整体第二次半精加工仿真切削，其结果如图 7-58 所示。

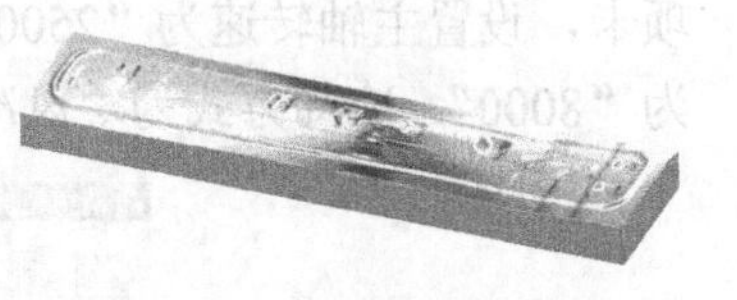
图 7-58　型面整体第二次半精加工仿真切削结果

在“ViewMILL”工具栏中，单击“无图像”按钮，退出仿真状态，返回 PowerMILL 编程环境。

使用球头铣刀 d30r15 进行半精加工后，型面整体的余量厚度进一步均匀化。零件圆角部位存在不均匀的余量，还需要安排清角。

7.2.8　第二次粗清角——清角精加工应用于角落加工

1. 计算第二次粗清角刀具路径

在 PowerMILL“综合”工具栏中，单击“刀具路径策略”按钮，打开“策略选取器”表格，选择“精加工”选项卡，在该选项卡中选择“清角精加工”，单击“接受”按钮，打开“清角精加工”表格，按图 7-59 所示设置参数。

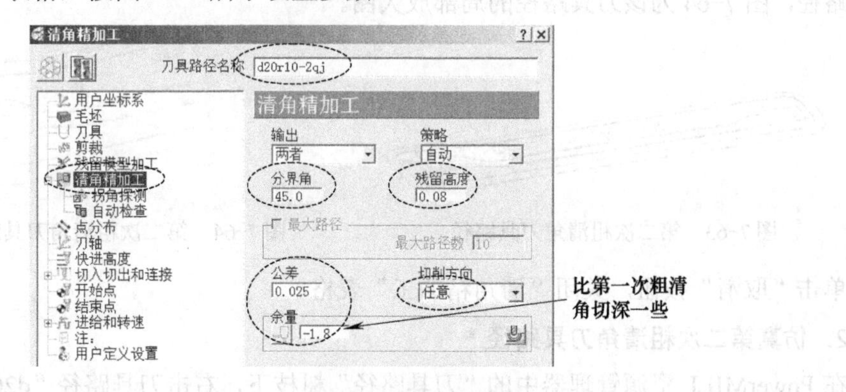

图 7-59　设置第二次粗清角参数

在“清角精加工”表格的策略树中，单击“刀具”树枝，调出“刀具”选项卡，按图 7-60 所示选择第二次粗清角刀具。

在“清角精加工”表格的策略树中，双击“清角精加工”树枝，将它展开。单击该树枝下的“拐角探测”树枝，调出“拐角探测”选项卡，按图 7-61 所示设置拐角探测参数。

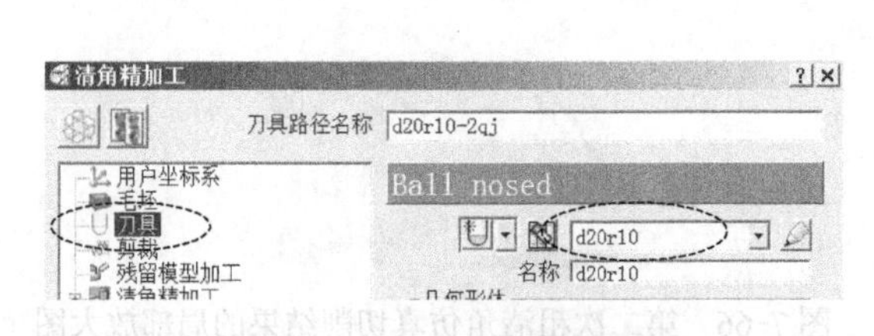

图 7-60　选择第二次粗清角刀具

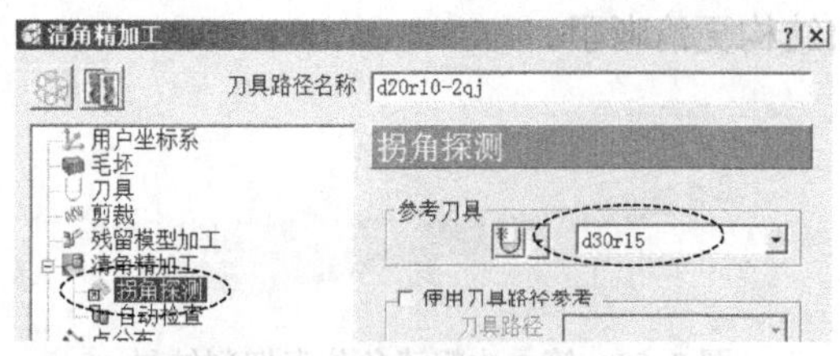

图 7-61　设置拐角探测参数

在“清角精加工”表格的策略树中，双击“切入切出和连接”树枝，将它展开，单击该树枝下的“连接”树枝，调出“连接”选项卡，按图 7-62 所示修改连接方式。

在“清角精加工”表格的策略树中，单击“进给和转速”树枝，调出“进给和转速”选项卡，设置主轴转速为“2500”，切削进给率为“2300”，下切进给率为“500”，掠过进给率为“8000”，冷却方式为“风冷”。

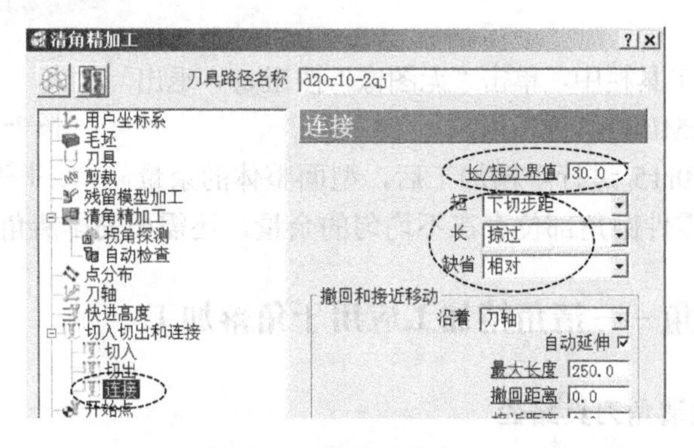

图 7-62　修改连接方式

单击“清角精加工”表格下方的“计算”按钮，系统计算出图 7-63 所示的第二次粗清角刀具路径，图 7-64 为该刀具路径的局部放大图。

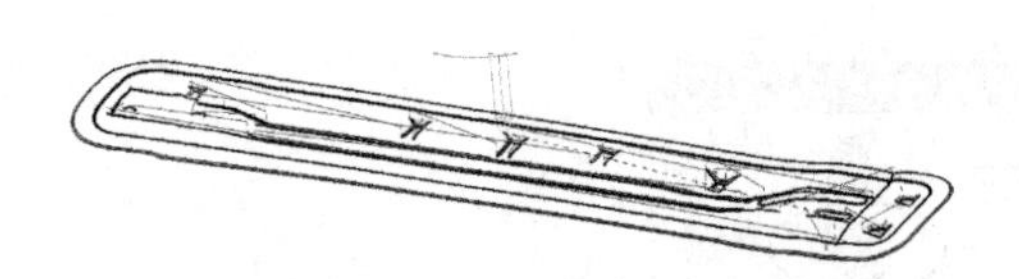

图 7-63　第二次粗清角刀具路径

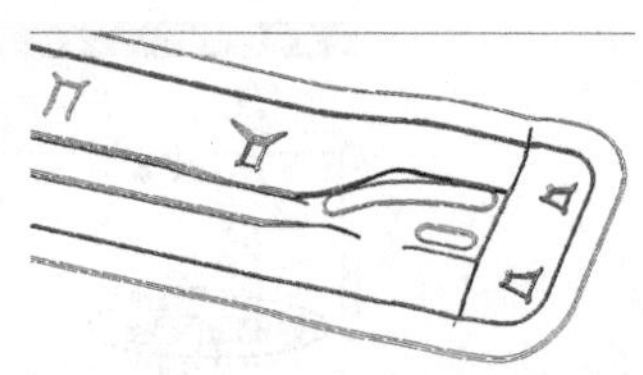

图 7-64　第二次粗清角刀具路径的局部放大图

单击“取消”按钮，关闭“清角精加工”表格。

2. 仿真第二次粗清角刀具路径

在 PowerMILL 资源管理器中的“刀具路径”树枝下，右击刀具路径“d20r10-2qj”，在弹出的快捷菜单条中，执行“自开始仿真”。

在 PowerMILL 的“ViewMILL”工具栏中，单击“光泽阴影图像”按钮，进入真实实体仿真切削状态。

在 PowerMILL“仿真控制”工具栏中，单击“运行”按钮，系统即进行第二次粗清角仿真切削，其结果如图 7-65 所示。图 7-66 所示为仿真切削结果的局部放大图，可见零件圆角结构更清晰了。

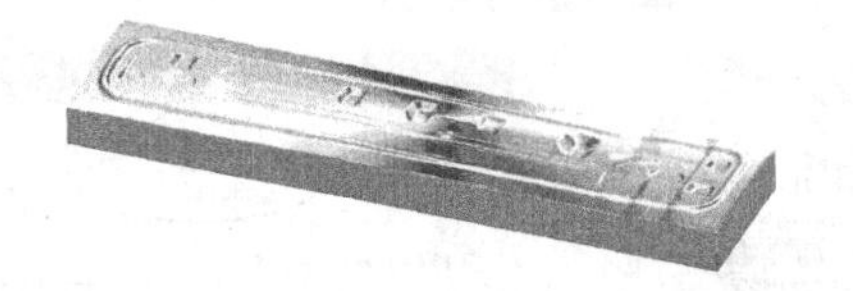

图 7-65　第二次粗清角仿真切削结果

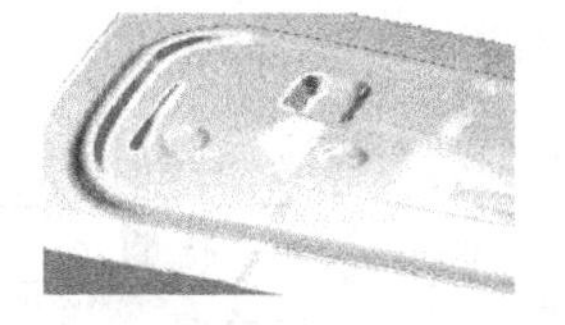

图 7-66　第二次粗清角仿真切削结果的局部放大图

在“ViewMILL”工具栏中，单击“无图像”按钮，退出仿真状态，返回 PowerMILL 编程环境。

使用球头铣刀 d20r10 进行粗清角后，零件角落部位的余量再被切削一部分，整个型面的余量厚度进一步均匀化，下面可以安排型面精加工工步了。

7.2.9 型面整体精加工——三维偏置精加工应用于型面精加工

1. 计算型面整体精加工刀具路径

在 PowerMILL“综合”工具栏中，单击“刀具路径策略”按钮，打开“策略选取器”表格，选择“精加工”选项卡，在该选项卡中选择“三维偏置精加工”，单击“接受”按钮，打开“三维偏置精加工”表格，按图 7-67 所示设置参数。

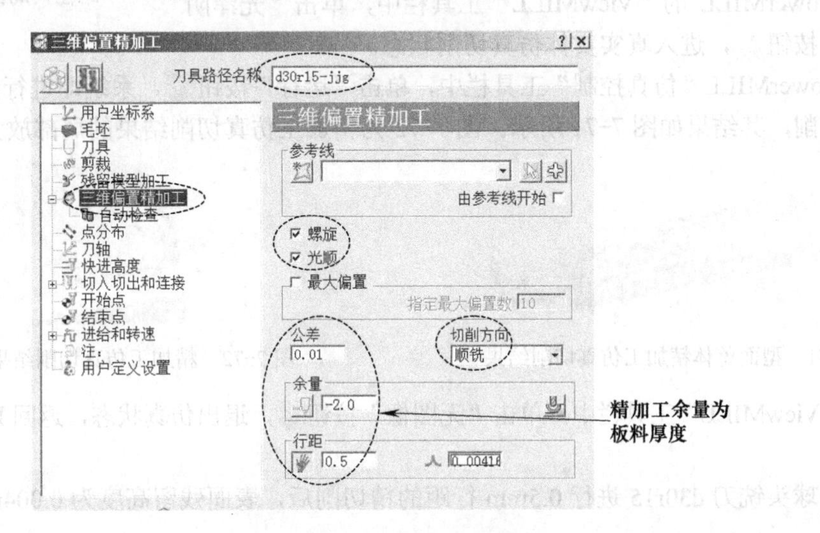

图 7-67 设置精加工参数

在“三维偏置精加工”表格的策略树中，单击“刀具”树枝，调出“刀具”选项卡，按图 7-68 所示选择精加工刀具。

在“三维偏置精加工”表格的策略树中，双击“切入切出和连接”树枝，将它展开，单击“连接”树枝，调出“连接”选项卡，按图 7-69 所示修改连接方式。

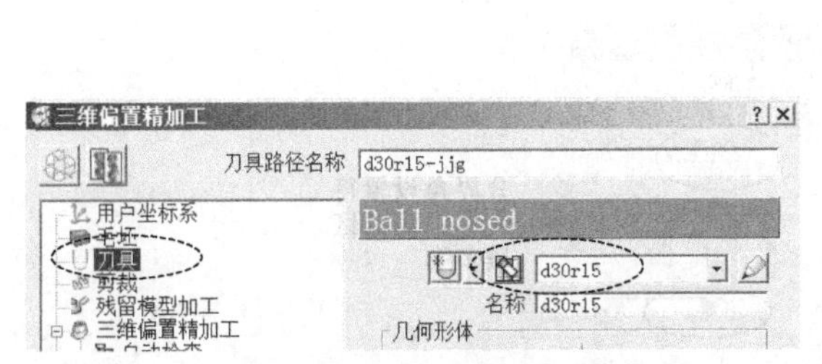

图 7-68 选择精加工刀具

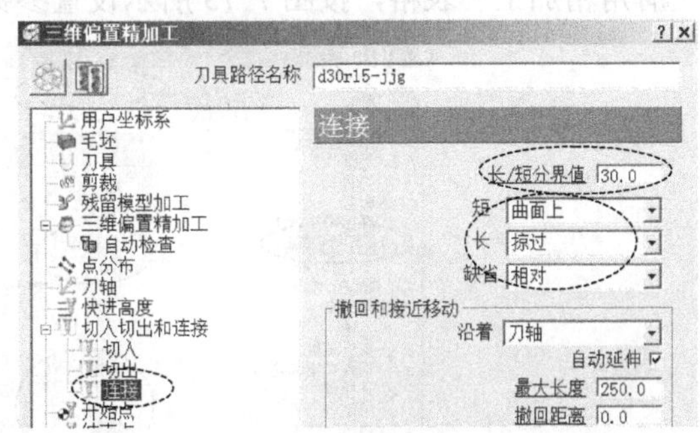

图 7-69 修改连接方式

在“三维偏置精加工”表格的策略树中，单击“进给和转速”树枝，调出“进给和转速”选项卡，设置主轴转速为“5000”，切削进给率为“5000”，下切进给率为“500”，掠过进给率为“8000”，冷却方式为“风冷”。

单击“三维偏置精加工”表格下方的“计算”按钮，系统计算出图 7-70 所示的型面整体精加工刀具路径（局部放大图）。

图 7-70　型面整体精加工刀具路径（局部放大图）

单击“取消”按钮，关闭“三维偏置精加工”表格。

2．仿真型面整体精加工刀具路径

在 PowerMILL 资源管理器中，右击“刀具路径”树枝下的“d30r15-jjg”，在弹出的快捷菜单条中，执行“自开始仿真”。

在 PowerMILL 的“ViewMILL”工具栏中，单击“光泽阴影图像”按钮，进入真实实体仿真切削状态。

在 PowerMILL“仿真控制”工具栏中，单击“运行”按钮，系统即进行型面整体精加工仿真切削，其结果如图 7-71 所示。图 7-72 为精加工仿真切削结果的局部放大图。

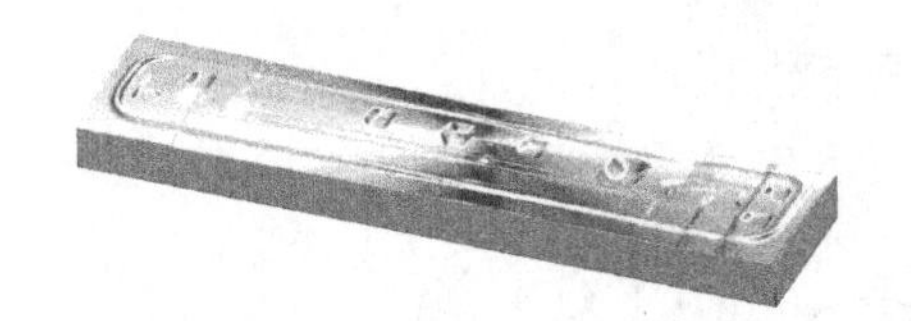

图 7-71　型面整体精加工仿真切削结果

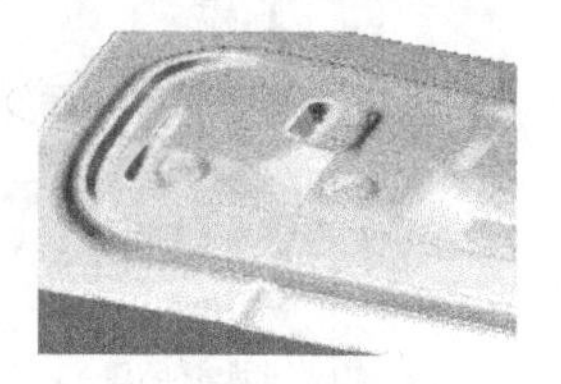

图 7-72　精加工仿真切削结果的局部放大图

在“ViewMILL”工具栏中，单击“无图像”按钮，退出仿真状态，返回 PowerMILL 编程环境。

使用球头铣刀 d30r15 进行 0.5mm 行距的精切削后，表面残留高度为 0.004mm。

7.2.10　第一次精清角——清角精加工应用于角落加工

1．计算第一次精清角刀具路径

在 PowerMILL“综合”工具栏中，单击“刀具路径策略”按钮，打开“策略选取器”表格，选择“精加工”选项卡，在该选项卡中选择“清角精加工”，单击“接受”按钮，打开“清角精加工”表格，按图 7-73 所示设置参数。

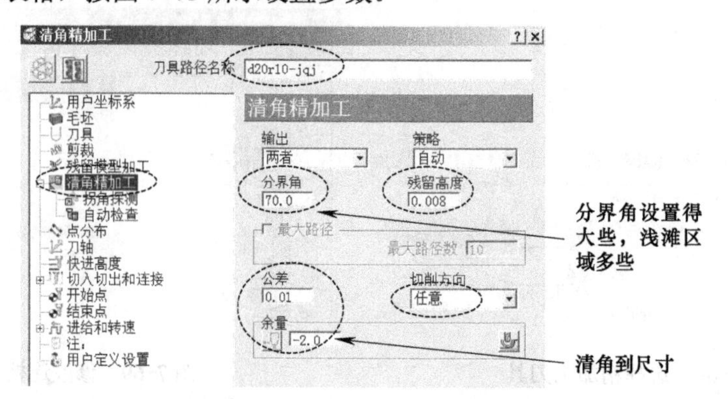

图 7-73　设置第一次精清角参数

在“清角精加工”表格的策略树中，单击“刀具”树枝，调出“刀具”选项卡，按图 7-74 所示选择第一次精清角刀具。

图 7-74　选择第一次精清角刀具

在“清角精加工”表格策略树中，双击“清角精加工”树枝，将它展开。单击该树枝下的“拐角探测”树枝，调出“拐角探测”选项卡，按图 7-75 所示设置拐角探测参数。

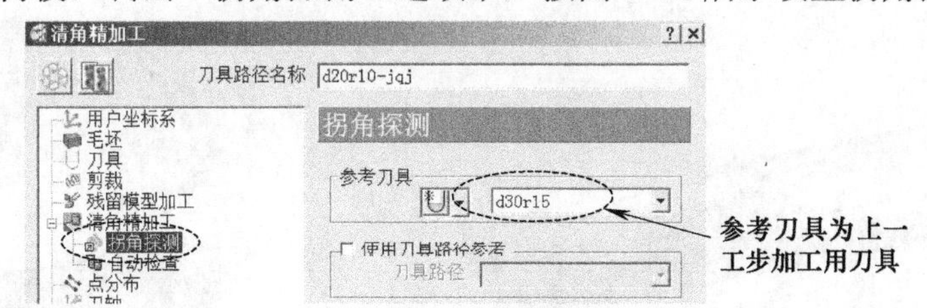

图 7-75　设置拐角探测参数

在“清角精加工”表格策略树中，双击“切入切出和连接”树枝，将它展开。单击该树枝下的“连接”树枝，调出“连接”选项卡，按图 7-76 所示设置连接参数。

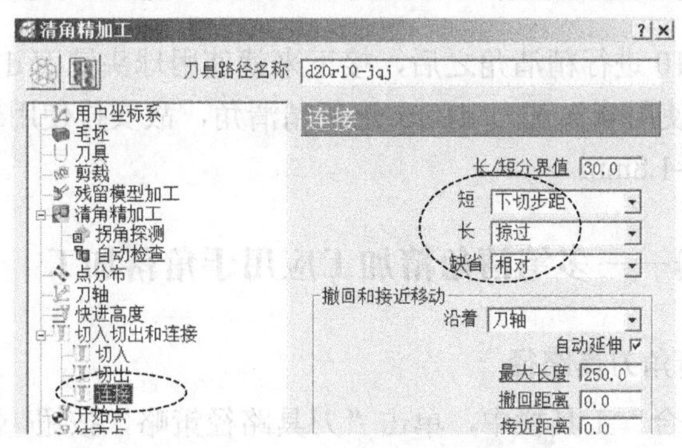

图 7-76　设置连接参数

在“清角精加工”表格的策略树中，单击“进给和转速”树枝，调出“进给和转速”选项卡，设置主轴转速为“3000”，切削进给率为“2300”，下切进给率为“500”，掠过进给率为“8000”，冷却方式为“风冷”。

单击“清角精加工”表格下方的“计算”按钮，系统计算出图 7-77 所示的第一次精清角刀具路径，图 7-78 为该刀具路径的局部放大图。

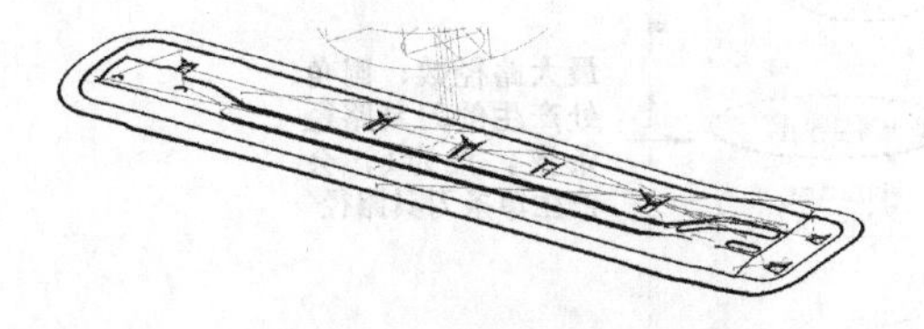

图 7-77　第一次精清角刀具路径

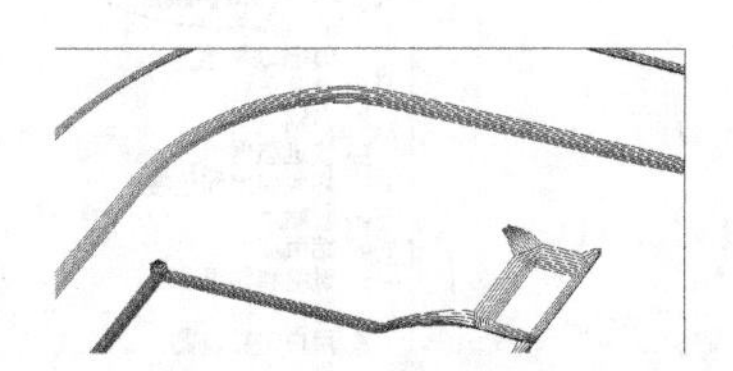

图 7-78　第一次精清角刀具路径的局部放大图

单击“取消”按钮，关闭“清角精加工”表格。

2. 仿真第一次精清角刀具路径

在 PowerMILL 资源管理器中，右击“刀具路径”树枝下的“d20r10-jqj”，在弹出的快捷菜单条中，执行“自开始仿真”。

在 PowerMILL 的“ViewMILL”工具栏中，单击“光泽阴影图像”按钮，进入真实实体仿真切削状态。

在 PowerMILL“仿真控制”工具栏中，单击“运行”按钮，系统即进行第一次精清角仿真切削，其结果如图 7-79 所示，图 7-80 为仿真切削结果的局部放大图。

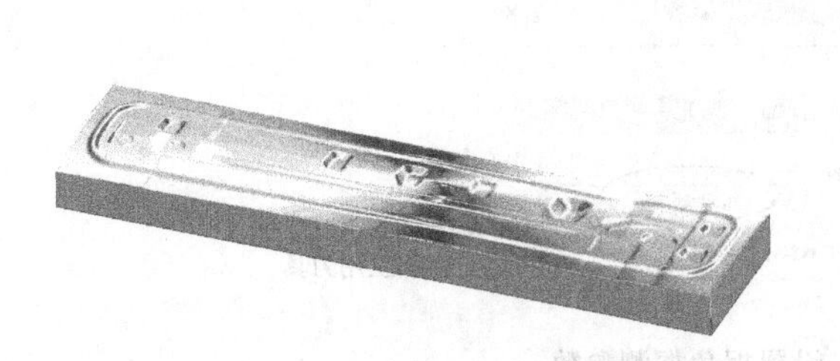

图 7-79　第一次精清角仿真切削结果

图 7-80　第一次精清角仿真切削结果的局部放大图

在“ViewMILL”工具栏中，单击“无图像”按钮，退出仿真状态，返回 PowerMILL 编程环境。

使用球头铣刀 d20r10 进行精清角之后，接下来就使用球头铣刀 d10r5 进行精清角，因为余量过大，不适合直接使用球头铣刀 d10r5 进行精清角，故安排使用球头铣刀 d10r5 进行一次粗清角，余量设置为-1.8mm。

7.2.11　d10r5 粗清角——多笔清角精加工应用于角落加工

1. 计算 d10r5 粗清角刀具路径

在 PowerMILL“综合”工具栏中，单击“刀具路径策略”按钮，打开“策略选取器”表格，选择“精加工”选项卡，在该选项卡中选择“多笔清角精加工”，单击“接受”按钮，打开“多笔清角精加工”表格，按图 7-81 所示设置参数。

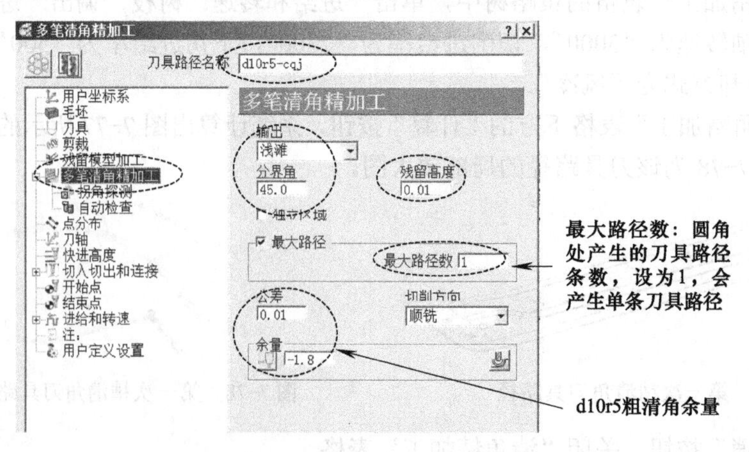

图 7-81　设置 d10r5 粗清角参数

在“笔式清角精加工”表格的策略树中，单击“刀具”树枝，调出“刀具”选项卡，按图 7-82 所示选择粗清角刀具。

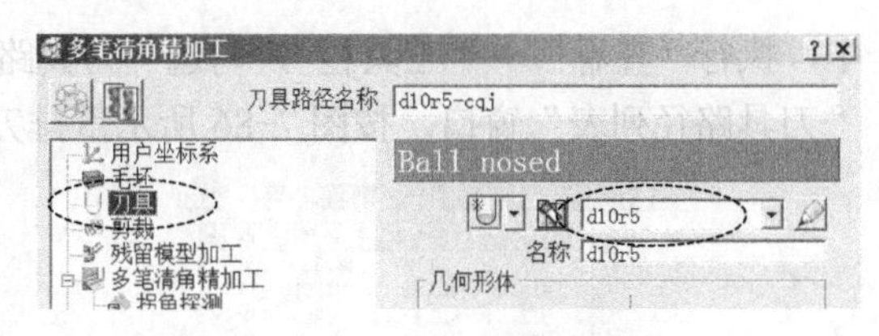

图 7-82　选择粗清角刀具

在“多笔清角精加工”表格策略树中，双击“多笔清角精加工”树枝，将它展开。单击该树枝下的“拐角探测”树枝，调出“拐角探测”选项卡，按图 7-83 所示设置拐角探测参数。

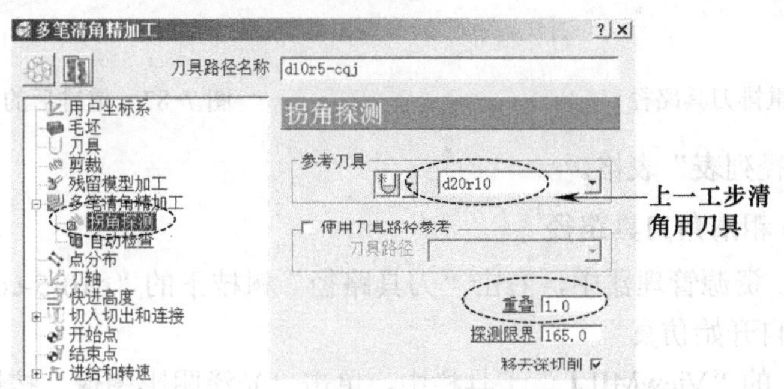

图 7-83　设置拐角探测参数

在“多笔清角精加工”表格的策略树中，双击“切入切出和连接”树枝，将它展开。单击该树枝下的“连接”树枝，调出“连接”选项卡，按图 7-84 所示设置连接参数。

在“多笔清角精加工”表格的策略树中，单击“进给和转速”树枝，调出“进给和转速”选项卡，设置主轴转速为“3000”，切削进给率为“1200”，下切进给率为“500”，掠过进给率为“8000”，冷却方式为“风冷”。

单击“多笔清角精加工”表格下方的“计算”按钮，系统计算出图 7-85 所示的 d10r5 粗清角刀具路径。

单击“取消”按钮，关闭“多笔清角精加工”表格。

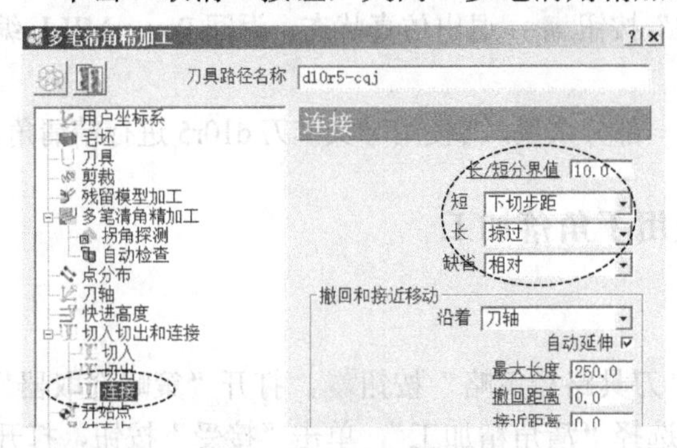

图 7-84　设置连接参数

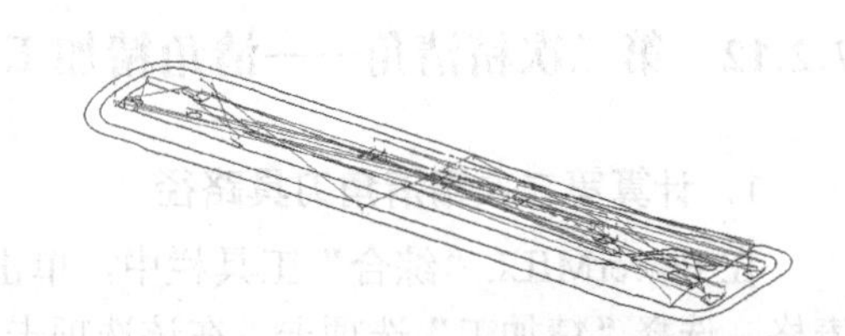
图 7-85　d10r5 粗清角刀具路径

2. 重排刀具路径

图 7-86 所示的刀具路径，抬刀、掠过等非切削段很多，浪费工时。使用重排刀具路径功能可减少非切削移动。

在 PowerMILL“刀具路径编辑”工具栏（该工具栏调出方法：在 PowerMILL 下拉菜单条

中，执行“查看”→“工具栏”，勾选“刀具路径”）中，单击“重排刀具路径”按钮，打开“刀具路径列表”窗口，按图 7-86 所示重排刀具路径，重排后的刀具路径如图 7-87 所示。

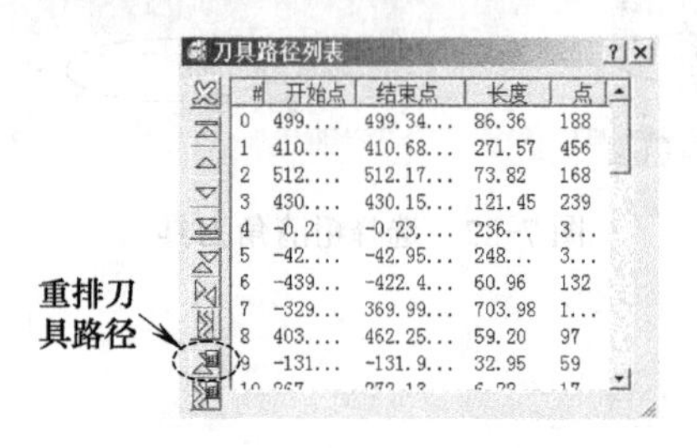

图 7-86　重排刀具路径

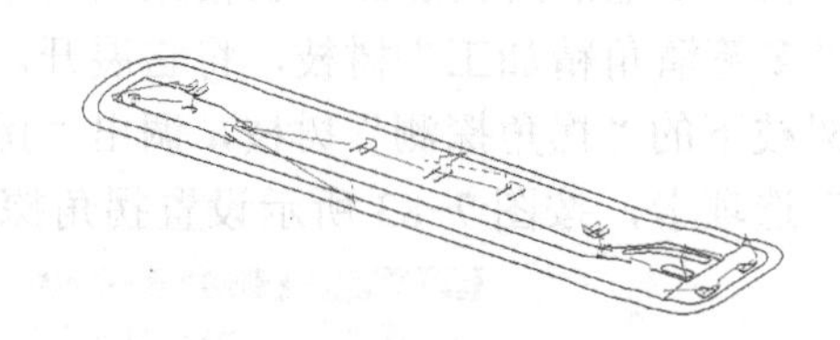

图 7-87　重排后的刀具路径

关闭“刀具路径列表”表格。

3．仿真 d10r5 粗清角刀具路径

在 PowerMILL 资源管理器中，右击“刀具路径”树枝下的“d10r5-cqj”，在弹出的快捷菜单条中，执行“自开始仿真”。

在 PowerMILL 的“ViewMILL”工具栏中，单击“光泽阴影图像”按钮，进入真实实体仿真切削状态。

在 PowerMILL“仿真控制”工具栏中，单击“运行”按钮，系统即进行 d10r5 粗清角仿真切削，其结果如图 7-88 所示，图 7-89 为仿真切削结果的局部放大图。

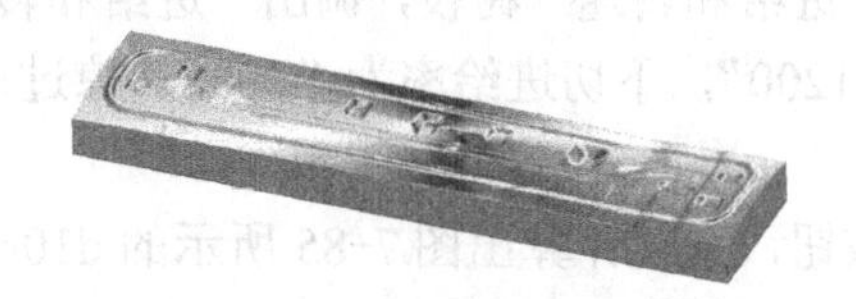

图 7-88　d10r5 粗清角仿真切削结果

图 7-89　d10r5 粗清角仿真切削结果的局部放大图

在“ViewMILL”工具栏中，单击“无图像”按钮，退出仿真状态，返回 PowerMILL 编程环境。

使用球头铣刀 d10r5 进行粗清角后，去除了一部分余量，再使用球头铣刀 d10r5 进行精清角。

7.2.12　第二次精清角——清角精加工应用于角落加工

1．计算第二次精清角刀具路径

在 PowerMILL“综合”工具栏中，单击“刀具路径策略”按钮，打开“策略选取器”表格，选择“精加工”选项卡，在该选项卡中选择“清角精加工”，单击“接受”按钮，打开“清角精加工”表格，按图 7-90 所示设置参数。

刀具、拐角探测、切入切出和连接等选项与上一工步相同，不需要再设置。

在“清角精加工”表格的策略树中，单击“进给和转速”树枝，调出“进给和转速”选项卡，设置主轴转速为“3000”，切削进给率为“2000”，下切进给率为“500”，掠过进给率为“8000”，冷却方式为“风冷”。

单击“清角精加工”表格下方的“计算”按钮，系统计算出图 7-91 所示的第二次精清角刀具路径，图 7-92 为该刀具路径的局部放大图。

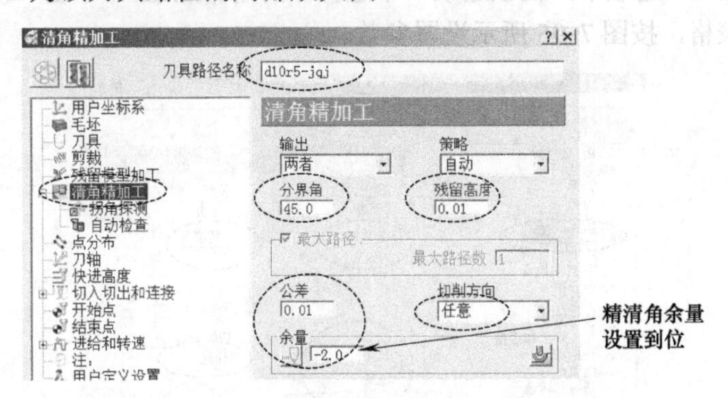

图 7-90　设置第二次精清角参数

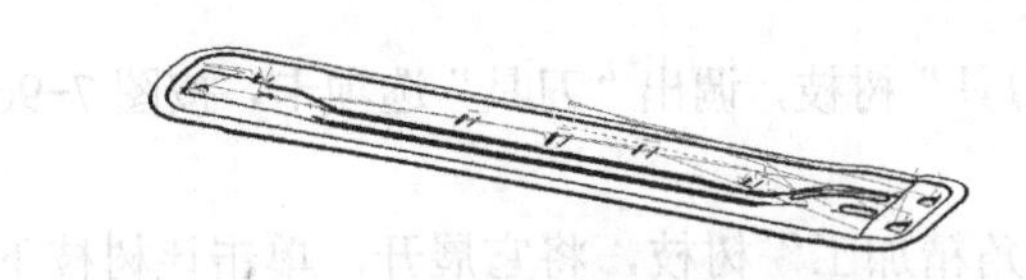
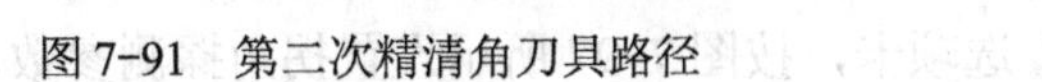
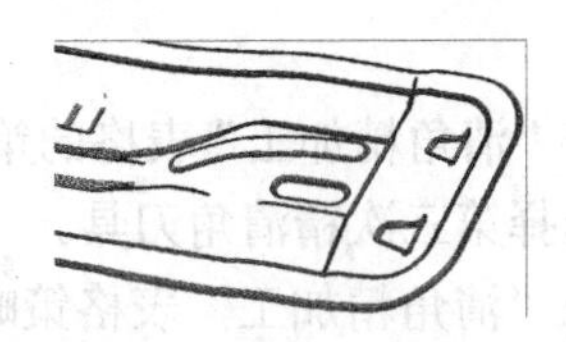

图 7-91　第二次精清角刀具路径　　　图 7-92　第二次精清角刀具路径的局部放大图

单击“取消”按钮，关闭“清角精加工”表格。

2. 仿真第二次精清角刀具路径

在 PowerMILL 资源管理器中，右击“刀具路径”树枝下的“d10r5-jqj”，在弹出的快捷菜单条中，执行“自开始仿真”。

在 PowerMILL 的“ViewMILL”工具栏中，单击“光泽阴影图像”按钮，进入真实实体仿真切削状态。

在 PowerMILL“仿真控制”工具栏中，单击“运行”按钮 ▷，系统即进行第二次精清角仿真切削，其结果如图 7-93 所示，图 7-94 为仿真切削结果的局部放大图。

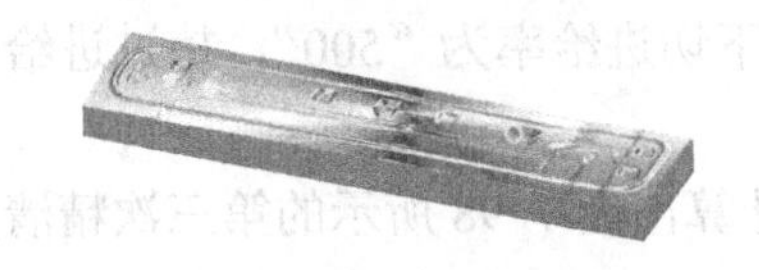
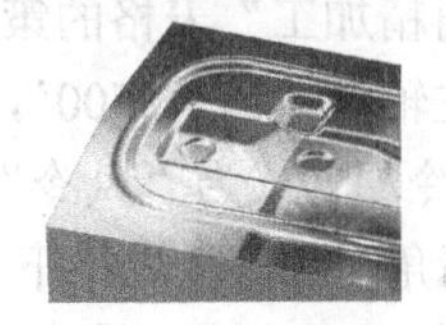

图 7-93　第二次精清角仿真切削结果　　　图 7-94　第二次精清角仿真切削结果的局部放大图

在“ViewMILL”工具栏中，单击“无图像”按钮，退出仿真状态，返回 PowerMILL 编程环境。

使用球头铣刀 d10r5 精清角后，使用球头铣刀 d6r3 进行第三次精清角。

7.2.13　第三次精清角——清角精加工应用于角落加工

1. 计算第三次精清角刀具路径

在 PowerMILL“综合”工具栏中，单击“刀具路径策略”按钮，打开“策略选取器”

表格，选择“精加工”选项卡，在该选项卡中选择“清角精加工”，单击“接受”按钮，打开“清角精加工”表格，按图 7-95 所示设置参数。

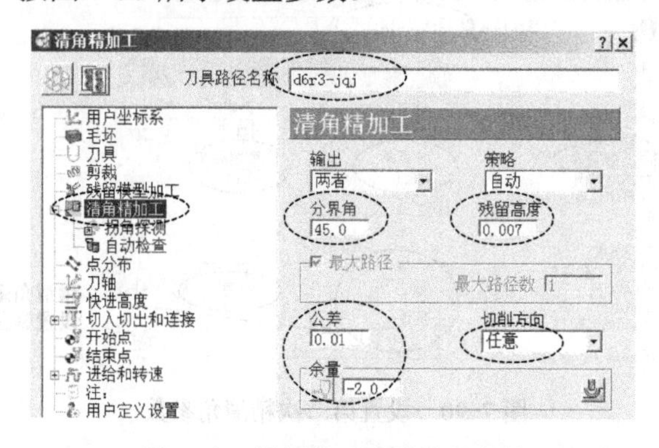

图 7-95 设置第三次精清角参数

在“清角精加工”表格的策略树中，单击“刀具”树枝，调出“刀具”选项卡，按图 7-96 所示选择第三次精清角刀具。

在“清角精加工”表格策略树中，双击“清角精加工”树枝，将它展开。单击该树枝下的“拐角探测”树枝，调出“拐角探测”选项卡，按图 7-97 所示设置拐角探测参数。

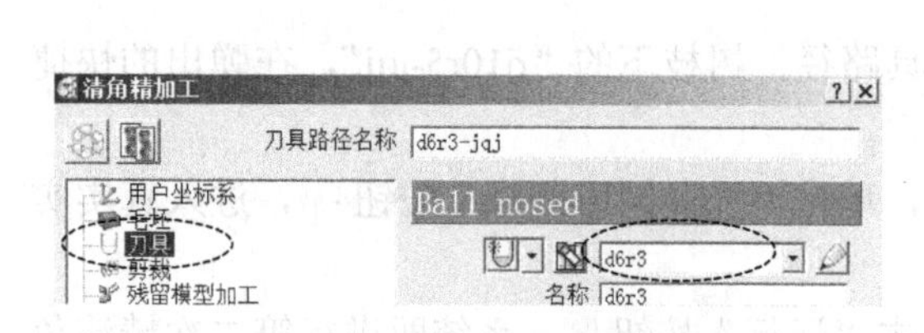

图 7-96 选择第三次精清角刀具

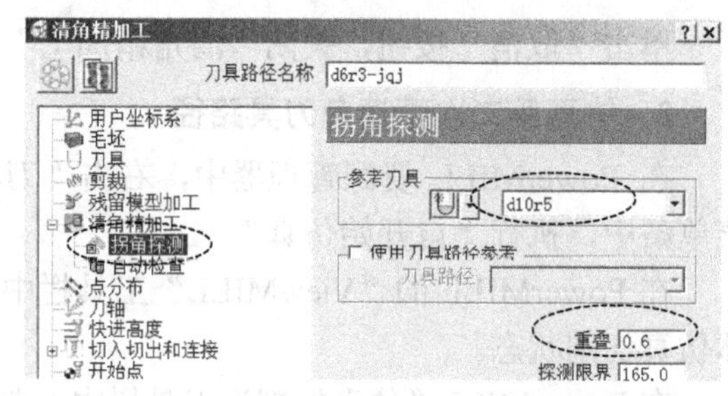

图 7-97 设置拐角探测参数

在“清角精加工”表格的策略树中，单击“进给和转速”树枝，调出“进给和转速”选项卡，设置主轴转速为“3500”，切削进给率为“1800”，下切进给率为“500”，掠过进给率为“8000”，冷却方式为“风冷”。

单击“清角精加工”表格下方的“计算”按钮，系统计算出图 7-98 所示的第三次精清角刀具路径，图 7-99 为该刀具路径的局部放大图。

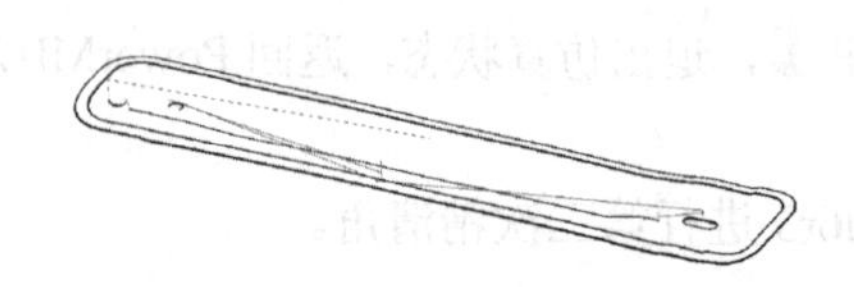

图 7-98 第三次精清角刀具路径

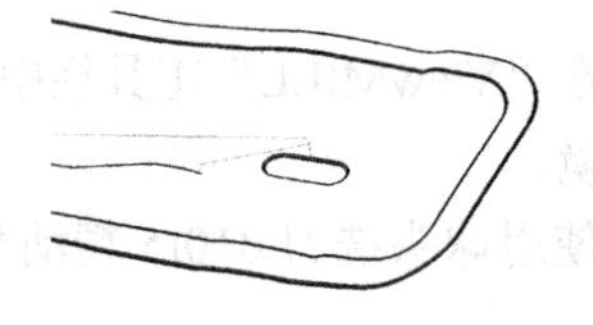

图 7-99 第三次精清角刀具路径的局部放大图

单击“取消”按钮，关闭“清角精加工”表格。

2. 仿真第三次精清角刀具路径

在 PowerMILL 资源管理器中，右击“刀具路径”树枝下的“d6r3-jqj”，在弹出的快捷菜单条中，执行“自开始仿真”。

在 PowerMILL 的“ViewMILL”工具栏中，单击“光泽阴影图像”按钮，进入真实实体仿真切削状态。

在 PowerMILL“仿真控制”工具栏中，单击“运行”按钮，系统即进行第三次精清角仿真切削，其结果如图 7-100 所示，图 7-101 为仿真切削结果的局部放大图。

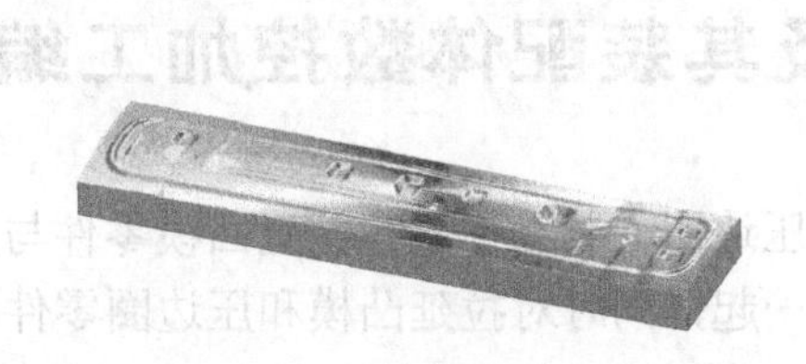

图 7-100　第三次精清角仿真切削结果

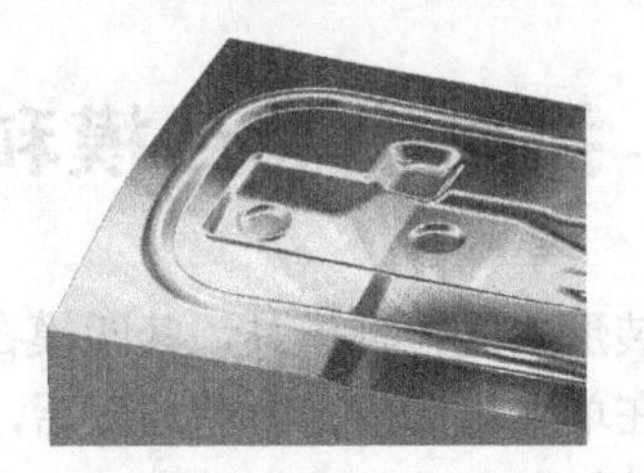

图 7-101　第三次精清角仿真切削结果的局部放大图

在“ViewMILL”工具栏中，单击“无图像”按钮，退出仿真状态，返回 PowerMILL 编程环境。

7.2.14　保存项目文件

在 PowerMILL 下拉菜单条中，执行“文件”→“保存项目”，保存项目文件。

7.3　工程师经验点评

1）模具成型零件往往具有复杂自由曲面，曲面间的过渡会有不同直径的圆角，由于圆角数量往往很多，逐一测量工作量就显得很大，因此，加工之前，使用最小半径阴影功能来找出清角所需要的最小刀具半径，是一条可行之路。

2）带有复杂型面模具零件的加工，在精加工工步之前，要尽量使余量厚度均匀化。为此，一般需要安排多次粗加工、半精加工和粗清角工步，其中半精加工和粗清角交替进行，做到整个型面（包括圆角面）的余量厚度是均匀的。

3）拉延凹模型面的编程，要考虑板料厚度。将板料厚度设置在负余量中，粗加工、半精加工和清角时要逐渐递增负余量值的大小，直至达到板料厚度。

7.4　练习题

图 7-102 所示为拉延凹模零件，参考本章加强板的拉延模具凹模零件的编程思路和操作方法，计算其加工刀具路径。零件数模在光盘中的存放位置：光盘符：\习题\ch07\xt 7-01.dgk。

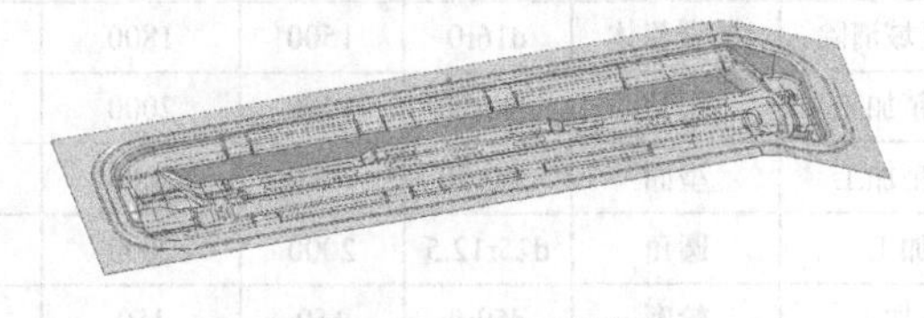

图 7-102　练习题图

第8章 拉延模具凸模和压边圈及其装配体数控加工编程

倒装形式的拉延模具，其凹模在上方，凸模和压边圈安装在下方。拉延凸模零件与压边圈零件在单独粗加工、半精加工后，将它们组合在一起，同时对拉延凸模和压边圈零件的型面进行精加工。

如图 8-1、图 8-2 所示，待加工零件包括一个拉延凸模和一个压边圈。

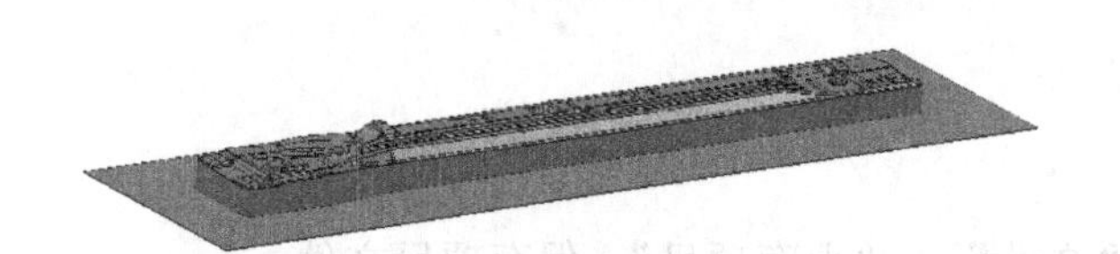

图 8-1　拉延凸模

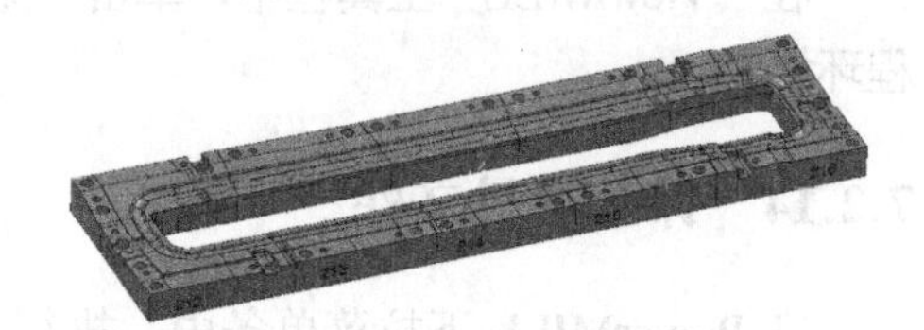

图 8-2　压边圈

8.1　拉延凸模粗加工和半精加工

8.1.1　数控加工编程工艺分析

这个零件是与第 7 章拉延凹模配合的凸模零件。零件总体尺寸约为 1130mm×260mm×30mm，毛坯为方坯，待加工结构全部为三维曲面，最小圆角半径为 3mm。在本节中，只计算粗加工、粗清角以及半精加工刀具路径。

拟使用表 8-1 所列的拉延凸模粗加工数控编程工艺过程来计算零件的加工刀具路径。

表 8-1　拉延凸模粗加工数控编程工艺过程

工步号	工步名	加工策略	加工部位	刀具	切削参数					
					转速/(r/min)	进给速度/(mm/min)	切削宽度/mm	背吃刀量/mm	公差/mm	余量/mm
1	粗加工	模型区域清除	模型整体	d63r4.5	900	4000	42	0.65	0.1	0.8
2	二次开粗	模型残留区域清除	模型整体	d32r0.8	1200	2500	20	0.5	0.1	0.9
3	三次开粗	模型残留区域清除	模型整体	d16r0	1500	1800	12	0.4	0.1	1
4	一次粗清角	多笔清角精加工	圆角	d40r20	1200	2000	—	—	0.05	1
5	半精加工	三维偏置精加工	型面	d40r20	1200	2000	3.5	—	0.05	0.7
6	二次粗清角	清角精加工	圆角	d25r12.5	2000	2000	—	—	0.05	0.7
7	轮廓精加工	模型轮廓加工	轮廓	d50r0	150	150	—	—	0.05	0

8.1.2 详细编程过程

8.1.2.1 设置公共参数

步骤一 新建加工项目

（1）复制光盘内文件夹到本地磁盘 复制光盘上的文件夹*:\Source\ch08 到 E:\PM EX 目录下。

（2）输入模型 在下拉菜单条中单击“文件”→“输入模型”，打开“输入模型”表格，选择 E:\PM EX\ch08\8-1\tmr.dgk 文件，然后单击“打开”按钮，完成模型输入操作。

（3）查看模型 在 PowerMILL“查看”工具条中，单击“普通阴影”按钮，显示模型的着色状态。单击“线框”按钮，关闭线框显示。单击“ISO1”按钮，以轴测视角查看零件。

（4）更改模型显示精度 首先更改圆弧边线显示精度。在 PowerMILL 下拉菜单条中，执行“工具”→“选项”，打开选项表格，双击“查看”树枝，将它展开，单击该树枝下的“三维图形”树枝，调出“三维图形”选项卡。将显示公差设置为 0.01。单击“接受”按钮，关闭“选项”表格。

然后更改模型实体阴影精度。在 PowerMILL 下拉菜单条中，执行“显示”→“模型”，打开“模型显示选项”表格，将阴影公差设置为 0.01。单击“接受”按钮，关闭“模型显示选项”表格。

步骤二 准备加工

（1）计算毛坯 在 PowerMILL“综合”工具栏中，单击“毛坯”按钮，打开“毛坯”表格，按图 8-3 所示设置参数。单击“接受”按钮，关闭该表格。计算出来的毛坯如图 8-4 所示。

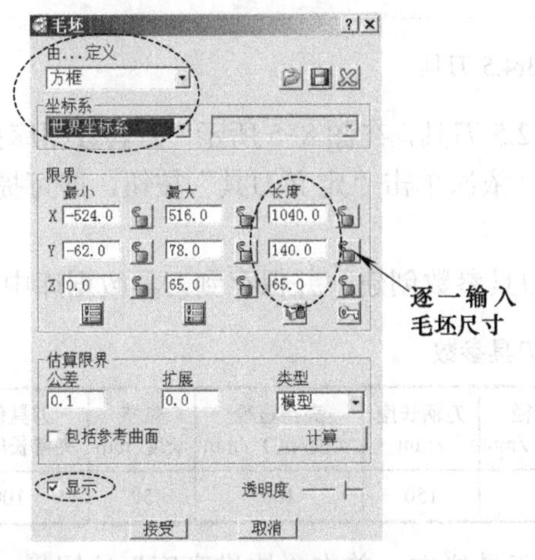

图 8-3 计算毛坯

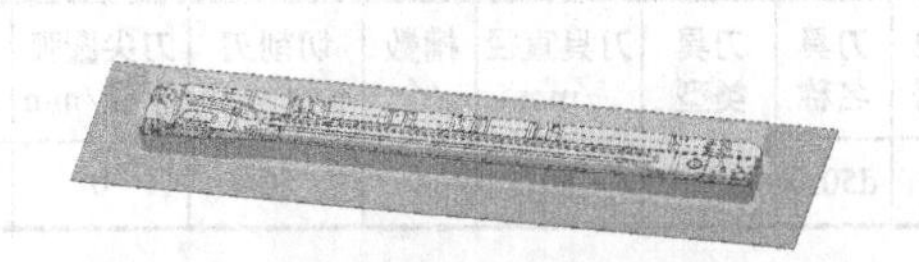

图 8-4 毛坯

本例中，对刀坐标系零点即为世界坐标系原点，设置在模具中心，因此，不需要再创建对刀坐标系。

（2）从刀具数据库中提取加工刀具 在第 7 章中，创建了 d63r4.5 等刀具，并保存在刀具数据库中。后续编程时，可直接从刀具数据库中提取刀具。

注：

如果刀具数据库丢失，请将E:\PM EX\ch08\目录下的刀具数据库文件tool_database.mdb拷贝到C:\Program Files\Delcam\PowerMILL 13.0.06\file\tooldb目录下，替换原刀具数据库文件。

在PowerMILL资源管理器中，右击“刀具”树枝，在弹出的快捷菜单条中选择“自数据库...”，打开“刀具数据库搜索”表格，按图8-5所示顺序操作，提取d63r4.5刀具。

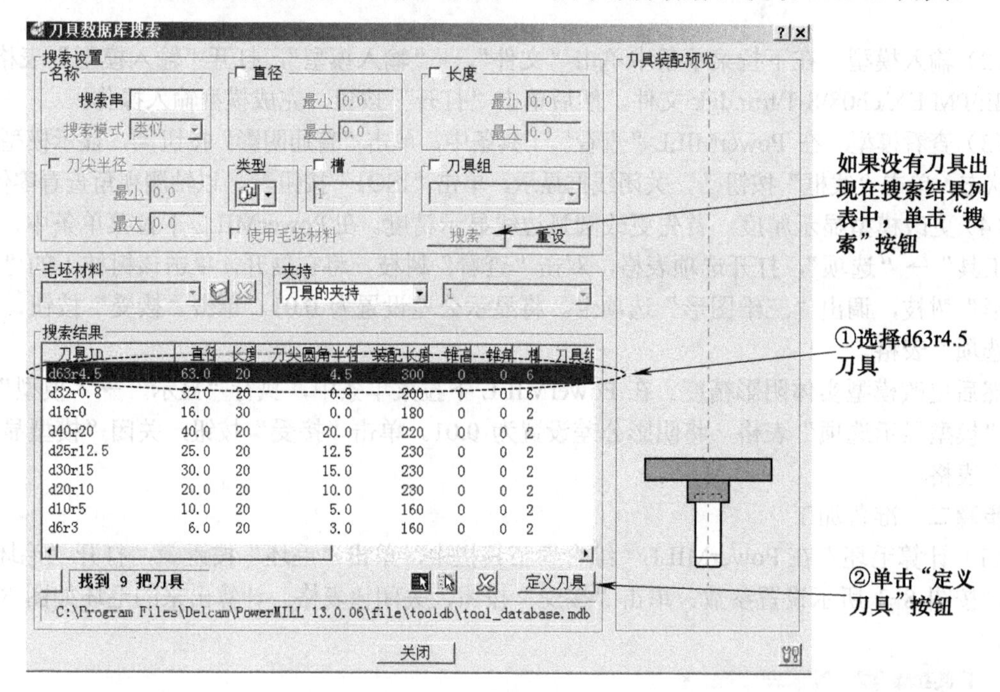

图8-5　提取d63r4.5刀具

本例还会用到d32r0.8、d16r0、d40r20、d25r12.5刀具，在图8-5所示“刀具数据库搜索”表格中的“搜索结果”栏里，依次选择上述刀具，依次单击“定义刀具”按钮，即可提取出所需刀具。

本例还会用到d50r0面铣刀，按表8-2所列刀具参数创建，并保存到刀具数据库中。

表8-2　d50r0刀具参数

刀具编号	刀具名称	刀具类型	刀具直径/mm	槽数/个	切削刃长度/mm	刀尖圆弧半径/mm	刀柄直径（顶/底）/mm	刀柄长度/mm	夹持直径（顶/底）/mm	夹持长度/mm	刀具伸出夹持长度/mm
6	d50r0	面铣刀	50	4	50	0	50	150	100	50	100

（3）设置快进高度　在PowerMILL“综合”工具栏中，单击“快进高度”按钮，打开“快进高度”表格，按图8-6所示设置快进高度参数，完成后单击“接受”按钮退出。

（4）设置加工开始点和结束点　在PowerMILL“综合”工具栏中，单击“开始点和结束点”按钮，打开“开始点和结束点”表格，设置开始点为“毛坯中心安全高度”，结束点为“最后一点安全高度”。

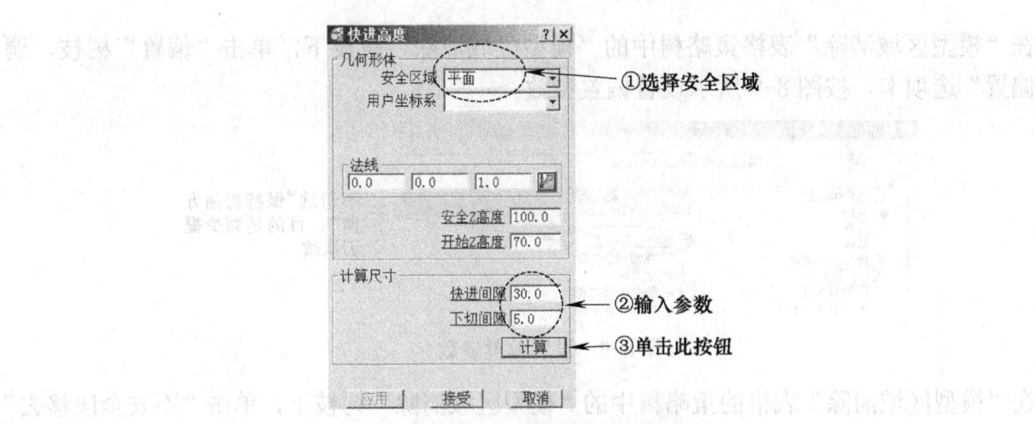

图 8-6 设置快进高度参数

8.1.2.2 凸模整体粗加工——模型区域清除应用于凸模开粗

1. 计算凸模整体粗加工刀具路径

在 PowerMILL“综合”工具栏中，单击“刀具路径策略”按钮，打开“策略选取器”表格，选择“三维区域清除”选项，在该选项卡中选择“模型区域清除”，单击“接受”按钮，打开“模型区域清除”表格，按图 8-7 所示设置参数。

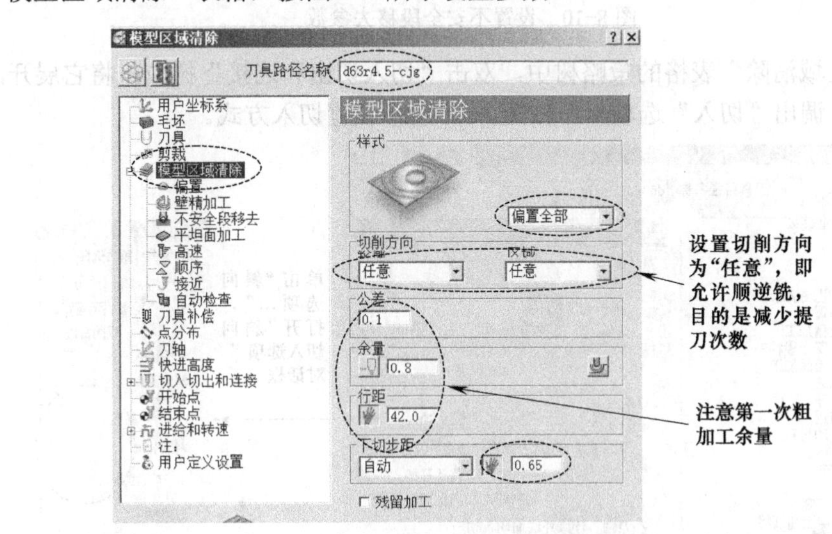

图 8-7 设置凸模整体粗加工参数

在“模型区域清除”表格的策略树中，单击“刀具”树枝，调出“刀具”选项卡，按图 8-8 所示选择粗加工刀具。

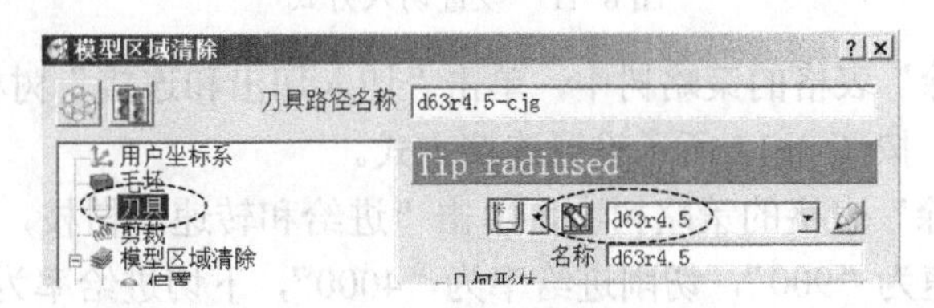

图 8-8 选择粗加工刀具

在“模型区域清除”表格策略树中的“模型区域清除”树枝下，单击“偏置”树枝，调出“偏置”选项卡，按图 8-9 所示设置偏置参数。

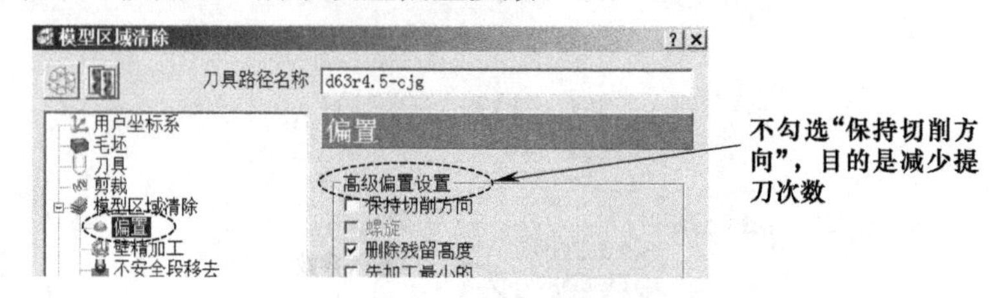

图 8-9　设置偏置参数

在“模型区域清除”表格的策略树中的“模型区域清除”树枝下，单击“不安全段移去”树枝，调出“不安全段移去”选项卡，按图 8-10 所示设置不安全段移去参数。

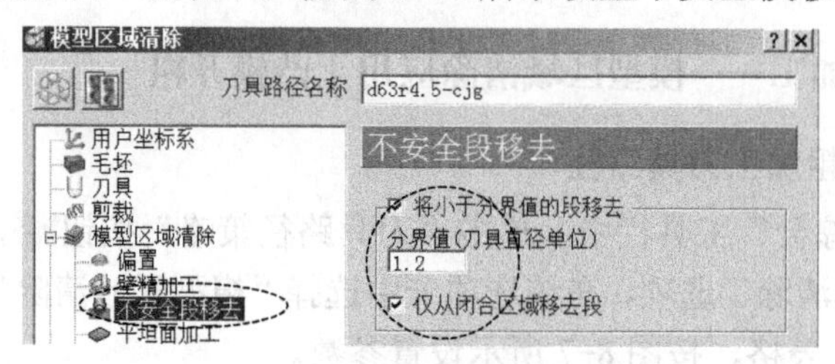

图 8-10　设置不安全段移去参数

在“模型区域清除”表格的策略树中，双击“切入切出和连接”树枝，将它展开，单击“切入”树枝，调出“切入”选项卡，按图 8-11 所示设置切入方式。

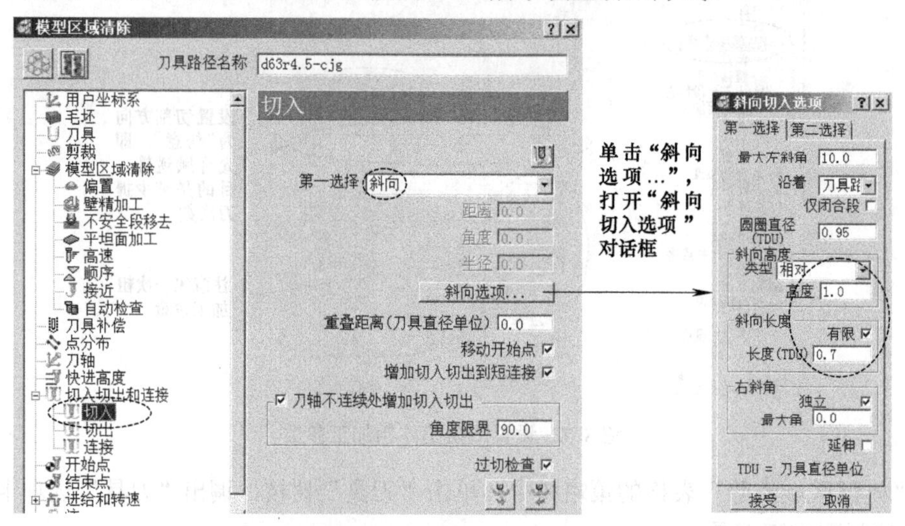

图 8-11　设置切入方式

在“模型区域清除”表格的策略树中，单击“切入切出和连接”树枝下的“连接”树枝，调出“连接”选项卡，按图 8-12 所示设置连接方式。

在“模型区域清除”表格的策略树中，单击“进给和转速”树枝，调出“进给和转速”选项卡，设置主轴转速为“900”，切削进给率为“4000”，下切进给率为“500”，掠过进给率为“8000”，冷却方式为“风冷”。

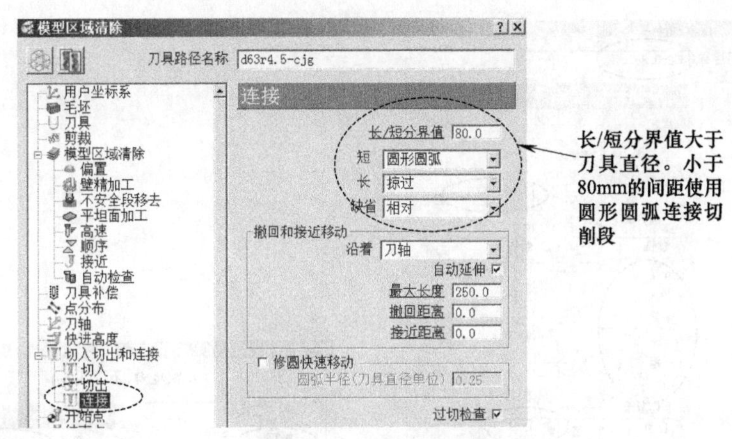

图 8-12 设置连接方式

设置完各参数后，单击“模型区域清除”表格下方的“计算”按钮，系统计算出图 8-13 所示的凸模整体粗加工刀具路径，图 8-14 为该刀具路径的单层放大图。

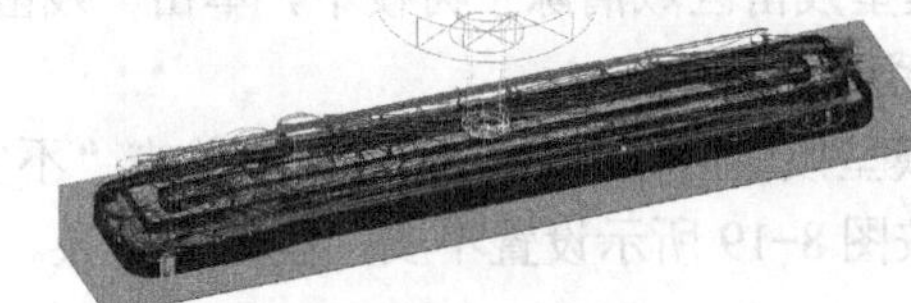

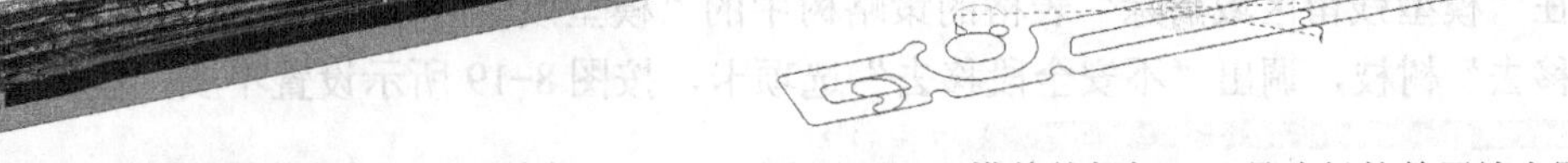

图 8-13 凸模整体粗加工刀具路径　　图 8-14 凸模整体粗加工刀具路径的单层放大图

单击“取消”按钮，关闭“模型区域清除”表格。

2．仿真凸模整体粗加工刀具路径

在 PowerMILL 资源管理器中，双击“刀具路径”树枝，将它展开，右击“刀具路径”树枝下的“d63r4.5-cjg”，在弹出的快捷菜单条中，执行“自开始仿真”。

在 PowerMILL 的“ViewMILL”工具栏中，依次单击“开/关 ViewMILL”按钮、“光泽阴影图像”按钮，进入真实实体仿真切削状态。

在 PowerMILL“仿真控制”工具栏中，单击“运行”按钮，系统即进行粗加工仿真切削，其结果如图 8-15 所示。

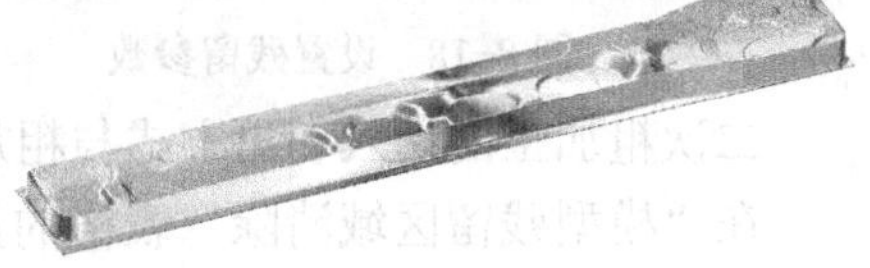

图 8-15 凸模粗加工仿真切削结果

在“ViewMILL”工具栏中，单击“无图像”按钮，退出仿真状态，返回 PowerMILL 编程环境。

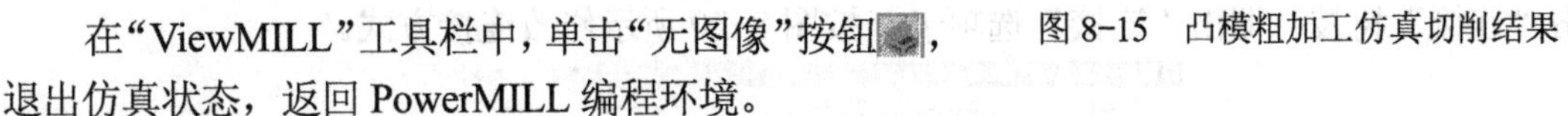

8.1.2.3 凸模整体二次粗加工——模型残留区域清除应用于二次粗加工

1．计算凸模二次粗加工刀具路径

在 PowerMILL“综合”工具栏中，单击“刀具路径策略”按钮，打开“策略选取器”表格，选择“三维区域清除”选项，在该选项卡中选择“模型残留区域清除”，单击“接受”按钮，打开“模型残留区域清除”表格，按图 8-16 所示设置参数。

在“模型残留区域清除”表格的策略树中，单击“刀具”树枝，调出“刀具”选项卡，按图 8-17 所示选择二次粗加工刀具。

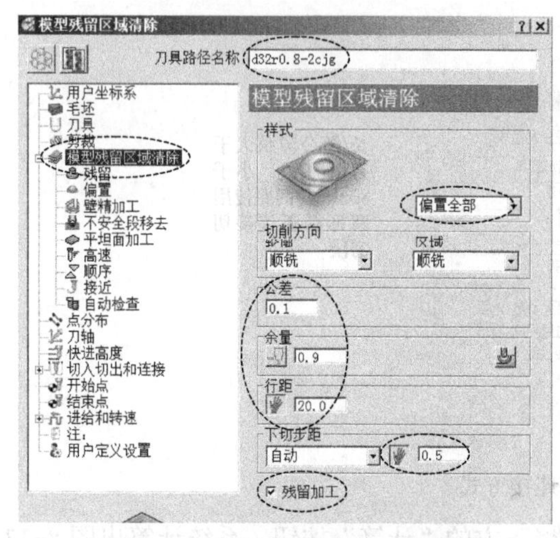

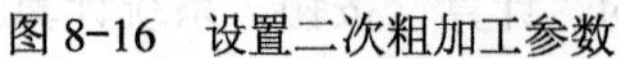

图 8-16 设置二次粗加工参数

图 8-17 选择二次粗加工刀具

在“模型残留区域清除”表格的策略树中的“模型残留区域清除”树枝下，单击“残留”树枝，调出“残留”选项卡，按图 8-18 所示设置残留参数。

在“模型残留区域清除”表格的策略树中的“模型残留区域清除”树枝下，单击“不安全段移去”树枝，调出“不安全段移去”选项卡，按图 8-19 所示设置不安全段移去参数。

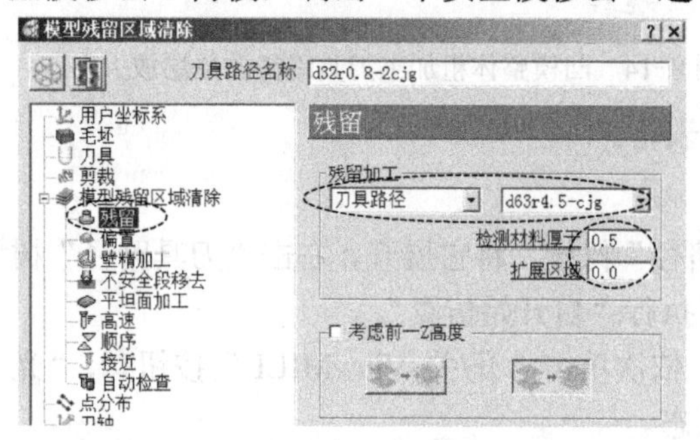

图 8-18 设置残留参数

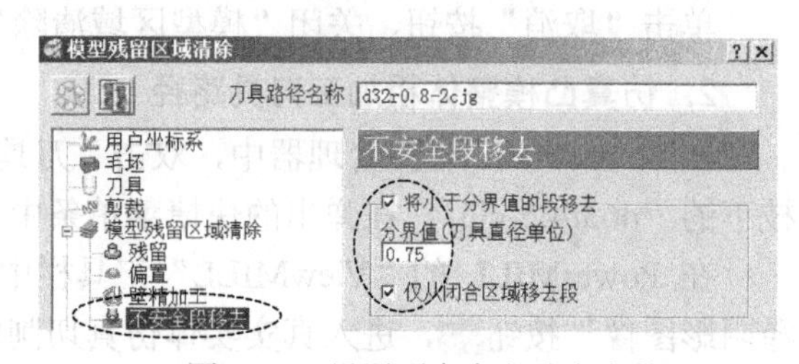

图 8-19 设置不安全段移去参数

二次粗加工的切入切出方式与粗加工相同，可不再设置。

在“模型残留区域清除”表格的策略树中，双击“切入切出和连接”树枝，将它展开，单击“连接”树枝，调出“连接”选项卡，按图 8-20 所示修改连接方式。

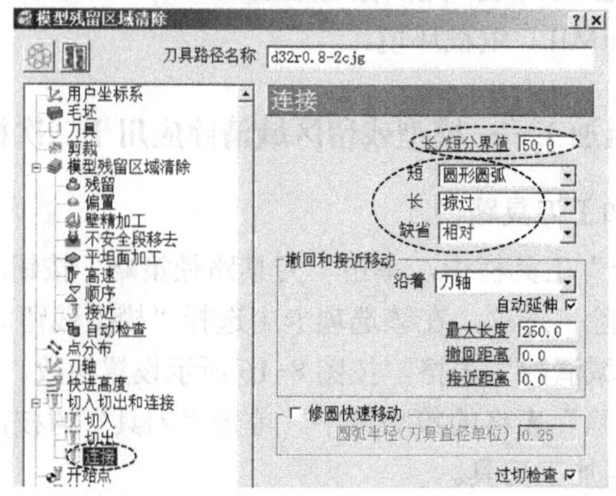

图 8-20 修改连接方式

在“模型残留区域清除”表格的策略树中，单击“进给和转速”树枝，调出“进给和转速”选项卡，设置主轴转速为“1200”，切削进给率为“2500”，下切进给率为“500”，掠过进给率为“8000”，冷却方式为“风冷”。

单击“模型残留区域清除”表格下方的“计算”按钮，系统计算出图 8-21 所示凸模整体二次粗加工刀具路径，图 8-22 为该刀具路径的局部放大图。

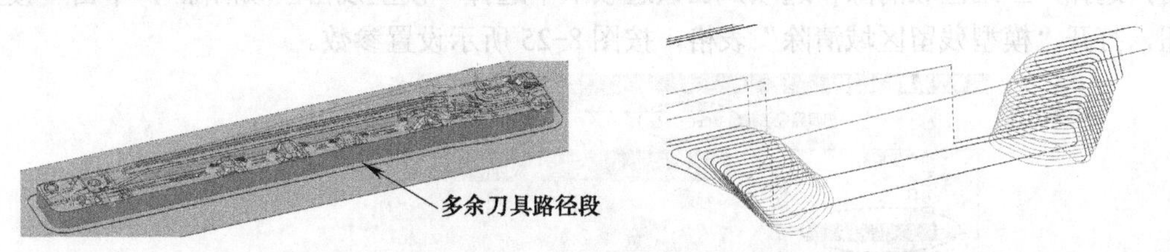

图 8-21　凸模整体二次粗加工刀具路径　　图 8-22　凸模整体二次粗加工刀具路径的局部放大图

单击“取消”按钮，关闭“模型残留区域清除”表格。

图 8-21 所示的二次粗加工刀具路径中，箭头所指的刀具路径段（侧壁与平面交角处刀具路径）是多余部分。删除该段的操作过程如下：首先在 PowerMILL“查看”工具栏中，依次单击“毛坯”按钮、“普通阴影”按钮，将毛坯和模型隐藏起来；然后在绘图区拉框选择图 8-21 中箭头所指的刀具路径，并在选中的刀具路径段上右击，在弹出的快捷菜单条中执行“编辑”→“删除已选部件”，编辑后的刀具路径如图 8-23 所示。

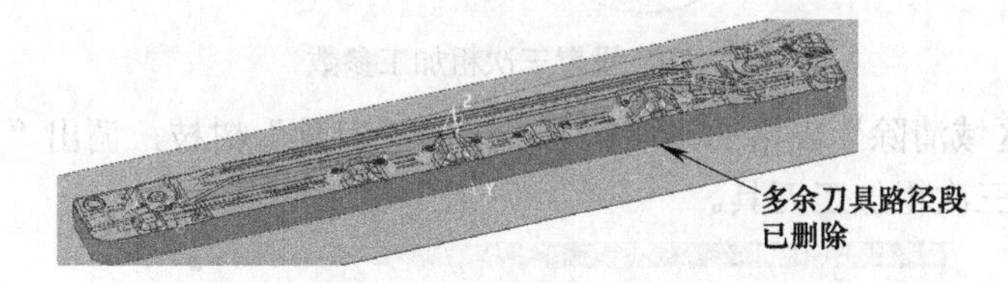

图 8-23　编辑后的凸模整体二次粗加工刀具路径

2．仿真凸模整体二次粗加工刀具路径

在 PowerMILL 资源管理器中，右击“刀具路径”树枝下的“d32r0.8-2cjg”，在弹出的快捷菜单条中，执行“自开始仿真”。

在 PowerMILL 的“ViewMILL”工具栏中，单击“光泽阴影图像”按钮，进入真实实体仿真切削状态。

在 PowerMILL“仿真控制”工具栏中，单击“运行”按钮，系统即进行凸模整体二次粗加工仿真切削，其结果如图 8-24 所示。

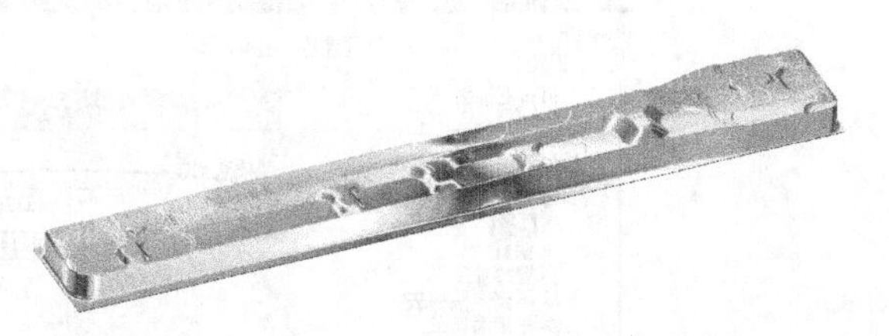

图 8-24　凸模整体二次粗加工仿真切削结果

由图 8-24 可以看出，使用刀具 d32r0.8 加工后，零件的圆角部位余量被切削一部分，圆角更清晰了。

在“ViewMILL”工具栏中，单击“无图像”按钮，退出仿真状态，返回 PowerMILL 编程环境。

8.1.2.4 凸模整体三次粗加工——模型残留区域清除应用于三次粗加工

1. 计算凸模整体三次粗加工刀具路径

在 PowerMILL“综合”工具栏中，单击“刀具路径策略”按钮，打开“策略选取器”表格，选择“三维区域清除”选项，在该选项卡中选择“模型残留区域清除”，单击“接受”按钮，打开“模型残留区域清除”表格，按图 8-25 所示设置参数。

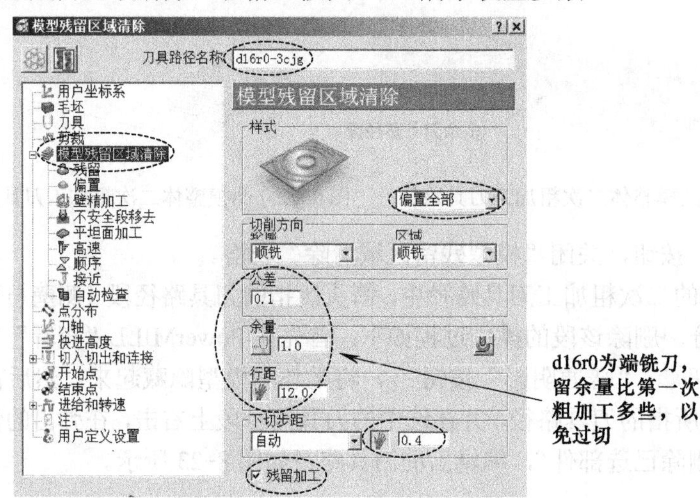

图 8-25 设置三次粗加工参数

在“模型残留区域清除”表格的策略树中，单击“刀具”树枝，调出“刀具”选项卡，按图 8-26 所示选择三次粗加工刀具。

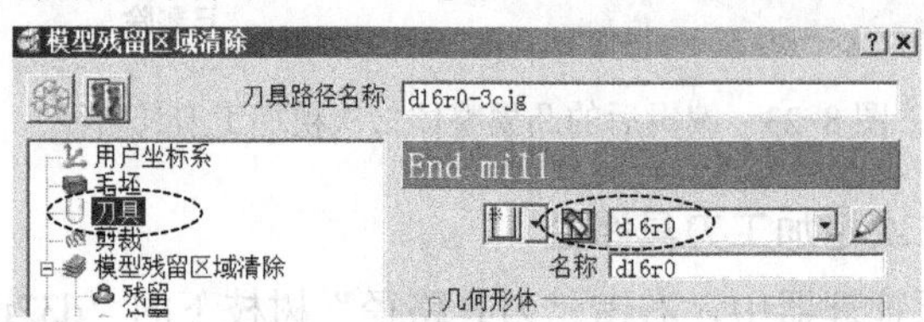

图 8-26 选择三次粗加工刀具

在“模型残留区域清除”表格的策略树中的“模型残留区域清除”树枝下，单击“残留”树枝，调出“残留”选项卡，按图 8-27 所示设置残留参数。

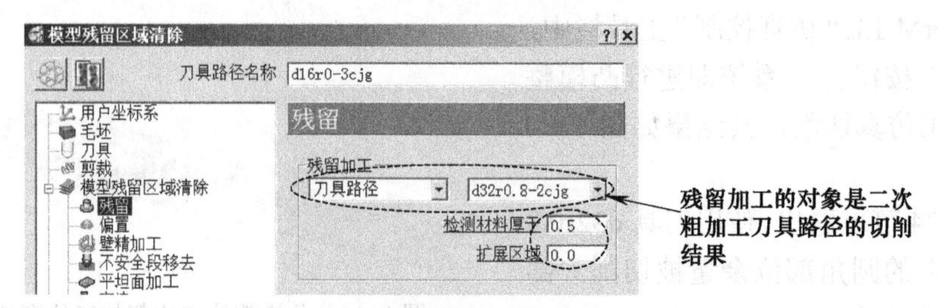

图 8-27 设置残留参数

在“模型残留区域清除”表格策略树中的“模型残留区域清除”树枝下，单击“不安全段移去”树枝，调出“不安全段移去”选项卡，按图 8-28 所示设置参数。

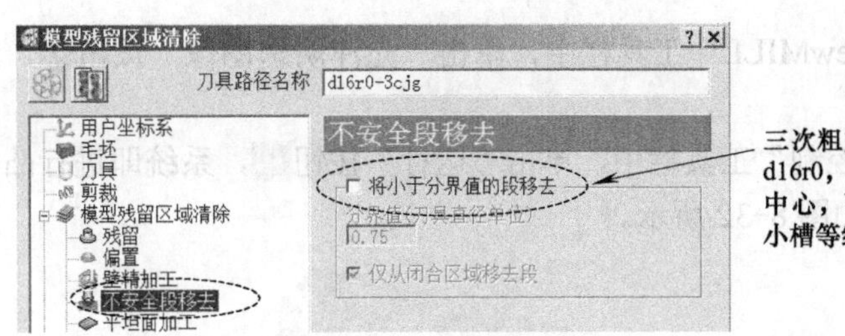

图 8-28　设置不安全段移去参数

第三次粗加工的切入切出方式与第二次粗加工相同，不需要再设置。

在“模型残留区域清除”表格策略树中，双击“切入切出和连接”树枝，将它展开，单击“连接”树枝，调出“连接”选项卡，按图 8-29 所示设置连接方式。

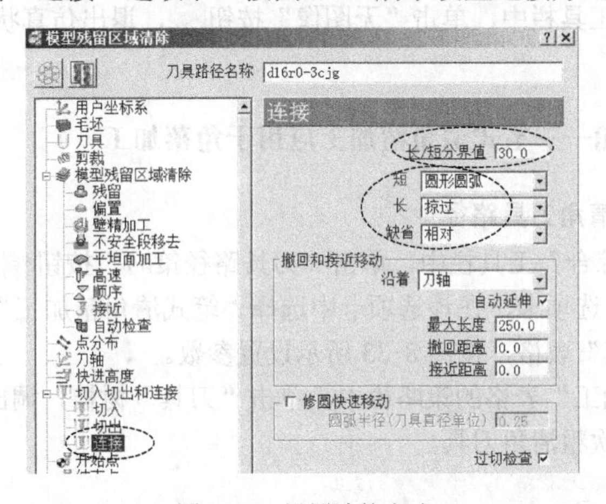

图 8-29　设置连接方式

在“模型残留区域清除”表格的策略树中，单击“进给和转速”树枝，调出“进给和转速”选项卡，设置主轴转速为“1500”，切削进给率为“1800”，下切进给率为“500”，掠过进给率为“8000”，冷却方式为“风冷”。

单击“模型残留区域清除”表格下方的“计算”按钮，在弹出的“警告”对话框中，单击“确定”按钮，系统计算出图 8-30 所示的凸模整体三次粗加工刀具路径，图 8-31 为该刀具路径的局部放大图。

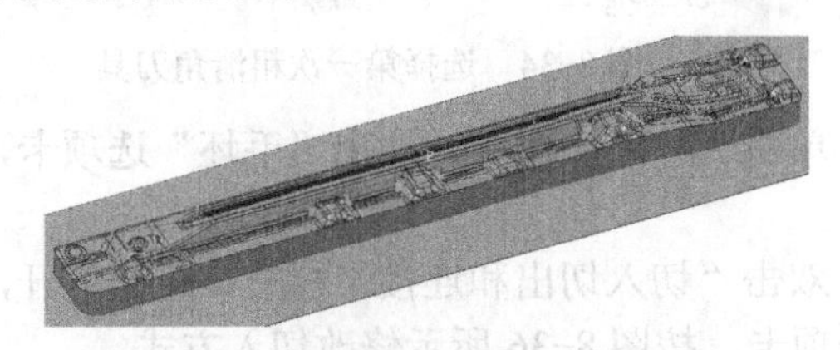

图 8-30　凸模整体三次粗加工刀具路径

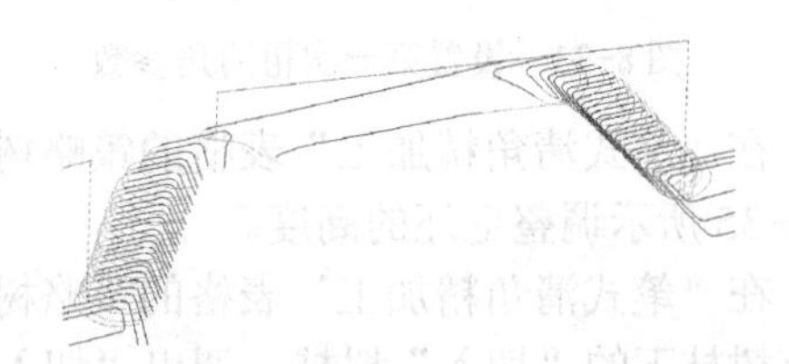

图 8-31　凸模整体三次粗加工刀具路径的局部放大图

单击“取消”按钮，关闭“模型残留区域清除”表格。

2．仿真凸模整体三次粗加工刀具路径

在 PowerMILL 资源管理器中，右击“刀具路径”树枝下的“d16r0-3cjg”，在弹出的快捷菜单条中，执行“自开始仿真”。

在 PowerMILL 的“ViewMILL”工具栏中，单击“光泽阴影图像”按钮，进入真实实体仿真切削状态。

在 PowerMILL“仿真控制”工具栏中，单击“运行”按钮，系统即进行凸模整体三次粗加工仿真切削，其结果如图 8-32 所示。

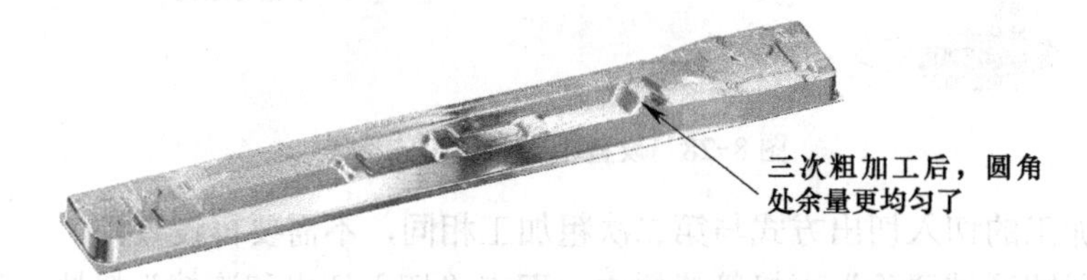

图 8-32　凸模整体三次粗加工仿真切削结果

在“ViewMILL”工具栏中，单击“无图像”按钮，退出仿真状态，返回 PowerMILL 编程环境。

8.1.2.5　第一次粗清角——笔式清角精加工应用于角落加工

1．计算第一次粗清角刀具路径

在 PowerMILL“综合”工具栏中，单击“刀具路径策略”按钮，打开“策略选取器”表格，选择“精加工”选项卡，在该选项卡中选择“笔式清角精加工”，单击“接受”按钮，打开“笔式清角精加工”表格，按图 8-33 所示设置参数。

在“笔式清角精加工”表格的策略树中，单击“刀具”树枝，调出“刀具”选项卡，按图 8-34 所示选择第一次粗清角刀具。

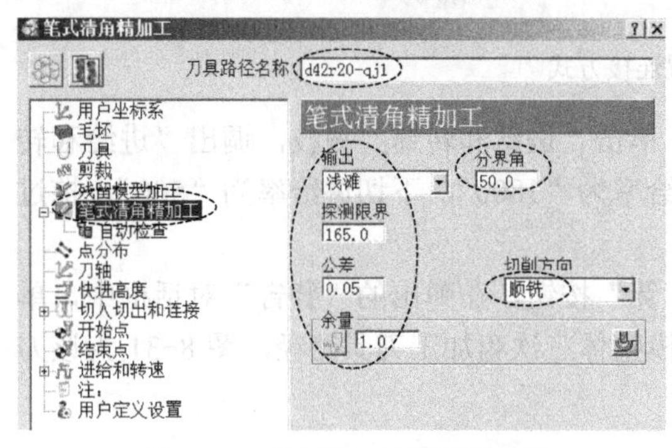

图 8-33　设置第一次粗清角参数

图 8-34　选择第一次粗清角刀具

在“笔式清角精加工”表格的策略树中，单击“毛坯”树枝，调出“毛坯”选项卡，按图 8-35 所示调整毛坯的高度。

在“笔式清角精加工”表格的策略树中，双击“切入切出和连接”树枝，将它展开，单击该树枝下的“切入”树枝，调出“切入”选项卡，按图 8-36 所示修改切入方式。

在“笔式清角精加工”表格的策略树中的“切入切出和连接”树枝下，单击“连接”树枝，调出“连接”选项卡，按图 8-37 所示修改连接方式。

在“笔式清角精加工”表格的策略树中，单击“进给和转速”树枝，调出“进给和转速”选项卡，设置主轴转速为“1200”，切削进给率为“2000”，下切进给率为“500”，掠过进给率为“8000”，冷却方式为“风冷”。

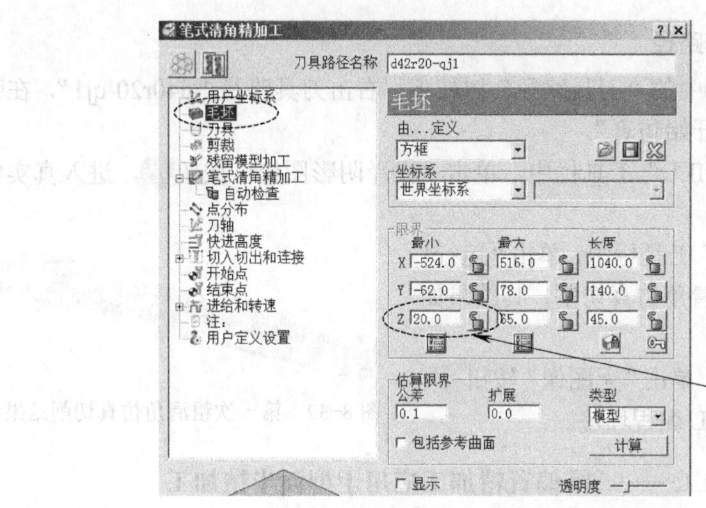

图 8-35　调整毛坯的高度

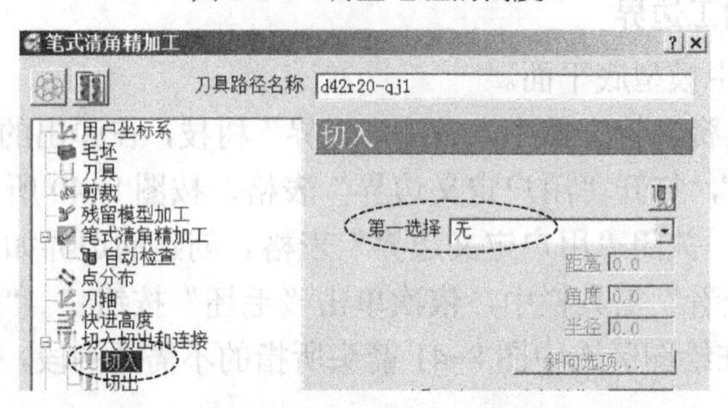

图 8-36　修改切入方式

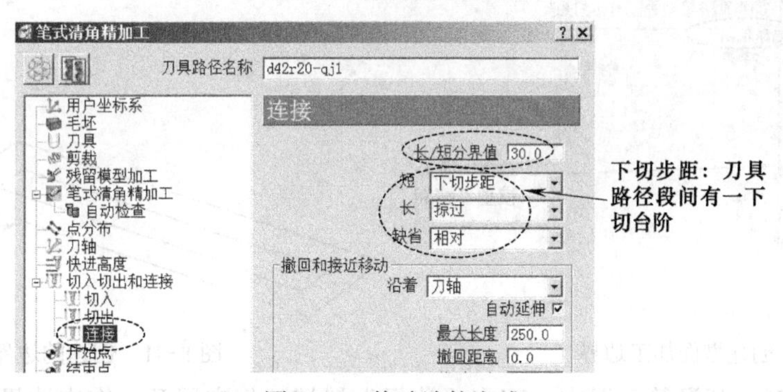

图 8-37　修改连接方式

单击“笔式清角精加工”表格下方的“计算”按钮，系统计算出图 8-38 所示的第一次粗清角刀具路径。

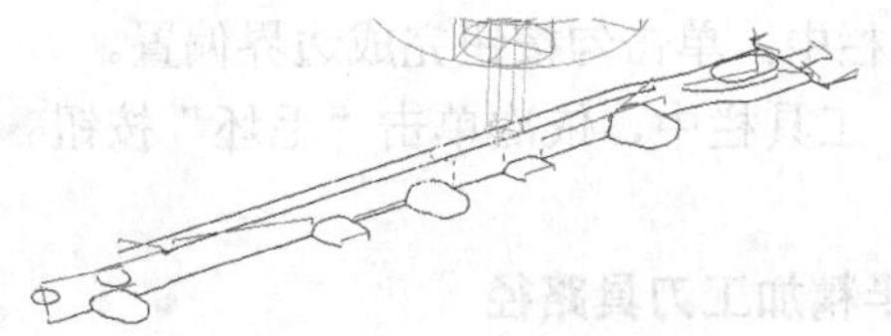
图 8-38　第一次粗清角刀具路径

单击“取消”按钮，关闭“笔式清角精加工”表格。

2．仿真第一次粗清角刀具路径

在 PowerMILL 资源管理器中的“刀具路径”树枝下，右击刀具路径“d40r20-qj1”，在弹出的快捷菜单条中，执行“自开始仿真”。

在 PowerMILL 的“ViewMILL”工具栏中，单击“光泽阴影图像”按钮，进入真实实体仿真切削状态。

在 PowerMILL“仿真控制”工具栏中，单击“运行”按钮，系统即进行第一次粗清角仿真切削，其结果如图 8-39 所示。

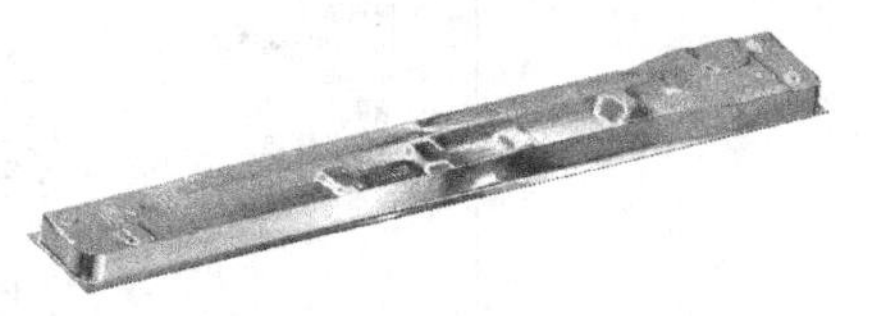

图 8-39　第一次粗清角仿真切削结果

在“ViewMILL”工具栏中，单击“无图像”按钮，退出仿真状态，返回 PowerMILL 编程环境。

8.1.2.6　凸模型面整体半精加工——三维偏置精加工应用于型面半精加工

1．计算型面半精加工边界

首先在绘图区中选中模型底平面。

然后在 PowerMILL 资源管理器中，右击“边界”树枝，在弹出的快捷菜单条中执行“定义边界”→“用户定义”，打开“用户定义边界”表格，按图 8-40 所示设置。

单击“接受”按钮，关闭“用户定义边界”表格。创建的边界如图 8-41 所示。

在 PowerMILL“查看”工具栏中，依次单击“毛坯”按钮、“普通阴影”按钮，将毛坯和模型隐藏，然后在绘图区选中图 8-41 箭头所指的不需要的段，按键盘上的<Delete>键，将它删除。

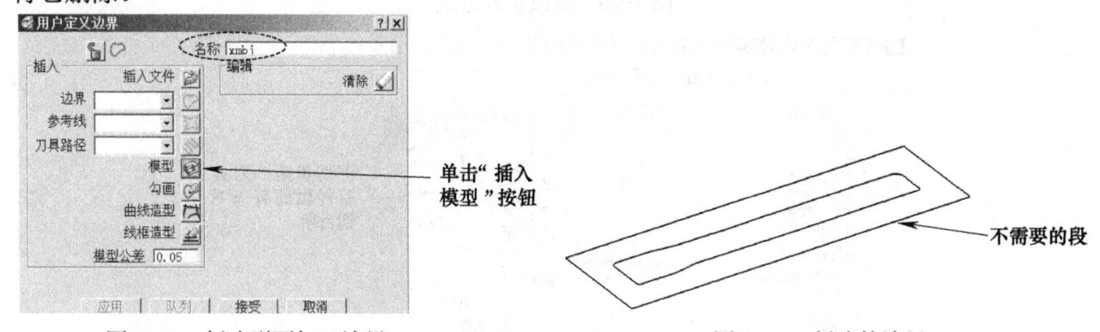

图 8-40　创建型面加工边界　　　图 8-41　创建的边界

在 PowerMILL 资源管理器中，双击“边界”树枝，将它展开，右击边界“xmbj”，在弹出的快捷菜单条中执行“编辑”→“变换”→“偏置...”，打开“偏置”表格，在“距离”栏中输入“3”，回车，将边界 xmbj 向凸模型面外扩展 3mm。

在“曲线编辑器”工具栏中，单击勾按钮完成边界偏置。

在 PowerMILL“查看”工具栏中，依次单击“毛坯”按钮、“普通阴影”按钮，将毛坯和模型显示出来。

2．计算凸模型面整体半精加工刀具路径

在 PowerMILL“综合”工具栏中，单击“刀具路径策略”按钮，打开“策略选取器”表格，选择“精加工”选项卡，在该选项卡中选择“三维偏置精加工”，单击“接受”按钮，打开“三维偏置精加工”表格，按图 8-42 所示设置参数。

在“三维偏置精加工”表格的策略树中，单击“刀具”树枝，调出“刀具”选项卡，按图 8-43 所示选择半精加工刀具。

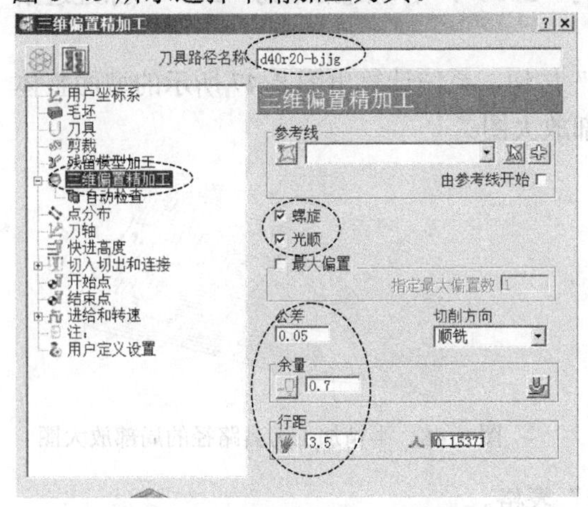

图 8-42 设置半精加工参数

图 8-43 选择半精加工刀具

在“三维偏置精加工”表格的策略树中，单击“毛坯”树枝，调出“毛坯”选项卡，按图 8-44 所示调整毛坯的高度。

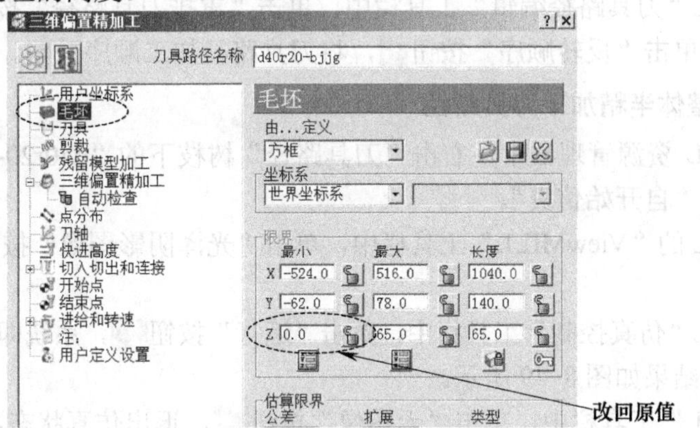

图 8-44 调整毛坯的高度

在“三维偏置精加工”表格的策略树中，单击“剪裁”树枝，调出“剪裁”选项卡，按图 8-45 所示选择加工边界。

在“三维偏置精加工”表格的策略树中，双击“切入切出和连接”树枝，将它展开，单击“连接”树枝，调出“连接”选项卡，按图 8-46 所示修改连接方式。

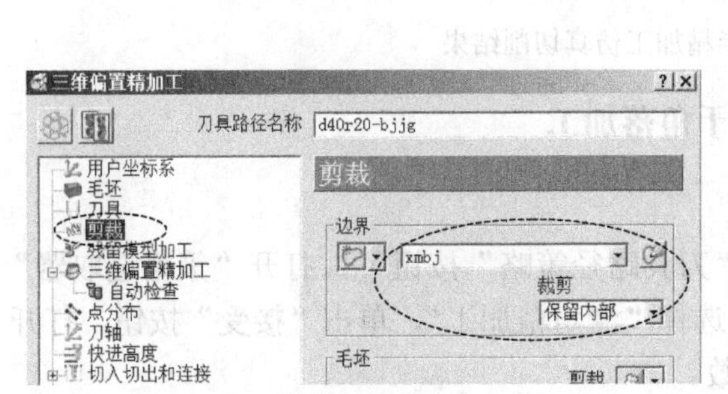

图 8-45 选择加工边界

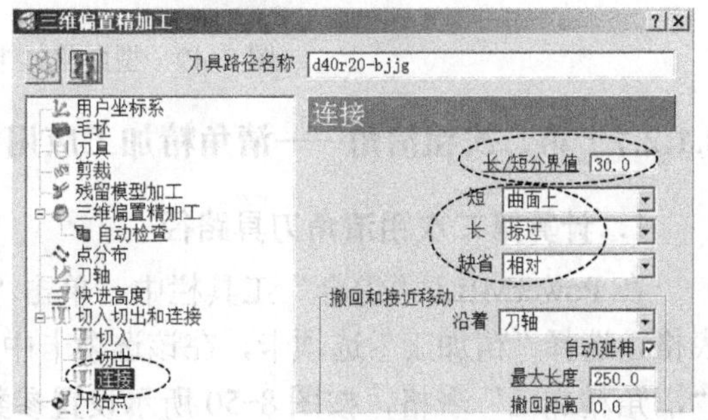

图 8-46 修改连接方式

在“三维偏置精加工”表格的策略树中，单击“进给和转速”树枝，调出“进给和转速”选项卡，设置主轴转速为“1200”，切削进给率为“2000”，下切进给率为“500”，掠过进给率为“8000”，冷却方式为“风冷”。

单击“三维偏置精加工”表格下方的“计算”按钮，系统计算出图 8-47 所示的型面整体半精加工刀具路径，图 8-48 为该刀具路径的局部放大图。

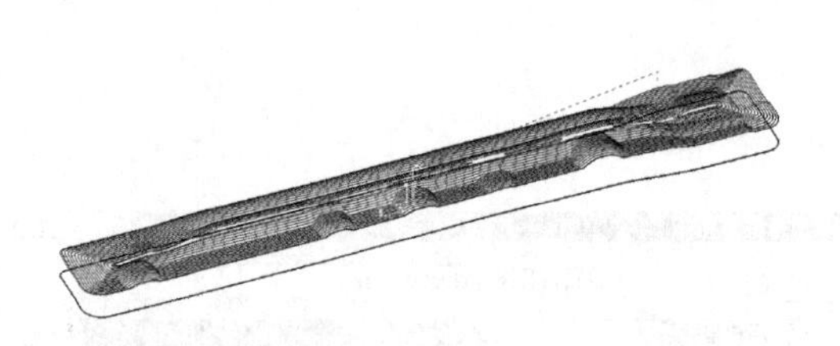

图 8-47　型面整体半精加工刀具路径

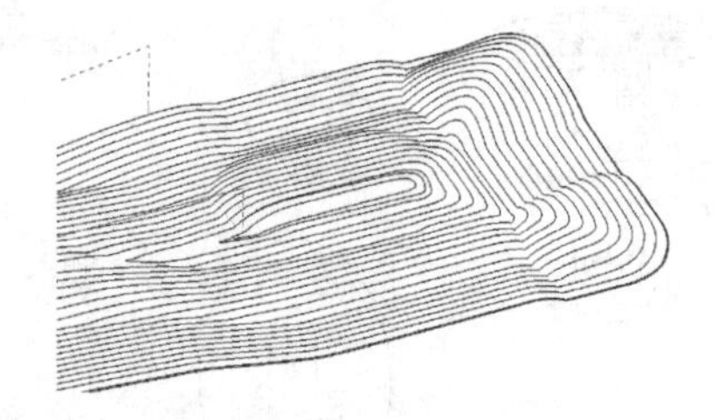

图 8-48　半精加工刀具路径的局部放大图

单击“取消”按钮，关闭“三维偏置精加工”表格。

图 8-47 所示的半精加工刀具路径，从零件四周向中部切削。对于凸模的加工，切削顺序应从零件中部（高）切向四周（低）。编辑切削顺序的方法如下：

在 PowerMILL“刀具路径编辑”工具栏中，单击“重排刀具路径”按钮，打开“刀具路径列表”表格，单击“反转顺序”按钮，将刀具路径加工顺序反向。

3．仿真型面整体半精加工刀具路径

在 PowerMILL 资源管理器中，右击“刀具路径”树枝下的“d40r20-bjjg”，在弹出的快捷菜单条中，执行“自开始仿真”。

在 PowerMILL 的“ViewMILL”工具栏中，单击“光泽阴影图像”按钮，进入真实实体仿真切削状态。

在 PowerMILL“仿真控制”工具栏中，单击“运行”按钮，系统即进行型面整体半精加工仿真切削，其结果如图 8-49 所示。

在“ViewMILL”工具栏中，单击“无图像”按钮，退出仿真状态，返回 PowerMILL 编程环境。

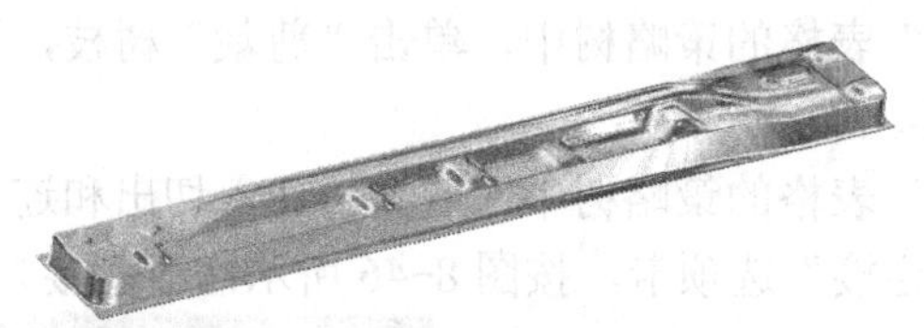

图 8-49　型面整体半精加工仿真切削结果

8.1.2.7　第二次粗清角——清角精加工应用于角落加工

1．计算第二次粗清角刀具路径

在 PowerMILL“综合”工具栏中，单击“刀具路径策略”按钮，打开“策略选取器”表格，选择“精加工”选项卡，在该选项卡中选择“清角精加工”，单击“接受”按钮，打开“清角精加工”表格，按图 8-50 所示设置参数。

在“清角精加工”表格的策略树中，单击“刀具”树枝，调出“刀具”选项卡，按图 8-51

所示选择第二次粗清角刀具。

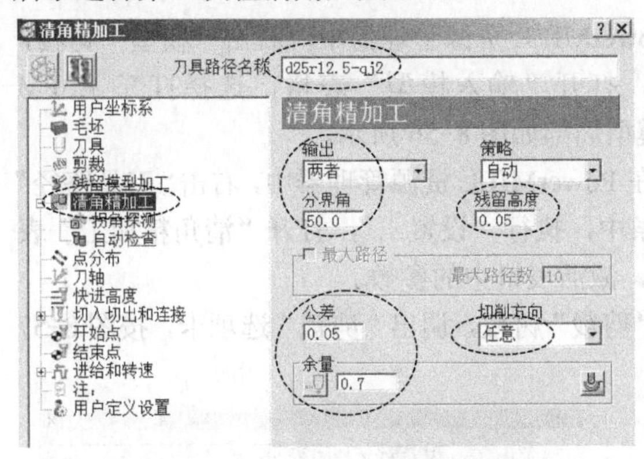

图 8-50　设置第二次粗清角参数

图 8-51　选择第二次粗清角刀具

在“清角精加工”表格的策略树中，双击“清角精加工”树枝，将它展开。单击该树枝下的“拐角探测”树枝，调出“拐角探测”选项卡，按图 8-52 所示设置拐角探测参数。

在“清角精加工”表格的策略树中，双击“切入切出和连接”树枝，将它展开，单击该树枝下的“连接”树枝，调出“连接”选项卡，按图 8-53 所示修改连接方式。

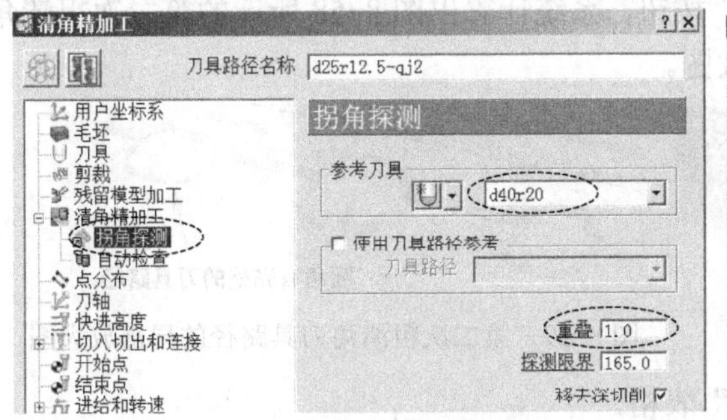

图 8-52　设置拐角探测参数

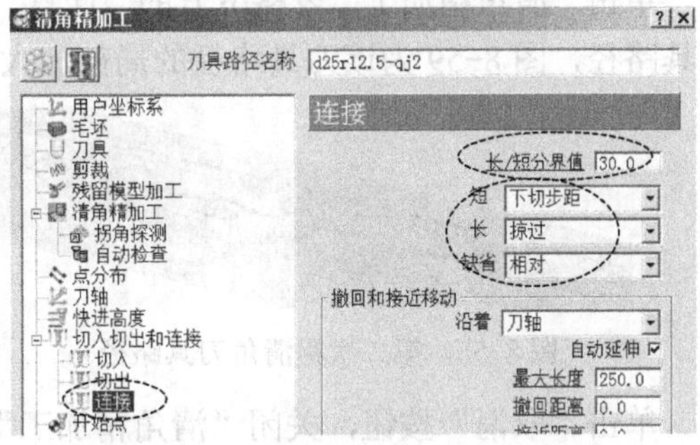

图 8-53　修改连接方式

在“清角精加工”表格的策略树中，单击“进给和转速”树枝，调出“进给和转速”选项卡，设置主轴转速为“2000”，切削进给率为“2000”，下切进给率为“500”，掠过进给率为“8000”，冷却方式为“风冷”。

单击“清角精加工”表格下方的“计算”按钮，系统计算出图 8-54 所示的第二次粗清角刀具路径，图 8-55 为该刀具路径的局部放大图。

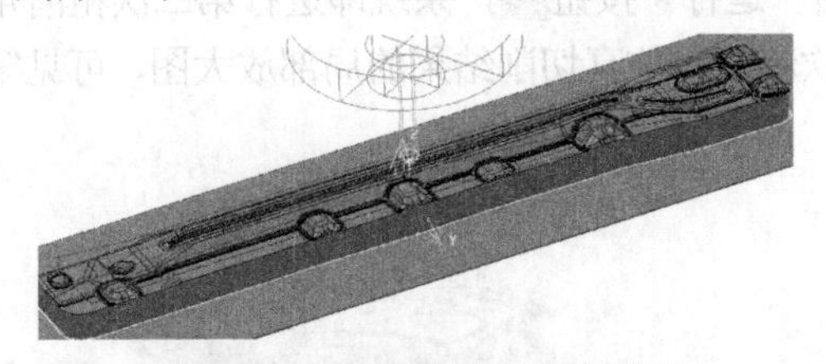

图 8-54　第二次粗清角刀具路径

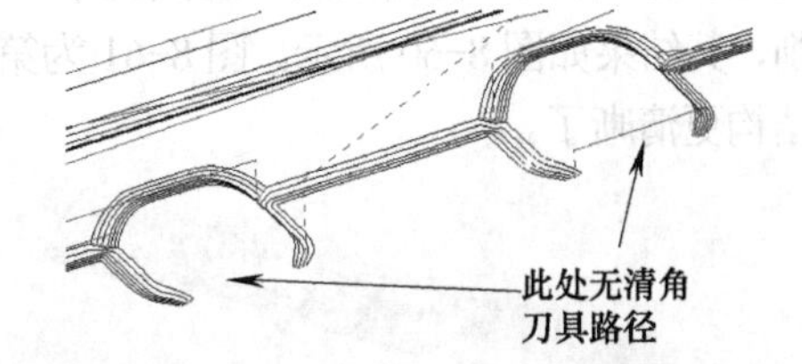

图 8-55　第二次粗清角刀具路径的局部放大图

单击“取消”按钮，关闭“清角精加工”表格。

如图 8-55 所示，零件的圆角有一部分没有清角刀具路径。对于模型边沿的圆角，计算刀具路径时，需要输入辅助面，使圆角完整，不处于模型边沿。

2. 编辑第二次清角刀具路径

首先输入一张用于辅助编程的补面。在 PowerMILL 资源管理器中，右击“模型”树枝，在弹出的快捷菜单条中，执行“输入模型”，打开“输入模型”表格，选择打开 E:\PM EX\ch08\8-1\tmr-bm.dgk 文件。输入补面后的模型局部如图 8-56 所示。

然后修改刀具路径参数并计算刀具路径。在 PowerMILL 资源管理器中，右击“刀具路径”树枝下的“d25r12.5-qj2”，在弹出的快捷菜单条中，执行“设置...”，打开“清角精加工”表格，单击该表格左上角的“编辑参数”按钮，激活表格中的参数。

在“清角精加工”表格的策略树中，单击“剪裁”树枝，调出“剪裁”选项卡，按图 8-57 所示取消选择边界。

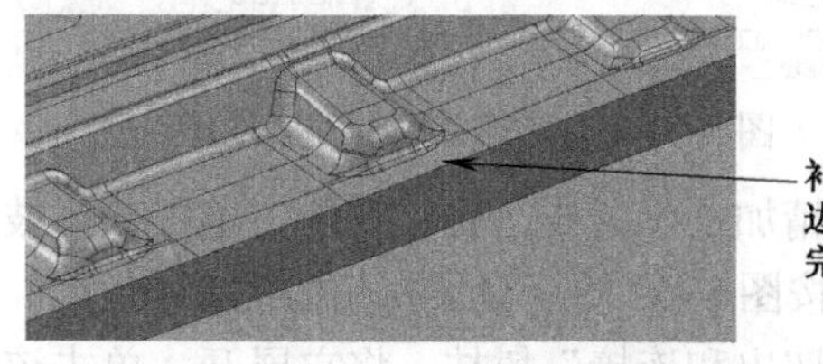

图 8-56　输入补面后的模型局部

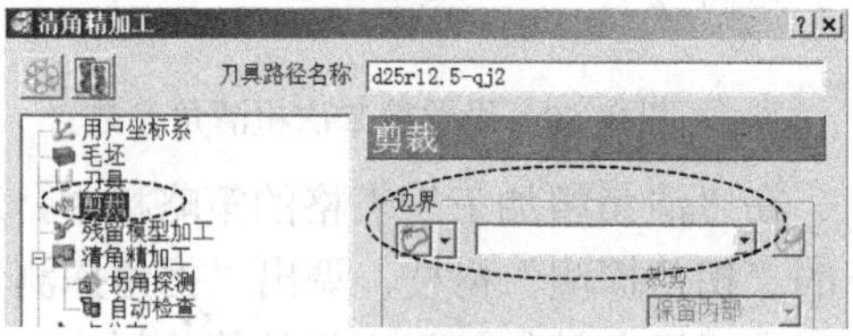

图 8-57　取消选择边界

单击“清角精加工”表格下方的“计算”按钮，系统计算出图 8-58 所示的第二次粗清角刀具路径，图 8-59 为该刀具路径的局部放大图。

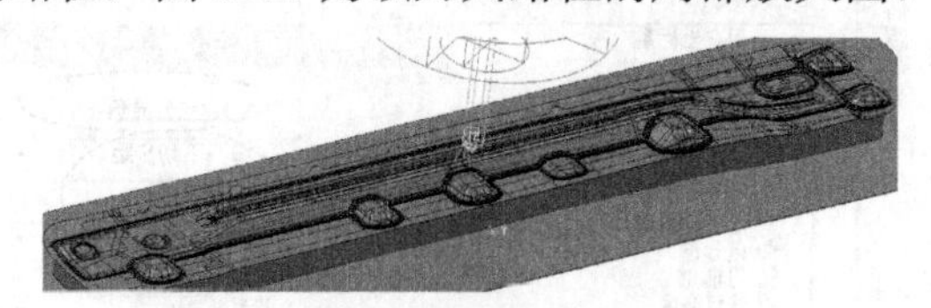

图 8-58　第二次粗清角刀具路径

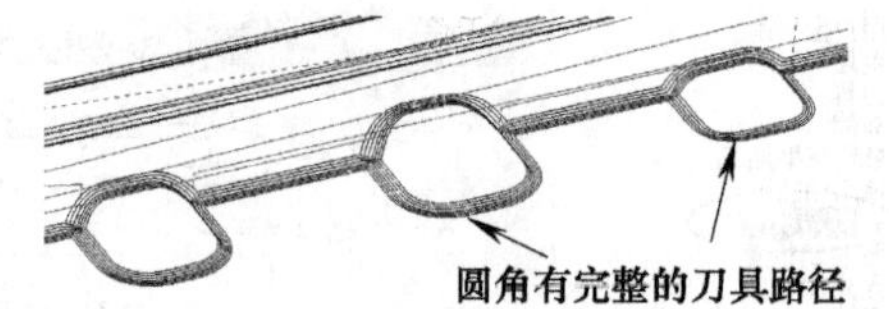

图 8-59　第二次粗清角刀具路径的局部放大图

单击“取消”按钮，关闭“清角精加工”表格。

3. 仿真第二次粗清角刀具路径

在 PowerMILL 资源管理器中，右击“刀具路径”树枝下的“d25r12.5-qj2”，在弹出的快捷菜单条中，执行“自开始仿真”。

在 PowerMILL 的“ViewMILL”工具栏中，单击“光泽阴影图像”按钮，进入真实实体仿真切削状态。

在 PowerMILL“仿真控制”工具栏中，单击“运行”按钮，系统即进行第二次粗清角仿真切削，其结果如图 8-60 所示。图 8-61 为第二次粗清角仿真切削结果的局部放大图，可见零件圆角结构更清晰了。

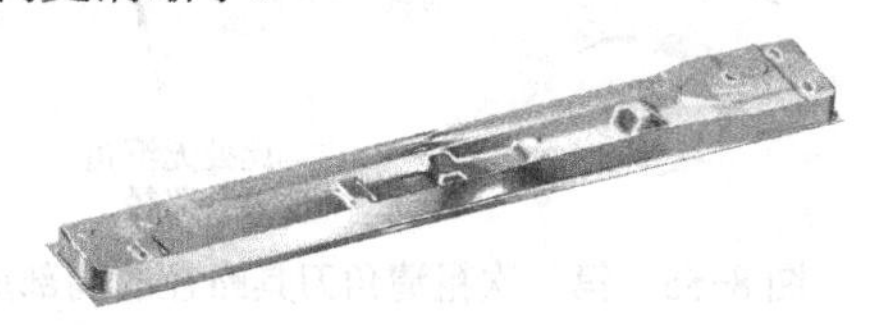

图 8-60　第二次粗清角仿真切削结果

图 8-61　第二次粗清角仿真切削结果的局部放大图

在“ViewMILL”工具栏中，单击“无图像”按钮，退出仿真状态，返回 PowerMILL 编程环境。

8.1.2.8 凸模侧壁精加工——模型轮廓应用于侧壁精加工

1．删除辅助面

在 PowerMILL 资源管理器中，双击“模型”树枝，将它展开，右击该树枝下的“tmr-bm”，在弹出的快捷菜单条中，执行“删除模型”，将补面模型删除，以免影响凸模侧壁加工。

2．计算凸模侧壁精加工刀具路径

在 PowerMILL“综合”工具栏中，单击“刀具路径策略”按钮，打开“策略选取器”表格，选择“三维区域清除”选项卡，在该选项卡中选择“模型轮廓”，单击“接受”按钮，打开“模型轮廓”表格，按图 8-62 所示设置参数。

在“模型轮廓”表格的策略树中，单击“刀具”树枝，调出“刀具”选项卡，按图 8-63 所示选择侧壁精加工刀具。

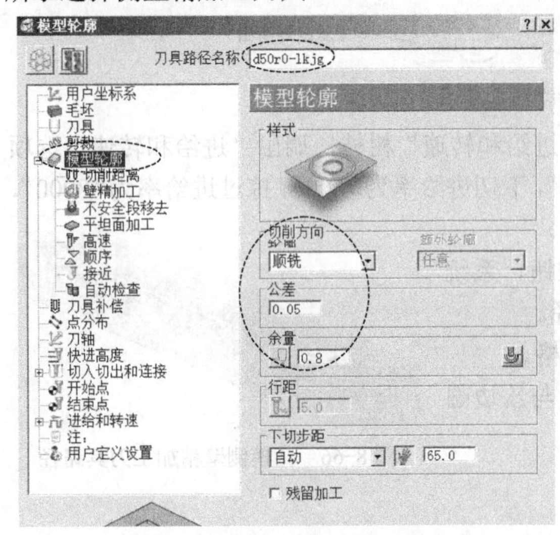

图 8-62 设置凸模侧壁精加工参数

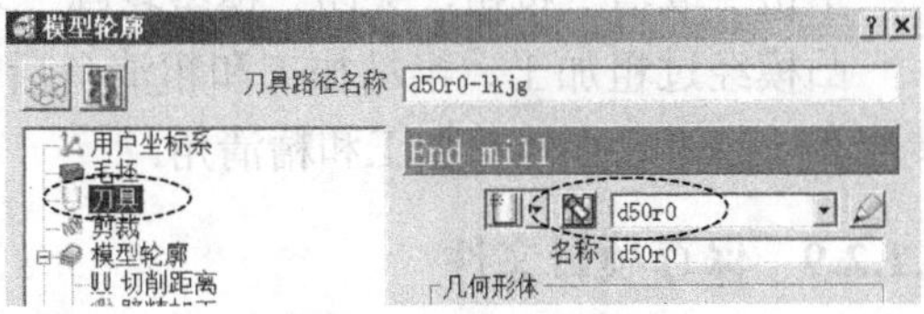

图 8-63 选择侧壁精加工刀具

在“模型轮廓”表格的策略树中，单击“毛坯”树枝，调出“毛坯”选项卡，按图 8-64 所示设置毛坯尺寸。

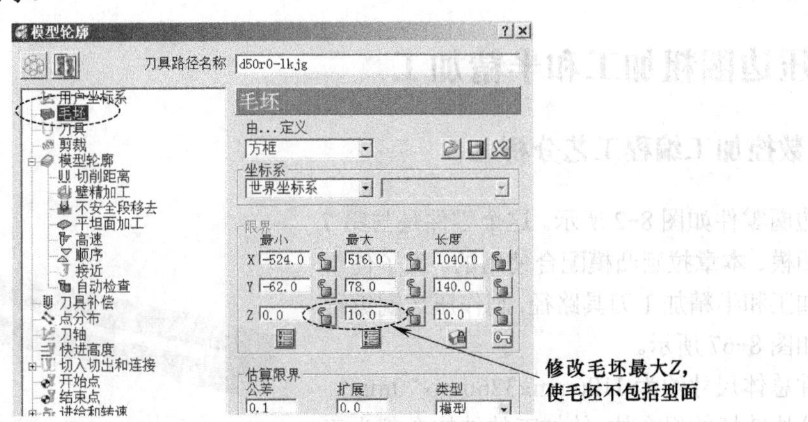

图 8-64 设置毛坯尺寸

在“模型轮廓”表格策略树中，双击“切入切出和连接”树枝，将它展开，单击该树枝下的“切入”树枝，调出“切入”选项卡，按图 8-65 所示修改切入方式。

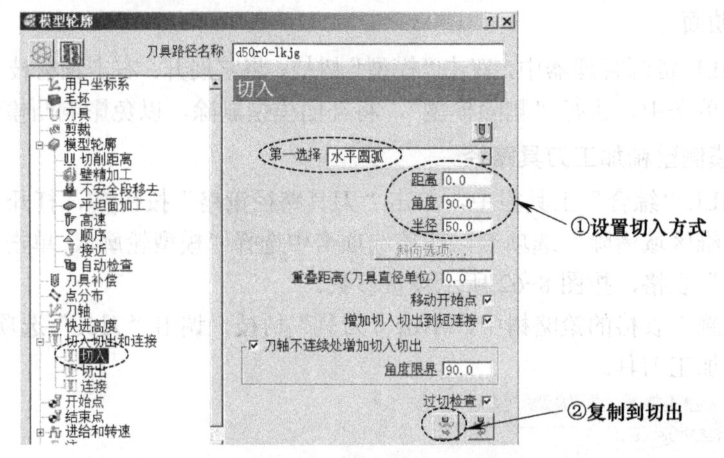

图 8-65　修改切入方式

在“模型轮廓”表格的策略树中，单击“进给和转速”树枝，调出“进给和转速”选项卡，设置主轴转速为“150”，切削进给率为“150”，下切进给率为“500”，掠过进给率为“8000”，冷却方式为“风冷”。

单击“模型轮廓”表格下方的“计算”按钮，系统计算出图 8-66 所示的凸模侧壁精加工刀具路径。

单击“取消”按钮，关闭“模型轮廓”表格。

凸模经过粗加工、半精加工和粗清角后，与压边圈装配在一起进行整体精加工和精清角。

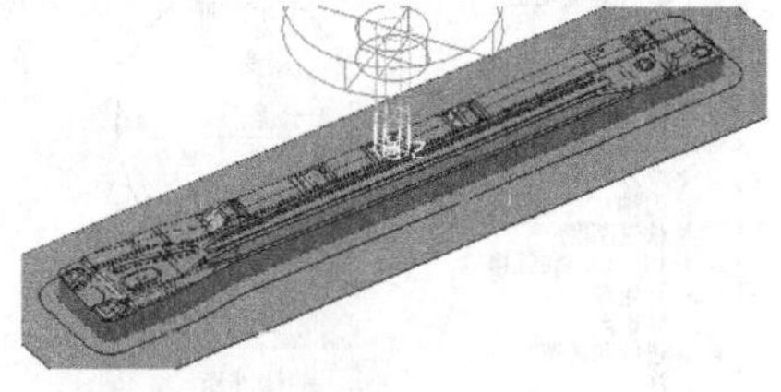

图 8-66　凸模侧壁精加工刀具路径

8.1.2.9　保存项目文件

在 PowerMILL 下拉菜单条中，执行“文件”→“保存项目”，打开“保存项目为”表格，在“保存在”栏选择 E:\PM EX，在“文件名”栏输入项目名为“8-1 tmr”，然后单击“保存”按钮完成操作。

8.2　压边圈粗加工和半精加工

8.2.1　数控加工编程工艺分析

压边圈零件如图 8-2 所示。这个零件是与第 7 章拉延凹模、本章拉延凸模配合使用的。为了便于计算粗加工和半精加工刀具路径，制作压边圈编程辅助面如图 8-67 所示。

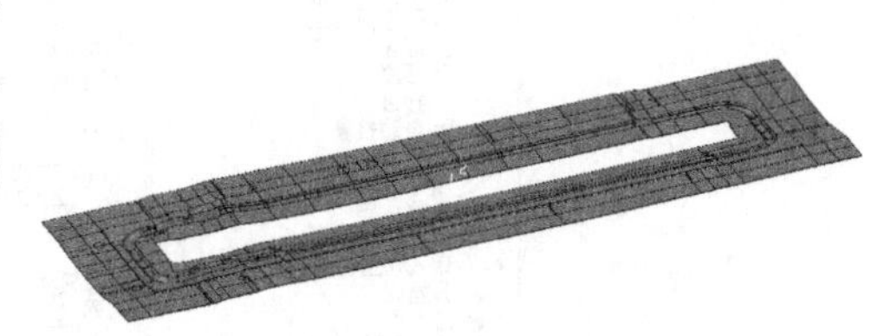

图 8-67　压边圈编程辅助面

零件总体尺寸约为 1196mm×326mm×70mm，毛坯为分块铸坯的组合体，待加工的结构全部为三维曲面。在本节中，只计算压边圈型面的粗加工、粗清角以及半精加工刀具路径。

拟使用表8-3所列的压边圈粗加工数控编程工艺过程来计算零件的加工刀具路径。

表8-3 压边圈粗加工数控编程工艺过程

工步号	工步名	加工策略	加工部位	刀具	切削参数					
					转速/(r/min)	进给速度/(mm/min)	切削宽度/mm	背吃刀量/mm	公差/mm	余量/mm
1	粗加工	模型区域清除	型面	d63r4.5	900	4000	42	0.65	0.1	0.8
2	二次开粗	模型残留区域清除	型面	d16r0	1500	1800	12	0.4	0.1	0.9
3	一次粗清角	单笔清角精加工	圆角	d40r20	1200	2000	—	—	0.1	0.9
4	半精加工	三维偏置精加工	型面	d40r20	1200	2000	3.5	—	0.05	0.7
5	二次粗清角	多笔清角精加工	圆角	d25r12.5	2200	2000	—	—	0.05	0.7

8.2.2 详细编程过程

8.2.2.1 设置公共参数

步骤一 新建加工项目

（1）输入模型 在PowerMILL下拉菜单条中单击“文件”→“输入模型”，打开“输入模型”表格，选择E:\PM EX\ch08\8-2\ybq.dgk文件，然后单击“打开”按钮，输入压边圈数模。

（2）查看模型 在PowerMILL“查看”工具条中，单击“普通阴影”按钮，显示模型的着色状态。单击“线框”按钮，关闭线框显示。单击“ISO1”按钮，以轴测视角查看零件。

（3）更改模型显示精度 首先更改圆弧边线显示精度。在PowerMILL下拉菜单条中，执行“工具”→“选项”，打开“选项”表格，双击“查看”树枝，将它展开，单击该树枝下的“三维图形”树枝，调出“三维图形”选项卡。将显示公差设置为0.01mm。单击“接受”按钮，关闭“选项”表格。

然后更改模型实体阴影精度。在PowerMILL下拉菜单条中，执行“显示”→“模型”，打开“模型显示选项”表格，将阴影公差设置为0.01mm。单击“接受”按钮，关闭“模型显示选项”表格。

步骤二 准备加工

（1）创建边界 按住键盘下的<Shift>键，在绘图区选择图8-68中箭头所指的12张底平面。在PowerMILL资源管理器中，右击“边界”树枝，在弹出的快捷菜单条中执行“定义边界”→“用户定义”，打开用户定义边界表格，在该表格中单击“模型”按钮，将图8-68中所选曲面的轮廓线转换为边界线，边界名称为1，如图8-69所示。单击“接受”按钮关闭“用户定义边界”表格。

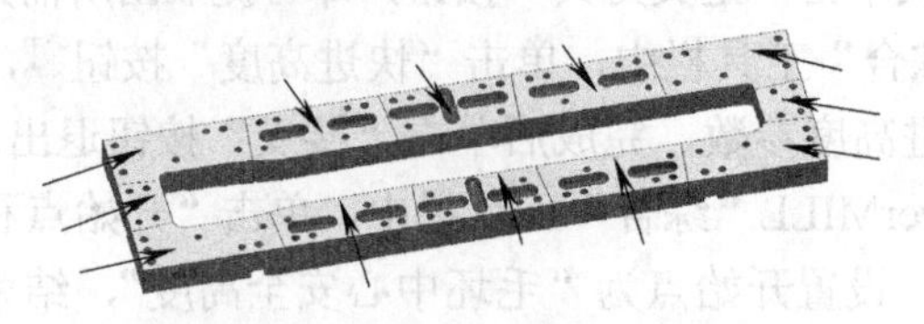

图8-68 选择压边圈底平面

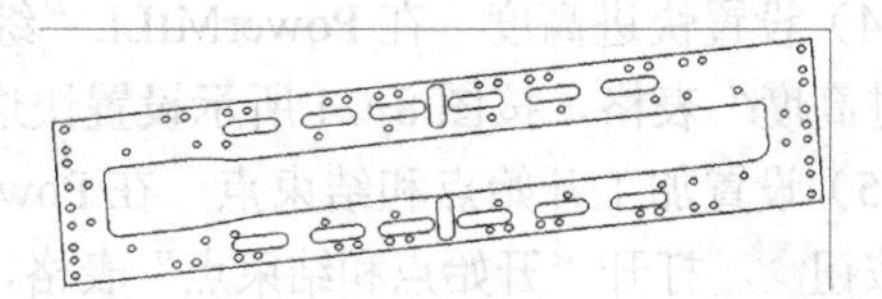

图8-69 模型边界

接下来删除图 8-69 所示模型边界中不需要的线条。

在 PowerMILL“查看”工具栏中，单击“普通阴影”按钮，将模型隐藏，单击“从上查看(Z)”按钮，将模型边界摆成与屏幕平行位置。按住键盘下的<Shift>键，拉框选择全部圆孔边、腰形槽边线，然后单击键盘中的<Delete>键，将它们删除，保留的图线如图 8-70 所示。

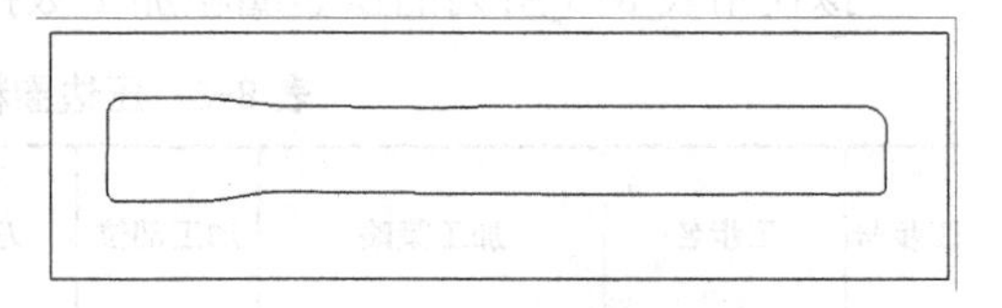

图 8-70　留下的边界线

接下来偏置边界线。

在 PowerMILL 资源管理器中，双击“边界”树枝，将它展开，右击边界“1”，在弹出的快捷菜单条中执行“编辑”→“变换”→“偏置...”，打开“曲线编辑器”工具栏和“偏置”表格，在偏置表格中输入“3”，回车，单击“曲线编辑器”工具栏中的勾按钮，完成边界偏置。

在 PowerMILL“查看”工具栏中，单击“普通阴影”按钮，将模型显示出来。

（2）由边界创建毛坯　在 PowerMILL“综合”工具栏中，单击“毛坯”按钮，打开“毛坯”表格，按图 8-71 所示设置参数。单击“接受”按钮，关闭该表格。计算出来的毛坯如图 8-72 所示。

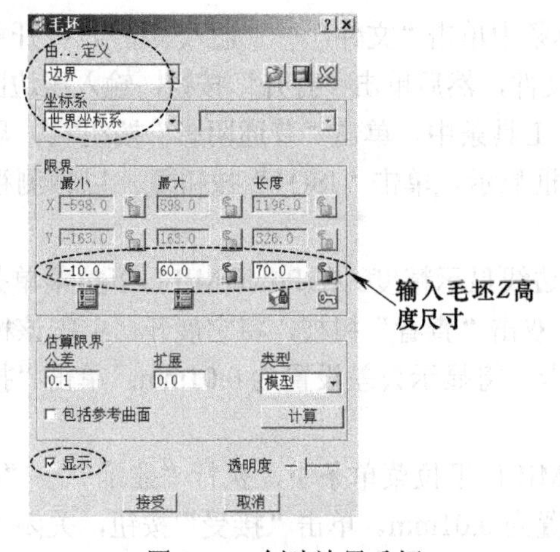

图 8-71　创建边界毛坯

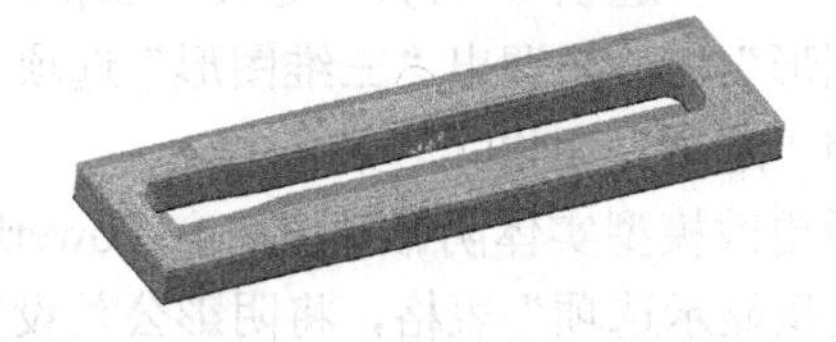

图 8-72　边界毛坯

本例中，对刀坐标系零点即为世界坐标系原点。

（3）从刀具数据库中提取加工刀具　在 PowerMILL 资源管理器中，右击“刀具”树枝，在弹出的快捷菜单条中执行“自数据库...”，打开“刀具数据库搜索”表格，按图 8-73 所示顺序操作，提取 d63r4.5 刀具。

本例还会用到 d16r0、d40r20、d25r12.5 刀具，在图 8-82 所示“刀具数据库搜索”表格的“搜索结果”栏里，依次选择上述刀具，依次单击“定义刀具”按钮，即可提取出所需刀具。

（4）设置快进高度　在 PowerMILL“综合”工具栏中，单击“快进高度”按钮，打开“快进高度”表格，按图 8-74 所示设置快进高度参数，完成后单击“接受”按钮退出。

（5）设置加工开始点和结束点　在 PowerMILL“综合”工具栏中，单击“开始点和结束点”按钮，打开“开始点和结束点”表格，设置开始点为“毛坯中心安全高度”，结束点为“最后一点安全高度”。

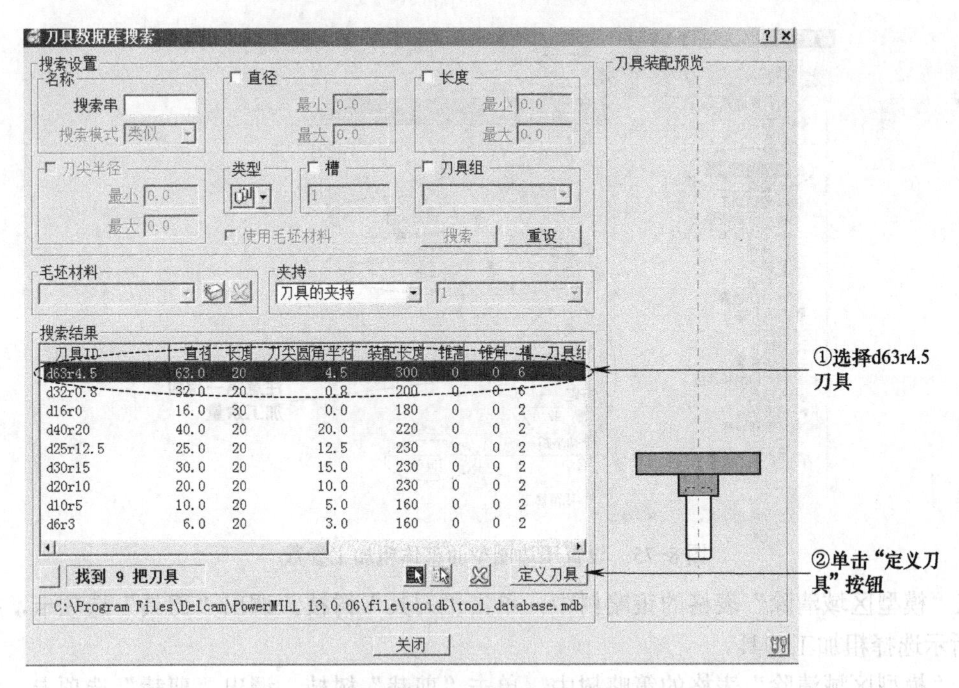

图 8-73　提取 d63r4.5 刀具

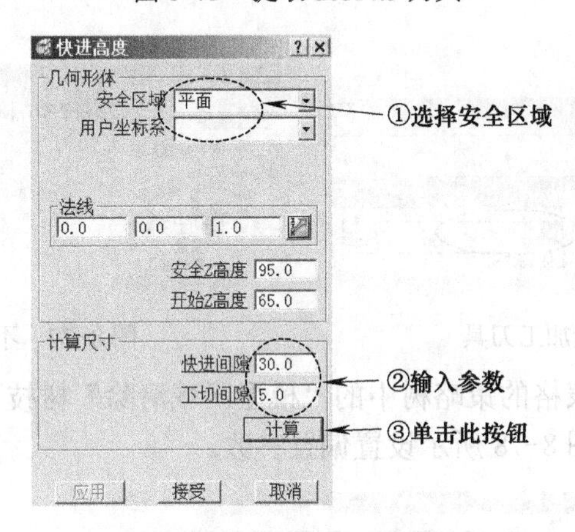

图 8-74　设置快进高度参数

8.2.2.2　型面整体粗加工——模型区域清除应用于开粗

1. 输入辅助面模型

在 PowerMILL 下拉菜单条中单击“文件”→“输入模型”，打开“输入模型”表格，选择 E:\PM EX\ch08\8-2\ybq-bm.dgk 文件，然后单击“打开”按钮，输入压边圈辅助面数模。

2. 计算压边圈型面整体粗加工刀具路径

在 PowerMILL“综合”工具栏中，单击“刀具路径策略”按钮，打开“策略选取器”表格，选择“三维区域清除”选项，在该选项卡中选择“模型区域清除”，单击“接受”按钮，打开“模型区域清除”表格，按图 8-75 所示设置参数。

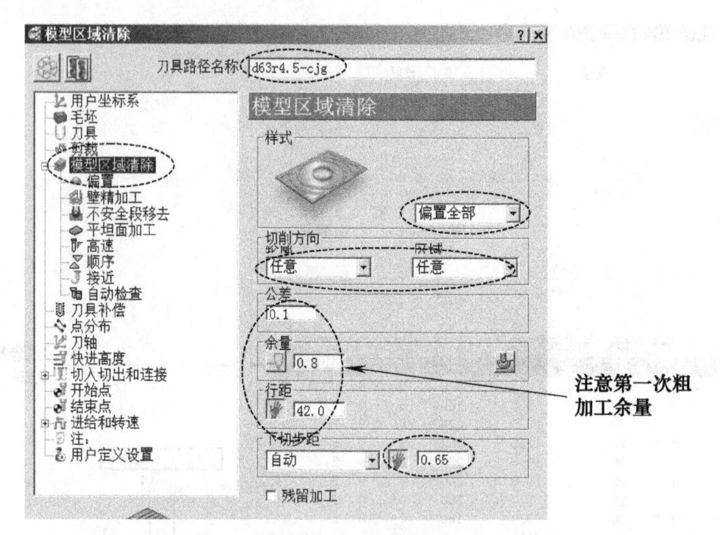

图 8-75　设置压边圈型面整体粗加工参数

在“模型区域清除”表格的策略树中，单击“刀具”树枝，调出“刀具”选项卡，按图 8-76 所示选择粗加工刀具。

在“模型区域清除”表格的策略树中，单击“剪裁”树枝，调出“剪裁”选项卡，按图 8-77 所示不选择加工边界。

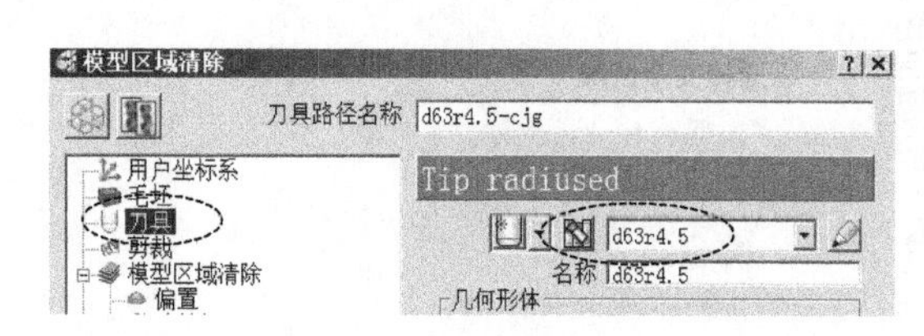

图 8-76　选择粗加工刀具　　　　图 8-77　不选择加工边界

在“模型区域清除”表格的策略树中的“模型区域清除”树枝下，单击“偏置”树枝，调出“偏置”选项卡，按图 8-78 所示设置偏置参数。

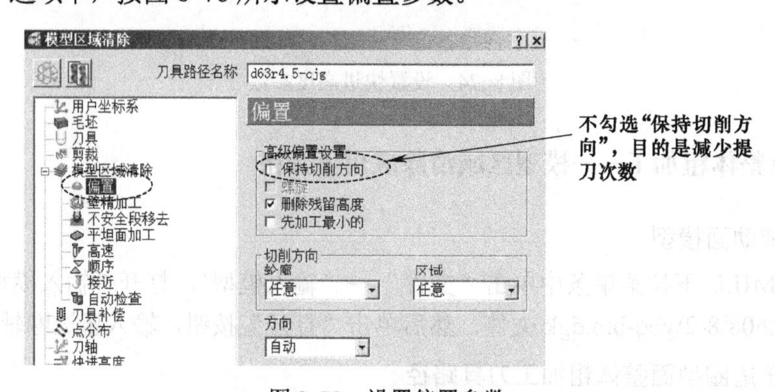

图 8-78　设置偏置参数

在“模型区域清除”表格的策略树中的“模型区域清除”树枝下，单击“不安全段移去”树枝，调出“不安全段移去”选项卡，按图 8-79 所示设置不安全段移去参数。

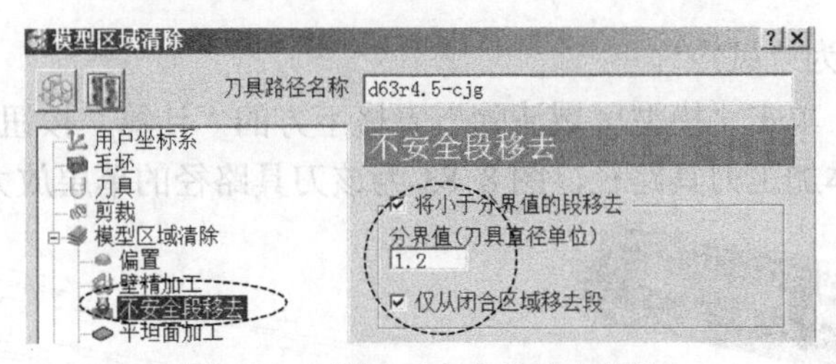

图 8-79　设置不安全段移去参数

在“模型区域清除”表格的策略树中，双击“切入切出和连接”树枝，将它展开，单击“切入”树枝，调出“切入”选项卡，按图 8-80 所示设置切入方式。

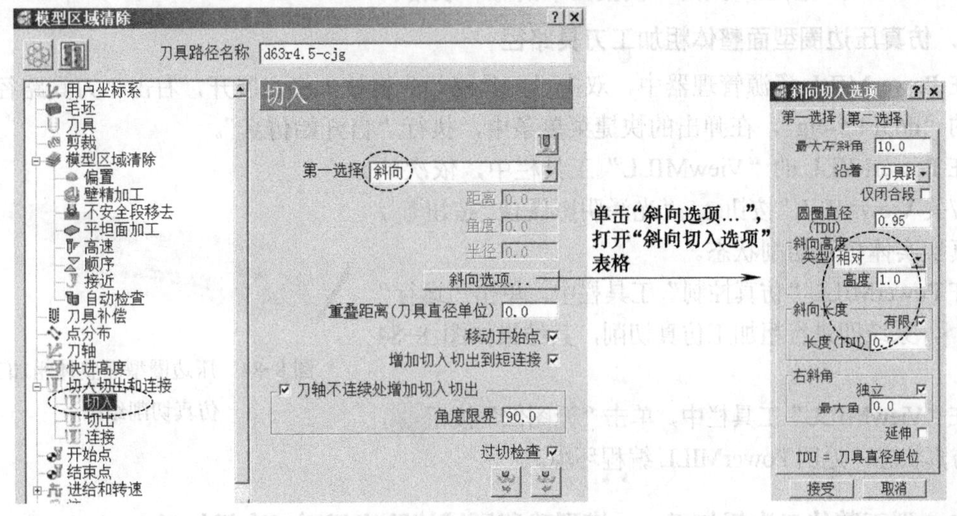

图 8-80　设置切入方式

在“模型区域清除”表格的策略树中，单击“切入切出和连接”树枝下的“连接”树枝，调出“连接”选项卡，按图 8-81 所示设置连接方式。

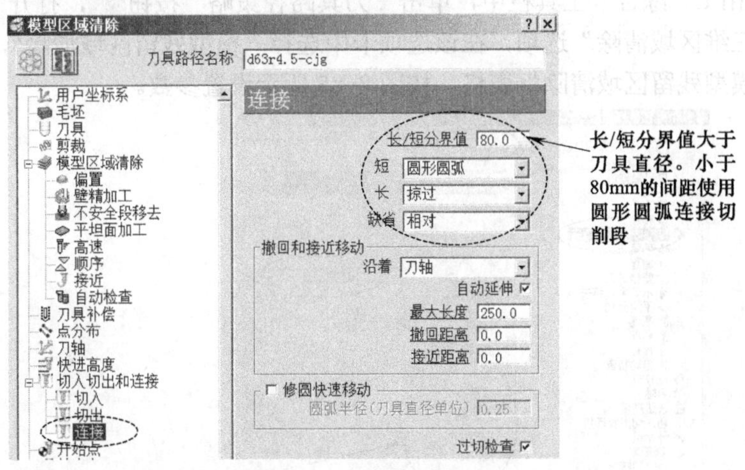

图 8-81　设置连接方式

在“模型区域清除”表格的策略树中，单击“进给和转速”树枝，调出“进给和转速”选项卡，设置主轴转速为“900”，切削进给率为“4000”，下切进给率为“500”，掠过进给率为“8000”，冷却方式为“风冷”。

设置完各参数后，单击“模型区域清除”表格下方的“计算”按钮，系统计算出图 8-82 所示的压边圈型面整体加工刀具路径，图 8-83 为该刀具路径的单层放大图。

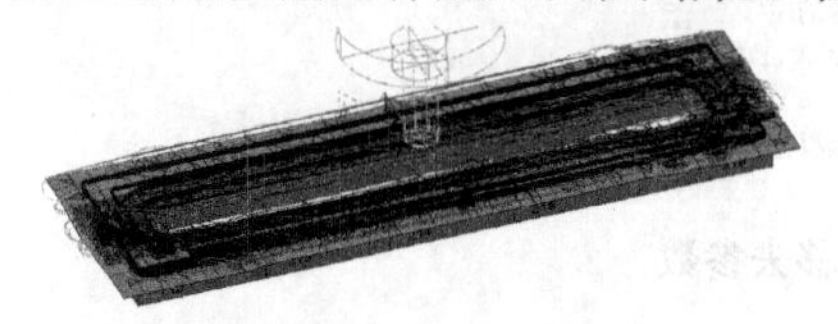

图 8-82 压边圈型面整体粗加工刀具路径

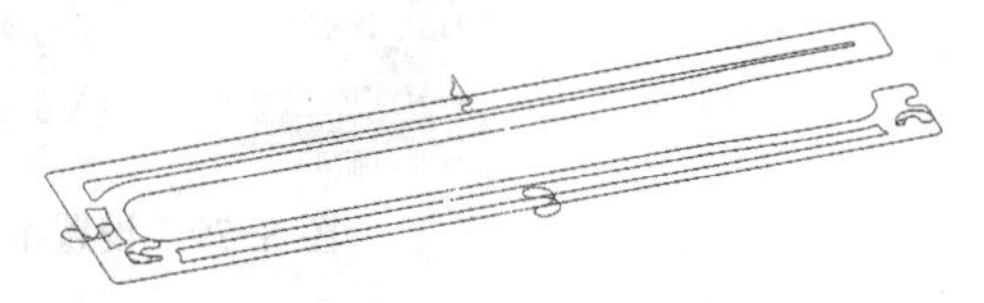

图 8-83 压边圈型面整体粗加工刀具路径的单层放大图

单击“取消”按钮，关闭“模型区域清除”表格。

3．仿真压边圈型面整体粗加工刀具路径

在 PowerMILL 资源管理器中，双击“刀具路径”树枝，将它展开，右击“刀具路径”树枝下的“d63r4.5-cjg”，在弹出的快捷菜单条中，执行“自开始仿真”。

在 PowerMILL 的“ViewMILL”工具栏中，依次单击“开/关 ViewMILL”按钮、“光泽阴影图像”按钮，进入真实实体仿真切削状态。

在 PowerMILL“仿真控制”工具栏中，单击“运行”按钮，系统即进行粗加工仿真切削，其结果如图 8-84 所示。

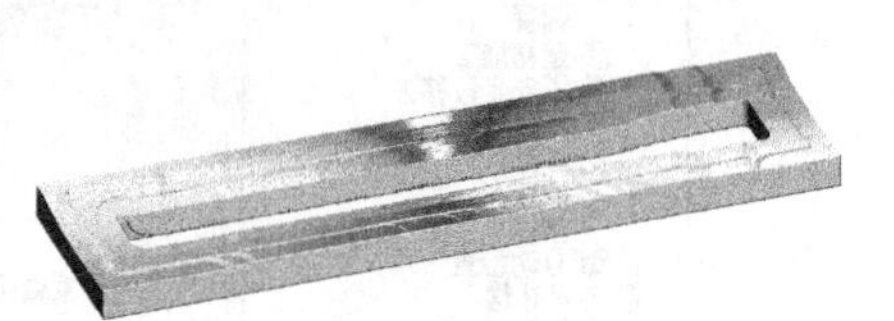

图 8-84 压边圈型面整体粗加工仿真切削结果

在“ViewMILL”工具栏中，单击“无图像”按钮，退出仿真状态，返回 PowerMILL 编程环境。

8.2.2.3 型面整体二次粗加工——模型残留区域清除应用于二次粗加工

1．计算压边圈型面整体二次粗加工刀具路径

在 PowerMILL“综合”工具栏中，单击“刀具路径策略”按钮，打开“策略选取器”表格，选择“三维区域清除”选项，在该选项卡中选择“模型残留区域清除”，单击“接受”按钮，打开“模型残留区域清除”表格，按图 8-85 所示设置参数。

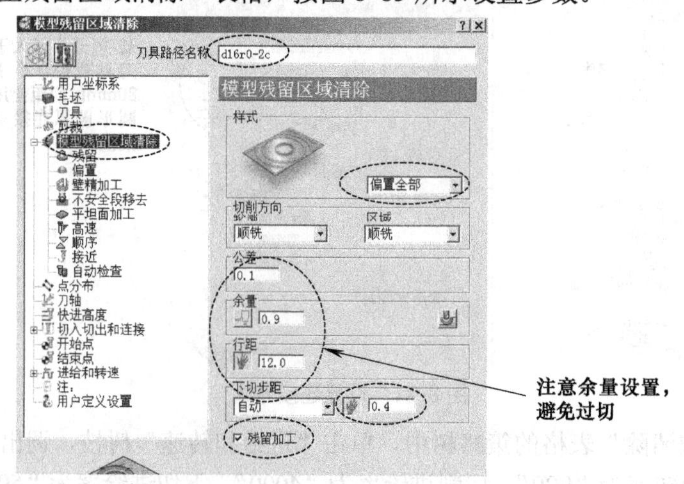

图 8-85 设置型面整体二次粗加工参数

在“模型残留区域清除”表格的策略树中，单击“刀具”树枝，调出“刀具”选项卡，按图 8-86 所示选择二次粗加工刀具。

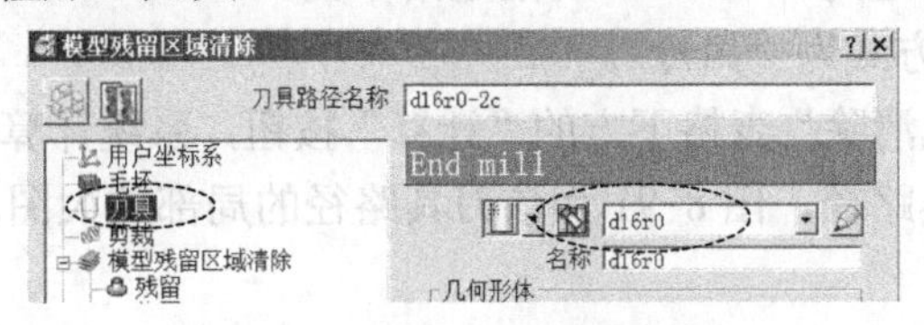

图 8-86　选择二次粗加工刀具

在“模型残留区域清除”表格策略树中的“模型残留区域清除”树枝下，单击“残留”树枝，调出“残留”选项卡，按图 8-87 所示设置残留参数。

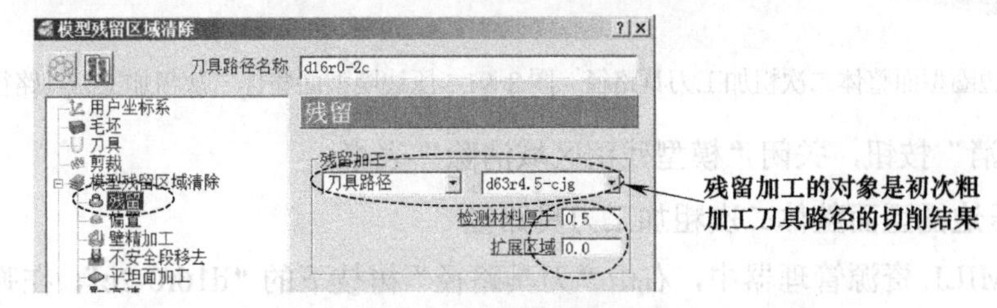

图 8-87　设置残留参数

在“模型残留区域清除”表格的策略树中的“模型残留区域清除”树枝下，单击“不安全段移去”树枝，调出“不安全段移去”选项卡，按图 8-88 所示设置参数。

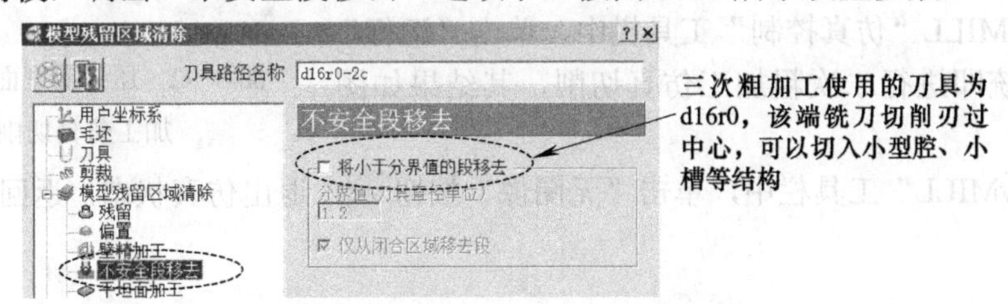

图 8-88　设置不安全段移去参数

第二次粗加工的切入切出方式与初次粗加工相同，不需要再设置。

在“模型残留区域清除”表格的策略树中，双击“切入切出和连接”树枝，将它展开，单击“连接”树枝，调出“连接”选项卡，按图 8-89 所示设置连接方式。

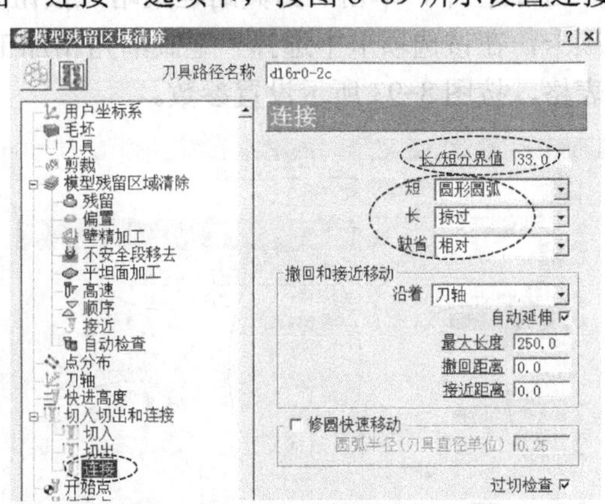

图 8-89　设置连接方式

在“模型残留区域清除”表格的策略树中，单击“进给和转速”树枝，调出“进给和转速”选项卡，设置主轴转速为“1500”，切削进给率为“1800”，下切进给率为“500”，掠过进给率为“8000”，冷却方式为“风冷”。

单击“模型残留区域清除”表格下方的“计算”按钮，系统计算出图 8-90 所示的压边圈型面整体二次粗加工刀具路径，图 8-91 为该刀具路径的局部放大图。

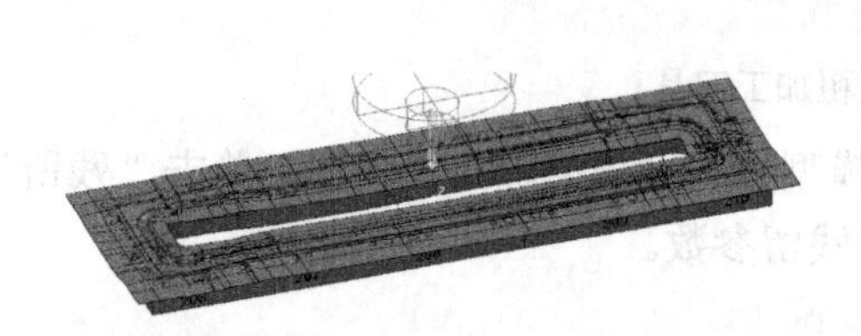

图 8-90　压边圈型面整体二次粗加工刀具路径

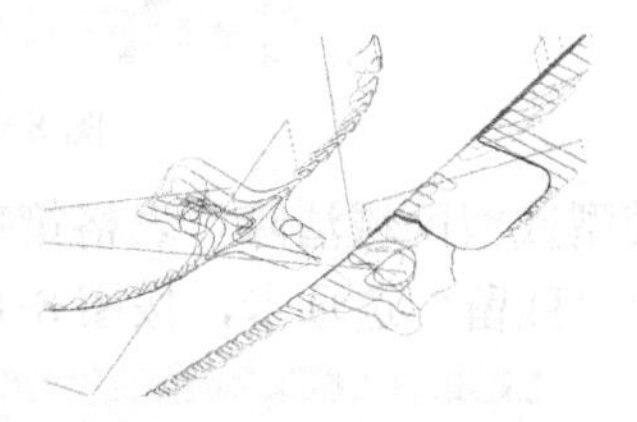

图 8-91　压边圈型面整体二次粗加工刀具路径的局部放大图

单击“取消”按钮，关闭“模型残留区域清除”表格。

2．仿真压边圈型面整体二次粗加工刀具路径

在 PowerMILL 资源管理器中，右击“刀具路径”树枝下的“d16r0-2c”，在弹出的快捷菜单条中，执行“自开始仿真”。

在 PowerMILL 的“ViewMILL”工具栏中，单击“光泽阴影图像”按钮，进入真实实体仿真切削状态。

在 PowerMILL“仿真控制”工具栏中，单击“运行”按钮，系统即进行二次粗加工仿真切削，其结果如图 8-92 所示。

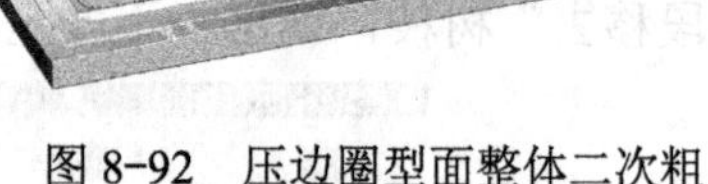

图 8-92　压边圈型面整体二次粗加工仿真切削结果

在“ViewMILL”工具栏中，单击“无图像”按钮，退出仿真状态，返回 PowerMILL 编程环境。

8.2.2.4　第一次粗清角——笔式清角精加工应用于角落加工

1．计算第一次粗清角刀具路径

在 PowerMILL“综合”工具栏中，单击“刀具路径策略”按钮，打开“策略选取器”表格，选择“精加工”选项卡，在该选项卡中选择“笔式清角精加工”，单击“接受”按钮，打开“笔式清角精加工”表格，按图 8-93 所示设置参数。

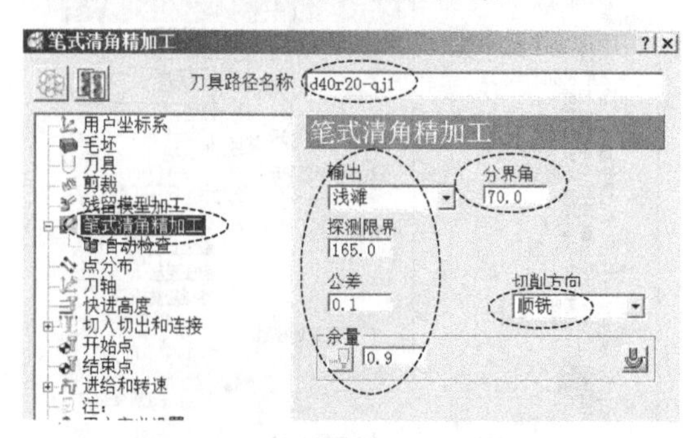

图 8-93　设置第一次粗清角参数

在“笔式清角精加工”表格的策略树中，单击“刀具”树枝，调出“刀具”选项卡，按图 8-94 所示选择第一次粗清角刀具。

在“笔式清角精加工”表格的策略树中，双击“切入切出和连接”树枝，将它展开，单击该树枝下的“切入”树枝，调出“切入”选项卡，按图 8-95 所示修改切入方式。

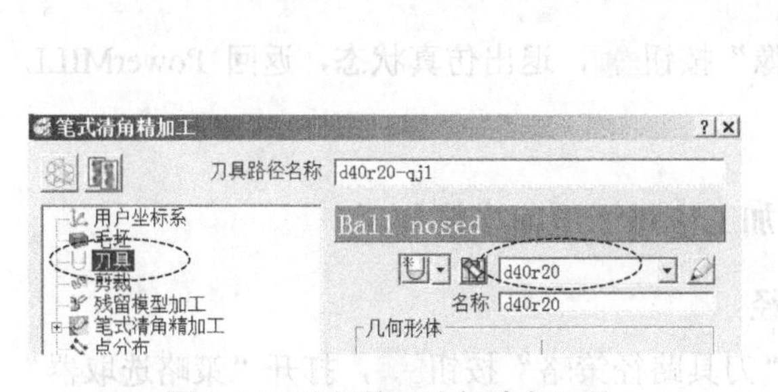

图 8-94　选择第一次粗清角刀具

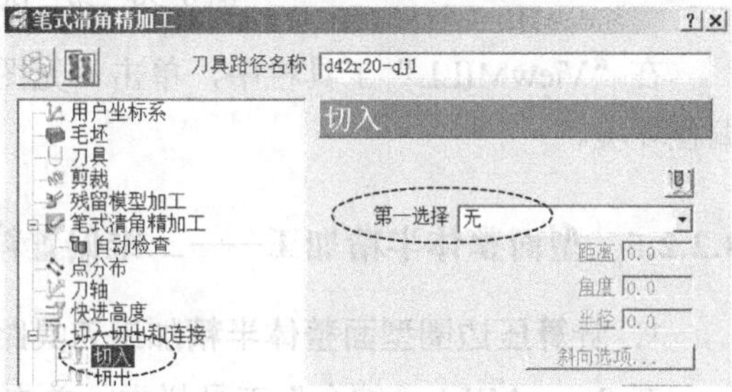

图 8-95　修改切入方式

在“笔式清角精加工”表格的策略树中的“切入切出和连接”树枝下，单击“连接”树枝，调出“连接”选项卡，按图 8-96 所示修改连接方式。

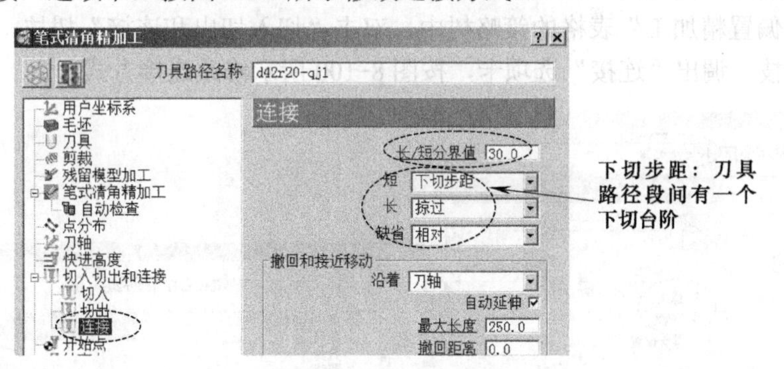

图 8-96　修改连接方式

在“笔式清角精加工”表格的策略树中，单击“进给和转速”树枝，调出“进给和转速”选项卡，设置主轴转速为“1200”，切削进给率为“2000”，下切进给率为“500”，掠过进给率为“8000”，冷却方式为“风冷”。

单击“笔式清角精加工”表格下方的“计算”按钮，系统计算出图 8-97 所示的第一次粗清角刀具路径。

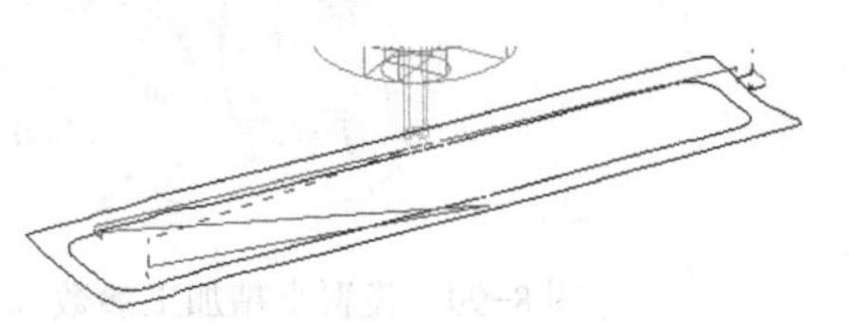

图 8-97　第一次粗清角刀具路径

单击“取消”按钮，关闭“笔式清角精加工”表格。

2．仿真第一次粗清角刀具路径

在 PowerMILL 资源管理器中，右击“刀具路径”树枝下的“d40r20-qj1”，在弹出的快捷菜单条中，执行“自开始仿真”。

在 PowerMILL 的“ViewMILL”工具栏中，单击“光泽阴影图像”按钮，进入真实实体仿真切削状态。

在 PowerMILL“仿真控制”工具栏中，单击“运行”按钮，系统即进行第一次粗清角仿真切削，其结果如图 8-98 所示。

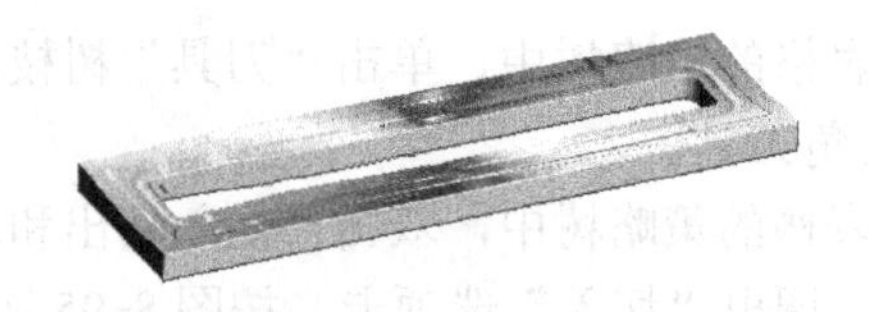

图 8-98　第一次粗清角仿真切削结果

在“ViewMILL”工具栏中，单击“无图像”按钮，退出仿真状态，返回 PowerMILL 编程环境。

8.2.2.5　型面整体半精加工——三维偏置精加工应用于型面半精加工

1. 计算压边圈型面整体半精加工刀具路径

在 PowerMILL“综合”工具栏中，单击“刀具路径策略”按钮，打开“策略选取器”表格，选择“精加工”选项卡，在该选项卡中选择“三维偏置精加工”，单击“接受”按钮，打开“三维偏置精加工”表格，按图 8-99 所示设置参数。

半精加工所用刀具与第一次粗清角所用刀具相同，可不再设置。

在“三维偏置精加工”表格的策略树中，双击“切入切出和连接”树枝，将它展开，单击“连接”树枝，调出“连接”选项卡，按图 8-100 所示修改连接方式。

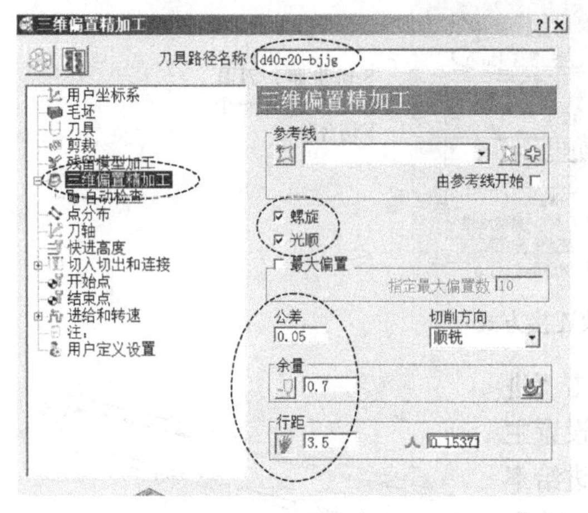

图 8-99　设置半精加工参数

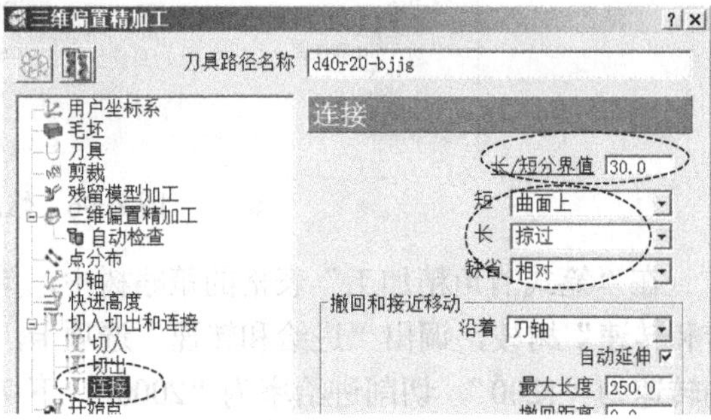

图 8-100　修改连接方式

半精加工进给和转速参数与第一次粗清角相同，可不再设置。

单击“三维偏置精加工”表格下方的“计算”按钮，系统计算出图 8-101 所示的型面整体半精加工刀具路径，图 8-102 为该刀具路径的局部放大图。

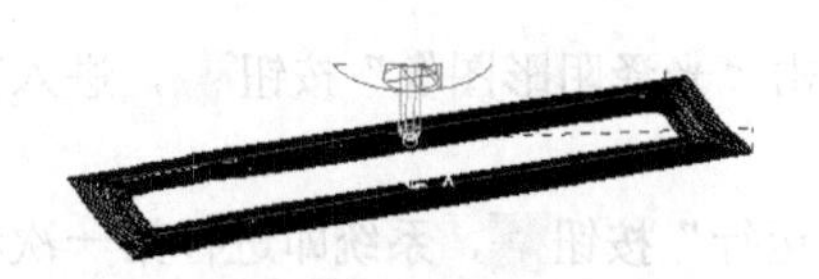

图 8-101　型面整体半精加工刀具路径

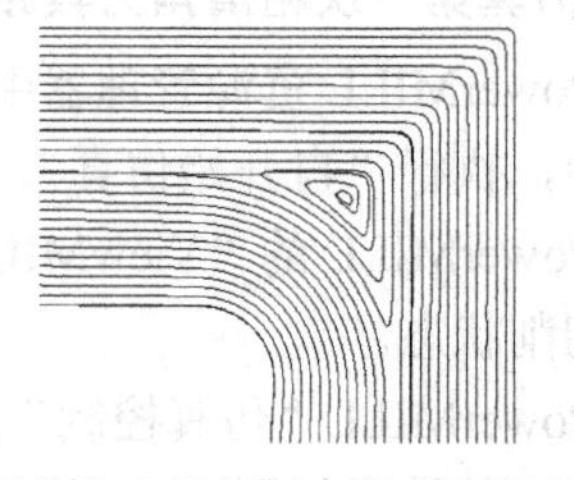

图 8-102　型面整体半精加工刀具路径的局部放大图

单击“取消”按钮，关闭“三维偏置精加工”表格。

2．仿真型面整体半精加工刀具路径

在 PowerMILL 资源管理器中，右击“刀具路径”树枝下的“d40r20-bjjg”，在弹出的快捷菜单条中，执行“自开始仿真”。

在 PowerMILL 的“ViewMILL”工具栏中，单击“光泽阴影图像”按钮，进入真实实体仿真切削状态。

在 PowerMILL“仿真控制”工具栏中，单击“运行”按钮，系统即进行型面整体半精加工仿真切削，其结果如图 8-103 所示。

图 8-103　型面整体半精加工仿真切削结果

在“ViewMILL”工具栏中，单击“无图像”按钮，退出仿真状态，返回 PowerMILL 编程环境。

8.2.2.6　第二次粗清角——清角精加工应用于角落加工

1．计算第二次粗清角刀具路径

在 PowerMILL“综合”工具栏中，单击“刀具路径策略”按钮，打开“策略选取器”表格，选择“精加工”选项卡，在该选项卡中选择“清角精加工”，单击“接受”按钮，打开“清角精加工”表格，按图 8-104 所示设置参数。

在“清角精加工”表格的策略树中，单击“刀具”树枝，调出“刀具”选项卡，按图 8-105 所示选择第二次粗清角刀具。

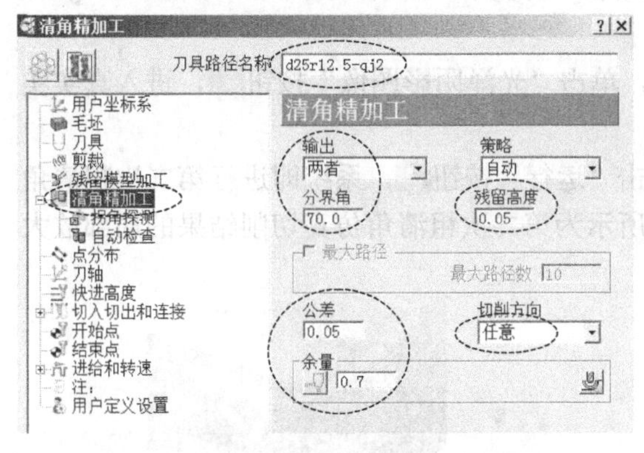

图 8-104　设置第二次粗清角参数

图 8-105　选择第二次粗清角刀具

在“清角精加工”表格的策略树中，双击“清角精加工”树枝，将它展开。单击该树枝下的“拐角探测”树枝，调出“拐角探测”选项卡，按图 8-106 所示设置拐角探测参数。

在“清角精加工”表格策略树中，双击“切入切出和连接”树枝，将它展开，单击该树枝下的“连接”树枝，调出“连接”选项卡，按图 8-107 所示修改连接方式。

在“清角精加工”表格的策略树中，单击“进给和转速”树枝，调出“进给和转速”选项卡，设置主轴转速为“2200”，切削进给率为“2000”，下切进给率为“500”，掠过进给率为“8000”，冷却方式为“风冷”。

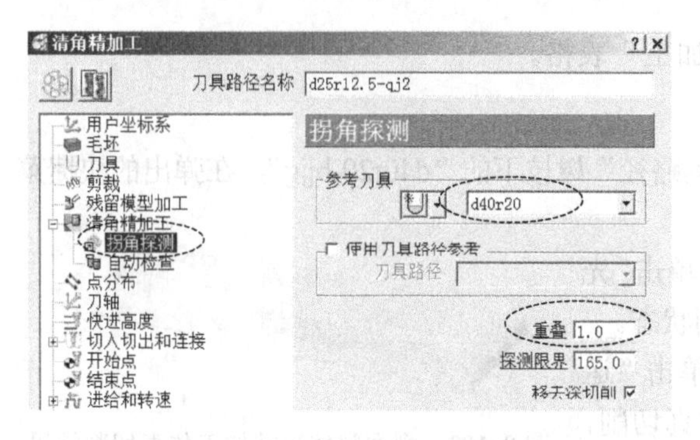

图 8-106　设置拐角探测参数

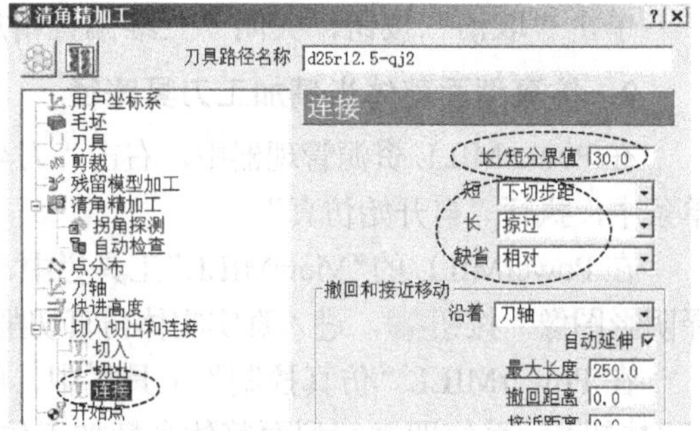

图 8-107　修改连接方式

单击“清角精加工”表格下方的“计算”按钮，系统计算出图 8-108 所示的第二次粗清角刀具路径，图 8-109 为该刀具路径的局部放大图。

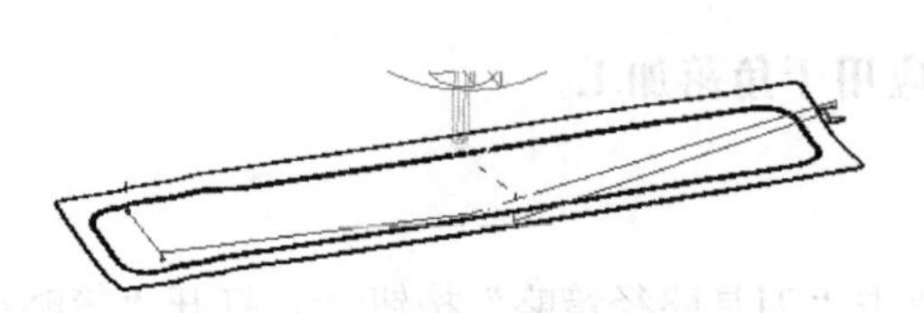

图 8-108　第二次粗清角刀具路径

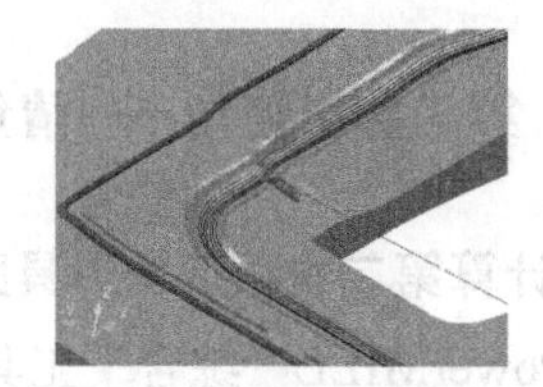

图 8-109　第二次粗清角刀具路径的局部放大图

单击“取消”按钮，关闭“清角精加工”表格。

2．仿真第二次粗清角刀具路径

在 PowerMILL 资源管理器中，右击“刀具路径”树枝下，右击刀具路径“d25r12.5-qj2”，在弹出的快捷菜单条中，执行“自开始仿真”。

在 PowerMILL 的“ViewMILL”工具栏中，单击“光泽阴影图像”按钮，进入真实实体仿真切削状态。

在 PowerMILL“仿真控制”工具栏中，单击“运行”按钮，系统即进行第二次粗清角仿真切削，其结果如图 8-110 所示。图 8-111 所示为第二次粗清角仿真切削结果的局部放大图，可见零件圆角结构更清晰了。

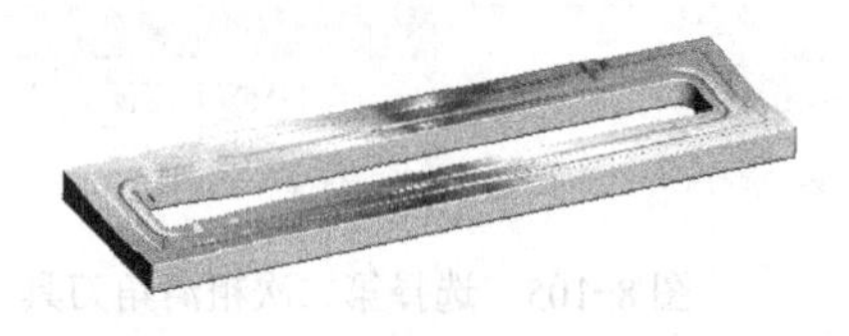

图 8-110　第二次粗清角仿真切削结果

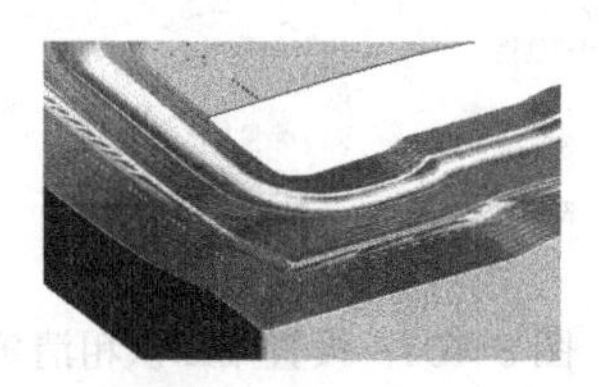

图 8-111　第二次粗清角仿真切削结果的局部放大图

在“ViewMILL”工具栏中，单击“无图像”按钮，退出仿真状态，返回 PowerMILL 编程环境。

压边圈经过粗加工、半精加工和粗清角后，与凸模装配在一起进行整体精加工和精清角。

8.2.2.7　保存项目文件

在 PowerMILL 下拉菜单条中，执行“文件”→“保存项目”，打开“保存项目为”表格，在“保存在”栏选择E：\PM EX，在“文件名”栏输入项目名为“8-2 ybq”，然后单击“保存”按钮完成操作。

8.3 拉延凸模和压边圈组合体精加工

8.3.1 数控加工编程工艺分析

拉延凸模和压边圈零件经过半精加工后，与下模座等零件组合在一起，对拉延凸模和压边圈零件的型面统一进行精加工和精清角。

拟使用表8-4所列的拉延凸模和压边圈组合体数控加工编程工艺过程来计算组合体的加工刀具路径。

表8-4 拉延凸模和压边圈组合体数控加工编程工艺过程

工步号	工步名	加工策略	加工部位	刀具	切削参数					
					转速/(r/min)	进给速度/(mm/min)	切削宽度/mm	背吃刀量/mm	公差/mm	余量/mm
1	半精加工	三维偏置精加工	型面	d30r15	3500	3300	2.5	—	0.03	0.2
2	粗清角	清角精加工	圆角	d20r10	2200	2000	—	—	0.03	0.2
3	精加工	三维偏置精加工	型面	d30r15	4500	4500	0.5	—	0.01	0
4	一次精清角	清角精加工	圆角	d20r10	3000	2000	—	—	0.01	0
5	二次精清角	笔式清角精加工	圆角	d10r5	3000	1200	—	—	0.01	0.2
6	三次精清角	清角精加工	圆角	d10r5	3000	2000	—	—	0.01	0
7	四次精清角	清角精加工	圆角	d6r3	3500	1800	—	—	0.01	0

8.3.2 详细编程过程

8.3.2.1 设置公共参数

步骤一 新建加工项目

（1）输入模型 在下拉菜单条中单击“文件”→“输入模型”，打开“输入模型”表格，选择E:\PM EX\ch08\8-3\tmrybq-zh.dgk文件，然后单击“打开”按钮，完成模型输入操作。

（2）查看模型 在PowerMILL“查看”工具条中，单击“普通阴影”按钮，显示模型的着色状态。单击“线框”按钮，关闭线框显示。单击“ISO1”按钮，以轴测视角查看零件。

（3）更改模型显示精度 首先更改圆弧边线显示精度。在PowerMILL下拉菜单条中，执行“工具”→“选项”，打开“选项”表格，双击“查看”树枝，将它展开，单击该树枝下的“三维图形”树枝，调出“三维图形”选项卡。将显示公差设置为0.01mm。单击“接受”按钮，关闭“选项”表格。

然后更改模型实体阴影精度。在PowerMILL下拉菜单条中，执行“显示”→“模型”，打开“模型显示选项”表格，将阴影公差设置为0.01mm。单击“接受”按钮，关闭“模型显示选项”表格。

步骤二 准备加工

（1）计算毛坯 在PowerMILL“综合”工具栏中，单击“毛坯”按钮，打开“毛坯”表格，按图 8-112 所示设置参数。单击“接受”按钮，关闭该表格。计算出来的毛坯如图 8-113 所示。

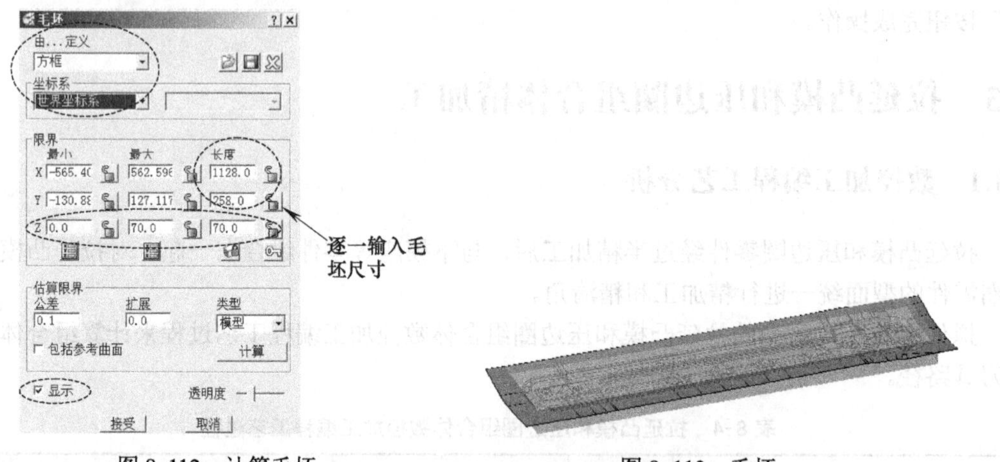

图 8-112　计算毛坯　　　　图 8-113　毛坯

本例中，对刀坐标系零点即为世界坐标系原点，设置在模具中心。

（2）从刀具数据库中提取加工刀具　在 PowerMILL 资源管理器中，右击“刀具”树枝，在弹出的快捷菜单条中选择“自数据库...”，打开“刀具数据库搜索”表格，按图 8-114 所示顺序操作，提取刀具 d30r15。

本例还会用到刀具 d20r10、d10r5、d6r3，在图 8-114 所示“刀具数据库搜索”表格中的“搜索结果”栏里，依次选择上述刀具，依次单击“定义刀具”按钮，即可提取出所需刀具。

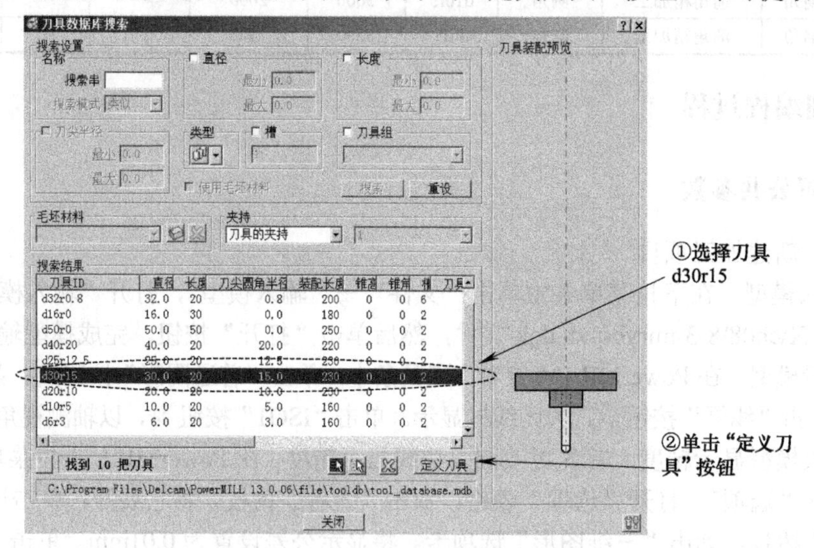

图 8-114　提取刀具 d30r15

（3）设置快进高度　在 PowerMILL“综合”工具栏中，单击“快进高度”按钮，打开“快进高度”表格，按图 8-115 所示设置快进高度参数，完成后单击“接受”按钮退出。

（4）设置加工开始点和结束点　在 PowerMILL“综合”工具栏中，单击“开始点和结束点”按钮，打开“开始点和结束点”表格，设置开始点为“毛坯中心安全高度”，结束点为“最后一点安全高度”。

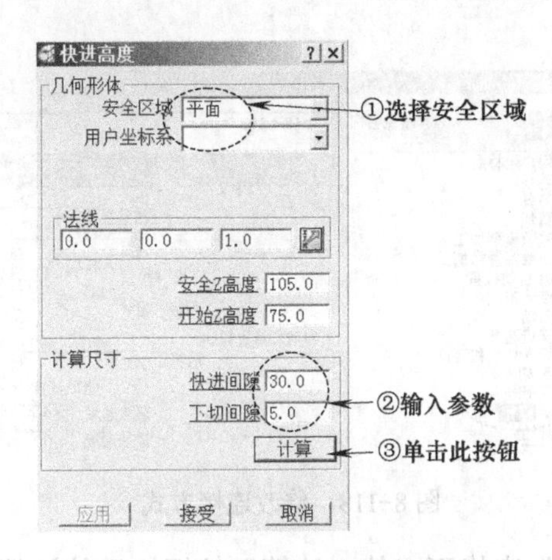

图 8-115 设置快进高度参数

8.3.2.2 组合体型面整体半精加工——三维偏置精加工应用于型面半精加工

1. 计算组合体型面整体半精加工刀具路径

在 PowerMILL“综合”工具栏中，单击“刀具路径策略”按钮，打开“策略选取器”表格，选择“精加工”选项卡，在该选项卡中选择“三维偏置精加工”，单击“接受”按钮，打开“三维偏置精加工”表格，按图 8-116 所示设置参数。

在“三维偏置精加工”表格的策略树中，单击“刀具”树枝，调出“刀具”选项卡，按图 8-117 所示选择刀具。

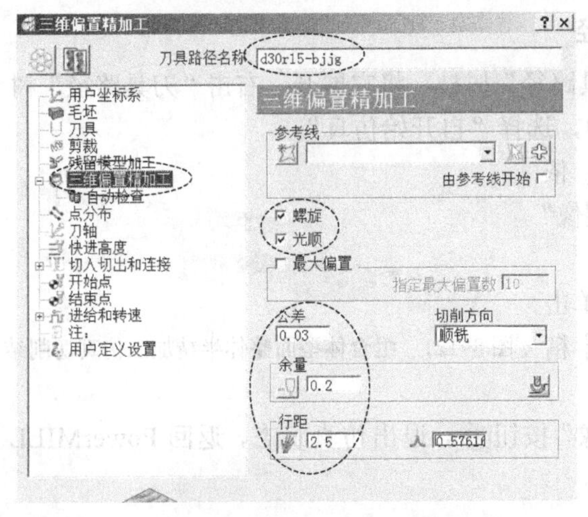

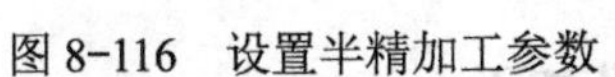

图 8-116 设置半精加工参数

图 8-117 选择刀具

在“三维偏置精加工”表格的策略树中，双击“切入切出和连接”树枝，将它展开，单击“连接”树枝，调出“连接”选项卡，按图 8-118 所示修改连接方式。

在“三维偏置精加工”表格的策略树中，单击“进给和转速”树枝，调出“进给和转速”选项卡，设置主轴转速为“3500”，切削进给率为“3300”，下切进给率为“500”，掠过进给率为“8000”，冷却方式为“风冷”。

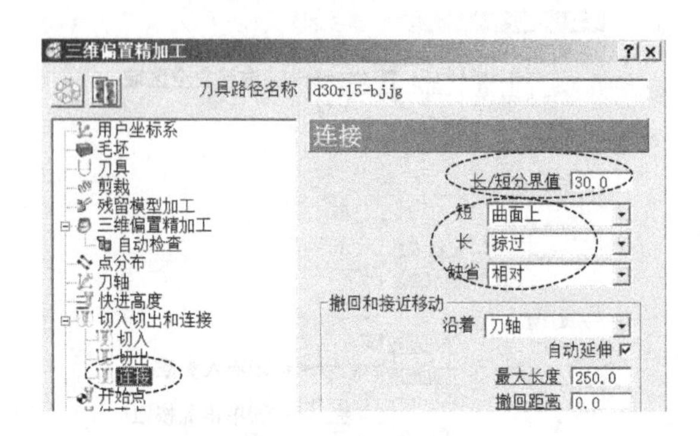

图 8-118　修改连接方式

单击“三维偏置精加工”表格下方的“计算”按钮，系统计算出图 8-119 所示组合体型面整体半精加工刀具路径，图 8-120 为该刀具路径的局部放大图。

图 8-119　组合体型面整体半精加工刀具路径　图 8-120　组合体型面整体半精加工刀具路径的局部放大图

单击“取消”按钮，关闭“三维偏置精加工”表格。

2．仿真组合体型面整体半精加工刀具路径

在 PowerMILL 资源管理器中，双击“刀具路径”树枝，将它展开。右击“刀具路径”树枝下的“d30r15-bjjg”，在弹出的快捷菜单条中，选择“自开始仿真”。

在 PowerMILL 的“ViewMILL”工具栏中，依次单击“开/关 ViewMILL”按钮、“光泽阴影图像”按钮，进入真实实体仿真切削状态。

在 PowerMILL“仿真控制”工具栏中，单击“运行”按钮，系统即进行组合体型面整体半精加工仿真切削，其结果如图 8-121 所示。

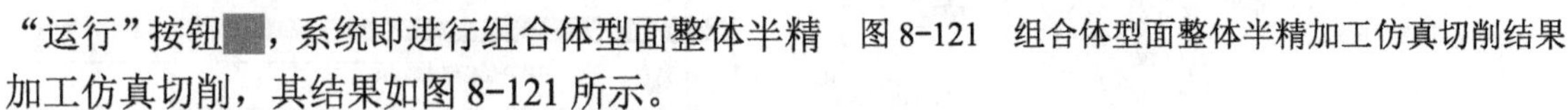

图 8-121　组合体型面整体半精加工仿真切削结果

在“ViewMILL”工具栏中，单击“无图像”按钮，退出仿真状态，返回 PowerMILL 编程环境。

8.3.2.3　组合体型面粗清角——清角精加工应用于角落加工

1．计算粗清角刀具路径

在 PowerMILL“综合”工具栏中，单击“刀具路径策略”按钮，打开“策略选取器”表格，选择“精加工”选项卡，在该选项卡中选择“清角精加工”，单击“接受”按钮，打开“清角精加工”表格，按图 8-122 所示设置参数。

在“清角精加工”表格的策略树中，单击“刀具”树枝，调出“刀具”选项卡，按图 8-123 所示选择粗清角刀具。

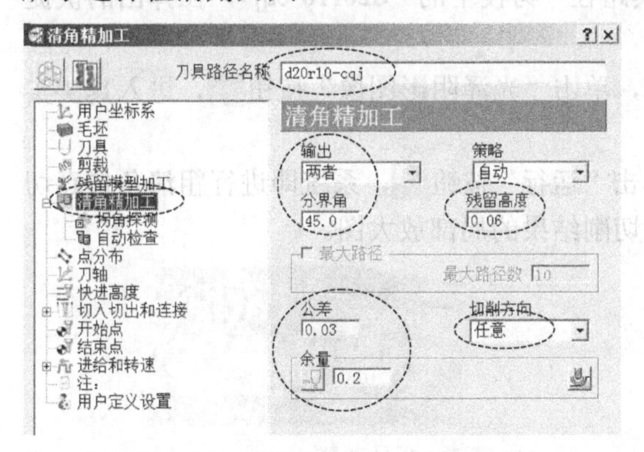

图 8-122 设置粗清角参数

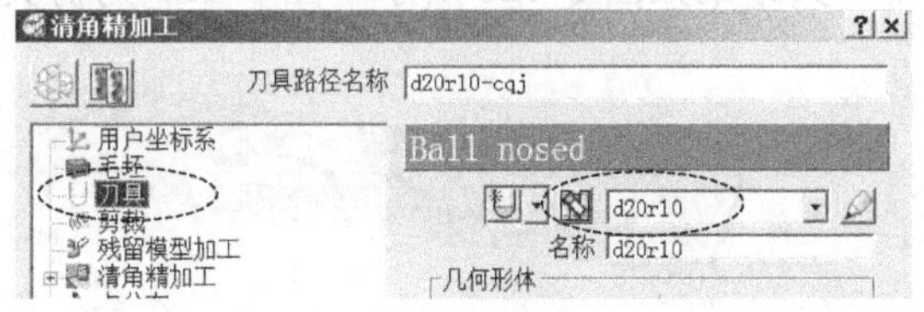

图 8-123 选择粗清角刀具

在“清角精加工”表格的策略树中，双击“清角精加工”树枝，将它展开。单击该树枝下的“拐角探测”树枝，调出“拐角探测”选项卡，按图 8-124 所示设置拐角探测参数。

在“清角精加工”表格的策略树中，双击“切入切出和连接”树枝，将它展开，单击该树枝下的“连接”树枝，调出“连接”选项卡，按图 8-125 所示修改连接方式。

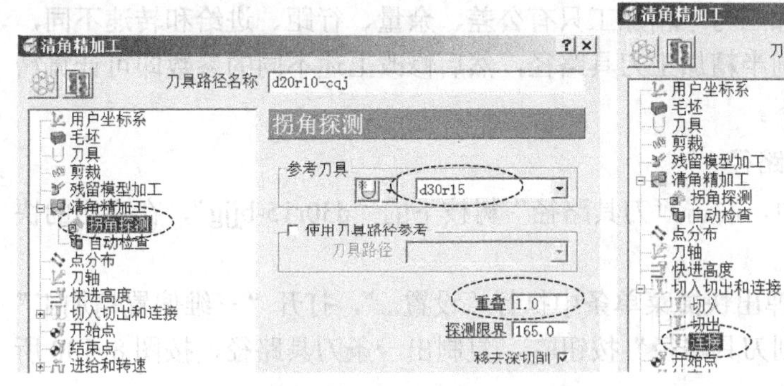

图 8-124 设置拐角探测参数　　　图 8-125 修改连接方式

在“清角精加工”表格的策略树中，单击“进给和转速”树枝，调出“进给和转速”选项卡，设置主轴转速为“2200”，切削进给率为“2000”，下切进给率为“500”，掠过进给率为“8000”，冷却方式为“风冷”。

单击“清角精加工”表格下方的“计算”按钮，系统计算出图 8-126 所示的粗清角刀具路径，图 8-127 为该刀具路径的局部放大图。

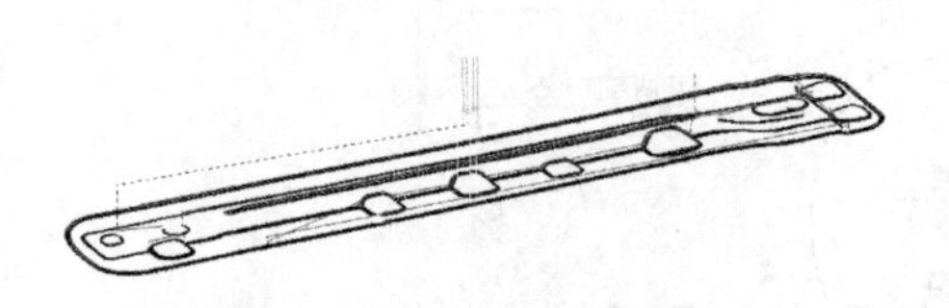

图 8-126 粗清角刀具路径

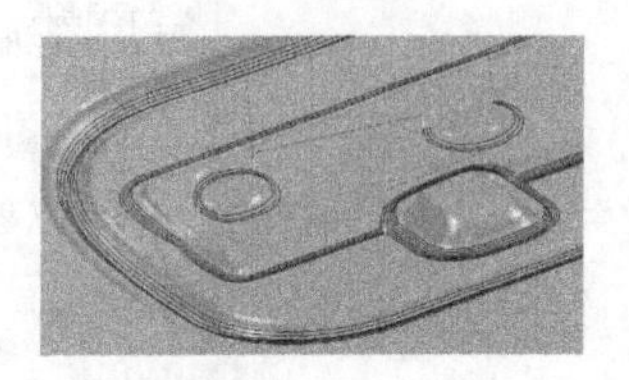

图 8-127 粗清角刀具路径的局部放大图

单击“取消”按钮，关闭“清角精加工”表格。

2. 仿真粗清角刀具路径

在 PowerMILL 资源管理器中，右击“刀具路径”树枝下的“d20r10-cqj”，在弹出的快捷菜单条中，执行“自开始仿真”。

在 PowerMILL 的“ViewMILL”工具栏中，单击“光泽阴影图像”按钮，进入真实实体仿真切削状态。

在 PowerMILL“仿真控制”工具栏中，单击“运行”按钮，系统即进行粗清角仿真切削，其结果如图 8-128 所示，图 8-129 为仿真切削结果的局部放大图。

图 8-128　粗清角仿真切削结果

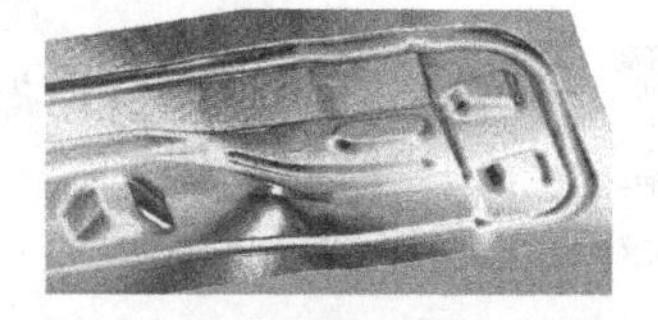

图 8-129　粗清角仿真切削结果的局部放大图

在“ViewMILL”工具栏中，单击“无图像”按钮，退出仿真状态，返回 PowerMILL 编程环境。

8.3.2.4　组合体型面整体精加工——三维偏置精加工应用于型面精加工

本例中，组合体型面整体精加工与半精加工只有公差、余量、行距、进给和转速不同，其他参数都相同。因此，可以复制半精加工刀具路径，然后修改上述不同的参数即可计算精加工刀具路径。具体操作步骤如下。

1. 复制并修改半精加工刀具路径

在 PowerMILL 资源管理器中，右击“刀具路径”树枝下的“d30r15-bjjg”，在弹出的快捷菜单条中，执行“激活”。

再次右击“d30r15-bjjg”，在弹出快捷菜单条中执行“设置...”，打开“三维偏置精加工”表格，单击该表格左上角的“复制刀具路径”按钮，复制出一条刀具路径，按图 8-130 所示设置精加工参数。

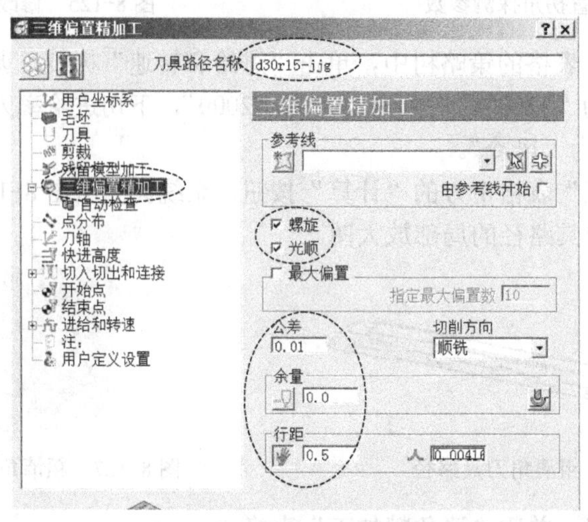

图 8-130　设置精加工参数

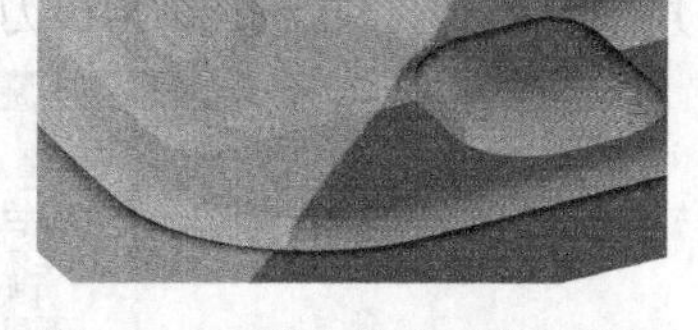
图 8-131 组合体型面整体精加工刀具路径的局部放大图

在“三维偏置精加工”表格的策略树中，单击“进给和转速”树枝，调出“进给和转速”选项卡，设置主轴转速为“4500”，切削进给率为“4500”，下切进给率为“500”，掠过进给率为“8000”，冷却方式为“风冷”。

单击“三维偏置精加工”表格下方的“计算”按钮，系统计算出图 8-131 所示的组合体型面整体精加工刀具路径的局部放大图。

单击“取消”按钮，关闭“三维偏置精加工”表格。

2．仿真组合体型面整体精加工刀具路径

在 PowerMILL 资源管理器中，右击“刀具路径”树枝下的“d30r15-jjg”，在弹出的快捷菜单条中，执行“自开始仿真”。

在 PowerMILL 的“ViewMILL”工具栏中，单击“光泽阴影图像”按钮，进入真实实体仿真切削状态。

在 PowerMILL“仿真控制”工具栏中，单击“运行”按钮，系统即进行组合体型面整体精加工仿真切削，其结果如图 8-132 所示。

图 8-132 组合体型面整体精加工仿真切削结果

在“ViewMILL”工具栏中，单击“无图像”按钮，退出仿真状态，返回 PowerMILL 编程环境。

8.3.2.5 组合体型面第一次精清角——清角精加工应用于角落加工

第一次精清角与粗清角只有公差、余量、残留高度、进给和转速不同，其他参数都相同。因此，可以复制粗清角刀具路径，然后修改上述不同的参数即可计算第一次精清角刀具路径。具体操作步骤如下。

1．复制并修改粗清角刀具路径

在 PowerMILL 资源管理器中，右击“刀具路径”树枝下的“d20r10-cqj”，在弹出的快捷菜单条中，执行“激活”。

再次右击“d20r10-cqj”，在弹出的快捷菜单条中，执行“设置...”，打开“清角精加工”表格，单击该表格左上角的“复制刀具路径”按钮，复制出一条刀具路径，按图 8-133 所示设置参数。

在“清角精加工”表格的策略树中，单击“进给和转速”树枝，调出“进给和转速”选项卡，设置主轴转速为“3000”，切削进给率为“2000”，下切进给率为“500”，掠过进给率为“8000”，冷却方式为“风冷”。

单击“清角精加工”表格下方的“计算”按钮，系统计算出图 8-134 所示的第一次精清角刀具路径，图 8-135 为该刀具路径的局部放大图。

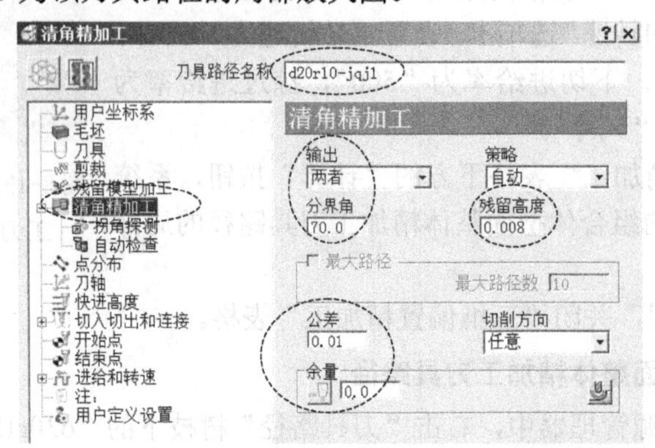

图 8-133　设置第一次精清角参数

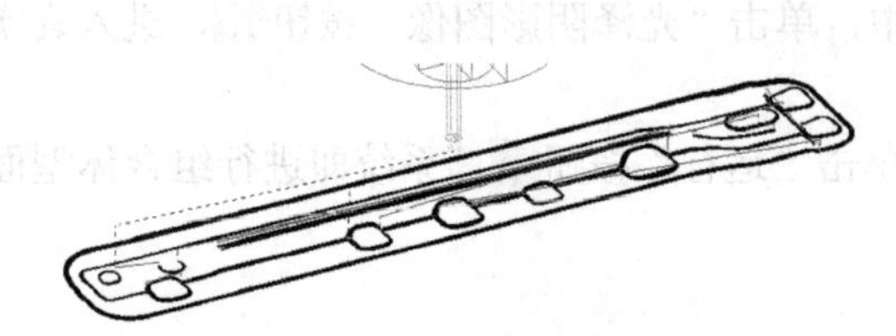

图 8-134　第一次精清角刀具路径

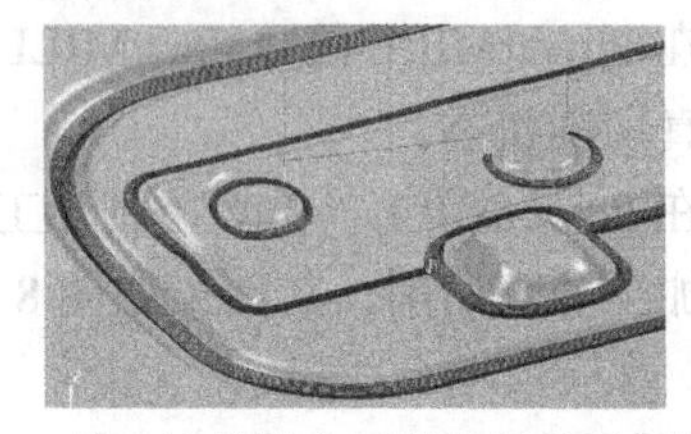

图 8-135　第一次精清角刀具路径的局部放大图

单击“取消”按钮，关闭“清角精加工”表格。

2. 仿真第一次精清角刀具路径

在 PowerMILL 资源管理器中，右击“刀具路径”树枝下的“d20r10-jqj1”，在弹出的快捷菜单条中，执行“自开始仿真”。

在 PowerMILL 的“ViewMILL”工具栏中，单击“光泽阴影图像”按钮，进入真实实体仿真切削状态。

在 PowerMILL“仿真控制”工具栏中，单击“运行”按钮，系统即进行第一次精清角仿真切削，其结果如图 8-136 所示，图 8-137 为仿真切削结果的局部放大图。

图 8-136　第一次精清角仿真切削结果

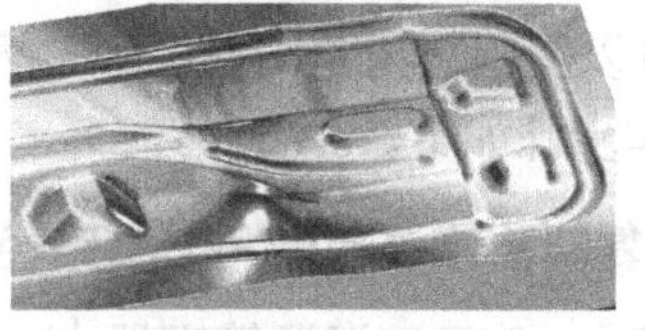

图 8-137　第一次精清角仿真切削结果的局部放大图

在“ViewMILL”工具栏中，单击“无图像”按钮，退出仿真状态，返回 PowerMILL 编程环境。

8.3.2.6　d10r5 粗清角——多笔清角精加工应用于角落加工

1. 计算 d10r5 粗清角刀具路径

在 PowerMILL“综合”工具栏中，单击“刀具路径策略”按钮，打开“策略选取器”表格，选择“精加工”选项卡，在该选项卡中选择“多笔清角精加工”，单击“接受”按钮，打开“多笔清角精加工”表格，按图 8-138 所示设置参数。

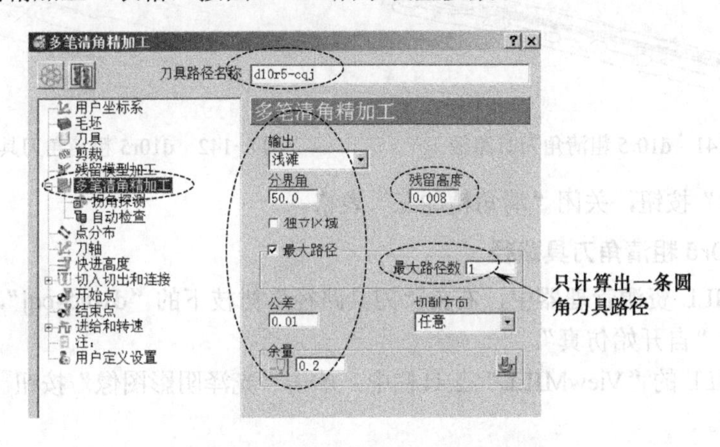

图 8-138　设置 d10r5 粗清角参数

在“多笔清角精加工”表格的策略树中，单击“刀具”树枝，调出“刀具”选项卡，按图 8-139 所示选择 d10r5。

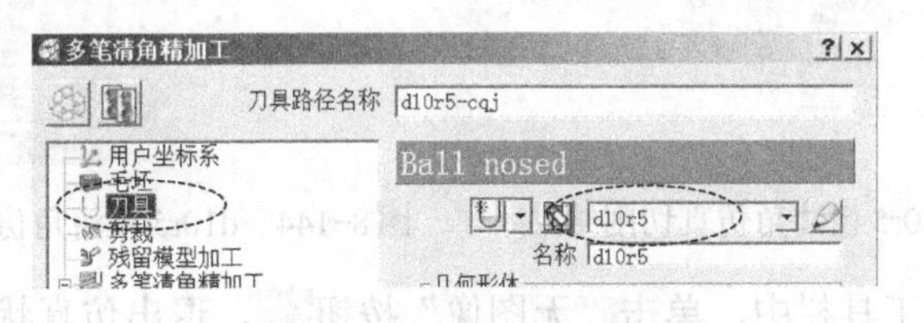

图 8-139　选择刀具 d10r5

在“多笔清角精加工” 表格的策略树中的“多笔清角精加工”树枝下，单击“拐角探测”树枝，调出“拐角探测”选项卡，按图 8-140 所示设置参考刀具。

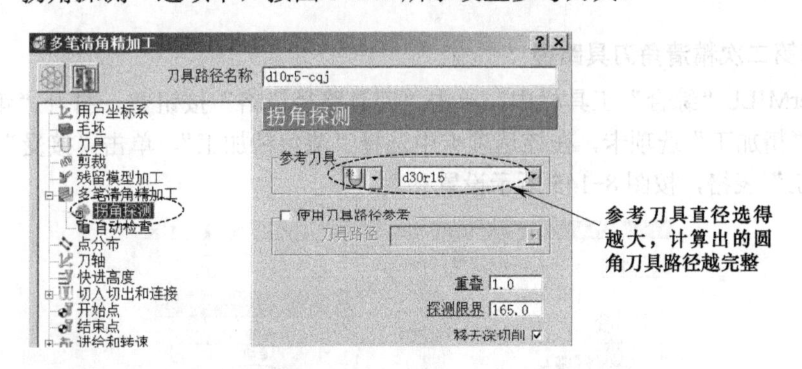

图 8-140　选择参考刀具

在“多笔清角精加工”表格的策略树中，单击“进给和转速”树枝，调出“进给和转速”选项卡，设置主轴转速为“3000”，切削进给率为“1200”，下切进给率为“500”，掠过进给率为“8000”，冷却方式为“风冷”。

单击“多笔清角精加工”表格下方的“计算”按钮，系统计算出图 8-141 所示的 d10r5 粗清角刀具路径，图 8-142 为该刀具路径的局部放大图。

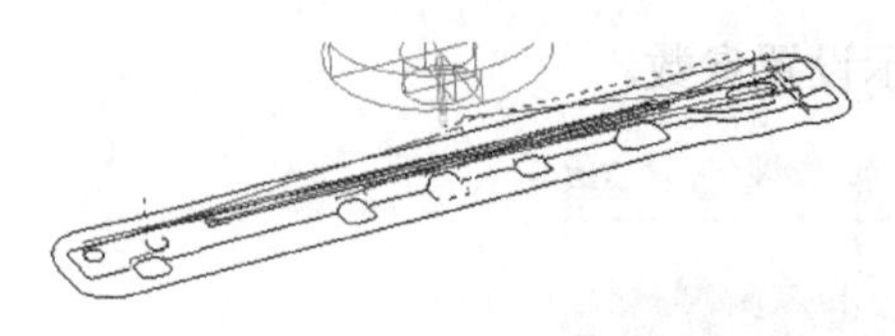
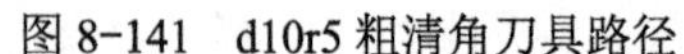

图 8-141　d10r5 粗清角刀具路径

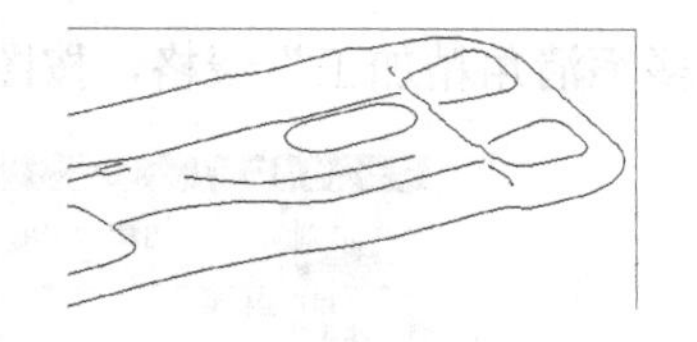

图 8-142　d10r5 粗清角刀具路径局部放大图

单击“取消”按钮，关闭“清角精加工”表格。

2. 仿真 d10r5 粗清角刀具路径

在 PowerMILL 资源管理器中，右击“刀具路径”树枝下的“d10r5-cqj”，在弹出的快捷菜单条中，执行“自开始仿真”。

在 PowerMILL 的“ViewMILL”工具栏中，单击“光泽阴影图像”按钮，进入真实实体仿真切削状态。

在 PowerMILL“仿真控制”工具栏中，单击“运行”按钮，系统即进行 d10r5 粗清角仿真切削，其结果如图 8-143 所示，图 8-144 为仿真切削结果的局部放大图。

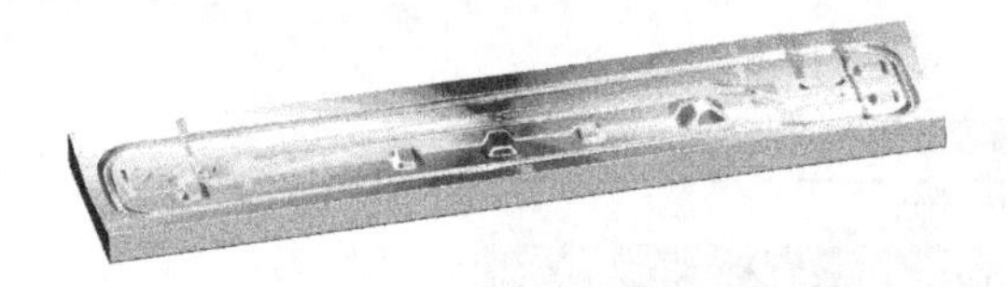

图 8-143　d10r5 粗清角仿真切削结果

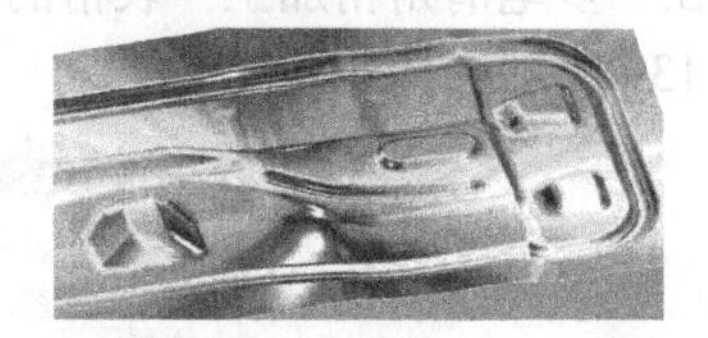

图 8-144　d10r5 粗清角仿真切削结果的局部放大图

在“ViewMILL”工具栏中，单击“无图像”按钮，退出仿真状态，返回 PowerMILL 编程环境。

8.3.2.7　组合体型面第二次精清角——清角精加工应用于角落加工

1. 计算第二次精清角刀具路径

在 PowerMILL“综合”工具栏中，单击“刀具路径策略”按钮，打开“策略选取器”表格，选择“精加工”选项卡，在该选项卡中选择“清角精加工”，单击“接受”按钮，打开“清角精加工”表格，按图 8-145 所示设置参数。

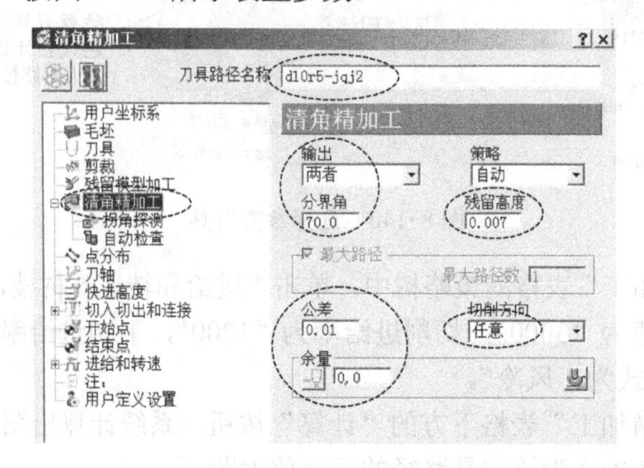

图 8-145　设置第二次精清角参数

在“清角精加工”表格的策略树中，单击“刀具”树枝，调出“刀具”选项卡，按图 8-146 所示选择第二次精清角刀具。

在“清角精加工”表格策略树中，双击“清角精加工”树枝，将它展开。单击该树枝下的“拐角探测”树枝，调出“拐角探测”选项卡，按图 8-147 所示设置拐角探测参数。

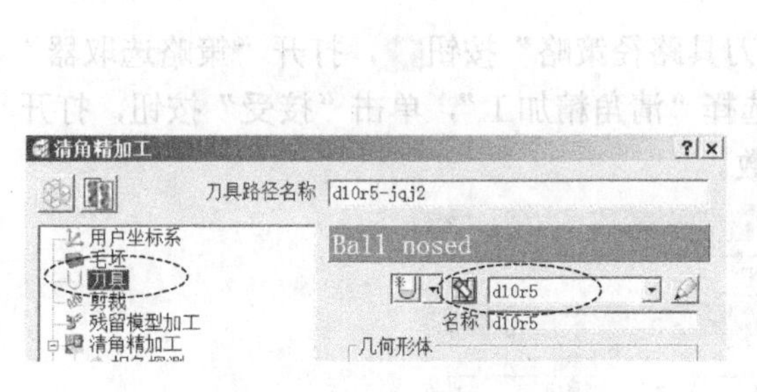

图 8-146　选择第二次精清角刀具

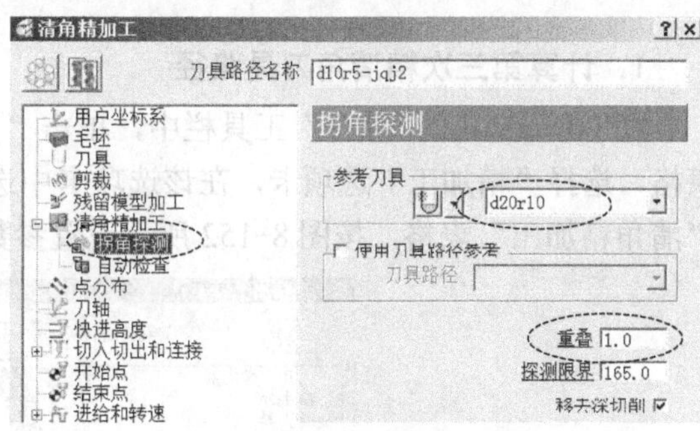

图 8-147　设置拐角探测参数

在“清角精加工”表格的策略树中，单击“进给和转速”树枝，调出“进给和转速”选项卡，设置主轴转速为“3000”，切削进给率为“2000”，下切进给率为“500”，掠过进给率为“8000”，冷却方式为“风冷”。

单击“清角精加工”表格下方的“计算”按钮，系统计算出图 8-148 所示的第二次精清角刀具路径，图 8-149 为该刀具路径的局部放大图。

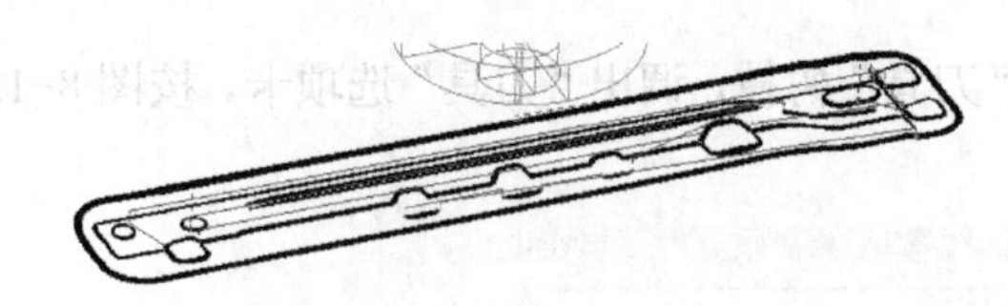

图 8-148　第二次精清角刀具路径

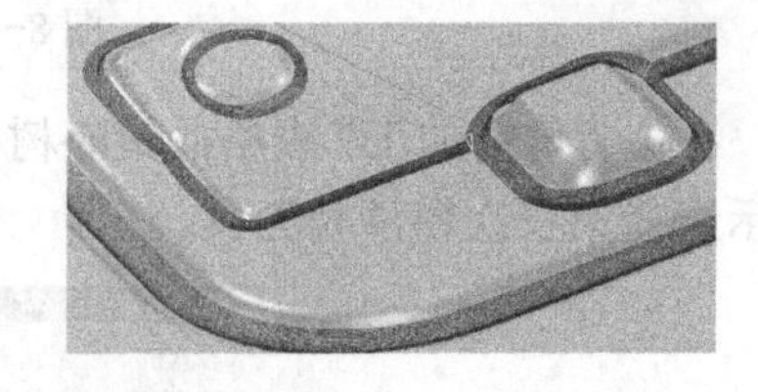

图 8-149　第二次精清角刀具路径局部放大图

单击“取消”按钮，关闭清角精加工表格。

2．仿真第二次精清角刀具路径

在 PowerMILL 资源管理器中，右击“刀具路径”树枝下的“d10r5-jqj2”，在弹出的快捷菜单条中，执行“自开始仿真”。

在 PowerMILL 的“ViewMILL”工具栏中，单击“光泽阴影图像”按钮，进入真实实体仿真切削状态。

在 PowerMILL“仿真控制”工具栏中，单击“运行”按钮，系统即进行第二次精清角仿真切削，其结果如图 8-150 所示，图 8-151 所示为仿真切削结果的局部放大图。

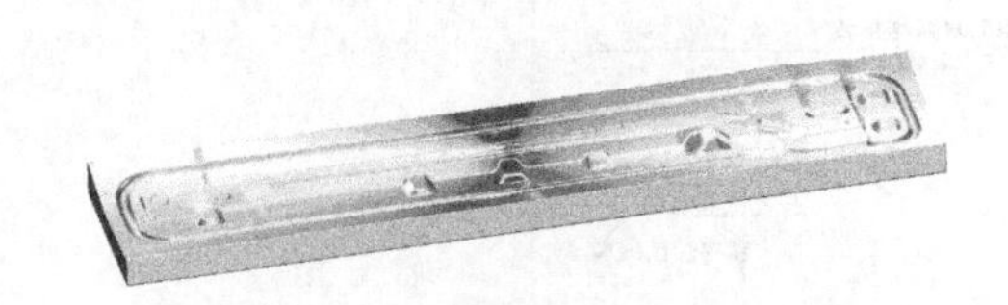

图 8-150　第二次精清角仿真切削结果

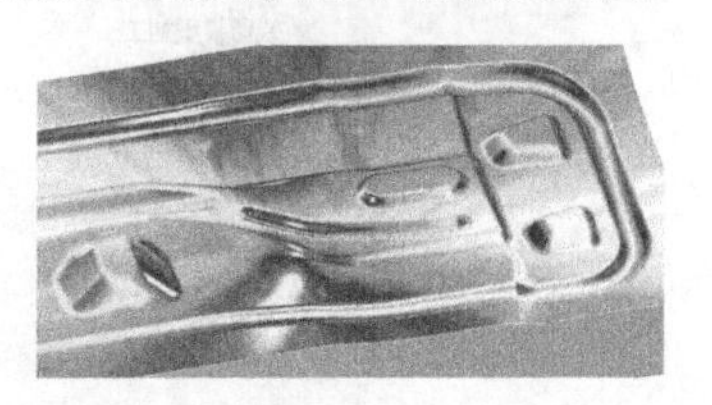

图 8-151　第二次精清角仿真切削结果的局部放大图

在“ViewMILL”工具栏中，单击“无图像”按钮，退出仿真状态，返回 PowerMILL 编程环境。

8.3.2.8 组合体型面第三次精清角——清角精加工应用于角落加工

1. 计算第三次精清角刀具路径

在 PowerMILL“综合”工具栏中，单击“刀具路径策略”按钮，打开“策略选取器”表格，选择“精加工”选项卡，在该选项卡中选择“清角精加工”，单击“接受”按钮，打开“清角精加工”表格，按图 8-152 所示设置参数。

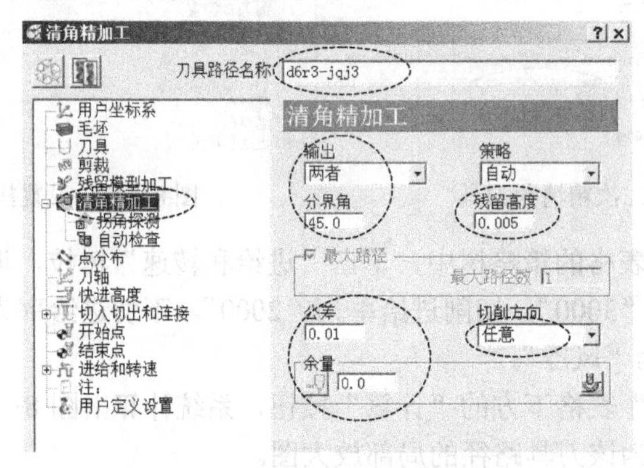

图 8-152 设置第三次精清角参数

在“清角精加工”表格的策略树中，单击“刀具”树枝，调出“刀具”选项卡，按图 8-153 所示选择第三次精清角刀具。

图 8-153 选择第三次精清角刀具

在“清角精加工”表格的策略树中，双击“清角精加工”树枝，将它展开。单击该树枝下的“拐角探测”树枝，调出“拐角探测”选项卡，按图 8-154 所示设置拐角探测参数。

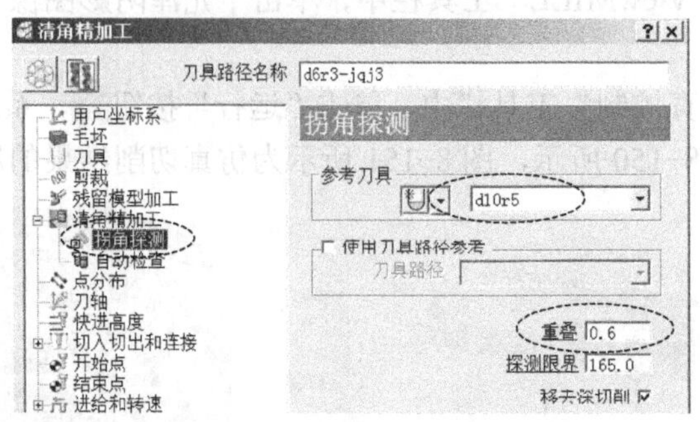

图 8-154 设置拐角探测参数

在“清角精加工”表格的策略树中，单击“进给和转速”树枝，调出“进给和转速”选项卡，设置主轴转速为“3500”，切削进给率为“1800”，下切进给率为“500”，掠过进给率为“8000”，冷却方式为“风冷”。

单击“清角精加工”表格下方的“计算”按钮，系统计算出图 8-155 所示的第三次精清角刀具路径，图 8-156 为该刀具路径的局部放大图。

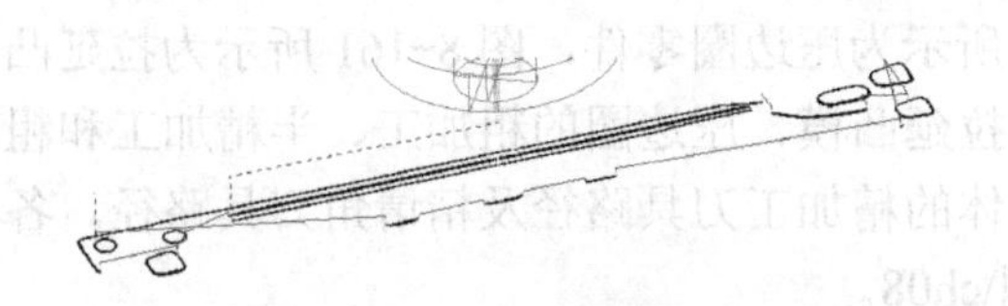
图 8-155　第三次精清角刀具路径

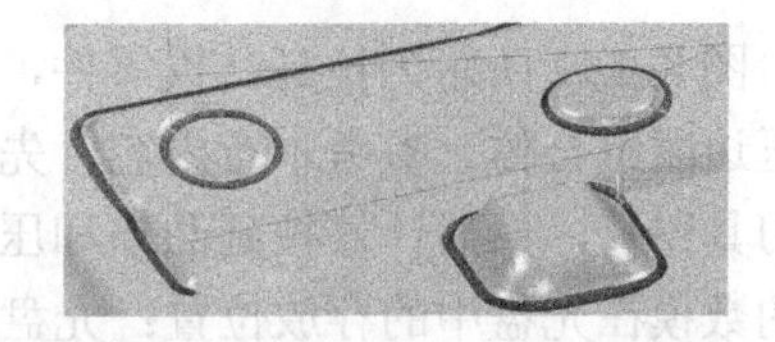
图 8-156　第三次精清角刀具路径的局部放大图

单击“取消”按钮，关闭清角精加工表格。

2．仿真第三次精清角刀具路径

在 PowerMILL 资源管理器中，右击“刀具路径”树枝下的“d6r3-jqj3”，在弹出的快捷菜单条中，执行“自开始仿真”。

在 PowerMILL 的“ViewMILL”工具栏中，单击“光泽阴影图像”按钮，进入真实实体仿真切削状态。

在 PowerMILL“仿真控制”工具栏中，单击“运行”按钮，系统即进行第三次精清角仿真切削，其结果如图 8-157 所示，图 8-158 所示为仿真切削结果的局部放大图。

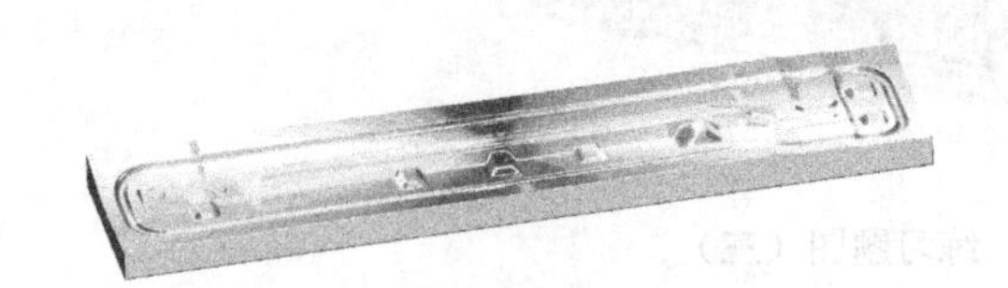
图 8-157　第三次精清角仿真切削结果

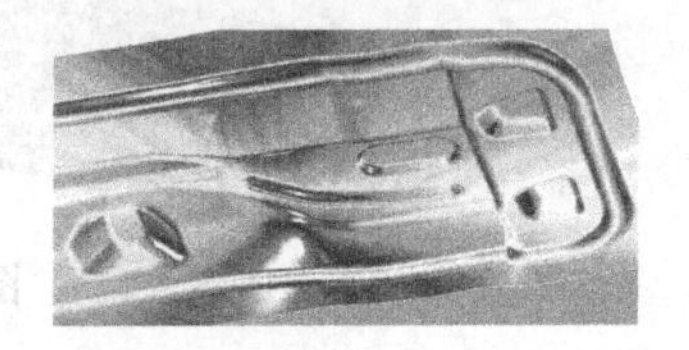
图 8-158　第三次精清角仿真切削结果的局部放大图

在“ViewMILL”工具栏中，单击“无图像”按钮，退出仿真状态，返回 PowerMILL 编程环境。

8.3.2.9　保存项目文件

在 PowerMILL 下拉菜单条中，执行“文件”→“保存项目”，打开“保存项目为”表格，在“保存在”栏选择 E：\PM EX，在“文件名”栏输入项目名为“8-3 tmrybq-zh”，然后单击“保存”按钮完成操作。

8.4　工程师经验点评

由于钣金模具型面往往较复杂，经常遇到沟、槽、圆角等区域，这些区域加工余量大且不均匀，处理不好很容易造成一侧过切或刀具打断损坏，所以要特别注意计算出来的刀具路径的质量，否则会严重影响数控加工品质。此外，不要直接使用与圆角直径大小接近的刀具进行清根加工，一般应先用小于圆角直径的刀具进行单刀自动分层加工，把圆角内的大余量先去除，务必使圆角内的余量均匀化，再进行后面的工步，以避免刀具损坏。

8.5 练习题

图 8-159 所示为拉延凸模零件，图 8-160 所示为压边圈零件，图 8-161 所示为拉延凸模和压边圈组合体。参考本章内容，先分别计算拉延凸模、压边圈的粗加工、半精加工和粗清角刀具路径，然后计算拉延凸模和压边圈组合体的精加工刀具路径及精请角刀具路径。各零件的数模在光盘中的存放位置：光盘符：\习题\ch08。

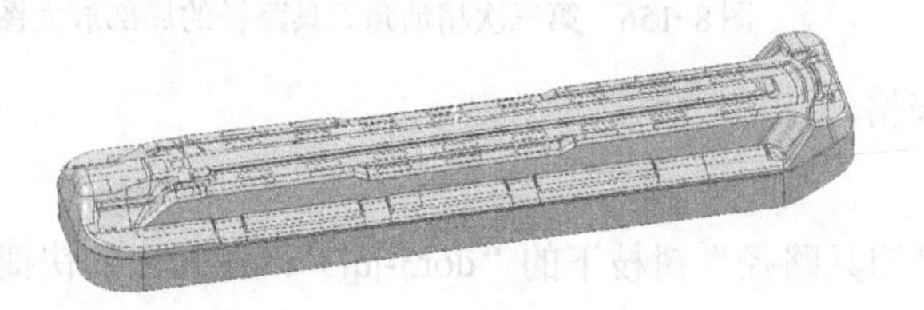

图 8-159 练习题图（一）

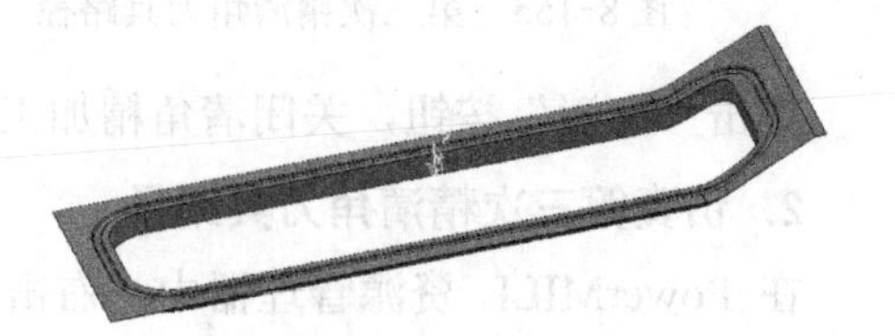

图 8-160 练习题图（二）

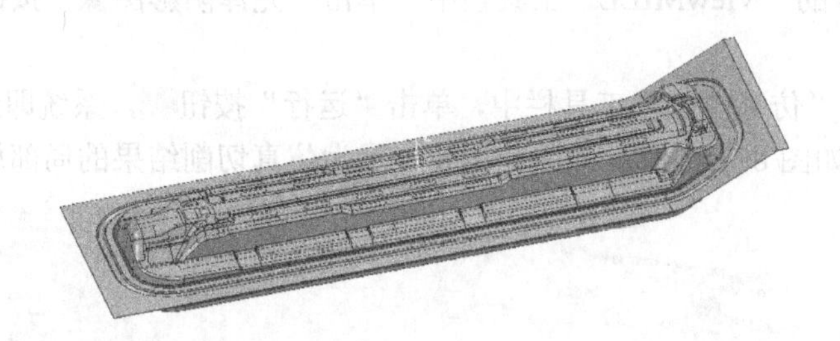

图 8-161 练习题图（三）

第9章

PowerMILL 刀具路径后处理

图线形式的刀具路径只有在转换为字符形式的NC代码后，数控机床的数控装置才能进一步转换为二进制代码，进而驱动机床各轴运动。将图形化的刀具路径转换为NC代码的过程称为后处理或者后置处理。

刀具路径记录了加工刀具、切削用量、走刀方式、进给率等内容。在PowerMILL系统资源管理器中的“刀具路径”树枝下，单击某一条刀具路径前的小加号，将其展开，如图9-1所示。

图9-1　刀具路径所包含的内容

这些信息不能直接输送到数控机床中使其运动起来，因为数控系统只能读取和处理二进制数（0和1）。想要数控系统识别这些信息，必须借助一个翻译器将这些信息翻译为数控系统能够识别的字符代码（即NC程序）。

9.1　刀具路径输出为NC代码

在PowerMILL系统中，这个翻译器由两个部分组成，一部分是后处理程序，负责执行后处理计算；另一部分是后处理文件，也称为机床选项文件，它负责记录用户所用机床的信息，比如机床各轴的行程、机床所能识别和执行的数控代码及格式，如定位、各类插补等指令名称及格式。

目前PowerMILL软件有两种后处理程序供读者使用，一种是系统默认的Ductpost.exe，这是PowerMILL软件从开发至今一直使用的DOS风格的后处理程序；另一种是新开发的、具有Windows窗口界面风格的PostProcessor（其旧版本名为PM-Post），它具有易于操作、界面友好等特点，本章拟专门介绍。

这样，一套完整的数控加工自动编程系统的组成及各部分的作用如图9-2所示。

后处理文件（又称机床选项文件）是一个文本格式的文件，它的后缀名是opt或pmopt。这个文件一般需要根据用户所使用的具体机床类型和数控系统来订制。同时，对于默认的后处理程序Ductpost，PowerMILL系统在C:\dcam\config\ductpost目录下放置了目前市面上典型数控系统的标准后处理文件，例如fanuc.opt、fidia.opt、heid40.opt等。如果读者无特殊要求，可直接选用这些后处理文件。对于PostProcessor后处理程序，以PostProcessor6.0为例，这些后处理文件放置在*:\Program Files (x86)\Delcam\PostProcessor60\file\Generic，其中*代表盘符。

对于多条刀具路径输出为单个NC程序文件，详细的操作步骤如下：

1）在PowerMILL资源管理器中，右击“NC程序”树枝，在弹出的快捷菜单条中单击

“产生 NC 程序”。此时系统创建一条名称为 1、内容为空白的 NC 程序，打开“NC 程序：1”表格。

2）单击“NC 程序：1”表格中的“接受”按钮，关闭该表格。双击“NC 程序”树枝，将它展开。

3）在 PowerMILL 资源管理器中的“刀具路径”树枝下，右击待后处理的刀具路径，在弹出的快捷菜单条中单击“增加到”→“NC 程序”，此时系统将刀具路径添加到“NC 程序：1”中。对其余各条刀具路径，重复此操作。

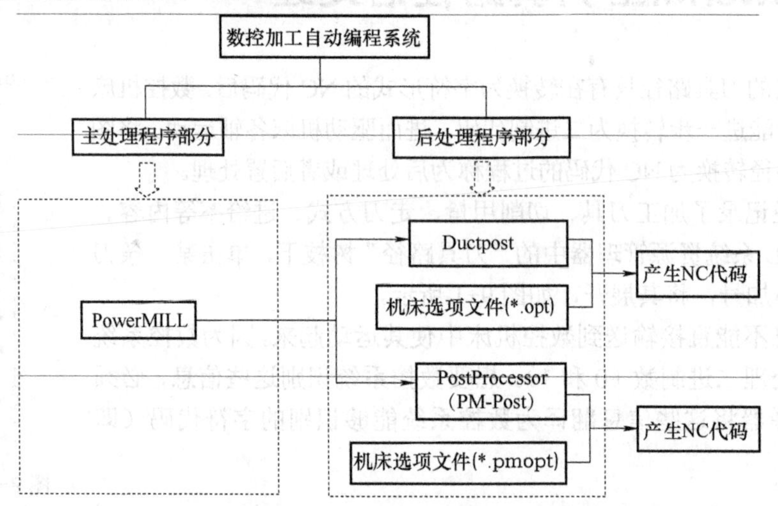

图 9-2　一套完整的数控加工自动编程系统的组成及各部分的作用

读者也可以使用鼠标直接拖动刀具路径到 NC 程序 1 上，实现刀具路径增加到 NC 程序操作。

4）在 PowerMILL 资源管理器中的“NC 程序”树枝下，右击“NC 程序：1”，在弹出的快捷菜单条中单击“设置”，再次打开“NC 程序：1”表格，如图 9-3 所示。

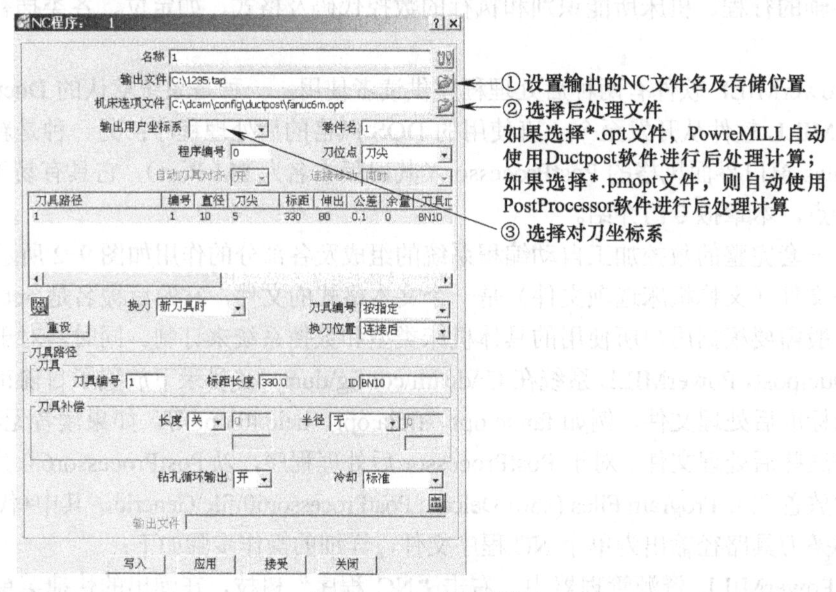

图 9-3　NC 程序设置

在图 9-3 所示的表格中，选项内容非常多。实际加工中一般只需要对箭头所指的三个位置进行设置，其他参数使用系统默认值即可。

另外，PowerMILL 系统默认输出的 NC 程序后缀名为 tap，使用记事本即可打开进行编辑。如果要更改 NC 程序的后缀名，在图 9-3 所示表格的右上角，单击“打开选项表格”按钮，打开“选项”表格，如图 9-4 所示。

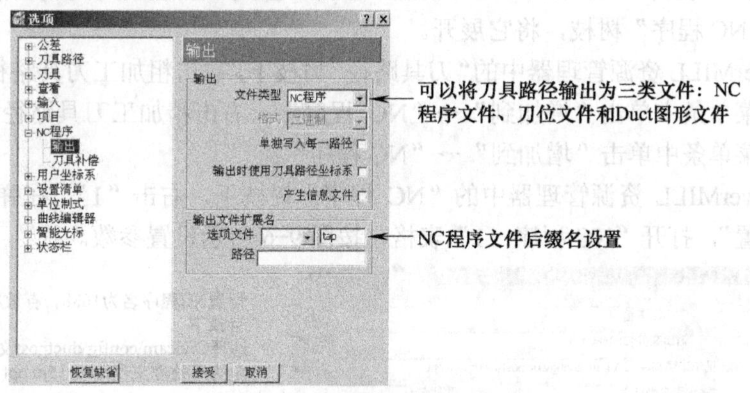

图 9-4 选项设置

图 9-3 所示为对单条刀具路径的设置。如果加工项目包括多条刀具路径，则可以统一设置某些 NC 参数。

在 PowerMILL 资源管理器中，右击“NC 程序”树枝，在弹出的快捷菜单条中单击“参数选择…”，打开“NC 参数选择”表格，如图 9-5 所示。

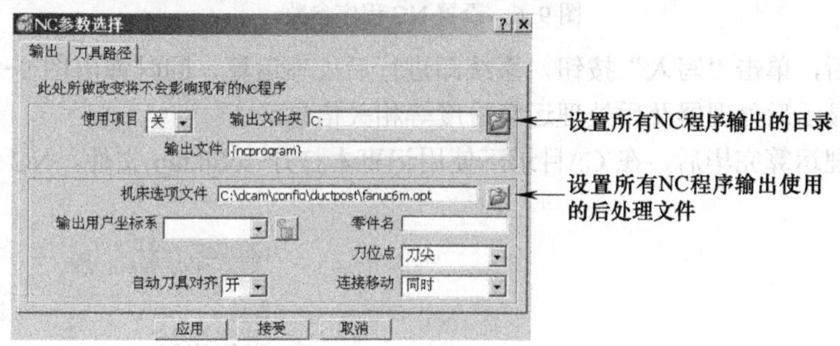

图 9-5 NC 参数统一设置

如果读者只想把单条刀具路径输出为单个 NC 程序文件，更简单的操作步骤如下：

在 PowerMILL 资源管理器中的“刀具路径”树枝下，右击待后处理的刀具路径，在弹出的快捷菜单条中单击“产生独立的 NC 程序”。此时系统自动产生一条新的 NC 程序，其名称同刀具路径的名称。

例 9-1 刀具路径输出为 NC 程序实例

调用光盘中的加工项目文件 headlamp，分别使用 Ductpost 和 PostProcessor 后处理器将粗、精加工刀具路径输出到一个 NC 程序文件中。

【详细操作步骤】

步骤一 打开项目文件

1）复制光盘中*:\Source\ch09 文件夹到 E:\PM EX\目录下。

2）在下拉菜单条中，单击“文件”→“打开项目”，选择打开 E:\PM EX\ch09\headlamp 项目文件。

步骤二 使用 Ductpost 将粗、精加工刀具路径输出到一个 NC 程序文件中

1）在 PowerMILL 资源管理器中，右击“NC 程序”树枝，在弹出的快捷菜单条中单击“产生 NC 程序”，打开“NC 程序：1”表格，单击“接受”按钮，关闭该表格。

2）双击“NC 程序”树枝，将它展开。

3）在 PowerMILL 资源管理器中的“刀具路径”树枝下，右击粗加工刀具路径“d20r1-cjg”，在弹出的快捷菜单条中单击“增加到”→“NC 程序”。右击精加工刀具路径“d10r5-jjg”，在弹出的快捷菜单条中单击“增加到”→“NC 程序”。

4）在 PowerMILL 资源管理器中的“NC 程序”树枝下，右击“1”，在弹出的快捷菜单条中单击“设置”，打开“NC 程序：1”表格，按图 9-6 所示设置参数。

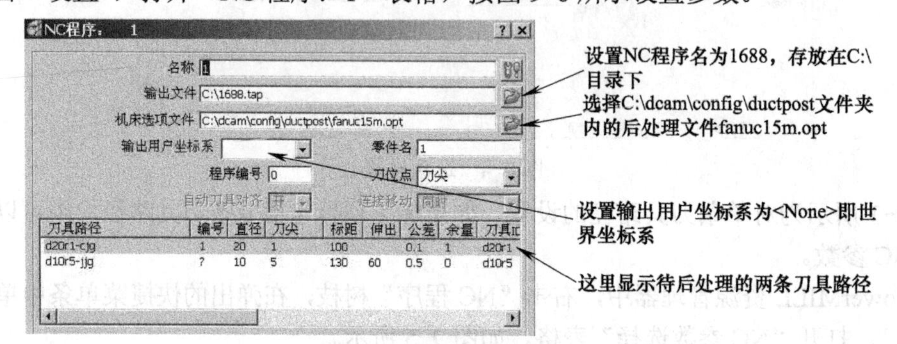

图 9-6 设置 NC 程序参数

设置完成后，单击“写入”按钮，系统即进行后处理运算，同时弹出图 9-7 所示的“信息”对话框，显示后处理器及后处理运算进度等相关信息。

等待后处理运算完毕后，在 C:\目录下使用记事本打开 1688.tap 文件，NC 程序如图 9-8 所示。

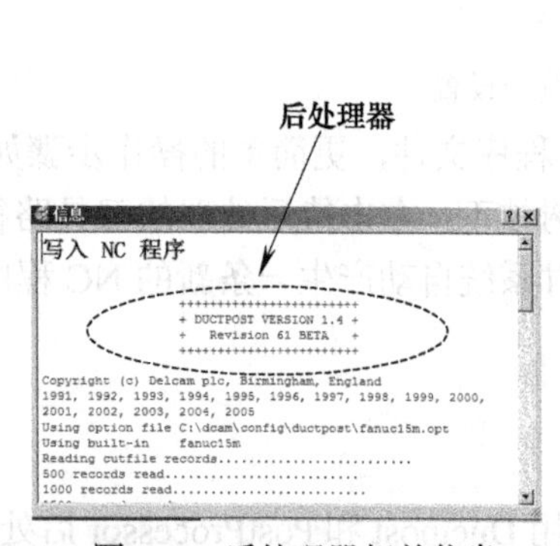

图 9-7 后处理器相关信息

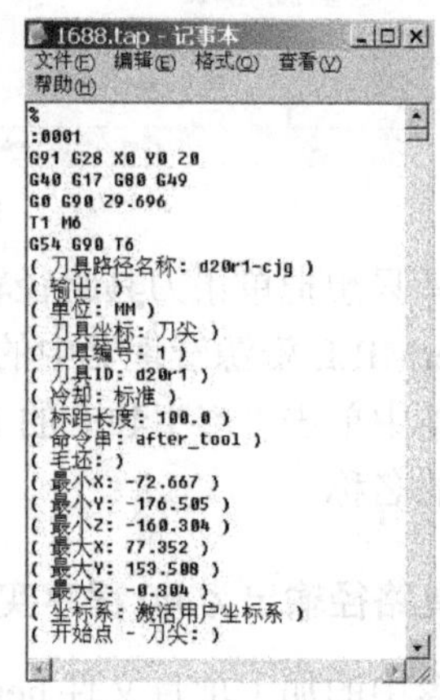

图 9-8 NC 程序

关闭“NC 程序：1”表格。

步骤三 使用 PostProcessor 将粗、精加工刀具路径输出到一个 NC 程序文件中

选择后缀名不同的后处理选项文件，PowerMILL 会自动选择使用与后处理选项文件相对

应的后处理器来计算。

在 PowerMILL 资源管理器中的“NC 程序”树枝下，右击“1”，在弹出的快捷菜单条中单击“设置”，打开“NC 程序：1”表格，按图 9-9 所示设置参数。

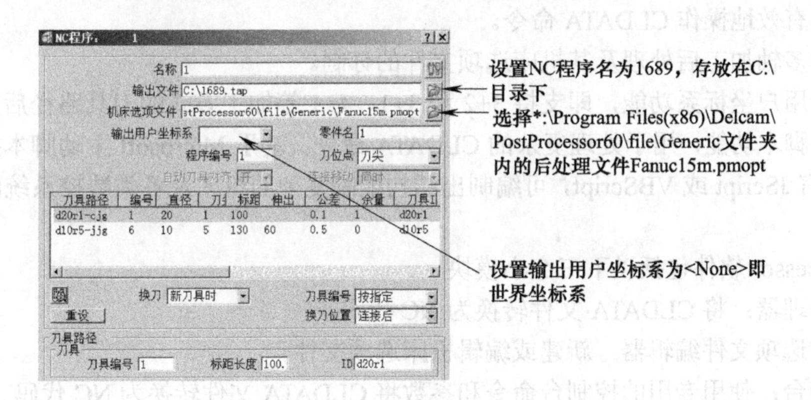

图 9-9 设置 NC 程序参数

设置完成后，单击“写入”按钮，系统即进行后处理运算，同时弹出图 9-10 所示的“信息”对话框，显示后处理器及后处理运算进度等相关信息。

等待后处理运算完毕后，在 C:\目录下使用记事本打开 1689.tap 文件，NC 程序如图 9-11 所示。

关闭“NC 程序：1”表格。

步骤四　另存项目文件

在下拉菜单条中，单击“文件”→“保存项目为…”，定位保存目录到 E:\PM EX，输入项目名称为“9-1 headlamp”。

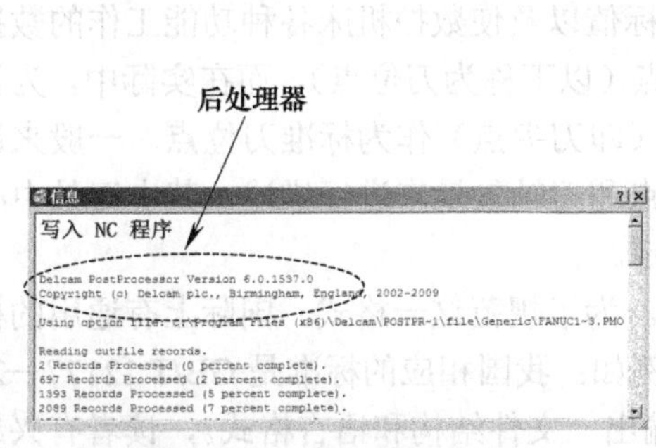

图 9-10 后处理器相关信息

图 9-11 NC 程序

9.2 使用 PostProcessor 订制机床选项文件

PostProcessor 是按照 Windows 操作风格和界面开发的一款集成刀具路径后处理、机床选项文件（即后处理文件）订制和修改的小软件。它具有如下功能和特点：

1）轻易地将刀位文件（CLDATA 文件，后缀名为 cut）后处理为 NC 代码，它具有 Windows

传统风格界面，操作简单。

2）完整显示机床选项文件（后缀名为 pmopt）内容，可在编辑器中新建或修改机床选项文件。

3）简单有效地操作 CLDATA 命令。

4）支持多轴加工后处理及其机床选项文件的订制。

5）支持用户坐标系功能，即支持 3+2 和 3+1、4+1 等加工方式的刀具路径后处理。

6）支持脚本功能，用于处理复杂的 CLDATA 命令。基于 Microsoft 主动脚本技术，使用标准编程语言 JScript 或 VBScript，可编制出结构配制复杂的机床及各类数控系统的机床选项文件。

PostProcessor 软件包括以下三个小模块。

1）后处理器：将 CLDATA 文件转换为 NC 代码。

2）机床选项文件编辑器：新建或编辑机床选项文件。

3）控制台：使用专用的控制台命令和参数将 CLDATA 文件转换为 NC 代码。

在此，对 CLDATA 文件做一个简单的介绍。

CLDATA 是英文 Cutter Location Data 的缩写，意思是刀具位置数据，在 PowerMILL 系统下拉菜单条中，单击“工具”→“选项”，打开“选项”表格，按图 9-12 所示设置即可将刀具路径输出为后缀名为 cut 的文件，它就是 CLDATA 数据。

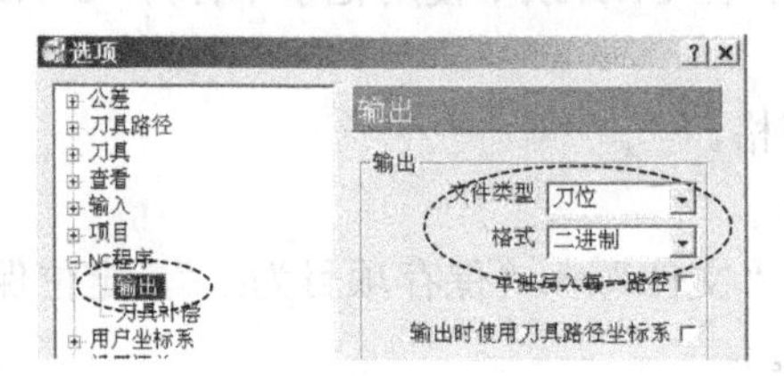

图 9-12　输出设置

CLDATA 数据主要包括刀具移动点的坐标值以及使数控机床各种功能工作的数据。理论上，可定义刀具外轮廓的任意点为刀具移动点（以下称为刀位点），而在实际中，为计算的一致性和便于对刀调整，采用刀具轴线的顶端（即刀尖点）作为标准刀位点。一般来说，刀具在工件坐标系中的准确位置可以用刀具中心点和刀轴矢量来进行描述，其中刀具中心点可以是刀心点，也可以是刀尖点，视具体情况而定。

CLDATA 文件按照一定的格式编制而成。为了规范这一格式，国际上有通用的标准，各国的软件开发商也制定了适合自身的标准。例如：我国相应的标准是 GB/T 12177—2008《工业自动化系统　机床数值控制　NC 处理器输出　文件结构和语言格式》，读者有兴趣的话可以查阅这一标准。PowerMILL 系统使用的 CLDATA 数据绝大部分采用了国际标准 ISO 3592—1978 和 ISO 4343—1978 的规范格式。

一个典型的 CLDATA 文件如图 9-13 所示。

对于普通的 PowerMILL 用户来讲，PostProcessor 相对于 Ductpost 更易于操作、理解，也更实用。

在 Windows 操作系统中，单击“开始”→“程序”→“Delcam”→“PostProcessor”→“PostProcessor6.0”，打开 PostProcessor 软件，其界面如图 9-14 所示。

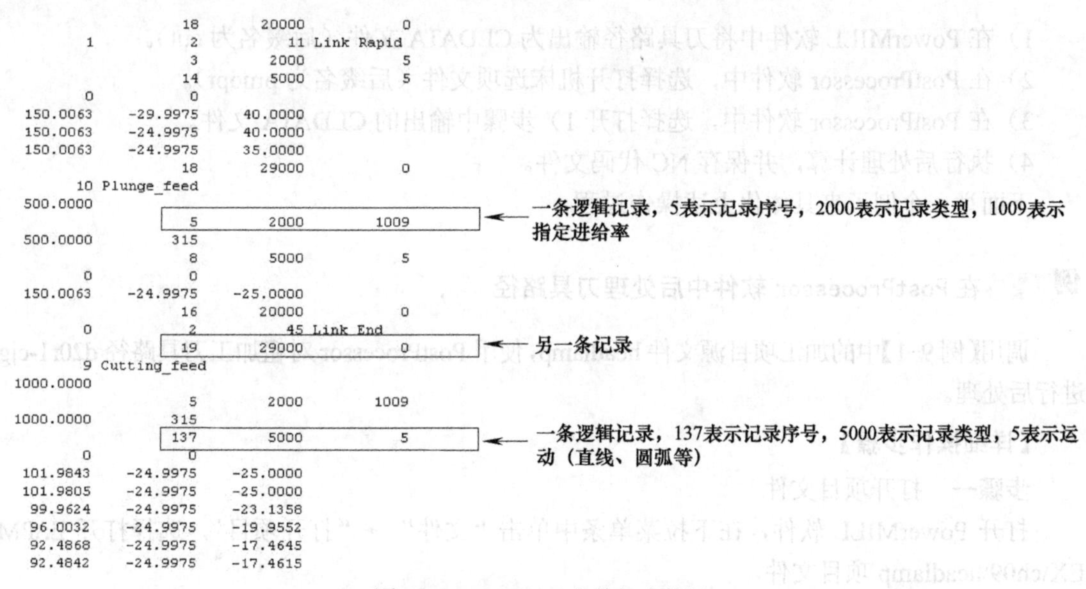
```
                18       20000        0
      1          2          11 Link Rapid
                 3        2000        5
                14        5000        5
      0          0
150.0063    -29.9975    40.0000
150.0063    -24.9975    40.0000
150.0063    -24.9975    35.0000
                18       29000        0
   10 Plunge_feed
500.0000
                 5        2000     1009
500.0000       315
                 8        5000        5
      0          0
150.0063    -24.9975   -25.0000
                16       20000        0
      0          2          45 Link End
                19       29000        0
    9 Cutting_feed
1000.0000
                 5        2000     1009
1000.0000      315
               137        5000        5
      0          0
101.9843    -24.9975   -25.0000
101.9805    -24.9975   -25.0000
 99.9624    -24.9975   -23.1358
 96.0032    -24.9975   -19.9552
 92.4868    -24.9975   -17.4645
 92.4842    -24.9975   -17.4615
```


图 9-13　CLDATA 文件部分数据

图 9-14　PostProcessor 主界面

综合工具栏各按钮的含义如图 9-15 所示。

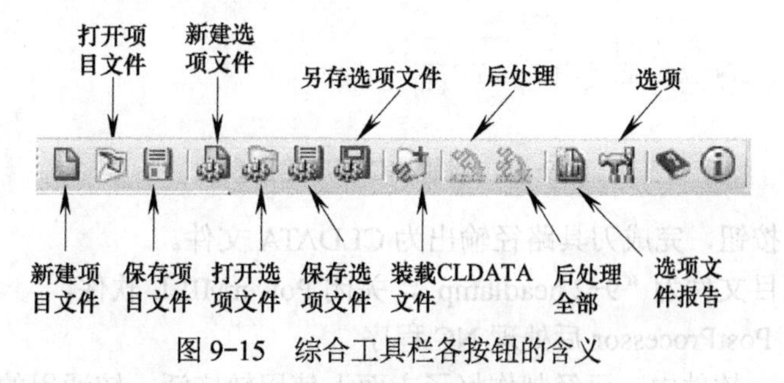

图 9-15　综合工具栏各按钮的含义

9.2.1　在 PostProcessor 软件中后处理刀具路径

使用 PostProcessor 后处理刀具路径的一般步骤如下：

1）在 PowerMILL 软件中将刀具路径输出为 CLDATA 文件（后缀名为 cut）。

2）在 PostProcessor 软件中，选择打开机床选项文件（后缀名为 pmopt）。

3）在 PostProcessor 软件中，选择打开 1）步骤中输出的 CLDATA 文件。

4）执行后处理计算，并保存 NC 代码文件。

下面举一个例子来具体化上述操作过程。

例 9-2 在 PostProcessor 软件中后处理刀具路径

调用【例 9-1】中的加工项目源文件 headlamp，使用 PostProcessor 对粗加工刀具路径 d20r1-cjg 进行后处理。

【详细操作步骤】

步骤一　打开项目文件

打开 PowerMILL 软件，在下拉菜单条中单击"文件"→"打开项目"，选择打开 E:\PM EX\ch09\headlamp 项目文件。

步骤二　输出 CLDATA 文件

1）在 PowerMILL 资源管理器中的"刀具路径"树枝下，右击粗加工刀具路径"d20r1-cjg"，在弹出的快捷菜单条中单击"产生独立的 NC 程序"。

2）在 PowerMILL 资源管理器"NC 程序"树枝下，右击 NC 程序"d20r1-cjg"，在弹出的快捷菜单条中单击"设置…"，打开"NC 程序：d20r1-cjg"表格。首先单击表格"名称"栏右侧的"打开选项"表格按钮，打开"选项"表格，按图 9-16 所示设置参数。

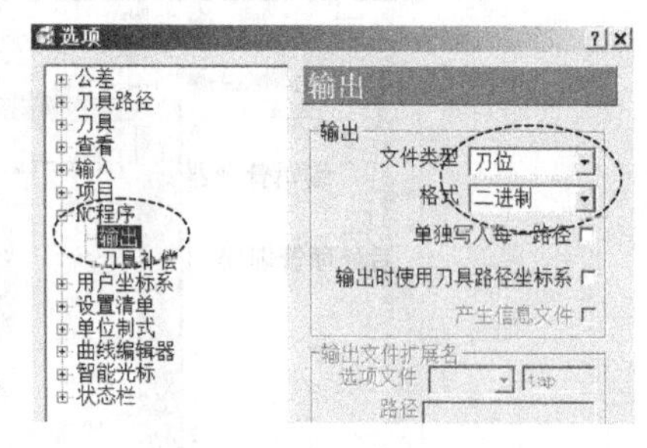

图 9-16　设置选项参数

单击"接受"按钮，关闭该表格。

然后在"NC 程序：d20r1-cjg"表格中按图 9-17 所示设置参数。

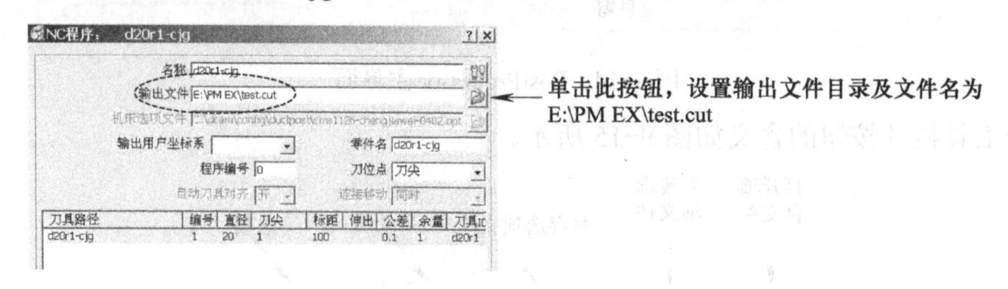

图 9-17　设置 NC 程序输出参数

单击"写入"按钮，完成刀具路径输出为 CLDATA 文件。

然后，另存项目文件为"9-2 headlamp"，关闭 PowerMILL 软件。

步骤三　使用 PostProcessor 后处理 NC 程序

在 PostProcessor 软件中，已经制作好了市面上使用较广泛、较通用的三轴数控机床选项文件，包括各类典型的数控系统，如 Fanuc、Siemens、Heidenhain 等。它们存放的位置为 *:\Program Files (x86)\Delcam\PostProcessor60\file\Generic，其中*代表盘符。

打开 PostProcessor 软件。

1）输入机床选项文件：在 PostProcessor 软件中，在后处理管理器中的“New Session”树枝下，右击“New Option File”树枝，在弹出的快捷菜单条中单击“Open…”，打开“Open Option File”表格，选择打开 C:\Program Files (x86)\Delcam\PostProcessor60\file\Generic\FanucOM.pmopt 文件，如图 9-18 所示。

图 9-18 选择机床选项文件

系统打开“Fix Option File Units”表格，提示修改打开的后处理选项文件的输出单位，选择“Metric”（公制），单击“OK”按钮，关闭该表格。

2）输入 CLDATA 文件：在后处理管理器的“New Session”树枝下，右击“CLDATA Files”树枝，在弹出的快捷菜单条中单击“Add CLDATA”，打开“打开”表格，选择打开 E：PM EX\test.cut 文件，如图 9-19 所示。

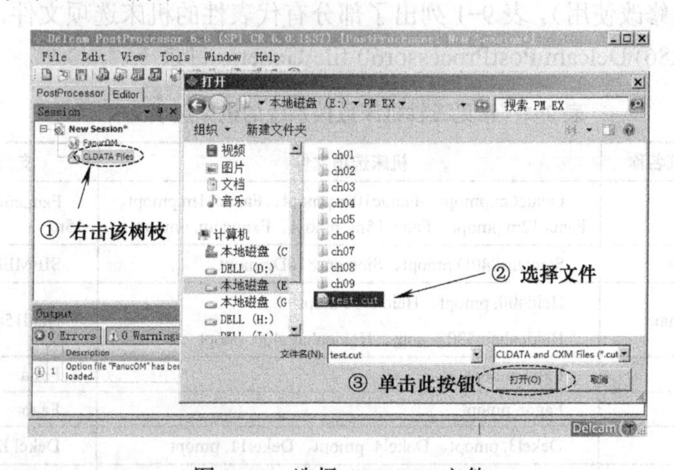

图 9-19 选择 CLDATA 文件

3）执行后处理：在后处理管理器的“New Session”树枝下，右击“CLDATA Files”树枝下的“test.cut”树枝，在弹出的快捷菜单条中单击“Process”，系统即开始后处理运算。

运算完成后，在“test.cut”树枝下，新增“test_FanucOM.tap”树枝，双击该树枝，即可查看 NC 代码，如图 9-20 所示。

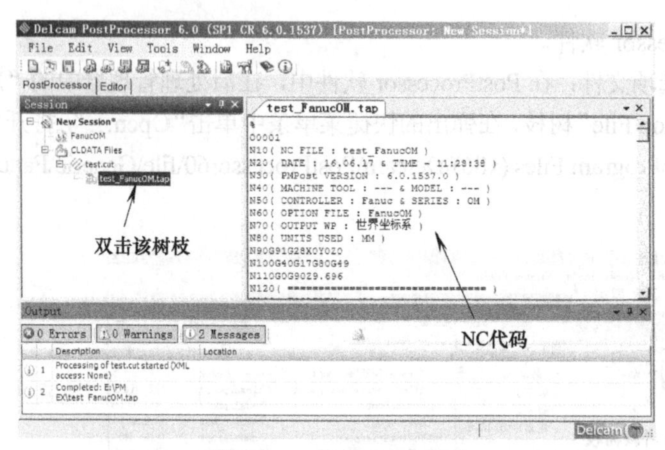

图 9-20　后处理 NC 代码

PostProcessor 默认将后处理出来的 NC 代码文件 test_FanucOM.tap 放置在与 CLDATA 文件相同的目录下。

步骤四　保存项目文件

在 PostProcessor 软件下拉菜单条中，单击“File”→“Save Session”，定位保存目录到 E:\PM EX，输入项目名称为“9-3 pmpost ex1”。

9.2.2 机床选项文件的修改与订制

机床选项文件是根据特定数控系统、机床而编写的用于规定 NC 代码输出指令及其格式的文件，通常也称为后处理文件。

在 PostProcessor 软件中，提供了市面上常见三轴机床数控系统的机床选项文件（这些文件作为模板文件供修改使用）。表 9-1 列出了部分有代表性的机床选项文件，这些文件放置在 *:\Program Files (x86)\Delcam\PostProcessor60\file\Generic 目录下。

表 9-1　常见三轴机床数控系统的机床选项文件

序号	数控系统名称	机床选项文件	支持的数控系统类型
1	Fanuc	Fanuc6m.pmopt、Fanuc10m.pmopt、Fanuc11m.pmopt、Fanuc12m.pmopt、Fanuc15m. pmopt、Fanucom. pmopt	Fanuc6m、10m、11m、12m、15m
2	Siemens	Siemens840D.pmopt、Siemens810D.pmopt	SIEMERIK840D、810D
3	Heidenhain	Heid400. pmopt、Heidiso. Pmopt Heidenhain530.pmopt、Heidenhain400.pmopt	Heid150、355、155、400
4	Fidia	Fidia. pmopt	Fidia
5	Fagor	Fagor. pmopt	Fagor
6	Dekel	Dekel3. pmopt、Dekel4. pmopt、Dekel11. pmopt	Dekel Dialogue3、4、11
7	Mitsubishi	Mitsubishi.pmopt	Mitsubishi

机床选项文件不需要从头到尾新编写一个，这样难度很大，而且容易出错。在实际工作中，往往只需要根据机床结构、数控系统将现有对应的模板机床选项文件进行适当的修改就行了。

在根据实际机床修改机床选项文件时，必须明确的内容有机床的运动轴数（三轴、四轴还是五轴）、运动轴的配置情况（轴的空间位置关系、正负方向）、运动轴名称（确定 *X*、*Y*、*Z*、*U*、*V*、*W*、*A*、*B*、*C* 等）及各轴的运动行程、数控系统的功能及指令格式。这一部分要与机床用户商量，争取获得全面、准确的资料。

数控编程的基础理论告诉我们，NC 程序由一系列有序的程序段组成。程序段的构成元素是“字”，包括顺序字（如 N10）、准备功能字（如 G01）、尺寸字（如 X100.0）、进给功能字（如 F1000.0）、主轴转速功能字（如 S2000）、刀具功能字（如 T6）和辅助功能字（如 M30）七大类“字”。以 Fanuc 数控系统识别的 NC 程序为例，一段较完整的程序段如下：

N10 G01 X100.0 Y200.0 Z20.0 F1000 M3 S1000

顺序字 准备功能字 尺寸字 进给功能字 辅助功能字 主轴转速功能字

后处理的任务就是按照数控系统所能识别的程序格式以及机床用户的需要将刀具路径输出为 NC 程序。例如：程序中的 X100.0、F1000、M3 等指令，这些指令的格式均由机床选项文件来控制。为此，要根据数控系统编程手册对程序格式的要求，修改机床选项文件中相应的定义部分。

下面的讲解以编辑后处理文件 FanucOM. pmopt 为例。

在 PostProcessor 软件中，在后处理管理器的“New Session”树枝下，右击“New Option File”树枝，在弹出的快捷菜单条中单击“Open…”，打开“Open Option File”表格，选择打开 C:\Program Files (x86)\Delcam\PostProcessor60\file\Generic \FanucOM.pmopt 文件。

单击“Editor”选项卡，由后处理管理器切换到编辑管理器，如图 9-21 所示。

在修改机床选项文件的命令格式前，需要注意机床选项文件的一些基本设置，如数控系统名称、最大最小进给率等参数。

在“File”下拉菜单条中，执行“Option File Properties”，打开“Option File Properties”表格，如图 9-22 所示。

图 9-21 编辑管理器

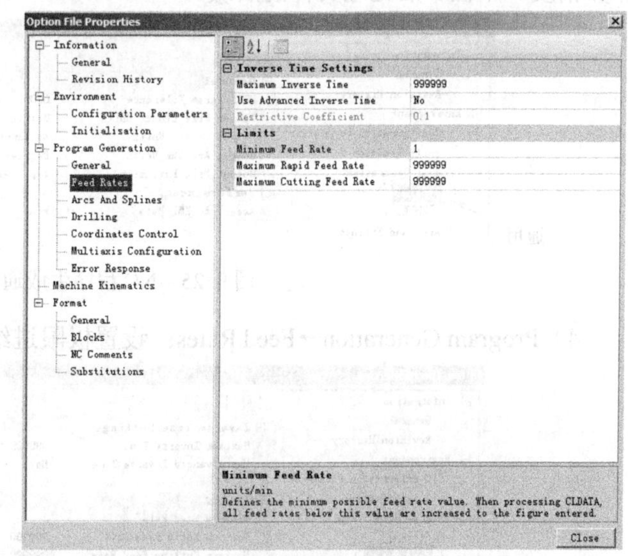

图 9-22 “Option File Properties”表格

这个表格中的几个常用界面介绍如下。

1）Information→General：全局设置。如图 9-23 所示，设置数控系统、机床等信息。

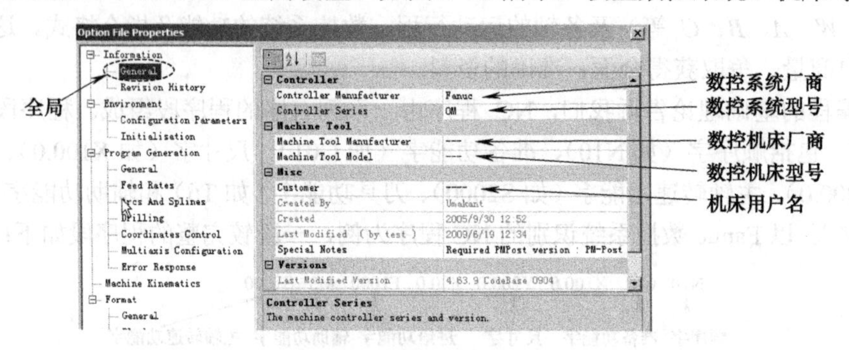

图 9-23　全局设置（一）

2）Environment→Initialisation：初始化。如图 9-24 所示，设置后处理开始时的初始参数，如冷却方式、刀具补偿模式。

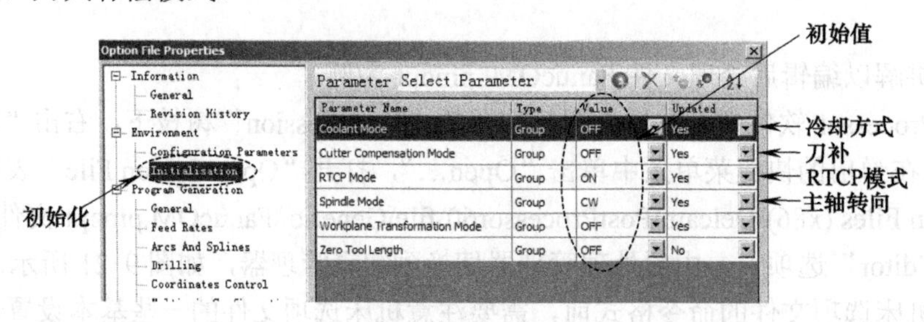

图 9-24　初始化

3）Program Generation→ General：NC 程序生成通用设置。如图 9-25 所示，设置后处理计算精度、单位、后处理文件的后缀。

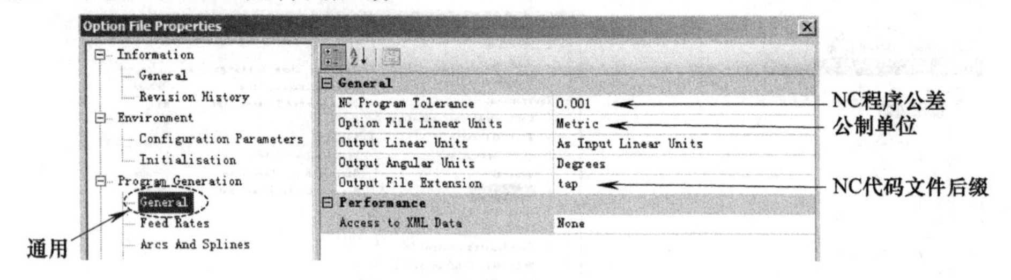

图 9-25　NC 程序生成通用设置

4）Program Generation→Feed Rates：设置极限进给率，如图 9-26 所示。

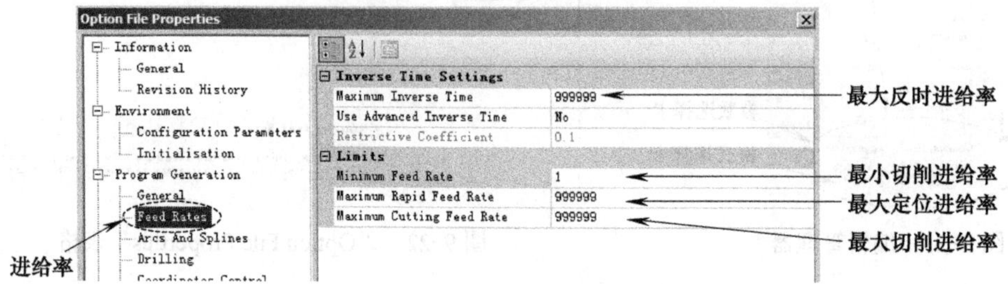

图 9-26　设置极限进给率

5）Program Generation→Arcs And Splines：设置圆弧和样条插补相关规则，如图 9-27 所示。

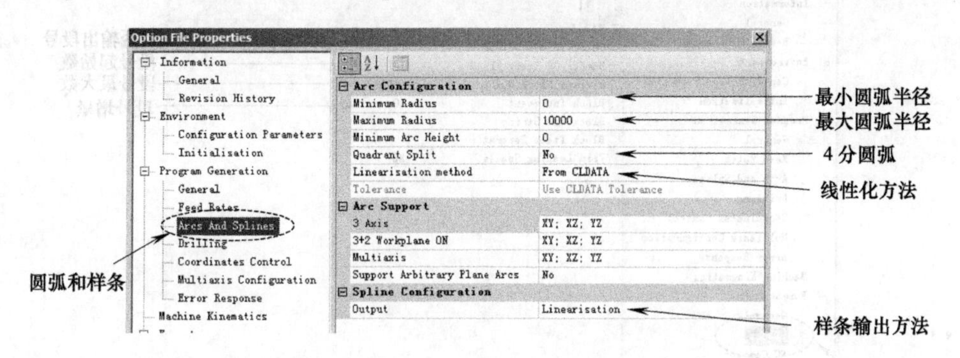

图 9-27　设置圆弧和样条插补相关规则

6）Program Generation→Drilling：设置钻孔相关规则，如图 9-28 所示。

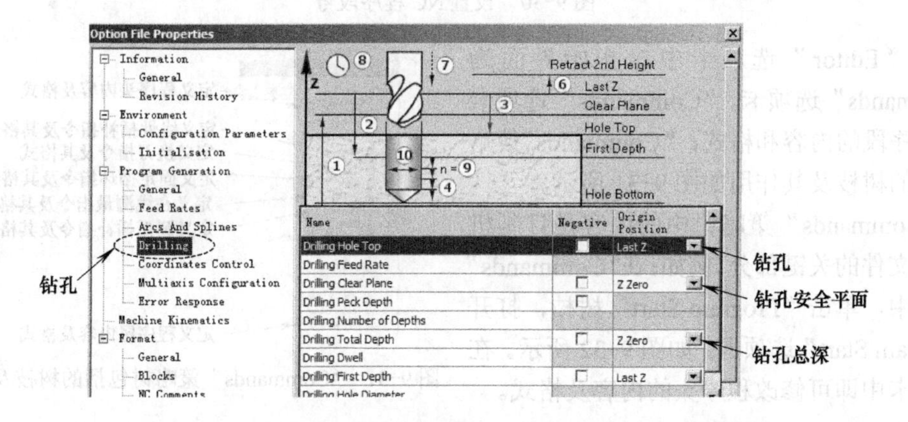

图 9-28　设置钻孔相关规则

7）Format→General：全局设置。设置时间、坐标等数据格式，如图 9-29 所示。

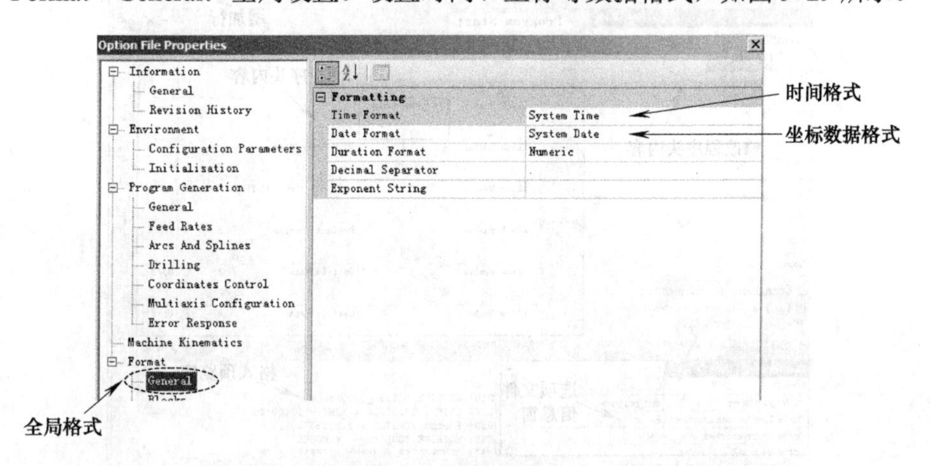

图 9-29　全局设置（二）

8）Format→Blocks：设置 NC 程序段号，如图 9-30 所示。

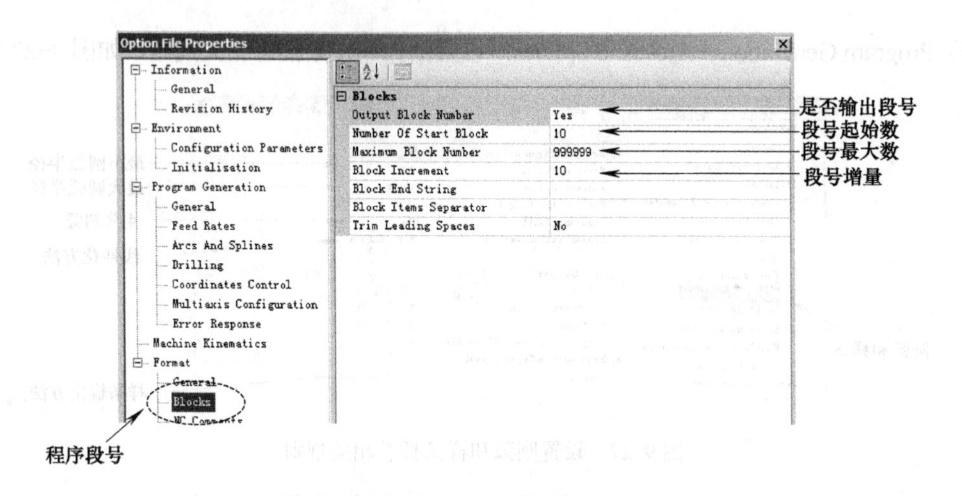

图 9-30　设置 NC 程序段号

在“Editor”选项卡中，初始界面为“Commands”选项卡。“Commands”选项卡控制程序段的内容和格式，“Commands”策略树包括的树枝及其作用如图 9-31 所示。

“Commands”策略树中的内容是订制机床选项文件的关键部分。例如：在“Commands”策略树中，单击“Program Start”树枝，打开“Program Start”选项卡，如图 9-32 所示。在此选项卡中即可修改程序头的内容及格式。

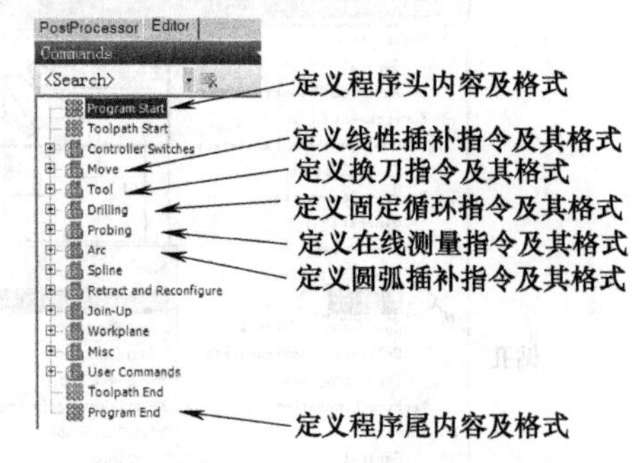

图 9-31　“Commands”策略树包括的树枝及其作用

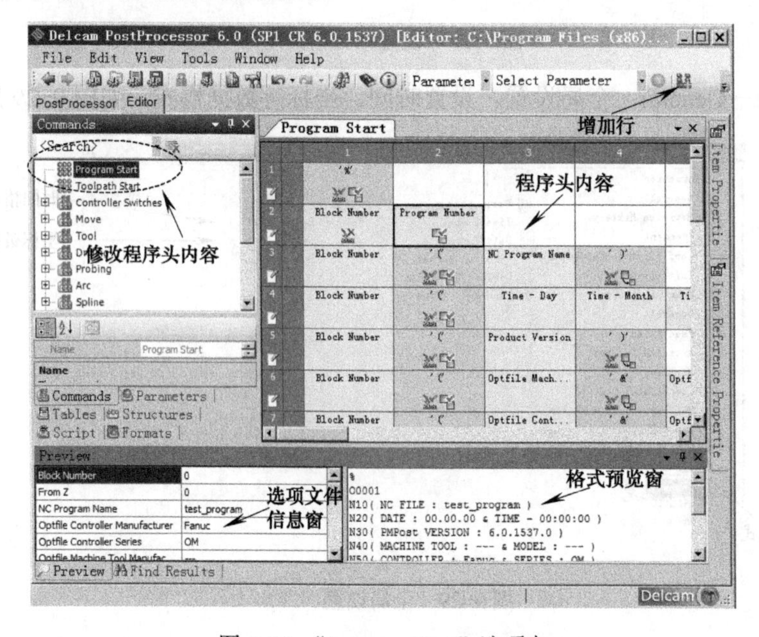

图 9-32　“Program Start”选项卡

如图 9-32 所示，在“Editor”选项卡中，与“Commands”选项并列的，还有“Parameters”“Tables”“Structures”“Script”和“Formats”等几个选项。它们的作用是：

1）Parameters：参数。定义后处理命令中的元素，即“变量名”，如 NC 程序中各类“字”的定义。

2）Formats：格式。定义参数的格式，即设置“变量”的类型、字长等参数。

3）Structures：结构。将多个参数定义为一个结构。

4）Tables：表。定义刀具信息。

5）Script：脚本功能。通过使用标准编程语言实现高级功能。

9.2.3 按照 NC 程序模板的要求修改后处理文件

图 9-33 所示 NC 程序是某单位使用的数控加工程序文件规范格式。本节拟通过修改 PostProcessor 软件自带的 FanucOM.pmopt 后处理文件，达到后处理出 NC 程序格式的目的。通过这一节的学习，读者能掌握常用的、基础的后处理文件修改和订制知识及技能。

下面调用【例 9-2】中的项目文件来介绍机床选项文件的修改操作。

在 PostProcessor 的“综合”工具栏中，单击“打开项目文件”按钮，选择打开【例 9-2】中保存在 E:\PM EX 目录下的 9-3 pmpost ex1.pmp 文件。

在 PostProcessor 后处理管理器中，在展开的“CLDATA Files”树枝下，双击“test_FanucOM.tap”，原始 NC 程序格式如图 9-34 所示。

```
%
O0001
( DATE : 19.10.11 & TIME - 12:34:59 )        ← NC代码生成时间
( MACHINE TOOL : HV & MODEL : 70S )          ← 机床型号
( OUTPUT WP : 世界坐标系 )                    ← 对刀坐标系
G40G49G17G80                                  ← 机床初始化指令
G91G28Z0                                      ← 机床初始化指令
( TOOL TYPE : TIPRADIUSED )                   } 刀具信息
( TOOL NAME : d20r1 )                         }
( TOOL DIA.: 20 ; TIP RAD.: 1 & LENGTH : 100 ) }
T1M6
G54G90
S1500M3
M8                                            ← 冷却开输出
G0X2.342Y-11.499
G43Z9.696H1
X-2.554Y-14.257
Z2.696
G1Z-2.304F500
X-2.526Y-105.466F1000
G3G17X-1.627Y-106.366R0.9                     ← 圆弧插补格式
G1X6.147Y-106.369
...
...
X2.915Y4.811
G0Z9.696
M9                                            ← 冷却关输出
G91G28Z0
G49 H0
G28X0Y0
M99                                           ← M99结尾
%
```

无程序段号

图 9-33 NC 程序格式模板

```
%
O0001
N10( NC FILE : ss_FanucOM )
N20( DATE : 16.06.17 & TIME - 20:44:47 )
N30( PMPost VERSION : 6.0.1537.0 )
N40( MACHINE TOOL : --- & MODEL : --- )
N50( CONTROLLER : Fanuc & SERIES : OM )
N60( OPTION FILE : FanucOM )
N70( OUTPUT WP : 世界坐标系 )
N80( UNITS USED : MM )
N90G91G28X0Y0Z0
N100G40G17G80G49
N110G0G90Z10.
N120( ================================ )
N130( TOOLPATH : d10r0c-jzjjg )
N140( STRATEGY USED : Constantz )
N150( TOOLPATH WP : World )
N160( ================================ )
N170( TOOL TYPE : ENDMILL )
N180( TOOL NAME : d10r0j )
N190( TOOL DIA.: 10 ; TIP RAD.: 0 & LENGTH : 80 )
N200T50M6
N210G54G90
N220S8000M3
N230M
N240G0X0Y0
N250G43Z10.H50
N260X6.Y-16.884
N270Z-31.793
N280G1Z-36.793F500
N290G3G17X0Y-10.884I-6.J0F4000
......
N850X35.364Y-10.828
N860X34.417Y-10.884
N870X0
N880G3X-6.Y-16.884I0J-6.
N890G0Z10.
N900M9
N910G91G28Z0
N920G49 H0
N930G28X0Y0
N940M30
```

图 9-34 原始 NC 程序格式

在 PostProcessor 下拉菜单条中，执行“View”→“Switch to Editor”，切换到机床选项文

件修改环境。

1．输入机床型号

在下拉菜单条中，执行“File”→“Option File Properties”，打开“Option File Properties”表格，按图 9-35 所示修改参数。

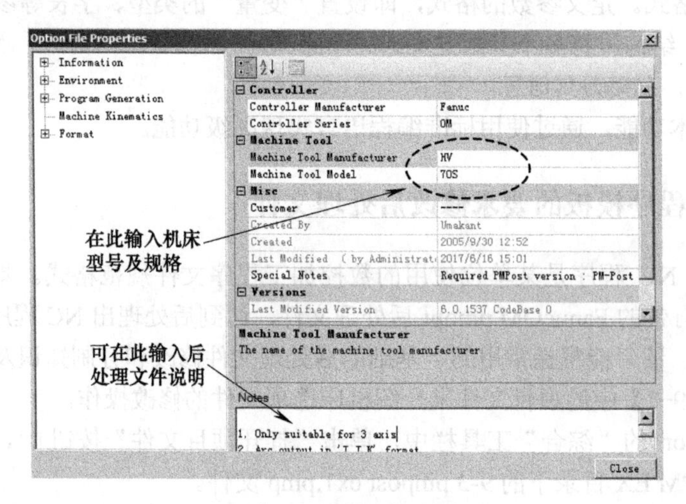

图 9-35 输入机床型号

2．去除程序段号

在“Option File Properties”表格的策略树中双击“Format”树枝，将它展开，单击该树枝下的“Blocks”树枝，按图 9-36 所示修改参数。

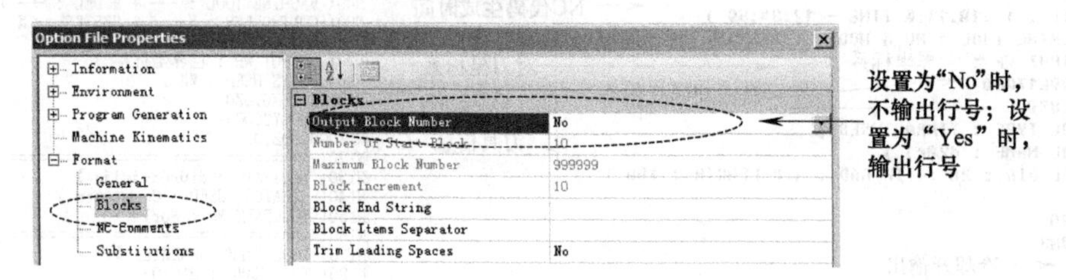

图 9-36 设置程序段号输出参数

关闭“Option File Properties”表格。

修改完上述参数后，在 PostProcessor 软件中，单击“PostProcessor”选项卡，切换到后处理管理器，右击“CLDATA”树枝下的“test.cut”树枝，在弹出的快捷菜单条中单击“Process”，使用新修改的参数重新进行后处理。

等待处理完成后，双击“test_FanucOM.tap”树枝，可以查看新生成的 NC 代码，可见程序段号已经没有了。

3．将圆弧插补格式由 I、J 格式改为 R 格式

在 PostProcessor 软件中，单击“Editor”选项卡，切换到编辑管理器。

在编辑管理器的“Commands”策略树中，双击“Arc”树枝，将它展开，如图 9-37 所示。

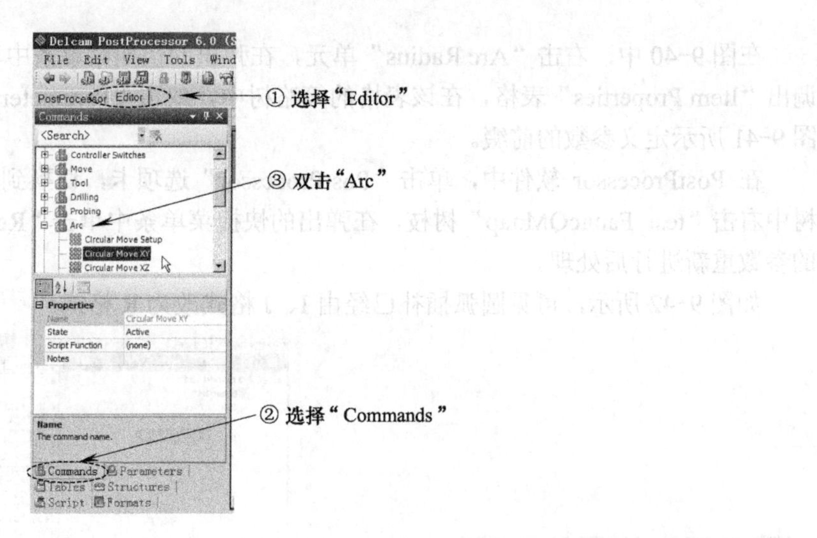
① 选择“Editor”
③ 双击“Arc”
② 选择“Commands”

图 9-37　进入命令修改环境

单击“Arc”树枝下的“Circular Move XY”树枝，按图 9-38 所示删除参数。

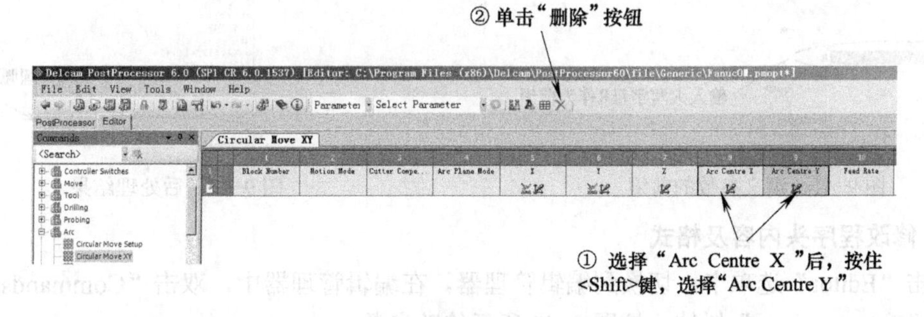
② 单击“删除”按钮
① 选择“Arc Centre X”后，按住<Shift>键，选择“Arc Centre Y”

图 9-38　删除参数

按图 9-39 所示添加参数。添加参数完成后，圆弧插补命令行如图 9-40 所示。

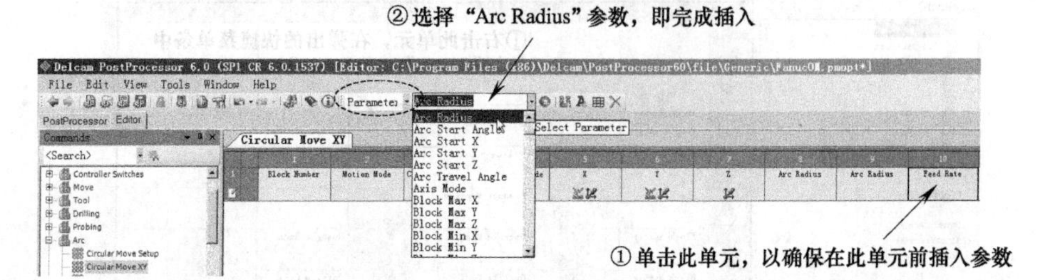
② 选择 “Arc Radius” 参数，即完成插入
① 单击此单元，以确保在此单元前插入参数

图 9-39　添加参数

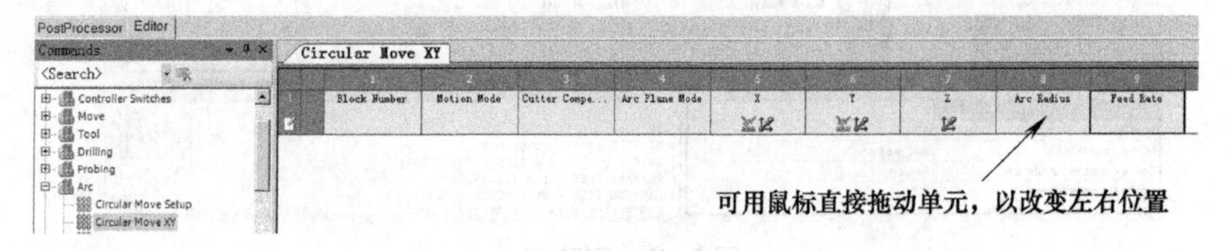
可用鼠标直接拖动单元，以改变左右位置

图 9-40　圆弧插补命令行

在图 9-40 中，右击“Arc Radius”单元，在弹出的快捷菜单条中单击“Item Properties”，调出“Item Properties”表格，在该表格的策略树中，双击“Parameter”树枝，将它展开，按图 9-41 所示定义参数的前缀。

在 PostProcessor 软件中，单击“PostProcessor”选项卡，切换到后处理管理器，在策略树中右击“test_FanucOM.tap”树枝，在弹出的快捷菜单条中单击“Re-Process”，使用新修改的参数重新进行后处理。

如图 9-42 所示，可见圆弧插补已经由 I、J 格式改为 R 格式。

图 9-41　定义参数的前缀　　　　图 9-42　后处理结果

4. 修改程序头内容及格式

单击“Editor”选项卡，切换到编辑管理器。在编辑管理器中，双击“Commands”策略树中的“Program Start”树枝，按图 9-43 所示修改参数。

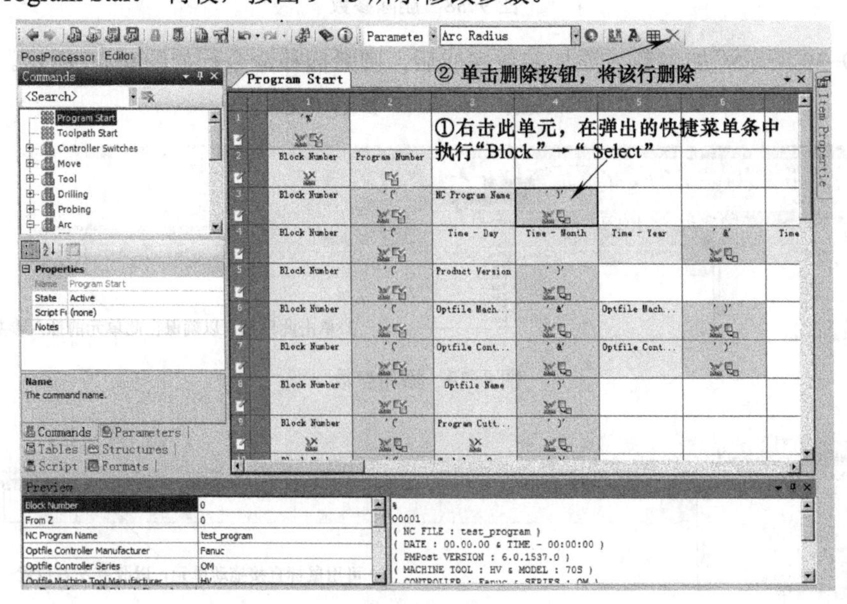

图 9-43　删除行

参照此删除操作，删除图 9-44 中箭头所指的五行（4、6、7、8、10 行）。删除之后，Program Start 的内容还剩下八行。

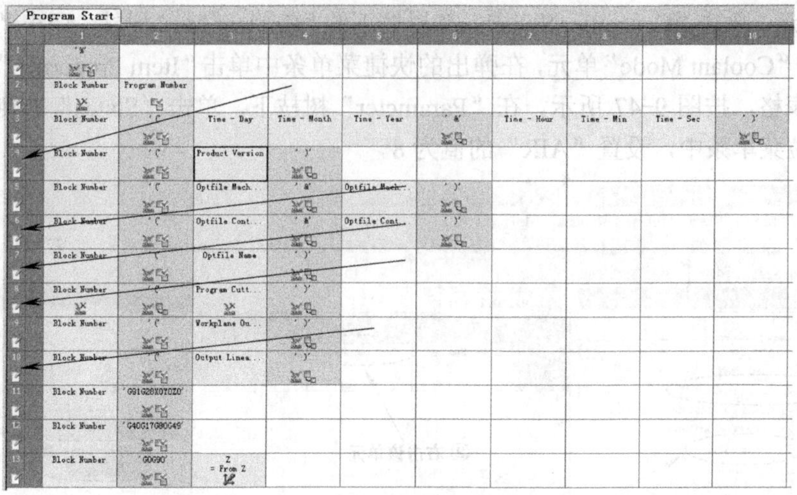

图 9-44　删除五行

右击第 6 行中的“'G91G28X0Y0Z0'”单元，在弹出的快捷菜单条中单击“Item Properties”，调出“Item Properties”表格，按图 9-45 所示修改参数。

参照此修改参数的操作，修改第 7 行“'G40G17G80G49'”单元的值为“G91G28Z0”。

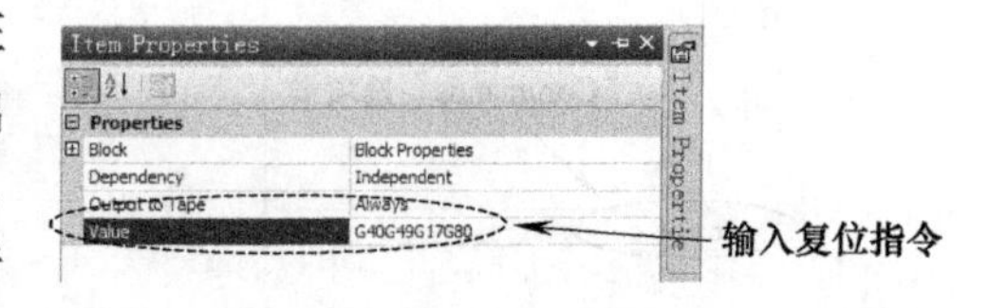

图 9-45　修改参数

右击第 8 行“'G0G90'”单元，在弹出的快捷菜单条中执行“Block”→“Select”。再次右击该单元，在弹出的快捷菜单条中单击“Delete”，完成删除第 8 行的操作。

5．不输出刀具路径计算策略信息

在编辑管理器中，双击“Commands”策略树中的“Misc”树枝，将它展开，如图 9-46 所示。右击“Misc”树枝下的“Toolpath Header”树枝，在弹出的快捷菜单条中单击“Inactivate”，使之不激活，即可实现不输出刀具路径计算策略信息。

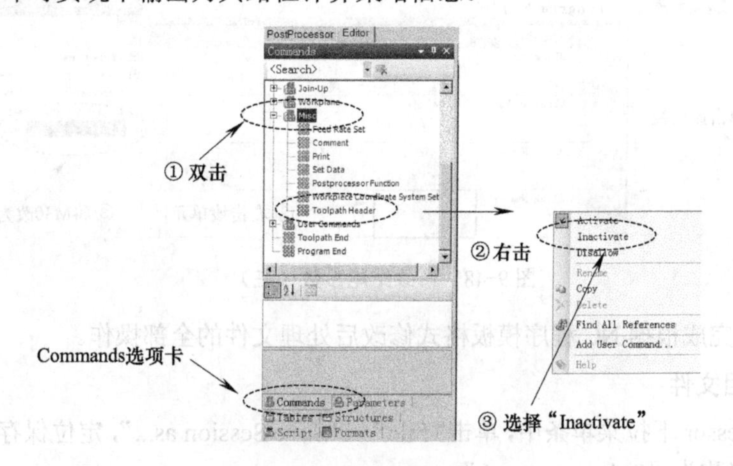

图 9-46　修改结尾参数（一）

6．输出冷却方式 M8

在编辑管理器中，双击“Commands”策略树中的“Controller Switches”树枝，将它展开，如图 9-47 所示。单击“Controller Switches”树枝下的“Coolant On”树枝，调出“Coolant On”选项卡，右击“Coolant Mode”单元，在弹出的快捷菜单条中单击“Item Properties”，调出“Item Properties”表格，按图 9-47 所示，在“Parameter”树枝下，单击“States”右侧的三角形，在弹出的下拉菜单条中，设置“AIR”的值为 8。

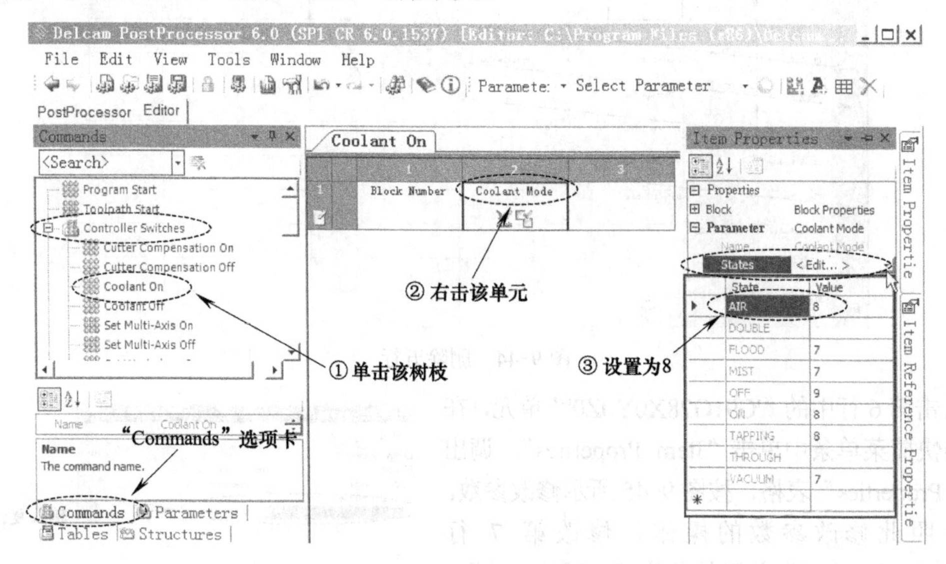

图 9-47　修改结尾参数（二）

7．修改程序结尾指令 M30 为 M99

在编辑管理器中，单击“Commands”策略树中的“Program End”树枝，调出“Program End”选项卡，右击第 4 行的“'M30'”单元，在弹出的快捷菜单条中单击“Item Properties”，调出“Item Properties”表格，按图 9-48 所示将 M30 改为 M99。

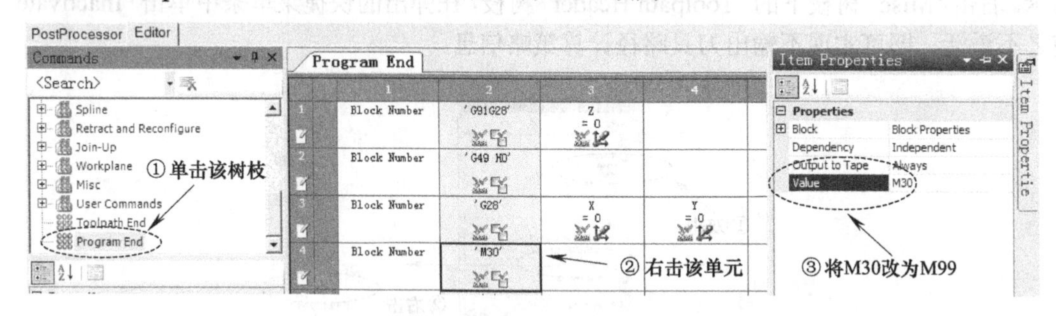

图 9-48　修改结尾参数（三）

至此，已经完成根据 NC 程序模板格式修改后处理文件的全部操作。

8．另存项目文件

在 PostProcessor 下拉菜单条中，单击“File”→“Save Session as...”，定位保存目录到 E:\PM EX，输入项目名称为“9-4 pmpost ex1”。

附　　录

附录A　PowerMILL常用命令一览

附表A列出了PowerMILL系统的一些较常用的同时也是较实用的一些命令。应用这些命令的操作方法是：在PowerMILL下拉菜单条中，执行“工具”→“显示命令”，打开PowerMILL命令操作表格，在这个表格中直接手工输入命令后回车即可执行该命令。

附表A　PowerMILL常用命令一览

序　号	命 令 名 称	命 令 功 能
1	Project claim	去除加工项目文件的只读属性
2	Edit toolpath	此命令通过对一条激活的五轴刀具路径偏置一个距离而产生一条新的五轴刀具路径。新的刀具路径的刀位点沿刀轴矢量偏置
	axial_offset	
3	EDIT SURFPROJ AUTORANGE OFF	在曲面投影精加工策略中，关闭自动投影距离
	EDIT SURFPROJ RANGEMIN –6	设置曲面投影精加工的投影距离最小值为–6
	EDIT SURFPROJ RANGEMAX 6	设置曲面投影精加工的投影距离最大值为6
4	EDIT SURFPROJ AUTORANGE ON	在曲面投影精加工策略中，打开自动投影距离（即不限制投影距离）
5	lang English	切换到英文界面
6	lang chinese	切换到中文界面
7	EDIT UNITS MM	转换到米制
8	EDIT UNITS INCHES	转换到寸制
9	EDIT PREFERENCE AUTOSAVE YES	批处理完刀具路径后自动保存
10	EDIT PREFERENCE AUTOSAVE NO	批处理完刀具路径后不自动保存
11	EDIT PREFERENCE AUTOMINFINFORM YES	PowerMILL 精加工计算路径时视窗缩小化
12	EDIT PREFERENCE AUTOMINFINFORM NO	PowerMILL 精加工计算路径时视窗不缩小化
13	COMMIT PATTERN ; \r PROCESS TPLEADS	参考线直接转成刀具路径
14	COMMIT BOUNDARY ; \R PROCESS TPLEADS	边界直接转成刀具路径命令

附录 B　提高刀具路径安全性的若干措施

数控加工工具系统（主要是指机床和刀具）价格不菲，在实际生产过程中，一旦出现撞机事故，会带来多方面的损失，比如工艺系统损毁、工时延误等，因此，刀具路径的安全性至关紧要。

提高加工的安全性是 CAM 软件、工具系统开发商以及数控编程技术人员共同努力追求的目标。通过长期的实践活动，作者总结了一些提高刀具路径安全性的措施，供读者参考，见附表 B。

附表 B　提高刀具路径安全性的若干措施

发生碰撞的原因	图　示	预 防 措 施
安全平面设置不当，刀具初次切入或切出时发生碰撞	安全平面设置错误	每次新建一个编程项目，都必须对安全平面进行设置
刀具路径掉入模型底部，导致刀具切入得太深，造成碰撞	掉入段碰撞	1）根据加工对象，填补数模上的所有开放孔、槽，以免计算出来的刀具路径掉入开放孔、槽而出现碰撞 2）根据加工对象，合理地制作辅助补面。所制作的辅助补面要使得无论如何设置刀具路径参数，最低位置的刀具路径均落在辅助补面上
刀具路径的连接段，机床 Z 轴部件与工件或夹具发生碰撞	连接段碰撞	1）合理地设置刀具路径切入切出和连接参数。比如将“长连接”设置为“安全平面”，使刀具路径中所有的连接段都发生在安全平面上 2）建立真实机床模型，并进行带机床的仿真检查

参 考 文 献

[1] 王先逵．机械制造工艺学[M]．北京：机械工业出版社，2006．

[2] 安承业．机械制造工艺基础[M]．天津：天津大学出版社，1999．

[3] 《现代模具技术》编委会．汽车覆盖件模具设计与制造[M]．北京：国防工业出版社，1998．

[4] 魏万璧．塑料模具制造工艺[M]．广州：广东科技出版社，1990．

[5] 王秀凤，张永春．冷冲压模具设计与制造[M]．北京：北京航空航天大学出版社，2008．

[6] 朱克忆．PowerMILL 2012 高速数控加工编程导航[M]．北京：机械工业出版社，2016．

[7] 朱克忆．PowerMILL 数控加工自动编程经典实例[M]．2 版．北京：机械工业出版社，2014．